폐기물처리
기사·산업기사 실기

예문사

PREFACE
ENGINEER WASTES TREATMENT

본서는 한국산업인력공단 최근 출제기준에 맞춰 구성하였으며 대기환경기사 및 산업기사 실기시험을 준비하는 수험생 여러분들이 효율적으로 공부할 수 있도록 필수내용만 정성껏 담았습니다.

● 본 교재의 특징

1. 최근 출제경향에 맞춰 핵심이론과 필수기출·예상필수문제 및 풀이 수록
2. 각 단원별로 출제비중 높은 내용 표시
3. 최근의 기출문제풀이의 상세한 해설 수록

차후 실시되는 시험문제들의 해설을 통해 미흡하고 부족한 점은 계속 수정·보완해 나가도록 하겠습니다.

끝으로, 이 책을 출간하기까지 끊임없는 성원과 배려를 해주신 예문사 관계자 여러분, 주경야독 윤동기 이사님, 달팽이 박수호 님, 아들 서지운에게 깊은 감사를 전합니다.

저자 **서영민**

徹頭徹尾 (철두철미)
처음부터 끝까지 빈틈없이 철저하게

출제기준

폐기물처리기사 출제기준(실기)

직무분야	환경·에너지	중직무분야	환경	자격종목	폐기물처리기사	적용기간	2023.1.1.~2025.12.31.

- 직무내용 : 국민의 일상생활에 수반하여 발생하는 생활폐기물과 산업활동 결과 발생하는 사업장 폐기물을 기계적 선별, 여과, 건조, 파쇄, 압축, 흡수, 흡착, 이온교환, 소각, 소성, 생물학적 산화, 소화, 퇴비화 등의 인위적, 물리적, 기계적 단위조작과 생물학적, 화학적 반응공정을 주어 감량화, 무해화, 안전화 등 폐기물을 취급하기 쉽고 위험성이 적은 성상과 형태로 변화시키는 일련의 처리업무를 수행하는 직무이다.
- 수행준거 : 폐기물에 대한 전문적 지식을 토대로 하여
  1. 폐기물의 조성을 측정 및 분석할 수 있다.
  2. 폐기물에 대한 유해성을 평가 및 예측할 수 있다.
  3. 폐기물 처리대책을 수립할 수 있다.

실기검정방법	필답형	시험시간	3시간

실기과목명	주요항목	세부항목	세세항목
폐기물 처리 실무	1. 폐기물 일반	1. 폐기물 분리배출 및 저장하기	1. 수거폐기물의 종류, 수거빈도 및 공간 크기와 편의성을 토대로 보관 용기의 종류와 용량을 결정할 수 있다. 2. 폐기물의 재활용계획을 바탕으로 폐기물 분리수거 계획을 수립할 수 있다. 3. 발생원에서의 폐기물 분리는 재이용과 재활용을 위한 물질선별을 최적화하여 폐기물을 효과적으로 관리할 수 있다.
		2. 폐기물 수집 및 운반하기	1. 대규모 인구밀집지역과 아파트 지역을 대상으로 폐기물 관로수송계획을 수립할 수 있다. 2. 폐기물 정책이나 규정을 바탕으로 수거지점과 수거빈도를 포함한 차량 수거노선계획을 수립할 수 있다.
		3. 적환장 관리하기	1. 폐기물 발생량, 수거대상 인구, 지형, 수송수단 등의 자료를 활용하여 적환장의 위치와 규모를 파악할 수 있다. 2. 적환장으로 이송된 폐기물은 종류별로 별도 분리 저장하고 혼합된 폐기물은 선별장치로 선별 분리할 수 있다.
		4. 폐기물 수송하기	1. 작업성의 향상과 감용·압축 성능에 따라 적재효율이 향상되도록 폐기물을 수집·수송할 수 있다.
		5. 폐기물 특성 및 발생량 저감하기	1. 발생원별 폐기물 특성을 파악할 수 있다. 2. 폐기물 발생원을 파악하고 분류할 수 있다. 3. 폐기물 발생량을 조사할 수 있다. 4. 폐기물 발생량에 영향을 미치는 인자를 파악할 수 있다. 5. 폐기물 발생량을 예측할 수 있다. 6. 폐기물 발생량 저감대책을 수립할 수 있다. 7. 국내외 평가기준, 폐기물 공정 시험기준 등에 따라 성상 및 특성을 분석할 수 있다.

실기과목명	주요항목	세부항목	세세항목
	2. 폐기물처리	1. 기계적, 화학적 처리법 이해하기	1. 처리 방법의 종류 및 특징을 파악할 수 있다. 2. 처리공정 및 시공과정을 이해할 수 있다.
		2. 생물학적 처리법 이해하기	1. 처리방법의 종류 및 특징을 파악할 수 있다. 2. 처리공정 및 시공과정을 이해할 수 있다.
		3. 자원화 및 재활용 이해하기	1. 자원화 방법을 이해할 수 있다. 2. 재활용 방법을 이해할 수 있다.
	3. 소각, 열분해 등 열적처분	1. 연소이론 파악 및 연소계산 이해하기	1. 연소 이론을 이해할 수 있다. 2. 연소 계산을 수행할 수 있다.
		2. 소각공정 파악하기	1. 소각 이론을 이해할 수 있다. 2. 소각로 종류 및 특징을 이해할 수 있다.
		3. 소각로설계, 해석 및 유지관리하기	1. 소각로의 설계 및 시공과정을 이해할 수 있다. 2. 소각로 유지관리업무를 이해할 수 있다.
		4. 열회수, 연소가스 처분 및 오염방지 하기	1. 열회수 이론을 이해할 수 있다. 2. 연소가스 처분과정을 이해할 수 있다. 3. 연소가스 후처분 기술의 종류 및 특징을 파악할 수 있다. 4. 연소생성물 저감 및 처분방법을 이해할 수 있다.
		5. 열분해 이해하기	1. 열분해 이론을 이해할 수 있다. 2. 열분해 종류 및 특징을 이해할 수 있다.
		6. 기타 열적 처분	1. 용융 등 기타 열적처분 이론을 이해할 수 있다. 2. 용융 등 기타 열적처분 종류 및 특징을 이해할 수 있다.
	4. 매립	1. 매립방법 파악하기	1. 매립방법을 분류할 수 있다. 2. 매립공법의 종류 및 특징을 이해할 수 있다.
		2. 매립지 설계 및 시공하기	1. 매립지 설계과정을 이해할 수 있다. 2. 매립지 시공업무를 이해할 수 있다.
		3. 매립지 관리하기	1. 매립가스 관리과정을 이해할 수 있다. 2. 침출수 관리과정을 이해할 수 있다.
		4. 매립가스 이용기술	1. 매립가스의 포집 및 정제 기술을 이해할 수 있다. 2. 매립가스 이용기술의 종류 및 특징을 이해할 수 있다.
		5. 매립지 환경영향 평가하기	1. 매립지 안정화 과정을 이해할 수 있다. 2. 사후관리를 수행할 수 있다.

출제기준

폐기물처리산업기사 출제기준(실기)

직무분야	환경·에너지	중직무분야	환경	자격종목	폐기물처리산업기사	적용기간	2023.1.1.~2025.12.31.

- **직무내용** : 국민의 일상생활에 수반하여 발생하는 생활폐기물과 산업활동 결과 발생하는 사업장 폐기물을 기계적 선별, 여과, 건조, 파쇄, 압축, 흡수, 흡착, 이온교환, 소각, 소성, 생물학적 산화, 소화, 퇴비화 등의 인위적, 물리적, 기계적 단위조작과 생물학적, 화학적 반응공정을 주어 감량화, 무해화, 안전화 등 폐기물을 취급하기 쉽고 위험성이 적은 성상과 형태로 변화시키는 일련의 처리업무를 수행하는 직무이다.
- **수행준거** : 폐기물에 대한 전문적 지식을 토대로 하여
  1. 폐기물의 조성을 측정 및 분석할 수 있다.
  2. 폐기물에 대한 유해성을 평가 및 예측할 수 있다.
  3. 폐기물 처리대책을 수립할 수 있다.

실기검정방법	필답형	시험시간	2시간 30분

실기과목명	주요항목	세부항목	세세항목
폐기물 처리 실무	1. 폐기물 일반	1. 폐기물 분리배출 및 저장하기	1. 수거폐기물의 종류, 수거빈도 및 공간 크기와 편의성을 토대로 보관 용기의 종류와 용량을 결정할 수 있다. 2. 폐기물의 재활용계획을 바탕으로 폐기물 분리수거 계획을 수립할 수 있다. 3. 발생원에서의 폐기물 분리는 재이용과 재활용을 위한 물질선별을 최적화하여 폐기물을 효과적으로 관리할 수 있다.
		2. 폐기물 수집 및 운반하기	1. 대규모 인구밀집지역과 아파트 지역을 대상으로 폐기물 관로수송계획을 수립할 수 있다. 2. 폐기물 정책이나 규정을 바탕으로 수거지점과 수거빈도를 포함한 차량 수거노선계획을 수립할 수 있다.
		3. 적환장 관리하기	1. 폐기물 발생량, 수거대상 인구, 지형, 수송수단 등의 자료를 활용하여 적환장의 위치와 규모를 파악할 수 있다. 2. 적환장으로 이송된 폐기물은 종류별로 별도 분리 저장하고 혼합된 폐기물은 선별장치로 선별 분리할 수 있다.
		4. 폐기물 수송하기	1. 작업성의 향상과 감용·압축 성능에 따라 적재효율이 향상되도록 폐기물을 수집·수송할 수 있다.
		5. 폐기물 특성 및 발생량 저감하기	1. 발생원별 폐기물 특성을 파악할 수 있다. 2. 폐기물 발생원을 파악하고 분류할 수 있다. 3. 폐기물 발생량을 조사할 수 있다. 4. 폐기물 발생량에 영향을 미치는 인자를 파악할 수 있다. 5. 폐기물 발생량을 예측할 수 있다. 6. 폐기물 발생량 저감대책을 수립할 수 있다. 7. 국내외 평가기준, 폐기물 공정 시험기준 등에 따라 성상 및 특성을 분석할 수 있다.

실기과목명	주요항목	세부항목	세세항목
	2. 폐기물처리	1. 기계적, 화학적 처리법 이해하기	1. 처리 방법의 종류 및 특징을 파악할 수 있다. 2. 처리 공정 및 시공과정을 이해할 수 있다.
		2. 생물학적 처리법 이해하기	1. 처리 방법의 종류 및 특징을 파악할 수 있다. 2. 처리 공정 및 시공과정을 이해할 수 있다.
		3. 자원화 및 재활용 이해하기	1. 자원화 방법을 이해할 수 있다. 2. 재활용 방법을 이해할 수 있다.
	3. 소각	1. 연소이론 파악 및 연소계산 이해하기	1. 연소 이론을 이해할 수 있다. 2. 연소 계산을 수행할 수 있다.
		2. 열분해 이해하기	1. 열분해 이론을 이해할 수 있다. 2. 열분해 종류 및 특징을 이해할 수 있다.
		3. 소각공정 파악하기	1. 소각 이론을 이해할 수 있다. 2. 소각로 종류 및 특징을 이해할 수 있다.
		4. 소각로 해석, 운전, 유지관리 하기	1. 소각로에 대한 기본설계 및 시공 과정을 이해할 수 있다. 2. 소각로 유지관리업무를 이해할 수 있다. 3. 집진장치의 종류 및 특징을 파악할 수 있다. 4. 기타 열회수, 연소생성물 저감 및 처분방법을 이해할 수 있다.
	4. 매립	1. 매립방법 파악하기	1. 매립방법을 분류할 수 있다. 2. 매립공법의 종류 및 특징을 이해할 수 있다.
		2. 매립지 설계 및 시공하기	1. 매립지의 기본설계과정을 이해할 수 있다. 2. 매립지 시공업무를 이해할 수 있다.
		3. 매립지 관리하기	1. 매립가스를 적절하게 관리할 수 있다. 2. 침출수를 적절하게 관리할 수 있다. 3. 사후관리를 수행할 수 있다.

이책의 차례

PART 01. 실기이론 및 기출필수문제

Section 001 쓰레기의 발생량 예측방법 ··· 1-3
Section 002 쓰레기의 발생량 조사방법 ··· 1-3
Section 003 폐기물(쓰레기) 발생량에 영향을 주는 요소 ······································ 1-4
Section 004 쓰레기 배출 시 일원분리에서 다원분리(분리수거 개념)로 전환할 경우 조치사항 ··· 1-5
Section 005 폐기물 성상 조사순서 ··· 1-5
Section 006 도시폐기물의 개략분석(근사분석) 항목 ··· 1-5
Section 007 함수율(수분함량) ··· 1-6
Section 008 슬러지(시료) 내 수분의 함유(구성) 형태(상태) ································· 1-8
Section 009 강열감량 ··· 1-9
Section 010 겉보기 비중(밀도) ··· 1-12
Section 011 쓰레기의 가연성 물질의 양 ·· 1-14
Section 012 슬러지의 함수율과 비중(밀도)의 관계 ·· 1-15
Section 013 슬러지량과 함수율의 관계(슬러지와 함수율의 물질수지) ··············· 1-21
Section 014 유해폐기물의 위해성을 판단하는 방법으로 사용되는 물질의 특성 ····· 1-24
Section 015 발열량 분석 ·· 1-25
Section 016 수거노선 결정 시 고려사항(유의사항) ·· 1-36
Section 017 MHT(Man Hour Per Ton, 수거노동력) ·· 1-36
Section 018 폐기물의 수송방법 ·· 1-48
Section 019 적환장에서 대형차량으로 적재하는 형식(방법) ······························ 1-50
Section 020 적환장 설치 시 고려사항(적환장 설치가 필요한 경우) ·················· 1-51
Section 021 폐기물 관리체계 ·· 1-52
Section 022 전과정평가(Life Cycle Assessment ; LCA) : 4단계 ····················· 1-53
Section 023 청소상태의 평가 방법 ··· 1-54
Section 024 폐기물 감량화 대책 ·· 1-56
Section 025 폐기물의 중간처리 목적 및 방법 ·· 1-56

CONTENTS

Section 026 폐기물을 자원화하기 위한 전처리 과정(공정) ········· 1-57
Section 027 압축공정 ········· 1-58
Section 028 파쇄공정 ········· 1-65
Section 029 선별공정 ········· 1-72
Section 030 RDF(Refuse Drived Fuel) : 쓰레기 전환 연료 ········· 1-82
Section 031 퇴비화(Composting) ········· 1-83
Section 032 열분해(Pyrolysis) ········· 1-93
Section 033 슬러지 처리목적 ········· 1-96
Section 034 슬러지 처리공정 ········· 1-96
Section 035 분뇨 처리목적 ········· 1-96
Section 036 분뇨투입구 수(N) ········· 1-97
Section 037 슬러지 각 성분의 관계 ········· 1-98
Section 038 농축 ········· 1-102
Section 039 슬러지 개량(Conditioning) ········· 1-105
Section 040 혐기성 소화 ········· 1-106
Section 041 호기성 소화 ········· 1-113
Section 042 슬러지의 탈수 ········· 1-119
Section 043 생물학적 처리 ········· 1-123
Section 044 폐기물의 흡착처리(흡착법) ········· 1-125
Section 045 폐기물의 화학적 침전 ········· 1-128
Section 046 폐기물의 용매추출법 ········· 1-132
Section 047 습식산화법(습식 고온고압 산화처리) ········· 1-133
Section 048 고형화처리 ········· 1-134
Section 049 매립 ········· 1-142
Section 050 매립 종류 ········· 1-143
Section 051 위생매립(Sanitary Landfill) ········· 1-145
Section 052 셀 공법 매립(Cell Method) ········· 1-146
Section 053 압축방식 매립(Baling System) ········· 1-147
Section 054 도랑형 방식 매립(Trench System) ········· 1-147
Section 055 계곡 방식 매립(Deperssion Method) ········· 1-148
Section 056 지역식 방식 매립(Area Method) ········· 1-148

CONTENTS

Section 057 해안 매립 ·· 1-148
Section 058 매립구조에 의한 구분 ··· 1-149
Section 059 복토(덮개설비) ··· 1-150
Section 060 매립지 내 유기물 분해 ·· 1-158
Section 061 매립지 내 가스(Landfill Gas ; LFG)의 단계별 발생 ········ 1-163
Section 062 침출수 발생 ·· 1-166
Section 063 침출수 계산 ·· 1-169
Section 064 침출수 처리 ·· 1-174
Section 065 차수설비 ··· 1-176
Section 066 반응속도(1차 반응식) ··· 1-182
Section 067 합성차수막(Flexible Membrane Liner ; FML) ··················· 1-184
Section 068 매립지의 사후관리 ·· 1-187
Section 069 토양오염의 대책 ·· 1-188
Section 070 연소법칙 ··· 1-193
Section 071 연료의 연소 ·· 1-194
Section 072 연소의 종류(특성) ·· 1-196
Section 073 연소효율과 발열량의 관계 ··· 1-198
Section 074 연소반응 ··· 1-199
Section 075 이론산소량(O_0) ·· 1-203
Section 076 이론공기량(A_0) ·· 1-208
Section 077 실제공기량과 공기비 ··· 1-221
Section 078 최대 이산화탄소량($CO_{2\max}$; %) ·· 1-232
Section 079 연소가스량 ·· 1-237
Section 080 공기연료비(Air/Fuel Ratio ; AFR) ·· 1-245
Section 081 등가비(ϕ) ··· 1-247
Section 082 소각로 내 연소가스와 폐기물 흐름에 따른 구분
  (연소형식 : 연소가스의 유동방식) ··· 1-248
Section 083 폐기물 건조방식 구분 ·· 1-249
Section 084 폐기물의 투입방식에 따른 구분 ·· 1-250
Section 085 연소(소각)조건 ·· 1-250
Section 086 소각방식 분류(소각로 종류) ·· 1-252

CONTENTS

Section 087 소각로의 설계 ·· 1-258
Section 088 내화물 ·· 1-268
Section 089 소각로의 부식 ·· 1-269
Section 090 클링커(Clinker) ·· 1-270
Section 091 연소실의 입열·출열 종류 ··· 1-271
Section 092 유해가스 제거 설비 ··· 1-272
Section 093 다이옥신 ·· 1-284
Section 094 플라스틱 열처리 방법 ··· 1-287
Section 095 소각잔재물 ·· 1-288
Section 096 유해가스 제거 반응식 ··· 1-289
Section 097 주요 제진장치 ·· 1-292
Section 098 악취 제거방법 ·· 1-298
Section 099 송풍기 소요동력 ·· 1-300
Section 100 집진효율 ·· 1-301
Section 101 연돌(굴뚝, Stack) ·· 1-303
Section 102 에너지 회수 및 이용 ··· 1-303
Section 103 감시제어설비 ·· 1-307
Section 104 고형물 함량에 따른 폐기물 분류 ··· 1-308
Section 105 시료의 양과 시료 수 ··· 1-309
Section 106 시료의 분할채취방법 ··· 1-310
Section 107 시료의 전처리방법(산분해법) ·· 1-312
Section 108 용출시험방법 ·· 1-313
Section 109 자외선/가시선 분광광도계(흡광광도법) ···································· 1-316
Section 110 원자흡수분광광도법(원자흡광광도법) ······································· 1-317
Section 111 유도결합플라스마 원자발광광도법(유도결합플라스마 발광광도법, ICP)
··· 1-317
Section 112 가스크로마토그래피(G.C) ··· 1-318
Section 113 이온전극법 ·· 1-318
Section 114 수소이온농도(pH) : 유리전극법 ·· 1-319
Section 115 수분 및 고형물 ·· 1-320
Section 116 강열감량 및 유기물 함량 ··· 1-322

ENGINEER WASTES TREATMENT

CONTENTS

PART 02. 과년도 문제풀이

2012 1회 기사 ·· 2-3
　　　 1회 산업기사 ·· 2-13
　　　 2회 기사 ·· 2-19
　　　 2회 산업기사 ·· 2-29
　　　 4회 기사 ·· 2-36
　　　 4회 산업기사 ·· 2-44

2013 기사 복원 문제풀이 ·· 2-49
　　　 산업기사 복원 문제풀이 ·· 2-70

2014 1회 기사 ·· 2-90
　　　 1회 산업기사 ·· 2-99
　　　 2회 기사 ·· 2-106
　　　 2회 산업기사 ·· 2-114
　　　 4회 기사 ·· 2-121
　　　 4회 산업기사 ·· 2-130

2015 1회 기사 ·· 2-137
　　　 1회 산업기사 ·· 2-143
　　　 2회 기사 ·· 2-148
　　　 2회 산업기사 ·· 2-157
　　　 4회 기사 ·· 2-162
　　　 4회 산업기사 ·· 2-168

2016 1회 기사 ·· 2-172
　　　 1회 산업기사 ·· 2-179
　　　 2회 산업기사 ·· 2-185
　　　 4회 기사 ·· 2-192
　　　 4회 산업기사 ·· 2-199

CONTENTS

2017 1회 기사 ··· 2-208
　　　 1회 산업기사 ·· 2-214
　　　 2회 기사 ··· 2-220
　　　 2회 산업기사 ·· 2-227
　　　 4회 기사 ··· 2-233
　　　 4회 산업기사 ·· 2-240

2018 1회 기사 ··· 2-245
　　　 1회 산업기사 ·· 2-252
　　　 2회 기사 ··· 2-259
　　　 2회 산업기사 ·· 2-267
　　　 4회 기사 ··· 2-273
　　　 4회 산업기사 ·· 2-281

2019 1회 기사 ··· 2-288
　　　 1회 산업기사 ·· 2-294
　　　 2회 기사 ··· 2-299
　　　 2회 산업기사 ·· 2-305
　　　 4회 기사 ··· 2-312
　　　 4회 산업기사 ·· 2-318

2020 1회 기사 ··· 2-324
　　　 1회 산업기사 ·· 2-331
　　　 통합 1·2회 기사 ··· 2-337
　　　 통합 1·2회 산업기사 ··· 2-344
　　　 3회 기사 ··· 2-350
　　　 3회 산업기사 ·· 2-357
　　　 4회 기사 ··· 2-363
　　　 4회 산업기사 ·· 2-370
　　　 5회 기사 ··· 2-375
　　　 5회 산업기사 ·· 2-383

CONTENTS

2021 1회 기사 ··· 2-389
1회 산업기사 ··· 2-396
2회 기사 ··· 2-402
2회 산업기사 ··· 2-411
4회 기사 ··· 2-417
4회 산업기사 ··· 2-424

2022 1회 기사 ··· 2-431
1회 산업기사 ··· 2-438
2회 기사 ··· 2-444
2회 산업기사 ··· 2-451
4회 기사 ··· 2-457
4회 산업기사 ··· 2-464

2023 1회 기사 ··· 2-470
1회 산업기사 ··· 2-477
2회 기사 ··· 2-484
2회 산업기사 ··· 2-492
4회 기사 ··· 2-499
4회 산업기사 ··· 2-509

2024 1회 기사 ··· 2-517
1회 산업기사 ··· 2-526
2회 기사 ··· 2-533
2회 산업기사 ··· 2-542
3회 기사 ··· 2-549
3회 산업기사 ··· 2-557

PART 01
실기이론 및 기출필수문제

본 문제는 독자의 제보 및 환경기사마을 다음 카페 시험 후기를
바탕으로 재복원한 것입니다.

SECTION 001 쓰레기의 발생량 예측방법

출제율 90%

(1) 경향법(Trend Method)

최저 5년 이상의 과거처리실적을 수식 Model에 대입하여 과거의 경향을 가지고 장래를 예측하는 방법으로 단지 시간과 그에 따른 쓰레기 발생량(또는 성상) 간의 상관관계만을 고려한다.

(2) 다중회귀모델(Multiple Regression Model)

하나의 수식으로 각 인자(기후, 면적, 인구변동, 자원회수량)들의 효과를 총괄적으로 나타내어 복잡한 시스템의 분석에 유용하게 사용할 수 있는 쓰레기 발생량의 예측방법이다.

(3) 동적모사모델(Dynamic Simulation Model)

쓰레기 발생량에 영향을 주는 모든 인자를 시간에 대한 함수로 나타낸 후 시간에 대한 함수로 표현된 각 영향인자들 간의 상관관계를 수식화하여 쓰레기 발생량을 예측하는 방법이다.

학습 Point

'발생량 예측방법 종류 3가지' 또는 '종류 3가지 쓰고 기술하기'에 대비하여 학습

SECTION 002 쓰레기의 발생량 조사방법

출제율 90%

(1) 적재차량 계수분석법(Load Count Analysis)

일정기간 동안 특정지역의 쓰레기 수거·운반차량의 대수를 조사하여, 이 결과를 밀도를 이용하여 질량으로 환산하는 방법이다.

(2) 직접 계근법(Direct Weighting Method)

입구에서 쓰레기가 적재되어 있는 차량과 출구에서 쓰레기를 적하한 공차량을 계근하여 쓰레기량을 산출하는 방법으로 비교적 정확한 쓰레기 발생량을 파악할 수 있다.

(3) 물질수지법(Material Balance Method)
물질수지(유입, 유출 폐기물)를 세울 수 있는 상세한 데이터가 있는 경우에 가능한 방법으로 주로 산업폐기물의 발생량 추산에 이용된다.

(4) 표본조사
① 조사기간이 짧다. ② 경비가 적게 든다. ③ 조사상 오차가 크다.

(5) 전수조사
① 표본오차가 작아 신뢰도가 높다.
② 행정시책에 대한 이용도가 높다.
③ 조사기간이 길다.
④ 표본치의 보정역할이 가능하다.

 학습 Point

'발생량 조사방법 종류 5가지' 또는 '대표적 종류 3가지 쓰고 기술하기'에 대비하여 학습

SECTION 003 폐기물(쓰레기) 발생량에 영향을 주는 요소

출제율 50%

(1) 도시의 규모가 커질수록 쓰레기의 발생량 증가 ⇒ 도시 규모 : 대>소
(2) 겨울철에 발생량 증가 ⇒ 계절 : 봄, 가을<겨울
(3) 쓰레기통이 클수록 발생량 증가 ⇒ 쓰레기통의 크기 : 대>소
(4) 수거빈도가 높을수록 발생량 증가 ⇒ 쓰레기의 수거빈도 : 대>소
(5) 젊은층이 많은 지역일수록 발생량 증가 ⇒ 인구구성 : 젊은층>노년층
(6) 생활수준이 높아지면 발생량 증가 ⇒ 생활수준 : 고>저

 학습 Point

'발생량에 영향을 주는 요소 5가지를 설명하기'에 대비하여 학습

SECTION 004 쓰레기 배출 시 일원분리에서 다원분리(분리수거 개념)로 전환할 경우 조치사항

출제율 20%

(1) 경제적 유인책
(2) 주민협조 요청
(3) 분리수거함(종류, 유리병, 금속류, 플라스틱류, 기타)

SECTION 005 폐기물 성상 조사순서

출제율 60%

시료 → 밀도 측정 → 물리적 조성 → 건조·측정 → 분류 → 가연성물질 → 전처리·미분쇄(2mm 이하) → 화학조성

 학습 Point

'조사순서 (   ) 넣기' 또는 '전체 순서 쓰기'에 대비하여 학습

SECTION 006 도시폐기물의 개략분석(근사분석) 항목

출제율 10%

(1) 수분함량 : 건조(105±5℃에서 약 4시간) 후 수분손실량 측정
(2) 휘발성 고형물 : 완전연소(600±25℃)한 후 손실된 양
(3) 고정탄소
(4) 회분(재)

 학습 Point

개략분석항목 종류 숙지

SECTION 007 함수율(수분함량)

기출必수문제 출제율 50% 이상

01 폐기물을 성분별로 함수량을 측정한 결과가 다음과 같을 때 쓰레기 전체 함수율(%) 값은?(단, 중량기준)

성분	중량(kg)	수분함량(%)
플라스틱류	15	5
종이류	5	13
금속류	5	3
연탄재	75	22

풀이

$$함수율(\%) = \frac{총\ 수분량}{총\ 쓰레기중량} \times 100$$
$$= \frac{(15 \times 0.05) + (5 \times 0.13) + (5 \times 0.03) + (75 \times 0.22)}{15 + 5 + 5 + 75} \times 100$$
$$= 18.05\%$$

기출必수문제 출제율 30% 이상

02 쓰레기와 슬러지의 함수율이 각각 50%와 70%라고 한다면 쓰레기와 슬러지를 중량비 4 : 1 비율로 혼합 시 함수율은(%)?

풀이

$$함수율(\%) = \frac{(4 \times 0.5) + (1 \times 0.7)}{(4 + 1)} \times 100 = 54\%$$

기출必수문제

03 수분함량 85%인 슬러지와 수분함량 13%인 톱밥을 1 : 5의 질량비로 혼합하였다면 이 혼합물의 수분함량(%)은?

풀이

$$함수율(\%) = \frac{(1 \times 0.85) + (5 \times 0.13)}{(1 + 5)} \times 100 = 25\%$$

기출 必수문제

04 500kg의 폐기물을 처리하여 300kg과 200kg으로 분류하였다. 이들 각 폐기물에 함유된 유용성분의 함량을 조사하였더니 각각 무게의 45%와 0.5%를 차지하고 있음을 알았다. 전체 폐기물에 함유되어 있는 유용성분의 함량은 약 몇 %(무게기준)인가?

풀이

$$유용성분(\%) = \frac{총\ 유용성분}{전체\ 폐기물중량} \times 100$$
$$= \frac{(300 \times 0.45) + (200 \times 0.005)}{300 + 200} \times 100 = 27.2\%$$

기출 必수문제 출제율 30% 이상

05 함수율 98%인 슬러지 1ton을 함수율 40%인 톱밥을 혼합하여 65%인 함수율로 만들기 위해 필요한 톱밥량(ton)은?

풀이

$$65 = \frac{(1 \times 0.98) + (X \times 0.4)}{(1 + X)} \times 100$$
$$65(1 + X) = (0.98 + 0.4X) \times 100$$
$$65 + 65X = 98 + 40X$$
$$25X = 33$$
$$X(톱밥의\ 양 : ton) = 1.32 ton$$

기출 必수문제 출제율 50% 이상

06 폐기물의 습윤중량기준으로서 수분함량이 35%일 때 건조중량기준의 수분함량(%)을 구하시오.

풀이

$$건량기준\ 함수율(\%) = \frac{수분의\ 중량비}{건조중량의\ 중량비} \times 100$$
$$= \frac{35}{100 - 35} \times 100 = 53.85\%$$

> **기출 必 수문제** 출제율 30% 이상

07 폐기물 중의 수분이 습량기준으로 60%이면 건조중량기준 수분의 백분율(%)을 구하시오.

> **풀이**
>
> $$건량기준\ 함수율(\%) = \frac{수분의\ 중량비}{건조중량의\ 중량비} \times 100$$
>
> $$= \frac{60}{100-60} \times 100 = 150\%$$

SECTION 008 슬러지(시료) 내 수분의 함유(구성) 형태(상태)

출제율 90%

(1) 구분

1) 간극수(Cavemous Water)

큰 고형물입자 간극에 존재하며 슬러지 내 존재하는 물의 형태 중 아주 많은 양을 차지하고 쉽게 분리 가능한 수분이다.

2) 모관결합수(Capillary Water)

미세한 슬러지 고형물질의 아주 작은 입자 사이에 존재하는 수분으로 모세관현상을 일으켜서 모세관압으로 결합되어 있는 수분이다.

3) 부착수(Adhesion Water)

콜로이드상 입자의 결합수가 생물학적 처리로 발생되는 미세 슬러지입자 표면에 부착되어 있는 수분으로 제거가 어렵다.

4) 내부수

슬러지 입자를 형성하고 있는 세포액으로 구성된 수분으로 제거가 어렵다. 즉, 내부수는 결합강도가 가장 커서 탈수하기 어려운 특성이 있다.

(2) 탈수성이 용이한(분리하기 쉬운) 수분형태 순서

모관결합수 ← 간극모관결합수 ← 쐐기상 모관결합수 ← 표면부착수 ← 내부수

(3) 고형물질과 결합강도가 용이한(강한) 순서

내부수 ← 표면부착수 ← 쐐기상 모관결합수 ← 간극모관결합수 ← 모관결합수

 학습 Point
① '수분상태 종류' 또는 '종류 쓰고 기술하기'에 대비하여 학습
② '탈수성 용이 및 결합강도 순서 쓰기'에 대비하여 학습

SECTION 009 강열감량

출제율 30%

(1) 정의

소각재 잔사 중의 미연분(가연분)의 함량을 중량백분율로 표시한 값으로 소각로의 연소효율을 판정하는 지표 및 설계인자로 사용한다.

(2) 특징

① 미연분의 함량은 소각재의 매립처리 시 안정화 자료로 이용된다.
② 3성분 중에서 가연분이 타지 않고 남는 양으로 표현된다.
③ 소각재는 무기물과 미연분으로 구성되어 있다.
④ 강열감량이 낮을수록 연소효율이 좋다.

 학습 Point
'강열감량 용어설명'에 대비하여 학습

(3) 관계식

① 강열감량

$$\text{강열감량}(\%) = \frac{(\text{회화 전 시료의 중량} - \text{회화 후 시료의 중량})}{\text{회화 전 시료의 중량}} \times 100$$

② 회분함량

$$\text{회분함량}(\%) = \frac{\text{강열 후 시료의 중량}}{\text{강열 전 시료의 중량}} \times 100$$

③ 건량기준 가연분 함량(유기물 함량)

$$\text{건량기준 가연분 함량}(\%) = \frac{\text{휘발성 고형물}(\%)}{\text{총 고형물}(\%)} \times 100$$

④ 휘발성 고형물

$$\text{휘발성 고형물}(\%) = \text{강열감량}(\%) - \text{수분함량}(\%)$$

⑤ 가연분

$$\text{가연분}(\%) = 100 - \text{수분}(\%) - \text{습량기준 회분}(\%)$$

⑥ 습량기준 가연분 함량

$$\text{습량기준 가연분 함량}(\%) = \text{건량기준 가연분 함량} \times \frac{(100 - \text{수분함량})}{100}$$

⑦ 습량기준 회분함량

$$\text{습량기준 회분함량}(\%) = \text{건량기준 회분함량} \times \frac{(100 - \text{수분함량})}{100}$$

> **학습 Point**
> 각 관계식 숙지

기출 必 수문제 출제율 50% 이상

01 수분 30%, 고형물 70%, 강열감량 65%일 때 휘발성 고형물(%)과 유기물 함량(%)을 구하시오.

> **풀이**
>
> 휘발성 고형물(%) = 강열감량(%) − 수분함량(%) = 65% − 30% = 35%
>
> 유기물함량(%) = $\dfrac{\text{휘발성 고형물(\%)}}{\text{총 고형물(\%)}} \times 100 = \dfrac{35}{70} \times 100 = 50\%$

기출 必 수문제 출제율 50% 이상

02 도시고형물폐기물을 분석한 결과 수분이 45%이고 건조 후 도시고형폐기물 중의 회분이 25%일 때 이 도시고형폐기물의 건조 전(습량기준) 회분(%)과 가연성분의 백분율(%)은?

> **풀이**
>
> 습량기준 회분함량(%) = 건량기준 회분함량 × $\dfrac{(100 - \text{수분함량})}{100}$
>
> $= 25\% \times \dfrac{(100-45)}{100} = 13.75\%$
>
> 가연성분의 백분율(%) = 100 − 수분(%) − 습량기준회분(%)
> $= 100\% - 45\% - 13.75\% = 41.25\%$

SECTION 010 겉보기 비중(밀도)

$$겉보기\ 밀도(kg/m^3\ or\ ton/m^3) = \frac{시료\ 중량(kg\ or\ ton)}{용기\ 부피(m^3)}$$

기출 必수문제 출제율 30% 이상

01 쓰레기를 1일 10ton을 소각한 후 남은 재는 전체 소각한 쓰레기 질량의 15%라고 한다. 남은 재의 용적이 25m³일 때 재의 밀도(ton/m³)는?

풀이
$$재의\ 밀도(ton/m^3) = \frac{질량}{부피} = \frac{10ton}{25m^3} \times 0.15 = 0.06 ton/m^3$$

기출 必수문제 출제율 50% 이상

02 쓰레기 소각 시 남은 재의 중량은 쓰레기 중량의 약 1/4이다. 쓰레기 100ton을 소각 시 재의 용적이 15m³이라고 하면 재의 밀도(ton/m³)는?

풀이
$$재의\ 밀도(ton/m^3) = \frac{중량}{부피} = \frac{100\ ton}{15m^3} \times \frac{1}{4} = 1.67 ton/m^3$$

기출 必수문제 출제율 50% 이상

03 다음 표를 이용하여 다음 물음에 답하시오.

구성분	폐기물중량(kg)	압축계수	매립지에서의 압축용적(m³)
음식폐기물	120	0.40	0.115
종이	410	0.16	0.667
플라스틱	45	0.10	0.250
가죽	5	0.35	0.007
유리	65	0.38	0.160
철	30	0.3	0.035
계	675		1.234

(1) 폐기물 매립 시 완전히 다져졌다고 하였을 때 겉보기 밀도(kg/m^3)는?

> **풀이**
>
> 겉보기 밀도(kg/m^3) = $\dfrac{폐기물중량}{압축용적(부피)}$ = $\dfrac{675kg}{1.234m^3}$ = $547.0kg/m^3$

(2) 종이 50%, 유리 80% 회수된 후의 매립지에서 압축 겉보기 밀도(kg/m^3)는?

> **풀이**
>
> 압축 겉보기 밀도(kg/m^3) = $\dfrac{회수\ 후\ 중량}{회수\ 후\ 용적(부피)}$
>
> = $\dfrac{675 - [(410 \times 0.5) + (65 \times 0.8)]}{1.234 - [(0.667 \times 0.5) + (0.160 \times 0.8)]}$
>
> = $\dfrac{418kg}{0.7725m^3}$ = $541.10kg/m^3$

기출必수문제 출제율 30% 이상

04 소각로에서 발생되는 재의 무게감량비가 60%, 부피감소비가 80%라 할 때 소각 전 폐기물의 밀도가 $0.35ton/m^3$이라면 소각재의 밀도(ton/m^3)는?

> **풀이**
>
> 처리 후 밀도(ton/m^3) = 처리 전 밀도 × $\dfrac{(100 - 무게감소율)}{(100 - 부피감소율)}$
>
> = $0.35ton/m^3 \times \dfrac{(100-60)}{(100-80)}$ = $0.7ton/m^3$

기출必수문제 출제율 30% 이상

05 시멘트를 이용하여 폐기물을 고형화하고자 한다. 폐기물의 밀도가 $0.8ton/m^3$이고, 고형화 후 밀도는 $4ton/m^3$일 때, 고형화 전 폐기물이 12ton이라고 하면 고형화 전·후 전체 폐기물의 체적(m^3)의 차이는?

> **풀이**
>
> 고형화 전·후의 부피를 구하여 그 차이를 구하면 된다.
>
> 고형화 전 부피(m^3) = $\dfrac{중량}{밀도}$ = $\dfrac{12ton}{0.8ton/m^3}$ = $15m^3$
>
> 고형화 후 부피(m^3) = $\dfrac{중량}{밀도}$ = $\dfrac{12ton}{4ton/m^3}$ = $3m^3$
>
> 고형화 후 전체 폐기물 체적(m^3) = $(15-3)m^3 = 12m^3$

기출 필수문제 출제율 60% 이상

06 함수율 70%인 슬러지케이크 10ton을 소각 시 소각재발생량(kg)은?(단, 건조케이크 건조중량당 무기성분 10%, 유기성분 중 연소율 90% 소각에 의한 무기물 손실은 없다.)

풀이

소각재(kg) = 무기물 + 유기물 중 미연분(잔류유기물)
무기물 = 10ton × 1,000kg/ton × (1 − 0.7) × 0.1 = 300kg
유기물 중 미연분 = 10ton × 1,000kg/ton × (1 − 0.7) × (1 − 0.1) × (1 − 0.9) = 270kg
= 300 + 270 = 570kg

기출 필수문제 출제율 30% 이상

07 인구 50,000명의 어느 도시에서 쓰레기를 2일마다 수거하는 데 적재용량 8m³인 트럭 20대가 동원된다. 1인당 1일 쓰레기배출량이 1.15kg일 때 쓰레기의 밀도(kg/m³)는?

풀이

$$\text{밀도}(kg/m^3) = \frac{\text{중량}(kg)}{\text{부피}(m^3)} = \frac{1.15kg/\text{인} \cdot \text{일} \times 50,000\text{인} \times 2\text{일}}{8m^3/\text{대} \times 20\text{대}}$$
$$= 718.75 kg/m^3$$

SECTION 011 쓰레기의 가연성 물질의 양

가연성 물질의 양 = 폐기물의 양 × 가연성 물질 함유비율
$$= (\text{밀도} \times \text{부피}) \times \left[\frac{100 - \text{비가연성 성분}(\%)}{100}\right]$$
$$= (\text{밀도} \times \text{부피}) \times (1 - \text{비가연성 성분 비율})$$

기출必수문제 출제율 50% 이상

01 어느 도시폐기물 중 비가연 성분이 40%(w/w%)이다. 밀도가 550kg/m³인 폐기물 20m³ 중 가연성 물질의 양(ton)을 구하시오.

풀이

가연성 물질의 양(ton) = 폐기물의 양 × 가연성 물질의 함유비율

$$= (밀도 \times 부피) \times \left(\frac{100 - 비가연성\ 성분}{100}\right)$$

$$= (550 \text{kg/m}^3 \times 20\text{m}^3 \times \text{ton}/1{,}000\text{kg}) \times \left(\frac{100-40}{100}\right)$$

$$= 6.6 \text{ton}$$

SECTION 012 슬러지의 함수율과 비중(밀도)의 관계

$$\frac{슬러지량}{슬러지\ 비중} = \frac{고형물량}{고형비중} + \frac{함수량}{함수비중}$$

$$= \frac{유기물(VS)량}{유기물\ 비중} + \frac{무기물(FS)량}{무기물\ 비중} + \frac{함수량}{함수비중}$$

 학습 Point

자주 이용되는 공식 숙지

기출必수문제 출제율 70% 이상

01 TS가 6%일 때 슬러지의 비중을 구하시오.(단, TS 비중 1.5)

풀이

$$\frac{슬러지량}{슬러지\ 비중} = \frac{고형물량}{고물비중} + \frac{함수량}{함수비중}$$

$$\frac{100}{슬러지\ 비중} = \frac{6}{1.5} + \frac{94}{1.0}$$

$$\frac{100}{슬러지\ 비중} = 98$$

$$슬러지\ 비중 = \frac{100}{98}$$

$$슬러지\ 비중 = 1.02$$

기출必수문제

02 함수율 95%인 오니의 비중이 1.02이다. 고형물의 비중을 구하시오. (단, 물의 비중 1.0)

풀이

$$\frac{100}{1.02} = \frac{5}{\text{고형물 비중}} + \frac{95}{1.0}$$

$$\frac{5}{\text{고형물 비중}} = 3.039$$

$$\text{고형물 비중} = \frac{5}{3.039}$$

$$\text{고형물 비중} = 1.65$$

기출必수문제 출제율 50% 이상

03 건조된 고형물의 비중이 1.62, 슬러지 중 고형물 함량이 41%, 고형물의 건조중량이 450kg이라면 슬러지의 비중과 슬러지 부피(m^3)를 구하시오.

풀이

슬러지 비중

$$\frac{100}{\text{슬러지 비중}} = \frac{41}{1.62} + \frac{59}{1.0}$$

$$\frac{100}{\text{슬러지 비중}} = 84.31$$

$$\text{슬러지 비중} = \frac{100}{84.31} = 1.186$$

$$\text{슬러지 부피}(m^3) = \frac{\text{중량}}{\text{밀도(비중)}} \times \text{함수율 보정}$$

$$= \frac{450\text{kg}}{1.186\text{ton}/m^3 \times 1{,}000\text{kg/ton}} \times \frac{100}{100-59} = 0.93 m^3$$

기출필수문제

04 다음 조건의 슬러지 부피(m^3)를 구하시오.

> 고형물 중량 6,000kg, 비중 1.2, 함수율 95%

풀이

슬러지 부피(m^3) = $\dfrac{\text{슬러지 중량}}{\text{슬러지 비중(밀도)}}$

슬러지 중량 = $6,000\text{kg} \times \left(\dfrac{100}{100-95}\right) = 120,000\text{kg}$

$\dfrac{100}{\text{슬러지 밀도(비중)}} = \dfrac{5}{1.2} + \dfrac{95}{1.0}$

슬러지 밀도 = 1.0084

= $\dfrac{120,000\text{kg}}{1.0084\text{ton}/m^3 \times 1,000\text{kg/ton}} = 119.0 m^3$

기출필수문제 출제율 50% 이상

05 함수율이 90%인 슬러지의 겉보기 비중은 1.02이었다. 이 슬러지를 탈수하여 함수율 60%인 슬러지를 얻었다면 이 슬러지가 갖는 겉보기 비중을 구하시오.

풀이

고형물의 비중을 구하여 함수율 90%를 적용하여 슬러지 비중을 구한다.

$\dfrac{100}{1.02} = \dfrac{10}{\text{고형물 비중}} + \dfrac{90}{1.0}$

$\dfrac{10}{\text{고형물 비중}} = \dfrac{100}{1.02} - \dfrac{90}{1.0}$

고형물 비중 = 1.244

계산된 고형물 비중 1.244를 문제상 함수율 60% 적용

$\dfrac{100}{\text{슬러지 비중}} = \dfrac{40}{1.244} + \dfrac{60}{1.0}$

$\dfrac{100}{\text{슬러지 비중}} = 92.154$

슬러지 비중 = 1.09

기출필수문제 출제율 70% 이상

06 농축 전 고형물이 3%인 슬러지를 농축하여 6.5%의 고형물이 되었다. 농축 후 슬러지의 비중과 부피감소율(%)을 구하시오. (단, 고형물의 비중 1.25)

> **풀이**
>
> 농축 후 슬러지 비중
>
> $$\frac{100}{슬러지\ 비중} = \frac{6.5}{1.25} + \frac{93.5}{1.0}$$
>
> $$\frac{100}{슬러지\ 비중} = 98.7$$
>
> 슬러지 비중 = 1.013
>
> 부피감소율(VR)
>
> 농축 전 슬러지 부피 $\times \dfrac{1}{1.006} \times (1-0.97)$
>
> = 농축 후 슬러지 부피 $\times \dfrac{1}{1.013} \times (1-0.935)$
>
> $$VR = \left(\frac{농축\ 전\ 슬러지\ 부피 - 농축\ 후\ 슬러지\ 부피}{농축\ 전\ 슬러지\ 부피}\right) \times 100$$
>
> $$= \left(1 - \frac{농축\ 후\ 슬러지\ 부피}{농축\ 전\ 슬러지\ 부피}\right) \times 100$$
>
> $$= \left[1 - \frac{\frac{1}{1.006} \times (1-0.97)}{\frac{1}{1.013} \times (1-0.935)}\right] \times 100$$
>
> $$= 53.53\%$$
>
> [참조] $\dfrac{100}{슬러지\ 비중} = \dfrac{3}{1.25} + \dfrac{97}{1.0}$
>
> 슬러지 비중(농축 전) = 1.006

기출 必수문제 출제율 50% 이상

07 건조된 고형물의 비중은 1.54이고 건조 전 슬러지의 고형분 함량이 80%, 건조 중량이 300kg이라 할 때 건조 전 슬러지 비중을 구하시오.

> **풀이**
>
> 슬러지량 = 고형물량 × $\dfrac{1}{\text{슬러지 중 고형물 함량}}$
>
> $= 300\text{kg} \times \dfrac{1}{0.8} = 375\text{kg}$
>
> $\dfrac{375}{\text{슬러지 비중}} = \dfrac{300}{1.54} + \dfrac{75}{1.0}$
>
> $\dfrac{375}{\text{슬러지 비중}} = 269.805$
>
> 슬러지 비중 = 1.39

기출 必수문제 출제율 50% 이상

08 함수율 98%인 슬러지를 농축하여 93.5%의 함수율로 하였을 때 농축슬러지의 비중과 부피감소율(%)을 구하시오. (단, 고형물의 비중은 1.5)

> **풀이**
>
> ① 농축 전 슬러지 비중
>
> $\dfrac{100}{\text{슬러지 비중}} = \dfrac{(100-98)}{1.5} + \dfrac{98}{1.0}$
>
> $\dfrac{100}{\text{슬러지 비중}} = 99.33$
>
> 농축 전 슬러지 비중 = 1.007
>
> 농축 후 슬러지 비중
>
> $\dfrac{100}{\text{슬러지 비중}} = \dfrac{(100-93.5)}{1.5} + \dfrac{93.5}{1.0}$
>
> $\dfrac{100}{\text{슬러지 비중}} = 97.833$
>
> 농축 후 슬러지 비중 = 1.022
>
> ② 부피감소율(VR)
>
> $VR = \dfrac{(\text{농축 전 슬러지 부피} - \text{농축 후 슬러지 부피})}{\text{농축 전 슬러지 부피}} \times 100$
>
> $= \left(1 - \dfrac{\text{농축 후 슬러지 부피}}{\text{농축 전 슬러지 부피}}\right) \times 100$

$$= \left[1 - \frac{\frac{1}{1.007} \times (1-0.98)}{\frac{1}{1.022} \times (1-0.935)}\right] \times 100 = 68.77\%$$

$$\left[\text{농축 전 슬러지 부피} \times \frac{1}{1.007}(1-0.98)\right.$$
$$\left.= \text{농축 후 슬러지 부피} \times \frac{1}{1.022}(1-0.935)\right]$$

기출 必수문제 출제율 30% 이상

09 슬러지 중 비중 0.85인 유기성고형물이 6%, 비중 2.02인 무기성고형물의 함량이 35%일 때 이 슬러지 비중을 구하시오.

풀이

$$\frac{\text{슬러지량}}{\text{슬러지 비중}} = \frac{\text{유기물}}{\text{유기물 비중}} + \frac{\text{무기물}}{\text{무기물 비중}} + \frac{\text{함수량}}{\text{함수 비중}}$$

$$\frac{100}{\text{슬러지 비중}} = \frac{6}{0.85} + \frac{35}{2.02} + \frac{(100-6-35)}{1.0}$$

$$\frac{100}{\text{슬러지 비중}} = 83.385$$

슬러지 비중 $= 1.199$

기출 必수문제 출제율 30% 이상

10 휘발성고형물(비중 0.89), 수분(비중 1.0), 강열잔류 고형물(비중 1.85)이 각각 3%, 8%, 89%일 때 슬러지 비중은?

풀이

$$\frac{100}{\text{슬러지 비중}} = \frac{\text{유기물}}{\text{유기물 비중}} + \frac{\text{무기물}}{\text{무기물 비중}} + \frac{\text{함수량}}{\text{함수 비중}}$$

$$= \frac{3}{0.89} + \frac{89}{1.85} + \frac{(100-3-89)}{1.0}$$

$$\frac{100}{\text{슬러지 비중}} = 59.478$$

슬러지 비중 $= 1.68$

SECTION 013 슬러지량과 함수율의 관계(슬러지와 함수율의 물질수지)

일반적으로 농축, 탈수, 건조공정의 물질수지를 나타낸다.

> 초기 슬러지량×(100−초기함수율)=처리 후 슬러지량×(100−처리 후 함수율)

기출必수문제 출제율 70% 이상

01 폐기물 1ton을 건조시켜 함수율을 80%에서 65%로 감소시켰다. 이 폐기물의 중량(kg)을 구하시오.

풀이

초기 슬러지량×(100−초기 함수율)=처리 후 슬러지량×(100−처리 후 함수율)

1,000kg×(100−80)=처리 후 슬러지량×(100−65)

처리 후 슬러지량(kg) = $\dfrac{1,000\text{kg} \times 20}{35}$ = 571.43kg

기출必수문제 출제율 80% 이상

02 슬러지 비중이 1인 쓰레기 100ton을 함수율 60%에서 함수율 30%로 건조할 때 건조되는 쓰레기 양(ton)을 구하시오.

풀이

100×(100−60)=처리 후 슬러지량×(100−30)

처리 후 슬러지량(ton) = $\dfrac{100 \times 40}{70}$ = 57.14ton

기출必수문제 출제율 50% 이상

03 수분 함량이 80%인 슬러지 100m³을 40m³로 농축하였다면 농축된 슬러지 함수율(%)은?

풀이

100m³×(100−80)=40m³×(100−처리 후 함수율)

(100−처리 후 함수율) = $\dfrac{100\text{m}^3 \times 20}{40\text{m}^3}$

처리 후 함수율(%) = 100−50 = 50%

기출 必수문제 출제율 90% 이상

04 초기 수분이 60%인 1ton의 폐기물을 수분함량 50%로 건조할 때 증발된 수분량(kg)은?

> **풀이**
>
> $1{,}000\text{kg} \times (100-60) = $ 처리 후 폐기물량 $\times (100-50)$
>
> 처리 후 폐기물량(kg) $= \dfrac{1{,}000\text{kg} \times 40}{50} = 800\text{kg}$
>
> 증발된 수분량(kg) = 건조 전 폐기물량 − 건조 후 폐기물량
> $= 1{,}000 - 800 = 200\text{kg}$

기출 必수문제 출제율 60% 이상

05 함수율 96%인 슬러지를 농축하여 90%로 하였다면 부피변화율(%)은?

> **풀이**
>
> 초기 슬러지량 $\times$ (100−초기 함수율) = 처리 후 슬러지량 $\times$ (100−처리 후 함수율)
> 농축 전 슬러지량 $\times (100-96) = $ 농축 후 슬러지량 $\times (100-90)$
>
> 부피변화율(%) $= \dfrac{\text{농축 후 슬러지량}}{\text{농축 전 슬러지량}} = \dfrac{(100-96)}{(100-90)} = 0.4 \times 100 = 40\%$

기출 必수문제 출제율 60% 이상

06 95% 함수율의 폐기물을 탈수시켜 함수율이 60%로 되었다면 폐기물은 초기무게의 몇 %로 되겠는가? (단, 폐기물 비중 1.0)

> **풀이**
>
> 초기 폐기물량 $\times (100-95) = $ 처리 후 폐기물량 $\times (100-60)$
>
> $\dfrac{\text{탈수 후 폐기물량}}{\text{초기 폐기물량}} = \dfrac{(100-95)}{(100-60)} = 0.125$
>
> 탈수 후 폐기물량 = 처리 전 폐기물량 $\times 0.125 = 100 \times 0.125 = 12.5\%$

기출必수문제 출제율 60% 이상

07 수분함량이 63%인 폐기물 18,000kg을 건조하여 수분함량이 51%인 폐기물을 만들었을 때 제거된 수분량(kg)은?

풀이

고형물 물질 수지식

$18,000 \times (100-63) =$ 건조 후 폐기물량 $\times (100-51)$

건조 후 폐기물량 $= \dfrac{18,000\text{kg} \times 37}{49} = 13,591.84\text{kg}$

제거된 수분량(kg) = 처리 전 폐기물량 − 건조 후 폐기물량
$= (18,000 - 13,591.84)\text{kg} = 4,408.16\text{kg}$

기출必수문제 출제율 30% 이상

08 함수율이 20%인 1톤 폐기물을 함수율 10%로 처리했을 때, 수분을 모두 증발시키는 데 2,520kcal/kg이 소요된다. 이때 사용되는 총에너지 요구량(kcal)은?

풀이

$1,000\text{kg} \times (100-20) =$ 처리 후 폐기물량 $\times (100-10)$

처리 후 폐기물량 $= \dfrac{1,000\text{kg} \times 80}{90} = 888.89\text{kg}$

증발된 수분량(kg) = 처리 전 폐기물량 − 증발 후 폐기물량
$= 1,000 - 888.89 = 111.11\text{kg}$

총에너지 요구량(kcal/kg) $= 111.11\text{kg} \times 2,520\text{kcal/kg} = 279,997.2\text{kcal}$

기출必수문제 출제율 50% 이상

09 함수율이 95%인 슬러지를 함수율 80%의 슬러지로 탈수시켰을 때 탈수 후/전의 슬러지 체적비(탈수 후/탈수 전)는?

풀이

탈수 전 슬러지량 × (1 − 탈수 전 함수율) = 탈수 후 슬러지량 × (1 − 탈수 후 함수율)

$\dfrac{\text{탈수 후 슬러지량}}{\text{탈수 전 슬러지량}} = \dfrac{(1-0.95)}{(1-0.80)} = 0.25$

기출 必 수문제 출제율 50% 이상

10 음식물이 섞여 있는 도시쓰레기의 수분함량이 50%이었다. 이것을 건조시켜 수분함량을 30%로 하였다면 중량감소율(%)은?(단, 비중 1.0)

풀이

초기 쓰레기량×(1−초기 함수율)=건조 후 쓰레기량×(1−건조 후 함수율)

$$중량감소율(\%) = \frac{초기\ 쓰레기량 - 건조\ 후\ 쓰레기량}{초기\ 쓰레기량} \times 100$$

$$= \left[1 - \frac{(100 - 초기\ 함수율)}{(100 - 처리\ 후\ 함수율)}\right] \times 100$$

$$= \left[1 - \frac{(100-50)}{(100-30)}\right] \times 100 = 28.57\%$$

[다른 풀이방법]
$100 \times 0.5 =$ 건조 후 쓰레기중량 $\times 0.7$

$$건조\ 후\ 쓰레기중량 = \frac{100 \times 0.5}{0.7} = 71.43\%$$

$$중량감소율(\%) = \frac{100 - 71.43}{100} \times 100 = 28.57\%$$

SECTION 014 유해폐기물의 위해성을 판단하는 방법으로 사용되는 물질의 특성

출제율 30%

(1) 부식성 (2) 유해성
(3) 반응성 (4) 인화성
(5) 용출특성 (6) 독성
(7) 난분해성 (8) 유해 가능성
(9) 감염성

 **Point**

'유해 폐기물의 위해성을 판단하는 방법으로 사용되는 물질의 특성 5가지를 쓰시오.'에 대비하여 학습

SECTION 015 발열량 분석

(1) 발열량

① 단위질량의 연료가 완전연소 후, 처음의 온도까지 냉각될 때 발생하는 열량을 말한다.
② 일반적으로 수증기의 증발잠열은 이용이 잘 안 되기 때문에 저위발열량이 주로 사용된다.
③ 증발잠열의 포함 여부에 따라 고위발열량과 저위발열량으로 구분된다.

(2) 단위

① 고체 및 액체연료

$$kcal/kg$$

② 기체연료

$$kcal/Sm^3$$

(3) 고위발열량(H_h)   출제율 50%

① 정의
연료를 완전연소 후 생성되는 수증기가 응축될 때 방출하는 증발잠열(응축열)을 포함한 열량으로 총발열량이라고도 한다.

② 측정
봄브 열량계(Bomb Calorimeter)

③ 계산식
  ㉠ 고체, 액체연료(Dulong식)

$$H_h = 8,100C + 34,000\left(H - \frac{O}{8}\right) + 2,500S \,(kcal/kg)$$

ⓒ 기체연료

$$H_l = H_h - 480\sum H_2O$$

여기서, H_l : 저위발열량(kcal/Sm^3)
480 : 수증기(H_2O) 1Sm^{3}의 증발잠열(kcal/Sm^3)
단, 중량으로 수증기의 응축잠열은 600kcal/kg
$\left(480\text{kcal/Sm}^3 = 600\text{kcal/kg} \times \dfrac{18\text{kg}}{22.4\text{Sm}^3}\right)$

$$H_l = H_h - 480(H_2 + 2CH_4 + 2C_2H_4 + 3C_2H_5 + 4C_3H_8 \cdots\cdots)$$
$$= H_h - 480\left[H_2 + \sum \dfrac{y}{2}(C_xH_y)\right]$$

(4) 저위발열량(H_l) 출제율 50%

① 정의

연료가 완전연소 후 연소과정에서 생성되는 수증기(수분)의 증발잠열(응축열)을 제외한 열량으로, 응축잠열을 회수하지 않고 배출하였을 때의 발열량이다. 즉 순발열량 의미로 소각로 설계기준이 된다.

② 계산

㉠ 연소분석치 ┐
㉡ 연소반응식 ┘ 에 의한 산출

③ 계산식

$$H_l = H_h - 600(9H + W)(\text{kcal/kg})$$

여기서, H : 연료 내의 수소함량(kg)
W : 연료 내의 수분함량(kg)
600 : 0℃에서 H_2O 1kg의 증발열량

④ H_l(저위발열량)과 H_h(고위발열량)은 폐기물 성분 중 수소의 함량 차이, 즉 증발잠열의 차이이다.

(5) 발열량 측정방법 종류 출제율 70%

① 원소분석에 의한 방법(Dulong식)
② 삼성분에 의한 방법
③ 물리적 조성에 의한 방법
④ 단열열량계에 의한 직접측정방법

(6) 원소분석에 의한 방법(Dulong식) 출제율 70%

① 듀롱(Dulong)의 식
  ㉠ 산소성분[O] 전부가 수소성분[H]과 결합하여 수분[H_2O]으로 존재한다고 가정하고 발열량을 산정하는 식이다.
  ㉡ 유효수소 $\left(H - \dfrac{O}{8}\right)$를 고려한 식
   ⓐ 유효수소는 연료 내에 포함된 수분을 보정하는 것을 의미하며 가연물질에 결합수로서 포함하는 수소를 제외한 유효수소분에 대한 소요산소를 나타낸다.
   ⓑ 유효수소는 실제 연소에 참여할 수 있는 수소의 양으로 전체 수소에서 산소와 결합된 수소량을 제외한 양 $\left(H - \dfrac{O}{8}\right)$을 의미한다.

② 고위발열량(H_h)

$$H_h(\text{kcal/kg}) = 8,100C + 34,000\left(H - \dfrac{O}{8}\right) + 2,500S$$

$C + O_2 \rightarrow CO_2 + 8,100\text{kcal/kg}$

$H_2 + \dfrac{1}{2}O_2 \rightarrow H_2O + 34,000\text{kcal/kg}$

$S + O_2 \rightarrow SO_2 + 2,500\text{kcal/kg}$

주요 원소분석의 측정항목 → 탄소, 수소, 산소, 질소, 황

③ 저위발열량(H_l)

$$H_l(\text{kcal/kg}) = 8,100C + 34,000\left(H - \dfrac{O}{8}\right) + 2,500S - 600(9H + W)$$

④ 고위발열량(H_h)과 저위발열량(H_l)의 관계
  ㉠ 액체 및 고체연료발열량

  $$H_l = H_h - 600(9H + W)(\text{kcal/kg})$$

  ㉡ 기체연료발열량

  $$H_l = H_h - 480(nH_2O)(\text{kcal/Sm}^3)$$

(7) 삼성분에 의한 방법 출제율 30%

① 정의
  쓰레기의 저위발열량 추정 시 3성분의 조성비율을 이용하여 발열량을 산출하는 방법이다.

② 3성분
  가연분, 수분, 회분(4성분 : 3성분+불연분)

③ 고위발열량(H_h)

  $$H_h(\text{kcal/kg}) = 45VS$$

④ 저위발열량(H_l)

  $$H_l(\text{kcal/kg}) = 45VS - 6W$$

  여기서, VS : 쓰레기 중 가연분 조성비(%)
  　　　　W : 쓰레기 중 수분의 조성비(%)

(8) 물리적 조성에 의한 방법 출제율 30%

① 저위발열량(H_l)

  $$H_l(\text{kcal/kg}) = 88.2R + 40.5(G+P) - 6W$$

  여기서, R : 플라스틱 함유율(%)
  　　　　G : 쓰레기 함유율(건조기준)(%)
  　　　　P : 종이 함유율(건조기준)(%)
  　　　　W : 수분 함유율(%)

② 고위발열량(H_h)

$$H_h(\text{kcal/kg}) = 88.2\,R + 40.5(G+P)$$

Reference 폐기물 내 함유된 리그닌의 양으로 생분해도를 평가하기 위한 관계식

생물분해성 분율(BF) : 유기성 폐기물의 생물분해성 추정식

$$BF = 0.83 - (0.028 \times LC)$$

여기서, BF(생분해성 분율) = $\dfrac{\text{생분해성 휘발성 고형물량}}{\text{전체 휘발성 고형물량}(VS)}$: (휘발성 고형분 함량 기준)

LC = 휘발성 고형분 중 리그닌 함량(건조무게 %로 표시)

학습 Point

1. 고위발열량 및 저위발열량 정의 숙지
2. 발열량 측정방법 종류(4가지) 숙지
3. 유효수소 설명하기 숙지
4. 삼성분 조성 숙지

기출 必수문제 출제율 50% 이상

01 수소 12.0%, 수분 0.5%인 액체연료의 고위발열량이 9,500kcal/kg이라면 저위발열량(kcal/kg)은?

풀이

저위발열량(H_l : kcal/kg) = $H_h - 600(9H + W)$
　　　　　　　　　　 = $9,500 - 600 \times [(9 \times 0.12) + 0.005] = 8,849\,\text{kcal/kg}$

기출 必수문제 출제율 60% 이상

02 폐기물의 평균 저위발열량(kcal/kg)은?(단, 도표 내 백분율은 중량백분율, 수분의 증발잠열은 공히 500kcal/kg)

구분	성분비(%)	고위발열량(kcal/kg)
종이	30	9,000
목재	20	10,000
음식류	40	8,500
플라스틱	10	15,000

풀이

각 H_h에서 증발잠열을 제외하여 중량 성분비 고려 계산

$H_l = [(9,000-500) \times 0.3] + [(10,000-500) \times 0.2] + [(8,500-500) \times 0.4]$
$\quad + [(15,000-500) \times 0.1]$
$\quad = 9,100 \text{kcal/kg}$

기출 必수문제 출제율 50% 이상

03 도시쓰레기 100kg을 분쇄한 다음 1g의 시료를 취해 원소분석기로 성분분석한 결과 다음과 같았다. 쓰레기의 고위발열량(kcal/kg)은?(단, Dulong식 적용)

조성	C	H	O	S
분율(%)	40	30	25	5

풀이

고위발열량(H_h)

$H_h = 8,100\text{C} + 34,000\left(\text{H} - \dfrac{\text{O}}{8}\right) + 2,500\text{S}$

$\quad = (8,100 \times 0.4) + \left[34,000 \times \left(0.3 - \dfrac{0.25}{8}\right)\right] + (2,500 \times 0.05)$

$\quad = 12,502.5 \text{kcal/kg}$

기출필수문제 출제율 60% 이상

04 원소성분분석 결과가 다음과 같을 때 고위발열량(kcal/kg)은?

$$C : H : O : N : S = 65 : 15 : 10 : 8 : 2$$

풀이

$$H_h = 8,100C + 34,000\left(H - \frac{O}{8}\right) + 2,500S$$

$$= (8,100 \times 0.65) + \left[34,000 \times \left(0.15 - \frac{0.1}{8}\right)\right] + (2,500 \times 0.02)$$

$$= 9,990 \text{kcal/kg}$$

기출필수문제 출제율 50% 이상

05 폐기물을 분석한 결과 수분 10%, 회분 30%, 고정탄소 50%, 휘발분이 10%이고 휘발분 성분을 원소분석한 결과 (H : 15%, O : 25%, S : 10%, C : 50%)이었다. 듀롱식을 사용하여 고위발열량(kcal/kg)을 구하시오.

풀이

$$H_h = 8,100C + 34,000\left(H - \frac{O}{8}\right) + 2,500S$$

$$= [8,100 \times \{(0.1 \times 0.5) + 0.5\}] + \left[34,000 \times \left\{(0.1 \times 0.15) - \left(\frac{0.1 \times 0.25}{8}\right)\right\}\right]$$
$$\quad + [2,500 \times (0.1 \times 0.1)]$$

$$= 4,883.75 \text{kcal/kg}$$

[다른 방법]

$$H_h = 8,100C + 34,000\left(H - \frac{O}{8}\right) + 2,500S$$

C함량 = [(0.1×0.5)+0.5] = 0.55   H함량 = (0.1×0.15) = 0.015
O함량 = (0.1×0.25) = 0.025   S함량 = (0.1×0.1) = 0.01

$$= (8,100 \times 0.55) + \left[34,000 \times \left(0.015 - \frac{0.025}{8}\right)\right] + (2,500 \times 0.01)$$

$$= 4,883.75 \text{kcal/kg}$$

기출必수문제 출제율 70% 이상

06 쓰레기 100kg을 분쇄한 다음 1g의 시료를 시료채취 원소분석기로 성분분석한 결과 다음과 같다. 저위발열량(kcal/kg)은?

조성	탄소	수소	산소	유황	수분
분율(%)	18	4	10	1	10

풀이

$$H_h = (8,100 \times 0.18) + \left[34,000 \times \left(0.04 - \frac{0.1}{8}\right)\right] + (2,500 \times 0.01)$$
$$= 2,418 \text{kcal/kg}$$

$$H_l = H_h - 600 \times (9H+W) = 2,418 - 600[(9 \times 0.04) + 0.1] = 2,142 \text{kcal/kg}$$

기출必수문제 출제율 70% 이상

07 다음 조성의 폐기물의 고위발열량(kcal/kg)을 Dulong식을 이용하여 계산한 값(kcal/kg)은?(단, 탄소, 수소, 황의 연소발열량은 각각 8,100kcal/kg, 34,000kcal/kg, 2,500kcal/kg으로 한다.)

- 조성(%) : 휘발성고형물 50, 수분 20, 회분 30
- 휘발성고형물 원소분석결과(%) : C 50, H 30, O 10, N 10

풀이

$$H_h = 8,100C + 34,000\left(H - \frac{O}{8}\right) + 2,500S(\text{kcal/kg})$$
$$= [8,100 \times (0.5 \times 0.5)] + \left[34,000 \times \left\{(0.5 \times 0.3) - \left(\frac{0.5 \times 0.1}{8}\right)\right\}\right] + (2,500 \times 0)$$
$$= 6,912.5 \text{kcal/kg}$$

기출必수문제 출제율 60% 이상

08 폐기물을 원소분석한 결과 다음과 같다. 듀롱식을 이용하여 고위발열량(kcal/kg)과 저위발열량(kcal/kg)을 구하면?

> 원소분석 조성 : C 30%, H 20%, O 10%, 수분 10%, 회분 20%, S 10%

풀이

$$H_h = 8{,}100C + 34{,}000\left(H - \frac{O}{8}\right) + 2{,}500S\,(\text{kcal/kg})$$

$$= (8{,}100 \times 0.3) + \left[34{,}000 \times \left(0.2 - \frac{0.1}{8}\right)\right] + (2{,}500 \times 0.1)$$

$$= 9{,}055\,\text{kcal/kg}$$

$$H_l = H_h - 600(9H + W) = 9{,}055 - [600 \times ((9 \times 0.2) + 0.1)] = 7{,}915\,\text{kcal/kg}$$

기출必수문제 출제율 70% 이상

09 원소조성을 분석한 결과 다음과 같다. H_l(kcal/kg)은?(단, Dulong식 이용)

> 조건 : 수분 45%, 가연분 50%, 회분 5%
> 가연분 중 탄소 55%, 산소 15%, 수소 10%, 질소 10%, 황 10%

풀이

$$H_h = 8{,}100C + 34{,}000\left(H - \frac{O}{8}\right) + 2{,}500S\,(\text{kcal/kg})$$

각 성분 구성비 : C = 0.5 × 0.55 = 0.275
H = 0.5 × 0.1 = 0.05
O = 0.5 × 0.15 = 0.075
S = 0.5 × 0.1 = 0.05
W = 0.45

$$= (8{,}100 \times 0.275) + \left[34{,}000 \times \left(0.05 - \frac{0.075}{8}\right)\right] + (2{,}500 \times 0.05)$$

$$= 3{,}733.75\,\text{kcal/kg}$$

$$H_l = H_h - 600(9H + W) = 3{,}733.75 - 600 \times [(9 \times 0.05) + 0.45] = 3{,}193.75\,\text{kcal/kg}$$

기출 必수문제 출제율 60% 이상

10 다음과 같은 조성을 가진 도시폐기물인 건조중량 기준 고위발열량이 3,600kcal/kg이었다면 습윤중량 기준 저위발열량(kcal/kg) 및 가연분 기준 고위발열량(kcal/kg)은?

[폐기물 조성]
- 가연분 = 23%(C = 11.7%, H = 1.81%, O = 8.76%, N = 0.39%, 기타 = 0.34%)
- 수분 = 65%
- 회분 = 12%

풀이

습윤기준 저위발열량(H_l)
$= H_h \times \left(\dfrac{\text{건조시료}}{\text{습윤시료}} \right) - 600 \times (9H + W)$
$= \left[3,600 \times \left(\dfrac{23+12}{100} \right) \right] - 600 \times [(9 \times 0.0181) + 0.65] = 772.26 \text{kcal/kg}$

가연분 기준 고위발열량(H_l)
$= (\text{건량 기준 고위발열량}) \times \dfrac{(100 - \text{수분})}{(100 - \text{수분} - \text{회분})}$
$= 3,600 \text{kcal/kg} \times \dfrac{(100-65)}{(100-65-12)} = 5,478.26 \text{kcal/kg}$

기출 必수문제 출제율 60% 이상

11 다음 조건의 습윤 고위발열량, 건조 고위발열량, 가연분 기준 건조 고위발열량(kcal/kg)을 구하시오.

가연분(%)						함수율(%)	회분
C	H	O	N	S	Cl	65	나머지
11.0	2.5	8.8	0.5	0.1	0.1		

풀이

습윤 고위발열량(kcal/kg)
$= (8,100 \times 0.11) + \left[34,000 \times \left(0.025 - \dfrac{0.088}{8} \right) \right] + (2,500 \times 0.001)$
$= 1,369.5 \text{kcal/kg}$

건조 고위발열량(kcal/kg) $= 1,369.5 \times \dfrac{100}{100-65} = 3,912.86 \text{kcal/kg}$

$$가연분\ 기준\ 건조\ 고위발열량(kcal/kg) = 3,912.86 \times \frac{(100-65)}{(100-65-12)}$$
$$= 5,954.35 kcal/kg$$

기출 必수문제 출제율 40% 이상

12 폐기물의 가연분량이 40%이고 수분의 양이 50%라면 저위발열량(kcal/kg)은? (단, 삼성분 추정식 기준)

풀이
$$H_l = 45VS - 6W = (45 \times 40) - (6 \times 50) = 1,500 kcal/kg$$

기출 必수문제

13 어떤 폐기물의 VS가 94%, VS 내 리그닌 함량이 22.5%(건조기준의 VS 내 함량)라 할 때 생분해가 가능한 분율(%)은?

풀이
$$생분해성\ 분율 = \frac{생분해성\ 휘발성\ 고형물량}{전체\ 휘발성\ 고형물량(VS)}$$
$$= \frac{94 \times (1-0.225)}{94} \times 100 = 77.5\%$$

기출 必수문제 출제율 20% 이상

14 어느 쓰레기의 회분함량과 저위발열량을 측정하였더니 각각 10% 및 1,300kcal/kg 이었다. 수분함량(%)은?(단, 발열량은 3성분 분석에 의함, 가연분 함량 30%)

풀이
$$H_l = 45VS - 6W$$
$$1,300 = (45 \times 30) - 6W$$
$$W(수분함량) = \frac{(45 \times 30) - 1,300}{6} = 8.33\%$$

SECTION 016 수거노선 결정 시 고려사항(유의사항)

출제율 40%

① 언덕지역에서는 언덕의 위에서부터 적재하면서 차량을 진행하도록 한다.
② 출발점은 차고와 가깝게 하고 수거된 마지막 컨테이너가 처분지의 가장 가까이에 위치하도록 배치한다.
③ 가능한 한 시계방향으로 수거노선을 정한다.
④ 아주 많은 양의 쓰레기가 발생되는 발생원은 하루 중 가장 먼저 수거한다.
⑤ 반복운행 또는 U자형 회전은 피한다.
⑥ 수거 지점과 수거 빈도를 정하는 데 있어서 기존 정책이나 규정을 참고한다.
⑦ 교통량이 많거나 출퇴근 시간은 피하여 수거한다.

학습 Point

수거노선 결정 시 고려사항 5가지 숙지

SECTION 017 MHT(Man Hour Per Ton, 수거노동력)

① 폐기물 1ton당 인력소요시간, 즉 수거인부 1인이 폐기물 1ton 수거하는 데 소요되는 시간을 의미한다.
② 쓰레기통의 위치, 거리, 쓰레기통의 종류와 모양, 수거차의 능력과 형태 등에 따라 달라진다.

$$MHT = \frac{1일\ 평균\ 수거인부(인) \times 수거작업시간(hr/day)}{1일\ 평균\ 발생량(ton/day)(= 수거량)}$$
$$= \frac{총\ 작업시간(인 \cdot hr)}{총\ 수거량(ton)}$$

③ MHT가 적을수록 수거효율이 좋다는 의미

수거 형태	수거 효율	비고
타종 수거	0.84MHT	가장 높음
대형 쓰레기통	1.1MHT	
플라스틱 자루	1.35MHT	
집밖 이동식	1.47MHT	
집안 이동식	1.86MHT	
집밖 고정식	1.96MHT	
집안 고정식	2.24MHT	
문전 수거	2.3MHT	
벽면 부착식	2.38MHT	가장 낮음

학습 Point

MHT 의미 숙지

기출 필수문제 출제율 50% 이상

01 어느 도시의 폐기물 수거량이 2,000,000ton/year, 수거인부 3,000명, 1일 작업시간 8시간, 연간작업일수가 250일 경우 MHT는?

풀이

$$MHT = \frac{수거인부 \times 수거인부\ 총\ 수거시간}{총\ 수거량}$$

$$= \frac{3,000인 \times (8hr/day \times 250day/year)}{2,000,000} = 3.0\ MHT(man \cdot hr/ton)$$

기출必수문제 출제율 70% 이상

02 A도시 : 하루 발생 쓰레기량 1,000ton, 수거인부 150명, 일일평균 작업시간 8시간
B도시 : 하루 발생 쓰레기량 2,500ton, 수거인부 350명, 일일평균 작업시간 9시간
일 때, A, B 도시 중 어느 도시의 수거 효율이 좋은가?

> **풀이**
>
> [A도시]
> $$MHT = \frac{150인 \times (8hr/day)}{1,000ton/day} = 1.2 MHT(man \cdot hr/ton)$$
>
> [B도시]
> $$MHT = \frac{350인 \times (9hr/day)}{2,500ton/day} = 1.26 MHT(man \cdot hr/ton)$$
>
> A도시가 B도시보다 MHT가 낮으므로 수거효율이 좋음

기출必수문제 출제율 50% 이상

03 인구 10만 명의 도시에 1인당 1일 폐기물발생량이 1.5kg일 때 MHT을 2로 유지하기 위한 수거인부 수를 구하면?(단, 1일 8시간 작업)

> **풀이**
>
> $$MHT = \frac{수거인부 \times 수거인부\ 총수거시간}{총\ 수거량}$$
>
> 총수거량 = 1.5kg/인·일 × 100,000인 × ton/1,000kg = 150ton/일
>
> $$2.0 = \frac{수거인부\ 수 \times (8hr/일)}{150\ ton/일}$$
>
> 수거인부 수 = 37.5(38인)

기출必수문제 출제율 50% 이상

04 인구 2,200,000인 도시의 폐기물 발생량은 1.5kg/인·일이고, 수거인부 수 2,000명이 1일 8시간 작업 시 MHT는?

> **풀이**
>
> $$MHT = \frac{수거인부 \times 수거인부\ 총\ 수거시간}{총\ 수거량}$$
> $$= \frac{2,000인 \times 8hr/day}{1.5kg/인 \cdot 일 \times 2,200,000인 \times ton/1,000kg}$$
> $$= 4.85 MHT(man \cdot hr/ton)$$

기출 必수문제 출제율 30% 이상

05 다음은 주거지역의 월별 수거량이다.

월별	1	2	3	4	5	6	7	8	9	10	11	12
수거량(ton)	350	350	345	340	300	290	250	200	310	330	355	365

1) 월평균수거량(ton/월)은?
2) 평균수거량에 대한 최대수거율은?

풀이

월평균수거량(ton/월)
$= \dfrac{350+350+345+340+300+290+250+200+310+330+355+365}{12}$
$=313\,\text{ton/월}$

평균수거량에 대한 최대수거율 $= \dfrac{\text{최대수거량}}{\text{월평균수거량}} = \dfrac{365}{313} = 1.17$

기출 必수문제 출제율 60% 이상

06 다음 조건의 MHT는?

폐기물발생량 2,500,000ton/year, 수거율 90%, 수거인부 1일에 500명씩 2교대, 1명당 1일 작업시간 8hr

풀이

$\text{MHT} = \dfrac{\text{수거인부} \times \text{수거인부 총 수거량}}{\text{총 수거량} \times \text{수거율}}$

$= \dfrac{500\text{인} \times 2 \times (8\,\text{hr/day} \times 365\,\text{day/year})}{2{,}500{,}000\,\text{ton/year} \times 0.9} = 1.29\,\text{MHT(man}\cdot\text{hr/ton)}$

1-39

기출 必수문제 출제율 60% 이상

07 어느 도시의 연간쓰레기 수거량은 9,500,000m³, 수거인부 수 5,000명일 때 MHT는?(단, 밀도 0.5ton/m³, 작업시간 1일 8시간)

풀이

$$MHT = \frac{수거인부 \times 수거인부\ 총\ 수거량}{총\ 수거량}$$

$$= \frac{5,000인 \times (8hr/day \times 365day/year)}{9,500,000m^3/year \times 0.5ton/m^3} = 3.07 MHT(man \cdot hr/ton)$$

기출 必수문제 출제율 30% 이상

08 어느 도시의 쓰레기 발생량이 3배로 증가하였으나 쓰레기 수거노동력(MHT)은 그대로 유지시키고자 한다. 수거시간을 50% 증가시키는 경우 수거인원은 몇 배 증가되어야 하는가?

풀이

$$MHT = \frac{수거인부 \times 수거인부\ 총수거시간}{총발생량}$$

MHT는 변화 없으므로

$$MHT = \frac{수거인부 \times 1.5}{3}$$

수거인부 = 2배

기출 必수문제 출제율 50% 이상

09 인구 250,000명의 도시에서 35,470ton/year의 쓰레기가 발생하였다. 이 도시의 1인당 1일 쓰레기 발생량(kg)은?

풀이

$$쓰레기\ 발생량(kg/인 \cdot 일) = \frac{발생\ 쓰레기량}{대상\ 인구수}$$

$$= \frac{35,470ton/year \times 1,000kg/ton \times year/365day}{250,000인}$$

$$= 0.39 kg/인 \cdot 일$$

기출必수문제 출제율 70% 이상

10 600세대 세대당 평균 가족수 5인인 아파트에서 배출되는 쓰레기를 2일마다 수거하는 데 적재용량 8.0m³의 트럭 5대가 소요된다. 쓰레기 단위용적당 중량이 210kg/m³이라면 1인 1일당 쓰레기 배출량(kg)은?

> **풀이**
>
> 쓰레기 배출량(kg/인·일) = $\dfrac{\text{수거 쓰레기 부피} \times \text{쓰레기 밀도}}{\text{대상 인구수}}$
>
> $= \dfrac{8.0\,\text{m}^3/\text{대} \times 5\text{대} \times 210\,\text{kg/m}^3}{600\,\text{세대} \times 5\text{인/세대} \times 2\text{day}} = 1.40\,\text{kg/인·일}$

기출必수문제 출제율 40% 이상

11 수거대상인구 20,000인의 1주일 동안의 쓰레기 수거상태를 조사하였더니 다음과 같았다. 1인 1일당 쓰레기 발생량(kg/인·일)은?

- 트럭수 : 5대
- 트럭용적 : 10m³
- 수거횟수 : 5회/주
- 쓰레기밀도 : 500kg/m³

> **풀이**
>
> 쓰레기 발생량(kg/인·일)
>
> $= \dfrac{\text{폐기물수거량}}{\text{수거대상인구}}$
>
> $= \dfrac{10\,\text{m}^3/\text{대} \times 5\text{대/회} \times 5\text{회/주} \times \text{주}/7\text{day} \times 500\,\text{kg/m}^3}{20,000\,\text{인}} = 0.89\,\text{kg/인·일}$

기출 必수문제 출제율 50% 이상

12 수거대상 인구가 2,000명인 지역에서 1주일 동안의 쓰레기 수거상태를 조사하여 다음과 같은 결과를 얻었을 때, 이 지역의 쓰레기 발생량(kg/인·일)은?

- 트럭수 : 2대
- 트럭용적 : 10m³
- 쓰레기 수거횟수 : 4회/주
- 적재 시 쓰레기 밀도 : 0.45ton/m³

풀이

쓰레기 발생량(kg/인·일)

$= \dfrac{폐기물수거량}{수거대상인구}$

$= \dfrac{10\,m^3/대 \times 2\,대/회 \times 4\,회/주 \times 주/7\,day \times 450\,kg/m^3}{2,000\,인} = 2.57\,kg/인·일$

기출 必수문제 출제율 50% 이상

13 인구 15만 명이고 1인 1일 쓰레기 배출량이 0.95kg이며 쓰레기밀도가 350kg/m³라고 하면 적재용량 8.0m³인 차량이 하루에 몇 대 필요한가?(단, 기타 사항은 고려하지 않음)

풀이

소요차량(대/일) $= \dfrac{쓰레기\ 배출량}{1일\ 1대\ 운반량(수거차량적재용량)}$

$= \dfrac{0.95\,kg/인·일 \times 150,000\,인}{8.0\,m^3/대 \times 350\,kg/m^3} = 50.89(51대/일)$

기출 必수문제 출제율 40% 이상

14 인구 41,000명인 어느 도시의 폐기물 발생량이 1.5kg/인·일, 수거율 88%, 밀도는 600kg/m³이다. 1일 2회 수거 시 하루에 필요한 운반트럭의 대수는?(단, 예비트럭 3대, 1대의 적재부피 8m³)

풀이

차량대수(대) $= \left(\dfrac{폐기물총량}{차량적재용량 \times 운반횟수} \right) + 대기(예비)차량$

$= \dfrac{1.5\,kg/인·일 \times 41,000\,인 \times 0.88}{8\,m^3/대·회 \times 2\,회/일 \times 600\,kg/m^3} + 3 = 8.64(약\ 9대)$

기출 필수문제 출제율 40% 이상

15 어느 지역의 1일 폐기물 배출량이 3,000m³, 밀도가 550kg/m³이라면, 적재하중이 10ton인 트럭으로 이 폐기물을 운반하려면 1일 필요한 차량 대수는?(단, 차량당 1일 1회 운행기준)

> **풀이**
>
> 차량대수(대) = $\dfrac{\text{폐기물 총량}}{\text{수거차량 적재용량}}$
>
> $= \dfrac{3,000\,\text{m}^3/\text{day} \times \text{day}/1\,\text{회} \times 550\,\text{kg}/\text{m}^3 \times 1\,\text{ton}/1,000\,\text{kg}}{10\,\text{ton}/\text{대}\cdot\text{회}}$
>
> = 165대

기출 필수문제 출제율 60% 이상

16 1일 폐기물 발생량이 1,200톤인 도시에서 5톤 트럭을 이용하여 쓰레기를 매립장까지 운반하고자 한다. 다음 조건하에서 필요한 운반트럭의 대수는?(단, 예비차량 포함)

- 하루 트럭 작업시간 : 8시간
- 적재시간 : 30분
- 적하시간 : 30분
- 예비차량 : 3대
- 운반거리 : 10km

> **풀이**
>
> 차량대수(대) = $\dfrac{\text{폐기물 총량}}{\text{차량 적재용량}}$ + 대기차량
>
> 폐기물총량(1일 폐기물 발생량) = 1,200ton/day
>
> 차량적재용량(1일 1대당 운반량)
>
> $= \dfrac{5\,\text{ton}/\text{대}\cdot\text{회}}{(30+30)\,\text{분}/\text{회} \times \text{hr}/60\,\text{분} \times \text{day}/8\,\text{hr}} = 40\,\text{ton}/\text{day}\cdot\text{대}$
>
> $= \dfrac{1,200\,\text{ton}/\text{day}}{40\,\text{ton}/\text{day}\cdot\text{대}} + 3\,\text{대} = 33\,\text{대}$

기출 必수문제 출제율 80% 이상

17 1일 폐기물 발생량이 3,200m³인 도시에서 8m³ 트럭으로 쓰레기를 매립장까지 운반하고자 한다. 다음 조건에서 1일 몇 대의 차량이 필요한가?(단, 대기차량 포함)

- 작업시간 : 8hr/day
- 운반거리 : 20km
- 왕복 운반시간 : 50min
- 투기시간 : 10min
- 적재시간 : 10min
- 대기차량 : 2대

풀이

$$\text{차량대수(대)} = \frac{\text{1일 폐기물 발생량}}{\text{1일 1대당 운반량}} + \text{대기차량}$$

1일 폐기물 발생량 = 3,200m³/day
1일 1대당 운반량

$$= \frac{8\,\text{m}^3/\text{대}\cdot\text{회}}{(50+10+10)\text{min}/\text{회} \times \text{hr}/60\text{min} \times \text{day}/8\text{hr}}$$

$$= 54.86\,\text{m}^3/\text{day}\cdot\text{대}$$

$$= \frac{3,200\,\text{m}^3/\text{day}}{54.86\,\text{m}^3/\text{day}\cdot\text{대}} + 2\text{대} = 60.33\text{대}(61\text{대})$$

기출 必수문제 출제율 60% 이상

18 인구 20만 명, 쓰레기 발생량 1.35kg/인·일, 쓰레기 밀도 450kg/m³, 운전시간 8시간/day, 운반거리 4km, 적재용량 8m³, 왕복시간 30분, 하역시간 20분, 적재시간 10분일 때 소요차량 대수는?(단, 대기 차량 2대, 압축률 1.5)

풀이

$$\text{차량대수(대)} = \frac{\text{1일 폐기물 발생량}}{\text{1일 1대당 운반량}} + \text{대기차량}$$

1일 폐기물 발생량 = 1.35kg/인·일 × 200,000인 = 270,000kg/일
1일 1대당 운반량

$$= \frac{8\text{m}^3/\text{대}\cdot\text{회} \times 450\text{kg}/\text{m}^3}{(30+20+10)\text{min}/\text{회} \times \text{hr}/60\text{min} \times \text{day}/8\text{hr}} \times 1.5$$

$$= 43,200\text{kg}/\text{day}\cdot\text{대}$$

$$= \frac{270,000\text{kg}/\text{day}}{43,200\text{kg}/\text{day}\cdot\text{대}} + 2\text{대} = 8.25(9\text{대})$$

기출必수문제 출제율 60% 이상

19 30일간 발생된 폐기물을 수거하여야 할 때 차량대수는?(단, 차량운행횟수는 1회로 한다.)

- 폐기물밀도 : 500kg/m³
- 폐기물발생량 : 1.5kg/인 · 일
- 차량이용률 : 0.67
- 폐기물압축비 : 2
- 차량적재용적 : 10m³
- 500가구(가구당 4명)

풀이

$$\text{차량대수(대)} = \frac{\text{폐기물 발생량}}{\text{1대당 운반량}}$$

폐기물 발생량
$= 1.5\text{kg/인} \cdot \text{일} \times 500\text{가구} \times 4\text{인/가구} \times 30\text{일} = 90{,}000\text{kg}$

1대당 운반량
$= 10\text{m}^3/\text{대} \cdot \text{회} \times 500\,\text{kg/m}^3 \times 0.67 \times 2 \times 1\text{회} = 6{,}700\text{kg/대}$

$= \dfrac{90{,}000\text{kg}}{6{,}700\text{kg/대}} = 13.43\,(14\text{대})$

기출必수문제 출제율 60% 이상

20 인구 40만 명인 도시에서 쓰레기를 처리하는 데 최소한 확보하여야 할 쓰레기 수송 차량의 대수는 얼마인가?

- 1인 1일 배출량 : 1.2kg/인 · 일
- 차량용적 : 10ton
- 수거빈도 : 최대 2회/일
- 보조차량 : 설계 대수의 20% 확보

풀이

$$\text{차량대수(대)} = \frac{\text{1일 폐기물 발생량}}{\text{1일 1대당 운반량}} \times 1.2$$

1일 폐기물 발생량
$= 1.2\text{kg/인} \cdot \text{일} \times 400{,}000\text{인} = 480{,}000\text{kg/일}$

1일 1대당 운반량 $= \dfrac{10\text{ton/대} \cdot \text{회} \times 1{,}000\text{kg/ton}}{\text{일/2회}}$

$= 20{,}000\,\text{kg/일} \cdot \text{대}$

$= \dfrac{480{,}000\text{kg/일}}{20{,}000\text{kg/일} \cdot \text{대}} \times 1.2 = 28.8\text{대}\,(29\text{대})$

기출필수문제 출제율 50% 이상

21 인구 500,000인 어느 도시의 쓰레기 발생량 중 가연성이 30%라고 한다. 쓰레기 발생량이 0.9kg/인·일이고 밀도는 0.9ton/m^3, 쓰레기차의 적재용량이 15m^3일 때, 가연성쓰레기를 운반하는 데 필요한 차량(대/일)은?(단, 차량은 1일 1회 운행 기준)

풀이

$$\text{소요차량(대/일)} = \frac{\text{가연성쓰레기 총량}}{\text{적재용량}} \times \text{가연성 비율}$$

$$= \frac{0.9\text{kg/인·일} \times 500{,}000\text{인}}{15\text{m}^3/\text{대} \times 900\text{kg/m}^3} \times 0.3 = 10(\text{대/일})$$

기출필수문제 출제율 50% 이상

22 다음 조건을 가진 지역의 일일 최소쓰레기 수거횟수(회/일)는?

발생쓰레기 밀도 750kg/m^3, 발생량 1.2kg/인·일, 적재용량 2m^3, 차량대수 7(동시 사용), 적재함 이용률 80%, 압축비 1.5, 수거인부 10명, 수거대상 20,000인

풀이

$$\text{수거횟수(회/일)} = \frac{\text{총 배출량}}{\text{1회 수거량}}$$

$$= \frac{1.2\text{kg/인·일} \times 20{,}000\text{인}}{2\text{m}^3/\text{대} \times 7\text{대/회} \times 750\text{kg/m}^3 \times 0.8 \times 1.5} = 1.90(2\text{회/일})$$

기출필수문제 출제율 40% 이상

23 수거대상인구 2,200명, 폐기물발생량 1.5kg/인·일, 차량용적 5m^3, 적재밀도 600kg/m^3일 때 폐기물의 수거횟수(회/주)는?(단, 차량 1대 기준)

풀이

$$\text{수거횟수(회/주)} = \frac{\text{총 배출량}}{\text{1회 수거량}}$$

$$= \frac{1.5\text{kg/인·일} \times 2{,}200\text{인} \times 7\text{일/주}}{5\text{m}^3/\text{대} \times \text{대/회} \times 600\text{kg/m}^3} = 7.7(8\text{회/주})$$

기출필수문제 출제율 60% 이상

24 다음 조건의 일일 최소 쓰레기 수거횟수(회/일)는?

> 쓰레기 밀도 800kg/m³, 발생량 1.2kg/인·일, 적재용량 3m³, 차량 대수 4(동시 사용), 적재함 이용률 70%, 압축비 1.5, 수거인부 10명, 수거대상 150,000인

풀이

$$수거횟수(회/일) = \frac{총\ 배출량}{1회\ 수거량}$$

$$= \frac{1.2kg/인 \cdot 일 \times 150,000인}{3m^3/대 \times 4대/회 \times 800kg/m^3 \times 0.7 \times 1.5}$$

$$= 17.86(18회/일)$$

기출필수문제 출제율 30% 이상

25 쓰레기 발생량이 1.35kg/인·일 이고 쓰레기 밀도가 0.3ton/m³이라고 할 때 차량적재 용량이 8.0m³인 차량 한 대에 실을 수 있는 쓰레기를 쓰레기 발생인구로 환산하면 몇 명에 해당하는가?

풀이

$$쓰레기\ 발생인구(인) = \frac{8.0m^3/대 \times 300kg/m^3 \times 대/일}{1.35kg/인 \cdot 일} = 1,777.77(1,778인)$$

기출필수문제 출제율 30% 이상

26 쓰레기 발생량이 2.5kg/인·일인 지역을 용적이 1.25m³인 손수레를 이용하여 이틀 간격으로 전량 수거하려면 한 손수레가 담당할 수 있는 최대가구수는?(단, 쓰레기 밀도 500kg/m³, 가구당 2.0세대, 1세대당 5인 거주)

풀이

$$최대가구수(가구) = \frac{1.25m^3 \times 500kg/m^3}{2.5kg/인 \cdot 일 \times 5인/세대 \times 2.0세대/가구 \times 2일}$$

$$= 12.5(13가구)$$

기출必수문제 출제율 40% 이상

27 인구 10,000명의 도시에서 1일 1인당 1.2kg의 쓰레기를 배출하고 있다. 이때 쓰레기의 평균 겉보기 밀도는 500kg/m³이다. 일주일간 발생되는 쓰레기량(m³/주)은?(단, 일요일은 1.5kg/인·일의 율로 배출)

> **풀이**
> 일주일(평일 6일+일요일)을 구분하여 계산 후 합한다.
>
> 평일(6일) 발생쓰레기량 $= \dfrac{1.2\,\text{kg/인·일} \times 10,000\text{인} \times 6\text{일/주}}{500\,\text{kg/m}^3} = 144\,\text{m}^3/\text{주}$
>
> 일요일 발생쓰레기량 $= \dfrac{1.5\,\text{kg/인·일} \times 10,000\text{인} \times 1\text{일/주}}{500\,\text{kg/m}^3} = 30\,\text{m}^3/\text{주}$
>
> 총 발생쓰레기량(m³/주) $= 144\,\text{m}^3/\text{주} + 30\,\text{m}^3/\text{주} = 174\,\text{m}^3/\text{주}$

SECTION 018 폐기물의 수송방법

(1) 모노레일(Mono Rail) 수송

쓰레기를 적환장에서 최종처분장까지 수송하는 데 적용하며 자동무인화할 수 있는 장점은 있으나 시설 완료 후 경로변경이 어렵고 반송 노선이 필요하다는 단점이 있다.

(2) 컨테이너(Container) 수송

수집차에 의해서 기지역까지 운반한 후 철도에 적환하여 매립지까지 운반하는 방법으로 광대한 국토와 철도망이 있는 곳에서 사용할 수 있다.

(3) 컨베이어(Conveyor) 수송

지하에 설치된 컨베이어에 의해 쓰레기를 수송하는 방법으로 악취문제를 해결하고 경관을 보전할 수 있는 장점은 있으나 전력비, 시설비, 내구성, 미생물부착 등의 단점이 있다.

(4) 관거(Pipeline) 수송 출제율 95%

① 개요
- ㉠ 분진, 소음, 진동, 악취 등의 문제점이 없는 가장 이상적인 수송방식이다.
- ㉡ 폐기물 발생밀도가 상대적으로 높은 인구밀집지역 및 아파트 지역 등에서 현실성이 있다.
- ㉢ 관거수송의 종류로는 공기, 슬러리, 캡슐수송 등으로 구분할 수 있다.

② 장단점
- ㉠ 장점
    - ⓐ 자동화, 무공해화, 안전화가 가능하다.
    - ⓑ 눈에 띄지 않는다.(미관, 경관 좋음)
    - ⓒ 에너지 절약이 가능하다.
    - ⓓ 교통소통이 원활하여 교통체증 유발이 없다.(수거차량에 의한 도심지 교통량 증가 없음)
    - ⓔ 투입 용이, 수집이 편리하다.
- ㉡ 단점
    - ⓐ 대형 폐기물(조대폐기물)에 대한 전처리 공정(파쇄, 압축)이 필요하다.
    - ⓑ 가설(설치) 후에 경로변경이 곤란하고 설치비가 비싸다.
    - ⓒ 잘못 투입된 폐기물은 회수하기가 곤란하다.
    - ⓓ 2.5km 이내의 거리에서만 이용된다.(장거리, 즉 2.5km 이상에서는 사용 곤란)
    - ⓔ 초기투자 비용이 많이 소요된다.

③ 종류
- ㉠ 공기수송(관거 이용)
    - ⓐ 공기의 속도압(동압)에 의해 쓰레기를 수송하며 진공수송과 가압수송이 있다.
    - ⓑ 공기수송은 고층주택밀집지역에 현실성이 있으며 소음(관내 통과소음, 기타 기계음)에 대한 방지시설을 해야 한다.(고층주택밀집지역=발생밀도가 높은 지역)
    - ⓒ 진공수송은 쓰레기를 받는 쪽에서 흡인하여 수송하는 방법이다.
    - ⓓ 가압수송은 송풍기로 쓰레기를 불어서 수송하는 방법이다.
- ㉡ 슬러리(Slurry) 수송(관거 이용)
    - ⓐ 쓰레기를 전처리(파쇄 or 분쇄)하여 현탁물상으로 하여 펌프를 사용해서 하수도에 흘러보내는 방식이다.

ⓑ 관마모가 적고 동력도 적게 소모된다.(장점)
ⓒ 혼입되는 고형물의 양에 한도(≒8%)가 있다.
ⓒ 캡슐(Capsule) 수송(관거 이용)
ⓐ 쓰레기를 충전한 캡슐을 수송관 내에 삽입하여 공기나 물의 흐름을 이용하여 수송하는 방식과 각 캡슐에 구동장치를 설치한 수송방식이 있다.
ⓑ 공기와 수력캡슐은 각각 압송식과 제트 펌프식으로 대별된다.
ⓒ 쓰레기를 캡슐에 넣거나 꺼내는 것이 힘들어 쓰레기 수집에는 적합하지 않다.

① 폐기물 수송방법 종류 숙지
② 관거수송 종류(3가지) 및 특징 숙지

SECTION 019 적환장에서 대형차량으로 적재하는 형식(방법)

출제율 30%

적환장은 소형수거를 대형수송으로 연결하여 주는 곳이며 효율적인 수송을 위하여 보조적인 역할을 수행한다. 즉, 작은 용기로 수거한 폐기물을 대형트럭에 옮겨 싣는 곳을 의미한다.

① **직접투하방식(Direct-discharge Transfer station)**
소형차에서 대형차로 직접 투하하여 싣는 방법으로 주택가와 먼 지역에 설치가능하며 소도시에 유용한 방법이나 압축되지 않는 단점이 있다.

② **저장투하방식(Storage-discharge Transfer station)**
쓰레기를 저장 피트(Pit)나 플랫폼에 저장한 후 압축기(or 블로저)로 적환하는 방법으로 대도시의 대용량 쓰레기에 적합하며 교통체증 현상을 없애주는 효과가 있다.

③ **직접·저장투하 결합방식(Direct and Storage discharge Transfer Station)**
직접 상차하는 방식과 쓰레기를 저장 후 적환하는 방식 두 가지 모두를 한 적환장 내에 설치 운영하는 방식이다.

적환장 적재형식 종류 숙지

SECTION 020 적환장 설치 시 고려사항(적환장 설치가 필요한 경우)

출제율 95%

(1) 작은 용량의 수집차량을 사용할 때($15m^3$ 이하)
(2) 최종처리장과 수거지역의 거리가 먼 경우(16km 이상)
(3) 불법투기와 다량의 어질러진 쓰레기들이 발생할 때
(4) 저밀도 거주지역이 존재할 때
(5) 상업지역에서 폐기물 수집에 소형 용기를 많이 사용하는 경우
(6) 슬러지 수송이나 공기수송방식을 사용할 때

Reference 적환장 위치선정 시 고려사항 출제율 60%

① 수거하고자 하는 개별적 고형폐기물 발생지역의 하중중심(무게중심)과 되도록 가까운 곳
② 쉽게 간선도로에 연결되며, 2차 보조수송수단의 연결이 쉬운 곳
③ 건설비와 운영비가 적게 들고 경제적인 곳
④ 주민의 반대가 적고 주변 환경에 대한 영향이 최소인 곳

학습 Point

적환장 설치가 필요한 경우 5가지 숙지

01 어떠한 도시의 쓰레기를 매립장까지 운반하는 데 소요되는 운반비용은 3,000원/km·ton이다. 매립장까지 사이에 적환장을 설치하여 운반하면 적환장으로부터 매립장까지의 운반비용은 2,000원/km·ton이다. 적환장 설치 전후의 비용이 같아지는 적환장의 설치위치는 쓰레기발생지점으로부터 몇 km 지점인지 구하시오. (단, 적환장의 관리비용은 위치에 관계없이 ton당 10,000원, 쓰레기 발생지점부터 매립장까지의 거리 20km, 설치비용 등 기타 조건은 고려하지 않음)

풀이

비용과 거리의 관계식
$3,000원/km \cdot ton \times 20km = (2,000원/km \cdot ton \times (20-x)km)$
$\qquad\qquad\qquad\qquad + (3,000원/km \cdot ton \times xkm) + 10,000원/ton$
$60,000원/ton = 원/ton[2,000(20-x) + 3,000x + 10,000]$
$10,000 = 1,000x$
$x(적환장 설치위치) = 10km$

SECTION 021 폐기물 관리체계

(1) 폐기물 관리에서 우선적으로 고려할 사항 [출제율 30%]

① 감량화(가장 우선적 고려)
② 재활용 및 재회수(재이용 포함)
③ 처리(소각)
④ 최종처분(매립)

(2) 4E

① 경제 : Economy
② 에너지 : Energy
③ 환경 : Environment
④ 인간평등 : Equality

(3) 3R

① 감량화 : Reduction
② 재이용 : Reuse 또는 재활용(Recycle)
③ 회수이용 : Recovery

(4) 3P(오염자 부담원칙 : Polluter Pays Principles)

오염을 유발한 자가 오염방지비용 그 피해에 대한 복구비용까지도 책임을 지도록 하는 경제유인책의 의미이다.(예 : 부담금제도, 예치금, 종량제)

(5) EPR(생산자 책임 재활용 제도 : Extended Producer Responsibility)

폐기물은 단순히 못 쓰게 되어 버려진 것이라는 의식을 바꾸어 "폐기물=자원"이라는 공감대를 확산시킴으로써 재활용 정책에 활력을 불어넣는 제도이다.

(6) 바젤(Basell)협약

유해폐기물의 국가 간 이동 및 처리에 관한 국제협약으로 유해폐기물의 수출, 수입을 통제하여 유해폐기물 불법교역을 최소화하고, 환경오염을 최소화하는 것이 목적이다.

(7) 러브커넬사건(Love Canal Accident ; 러브운하사건)

미국(1940~1952) 후커케미칼사의 유해폐기물 불법매립으로 일어난 환경재난사건

(8) 환경마크를 부여할 상품이 갖추어야 할 조건 출제율 10%

① 다소비품 제품
② 사용·폐기 시 폐기물 배출량이 많거나 오염부하가 큰 제품
③ 환경보전에 크게 기여할 수 있는 제품

> **Reference** 환경 구성요소로서의 토양
>
> **1 부담금 제도**
> 유독, 유해성이 있거나 재활용이 어렵고 관리상 문제를 일으킬 수 있는 제품을 제조, 수입하는 자에게 당해 폐기물처리 소요비용을 제품가격에 포함시키는 것
>
> **2 예치금**
> 제품용기 중 사용 후 폐기물이 되는 경우, 그 회수처리에 소요되는 비용을 당해 제품용기의 제조업자 또는 수입업자로 하여금 폐기물 관리기금에 예치하게 하여 제조업자 또는 수입업자가 제품용기를 회수처리하면 민법에서 정한 이자를 포함하여 반환하고 그렇지 못한 경우는 위탁처리하는 제도
>
> **3 종량제**
> 배출되는 폐기물을 일정한 용기에 담아 수집운반, 처리하는 체계로 쓰레기 배출량에 따라 부과금을 부과시켜 쓰레기 발생을 억제시키는 제도

학습 Point

폐기물 관리 시 우선적 고려사항 3가지 숙지

SECTION 022 전과정평가(Life Cycle Assessment ; LCA) : 4단계

출제율 80%

(1) 개요

사용한 자원 및 에너지, 환경으로 배출되는 환경오염물질을 규명하고 정량화함으로써 한 제품이나 공정에 관련된 환경부담을 평가하여 그 에너지와 자원, 환경부하 영향을 평가하여 환경을 개선시킬 수 있는 기회를 규명하는 과정을 전과정평가라 한다.

(2) LCA 4단계

① 목적 및 범위의 설정(Goal Definition Scoping) : 1단계
　　- LCA 사용목적 -
　　• 복수제품 간의 비교선택

- 제품 및 공정의 개선효과 파악
- 목표치를 달성하기 위한 제품의 점검
- 개선점의 추출(우선순위 결정)
- 제품에 관계되는 주체 간의 의사전달 촉진

② **목록분석(Inventory Analysis) : 2단계**
상품, 포장, 공정, 물질, 원료 및 활동에 의해 발생하는 에너지 및 천연원료 요구량, 대기, 수질오염배출, 고형폐기물과 기타 기술적 자료구축과정이다.

③ **영향평가(Impact Analysis or Assessment) : 3단계**
조사분석과정에서 확정된 자원요구 및 환경부하에 대한 영향을 평가하는 기술적, 정량적, 정성적 과정이다.

④ **개선평가 및 해석(Improvement Assessment) : 4단계**
전과정에 대한 해석을 실시하는 과정이다.

학습 Point

LCA 정의 및 4단계 숙지

SECTION 023 청소상태의 평가 방법

출제율 80%

(1) 지역사회 효과지수(Community Effect Index ; CEI)

① 가로 청소상태를 기준으로 측정(평가)한다.
② CEI 지수에서 가로청결상태 S의 Scale은 1~4로 정하여 각각 100, 75, 50, 25, 0점으로 한다.

$$CEI = \frac{\sum_{i=1}^{N}(S-P)}{N}$$

여기서, N : 가로의 총수
P : 가로 청소상태의 문제점 여부(1개에 10점씩 감점 계산)
S : 가로의 청결상태(0~100점)
S=100점 : 버려진 쓰레기가 보이지 않는 아주 깨끗한 경우

S=75점 : 수거 목적이 아닌 쓰레기가 한곳에 버려져 있는 경우, 거리에 쓰레기가 보이고 또한 모아 놓은 것도 보이는 경우
S=25점 : 쓰레기가 약 60L(리터) 이상 흩어져 있는 경우

(2) 사용자 만족도 지수(User Satisfaction Index ; USI)

서비스를 받는 사람들의 만족도를 설문조사하여 계산하는 방법으로 설문 문항은 6개로 구성되어 있으며 총점은 100점이다.

$$USI = \frac{\sum_{i=1}^{N} R_i}{N}$$

여기서, N : 총 설문회답자의 수
R : 설문지 점수의 합계

(3) CEI와 USI 종합평가

① 80점 이상 : 청소상태가 특출히 양호한 상태(매우 양호 : Excellent)
② 60점 이상 : 청소상태가 좋은 상태(양호 : Good)
③ 40점 이상 : 청소상태가 보통상태(보통 : Fair)
④ 20점 이상 : 청소상태가 불량한 상태(불량 : Poor)
⑤ 20점 이하 : 청소상태가 용납할 수 없는 상태(매우 불량 : Unacceptable)

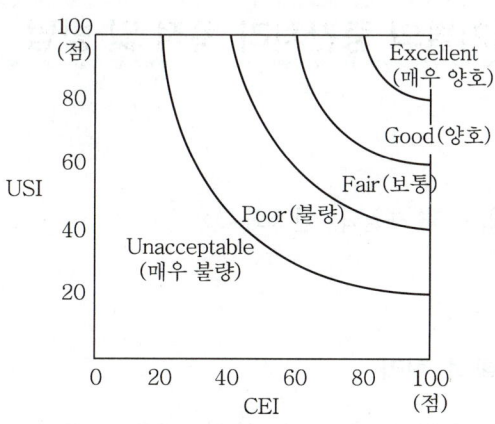

▎CEI와 USI의 종합평가 관계 ▎

학습 Point

청소상태 평가방법 종류 및 각 내용 숙지

SECTION 024 폐기물 감량화 대책

(1) 발생원 저감대책 [출제율 20%]

① 식단 재개선(주문 식단제, 푸드뱅크 운영)
② 철저한 분리수거 실시(물질회수)
③ 저장량 적정수준관리
④ 가정용품의 적절한 정비
⑤ 포장용기 및 포장재료의 절약

(2) 발생 후 대책

① 재생 이용　　　　　② 중량 및 부피 감소화
③ 에너지 회수

 학습 Point

발생원 저감대책 3가지 숙지

SECTION 025 폐기물의 중간처리 목적 및 방법

출제율 20%

(1) 목적

폐기물의 감량화 및 자원화, 안정화

(2) 방법

1) 물리 · 화학적 처리

압축, 파쇄, 선별, 농축, 탈수, 소각, 고형화, 흡착, 침전, 용매 추출, 습식산화

2) 생물학적 처리

혐기성 소화법, 호기성 소화법, 퇴비화, 활성슬러지법

 학습 Point

① 폐기물 중간처리 목적 3가지 숙지
② 생물학적 처리방법 3가지 숙지

SECTION 026 폐기물을 자원화하기 위한 전처리 과정(공정)

출제율 30%

(1) 압축과정
(2) 파쇄과정
(3) 선별과정

 Reference

① MBT(Mechanical Biological Treatment)
생활쓰레기 전처리시설을 말하며 폐기물 자원화와 소각으로 인한 2차 환경오염을 줄이고자 설치한 친환경적 대체시설을 의미한다.
② RPF(Refuse Plastic Fuel)
폐플라스틱 전환 고체연료를 의미한다.

 학습 Point

폐기물 전처리 공정 3가지 숙지

SECTION 027 압축공정

출제율 30%

압축(폐기물 중간처리기술 중 하나)은 부피를 감소시키는 것이 주된 목적이다.

(1) 쓰레기 압축기를 형태에 따라 구분

① 고정식 압축기(Stationary Compactors)
   압축방법에 따라 수평식 압축기, 수직식 압축기로 구분되며 주로 수압에 의해 압축시키고 압축은 압축피스톤을 사용한다.

② 백 압축기(Bag Compactors)
   백 압축기의 처리능력은 $5\sim34\text{m}^3/\text{hr}$ 범위가 대부분이고 다종 다양하다.

③ 수직 또는 소용돌이식 압축기(Vertical or Console Compactors)
   기계적 작동이나 유압 또는 공기압에 의해 작동하는 압축피스톤(Compacting ram)을 가지고 있고 압축 가능 포장부피는 $0.08\sim0.17\text{m}^3$이다.

④ 회전식 압축기(Rotary Compactors)
   회전판 위에 Open 상태로 있는 종이나 휴지로 만든 Bag으로 비교적 부피가 적은 폐기물을 넣어 포장하는 압축피스톤의 조합으로 구성되어 있다. 표준형으로 8~10개의 Bag(1개 Bag의 부피 0.4m^3)을 가지고 있다.

> **Reference** 포장기(Baler)
> ① 포장기의 목적은 압축 가능한 폐기물의 양을 근본적으로 줄이는 데 있고 또한 관리에 용이한 크기나 무게로 포장하는 기계이다.(Baling : 폐기물을 압축하여 덩어리로 만드는 중간처리 과정)
> ② 압축 후 삼베나 가죽 또는 철끈으로 묶는다.
> ③ 완전하게 건조되지 못한 폐기물은 취급하기 곤란하다.
> ④ 소각, 매립 또는 최종처분을 하는 데에서 취급상 완전한 포장을 유지하여야 하나 이때 사용한 끈들은 소각 시에 잘 끊어지는 것을 선택해야 한다.

(2) 압축기 부피감소 지표(CR과 VR의 관계) 출제율 90%

압축비[CR]가 클수록 부피감소율(VR)은 증가한다.

① 압축비(다짐률 : Compaction Ratio ; CR)

$$CR = \frac{V_i}{V_f} = \frac{100}{(100-VR)} = -\left(\frac{100-VR}{100}\right)$$

② 부피감소율(Volume Reduction ; VR)

$$VR = \left(\frac{V_i - V_f}{V_i}\right) \times 100 = \left(1 - \frac{V_f}{V_i}\right) \times 100 = \left(1 - \frac{1}{CR}\right) \times 100 \, (\%)$$

여기서, V_i : 압축 전 초기부피
V_f : 압축 후 최종부피

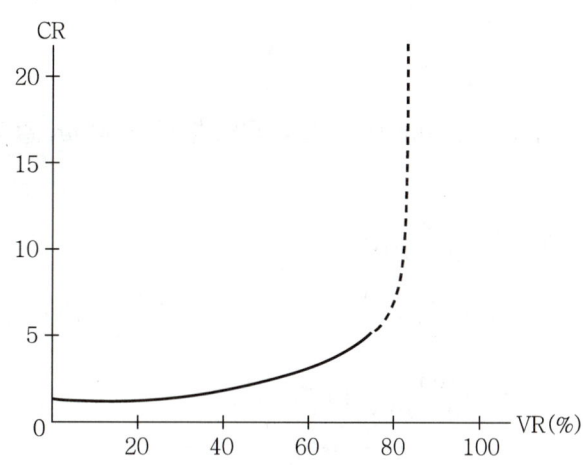

(VR 이 증가함에 따라 CR 의 증가율은 처음에는 서서히 증가하고 약 80% 이상 되면 매우 급격하게 증가함)

┃ 압축비 대 부피감소율의 관계 ┃

 학습 Point

CR과 VR의 관계식 설명 숙지

기출필수문제 출제율 80% 이상

01 어느 쓰레기를 압축시켜 용적감소율이 40%인 경우 압축비는?

풀이

$$압축비(CR) = \frac{100}{100 - VR} = \frac{100}{100 - 40} = 1.67$$

기출필수문제

02 밀도가 550kg/m³인 폐기물 중 5ton을 압축시켰더니 처음 부피보다 65%가 감소하였다. 이때 압축비(CR)는?

풀이

$$압축비(CR) = \frac{100}{100 - 65} = 2.86$$

기출필수문제 출제율 50% 이상

03 압축 전의 부피가 500m³이고 압축 후의 부피가 300m³일 때 압축비는?

풀이

$$압축비(CR) = \frac{100}{100 - VR}$$

$$VR = \left(1 - \frac{V_f}{V_i}\right) \times 100 = \left(1 - \frac{300}{500}\right) \times 100 = 40\%$$

$$= \frac{100}{100 - 40} = 1.67$$

기출必수문제 출제율 90% 이상

04 밀도가 0.5ton/m^3인 폐기물 1ton을 0.8ton/m^3으로 압축시킬 경우 부피감소율(%)은?

> **풀이**
>
> $$부피감소율(VR) = \left(1 - \frac{V_f}{V_i}\right) \times 100$$
>
> $$V_i = \frac{1\text{ton}}{0.5\text{ton/m}^3} = 2\text{m}^3$$
>
> $$V_f = \frac{1\text{ton}}{0.8\text{ton/m}^3} = 1.25\text{m}^3$$
>
> $$= \left(1 - \frac{1.25}{2}\right) \times 100 = 37.5\%$$

기출必수문제 출제율 70% 이상

05 밀도가 150kg/m^3이었던 것을 압축기에 넣어 압축시킨 결과 650kg/m^3으로 증가시켰을 때 부피감소율은?

> **풀이**
>
> $$부피감소율(VR) = \left(1 - \frac{V_f}{V_i}\right) \times 100$$
>
> $$V_i = \frac{1\text{kg}}{150\text{kg/m}^3} = 0.0067\text{m}^3$$
>
> $$V_f = \frac{1\text{kg}}{650\text{kg/m}^3} = 0.0015\text{m}^3$$
>
> $$= \left(1 - \frac{0.0015}{0.0067}\right) \times 100 = 77.61\%$$

기출 必수문제 출제율 50% 이상

06 수거하는 적재량 2.5ton인 압축장치가 설치된 수거차량을 이용하여 폐기물 압축 전의 밀도가 0.5ton/m³이고, 폐기물 부피감소율이 60%일 때 수거차량에 적재할 수 있는 폐기물 부피(m³)는?

풀이

$$VR = \left(1 - \frac{V_f}{V_i}\right) \times 100$$

$$VR = 60\%$$

$$V_i = \frac{2.5\text{ton}}{0.5\text{ton/m}^3} = 5\text{m}^3$$

$$60 = \left(1 - \frac{V_f}{5}\right) \times 100$$

$$\frac{60}{100} = 1 - \frac{V_f}{5}$$

$$\frac{V_f}{5} = 1 - \frac{60}{100}$$

$$V_f(\text{압축 후 부피}) = 2\text{m}^3$$

기출 必수문제 출제율 40% 이상

07 함수율 95%인 폐기물을 75%로 탈수 시 부피감소율(%)은?

풀이

$$VR = \left(1 - \frac{V_f}{V_i}\right) \times 100 \text{ 식에 고형물 물질수지식 적용}$$

$$V_i(1 - \text{처리 전 함수율}) = V_f(1 - \text{처리 후 함수율})$$

$$VR(\%) = \left[1 - \frac{(1 - \text{처리 전 함수율})}{(1 - \text{처리 후 함수율})}\right] \times 100$$

$$= \left[1 - \frac{(1 - 0.95)}{(1 - 0.75)}\right] \times 100 = 80\%$$

기출必수문제 출제율 50% 이상

08 폐기물 성상이 다음과 같을 때 압축기를 사용하여 부피를 축소시킨 후 폐기물 전체 밀도가 350kg/m³으로 예상된다면 부피감소율(%)은?

성분	중량비(%)	밀도(kg/m³)
음식물	40	250
종이	50	100
기타	10	150

풀이

부피감소율(VR) = $\left(1 - \dfrac{V_f}{V_i}\right) \times 100$

압축 전 전체밀도 = $(250 \times 0.4) + (100 \times 0.5) + (150 \times 0.1)$
                 = 165kg/m^3

압축 후 전체밀도 = 350kg/m^3

$V_i = \dfrac{1\text{kg}}{165\text{kg/m}^3} = 0.0060 \text{m}^3$

$V_f = \dfrac{1\text{kg}}{350\text{kg/m}^3} = 0.0029 \text{m}^3$

= $\left(1 - \dfrac{0.0029}{0.0060}\right) \times 100 = 51.67\%$

기출 必수문제 출제율 60% 이상

09 밀도가 400kg/m³인 도시쓰레기 100ton을 소각시킨 결과 밀도가 1,200kg/m³인 재 10ton이 남았다. 이 경우 부피감소율(%)과 무게감소율(%)을 구하시오.

풀이

$$부피감소율(VR) = \left(1 - \frac{V_f}{V_i}\right) \times 100$$

$$V_i = \frac{100\text{ton}}{0.4\text{ton/m}^3} = 250\text{m}^3$$

$$V_f = \frac{10\text{ton}}{1.2\text{ton/m}^3} = 8.33\text{m}^3$$

$$= \left(1 - \frac{8.33}{250}\right) \times 100 = 96.67\%$$

$$무게감소율(WR) = \frac{W_i - W_f}{W_i} \times 100 = \left(1 - \frac{W_f}{W_i}\right) \times 100$$

$$= \left(1 - \frac{10}{100}\right) \times 100 = 90\%$$

(3) 압력의 강도에 따른 압축장치 분류

① 저압력 압축기

압축강도 700kN/m²(7기압) 이하

② 고압력 압축기

압축강도 700~35,000kN/m² 범위

학습 Point

압축장치의 압축강도 숙지

SECTION 028 파쇄공정

(1) 파쇄목적(기대효과) [출제율 80%]

① 겉보기 비중의 증가(수송, 매립지 수명 연장)
② 유기물의 분리, 회수
③ 비표면적의 증가(미생물 분해속도 증가)
④ 입경분포의 균일화(저장, 압축, 소각 용이)
⑤ 용적 감소(부피 감소 ; 무게 변화)

(2) 파쇄를 통한 세립화 및 균일화의 이점(장점) [출제율 60%]

① 용량 감소(압축 시에 밀도증가)로 인한 운반비가 절감된다.
② 조대폐기물에 의한 소각로의 손상이 방지된다.
③ 폐기물의 건조성 및 연소성이 향상된다.
④ 자력선별에 의한 고가금속 등의 회수가 가능하다.
⑤ 매립면적 감소 및 다짐성이 향상된다.

(3) 파쇄의 단점 [출제율 30%]

① 비산분진이 다량 발생한다.
② 소음·진동이 발생한다.
③ 폭발 위험성이 있다.

(4) 매립 시 파쇄의 이점(장점)

① 곱게 파쇄하면 매립 시 복토가 필요 없거나 복토요구량이 절감된다.
② 매립 시 폐기물이 잘 섞여서 호기성 조건을 유지하므로 냄새가 방지된다.
③ 매립작업이 용이하고 압축장비가 없어도 고밀도의 매립이 가능하다.
④ 폐기물입자의 표면적이 증가되어 미생물작용이 촉진된다.(조기 안정화)
⑤ 병원균의 매개체의 섭취가능 음식이 없어져 이들의 서식이 불가능해진다.

(5) 파쇄기의 메커니즘(작용력) 출제율 90%

① 압축작용
② 전단작용
③ 충격작용
④ 상기 3가지 조합작용

(6) 건식 파쇄기 종류

① 전단 파쇄기
   ㉠ 고정칼의 왕복 또는 회전칼의 교합에 의하여 폐기물을 전단하는 원리이다.
   ㉡ 종류로는 Van Roll식 왕복전단파쇄기, Lindemann식 왕복전단파쇄기, 회전식 파쇄기 등이 있다.

② 충격 파쇄기
   ㉠ 투입된 폐기물은 중심축의 주위를 고속회전하고 있는 회전해머의 충격에 의해 파쇄된다.
   ㉡ 종류로는 해머밀 파쇄기, 회전충격 파쇄기, 도리깨식 해머파쇄기 등이 있다.

③ 압축 파쇄기
   ㉠ 압착력을 이용하는 일반유압장비로 폐기물을 파쇄하는 장치이다.
   ㉡ 종류로는 Rotary Mill식, Impact Crusher 등이 있다.

(7) Kick의 법칙 출제율 50%

① 파쇄기의 에너지소모량을 예측하기 위한 식이며, 파쇄는 다른 중간처리시설에 비하여 높은 에너지가 요구된다.
② 폐기물 입자의 크기를 3cm 미만으로 파쇄하는 공정에 적용하며 고운 파쇄 또는 2차 파쇄라 한다.

$$E = C \ln\left(\frac{L_1}{L_2}\right)$$

여기서, E : 폐기물 파쇄에너지(에너지 소모율 : kW·hr/ton)
  C : 상수
  L_1 : 초기 폐기물 크기(cm)
  L_2 : 최종 폐기물 크기(cm)

Reference — 조대쓰레기의 상온 – 저온 파쇄처리 System

① 저온 파쇄방법은 저온 영역에서 신장성이나 충격치가 급격히 저하되어 취성을 나타내는 특성을 이용하여 폐기물을 냉각한 후 충격을 가하여 파쇄하는 방법이다.
② 파쇄가 용이할 뿐 아니라 물질 분리도 거의 완전하게 이루어져 고형폐기물의 자원화 재이용의 측면에서 대단히 바람직하다.
③ 이 방법을 이용하여 TV, 세탁기, 냉방기 등의 가전제품의 파쇄 처리가 용이하다.

Reference — 리팅거의 법칙

① 거칠게 파쇄하는 공정에 적용하는 파쇄의 에너지소모량 예측법칙이다.
② $E = C\left(\dfrac{1}{L_2} - \dfrac{1}{L_1}\right)$

Reference — 습식 파쇄기의 종류

① 습식펄퍼(Wet Pulper)
② 회전드럼 파쇄기
③ 냉각 파쇄기

학습 Point

1. 파쇄목적 5가지 및 장단점 3가지씩 숙지
2. 매립 시 파쇄 장점 3가지 숙지
3. 파쇄기 메커니즘 3가지 숙지
4. Kick법칙 관련식 및 각 factor 숙지

기출 必수문제 출제율 60% 이상

01 파쇄기로 평균크기 15cm의 폐기물을 3.0cm로 파쇄 시 필요한 에너지 소모율은 40kW·hr/ton이다. 45cm의 폐기물은 3.0cm로 파쇄 시 톤당 소요되는 에너지량은 몇 kW인가?(단, Kick 법칙 적용)

> **풀이**
>
> $$E = C \ln\left(\frac{L_1}{L_2}\right)$$
>
> 우선 상수 C를 구하면
>
> $$40\text{kW}\cdot\text{hr/ton} = C \ln\left(\frac{15}{3.0}\right)$$
>
> $$C = \frac{40\text{kW}\cdot\text{hr/ton}}{1.61} = 24.85$$
>
> $$E = 24.85 \times \ln\left(\frac{45}{3.0}\right) = 67.30\text{kW}\cdot\text{hr/ton}$$

기출 必수문제 출제율 50% 이상

02 파쇄기로 평균크기 20.2cm의 폐기물을 5.0cm로 파쇄 시 필요한 에너지소모율은 25.5kW·hr/ton이다. 시간당 100ton의 폐기물을 평균크기 25.5cm에서 5.0cm로 파쇄 시 소요되는 동력(kW)은?(단, Kick 법칙을 이용)

> **풀이**
>
> $$E = C \ln\left(\frac{L_1}{L_2}\right)$$
>
> 우선 상수 C를 구하면
>
> $$25.5\text{kW}\cdot\text{hr/ton} = C \ln\left(\frac{20.2}{5.0}\right)$$
>
> $$C = \frac{25.5\text{kW}\cdot\text{hr/ton}}{1.396} = 18.27$$
>
> $$E = 18.27 \times \ln\left(\frac{25.5}{5.0}\right) = 29.77\text{kW}\cdot\text{hr/ton}$$
>
> 동력(kW) = 29.77kW·hr/ton × 100ton/hr = 2,977.0kW

기출 필수문제 출제율 80% 이상

03 입경 20cm의 폐기물을 2cm로 파쇄할 때 사용되는 에너지는 입경 10cm를 2cm로 파쇄할 때 소요되는 에너지의 몇 배인가?(단, Kick 법칙 이용, n=1)

> **풀이**
>
> $E = C \ln\left(\dfrac{L_1}{L_2}\right)$
>
> $E_1 = C \ln\left(\dfrac{20}{2}\right) = C \ln 10$
>
> $E_2 = C \ln\left(\dfrac{10}{2}\right) = C \ln 5$
>
> 동력비 $\left(\dfrac{E_1}{E_2}\right) = \dfrac{\ln 10}{\ln 5} = 1.43$배

(8) Rosin-Rammler Model(로진-레뮬러모델) 출제율 30%

$$Y = 1 - \exp\left[-\left(\dfrac{X}{X_0}\right)^n\right]$$

여기서, Y : 체하분율(크기가 X보다 작은 폐기물의 총누적무게분율. 즉, 입자 크기가 X보다 큰 입자의 누적률)
X : 입자의 입경
X_0 : 특성입자의 입경
n : 상수(분포지수 : 균등수)

✓ 학습 **Point**

Rosin-Rammler Model 관련식 및 각 Factor 숙지

기출必수문제 출제율 95% 이상

01 Rosin-Rammler 모델은 폐기물 파쇄 시 폐기물의 입자크기 분포에 관한 모델식이다. 폐기물의 95% 이상을 2.5cm 보다 작게 파쇄하고자 할 때 특성입자의 크기(cm)를 산정하시오. (단, n = 1임)

풀이

$$Y = 1 - \exp\left[-\left(\frac{X}{X_0}\right)^n\right]$$

$$0.95 = 1 - \exp\left[-\left(\frac{2.5}{X_0}\right)^1\right]$$

$$-\frac{2.5}{x_0} = \ln 0.05$$

$$X_0 = \frac{2.5}{2.996} = 0.83 \text{cm}$$

기출必수문제 출제율 90% 이상

02 도시폐기물을 파쇄할 경우 $X_{90} = 1.7$cm로 하여(90% 이상을 1.7cm 보다 작게 파쇄할 경우) 특성입자의 크기(cm)를 구하면? (Rosin-Rammler식 적용, n = 1)

풀이

$$Y = 1 - \exp\left[-\left(\frac{X}{X_0}\right)^n\right]$$

$$0.9 = 1 - \exp\left[-\left(\frac{1.7}{X_0}\right)^1\right]$$

$$-\frac{1.7}{X_0} = \ln 0.1$$

$$X_0 = \frac{1.7}{2.3} = 0.74 \text{cm}$$

(9) 유효입경(D10) : Effective Size 출제율 30%

① 입도누적곡선상의 10%에 해당하는 입자직경을 의미한다. 즉, 전체의 10%를 통과시킨 체눈의 크기에 해당하는 입경이다.
② 유효입경이 작을수록 입경이 미세하고, 비표면적은 증가한다.
③ 표시는 일반적으로 D10(또는 dp10)으로 한다.

(10) 평균입경(D50) : Median Diameter 출제율 30%

① 입도누적곡선상의 50%에 해당하는 입자직경을 의미한다.
② 표시는 일반적으로 D50(또는 dp50)으로 한다.

> **학습 Point**
> 유효입경 및 평균입경 정의 숙지

(11) 균등계수(U) 출제율 20%

① D_{60}(입도누적곡선상의 60%에 해당하는 입경)와 유효입경(D_{10})의 비로 나타내며 표시는 U로 한다.
② 균등계수의 수치가 1에 근접할수록 양호한 입도분포를 의미하여 수치가 클수록 공극률이 작아져 통기저항이 증가된다.

$$균등계수(U) = \frac{D_{60}}{D_{10}}, \quad 곡률계수(Z) = \frac{(D_{30})^2}{D_{10} \times D_{60}}$$

기출 必 수문제 출제율 70% 이상

01 토양의 입도분포를 조사한 결과가 다음과 같을 경우, 유효입경, 균등계수, 곡률계수는 각각 얼마인가?(단, D10, D30, D60은 각각 통과백분율 10%, 30%, 60%에 해당하는 입경이다.)

구분	D_{10}	D_{30}	D_{60}
입자크기(mm)	0.25	0.50	0.75

풀이

유효입경(D_{10}) : 0.25mm

$균등계수(U) = \dfrac{D_{60}}{D_{10}} = \dfrac{0.75}{0.25} = 3.0$

$곡률계수(Z) = \dfrac{(D_{30})^2}{D_{10} \times D_{60}} = \dfrac{(0.5)^2}{0.25 \times 0.75} = 1.33$

SECTION 029 선별공정

(1) 선별분리방법 출제율 50%

1) 손 선별(인력 선별 : Hand Sorting)

① 적용

컨베이어 벨트를 이용하여 손으로 종이류, 플라스틱류, 금속류, 유리류 등을 분류하며, 특히 폐유리병은 크기 및 색깔별로 선별하는 데 유용하다.

② 장점
- ㉠ 정확도가 높다.
- ㉡ 파쇄공정으로 유입되기 전에 폭발가능물질 분류 가능

③ 단점
- ㉠ 기계적인 선별보다 작업량이 떨어진다.
- ㉡ 먼지·악취 등에 노출

④ 작업방법

9m/min 이하의 속도로 이동하는 컨베이어 벨트의 한쪽 또는 양쪽에 작업자가 서서 선별한다.

⑤ 벨트 폭
- ㉠ 한쪽 작업 : 60cm
- ㉡ 양쪽 작업 : 90~120cm

⑥ 작업효율

0.5ton/인·hr

⑦ 종류
- ㉠ 고무벨트식
- ㉡ 스크류식
- ㉢ 공기식

2) 스크린 선별(Screening)

① 스크린의 종류
- ㉠ 회전 스크린(Rotating Screen)
    - ⓐ 도시폐기물 선별에 주로 이용
    - ⓑ 대표적 스크린은 트롬멜 스크린(Trommel Screen)

ⓒ 진동 스크린(Vibrating Screen)
골재 선별에 주로 이용

② 스크린 위치에 따른 분류
　㉠ Post Screening
　　ⓐ 파쇄 → 스크린 선별
　　ⓑ 선별효율에 중점
　㉡ Pre screening
　　ⓐ 스크린 선별 → 파쇄
　　ⓑ 파쇄설비 보호에 중점

③ 트롬멜 스크린(Trommel Screen)
　㉠ 원리
　　폐기물이 경사진 회전 트롬멜 스크린에 투입되면 스크린의 회전으로 폐기물이 혼합을 이루며 길이방향으로 밀려나가면서 스크린 체의 규격에 따라 선별된다.(원통의 체로 수평방향으로부터 5° 전후로 경사된 축을 중심으로 회전시켜 체분리함)
　㉡ 트롬멜 스크린의 선별효율에 영향을 주는 인자　출제율 80%
　　ⓐ 체눈의 크기(입경)
　　ⓑ 직경
　　ⓒ 경사도(효율감소, 부하율 증대)
　　ⓓ 길이(길면 효율 증대, 동력소모 증대)
　　ⓔ 회전속도
　　ⓕ 폐기물의 부하와 특성
　㉢ 트롬멜 스크린의 운전특성
　　ⓐ 스크린 개방면적(53%)
　　ⓑ 경사도(2~3°)
　　ⓒ 회전속도(11~30rpm)
　　ⓓ 길이(4.0m)
　㉣ 특징
　　ⓐ 스크린 중에서 선별효율이 좋고 유지관리상 문제가 적어 도시폐기물의 선별작업에서 가장 많이 사용된다.
　　ⓑ 원통의 경사도가 크면 선별효율이 떨어지고 부하율도 커진다.
　　ⓒ 트롬멜의 경사각, 회전속도가 증가할수록 선별효율이 저하한다.

㉤ 트롬멜의 최적회전속도(rpm) 출제율 50%

$$임계속도(\eta_c) \times 0.45$$
$$임계속도(\eta_c) = \frac{1}{2\pi}\sqrt{\frac{g}{r}} = \sqrt{\frac{g}{4\pi^2 r}} \text{ (rpm)}$$

여기서, g : 중력가속도(9.8m/sec^2)
r : 스크린의 회전반경(m)

학습 Point

① 손 선별 장단점 숙지
② 트롬멜 스크린 선별효율 영향인자 5가지 및 관련식 숙지

기출 必수문제 출제율 70% 이상

01 임계속도가 28rpm일 때 트롬멜 스크린의 직경(m)은?

풀이

$$임계속도(\eta_c) = \frac{1}{2\pi}\sqrt{\frac{g}{r}}$$
$$\frac{28}{60} = \frac{1}{2 \times 3.14}\sqrt{\frac{9.8}{r}}$$
$$\sqrt{\frac{9.8}{r}} = 2.93$$
$$\frac{9.8}{r} = (2.93)^2$$
$$r = \frac{9.8}{(2.93)^2} = 1.14\text{m}$$

스크린의 직경 $= 1.14\text{m} \times 2 = 2.28\text{m}$

기출 必수문제 출제율 95% 이상

02 직경이 2m인 트롬멜 스크린의 최적회전속도(rpm)는?

풀이

최적회전속도(rpm) = 임계속도(η_c) × 0.45

$$\eta_c = \frac{1}{2\pi}\sqrt{\frac{g}{r}} = \frac{1}{2\pi}\sqrt{\frac{9.8}{1}}$$
$$= 0.5\text{cycle/sec} \times 60\text{sec/min} = 30\text{rpm}$$
$$= 30\text{rpm} \times 0.45 = 13.5\text{rpm}$$

3) 와전류선별법(Eddy Current Separator) 　출제율 70%

① 원리

연속적으로 변화하는 자장 속에 비극성(비자성)이고, 전기전도도가 우수한 물질(구리, 알루미늄, 아연 등)을 넣으면 금속 내에 소용돌이 전류가 발생하는 와전류현상에 의하여 반발력이 생기는데 이 반발력의 차를 이용하여 다른 물질로부터 분리하는 방법이다.

② 특징

㉠ 자속이 두 개(서로 다른 자속변화를 갖는 영구자석)가 있으며 고유저항, 도자율 등의 물성의 차이에서 반발력 크기의 차이가 생기기 때문에 비자성 도체의 분리가 가능하다. 즉 비철금속의 분리, 회수에 이용된다.
㉡ 전자석 유도에 관한 페러데이 법칙을 기초로 한다.
㉢ Al, Zn, Cu 등의 양전도체성 물질 선별 시 사용한다.(전기전도성이 좋은 Al, Zn, Cu 등을 넣어 금속 내에 소용돌이 전류를 발생시켜 생기는 반발력의 차를 이용하여 분리)

 학습 Point

와전류선별법 원리 및 특징 내용 숙지

4) 광학선별법(Optical Sorting) 　출제율 30%

① 원리

광학선별은 물질이 가진 광학적 특성의 차를 이용하여 분리하는 기술로 투명과 불투명한 폐기물의 선별에 이용되는 방법이다. 즉 돌, 코르크 등의 불투명한 것과 유리 같은 투명한 것의 분리에 이용된다.(설정된 기준색과 다른 색의 입자를 포함한 입자의 혼합물을 투과도 차이로 분리)

② 광학선별의 절차(과정) 4단계

㉠ 1단계 : 입자 기계적 투입
㉡ 2단계 : 광학적 조사
㉢ 3단계 : 조사결과는 전기, 전자적 평가
㉣ 4단계 : 선별대상입자는 압축공기분사에 의해 정밀하게 제거됨

 학습 Point

광학선별 절차 4단계 숙지

5) 테이블(Table) 선별법

각 물질의 비중차를 이용하여 약간 경사진 평판에 폐기물을 올려놓고 좌우로 빠른 진동과 느린 진동을 주면 가벼운 입자는 빠른 진동 쪽으로, 무거운 입자는 느린 쪽으로 분류되는 방법이다.

6) 공기 선별법(Air Classifier)

① 공기 선별은 폐기물 내의 가벼운 물질인 종이나 플라스틱 종류를 기타 무거운 물질로부터 선별해내는 방법이다.(무게를 이용한 선별방법)
② 지그재그(Zigzag) 공기 선별기는 컬럼의 난류를 높여줌으로써 선별효율을 증진시키고자 고안된 장치이다.
③ 유체 중에서 부유하는 입자의 속도(V)

$$V(\text{cm/sec}) = \left[\frac{4(\rho_s - \rho)g \cdot d}{3C_D\rho}\right]^{\frac{1}{2}}$$

여기서, ρ_s : 입자의 밀도(g/cm^3)
ρ : 공기(유체)밀도(g/cm^3)
g : 중력가속도(980cm/sec^2)
d : 입자직경(cm)
C_D : 항력계수

7) 수중체(Jigs) 선별법

물에 잠겨 있는 스크린 위에 분류하려는 폐기물을 넣고 수위를 변화(1초당 2.5회 가량 0.5~5cm의 폭)시켜 흔들층을 침투하는 능력의 차이로 가벼운 물질과 무거운 물질을 분류하는 원리이며 사금선별을 위해 오래전부터 사용되던 습식선별방법이다.

8) 유동상 분리(Fluidized Bed Separators)

Ferrosilicon 또는 Iron Power 속에 폐기물을 넣고 공기를 인입시켜 가벼운 물질은 위로, 무거운 물질은 아래로 내려가는 원리로 분쇄한 전기줄로부터 금속을 회수하거나 분쇄된 자동차나 연소재로부터 알루미늄, 구리 등을 회수하는 데 사용되는 선별장치이다.

9) Secators

경사진 컨베이어를 통해 폐기물을 주입시켜 천천히 회전하는 드럼 위에 떨어뜨려서 선별하는 장치이다. 물렁거리는 가벼운 물질(가볍고 탄력 없는 물질)로부터 딱딱한 물질(무겁고 탄력 있는 물질)을 선별하는 데 사용되며 주로 퇴비 중의 유리조각을 추출할 때 이용되는 선별장치이다.

10) Stoners

약간 경사진 판에 진동을 줄 때(하부에서 공기주입) 무거운 것이 빨리 판의 경사면 위로 올라가는 원리를 이용한다. Pheumatic Table이라고도 하며 주로 알루미늄을 회수하거나 또는 퇴비로부터 유리조각과 같은 무거운 물질을 고르는 데 사용된다.

(2) 유기물질 및 무기물질의 일반적 선별공정 출제율 20%

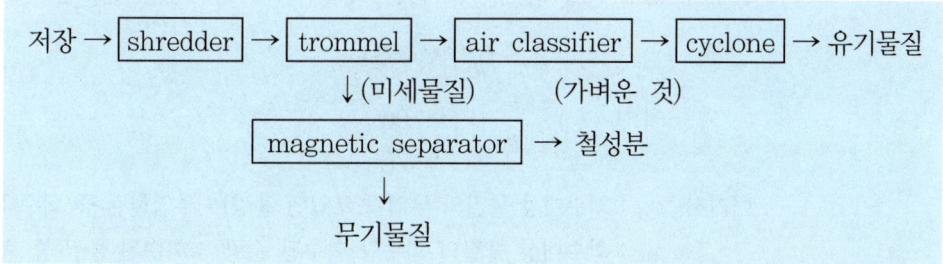

학습 Point

일반적 선별공정 숙지

(3) 선별효율

1) 특성입자의 크기 출제율 30%

입자의 무게기준으로 63.2%가 통과할 수 있는 체눈의 크기를 의미한다.

2) Worrel 식 출제율 30%

선별효율(E)
- 회수율(x)과 기각률(y)이 동시에 높을 때 선별효율도 높아진다.
- 회수율이 아무리 높아도 y에 회수대상 폐기물이 많이 포함되어 있으면, 의미가 없다.

$$E(\%) = (x : 회수율) \times (y : 기각률, 폐기율)$$
$$= \left[\left(\frac{x_1}{x_0}\right) \times \left(\frac{y_2}{y_0}\right)\right] \times 100$$

3) Rietema 식

선별효율(E)

x 회수율은 높을수록 좋고, y 회수율은 낮을수록 바람직한 선별효율

$$E(\%) = (x : 회수율) - (y : 회수율)$$
$$= \left[\left|\left(\frac{x_1}{x_0}\right) - \left(\frac{y_1}{y_0}\right)\right|\right] \times 100$$

여기서, x_0 : 회수대상 물질의 투입량(투입된 총량) : 투입물질 중 회수대상물질
x_1 : 회수대상 물질의 회수량(회수된 순량) : 회수된 물질 중 회수대상물질
x_2 : 제거된 물질 중 회수량 : 배출물질 중 회수대상물질
y_0 : 기타 도시폐기물의 투입량(투입된 기타 폐기물량) : 투입물질 중 회수대상이 아닌 물질
y_1 : 기타 도시폐기물의 회수량(회수되는 기타 도시폐기물의 양) : 회수된 물질 중 기타 물질
y_2 : 기타 도시폐기물의 폐기량(제거되는 기타 폐기물의 양) : 배출물질 중 기타 물질

4) 회수품의 순도(%)

$$\frac{x의\ 회수량}{회수대상물질량} = \frac{x_1}{x_1 + y_1} \times 100$$

기출필수문제 출제율 95% 이상

01 다음 조건의 폐기물 선별장치의 선별효율(%)을 Worrel 식과 Rietema 식에 의하여 구하시오.

- 선별장치의 투입량이 1.0ton/hr이고 회수량이 600kg/hr이며 이 중 회수량의 550kg/hr가 회수대상물질이다.
- 거부량 또는 제거량이 400kg/hr이고, 이 중 회수대상물질은 70kg/hr이다.

풀이

x_1이 550kg/hr ⇨ y_1은 50kg/hr

x_2가 70kg/hr ⇨ y_2은 330kg/hr : (1,000−600−70)kg/hr

$x_0 = x_1 + x_2 = 550 + 70 = 620$kg/hr

$y_0 = y_1 + y_2 = 50 + 330 = 380$kg/hr

Worrel 식

$$E(\%) = \left[\left(\frac{x_1}{x_0}\right) \times \left(\frac{y_2}{y_0}\right)\right] \times 100 = \left[\left(\frac{550}{620}\right) \times \left(\frac{330}{380}\right)\right] \times 100 = 77.04\%$$

Rietema 식

$$E(\%) = \left(\left|\frac{x_1}{x_0} - \frac{y_1}{y_0}\right|\right) \times 100 = \left(\left|\frac{550}{620} - \frac{50}{380}\right|\right) \times 100 = 75.55\%$$

기출필수문제 출제율 80% 이상

02 폐기물 중, 알루미늄을 선별하고자 한다. 폐기물 투입량이 120ton, 회수량이 100ton, 회수량 중 알루미늄캔량이 90ton, 제거 폐기물 중 알루미늄캔량이 5ton 일 때 Worrel 식에 의한 선별효율(%)은?

풀이

x_1이 90ton ⇨ y_1은 10ton

x_2가 5ton ⇨ y_2는 (120−100−5) 15ton

$x_1 = x_1 + x_2 = 90 + 5 = 95$ton

$y_0 = y_1 + y_2 = 10 + 15 = 25$ton

$$E(\%) = \left[\left(\frac{x_1}{x_0}\right) \times \left(\frac{y_2}{y_0}\right)\right] \times 100 = \left[\left(\frac{90}{95}\right) \times \left(\frac{15}{25}\right)\right] \times 100 = 56.84\%$$

기출 必수문제 출제율 50% 이상

03 다음 조건의 선별효율(%)을 Rietema 식에 의하여 구하시오. (단, 투입폐기물 총량은 100ton)

분류	투입비율(%)	회수(30ton)
A	30	90%
B	70	10%

풀이

x_1이 (30×0.9)27ton ⇨ y_1은 3ton

x_2가 (30×0.1)3ton ⇨ y_2는 67ton

$x_0 = x_1 + x_2 = 27 + 3 = 30$ton

$y_0 = y_1 + y_2 = 3 + 67 = 70$ton

$E(\%) = \left[\left|\left(\dfrac{x_1}{x_0}\right) - \left(\dfrac{y_1}{y_0}\right)\right|\right] \times 100 = \left[\left|\left(\dfrac{27}{30}\right) - \left(\dfrac{3}{70}\right)\right|\right] \times 100 = 85.71\%$

기출 必수문제 출제율 50% 이상

04 다음 물질회수율 중 어느 물질의 선별효율(%)이 더 높은가? (Worrel 식 적용)

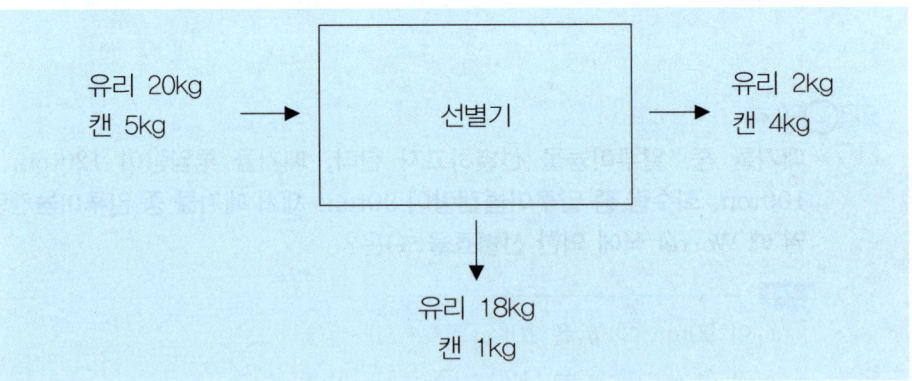

풀이

[유리 선별효율]

x_1 18kg ⇨ y_1 1kg

x_2 2kg ⇨ y_2 4kg

$x_0 = x_1 + x_2 = 18 + 2 = 20$kg

$y_0 = y_1 + y_2 = 1 + 4 = 5$kg

$$E(\%) = \left[\left(\frac{18}{20}\right) \times \left(\frac{4}{5}\right)\right] \times 100 = 72\%$$

[캔 선별효율]

x_1 1kg ⇨ y_1 18kg

x_2 4kg ⇨ y_2 2kg

$x_0 = x_1 + x_2 = 1 + 4 = 5\text{kg}$

$y_0 = y_1 + y_2 = 18 + 2 = 20\text{kg}$

$$E(\%) = \left[\left(\frac{1}{5}\right) \times \left(\frac{2}{20}\right)\right] \times 100 = 2\%$$

유리 선별효율(72%)이 더 높다.

기출 必 수문제 출제율 60% 이상

05 폐기물 10ton 중 유리가 8% 존재한다고 가정하였을 때 다음 물음에 답하시오.

폐기물 종류(단위 : ton)	반입	제거	회수
유리	0.8	0.08	0.72
캔	9.2	8.92	0.28

(1) 유리 회수율(%)
(2) 유리의 순도(%)
(3) 유리의 선별효율(%) : Worrel 식 이용

풀이

$$\text{유리회수율}(\%) = \left(\frac{\text{회수유리량}}{\text{투입유리 총량}}\right) \times 100 = \frac{0.72}{0.8} \times 100 = 90\%$$

$$\text{유리순도}(\%) = \frac{\text{회수유리량}}{\text{회수된 유리 총량}} \times 100$$

$$= \left(\frac{x_1}{x_1 + y_1}\right) \times 100 = \left(\frac{0.72}{0.72 + 0.28}\right) \times 100 = 72\%$$

$$\text{선별효율}(E) = \left[\left(\frac{x_1}{x_0}\right) \times \left(\frac{y_2}{y_0}\right)\right] \times 100 = \left[\left(\frac{0.72}{0.8}\right) \times \left(\frac{8.92}{9.2}\right)\right] \times 100 = 87.26\%$$

SECTION 030 RDF(Refuse Drived Fuel) : 쓰레기 전환 연료

(1) 개요 [출제율 20%]

폐기물 중 플라스틱, 종이, 고무 등의 가연성 물질을 선별하여 폐연료 형태로 재활용하는 것을 의미한다. 즉, 연소 가능한 유기물질을 이용하여 연료로 생산되는 것을 의미한다.(폐기물을 압착하여 고체연료로 만든 것)

(2) RDF를 소각로에서 사용 시 문제점 [출제율 30%]

① RDF의 조성은 주로 유기물질이므로 수분함량이 증가하면 부패하여 연료로서의 가치를 상실한다.(연료공급의 신뢰성 문제가 있을 수 있음)
② PVC 등이 함유되면 연소 시 배기가스처리에 유의해야 한다.
③ RDF 중에 Cl 함량이 크면 다이옥신의 발생위험성이 높다.
④ 쓰레기 조성 중 가연성 성분(주된 성분 : 종이류, 플라스틱류, 섬유류)이 상당량 포함되어야 한다.
⑤ 동력이 많이 필요하고 투자비도 많이 소요된다.
⑥ 숙련기술이 필요하고 분진발생량이 많으므로 제진시설이 필요하다.

(3) RDF의 구비조건 [출제율 90%]

① 발열량(칼로리)이 높을 것
② 함수율이 낮을 것
③ 쓰레기 원료 중에 비가연성 성분이나 연소 후 잔류하는 재의 양이 적을 것
④ 대기오염이 적을 것
⑤ 배합률이 균일할 것(조성이 균일할 것)
⑥ 저장 및 이송이 용이할 것
⑦ 기존 고체연료 사용시설에 사용 가능할 것

Reference | RDF 종류 및 특성

종류	함수율(%)	회분량(%)	연료형태	열용량	이송방법
Powder RDF	4% 이하	10~20%	분말(0.5mm 이하)	4,300kcal/kg	공기
Pellet RDF	12~18%	12~25%	원통(직경 10~20mm, 길이 30~50mm)	3,300~4,000kcal/kg	제약 없음
Fluff RDF	15~20%	22~30%	사각(25~50mm)	2,500~3,500kcal/kg	공기

 학습 Point

① RDF를 소각로에서 사용 시 문제점 5가지 숙지
② RDF의 구비조건 5가지 숙지

SECTION 031 퇴비화(Composting)

(1) 개요

퇴비화는 유기물의 함량이 높은 폐기물에 수분을 가하여 미생물의 분해작용으로 유기물의 양을 감소시키고 일부는 미생물의 대사작용에 따른 폐기물의 감량과 유기물질의 비료화를 얻는 방법이다.

(2) 퇴비화의 목적

① 유기물질을 안정한 물질로 변화
② 폐기물의 부피 감소
③ 병원성 미생물, 유충, 해충 제거
④ 영양물질(N, P 등)의 최대함유 유지
⑤ 부산물 생산(토양개량제로 사용)

(3) 유기물질에 대한 퇴비의 특성

① 색변화(갈색 or 암갈색)
② 낮은 C/N비
③ 계속적 성질변화(미생물 활동)
④ 수분흡수능력 높음
⑤ 양이온 교환능력 높음

(4) 부식질(Humus)의 특징

① 악취가 없으며 흙냄새가 난다.
② 물 보유력 및 양이온 교환능력이 좋다.
③ C/N비는 낮은 편이며 10~20 정도이다.
④ 짙은 갈색 또는 검은색을 띤다.
⑤ 병원균이 거의 사멸되어 토양개량제로서 품질이 우수하다.

(5) 퇴비화의 장점 출제율 20%

① 유기성 폐기물을 재활용함으로써, 폐기물의 감량화가 가능하다.
② 생산품인 퇴비는 토양의 이화학성질을 개선시키는 토양개량제로 사용할 수 있다.(Humus는 토양개량제로 사용)
③ 운영 시 에너지가 적게 소요된다.
④ 초기의 시설투자비가 낮다.
⑤ 다른 폐기물처리에 비해 고도의 기술수준이 요구되지 않는다.

(6) 퇴비화의 단점 출제율 20%

① 생산된 퇴비는 비료가치로서 경제성이 낮다.(시장 확보가 어려움)
② 다양한 재료를 이용하므로 퇴비제품의 품질표준화가 어렵다.
③ 부지가 많이 필요하고 부지선정에 어려움이 많다.
④ 퇴비가 완성되어도 부피가 크게 감소되지는 않는다.(완성된 퇴비의 감용률은 50% 이하로서 다른 처리방식에 비하여 낮다.)
⑤ 악취발생의 문제점이 있다.

(7) 퇴비화의 단계별 변화(과정)

퇴비화는 중온균과 고온균이 주된 역할을 하며 온도 변화의 단계는 중온단계 → 고온단계 → 냉각단계 → 숙성단계순이다.

① 초기단계(중온단계)
  ㉠ 온도가 오르기 시작하는 단계(40℃ 이상으로 상승)이다.
  ㉡ 전반기에는 Fungi, Bacteria가 주로 유기물 분해를 한다.
  ㉢ 후반기에는 고온성 세균 및 Actinomycetes가 주로 유기물 분해를 한다.
  ㉣ pH는 5.6~6.0 정도이다.

② 고온단계
  ㉠ 퇴비온도 50~60℃가 계속 유지된다.(60~65℃까지 오르면 미생물 사멸, 열에 강한 포자형 세균만 남아 퇴비화효율이 급격히 떨어진다.)
  ㉡ 전반기에는 Bacillus가 유기물 분해를 한다.
  ㉢ 후반기에는 Thermoactinomyces(방성균), 진균이 유기물 분해를 한다.
  ㉣ pH는 8.0 정도이다.

③ 숙성단계(냉각단계 → 숙성단계)
  ㉠ 퇴비온도 40℃ 이하로 떨어지는 단계이다.
  ㉡ 부식질 환경에 적합한 방성균이 주류를 이룬다.(부식질 환경 ; Ligin 함량 높음, 가용영양분 함량 낮음)
  ㉢ pH는 8.0 정도이다.

(8) 퇴비화 설계운영 고려인자(운전척도) [출제율 80%]

① 수분함량(함수율)
  ㉠ 퇴비화에 적당한 원료의 수분함량은 50~60%이다.
  ㉡ 60% 이상인 경우 악취발생 및 퇴비화효율이 떨어진다.
  ㉢ 팽화제(Bulking Agent : 톱밥, 볏짚, 낙엽 등)를 혼합하여 수분량을 조절한다.
  ㉣ 40% 이하인 경우 분해율이 감소한다. 이때에는 생오니 등을 첨가하여 수분량을 조절한다.

ⓜ Bulking Agent(통기개량제) 출제율 60%
　ⓐ 팽화제 또는 수분함량조절제라 하며 퇴비를 효과적으로 생산하기 위하여 주입한다.
　ⓑ 톱밥, 왕겨, 볏짚 등이 이용된다.(톱밥 기준 C/N비는 150~1,000 정도)
　ⓒ 수분 흡수능력이 좋아야 한다. ┐
　ⓓ 쉽게 조달이 가능한 폐기물이어야 한다. ├ Bulking Agent 조건
　ⓔ 입자 간의 구조적 안정성이 있어야 한다. ┘
　ⓕ 퇴비의 질(C/N비) 개선에 영향을 준다.(C/N비 조절효과)

② C/N비   출제율 90%
　㉠ 퇴비화 시 가장 중요한 환경적 인자이다.
　㉡ 퇴비화에 적합한 폐기물의 초기 C/N비는 26~35 정도이며 퇴비화 시 적정 C/N비는 25~50 정도이고 조절은 C/N비가 서로 다른 폐기물을 적절히 혼합하여 최적조건으로 맞춘다.
　㉢ 탄소(C)는 미생물들이 생장하기 위한 에너지원이고 질소(N)는 생장에 필요한 단백질합성에 주로 쓰인다.
　㉣ C/N비는 분해가 진행될수록 점점 낮아져 최종적으로 10 정도가 된다.
　㉤ C/N비가 높으면 유기산 등이 퇴비의 pH를 낮추고 미생물의 성장과 활동도 억제되며 질소 부족(C/N비 80 이상이면 질소결핍현상)으로 퇴비화가 잘 형성되지 않아 퇴비화의 소요기간이 길어진다.(폐기물 내 질소함량이 적은 것은 퇴비화가 잘 되지 않는다.)
　㉥ C/N비가 20보다 낮으면 질소가 암모니아로 변하여 pH를 증가시키고, 이로 인해 암모니아 가스가 발생되어 퇴비화과정 중 악취가 생긴다.
　㉦ 도시하수슬러지 및 축산분뇨의 경우 C/N비가 낮기 때문에 C/N비가 높은 폐기물과 혼합하여 적당한 비율로 조절하면 퇴비화 효율을 높일 수 있다.

③ 온도
　㉠ 퇴비화의 최적온도는 55~60℃이다.
　㉡ 60℃(70℃) 이상의 온도에서는 분해효율이 떨어지기 때문에 공기공급량을 증가시켜 온도조절을 한다.
　㉢ 퇴비화 반응에 의한 온도상승은 미생물의 호흡대사에 의한 발열반응에 의한 것이다.
　㉣ 퇴비화 과정에서 온도는 퇴비화 완료를 알 수 있는 지표로 중요한 인자이다.

④ 입자크기
   ㉠ 퇴비화에 가장 적당한 입자의 크기는 5cm 이하이다.(폐기물의 적정입자는 25~75mm 정도)
   ㉡ 입자크기는 물질의 밀도, 내부마찰, 흐름특성, 마찰저항 등에 영향을 미친다.

⑤ pH
   ㉠ pH는 운전 초기에는 5~6 정도로 떨어졌다가 퇴비화됨에 따라 증가하여 최종적으로 8~9가량이 된다.
   ㉡ 퇴비화에 가장 적합한 폐기물의 pH 범위는 5.5~8.0 범위이다.

⑥ 공기공급
   ㉠ 퇴비화에 가장 적합한 공기공급 범위는 5~15%(산소농도)이며 공기주입률은 약 50~200L/min·m^3 정도이다.
   ㉡ 공기공급의 기능
      ⓐ 호기적 대사 도움
      ⓑ 온도조절
      ⓒ 수분, CO_2, 기타 가스를 제거

(9) 퇴비화를 위한 설비

① 공기공급시설
② 수분조절시설
③ 교반시설

(10) 퇴비화 시 도시쓰레기에 분뇨 또는 슬러지를 혼합하는 이유(장점)

출제율 50%

① C/N비 조절
  도시쓰레기의 C/N비(도시폐기물 퇴비화 시 가장 반응성이 좋은 C/N비 50~70%)가 높으므로 슬러지 첨가

② 부족성분 보완
  미생물, 영양소 보충

③ 함수율 조정
  50~60% 조정

(11) 퇴비화 숙성인자 및 지표 출제율 50%

숙성인자	지표
C/N비	10 이하
수분(함수율)	40% 이하
온도	40℃ 이하
pH	7.0~7.5
색	암갈색

학습 Point

1. 퇴비화 장단점 각 3가지씩 숙지
2. 퇴비화 설계운영 고려인자 및 내용 숙지
3. 퇴비화 시 도시쓰레기에 분뇨 또는 슬러지를 혼합하는 이유 숙지
4. 퇴비화 속성인자 및 지표 숙지

기출 必 수문제 출제율 40% 이상

01 C/N비 8인 도시폐기물과 C/N비 55인 주방폐기물을 혼합하여 C/N비 25인 혼합폐기물을 만들려고 할 경우 혼합비율은?

풀이

도시폐기물을 x_1, 주방폐기물을 x_2로 하고 두 폐기물의 합이 1이라고 가정하면

혼합 C/N비 $= \dfrac{8x_1 + 55x_2}{x_1 + x_2}$ $(x_1 + x_2 = 1)$

$25 = \dfrac{8(1-x_2) + 55x_2}{(1-x_2) + x_2}$

$x_2(주방폐기물) = 0.3617$

$x_1(도시폐기물) = 1 - 0.3617 = 0.6383$

혼합비율
도시폐기물의 양 : 주방폐기물의 양 $= 0.64 : 0.36$

[다른 방법]
혼합폐기물의 중량을 100kg으로 가정하면
혼합폐기물 = 도시폐기물 중량(x_1) + 주방폐기물 중량(x_2)
$100\text{kg} = x_1 + x_2$ ·· ①
탄소성분함량
도시폐기물 중 탄소량 + 주방폐기물 중 탄소량 = 혼합폐기물 중 탄소량
$(x_1\text{kg} \times 8) + (x_2\text{kg} \times 55) = 100\text{kg} \times 25$ ···················· ②
①식을 ②식에 대입하여 풀면
$x_1 = 63.8$, $x_2 = 36.2$

혼합비율
도시폐기물의 양 : 주방폐기물의 양 $= 64 : 36$

기출 必 수문제 출제율 40% 이상

02 폐기물을 수거하여 분석한 결과 함수율이 30%이고 총휘발성 고형물은 총고형물의 80%, 유기탄소량은 총휘발성 고형물의 85%이었다. 또한, 질소량은 총고형물의 2%라 할 때, 이 폐기물의 C/N비는?(단, 비중 1.0 기준)

풀이

$\text{C/N비} = \dfrac{탄소의\ 양}{질소의\ 양} = \dfrac{(1-0.3) \times 0.8 \times 0.85}{(1-0.3) \times 0.02} = 34$

기출 必수문제 출제율 50% 이상

03 함수율 95%인 슬러지와 함수율 15%인 톱밥을 1 : 1로 혼합한 경우 혼합물의 C/N비를 구하시오. (단, 슬러지의 건조고형물 중 탄소는 50%, 질소는 3%, 톱밥의 건조고형물 중 탄소는 5%, 질소는 1.5%)

> **풀이**
>
> $$\text{C/N비} = \frac{\text{탄소의 양}}{\text{질소의 양}}$$
>
> $$= \frac{[(1-0.95) \times 0.5] + [(1-0.15) \times 0.05]}{[(1-0.95) \times 0.03] + [(1-0.15) \times 0.015]} = 4.74$$

기출 必수문제 출제율 90% 이상

04 다음 조성을 가진 분뇨와 음식물을 중량비(무게비) 1 : 3으로 혼합처리 시 C/N비를 구하시오.

구분	함수율	총고형물 중 유기탄소량	총질소량
분뇨	95%	40%	20%
음식물	35%	87%	5%

> **풀이**
>
> $$\text{C/N비} = \frac{\text{혼합물 중 탄소의 양}}{\text{혼합물 중 질소의 양}}$$
>
> 혼합물 중 탄소의 양
> $$= \left[\left\{\frac{1}{1+3} \times (1-0.95) \times 0.4\right\} + \left\{\frac{3}{1+3} \times (1-0.35) \times 0.87\right\}\right] = 0.429$$
>
> 혼합물 중 질소의 양
> $$= \left[\left\{\frac{1}{1+3} \times (1-0.95) \times 0.2\right\} + \left\{\frac{3}{1+3}(1-0.35) \times 0.05\right\}\right] = 0.027$$
>
> $$\text{C/N비} = \frac{0.429}{0.027} = 15.89$$

기출 必수문제 출제율 60% 이상

05 함수율이 98%인 슬러지 부피를 2/3로 줄였을 때 유기탄소량은 35%/TS, 총질소량은 10%/TS, 이것과 혼합할 톱밥의 함수율은 20%, 유기탄소량은 85%/TS, 총질소량은 2%/TS일 때 슬러지와 톱밥의 혼합비를 3 : 2(무게비)로 할 경우 C/N비는?

> **풀이**
>
> 먼저 슬러지 부피감소 시(2/3) 함수율 물질수지식을 이용하여 구하면
> 초기 슬러지량×(1−초기 함수율)=처리 후 슬러지량×(1−처리 후 함수율)
> $1 \times (1-0.98) = \left(1 \times \dfrac{2}{3}\right) \times (1-처리\ 후\ 함수율)$
> 처리함수율(%) = 97%
>
> C/N비 = $\dfrac{혼합물\ 중\ 탄소의\ 양}{혼합물\ 중\ 질소의\ 양}$
>
> 혼합물 중 탄소의 양
> $= \left[\left\{\dfrac{3}{3+2} \times (1-0.97) \times 0.35\right\} + \left\{\dfrac{2}{3+2} \times (1-0.2) \times 0.85\right\}\right] = 0.2783$
>
> 혼합물 중 질소의 양
> $= \left[\left\{\dfrac{3}{3+2} \times (1-0.97) \times 0.1\right\} + \left\{\dfrac{2}{3+2} \times (1-0.2) \times 0.02\right\}\right] = 0.0082$
>
> C/N비 = $\dfrac{0.2783}{0.0082} = 33.94$

기출 必수문제 출제율 60% 이상

06 쓰레기(C/N비 8.0)와 낙엽(C/N비 45)을 혼합하여 퇴비화하려 한다. 혼합물의 C/N비가 25가 되도록 다음 조건하에서 혼합비율(낙엽 : 쓰레기) = 1 : ( )을 결정하시오.(단, 쓰레기함수율 80%, 쓰레기 고형물질 중의 질소 4.5%, 낙엽 함수율 45%, 낙엽 고형물질 중의 질소 0.6%)

풀이

문제 내용을 정리하면

	C/N비	질소/TS	탄소/TS	함수율	혼합비율
쓰레기	8.0	4.5%	36%	80%	$(1-x)$
낙엽	45	0.6%	27%	45%	x

C의 함량 $= [(1-x) \times (1-0.8) \times 0.36] + [x \times (1-0.45) \times 0.27]$
$= 0.0765x + 0.072$

N의 함량 $= [(1-x) \times (1-0.8) \times 0.045] + [x \times (1-0.45) \times 0.006]$
$= -0.0057x + 0.009$

C/N비 $= \dfrac{C \text{함량}}{N \text{함량}}$

$25 = \dfrac{0.0765x + 0.072}{-0.0057x + 0.009}$

$25(-0.0057x + 0.009) = 0.0765x + 0.072$

$x = 0.7$

$0.7 : (1-0.7) = 1 : x'$

x'(낙엽 1에 대한 쓰레기 비율) $= 0.43$

SECTION 032 열분해(Pyrolysis)

(1) 정의 출제율 90%

열분해란 공기가 부족한 상태(무산소 혹은 저산소 분위기)에서 가연성 폐기물을 연소시켜(간접가열에 의해) 유기물질로부터 가스, 액체 및 고체상태의 연료를 생산하는 공정을 의미하며 흡열반응을 한다.

(2) 열분해공정이 소각에 비하여 갖는 장점 출제율 80%

① 배기가스량이 적게 배출된다.(가스처리장치가 소형화)
② 황, 중금속분이 Ash(회분) 중에 고정되는 비율이 크다.
③ 상대적으로 저온이기 때문에 NOx(질소산화물)의 발생량이 적다.
④ 환원기가 유지되므로 Cr^{+3}이 Cr^{+6}으로 변화하기 어려우며 대기오염물질의 발생이 적다.
⑤ 폐플라스틱, 폐타이어, 오니류 등 스토커 소각처리가 곤란한 물질도 처리 가능하다.
⑥ 공기공급장치의 소형화 및 감량화로 매립용량이 감소한다.

(3) 열분해에 의해 생성되는 물질 출제율 95%

① 기체물질

　H_2, CH_4, CO, H_2S, HCN

② 액체물질

　식초산, 아세톤, 메탄올, 오일, 타르, 방향성 물질

③ 고체물질

　탄화물(Char), 불활성 물질

(4) 열분해방법의 분류 출제율 50%

① 저온 열분해법
　㉠ 저온의 범위 500~900℃(열분해 : Pyrolysis)
　㉡ 타르(Tar), 탄화물(Char), 액체상태의 연료가 고온법에 비해 많이 생성

② 고온법
　　㉠ 고온의 범위 1,100~1,500℃(가스화 : Gasification)
　　㉡ 가스상태의 연료가 저온법에 비해 많이 생성(연료원으로 사용 가능한 저분자화 합물 H_2, CH_4, CO 등)되고 연료로서 가치도 높음

(5) 열분해를 통하여 얻어지는 연료의 성질을 결정짓는 요소 출제율 20%

① 운전(열분해)온도
　　㉠ 온도가 증가할수록 수소함량은 증가, 이산화탄소함량은 감소된다.
　　㉡ 분해온도가 증가되면 가스구성비가 증대되며, 산과 Tar, Char의 양은 감소한다.

② 가열속도
　　㉠ 가열속도가 낮은 경우와 높은 경우 모두 가스생산량이 많다.
　　㉡ 가열속도가 큰 경우에는 수분함량과 용액상태의 유기물질량이 감소된다.

③ 가열시간
　　열분해 시간의 척도이다.

④ 폐기물의 성질 중 크기
　　폐기물의 입자크기가 작을수록 열분해가 쉽게 이루어진다.

⑤ 폐기물의 성질 중 수분함량
　　㉠ 수분함량이 많을수록 운전온도까지 온도를 올리는 데 시간이 많이 소요된다.
　　㉡ 예열을 통하여 폐기물을 건조시키는 경우에는 비용이 증대된다.

(6) 열분해장치의 종류 출제율 50%

① 고정상(Fixed Bed) 열분해장치
　　㉠ 상부로부터 분쇄되었거나 또는 분쇄되지 않은 폐기물이 주입되어 건조 후 열분해되고 Slag, 재가 하부로 배출된다.
　　㉡ 가스의 상승속도는 0.2~0.5m/hr이다.(체류시간이 비교적 길다.)

② 유동상(Fluidized Bed) 열분해장치
　　㉠ 고정상과 부유상태의 열분해장치의 중간단계이다.
　　㉡ 장점으로는 반응시간이 빨라 폐기물의 수분함량 변화에도 큰 문제 없이 운전되는 점이다.
　　㉢ 단점으로는 열손실이 크며 운전이 까다롭다는 점이다.

③ 부유상(Suspension) 열분해장치
㉠ 어떠한 종류의 폐기물도 열분해 가능하다.
㉡ 주입되는 폐기물의 입자가 작아야 하고 주입량에는 한계가 있다.

④ 로터리킬른형(Rotary Kiln)

(7) 건류가스화 시 온도에 따른 과정 출제율 30%

① 200℃ 이하 ⇒ 건조과정
② 700℃ 이하 ⇒ 열분해과정
③ 1,000℃ 이하 ⇒ 가스화과정

(8) 도시고형폐기물 열분해 온도별 단계

① 건조단계
200℃에서 건조가 일어나며 수증기로 배출

② 건류단계
200~500℃ 범위에서 건류가 시작됨

③ 가스형성단계
500~1,200℃ 범위에서 건류 시 가스 발생

  학습 **Point**

1 열분해 정의 및 소각에 비하여 갖는 장점 4가지 숙지
2 열분해 생성물질 내용 숙지 및 저온 및 고온열의 온도범위 및 생성물질 숙지
3 열분해를 통한 연료의 성질 결정요소 5가지 숙지
4 열분해장치 종류 4가지 숙지
5 건류가스화 시 온도과정 숙지

SECTION 033 슬러지 처리목적

(1) 감량화
처리공정 ⇒ 농축, 탈수, 건조, 소각, 유기물의 혐기성 소화

(2) 안정화(반응성이 없도록 하는 조작)
처리공정 ⇒ 퇴비화

(3) 무해화
처리공정 ⇒ 소각(열분해)

SECTION 034 슬러지 처리공정

농축 → 소화(안정화) → 개량 → 탈수 → 건조 → 소각 → 매립

슬러지 처리에 있어 가장 먼저 고려해야 하는 사항은 수분제거에 의한 부피감소이다.

SECTION 035 분뇨 처리목적

(1) 생화학적 안정화
안정화방법 : 혐기성 및 호기성 산화방법

(2) 위생적 안정화
각종 병원미생물 및 기생충란의 안정화

(3) 최종생성물의 감량화
함수율 저감

(4) 처분의 확실성
2차 오염물질 발생방지

 학습 Point

분뇨처리 목적 4가지 숙지

SECTION 036 분뇨투입구 수(N)

출제율 60%

① 분뇨투입구 수는 운반차량 적재량 및 1일 총 처리량에 의해 결정되며 분뇨투입구의 크기는 수거차량 및 호스의 대소에 의해 결정된다.

② 분뇨투입구 수(N)

$$N = \frac{Q}{Q' \times V} \times \alpha$$

여기서, Q : 시간당 최대 반입량(m^3/hr)
Q' : 시간당 배차 대수(대/hr)
V : 수거차량의 적재량(m^3/대)
α : 안전율

기출 必수문제 출제율 30% 이상

01 어느 도시에서 1일 수거되는 분뇨가 600kL일 때 분뇨투입구의 수는?

- 수거차량용량 : 2.5kL/대
- 수거차량에서 분뇨투입시간 : 25min
- 작업시간 : 6hr/day
- 안전율 : 1.2

풀이

$$\text{분뇨투입구 수(N)} = \frac{\text{수거량(반입량)}}{\text{1대 투입량}}$$

$$= \frac{600\text{kL/day}}{2.5\text{kL/대} \times 6\text{hr/day} \times 60\text{min/hr} \times \text{대/25min}} \times 1.2$$

$$= 20\text{개}$$

SECTION 037 슬러지 각 성분의 관계

슬러지(분뇨) = TS + W
          = VS + FS + W

여기서, TS : 총고형물
VS : 휘발성 고형물
FS : 강열잔류 고형물
W : 수분

TS → VS + FS
TSS → VSS + FSS
+
TDS → VDS + FDS

여기서, TSS : 총부유성 고형물
VSS : 휘발성 고형물
FSS : 강열잔류 부유물질
VDS : 휘발성 용존물질
FDS : 강열잔류 용존물질

기출必수문제 출제율 30% 이상

01 처리용량이 50kL/day인 혐기성 소화식 분뇨처리장에서 가스저장탱크를 설치하고자 한다. 가스저류시간을 8시간으로 하고 생성가스량을 분뇨투입량의 8배로 가정한다면 가스탱크의 용량(m^3)은?

> **풀이**
> 가스탱크용량(m^3) = $50kL/day \times m^3/kL \times day/24hr \times 8hr \times 8 = 133.33m^3$

기출必수문제 출제율 60% 이상

02 고형물 중 유기물질이 80%이고 함수율이 98%인 슬러지를 하루에 $600m^3$의 비율로 소화시켜 유기물의 2/3가 제거되고, 함수율이 96%인 소화슬러지를 얻었다. 이때 하루에 발생되는 소화슬러지의 양(m^3/day)은?

> **풀이**
> 소화 후 슬러지량(m^3/day) = $[FS + VS(소화 후 잔류)] \times \dfrac{100}{(100-함수율)}$
>
> FS(무기물)
> $= 600m^3/day \times (1-0.98) \times (1-0.8)$
> $= 2.4m^3/day$
>
> VS(잔류유기물)
> $= 600m^3/day \times (1-0.98) \times 0.8 \times \dfrac{1}{3}$
> $= 3.2m^3/day$
>
> $= (2.4+3.2)m^3/day \times \dfrac{100}{(100-96)} = 140m^3/day$

기출必수문제 출제율 30% 이상

03 35℃로 운전되는 혐기성 소화조로부터 1일 $4,000m^3$의 가스가 생성되며 이 중 메탄함유율이 65%라면 몇 g의 COD로 전환되는지 구하시오. (단, 1g · COD/0.395L · CH_4)

> **풀이**
> (g · COD) = $4,000m^3/day \times 0.65 \times 1,000L/m^3 \times 1g \cdot COD/0.395L \cdot CH_4$
> = $6,582,278.48g \cdot COD$

기출 必수문제 · 출제율 50% 이상

04 함수율 96% 고형물 중 유기물 함유비가 75%의 생슬러지를 소화하여 유기물의 70%가 가스 및 탈리액으로 전환되고 함수율 93%의 소화슬러지가 얻어졌다. 똑같은 슬러지를 같은 조건에서 1,000m³/day를 소화한 경우 소화슬러지 발생량(m³/day)은?(단, 소화 전후의 슬러지 비중 1.0)

풀이

잔류고형물을 구하여 함수율 보정

소화 전 슬러지량($1,000 m^3/day$) = $VS + FS + W$

$VS = 1,000 m^3/day \times (1-0.96) \times 0.75$
$\quad\ = 30 m^3/day$

$FS = 1,000 m^3/day \times (1-0.96) \times 0.25$
$\quad\ = 10 m^3/day$

소화 후 슬러지량($x\,m^3/day$) = VS'(잔류유기물) + $FS' + W$

$VS' = 30 m^3/day \times (1-0.7) = 9 m^3/day$

$FS' = FS(FS : 불변) = 10 m^3/day$

소화 후 슬러지량 수분보정 = $(VS' + FS') \times \dfrac{100}{100-함수율}$

$= (9+10) \times \dfrac{100}{100-93} = 271.43 m^3/day$

기출 必수문제 · 출제율 40% 이상

05 함수율 80% 고형물 중 유기물 함유율이 60% 탈수케이크 10ton/day을 함수율 60%로 건조 후 반응되는 퇴비(반송률 50%)와 혼합하여 기계식 퇴비화 반응기에서 체류시간 10일로 연속적으로 퇴비화하고자 한다. 이때 퇴비화반응기의 유효부피(m³)는?(단, 생성되는 퇴비의 함수율과 고형물 중 유기물 함유율은 각각 30%와 35%이며 이 모든 물질의 비중은 1.0로 가정, 건조과정에서 유기물손실은 고려하지 않는다.)

풀이

$VS = 10 ton/day \times (1-0.8) \times 0.6 = 1.2 ton/day$
$FS = 10 ton/day \times (1-0.8) \times 0.4 = 0.8 ton/day$

함수율 60% 경우 케이크 양 = $(VS + FS) \times \dfrac{100}{100-함수율}$

$= (1.2+0.8) \times \dfrac{100}{100-60} = 5 ton/day$

반송률 50% 고려한 케이크 양 = $5(1+0.5) = 7.5 ton/day$

반송퇴비에 의한 고형물량 = 2.5ton/day × (1−0.3) × (1−0.35) = 1.1375ton/day

배출퇴비의 총 고형물량 = (0.8 + 1.1375) × $\dfrac{100}{100-35}$ = 2.98ton/day

배출퇴비 양 = 2.98ton/day × $\dfrac{100}{100-30}$ = 4.26ton/day

반응기 유효 부피(m³) = $\left(\dfrac{7.5+4.26}{2}\right)$ ton/day × 10day × m³/ton = 58.8m³

06
총고형물이 25,000g/m³인 폐기물 100m³을 매립 시 이 중 휘발성 고형물이 60%(W/W%)이었다면 CH_4 발생량(m³)은?(단, CH_4 발생량은 VS 1kg당 0.45m³)

풀이

CH_4(m³) = 0.45m³ · CH_4/kg · VS × 60 VS/100 TS × 25,000g/m³ · TS × 100m³
　　　　　× 1kg/1,000g
　　　　= 675m³

07
함수율이 96%이고 고형물질 중 휘발분이 60%인 슬러지 400m³를 혐기성 소화하여 함수율 94%의 소화슬러지가 얻어졌다면 이때 소화슬러지의 발생량(m³)은? (단, 소화 전후 슬러지의 비중은 1.0이고, 소화과정에서 생슬러지의 휘발분은 50%가 분해됨)

풀이

소화 후 슬러지량(m³) = ($VS + FS$) × $\dfrac{100}{100-함수율}$

VS = 400m³ × (1−0.96) × 0.6 × (1−0.5) = 4.8m³

FS = 400m³ × (1−0.96) × 0.4 = 6.4m³

= (4.8+6.4)m³ × $\dfrac{100}{100-94}$ = 186.67m³

SECTION 038 농축

슬러지로부터 액체(수분)의 일부분을 제거하여 슬러지의 고형물량을 늘리는 공정이다.

(1) 농축의 목적

① 부피 감소(후처리시설 용량 감소)
② 저장탱크 용적 감소(시설규모의 축소)
③ 탈수 시 탈수효율 향상
④ 처리비용 감소
⑤ 화학약품 투여량 감소

(2) 농축방법

① 중력식 농축
  ㉠ 장점
    ⓐ 구조가 간단하고, 유지관리가 용이하다.(동력비 적음)
    ⓑ 일반적으로 1차 슬러지에 적합하고 약품을 사용하지 않는다.
  ㉡ 단점
    ⓐ 잉여슬러지의 농축에는 부적합하다.
    ⓑ 계절적 변화 적응이 늦으며 악취문제가 발생할 수 있다.

② 부상식 농축
  ㉠ 장점
    ⓐ 잉여 슬러지(농도가 낮음 0.5~0.8%)에 효과적이다.
    ⓑ 고형물 회수율이 비교적 높고 약품 주입 없이 운전이 가능하다.
  ㉡ 단점
    ⓐ 동력비가 많이 소요되며 악취문제가 발생할 수 있다.
    ⓑ 유지, 관리기술이 요구된다.

③ 원심분리 농축
  ㉠ 장점
    ⓐ 강력한 원심력으로 장치가 콤팩트하다.
    ⓑ 잉여슬러지에 효과적이며 운전조작이 용이하다.

ⓒ 단점
  ⓐ 시설비 및 유지관리비가 크게 소요된다.
  ⓑ 유지관리가 까다롭다.

(3) 슬러지 분리액

$$슬러지\ 분리액(m^3) = \frac{건조슬러지}{1-초기\ 함수율} - \frac{건조슬러지}{1-처리\ 후\ 함수율}$$

(4) 농축조 설계인자

① 고형물 표면적부하
② 슬러지 비저항
③ 체류시간
④ 유효수심

(5) 슬러지 농축조 설계 시 고려사항

① 슬러지의 유량 및 농도
② 농축 후의 슬러지의 농도
③ 약품 소요량의 유무
④ 상징액의 유량과 SS농도

(6) 농축 전후 슬러지량과 고형물량의 관계

$$SL_1 \times TS_1 = SL_2 \times TS_2$$

여기서, SL_1 : 처리 전 슬러지량
       SL_2 : 처리 후 슬러지량
       TS_1 : 처리 전 고형물량
       TS_2 : 처리 후 고형물량

기출 필수문제 출제율 40% 이상

01 분뇨의 슬러지건량은 10m³, 함수율 95%이다. 함수율을 85%까지 농축하였다면 농축조에서의 분리액(m³)은?

> **풀이**
>
> $$농축액\ 분리액(m^3) = \frac{건조슬러지}{1-초기\ 함수율} - \frac{건조슬러지}{1-처리\ 후\ 함수율}$$
> $$= \frac{10}{(1-0.95)} - \frac{10}{(1-0.85)} = 133.33 m^3$$

기출 필수문제 출제율 60% 이상

02 함수율이 98.5%인 슬러지가 50,000m³/day로 농축조에 유입된다. 이 슬러지를 40,000ppm으로 농축 후 혐기성 소화조로 유입하면 소화조에 양수할 슬러지량(m³/day)은?

> **풀이**
>
> 농축 전후의 고형물량 불변(물질수지식 이용)
> 농축 전 슬러지량 × 농축 전 고형물량 = 농축 후 슬러지량 × 농축 후 고형물량
>
> $$농축\ 후\ 슬러지량 = \frac{농축\ 전\ 슬러지량 \times 농축\ 전\ 고형물량}{농축\ 후\ 고형물량}$$
> $$= \frac{50,000 m^3/day \times (1-0.985)}{0.04\,(40,000ppm = 4\%)} = 18,750 m^3/day$$

기출 필수문제 출제율 50% 이상

03 슬러지를 처리하기 위해 위생처리장 활성슬러지(1% 농도) 40m³를 농축조에 넣어 농축한 결과 슬러지의 농도가 35,000mg/L가 되었다. 농축된 슬러지량(m³)은?

> **풀이**
>
> 농축 전 슬러지량 × 농축 전 고형물량 = 농축 후 슬러지량 × 농축 후 고형물량
>
> $$농축\ 후\ 슬러지량 = \frac{농축\ 전\ 슬러지량 \times 농축\ 전\ 고형물량}{농축\ 후\ 고형물량}$$
> $$= \frac{40 m^3 \times 0.01}{0.035\,(35,000 mg/L = 3.5\%)} = 11.43 m^3$$

SECTION 039 슬러지 개량(Conditioning)

농축슬러지나 소화슬러지는 여러 유기물과 형상이 다양한 미세고형물 및 콜로이드로 구성되고 물과 강한 친화력으로 탈수가 쉽지 않으므로 슬러지를 개량한다.

(1) 슬러지 개량목적 출제율 80%

① 슬러지의 탈수성 향상 : 주된 목적
② 슬러지의 안정화
③ 탈수 시 약품 소모량 및 소요동력을 줄임

(2) 슬러지 개량방법 출제율 80%

주로 화학약품처리, 열처리를 행하며, 수세나 물리적인 세척방법 등도 효과가 있다.

① 약품처리 : 주 개량방법
  ㉠ 고분자 응집제 첨가법
    ⓐ 응집제의 가교, 반데르발스력(Van Der Waals Force) 감소 등으로 응결
    ⓑ 슬러지 성상을 그대로 두고 탈수성, 농축성의 개선을 도모함
  ㉡ 무기약품 첨가법
    ⓐ 슬러지의 pH를 변화시켜 무기질 비율을 증가시킴
    ⓑ 안정화를 도모함

② 열처리
  슬러지액을 밀폐된 상황에서 150~200℃ 정도의 온도로 반 시간~한 시간 정도 처리함으로써 슬러지 내의 콜로이드와 겔구조를 파괴하여 탈수성을 개량함

③ 슬러지 세척(세정법)
  ㉠ 세정(수세)은 주로 혐기성 소화된 슬러지를 대상으로 실시하며 슬러지의 알칼리도를 낮춤
  ㉡ 소화슬러지를 물과 혼합시킨 후 슬러지를 재침전시키는 방법

④ 생물학적 처리
  혐기성·호기성 소화

⑤ 동결처리

(3) 슬러지의 개량 시 응집제

① 종류

양이온의 알루미늄염(황산알루미늄, 폴리염화알루미늄) 또는 철염(황산제1철, 황산제2철, 염화제2철)

② 황산알루미늄을 주로 사용하는 이유
  ㉠ 2가 양이온보다 3가 양이온을 사용하는 것이 응집효과가 크고 안정된 탈수가 가능하기 때문이다.
  ㉡ 독성이 없어 대량 사용이 가능하며 가격이 저렴하다.
  ㉢ 결정은 부식성이 없고 철염과 같이 시설을 더럽히지 않는다.

학습 Point

① 슬러지 개량 목적 3가지 숙지
② 슬러지 개량 방법 5가지 및 약품처리 내용 숙지

SECTION 040 혐기성 소화

RDF, 열분해와 혐기성 소화 시에는 에너지를 회수할 수 있다.(호기성 소화는 유용한 에너지원인 CH_4을 함유하지 않는다.)

(1) 혐기성 소화의 목적

① 유기화합물 변환(유기물이 분해하여 슬러지를 안정화)
② 부피 감소(20~60% 감소)
③ 메탄(CH_4) 가스 회수
④ 병원균 사멸 및 변환

(2) 혐기성 소화의 장점 출제율 30%

① 호기성 처리에 비해 슬러지 발생량이 적다.
② 동력시설의 소모가 적어 운전비용이 저렴하다.
③ 생성슬러지의 탈수 및 건조가 쉽다.(탈수성 양호)

④ 메탄가스 회수가 가능하여 회수된 가스를 연료로 사용 가능하다.
⑤ 기생충란이나 전염병균이 사멸한다.
⑥ 고농도 폐수 및 분뇨를 낮은 비용으로 처리할 수 있다.

(3) 혐기성 소화의 단점

① 호기성 소화공법보다 운전이 용이하지 않다.(운전이 어려우므로 유지관리에 숙련이 필요함)
② 소화가스는 냄새(NH_3, H_2S)가 문제된다.(악취 발생 문제)
③ 부식성이 높은 편이다.
④ 높은 온도가 요구되며 미생물 성장속도가 느리다.

(4) 혐기성 소화 시 일반적인 유기산의 최적농도

① 200~450mg/L(최적농도)
② 3,000mg/L 이상이면 가스화가 억제된다.

(5) 혐기성 분해 3단계 출제율 20%

① 1단계 : 가수분해단계

분해물질	다당류	지방	단백질
생성물질	단당류	지방산	아미노산

② 2단계 : 산생성단계(아세트산, 수소 생성)

분해물질	아미노산	지방산	단당류
생성물질	알코올, NH_3, H_2, CO_2, H_2O		

③ 3단계 : 메탄생성단계

분해물질	알코올, NH_3, H_2, CO_2, H_2O
생성물질	CH_4, CO_2, H_2O

정상적인 CH_4 및 CO_2 함유량은 각각 55~65vol%, 30vol% 내외이다.

(6) 혐기성 소화공정의 정상적 작동 여부 확인항목(영향인자)

① 소화가스량
② 메탄과 이산화탄소 함량(메탄 60% 이상이면 정상운영)
③ 유기산농도(부하량)
④ 소화시간
⑤ 온도 및 체류시간
⑥ 휘발성 유기산
⑦ 알칼리도와 pH

(7) 혐기성 공정이 호기성 공정에 비해 슬러지량이 적은 이유 〔출제율 30%〕

① 호기성 분해에 비해 영양분이 없는 상태로 분해되기 때문(세포생산계수가 작기 때문)
② 호기성 분해에 비해 소화기간이 길어 분해정도가 크기 때문
③ 혐기성 분해는 합성세포의 내호흡반응으로 슬러지가 생성되기 때문

(8) 중금속에 의한 메탄균 활동 저해 시 변화 〔출제율 20%〕

① 변화현상
  ㉠ 가스발생량 현저히 감소
  ㉡ CO_2, O_2, 유기산농도 증가
  ㉢ pH 및 알칼리도 저하

② 변화 이유
  메탄균이 중금속에 의해 피독되어 활동이 억제되기 때문

(9) 혐기성 소화반응 일반식 〔출제율 20%〕

$$C_6H_{12}O_6 \Rightarrow 3CH_4 + 3CO_2$$
$$C_6H_{12}O_6 \Rightarrow 2CH_3COOH + CH_4 + CO_2$$

(10) 소화가스(S성분 함유)와 철(Fe)의 반응식

$$Fe + H_2S \Rightarrow FeS + H_2$$
(흑색)

(11) 미생물에 의한 내호흡반응식(Endogenous Respiralion)

$$(\text{세포물질} + \text{산소}) \Rightarrow CO_2 + H_2O + NH_3 + \text{에너지}$$

(12) 혐기성 소화로에서 교반 목적

① 스컴(Scum) 발생방지
② 소화온도의 균등화
③ 가스의 방출 용이
④ 미생물의 혼합

> **학습 Point**
>
> 1 혐기성 소화 장단점 6가지, 3가지씩 숙지
> 2 혐기성 분해 3단계 분해물질, 생성물질 숙지
> 3 혐기성 공정 슬러지량이 적은 이유 3가지 숙지
> 4 중금속에 의한 메탄균 활동 변화 및 이유 숙지
> 5 혐기성 소화반응 일반식 숙지

기출 必 수문제 출제율 30% 이상

01 어느 분뇨처리장에서 gas 발생량이 $400m^3/day$이다. 이 소화조의 운영상태를 정상적으로 본다면 CH_4 가스량(m^3/day)은?

> **풀이**
> 소화조의 정상운영상태 : 가스량 중 메탄함량비 = 60%(2/3)
> CH_4 가스량(m^3/day) = $400 \times 0.6 = 240 m^3/day$

기출 必 수문제 출제율 40% 이상

02 침출수를 혐기성 여상으로 처리하고자 한다. 유량이 $1,500m^3/day$, BOD가 500mg/L이고 처리효율이 90%라면 이때 혐기성 여상에서 발생되는 메탄가스량(m^3/day)은?(단, $1.5m^3$gas/BOD-kg, 가스 중 메탄함량 60%)

> **풀이**
> 메탄가스의 양(m^3/day) = $1,500m^3/day \times 500mg/L \times 1,000L/m^3 \times 1kg/10^6 mg$
> $\times 0.9 \times 1.5 m^3 gas/BOD-kg \times 0.6$
> = $607.5 m^3/day$

기출 必수문제 출제율 30% 이상

03 글리신($C_2H_5O_2N$)의 혐기성 반응식을 쓰고, 글리신 1mole이 생성하는 CH_4가스량(L)은?

풀이

$C_2H_5O_2N$ 혐기성 완전분해 반응식
$C_2H_5O_2N + 0.5H_2O \Rightarrow 0.75CH_4 + 1.25CO_2 + NH_3$
 1mole $0.75 \times 22.4L = 16.8L$

기출 必수문제 출제율 70% 이상

04 유기물, $C_6H_{12}O_6$(포도당) 1kg을 혐기성으로 완전분해 시 생성될 수 있는 이론적 메탄의 양(kg)은?

풀이

혐기성 완전분해 반응식
$C_6H_{12}O_6 \Rightarrow 3CH_4 + 3CO_2$
 180kg : 3×16kg
  1kg : CH_4(kg)

$CH_4(kg) = \dfrac{1kg \times (3 \times 16)kg}{180kg} = 0.27kg$

기출 必수문제 출제율 20% 이상

05 분뇨처리시설을 가온식으로 운영한다. 투입분뇨량이 2.0kL/hr일 때 투입된 분뇨를 소화온도까지 올리는 데 필요한 열량(kcal/hr)은?(소화온도 35℃, 투입분뇨온도 20℃, 분뇨비열은 1cal/g·℃이며, 분뇨의 비중은 1.0, 기타 열손실은 없는 것으로 한다.)

풀이

열량(kcal/hr) = 슬러지량 × 비열 × 온도차
= (2.0kL/hr × 1,000L/kL × 1kg/1L × 1,000g/kg)
 × (1cal/g℃ × 1kcal/1,000cal) × (35 − 20)℃
= 30,000kcal/hr

기출必수문제 출제율 30% 이상

06 함수율이 98%인 슬러지 500m³/day를 처리할 수 있는 혐기성 소화조용량(m³)은?[단, $VS/TS=0.6$, 소화일수 20일, 숙성일수(소화슬러지 저장기간) 5일, 소화오니의 함수율 94%, 유기물량의 60%가 액화 및 가스화된다고 한다. 비중은 1.0 소화조용량$(V) = \frac{1}{2}(Q_1 + Q_2)T_1 + Q_2 T_2$식 이용]

풀이

소화조용적(m³) $= \left[\frac{1}{2}(Q_1 + Q_2)T_1 + Q_2 T_2\right]$

$Q_1 =$ 소화조 유입 슬러지량 $= 500\text{m}^3/\text{day}$

$Q_2 =$ 소화조에 축적되는 소화슬러지량(m³/day)
$= (4,000 + 2,400)\text{kg} \cdot \text{TS}/\text{day}$
$\times \frac{100 \cdot SL}{(100-94) \cdot TS} \times \text{m}^3/1,000\text{kg} = 106.67\text{m}^3/\text{day}$

$TS = FS + VS'$(잔류유기물)

$FS = 500\text{m}^3 \cdot SL/\text{day} \times 1,000\text{kg/m}^3$
$\times \frac{(100-98) \cdot TS}{100 \cdot SL} \times \frac{0.4 FS}{TS} = 4,000\text{kg/day}$

$VS' = 500\text{m}^3 \cdot SL/\text{day} \times 1,000\text{kg/m}^3$
$\times \frac{(100-98) \cdot TS}{100 \cdot SL} \times \frac{0.6 \cdot VS}{TS} \times \frac{(100-60) \cdot VS'}{100 \cdot VS}$
$= 2,400\text{kg/day}$

$= \left[\frac{(500 + 106.67)\text{m}^3/\text{day}}{2} \times 20\text{day}\right] + (106.67\text{m}^3/\text{day} \times 5\text{day})$
$= 6,600.05\text{m}^3$

기출必수문제 출제율 30% 이상

07 600m³인 슬러지혐기성 소화조가 함수율 95%의 슬러지를 하루에 15m³를 소화한다고 한다. 소화조 유기물 부하율(kg · VS/m³ · day)은?(단, 무기물 비율은 40%이며, 비중은 1.0)

풀이

유기물 부하율 $= \frac{\text{유기물의 양}}{\text{소화조의 용적}}$

$= \frac{15\text{m}^3/\text{day} \times 1,000\text{kg/m}^3 \times (1-0.95) \times (1-0.4)}{600\text{m}^3}$

$= 0.75\text{kg} \cdot VS/\text{m}^3 \cdot$ 일

(13) 소화효율

$$소화효율(\%) = \left(1 - \frac{VS_2/FS_2}{VS_1/FS_1}\right) \times 100\,(\%)$$

여기서, VS_1 : 소화 전 슬러지의 유기성분(%)
VS_2 : 소화 후 슬러지의 유기성분(%)
FS_1 : 소화 전 슬러지의 무기성분(%)
FS_2 : 소화 후 슬러지의 무기성분(%)

기출 必수문제 출제율 70% 이상

01 혐기성(피산소성) 소화탱크에서 유기물이 70%, 무기물이 30%인 슬러지를 소화하여 소화슬러지의 유기물이 55%, 무기물이 45%가 되었다면 소화율(%)은?

풀이

$$소화효율(\%) = \left(1 - \frac{VS_2/FS_2}{VS_1/FS_1}\right) \times 100 = \left(1 - \frac{0.55/0.45}{0.7/0.3}\right) \times 100 = 47.6\%$$

기출 必수문제 출제율 40% 이상

02 분뇨처리장으로 VS가 1.4g/L인 분뇨가 45KL/day 유입될 때 소화조에서 발생되는 총 CH_4 가스량(m^3)은?(단, 1단계 및 2단계 소화조에서 VS제거율은 각각 60%, 20%이고 CH_4 가스발생량은 각각 $1m^3$/kg- VS 제거, $0.5m^3$/kg-제거)

풀이

분뇨 중 VS 함량 = 45kL/day × 1.4g/L × 1,000L/kL × 1kg/1,000g
  = 63kg- VS/day
1단계 소화조 CH_4 발생량 = 63kg- VS/day × 0.6 × $1m^3$/kg- VS 제거
  = $37.8m^3$/day
2단계 소화조 CH_4 발생량 = 63kg- VS/day × (1-0.6) × 0.2 × $0.5m^3$/kg- VS 제거
  = $2.52m^3$/day
총 CH_4 가스량(m^3) = 37.8 + 2.52 = $40.32m^3$/day

> **기출必수문제** 출제율 40% 이상

03 유량 310m³/day 슬러지 고형물 함량 5.4%, VS 함량이 62%인 슬러지를 혐기성 소화공법으로 처리하고자 한다. 소화조 VS 제거율 55%, 가스생성량이 0.73m³/kg·VS이라면 1일 가스발생량(m³/day)은?(단, 슬러지 비중 1.04)

> **풀이**
>
> $$\text{가스발생량}(m^3/day) = 310m^3/day \times 0.054 \times 0.62 \times 0.55 \times 1,040 kg/m^3$$
> $$\times 0.73 m^3 \cdot gas/kg \cdot VS$$
> $$= 4,333.77 m^3/day$$

SECTION 041 호기성 소화

호기성 미생물의 내생호흡을 이용하여 유기물의 안정화를 도모하고 슬러지 감량 및 처리에 적합한 슬러지를 만든다.

(1) 장점

① 혐기성 소화보다 운전이 용이하다.
② 상등액(상층액)의 BOD와 SS 농도가 낮아 수질이 양호하며 암모니아 농도도 낮다.
③ 초기시공비가 적고 악취발생이 저감된다.
④ 처리수 내 유지류의 농도가 낮다.

(2) 단점

① 소화 슬러지량이 많다.
② 소화 슬러지의 탈수성이 불량하다.
③ 설치부지가 많이 소요되고 폭기에 소요되는 동력비가 상승한다.
④ 유기물 저감률이 적고 연료가스 등 부산물의 가치가 적다.(메탄가스 발생 없음)

(3) 소화온도

① 저온 소화온도 ⇒ 상온
② 중온 소화온도 ⇒ 35℃
③ 고온 소화온도 ⇒ 55℃

학습 Point

호기성 소화 장단점 3가지씩 숙지

기출 必수문제 출제율 70% 이상

01 포도당($C_6H_{12}O_6$) 1kg을 호기성 분해 시 소요산소량(kg)은?

풀이

호기성 완전 반응식
$C_6H_{12}O_6 + 6O_2 \rightarrow 6CO_2 + 6H_2O$
180kg : 6×32kg
1kg : O_2(kg)

$O_2(kg) = \dfrac{1kg \times (6 \times 32)kg}{180kg} = 1.07kg$

기출 必수문제 출제율 30% 이상

02 미생물에 의해 C_7H_{12}가 호기적으로 완전 산화분해되는 경우에 C_7H_{12} 1mg당 요구되는 이론산소량(mg)은?

풀이

호기성 완전 반응식
$C_7H_{12} + 10O_2 \rightarrow 7CO_2 + 6H_2O$
96mg : 10×32mg
1mg : O_2(mg)

$O_2(mg) = \dfrac{1mg \times (10 \times 32)mg}{96mg} = 3.33mg$

기출필수문제 출제율 30% 이상

03 분뇨를 호기성 산화방식으로 처리하고자 한다. 소화조의 용량이 $100m^3$/day인 처리장에 필요한 산기관의 수?(단, 분뇨의 BOD는 20,000mg/L, 1차 BOD 처리효율 70%, 소모공기량 $100m^3$/BOD-kg, 산기관 1개당 통풍량 $0.15m^3$/min, 연속산기방식)

[풀이]

$$산기관수(개) = \frac{100m^3/day \times 20,000mg/L \times 1,000L/m^3 \times 1kg/10^6mg}{0.15m^3/min \times 0.70 \times 100m^3/BOD-kg \times day/24hr \times 1hr/60min}$$

$$= 648.15 (649개)$$

기출필수문제 출제율 30% 이상

04 생분뇨의 SS가 25,000mg/L이고, 1차 침전조에서 SS제거율은 88%이다. 1일 50kL 분뇨를 투입할 경우 1차 침전지에서 1일 발생되는 슬러지량(ton/day)은? (단, 발생슬러지 함수율은 95%이고 비중은 1.0)

[풀이]

슬러지량(ton/day)

$= 유입\ SS량 \times 제거량 \times \left(\frac{100}{100-함수율}\right)$

$= 50kL/day \times 25,000mg/L \times 1,000L/kL \times 0.88 \times \left(\frac{100}{100-95}\right) \times ton/10^9mg$

$= 22ton/day$

[다른 풀이방법] 고형물 물질수지식 이용
1차 침전조 제거 SS량
$= 50kL/day \times 25,000mg/L \times 1,000L/kL \times ton/10^9mg \times 0.88 = 1.1ton\ SS/day$
고형물질식
$1.1ton\ SS/day = 발생슬러지량 \times (1-0.95)$
발생슬러지량 $= 22ton/day$

기출 必수문제 출제율 40% 이상

05 분뇨처리과정 중 농축슬러지의 고형물농도가 5%이고, 이 고형물 중 유기물의 함유율이 70%이며, 다시 소화과정에 의하여 유기물의 70%가 분해되고 소화된 슬러지의 고형물함량이 5.5%일 때 전체 슬러지량은 얼마나 감소(%)하는가?

풀이

소화 후 유기물(VS) 함량(슬러지 1kg 기준) = $1kg \times 0.05 \times 0.7 \times (1-0.7) = 0.0105kg$

소화 후 무기물(FS) 함량 = $1kg \times 0.05 \times (1-0.7) = 0.015kg$

소화 후 고형물량 = $0.0105 + 0.015 = 0.0255kg$

소화 슬러지량 = $\dfrac{\text{소화 후 고형물량}}{\text{소화 후 고형물의 비율}} = \dfrac{0.0255kg}{0.055} = 0.46kg$

슬러지 감소비율(%) = 최초 슬러지량 − 소화슬러지량
= $1 - 0.46 = 0.54 \times 100 = 54\%$

기출 必수문제 출제율 30% 이상

06 폐기물 1ton 중 유기물성분은 $C_{60}H_{98}O_{35}N$이고 함수율은 60%, VS는 45%, VS 분해율은 0.9, 공기 중 산소의 무게는 0.23, 공기의 밀도는 $1.25kg/m^3$, 유기물분해에 걸리는 시간은 6일일 때 하루에 필요한 송풍량(m^3/day)은?

풀이

송풍량(m^3/day) = (분해 VS에 필요한 산소량) $\times \dfrac{1}{\text{공기중산소}} \times \dfrac{1}{\text{공기밀도}}$

완전반응식
$C_{60}H_{98}O_{35}N + 67O_2 \rightarrow 60CO_2 + 49H_2O + 0.5N_2$
$1,392kg : 67 \times 32kg$
$1,000kg/6day \times (1-0.6) \times 0.45 \times 0.9 : O_2(kg/day)$
$O_2(kg/day) = 41.59kg/day$

$= 41.59kg/day \times \dfrac{1}{0.23} \times \dfrac{1}{1.25kg/m^3} = 144.65 m^3/day$

기출필수문제 출제율 40% 이상

07 전처리에서의 SS 제거율은 50%, 1차 처리에서 제거율이 85%일 때 방류수 수질기준 이내로 처리하기 위한 2차 처리의 최소효율(%)은?(단, 분뇨 SS : 10,000mg/L, 방류수 수질기준 : 40mg/L)

풀이

$$SS\text{제거효율}(\%) = \left(1 - \frac{SS_0}{SS_i}\right) \times 100(\%)$$

$$SS_0 = 40\text{mg/L}$$

$$SS_i = SS \times (1-\eta_1) \times \eta = 10,000\text{mg/L} \times (1-0.85) \times 0.5$$

$$= 750\text{mg/L}$$

$$= \left(1 - \frac{40}{750}\right) \times 100 = 94.67\%$$

기출필수문제 출제율 30% 이상

08 BOD 10,000mg/L, Cl^- 600ppm인 분뇨를 희석하여 활성슬러지법으로 처리한 결과 BOD 30mg/L, Cl^- 30ppm이었을 때, 활성슬러지법의 BOD 처리효율(%)은?(단, 염소는 활성슬러지법에 의해 처리되지 않음)

풀이

$$BOD\text{처리효율}(\%) = \left(1 - \frac{BOD_0}{BOD_i}\right) \times 100$$

$$BOD_0 = 30\text{mg/L}$$

$$BOD_i = 10,000\text{mg/L} \times (30/600 = 1/20) = 500\text{mg/L}$$

$$= \left(1 - \frac{30}{500}\right) \times 100 = 94\%$$

기출 必수문제 출제율 40% 이상

09 다음 조건에서 활성슬러지법으로 제거된 BOD 제거효율(%)은?

구 분	BOD(mg/L)	SS(mg/L)	Cl^-(ppm)	처리방법
생분뇨	20,000	30,000	5,000	1차 희석 후
방류수	50	80	250	활성슬러지법

풀이

$$BOD \text{ 제거효율}(\%) = \left(1 - \frac{BOD_0}{BOD_i}\right) \times 100$$

$$BOD_0 = 50 \text{mg/L}$$
$$BOD_i = 20{,}000 \text{mg/L} \times (250/5{,}000 = 1/20) = 1{,}000 \text{mg/L}$$
$$= \left(1 - \frac{50}{1{,}000}\right) \times 100 = 95\%$$

기출 必수문제 출제율 40% 이상

10 분뇨를 1차 처리한 후의 BOD가 5,000mg/L이고 2차 처리율을 80%로 할 경우 1차 처리수를 몇 배로 희석하면 BOD가 30mg/L의 방류수 허용기준에 맞겠는가?

풀이

$$BOD \text{ 제거효율} = \left(1 - \frac{BOD_0}{BOD_i}\right) \times 100$$

$$BOD_0 = 30 \text{mg/L}$$
$$BOD_i = BOD \times 1/p = 5{,}000 \text{mg/L} \times 1/p (\text{희석비})$$
$$80 = \left(1 - \frac{30 \text{mg/L}}{5{,}000 \text{mg/L} \times 1/p}\right) \times 100$$

$$\text{희석배수}(p) = \frac{0.2 \times 5{,}000 \text{mg/L}}{30 \text{mL/L}} = 33.33 \text{배}$$

SECTION 042 슬러지의 탈수

(1) 목적

슬러지 내의 수분을 제거·처리하는 목적은 슬러지량을 감소시키는 데 있고 슬러지의 탈수가능성을 표현하는 용어는 Specific Resistance Coefficient이다.

(2) 장점

① 슬러지 처리 및 운반비용 감소
② 취급 용이
③ 소각처리 용이
④ 매립의 경우 침출수량 감소

(3) 탈수방법 [출제율 70%]

① 천일건조(건조상)
  ㉠ 슬러지 건조상의 설계를 위한 고려사항
      ⓐ 기상조건(강우량, 일사량, 온·습도, 풍속)
      ⓑ 슬러지의 성상
      ⓒ 탈수보조제의 사용 여부
  ㉡ 장점
      ⓐ 특별한 기술이 요구되지 않음
      ⓑ 슬러지 성상에 따라 민감하지 않으며 광범위함
  ㉢ 단점
      ⓐ 소요부지가 많이 소요됨
      ⓑ 기상요소에 따라 소요면적 변동이 커짐

② 진공탈수(여과)
  ㉠ 다공성의 여재를 사이에 두고 한쪽을 진공상태로 감압시켜 탈수하는 방법이다.
  ㉡ 종류로는 로터리 드럼형, 벨트형, 코일형이 있다.
  ㉢ 진공여과기로 슬러지 탈수 시, 슬러지 개량에 투입하는 응집제는 무기계통의 응집제를 사용한다.

③ 가압탈수
  ㉠ 여과막을 통해서 슬러지의 압력으로 탈수시키는 방법으로 필터프레스가 주로 사용된다.
  ㉡ 장점
    ⓐ 구조와 조작이 간단하며 여과 면적을 크게 얻을 수 있음
    ⓑ 고압 여과 시에도 안정하며 함수율 낮게 처리 가능(≒50%)
  ㉢ 단점
    ⓐ 유지관리비가 큼(Batch Type)
    ⓑ 여과 완료 후 고형물(Cake) 제거가 불편함

④ 원심분리탈수
  슬러지를 선회운동시켜 원심력을 부여하여 액체로부터 고체성분을 분리하는 방법으로 원심분리탈수에 있어서는 슬러지 고형물의 비중이 물비중보다 큰 것이 좋다.

⑤ 벨트 프레스
  ㉠ 1개 또는 2개의 이동되는 벨트에 의해서 슬러지를 연속적으로 탈수시키며 약품 주입은 필수적 요소이다.
  ㉡ 탈수영향요소
    ⓐ 벨트종류
    ⓑ 세척수의 유량 및 압력
    ⓒ 슬러지의 주입지점 및 주입량

(4) 슬러지의 탈수성 개선을 위한 방법

① 슬러지 개량
② 슬러지 탈수 후 수분함량(70~75%)

 학습 Point

탈수방법 종류 5가지 숙지

기출必수문제 출제율 30% 이상

01 다음과 같은 조건일 경우 진공여과기의 1일 운전시간(hr/day)은?

> 폐수유입량 10,000m³/day, 유입 SS농도 200mg/L, SS 제거율 90%
> 여과면적 30m², 약품첨가량은 제거 SS량의 15%, 건조고형물 회수율 100%
> 여과속도 20kg/m² · hr

풀이

제거 SS량(kg/day)
$= 10,000\text{m}^3/\text{day} \times 200\text{mg/L} \times 0.9 \times 1,000\text{L/m}^3 \times 10^{-6}\text{kg/mg}$
$= 1,800\text{kg/day}$
약품첨가량 고려 총고형물량 $= 1,800\text{kg/day} \times 1.15 = 2,070\text{kg/day}$
운전시간 (hr/day) $= \dfrac{2,070\text{kg/day}}{20\text{kg/m}^2 \cdot \text{hr} \times 30\text{m}^2} = 3.45\text{hr/day}$

기출必수문제 출제율 40% 이상

02 진공여과기로 슬러지를 탈수하여 Cake 함수율을 65%로 하는 경우 여과속도 30kg/m² · hr, 여과면적 50m²의 조건에서 진공여과기로부터 나오는 시간당의 Cake 양(ton/hr)은?

풀이

Cake 발생량(ton/hr) = 여과속도(여과율) × 여과면적 × $\left(\dfrac{100}{100-\text{함수율}}\right)$
$= 30\text{kg/m}^2 \cdot \text{hr} \times 50\text{m}^2 \times \left(\dfrac{100}{100-65}\right)$
$= 4,285.71\text{kg/hr} \times 1\text{ton}/1,000\text{kg} = 4.29\text{ton/hr}$

기출必수문제 출제율 50% 이상

03 탈수기로 유입되는 슬러지량이 150m³/hr이고, 슬러지 함수율 92%, 여과율(고형물 기준)이 100kg/m² · hr일 경우 여과면적(m²)은?(단, 비중 1.0)

풀이

여과면적(A : m²) $= \dfrac{\text{유입슬러지량}}{\text{여과율(여과속도)}} \times (1-\text{함수율})$
$= \dfrac{150\text{m}^3/\text{hr}}{(100\text{kg/m}^2 \cdot \text{hr} \times \text{m}^3/1,000\text{kg})} \times (1-0.92) = 120\text{m}^2$

기출 必수문제 출제율 30% 이상

04 탈수여과기로 유입되는 슬러지량이 2,000m³/day, BOD는 1,000mg/L이며, 잉여슬러지발생량은 유입량의 5%(함수율 95%)이다. 여과율이 12kg/m²·hr의 여과기로 탈수 시 여과기의 면적(m²)은?(단, 탈수기 운전시간 : 8hr/day, 슬러지 비중 1.0)

풀이

$$여과면적(A : m^2) = \frac{유입슬러지량}{여과율(여과속도)} \times (1 - 함수율)$$

$$= \frac{잉여슬러지 중 고형물의 양}{여과율(여과속도)}$$

$$= \frac{2,000m^3/day \times 0.05}{12kg/m^2 \cdot hr \times 8hr/day \times 1m^3/1,000kg} \times (1 - 0.95)$$

$$= 52.08m^2$$

기출 必수문제 출제율 70% 이상

05 고형물 농도 30kg/m³인 슬러지 500m³/day를 탈수한 결과, 소석회를 슬러지 고형물당 30% 첨가하여(이때 첨가된 소석회의 50%가 고형물이 됨) 20kg/m²·hr의 여과속도 및 함수율 80%의 탈수케이크를 얻었다. 면적(m²)과 탈수케이크 양(ton/day)을 구하면? (단, 탈수기 운전시간 1일 8시간, 비중 1.0)

풀이

$$면적(m^2) = \frac{총\ 고형물량}{여과속도}$$

$$= \frac{500m^3/day \times 30kg/m^3 \times [1 + (0.3 \times 0.5)]}{20kg/m^2 \cdot hr \times 8hr/day} = 107.81m^2$$

$$탈수케이크\ 양(ton/day) = 500m^3/day \times 30kg/m^3 \times [1 + (0.3 \times 0.5)]$$

$$\times ton/1,000kg \times \left(\frac{100}{100-80}\right)$$

$$= 86.25 ton/day$$

SECTION 043 생물학적 처리

(1) 개요

미생물의 대사작용을 이용한 처리방법이며 호기성 처리방법 및 혐기성 처리방법으로 구분한다.

(2) 대사작용

① 미생물의 생체유지 및 증식을 위해 기본적으로 이루어지는 작용이다.

② 분류
  ㉠ 동화작용 ⇨ 영양원을 분해하여 생체를 합성하는 작용
  ㉡ 이화작용 ⇨ 합성된 세포물질을 분해하여 에너지를 얻는 작용

③ 방해물질
  ㉠ 산·알칼리제   ㉡ 중금속류   ㉢ 중성세제

(3) 호기성 처리방법에 영향을 미치는 요인

① 산소
  효과적 용존산소(DO)는 0.5~1.0ppm

② 온도
  최적 온도조건은 15~25℃

③ pH
  최적 pH조건은 pH 6~8

④ 방해물질
  산·알칼리제, 중금속류, 중성세제, 살충제 등

(4) 혐기성 처리방법에 영향을 미치는 요인

① 온도
  중온소화 최적온도조건은 30~40℃, 고온소화 최적온도조건은 50~60℃

② pH
　㉠ 메탄균의 최적 pH조건은 7.0~8.5
　㉡ 메탄균은 유기산 농도가 높으면 완충작용으로 억제된다.
　㉢ pH가 낮을 경우 변화는 CH_4 발생이 현저히 감소하고 CO_2 발생량이 증가한다. 그 이유는 유기산 농도축적 및 완충물질의 부족으로 인한 메탄균 성장이 억제되기 때문이다.

③ 유기산 농도
　유기산 농도가 높으면 메탄균은 완충작용으로 억제된다.

④ 방해물질
　중금속류, 강산, 알칼리성 물질

> **학습 Point**
> 호기성 및 혐기성 처리방법 영향요인 숙지

(5) 탄소원과 에너지원에 따른 미생물 분류

① 광(합성)독립(자가) 영향미생물
　㉠ 탄소원 : 이산화탄소(CO_2)　　㉡ 에너지원 : 빛

② 광(합성)종속 영양미생물
　㉠ 탄소원 : 유기탄소　　㉡ 에너지원 : 빛

③ 화학독립(자가) 영양미생물
　㉠ 탄소원 : 이산화탄소(CO_2)　　㉡ 에너지원 : 무기물의 산화·환원반응

④ 화학종속 영양미생물
　㉠ 탄소원 : 유기탄소　　㉡ 에너지원 : 유기물의 산화·환원반응

> **학습 Point**
> ① 호기성 및 혐기성 처리방법 영향요인 숙지
> ② 탄소원과 에너지원에 따른 미생물 분류 숙지

SECTION 044 폐기물의 흡착처리(흡착법)

(1) 물리적 흡착 특징

1) 할로겐족이 포함되어 있으면 흡착농도(흡착률)가 증가한다.
2) 불포화유기물이 포화유기물보다 흡착이 잘 된다.
3) 방향족의 고리수 증가 시 흡착효율이 일반적으로 증가한다.
4) 수산기(OH) 존재 시 흡착효율은 감소한다.
5) pH가 낮아질수록 흡착성능은 좋아진다.

(2) 흡착제 종류

1) 활성탄
2) 실리카겔
3) 합성지올라이트
4) 규조토

(3) 활성탄 재생방법 출제율 20%

1) 가열재생법
2) 용매추출법
3) 수증기법
4) 산알칼리 처리법
5) 감압법

(4) 등온흡착식

1) Freundlich(프로인드리히)식

$$\frac{X}{M} = K \cdot C^{\frac{1}{n}}$$

여기서, X : 흡착제에 흡착된 피흡착제농도(mg/L)(유입수농도 - 유출수농도의 의미)
M : 사용된 흡착제의 무게(농도)
C : 유출수농도(mg/L)
K : 상수(k가 커지면 활성탄 흡착능이 커짐)
$\frac{1}{n}$: 0.1~0.5 범위의 경우 저농도에서 흡착이 커짐
2.0보다 큰 경우 흡착량이 크게 저하됨

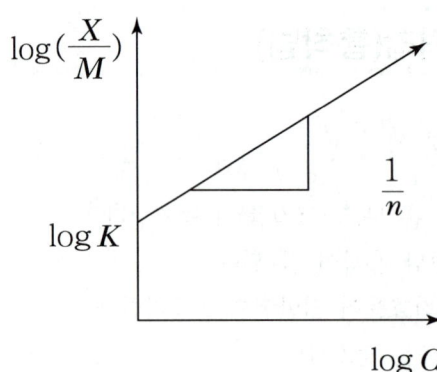

등온흡착선은 흡착되는 물질의 양이 일정온도에서 농도의 함수로 나타내는 직선이며 직선의 기울기가 0.5 이내에서 적용됨

2) Langmuir(랭뮤어)식

$$\frac{X}{M} = \frac{abC}{bC+1}$$

여기서, X : 흡착제에 흡착된 피흡착제농도(mg/L)(유입수농도−유출수농도의 의미)
M : 사용된 흡착제의 무게(농도)
C : 유출수농도(mg/L)
a : 최대흡착량에 대한 상수
b : 흡착에너지에 관한 상수
n : 상수

Langmuir식은 흡착제와 흡착물질 사이에 결합력이 약한 화학적 흡착 의미

 학습 Point

활성탄 종류 및 재생방법 4가지 숙지

기출必수문제 출제율 60% 이상

01 어떤 공장에서 폐수 내 수은함량이 1.3mg/L이다. 이 폐수를 흡착법으로 처리하여 0.01mg/L까지 처리하고자 할 때 요구되는 흡착제량(mg/L)은?(단, 흡착식은 Freundlich 등온식에 따르며, $k=0.5$, $n=2$이다.)

풀이

$$\frac{X}{M} = kC^{\frac{1}{n}}$$

$$\frac{(1.3-0.01)}{M} = 0.5 \times 0.01^{\frac{1}{2}}$$

$$M = 25.8\,\text{mg/L}$$

기출必수문제 출제율 40% 이상

02 초기농도가 60mg/L인 배기가스에 활성탄 15mg/L를 반응시키니 농도가 10mg/L가 되었고 활성탄을 40mg/L 반응시키니 농도가 4mg/L로 되었다. 농도를 8mg/L로 만들기 위하여 반응시켜야 하는 활성탄의 양(mg/L)은?(단, Freundlich 등온 공식 $\frac{X}{M} = kC^{\frac{1}{n}}$을 이용)

풀이

$$\frac{X}{M} = kC^{\frac{1}{n}}$$

$$\frac{60-10}{15} = k \times 10^{\frac{1}{n}} : \text{㉮식}$$

$$\frac{60-4}{40} = k \times 4^{\frac{1}{n}} : \text{㉯식}$$

㉮식을 ㉯식으로 나눔

$2.378 = 2.5^{\frac{1}{n}}$, 양변에 log을 취하면

$\log 2.378 = \frac{1}{n}\log 2.5$, $n = 1.057$ → ㉮식에 대입

$3.33 = k \times 10^{\frac{1}{1.057}}$, $k = 0.38$

$$\frac{60-8}{M} = 0.38 \times 8^{\frac{1}{1.057}}$$

$$M = 19.14\,\text{mg/L}$$

SECTION 045 폐기물의 화학적 침전

(1) 개요

응집제를 이용하여 처리대상물질의 무게를 증가시켜 침전하는 방법으로, 액상폐기물에 적용하며 pH의 적정 유지(통상 pH 10 이상 알칼리성으로 하여 침전)가 중요하다.

(2) 응집제의 종류 출제율 50%

1) $Al_2(SO_4)_3 \cdot 18H_2O$

   ① 황산알루미늄, 명반, 유산(황산)반토, Alum

   ② 장점
   - ㉠ 가격이 저렴
   - ㉡ 거의 모든 현탁성 물질 또는 부유물 제거에 유효
   - ㉢ 독성이 없어 대량 주입이 가능하며 철염과 같이 시설물을 더럽히지 않음

   ③ 단점
   - ㉠ Floc의 시설물에 대한 부착성
   - ㉡ 부식성이 강하고 적정 pH 폭이 좁음

2) $FeCl_3 \cdot 6H_2O$

   ① 염화제2철

   ② 장점
   - ㉠ pH 폭이 넓음(pH 4~12)
   - ㉡ 생성 Floc의 비중이 커 침강성 양호. 즉 빠르게 침전 가능함

   ③ 단점
   - ㉠ Floc의 시설물에 대한 부착성
   - ㉡ 부식성 강함

3) $FeSO_4 \cdot 7H_2O$

   ① 황산제1철

② 장점
  ㉠ 황산알루미늄에 비해 가격이 저렴함
  ㉡ floc이 빠르게 침전

③ 단점
  ㉠ 철이온이 잔류할 수 있음
  ㉡ 부식성 강함

4) 폴리염화알루미늄(PACl)

① 장점
  ㉠ 저수온 고탁도 시 응집효과 우수
  ㉡ 적정 pH 폭이 넓고 응집 및 Floc 형성이 빠름

② 단점
  ㉠ 부식성 강함
  ㉡ 황산알루미늄과 혼합 사용 시 침전물 발생

(3) 응집보조제

응집보조제는 응집제의 효과를 높이기 위하여 첨가되는 약품이다.

1) 알긴산나트륨[$(C_6H_8O_6)_n$], 규산나트륨[Na_2OSiO_2]

사용목적 : Floc 형성

2) 벤토나이트(점토), 카오린

사용목적 : Floc 형성

3) 산 · 알칼리 물질

사용목적 : pH 조정

(4) 수산화물 침전법 〔출제율 50%〕

1) 납

$Pb^{2+} + 2OH^- \rightarrow Pb^{2+}(OH)_2 \Downarrow$: 적정 pH 9~10

2) 카드뮴

$Cd^{2+} + 2OH^- \rightarrow Cd(OH)_2 \Downarrow$: 적정 pH 10

3) 크롬

$2Cr^{3+} + 6OH \rightarrow 2Cr(OH)_3 \Downarrow$: 적정 pH 8~9

(5) 황화물 침전법

1) 납

$Pb^{2+} + S^{2-} \rightarrow PbS \Downarrow$

2) 카드뮴

$Cd^{2+} + S^{2-} \rightarrow CdS \Downarrow$

3) 수은

$Hg^{2+} + S^{2-} \rightarrow HgS \Downarrow$

학습 Point

① 응집제 종류 내용 숙지
② 수산화물 및 황화물 침전법 반응식 숙지

기출필수문제 출제율 40% 이상

01 납(Pb^{2+})의 농도 50mg/L인 액상폐기물 $100m^3$가 있다. 이 중 납을 모두 황화물로 제거하기 위해서 필요한 황화나트륨(Na_2S)의 양은 몇 kg인가?(단, Pb=207, Na=23)

풀이

침전반응식
$Pb^{2+} + S^{2-} \rightarrow PbS \Downarrow$
207kg : 32kg
$100m^3 \times 50mg/L \times 1,000L/m^3 \times kg/10^6mg$: S(kg)

$$S(kg) = \frac{100m^3 \times 50mg/L \times 1,000L/m^3 \times kg/10^6mg \times 32kg}{207kg} = 0.773kg$$

$Na_2S \rightarrow S$
78kg : 32kg
$Na_2S(kg)$: 0.773kg

$$Na_2S(kg) = \frac{78kg \times 0.773kg}{32kg} = 1.88kg$$

기출필수문제 출제율 40% 이상

02 Cd^{2+}의 농도가 150mg/L이고 유량이 $500m^3/day$일 때 Cd^{2+}을 황화카드뮴(CdS)으로 침전할 경우 Na_2S의 최소 사용량(kg/day)은?(단, 각 원자량은 Cd : 112.4, Na : 23, S : 32)

풀이

침전반응식
$Cd^{2+} + S^{2-} \rightarrow CdS \Downarrow$
112.4kg : 32kg

$$S(kg/day) = \frac{500m^3 \times 150mg/L \times 1,000L/m^3 kg/10^6 \times 32kg}{112.4kg} = 21.35kg/day$$

$Na_2S \rightarrow S$
78kg : 32kg
$Na_2S(kg/day)$: 21.35kg/day

$$Na_2S(kg/day) = \frac{78kg \times 21.35kg/day}{32kg} = 52.04kg/day$$

SECTION 046 폐기물의 용매추출법

(1) 개요

액상폐기물에 용매를 사용하여 제거하고자 하는 성분을 용매 쪽으로 흡수하는 방법으로 고농도 페놀폐수 및 유기물질의 농도가 100,000ppm 이상이면 경제적으로 타당성이 매우 높다.

(2) 용매의 선택기준 [출제율 20%]

1) 비극성
2) 용매회수 가능성
3) 높은 분배계수(선택성)
4) 낮은 끓는점(회수성 높음)
5) 물에 대한 용해도 낮아야 함
6) 밀도가 물과 다를 것

(3) 적용대상물질(장점) [출제율 70%]

1) 미생물에 의해 분해되지 않는 물질을 처리할 수 있다.
2) 활성탄을 사용하기에 농도가 너무 높은 물질을 처리할 수 있다.
3) 낮은 휘발성으로 인해 탈기처리공정(스트리핑)이 곤란한 물질을 처리할 수 있다.
4) 용해도가 낮은 물질을 처리할 수 있다.
5) 고농도의 페놀을 처리할 수 있다.

(4) 용매 종류 [출제율 30%]

1) 물(알코올)
2) 에테르(석유에테르)
3) 아세트산에틸
4) 클로로포름

용매추출법 적용대상물질 내용 5가지 및 종류 4가지 숙지

SECTION 047 습식산화법(습식 고온고압 산화처리)

출제율 20%

(1) 개요

유기성 슬러지에 적용하며 슬러지 중 액상가연성 물질을 고압반응기에 넣고 고온·고압에서 공기 중의 산소를 산화제로 이용하여 물질을 산화시키는 방법으로 Zimmerman Process라고 한다.

(2) 습식산화법 장점

1) 슬러지 발생량이 적고 고액분리가 우수하다.
2) 소규모 시설이므로 부지면적이 적고 처리효율이 안정적이다.
3) 슬러지 침전성 및 탈수성이 좋다.
4) 발열반응이기 때문에 에너지 소모량이 적고 단시간 내 처리가 가능하다.

(3) 습식산화법 단점

1) 고온·고압이 필요하다.
2) 시설비 및 유지관리비 높고 시설의 수명이 길지 않다.
3) 질소제거율이 낮고 악취제거가 불가능하며 스케일 생성 등이 문제된다.
4) 고도기술이 요구된다.

> **Reference** As 이온 제거방법
>
> **1** 침전 처리기술
> 지하수에 있는 비소를 침전을 통해서 불용성 고형물로 만들고 필터로 지하수와 비소를 함유한 고형물을 분리하여 비소를 제거하는 기술이다.
> **2** 멤브레인 처리기술
> 비소로 오염된 지하수를 반투막이나 멤브레인에 통과시켜 지하수로부터 비소를 제거하는 기술로, 지하수에 용존된 물질이 선택적으로 멤브레인을 통과하지 못하는 특성을 이용한다.
> **3** 흡착법
> **4** 이온교환법

학습 Point

습식산화법의 정의 및 장단점 2가지씩 숙지

SECTION 048 고형화처리

출제율 20%

(1) 개요

폐기물을 고체로 경화되는 성질을 갖는 물질과 혼합함으로써 형성되고, 고체구조 내에 독성 폐기물을 고정시키거나 포획시키는 방법

(2) 고형화처리의 목적

1) 유해폐기물의 불활성화(독성저하 및 폐기물 내의 오염물질 이동성 감소)
2) 용출 억제(물리적으로 안정한 물질로 변화)
3) 토양개량 및 매립 시 충분한 강도 확보
4) 취급용이 및 재활용(건설자재) 가능

(3) 고형화처리의 장점   출제율 30%

1) 유해물질을 물리적으로 고립 안정화하여 독성을 저하시킨다.
2) 폐기물의 안정화로 인해 취급이 용이하다.
3) 폐기물의 2차 오염을 방지(표면적 및 용출특성 감소)할 수 있다.

(4) 고형화처리의 단점   출제율 30%

1) 시설비 고가이고, 숙련된 기술이 요구된다.
2) 고화제의 체적증가 및 수분함량 증가 시 부패 가능성이 있다.
3) 처리용량이 제한적이고, 전처리(PVC)가 요구된다.

(5) 무기성(무기적) 고형화의 특징

1) 화학적·물리적 반응이 수반된다.
2) 비용이 저렴하다.
3) 다양한 산업폐기물에 적용이 용이하다.
4) 상온·상압 조건에서 처리가 용이하다.
5) 수용성은 작으나 수밀성은 양호하다.
6) 장기적으로 안정성이 있다.
7) 고화재료 확보가 용이하고 독성이 적다.
8) 종류 : 시멘트, 석회, 포졸란, 점토

(6) 유기성 고형화 특징

1) 일반적으로 물리적으로 봉입한다.
2) 처리비용이 고가이다.
3) 최종고화제의 체적증가가 다양하다.
4) 수밀성이 매우 크고 다양한 폐기물에 적용이 용이하다.
5) 미생물, 자외선에 대한 안정성이 약하다.
6) 일반 폐기물보다 방사선 폐기물 처리에 적용한다.
7) 상업화된 처리법의 현장자료가 미비하다.
8) 고도기술이 필요하다.
9) 종류 : 역청(타르), 파라핀, PE(폴리에스테르), 에폭시, 폴리부타디엔

(7) 고형화처리 후 적정처리 여부 시험·조사항목 〔출제율 30%〕

1) 물리적 시험

① 압축강도시험
② 투수율시험
③ 내수성검사
④ 밀도 측정

2) 화학적 시험

용출시험

(8) 고형화처리 방법 〔출제율 90%〕

1) 시멘트기초법(시멘트고형화법, Cement-based Processes)

① 포틀랜드 시멘트(결합재)를 사용하여 고농도 중금속 폐기물을 고형화하는 방법이다.

② 포틀랜드 시멘트 주성분 〔출제율 70%〕

  ㉠ $CaO(60～65\%)$: 석회
  ㉡ $SiO_2(22\%)$: 실리카
  ㉢ 기타(13%)
    ⓐ 알루미나(Al_2O_3)
    ⓑ 산화철(Fe_2O_3)

③ 반응식
   $3CaOAl_2O_3 + 6H_2O \rightarrow 3CaO_2Al_2O_36H_2O$

④ 용해성 화합물(망간, 주석, 구리, 납)
　㉠ 고화시간 연장
　㉡ 물리적 강도 감소

⑤ 불순물(유기물질, 실크, 점토)
　고화시간 지체

⑥ 염기성 물질이므로 산성 폐기물처리 및 방사성 폐기물, 중금속에 적합하다.

⑦ 장점 출제율 50%
　㉠ 재료의 값이 저렴하고 풍부하고 다양한 폐기물 처리가 가능하다.
　㉡ 시멘트 혼합과 처리기술이 잘 발달되어 있어 특별한 기술이 필요치 않으며 장치이용이 쉽다.
　㉢ 폐기물의 건조나 탈수가 불필요하다.

⑧ 단점
　㉠ 낮은 pH에서 폐기물 성분의 용출 가능성이 있다.
　㉡ 시멘트 및 첨가제는 폐기물의 부피·중량을 증가시킨다.

⑨ 영향인자
　㉠ C/W(시멘트/폐기물) ⇨ 배합비율(C/W)이 클수록 강도는 증가
　㉡ Wa/C(물/시멘트) ⇨ Wa/C 비율이 클수록 압축강도 감소, 투수계수 증가
　㉢ A/V(면적/부피) ⇨ A/V 비율이 작을수록 투수성 감소, 용출특성 억제
　㉣ 양생기간 ⇨ 길수록 압축강도 증가, 고형화(고정화) 정도는 높음
　㉤ pH ⇨ pH 높을수록 용출특성 감소

2) 석회기초법(Line Based Processes) 출제율 80%

① 정의
　$Ca(OH)_2$ 나 Lime 과 함께 포졸란(Pozzolan), 폐기물을 혼합하여 고형화하는 방법이다.(석회+포졸란+폐기물)

② 포졸란
　㉠ 규소를 함유하는 미분상태의 물질이다.
　㉡ $Ca(OH)_2$와 물과 반응하여 불용성, 수밀성 화합물을 형성하는 물질이다.
　㉢ 종류
　　비산재(Fly Ash), 점토(Clay), Slag, 화산재

③ 장점
　㉠ 공정운전이 간단, 용이하다.
　㉡ 가격이 저렴하고 광범위한 이용이 가능하다.
　㉢ 탈수가 불필요하고 동시에 두 가지 폐기물 처리가 가능하다.

④ 단점
　㉠ pH가 낮을 때 폐기물 성분의 용출 가능성이 증가한다.
　㉡ 최종 폐기물질의 양이 증가한다.

3) 자가시멘트법(Self-cementing Techniques)

① FGD 슬러지 중 일부(약 10%)를 생석회화한 후 여기에 소량의 물(수분량 조절 역할)과 첨가제를 가하여 폐기물이 스스로 고형화되는 성질을 이용하는 방법이다.

② 연소가스 배연탈황 시 발생된 슬러지처리(FGD)에 많이 쓰이는 고형화방법이다.

③ 장점　출제율 30%
　㉠ 혼합률이 비교적 낮다.
　㉡ 중금속의 고형화 처리에 효과적이다.
　㉢ 전처리(탈수)가 불필요하다.

④ 단점　출제율 30%
　㉠ 장치비가 크고 숙련된 기술이 요구된다.
　㉡ 보조에너지가 필요하다.
　㉢ 많은 황화물을 가지는 폐기물에만 적합하다.

4) 열가소성 플라스틱법(Thermoplastic Techniques)

① 열(120~150℃)을 가했을 때 액체상태로 변화하는 열가소성 플라스틱을 폐기물과 혼합한 후 냉각화하여 고형화하는 방법이다.

② 열가소성 플라스틱 재료 종류
　Aspalt, Paraffin, Bitumen, Polyethylene

③ 적용
　㉠ 유해성 폐기물　　　㉡ 방사성 폐기물

④ 장점　출제율 30%
　㉠ 용출 손실률이 시멘트기초법에 비해 상당히 적다.
　㉡ 고화처리된 폐기물 성분을 회수하여 재활용이 가능하다.
　㉢ 수용액의 침투에 저항성이 매우 크다.

⑤ 단점　출제율 50%
　㉠ 광범위하고 복잡한 장치로 인한 숙련된 기술이 필요하다.
　㉡ 처리과정에서 화재의 위험성이 있다.
　㉢ 고온에서 분해·반응되는 물질에는 적용하지 못한다.
　㉣ 폐기물을 건조시켜야 하며 에너지 요구량이 크다.
　㉤ 혼합률(MR)이 비교적 높다.

5) 유기중합체법(Organic Polymer Techniques)

① 단량체를 폐기물과 혼합한 뒤 촉매를 사용하여 중합시켜 고분자물질로 만드는 방법으로 고형성분을 유기중합체(대표적 예 : 스펀지)에 물리적으로 고립시키는 방법으로 핵폐기물 처리에 많이 이용된다.

② 유기중합체 종류
　㉠ 요소　　　　　　　　　　㉡ 포름알데히드

③ 장점
　㉠ 혼합률이 비교적 낮다.
　㉡ 저온도 공정이다.

④ 단점
　㉠ 고형성분만 처리가 가능하다.
　㉡ 최종처분 전에 건조시켜야 한다.
　㉢ 처분 시(최종) 2차 용기에 넣어 매립하여야 한다.

6) 피막형성법(Surface Encapsulation Techniques)

① 폐기물을 건조 후 부타디엔과 같은 결합제를 혼련하여 고온에서 응고시킨 다음 플라스틱으로 피막을 입혀(≒ 5mm) 고형화시키는 방법이다.

② 장점
　㉠ 혼합률이 비교적 낮다.
　㉡ 침출성이 고형화 방법 중 가장 낮다.

③ 단점
   ㉠ 많은 에너지가 요구된다.
   ㉡ 값비싼 시설과 숙련된 기술을 요한다.
   ㉢ 화재 위험성이 있다.

7) 유리화법(Glassification Techniques) 출제율 70%

① 유리화는 폐기물을 유리물질 안에 고정화시키는 방법이다.

② 유리물질
   ㉠ SiO_2 ㉡ NO_2CO_3 ㉢ CaO

③ 장점
   ㉠ 첨가제 비용이 비교적 저렴하다.
   ㉡ 2차 오염물질의 발생이 거의 없다.

④ 단점
   ㉠ 에너지가 집약적이다.
   ㉡ 특수장치와 숙련된 기술인원이 필요하다.

(9) 고형화 정도 평가

1) 양생기간
2) 강도시험(물리적 · 기계적 특성)
3) 유해성분 용출에 대한 저항성
4) 용출시험을 통한 유해물질 농도 측정

(10) 고형화 계산

1) 부피변화율(VCR ; VCF)

처리해야 할 폐기물의 부피증가를 나타내는 지표이다.

$$VCR = \frac{고형화처리\ 후\ 폐기물\ 부피}{고형화처리\ 전\ 폐기물\ 부피} = \frac{V_s}{V_r}$$

2) 혼합률(MR)

폐기물과 고화제(첨가제) 사이의 혼합률이며 설계지표로 이용된다.

$$MR = \frac{\text{첨가제의 질량}}{\text{폐기물의 질량}} = \frac{M_a}{M_r}$$

3) 고형화처리 후 폐기물 질량(MS) 출제율 50%

$$MS = Mr + Ma$$

4) VCR, MR 관계 출제율 70%

$$\begin{aligned} VCR &= \frac{Vs}{Vr} = \frac{(Ms/\rho_s)}{(Mr/\rho_r)} = \left(\frac{Ms\rho_r}{Mr\rho_s}\right) \\ &= \frac{(Mr + Ma)}{Mr} \times \frac{\rho_r}{\rho_s} \\ &= (1 + MR) \times \frac{\rho_r}{\rho_s} \end{aligned}$$

여기서, ρ_r : 고형화처리 전의 폐기물 밀도
ρ_s : 고형화처리 후의 폐기물 밀도

✓ 학습 Point

① 고형화처리 장단점 3가지씩 숙지
② 고형화처리 후 적정 시험·조사항목 내용 숙지
③ 시멘트기초법 중 포틀랜드 주성분, 장단점 2가지씩 숙지
④ 석회기초법 중 포졸란 내용 및 장단점 2가지씩 숙지
⑤ 자가시멘트법 장단점 3가지씩 숙지
⑥ 열가소성 플라스틱법 장단점 3가지씩 숙지
⑦ 유리화법 중 유리물질 종류 3가지 및 장단점 2가지씩 숙지
⑧ VCR과 MR관계식 숙지

01
밀도가 2.2g/cm³인 폐기물 20kg에 고형화재료 30kg을 첨가하여 고형화시킨 결과 밀도가 3.0g/cm³로 증가하였다면 VCR은?

풀이

$$VCR = \frac{Vs}{Vr} = \frac{Ms/\rho_s}{Mr/\rho_r}$$

$$Vr(\text{고형화처리 전 부피}) = \frac{20\text{kg}}{2.2\text{g/cm}^3 \times \text{kg}/1{,}000\text{g}} = 9{,}090.91\text{cm}^3$$

$$Vs(\text{고형화처리 후 부피}) = \frac{(20+30)\text{kg}}{3.0\text{g/cm}^3 \times \text{kg}/1{,}000\text{g}} = 16{,}666.67\text{cm}^3$$

$$= \frac{16{,}666.67}{9{,}090.91} = 1.83$$

02
폐기물을 고화처리방법으로 처리하였다. MR=0.25이며 고화처리 후 밀도는 1.2ton/m³이고 고화처리 전 밀도가 1.1ton/m³일 때 VCR은?

풀이

$$VCR = (1+MR) \times \frac{\rho_r}{\rho_S} = (1+0.25) \times \frac{1.1}{1.2} = 1.15$$

기출 必수문제 출제율 50% 이상

03 중금속 슬러지를 시멘트로 고형화처리할 경우 다음 조건에서 VCR은?

- 중금속슬러지 밀도(고화처리 전) : 1.25ton/m³
- 고형화슬러지 밀도(고화처리 후) : 1.5ton/m³
- 첨가 시멘트 무게 : 중금속슬러지의 40%
- 고화 전의 중량 : 1ton

풀이

$$VCR = \frac{Vs}{Vr}$$

$$Vr(\text{고화 전 부피}) = \frac{1.0\text{ton}}{1.25\text{ton/m}^3} = 0.8\text{m}^3$$

$$Vs(\text{고화 후 부피}) = \frac{[1.0 + (1.0 \times 0.4)]\text{ton}}{1.5\text{ton/m}^3} = 0.933\text{m}^3$$

$$= \frac{0.933}{0.8} = 1.17$$

SECTION 049 매립

매립은 폐기물의 최종처분방법으로 자연계의 정화기능을 이용하여 폐기물을 무해화·안정화하는 방법으로 부지만 확보 가능하다면 가장 많이 사용할 수 있는 방법이다.

(1) 매립지 선정 시 고려사항   출제율 30%

① 계획 매립용량 확보가 가능할 것
② 복토의 확보가 용이할 것
③ 자연재해(지진, 단층지대 등) 등에 대한 안전성
④ 기상요소(풍향, 기상변화, 강우량)
⑤ 사후매립지 이용계획(장래이용성 ; 지지력)
⑥ 침출수의 공공수역의 오염관계(수원지와 위치조사)

(2) 매립 전 부피를 줄이기 위한 방법

① 분리수거   ② 압축, 파쇄   ③ 소각, 열분해

(3) 매립의 장점 출제율 30%

① 경제적 처분방식(소각, 퇴비화와 비교)이다.
② 폐기물의 혼합매립이 가능하다.
③ 매립완료 후 토지이용 가능성이(주차시설, 운동장, 공원) 있다.
④ 분해가스 회수, 이용이 가능하다.
⑤ 폐기물 발생량 변화에 쉽게 대응이 가능하다.

(4) 매립의 단점 출제율 30%

① 매립지 확보가 곤란하다.
② 유독성폐기물은 처리가 곤란(방사능·병원폐기물, 폐유)하다.
③ 지반침하 가능성이 있다.
④ CH_4 등 gas 폭발 가능성이 있다.
⑤ 매립 후 안정화되는 데 일정기간이 요구된다.

 학습 Point

1 매립지 선정 시 고려사항 4가지 숙지
2 매립 장단점 3가지씩 숙지

SECTION 050 매립 종류

(1) 유해폐기물 매립방법

1) 차단형 매립

① 용출시험결과, 기준을 초과하는 유해한 지정폐기물을 매립하는 방법이다.
② 일반적으로 철근콘크리트 구조물로 매립지를 조성한다.

2) 관리형 매립 출제율 30%

생활환경에 관계되는 피해를 일으킬 우려가 있는 폐산, 폐알칼리, 타르피치, 폐수처리오니, 동물성 잔재물 등의 폐기물을 매립하는 방법이다.

(2) 매립방법에 따른 구분

① 단순매립

차수막, 복토, 집배수를 고려하지 않는 매립방법이다.

② 위생매립

차수막, 복토, 집배수를 고려한 매립방법으로 가장 경제적이고 많이 사용되는 매립방법이다.(일반 폐기물)

③ 안전매립

차수막, 복토, 집배수를 고려한 매립방법으로 유해 폐기물의 최종처분방법이며, 유해 폐기물을 자연계와 완전차단하는 매립방법이다.(유해 폐기물)

(3) 매립구조에 따른 구분 출제율 50%

① 혐기성 매립
② 혐기성 위생 매립
③ 개량 혐기성 위생 매립
④ 준호기성 매립
⑤ 호기성 매립

(4) 매립공법에 따른 구분 출제율 50%

① 내륙 매립
  ㉠ 샌드위치 공법
  ㉡ 셀 공법
  ㉢ 압축매립 공법
  ㉣ 도랑형 공법

② 해안 매립
  ㉠ 수중투기 공법(내수배제 공법)
  ㉡ 순차투입 공법
  ㉢ 박층뿌림 공법

 학습 **Point**

① 유해폐기물 매립방법 종류 2가지 및 정의 숙지
② 매립구조에 따른 구분 5가지 및 매립공법에 따른 구분 내용 숙지

SECTION 051 위생매립(Sanitary Landfill)

출제율 60%

1) 일반폐기물 매립에 가장 경제적이고 널리 이용되는 방법이며 (복토+침출수처리)가 이루어진다.

2) 장점
   ① 부지확보가 가능할 경우 가장 경제적인 방법이다(소각, 퇴비화와 비교).
   ② 거의 모든 종류의 폐기물 처분이 가능하다.
   ③ 처분대상 폐기물의 증가에 따른 추가인원 및 장비가 크지 않다.
   ④ 매립 후 일정기간이 지난 후 토지로 이용될 수 있다.(주차시설, 운동장, 골프장, 공원)
   ⑤ 위생매립은 완전한 최종적인 처리법이다.
   ⑥ 분해가스(LFG) 회수이용이 가능하다.

3) 단점
   ① 매립지 확보가 곤란하다.
   ② 매립이 종료된 매립지역에서의 건축을 위해서는 지반침하에 대비한 특수설계와 시공이 요구된다(유지관리도 요구됨).
   ③ 유독성 폐기물 처리에 부적합하다(방사능, 폐유, 병원성 폐기물 등).
   ④ 폐기물 분해 시 발생하는 폭발성 가스인 메탄과 가스가 나쁜 영향을 미칠 수 있다.

4) 종류(일반 폐기물)
   ① 평지(지역식) 매립방법(Area Method)
   ② 경사 매립방법(Ramp Method)
   ③ 도랑굴착 매립방법(Trench Method)
   ④ 계곡 매립방법(Depression Method)

 학습 Point

위생매립의 장단점 3가지씩 숙지

SECTION 052 셀 공법 매립(Cell Method)

출제율 30%

1) 매립된 쓰레기 및 비탈에 복토를 실시하여 셀모양으로 셀마다 일일복토를 해나가는 방식이며 현재 가장 많이 이용된다(쓰레기 비탈면 경사각도 : 15~25%).

2) 장점
   ① 현재 가장 위생적 방법이다(장래토지이용 가장 유리).
   ② 화재의 발생 및 확산을 방지할 수 있다.
   ③ 폐기물의 흩날림을 방지한다.
   ④ 해충의 발생을 방지할 수 있다.
   ⑤ 고밀도 매립이 가능하다.
   ⑥ 침출수 처리시설 및 발생가스 처리시설의 장점을 충분히 이용한다.

3) 단점
   ① 복토비용 및 유지관리비가 많이 든다.
   ② 침출수 처리시설 및 발생가스 처리시설 설치 시 매립층 내 수분, 증발가스의 이동이 억제되어 충분한 고려가 요구된다.

> **Reference** 샌드위치 방식(Sandwich Method)
>
> 폐기물을 수평으로 고르게 깔아 압축하고 복토를 깔아 복토층을 반복적으로 일정두께로 쌓는 방법으로 좁은 산간지 등의 매립지에서 이용되고 있다.

학습 Point

셀 공법 매립의 정의 및 장단점 2가지씩 숙지

SECTION 053 압축방식 매립(Baling System)

출제율 30%

1) 쓰레기를 매립하기 전에 감량화를 목적으로 먼저 쓰레기를 일정한 더미형태로 압축하여 부피를 감소시킨 후 포장을 실시하는 매립방법으로 층별로 정렬하는 것이 보편적으로 매립 각 층별로 일일복토(5~10cm)를 실시하여야 한다.

2) 장점
   ① 운반이 쉽고 안전성이 유리하다.
   ② 지반의 침해가 거의 없고 복토재의 양이 적게 든다.
   ③ 매립지 소요면적이 적게 들고 수명을 연장시킬 수 있다.

3) 단점
   ① 비용이 많이 소요된다.
   ② 중간처리시설(파쇄기, 압축기 등)이 필요하다.
   ③ 더미 덩어리 취급, 운반 시 파손에 주의하여야 한다.

학습 Point

압축방식 매립의 정의 및 장단점 3가지씩 숙지

SECTION 054 도랑형 방식 매립(Trench Method)

1) 도랑을 파고 폐기물을 매립한 다음 다짐 후 다시 복토하는 방법이다.
2) 도랑의 깊이는 약 2.5~7m, 폭은 20m 정도이다.
3) 도랑에서 굴착된 토사는 매일 또는 중간복토로 사용하여 쓰레기의 날림을 최소화할 수 있다.
4) 매립종료 후 토지이용효율이 증대된다.
5) 도랑은 합성수지나 점토를 이용하여 차수시설을 하여 가스나 침출수의 이동을 최소화시킨다.

SECTION 055 계곡 방식 매립(Deperssion Method)

1) 협곡, 계곡, 채석장을 매립지로 활용하는 방법이다.
2) 일반적으로 셀방식으로 시행되며 고밀도 매립에 효과적이다.
3) 매립량에 비해 복토량이 많이 소요된다.
4) 매립종료 후 복토재의 확보가 중요한 고려요인이다.

SECTION 056 지역식 방식 매립(Area Method)

1) 지하수면이 높은 지역이나 셀 또는 도랑의 굴착이 용이하지 않은 지형에 적용한다.
2) 다층매립이 가능하나 복토량이 많이 소요되는 단점이 있다.
3) 작업면의 크기를 쓰레기 발생량 및 매립작업 계획에 따라 쉽게 조절할 수 있다.

SECTION 057 해안 매립

출제율 50%

1) 순차투입 공법

호안 측으로부터 순차적으로 쓰레기를 투입하여 육지화하는 방법으로 수심이 깊은 처분장에서는 건설비 과다로 내수를 완전히 배제하기가 곤란한 경우가 많기 때문에 순차투입공법을 택하는 경우가 많다.

2) 박층뿌림 공법

개량된 지반이 붕괴될 위험성이 있는 경우에 밑면이 뚫린 바지선에 폐기물을 적재하여 쓰레기를 박층으로 떨어뜨려 뿌려줌으로써 바닥지반의 하중을 균등하게 해주는 방법으로 대규모 설비의 매립지에 적합하다.

3) 수중투기 공법(내수배제 공법)

외주호안이나 중간제방 등에 고립된 매립지대의 해수를 그대로 놓은 채 쓰레기를 투기하거나 매립 전에 내수를 일부 배제한 후 쓰레기를 투기하는 방법으로 매립지의 조기이용에 유리한 방법이다.

학습 Point

해안 매립 종류 3가지 및 정의 숙지

SECTION 058 매립구조에 의한 구분

출제율 40%

1) 혐기성 매립(피산소성 매립)

습지 또는 계곡 등에 폐기물을 중간복토와 함께 매립하여 쓰레기층의 내부상태가 혐기성 상태로 되는 단순 투기하는 방법으로 호기성 매립에 비해 안정화 속도가 매우 늦고 고농도의 침출수가 발생한다.

2) 혐기성 위생매립(피산소성 위생매립)

폐기물을 쌓고(높이 약 2~3m) 그 위에 복토(약 50cm)를 하는 공법으로 침출수, 가스 문제는 계속 남아 있으나 악취, 파리, 화재문제는 해결된다.

3) 개량형 혐기성 위생매립(개량형 피산소성 위생매립)

혐기성 위생매립시설의 저부에 배수용 집수관 및 차수막을 설치한 구조로 오수대책을 세운 방법으로 현행되고 있는 위생매립은 대부분 이에 속하며 공사비가 다소 많이 소요된다.

4) 준호기성 매립

오수를 가능한 한 빨리 매립지 밖으로 배제하여 폐기물과 저수의 수압을 저감시켜 지하토양으로의 오수의 침투를 방지함과 동시에 집수하는 단계에서 가능한 한 침출수를 정화할 수 있도록 집수장치를 설계한 구조이며, 혐기성 분해를 통한 안정화에 비해 속도가 빠르고 침출수성상이 양호하다.

5) 호기성 매립

준호기성 매립에서의 침출수 집수관 이외에 별도의 공기주입시설을 설치하여 강제적으로 공기를 불어 넣어 매립지 내부를 호기성 상태로 유지하는 공법으로, 호기성 미생물에 의한 분해반응으로 유기물의 안정화 속도가 빠르고 메탄의 발생이 없으며 고농도의 침출수 발생을 방지할 수 있다.(안정화 속도 3배 빠름)

> **학습 Point**
> 매립구조에 의한 구분 5가지 및 각 특징 숙지

SECTION 059 복토(덮개설비)

복토의 가장 적합한 토양은 Loomy Soil(양토)이다.

(1) 복토의 주요기능(용도, 목적) 출제율 80%

1) 쓰레기(먼지, 종이 등)의 비산방지
2) 악취 및 유독가스 확산방지
3) 병원균 매개체(파리, 모기, 쥐 등) 서식방지
4) 화재발생 방지
5) 강우에 의한 우수의 이동 및 침투방지로 침출수량 최소화
6) 매립지의 압축효과에 의한 부등침하의 최소화

(2) 복토구분 출제율 50%

1) 일일복토

 ① 두께 : 최소두께 15cm 이상

 ② 적용시기 : 일일작업 종료 후(매일 실시)

 ③ 기능(특성)
  ㉠ 화재예방　　　　　　　㉡ 악취발산억제 및 해충발생방지
  ㉢ 폐기물 비산방지

 ④ 토양 : 사질토

2) 중간복토

① 두께 : 30cm 이상

② 적용시기 : 7일 이상 중단 시, 차량용 도로 구성 시

③ 기능
　㉠ 우수배제　　　㉡ 도로지반 제공　　　㉢ 침출수 저감

④ 토양 : 점성토

3) 최종복토

① 두께 : 60cm 이상

② 적용시기 : 매립 종료 시

③ 기능(특성)
　㉠ 가스수집·배출을 위한 층, 차수층, 배수층, 보호층으로 구성
　㉡ 우수배제
　㉢ 침출수 저감
　㉣ 경관 및 미관 향상 위한 식재 가능

(3) 양호한 복토재 조건(복토재 구비조건)

1) 원료가 저렴하고 살포가 용이할 것
2) 투수계수가 낮을 것
3) 불연소성이며 생분해 가능성이 있을 것
4) 확보 용이하고 무독성일 것
5) 악천후에도 사용이 용이할 것

(4) 쓰레기 매립지 악취발생 원인물질 　출제율 50%

1) 메틸멜캅탄(CH_3SH)　　　　2) 암모니아(NH_3)
3) 황화수소(H_2S)　　　　　　4) 트리메틸 아민($(CH_3)_3N$)
5) 아세트알데히드(CH_3CHO)　 6) 황화메틸(CH_3SCH_3)

(5) 인공복토재의 구비조건

1) 투수계수가 낮을 것(우수침투량 감소)
2) 미관상 좋고 연소가 잘 되지 않으며 독성이 없어야 할 것
3) 생분해가 가능하고 저렴할 것
4) 악천후에도 시공 가능하고 살포가 용이하며 적은 두께로 효과가 있어야 할 것

> **학습 Point**
> 1 복토의 주요기능 5가지 숙지
> 2 일일복토, 중간복토, 최종복토 내용숙지
> 3 악취발생원인물질 종류 5가지 숙지

기출 必수문제 출제율 30% 이상

01 다음 조건에서의 매립복토재 양(m^3/day)은?

- 매립면적 : 150m^2/day
- 1층의 복토두께 : 60cm
- 복토층 : 3층

풀이

복토양(m^3/day) = 매립면적 × 복토두께
= 150m^2/day × (60×3)cm × m/100cm = 270m^3/day

기출 必수문제 출제율 50% 이상

02 하루에 평균 300ton의 쓰레기를 배출하는 도시가 있다. 매립지의 평균두께를 6m, 매립밀도를 0.7t/m^3로 가정할 때 향후 5년간(1년은 300일 가정)의 쓰레기 매립을 위한 최소 매립면적(m^2)은?(단, 복토, 침하, 진입로, 기타시설은 고려하지 않음)

풀이

$$\text{매립면적}(m^2) = \frac{\text{매립폐기물의 양}}{(\text{폐기물밀도} \times \text{매립깊이})}$$

$$= \frac{300\text{ton/day} \times 300\text{day/year} \times 5\text{year}}{0.7\text{ton/}m^3 \times 6m} = 107,142.86\,m^2$$

기출 必 수문제 출제율 50% 이상

03 함수량이 40%이고 폐기물 발생량이 3,000ton/day일 때 1일 소요매립면적(m^2)은?(단, 비중은 0.8, 매립깊이는 4m이다.)

풀이

$$매립면적(m^2/day) = \frac{매립폐기물의\ 양}{(폐기물밀도 \times 매립깊이)} \times (1 - 함수율)$$

$$= \frac{3,000ton/day}{0.8ton/m^3 \times 4m} \times (1 - 0.4) = 562.5m^2/day$$

기출 必 수문제 출제율 70% 이상

04 폐기물발생량이 1일 30ton이고, 55% 압축시켜 깊이 4m인 도랑의 바닥면으로부터 2.5m 높이로 매립하고자 한다. 연간 소요되는 매립면적(m^2/year)은?(단, 폐기물밀도는 0.45ton/m^3)

풀이

$$매립면적(m^2/year) = \frac{매립폐기물의\ 양}{(폐기물밀도 \times 매립깊이)} \times (1 - 압축률)$$

$$= \frac{30ton/day \times 365day/year}{0.45ton/m^3 \times 2.5m} \times (1 - 0.55)$$

$$= 4,380m^2/year$$

기출 必 수문제 출제율 70% 이상

05 인구 50만 명인 매립지의 필요면적(m^2)은?(단, 쓰레기 발생량 1.25kg/인·일, 폐기물의 밀도 550kg/m^3, 매립지 연한 10년, 매립높이 5m)

풀이

$$매립면적(m^2) = \frac{매립폐기물의\ 양}{(폐기물밀도 \times 매립깊이)}$$

$$= \frac{1.25kg/인·일 \times 500,000인 \times 365일/year \times 10year}{550kg/m^3 \times 5m}$$

$$= 829,545.45m^2$$

기출필수문제 출제율 50% 이상

06 다음 조건에 해당하는 총 매립면적(m^2)은?

> 인구 28,000명, 폐기물 발생량 2.1kg/인·일, 매립평균깊이 8.5m, 매립지 수명 10년, 밀도 480kg/m^3, 부대시설의 면적은 매립면적의 3%

풀이

$$\text{매립면적}(m^2) = \frac{\text{매립폐기물의 양}}{(\text{폐기물밀도} \times \text{매립깊이})}$$

$$= \frac{2.1\text{kg/인·일} \times 28,000\text{인} \times 365\text{일/year} \times 10\text{year}}{480\text{kg/}m^3 \times 8.5\text{m}}$$

$$= 52,602.94\text{m}^2 \times 1.03 = 54,181.03\text{m}^2$$

기출필수문제 출제율 70% 이상

07 인구 1천만 명이 거주하는 도시를 위한 위생쓰레기 매립지를 계획할 때, 매립지의 수명을 10년으로 하고 복토량은 부피비로 폐기물 : 복토비율이 5 : 1이 되게 할 때 매립용량(m^3/year)이 어느 정도 되어야 하는지 계산하시오. (단, 매립 후 쓰레기 밀도는 600kg/m^3, 1인 1일 쓰레기 발생량은 1.15kg/인·일)

풀이

$$\text{매립용량}(m^3/\text{year}) = \frac{\text{폐기물 발생량}}{\text{폐기물 밀도}}$$

$$= \frac{1.15\text{kg/인·일} \times 10,000,000\text{인} \times 365\text{일/year}}{600\text{kg/}m^3}$$

$$= 6,995,833.33\text{m}^3/\text{year} \times (1.2) \Leftarrow \text{복토용량 고려}$$

$$= 8,395,000\text{m}^3/\text{year}$$

> 기출必수문제 출제율 80% 이상

08 인구 10만 명인 어느 도시의 폐기물 발생량이 1.65kg/인·일이고, 밀도는 0.45ton/m³이다. 쓰레기를 압축하면서 그 용적이 2/3가 되었고, 다시 쓰레기를 분쇄하면서 1/3이 감소되었다. Trench형 매립 시 연간 필요 매립지의 면적 차이(m²/year)는?(단, Trench의 높이 5m임)

풀이

압축만 한 경우의 매립면적(m²/year)

$$(m^2/year) = \frac{1.65 kg/인·일 \times 100{,}000인 \times 365일/year}{450 kg/m^3 \times 5m} \times \frac{2}{3}$$
$$= 17{,}844.44 m^2/year$$

압축 후 분쇄한 경우의 매립면적(m²/year)

$$(m^2/year) = 17{,}844.44 \times \left(1 - \frac{1}{3}\right) = 11{,}896.29 m^2/year$$

소요면적 차이 = 17,844.44 − 11,896.29 = 5,948.15 m²/year

> 기출必수문제 출제율 70% 이상

09 어느 도시 폐기물 발생량이 100ton/day이고, 평균 폐기물 밀도는 650kg/m³ 매립에 의한 쓰레기 부피는 40% 감소, Trench 깊이는 1.5m, Trench 점유율이 65%일 때의 연간 매립사용면적(m²/year)은?

풀이

$$매립면적(m^2/year) = \frac{매립폐기물의\ 양}{(폐기물밀도 \times 매립깊이 \times 점유율)}$$
$$= \frac{100 ton/day \times 365 day/year}{0.65 ton/m^3 \times 1.5m \times 0.65}$$
$$= 57{,}593.69 m^2/year \times (1-0.4) \Leftarrow 부피감소\ 고려$$
$$= 34{,}556.21 m^2/year$$

기출 必수문제 출제율 60% 이상

10 인구가 150,000명인 도시에서 발생한 폐기물을 압축하여 도랑식 위생매립방법으로 처리하고자 한다. 1년 동안 매립에 필요한 매립지의 소요부지면적(m^2/year)은?

- 매립깊이 : 3.5m
- 폐기물 밀도 : 500kg/m^3
- 폐기물 발생량 : 1.5kg/인·일
- 쓰레기 압축률 : 40%
- 복토층의 두께 : 50cm

풀이

$$매립면적(m^2/year) = \frac{매립폐기물의\ 양}{(폐기물밀도 \times 매립깊이)}$$

$$= \frac{1.5kg/인·일 \times 150,000인 \times 365일/year}{500kg/m^3 \times 3.5m}$$

$$= 46,928.57 m^2/year \times (1-0.4) \Leftarrow 압축률\ 고려$$

$$= 28,157.14 m^2/year$$

기출 必수문제 출제율 60% 이상

11 인구 25,000인 도시에서 1인 1일 쓰레기 배출량이 1.5kg이고 밀도가 0.45ton/m^3인 쓰레기를 매립용량이 20,000m^3인 도랑식 트랜치에 매립처분하고자 할 때 트렌치의 사용일수(day)는?(단, 매립 시 부피감소율은 30%이며, 기타 조건은 고려하지 않음)

풀이

$$매립기간(day) = \frac{매립용적}{쓰레기\ 발생량}$$

$$= \frac{20,000m^3 \times 450kg/m^3}{1.5kg/인·일 \times 25,000인}$$

$$= 240 day \times \frac{1}{(1-0.3)} \Leftarrow 부피감소율\ 고려$$

$$= 342.86(343 day)$$

기출 必수문제 출제율 80% 이상

12 도랑식으로 매립하는 인구 10,000명인 도시가 있다. 이 도시 쓰레기 배출량이 2.1kg/인·일이며 쓰레기밀도는 0.45t/m³이다. 이 쓰레기를 압축할 경우 부피감소율이 30%라고 하면 Trench 2,000m³에 적용될 수 있는 매립 가능 일수(day)는?

> **풀이**
>
> 매립기간(day) = $\dfrac{\text{매립용적}}{\text{쓰레기 발생량}}$
>
> $= \dfrac{2,000\text{m}^3 \times 450\text{kg/m}^3}{2.1\text{kg/인·일} \times 10,000\text{인}}$
>
> $= 42.86\text{day} \times \dfrac{1}{(1-0.3)}$ ⇐ 부피감소율 고려
>
> $= 61.22(62\text{day})$

기출 必수문제 출제율 50% 이상

13 Trench법으로 매립할 때 4.5ton의 수거차량이 1일 30대가 운반한다. 매립 가능 일수(day)는?(단, 쓰레기 밀도 0.45ton/m³, 매립면적 50,000m², 복토높이 60cm, 매립높이 5m)

> **풀이**
>
> 매립기간(day) = $\dfrac{\text{매립용적}}{\text{쓰레기 발생량}}$
>
> $= \dfrac{[50,000\text{m}^2 \times (5+0.6)\text{m}] \times 0.45\text{ton/m}^3}{4.5\text{ton/대} \times 30\text{대/day}} = 933.33(934\text{day})$

SECTION 060 매립지 내 유기물 분해

(1) 호기성 분해

유기물질의 호기성 완전분해 반응식

$$C_aH_bO_cN_d + \left[\frac{4a+b-2c}{4}\right]O_2 \Rightarrow a(CO_2) + \frac{b}{2}(H_2O) + \frac{d}{2}(N_2)$$

(2) 혐기성 분해

유기물질의 혐기성 완전분해 반응식

$$C_aH_bO_cN_dS_e + \left[\frac{4a-b-2c+3d+2e}{4}\right]H_2O$$
$$\Rightarrow \left[\frac{4a+b-2c-3d-2e}{8}\right]CH_4 + \left[\frac{4a-b+2c+3d+2e}{8}\right]CO_2 + dNH_3 + eH_2S$$

✓ 학습 Point

호기성·혐기성 완전분해 반응식 숙지

 출제율 50% 이상

01 $C_6H_{12}O_6$(포도당) 1kg이 혐기성 분해 시 CO_2 발생량(kg)과 CH_4의 발생부피(m^3)는?

풀이

혐기성 완전분해 반응식
$C_6H_{12}O_6 \rightarrow 3CO_2 + 3CH_4$
$C_6H_{12}O_6 \rightarrow 3CO_2$
　180kg　:　3×44kg
　　1kg　:　CO_2(kg)
$CO_2(kg) = \dfrac{1kg \times (3 \times 44)kg}{180kg} = 0.73kg$

CH_4 발생량(m^3)

$C_6H_{12}O_6 \rightarrow 3CH_4$

180kg : $3 \times 22.4 m^3$

1kg : $CH_4(m^3)$

$CH_4(m^3) = \dfrac{1kg \times (3 \times 22.4)m^3}{180kg} = 0.37 m^3$

기출必수문제 출제율 60% 이상

02 $C_{50}H_{100}O_{40}N$이 혐기성으로 완전분해 시 1ton당 CH_4 생성량(kg/ton)은?

풀이

완전분해 반응식

$C_{50}H_{100}O_{40}N + \left[\dfrac{(4 \times 50) - 100 - (2 \times 40) + (3 \times 1)}{4} \right] H_2O \rightarrow$

$\left[\dfrac{(4 \times 50) + 100 - (2 \times 40) - (3 \times 1)}{8} \right] CH_4$

$+ \left[\dfrac{(4 \times 50) - 100 + (2 \times 40) + (3 \times 1)}{8} \right] CO_2 + NH_3$

$C_{50}H_{100}O_{40}N + 5.75 H_2O \rightarrow 27.13 CH_4 + 22.88 CO_2 + NH_3$

1.354ton : 27.13×16 ton

1ton : CH_4(ton)

$CH_4(kg/ton) = \dfrac{1ton \times (27.13 \times 16)ton}{1.354ton}$

$= 0.3205 ton/ton \times 1,000 kg/ton = 320.5 kg/ton$

[참고] 1,345 = $C_{50}H_{100}O_{40}N$ 분자량 $[(12 \times 50) + (1 \times 100) + (16 \times 40) + (14 \times 1)]$

기출 必수문제 출제율 50% 이상

03 유기물질($C_6H_{12}O_2$) 1kg이 혐기성 완전분해 시 이산화탄소 메탄이 생성되는 반응식을 쓰고 메탄발생량을 무게(kg), 부피(m^3)로 구하여라. (표준상태)

> **풀이**
> 혐기성 완전분해 반응식
> $C_6H_{12}O_2 + 2H_2O \rightarrow 4CH_4 + 2CO_2$
> CH_4 발생량(kg)
> $C_6H_{12}O_6 \rightarrow 4CH_4$
> 　116kg　:　4×16kg
> 　　1kg　:　CH_4(kg)
> $CH_4(kg) = \dfrac{1kg \times (4 \times 16)kg}{116kg} = 0.55kg$
> CH_4 발생량(m^3)
> $C_6H_{12}O_6 \rightarrow 4CH_4$
> 　116kg　:　$4 \times 22.4 m^3$
> 　　1kg　:　$CH_4(m^3)$
> $CH_4(m^3) = \dfrac{1kg \times (4 \times 22.4)m^3}{116kg} = 0.77m^3$

기출 必수문제 출제율 30% 이상

04 글리신($C_2H_5O_2N$) 1mol이 혐기성 소화에 의해 완전분해 시 표준상태에서 생성 가능한 이론 메탄가스량(L/mol)은?

> **풀이**
> 완전분해 반응식
> $C_2H_5O_2N \rightarrow 0.75CH_4$
> 　1mol　:　0.75×22.4L
> 메탄가스량(L/mol) = 16.8L/mol

기출 필수문제   출제율 50% 이상

05 $C_5H_{11}O_2N$이 매립지에서 혐기성 완전분해될 때의 반응식을 쓰시오.

풀이

$$C_5H_{11}O_2N + \left[\frac{(4\times5) - 11 - (2\times2) + (3\times1)}{4}\right]H_2O \rightarrow$$

$$\left[\frac{(4\times5) + 11 - (2\times2) - (3\times1)}{8}\right]CH_4$$

$$+ \left[\frac{(4\times5) - 11 + (2\times2) + (3\times1)}{8}\right]CO_2 + NH_3$$

$$C_5H_{11}O_2N + 2H_2O \rightarrow 3CH_4 + 2CO_2 + NH_3$$

기출 필수문제   출제율 40% 이상

06 $C_{68}H_{111}O_{50}N$으로 화학적 조성을 나타낼 수 있는 생분해 가능 유기물이 매립지에서 혐기성 완전분해된다면 발생하는 메탄(b)과 이산화탄소(a) 가운데 메탄의 부피 백분율 $\left(\frac{b}{b+a}\times100\ ;\ \%\right)$은?(단, N은 NH_3로 발생한다.)

풀이

혐기성 완전분해 반응식

$$C_{68}H_{111}O_{50}N + 16H_2O \rightarrow 35CH_4 + 33CO_2 + NH_3$$

$$CH_4 \rightarrow \left[\frac{(4\times68) + (111) - (2\times50) - (3\times1)}{8}\right] = 35$$

$$CO_2 \rightarrow \left[\frac{(4\times68) - (111) + (2\times50) + (3\times1)}{8}\right] = 33$$

메탄의 부피백분율(%) $= \left(\frac{b}{b+a}\right)\times100 = \left(\frac{35}{35+33}\right)\times100 = 51.47\%$

07 매립지에서 유기물의 완전분해식이 $C_{68}H_{111}O_{50}N + aH_2O \rightarrow bCH_4 + 33CO_2 +$ NH_3로 가정할 때 유기물 150kg을 완전분해 시 소모되는 H_2O의 양(kg)은?

> **풀이**
> 혐기성 완전분해 반응식
> $C_{68}H_{111}O_{50}N + 16H_2O \rightarrow 35CH_4 + 33CO_2 + NH_3$
>
> $H_2O \rightarrow \left[\dfrac{(4\times 68)-(111)-(2\times 50)+(3\times 1)}{4}\right] = 16$
>
> 1,741kg : 16×18kg
> 150kg : H_2O(kg)
>
> $H_2O(kg) = \dfrac{150kg \times (16\times 18)kg}{1,741kg} = 24.81kg$

08 폐기물 1ton 중 유기물 성분은 $C_{60}H_{98}O_{35}N$이고 함수율 50%, VS는 55%, VS 분해율은 0.9, 공기 중 산소의 무게는 0.23, 공기의 밀도는 $1.25kg/m^3$, 유기물 분해에 걸리는 시간이 9일일 때 하루에 필요한 공기송풍량(m^3/day)은?

> **풀이**
> 공기송풍량(m^3/day)
> = (분해 VS에 필요한 산소량) × $\dfrac{1}{\text{공기 중 산소}}$ × $\dfrac{1}{\text{공기 밀도}}$
>
> 완전반응식
> $C_{60}H_{98}O_{35}N + 67O_2 \rightarrow 60CO_2 + 49H_2O + 0.5N_2$
> 1,392 kg : 67×32 kg
> 1,000 kg/9day × (1−0.5) × 0.55 × 0.9 : O_2(kg/day)
>
> $O_2(kg/day) = \dfrac{1,000kg/9day \times 0.5 \times 0.55 \times 0.9 \times (67\times 32)kg}{1,392kg} = 42.36kg/day$
>
> $= 42.36kg/day \times \dfrac{1}{0.23} \times \dfrac{1}{1.25kg/m^3} = 147.33m^3/day$

SECTION 061 매립지 내 가스(Landfill Gas ; LFG)의 단계별 발생

(1) 매립지 발생가스 종류 출제율 30%

CH_4, CO_2, N_2, NH_3, H_2S

(2) 매립지 발생가스의 영향 요소

1) 함수율
2) 온도
3) C/N비
4) PH
5) 생분해 가능한 물질의 양

(3) 매립지 가스발생 4단계 출제율 80%

1) 1단계

① 호기성 단계[초기조절단계]
② N_2, O_2는 급격히 감소, CO_2는 서서히 증가하는 단계
③ 매립물의 분해속도에 따라 수일에서 수개월 동안 지속되며, 산소는 대부분 소모되는 단계

2) 2단계

① 혐기성 단계[혐기성 비메탄화단계 ; 전이단계]
② 임의성 미생물에 의하여 SO_4^{2-}의 NO_3^{-1}가 환원되는 단계이며, 이 반응에 의해 CO_2가 생성되는 단계
③ pH 5 이하이며 수분이 충분한 경우에는 다음 단계로 빨리 진행됨

3) 3단계

① 혐기성 메탄 생성 축적단계[산 형성단계]
② $CO_2 \cdot H_2$의 발생비율은 감소하고, CH_4 함량이 증가하기 시작하는 단계
③ 온도 55℃까지 상승(30~55℃)하며 pH는 6.8~8.0 정도
④ 매립 후 1~2년(25~55주)이 경과된 단계

4) 4단계

① 혐기성 메탄 생성 정상상태단계[메탄발효단계]
② $CH_4 \cdot CO_2$의 구성비가 거의 일정한 정상상태 단계
③ 가스조성
  ㉠ CH_4 : 55%   ㉡ CO_2 : 40%   ㉢ N_2 : 5%
④ 온도 30℃ 이하이고 pH는 6.8~8.0 정도
⑤ 매립 후 2~5년이 경과된 단계

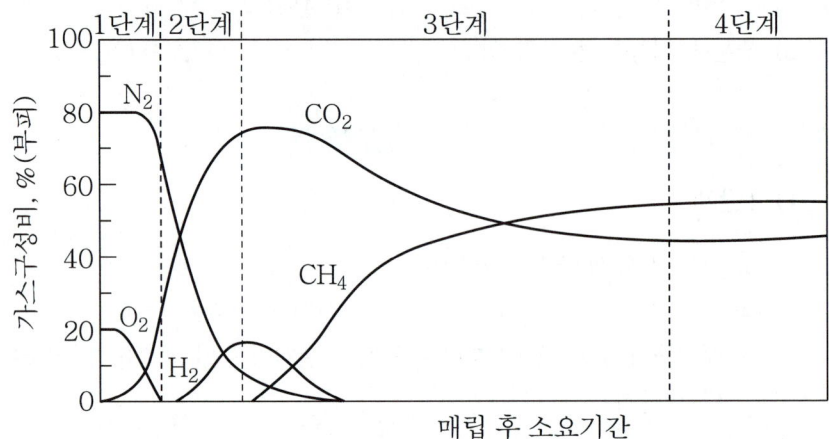

| 매립 경과기간에 따른 가스의 구성성분 변화 |

(4) LFG에서 CO_2 제거방법

1) 흡수법

흡수제(물, 유기용제)를 이용하여 CO_2 용해

2) 흡착법

흡착제(활성탄, 실리카겔, 알루미나)에 물리적 흡착시켜 제거

3) 막분리법

   막을 통해 특정성분을 선택적으로 통과시켜 불순물 제거

4) 저온분리법

   저온에서 응축과 증류에 의해 가스를 분리

(5) 매립가스의 회수, 재활용기준

항목	회수·재활용 기준
분해 가능 물질	50% 이상
포집효율	50% 이상
가스생성률	$0.37m^3$ 이상/kg-폐기물
발열량	$2,200kcal/m^3$ 이상

학습 Point

매립지 가스발생 4단계 및 그림 숙지

(6) 매립가스 포집방법

1) 수직포집정 방법
2) 수평덮개형 추출공법
3) 수평트랜치 공법

기출 必 수문제

01 매립지에서 발생하는 $C_{50}H_{100}O_{42}N$ 2mol은 CH_4 분자 몇 mol인가?(단, 탄소가 CH_4와 CO_2로만 전환 배출)

풀이
정상단계에서 탄소의 55%가 CH_4로 전환
탄소수 $50 \times 2mol = 100mol$
$100mol \times 0.55 = 55mol$

SECTION 062 침출수 발생

(1) 침출수 생성 영향 인자 출제율 30%

1) 강수량
2) 증발량
3) 증산량
4) 유출량
5) 토양수분보유량

(2) 생성 영향 인자에 의한 침출수량(L)

$$L = 강우량(P) - [유출량(R) + 증발산량(ET)] - 토양의\ 수분\ 보유량(F)$$

(3) 매립지 침출수 농도(수질)에 영향 인자

1) 폐기물 내의 유기물 함량
2) 중금속 함량
3) 온도
4) 수분 함량
5) 매립 후 경과시간 및 다짐 정도

(4) 매립지 침출수 발생량 영향 인자 출제율 50%

1) 폐기물의 분해 정도
2) 강우량 및 증발량
3) 지하수위 및 지하수량
4) 표면 유출량 및 침투수량

(5) 침출수 집배수층의 체상분율(D_n)과 매립지 주변 토양의 체상분율 (d_n)의 관계 출제율 30%

1) 침출수 집배수층이 주변물질에 막히지 않을 조건

$$\frac{D_{15}(필터재료)}{d_{85}(주변토양)} < 5$$

여기서, D_{15} : 입경누적곡선에서 통과한 백분율로 15%에 상당하는 입경
d_{85} : 입경누적곡선에서 통과한 백분율로 85%에 상당하는 입경

2) 침출수 집배수층이 충분한 투수성을 유지할 조건

$$\frac{D_{15}(필터재료)}{d_{15}(주변토양)} > 5$$

여기서, d_{15} : 입경누적곡선에서 통과한 백분율로 15%에 상당하는 입경

(6) 매립지 침하

1) 침하에 영향을 미치는 인자

① 초기다짐　　　　　　② 폐기물 특성
③ 성분 정도　　　　　　④ 압밀의 효과

2) 침하원인

① 다짐 불완전　　　　　② 유기물 분해로 인한 침하
③ 파쇄의 미실시

학습 Point

1. 침출수 생성 영향인자 5가지 및 관계식 숙지
2. 매립지 침출수 발생량 영향인자 4가지 숙지
3. D_n 및 d_n 관계 숙지

기출 수문제 출제율 40% 이상

01 강우량 1,500mm/year, 증발산량=700mm/year, 유출량 50mm/year일 때 침출수량(mm/year)은?

> **풀이**
> 침출수량(L : mm/year)=강우량(P)−[유출량(R)+증발산량(ET)]
> =1,500−(50+700)=750mm/year

02 매립지 주변을 고려한 물 수지를 수립할 때 강수량, 증발산량, 유출량, 침출수량만을 고려한 경우 우리나라의 연간 침출수량(mm)은?(단, 우리나라 연간 강수량 1,159mm, 연간증발산량 730mm, 유출량은 최악의 상태를 고려하여 0으로 가정)

풀이

침출수량(L : mm) = 강우량(P) − [유출량(R) + 증발산량(ET)]
= 1,159 − (0 + 730) = 429mm

03 다음 조건의 침출수량(mm/year)은?

- 연평균 강우량 : 1,500mm
- 연간증발산량 : 500mm
- 유출계수 : 12%
- 토양, 폐기물의 수분보유량 : 0

풀이

침출수량(L : mm/year) = 강우량(P) − [유출량(R) + 증발산량(ET)]
− 토양 수분보유량(F)
유출량 = 강우량 × 유출계수
= 1,500mm/year × 0.12 = 180mm/year
= 1,500 − (180 + 500) − 0 = 820mm/year

> **기출 必수문제** 출제율 50% 이상

04 다음 조건의 매립장에서 예상되는 연간 침출수 발생량(m^3/year)은?

- 매립지 면적 : 100ha
- 연평균 강우량 : 1,200mm
- 유출률 : 0.15
- 복토 경사도 : 7% 경사
- 토양의 수분저장량 : 180mm
- 증산량 : 700mm

풀이

침출수량(mm/year) = 강우량(P) − [유출량(R) + 증발산량(ET)]
　　　　　　　　− 토양의 수분보유량(F)

유출량 = 강우량 × 유출률
　　　 = 1,200(mm/year) × 0.15 = 180mm/year
　　　 = 1.2m − (0.18m + 0.7m) − 0.18m = 0.14m/year

침출수발생량(m^3/year) = 침출수량(m/year) × 매립지면적(m^2)
　　　　　　　　　　　 = 0.14m/year × 100ha × $(100m)^2$/ha = 140,000m^3/year

SECTION 063 침출수 계산

(1) 합리식에 의한 침출수량 계산

- 수정식
- 일일강우량에 의한 계산식

$$\text{침출수량}(Q : m^3/day) = \frac{1}{1,000} C \times I \times A$$

여기서, Q : 침출수량(m^3/day)
　　　　C : 유출계수(침투율, 유출률)
　　　　I : 연평균 일일강우량(mm/day)
　　　　A : 매립지 표면적(집수면적, m^2)

(2) Darcy식에 의한 침출수 이동속도 계산

$$유량(Q : cm^3/sec) = KA\frac{dH}{dL}$$

$$유속(V : cm/sec) = KI = K\frac{dH}{dL} = K\frac{h_2 - h_1}{L_2 - L_1}$$

여기서, K : 투수계수(cm/sec) ; 수리전도도
V : 침출수 유속(침투율 : 투수계수)(cm/sec)
dH : 수위차(수두차)(cm)
dL : 수평방향 두 지점 사이 거리(L_2와 L_1 사이 거리)(cm)
$I\left(\dfrac{dH}{dL}\right)$: 두 지점 사이 수리경사
A : 흐름에 직각 단면적(cm^2)

학습 Point

Darcy식에 의한 이동속도식 및 Factor 숙지

기출 必수문제 출제율 40% 이상

01 합리식을 이용한 침출수량(m³/day)은?

- 매립지 면적(집수면적) : 2.5km²
- 설계확률 강우강도(연평균 일일강우량) : 150mm/day
- 유출계수 : 0.2

풀이

$$침출수량(첨두유량 : m^3/day) = \frac{C \times I \times A}{1,000}$$
$$= \frac{0.2 \times 150 \times 2,500,000}{1,000} \quad (2.5km^2 = 2,500,000m^2)$$
$$= 75,000 m^3/day$$

기출必수문제 출제율 40% 이상

02 Darcy식을 이용하여 계산한 지하수 유량(m^3/day)은?(단, Darcy식 Q=C·I·A ; C 투수계수, I 구배, A 면적)

- 지하수 A, B지점 간 수두차 1.4m
- 두 지점 간의 수평거리 500m
- 투수계수 300m/day
- 대수층두께 3.8m, 폭 1.5m

풀이

$$\begin{aligned}
\text{유량}(Q : m^3/day) &= C \cdot I \cdot A \\
&= K \times A \times \left(\frac{dH}{dL}\right) \\
&= 300m/day \times (3.8 \times 1.5)m^2 \times \left(\frac{1.4m}{500m}\right) = 4.79m^3/day
\end{aligned}$$

기출必수문제 출제율 30% 이상

03 매립지 바닥에 침출수가 고여 있다. Darcy 식을 이용하여 계산한 누수되는 침출수의 일일발생량(m^3/day)은?

- 투수계수 : 0.02L/day·m^2
- 침출수가 흐르는 면적 : 2,500m^2
- 수리학적 구배 : 1.5

풀이

$$\begin{aligned}
\text{유량}(Q : m^3/day) &= C \times A \times I \\
&= 0.02L/day \cdot m^2 \times 2,500m^2 \times 1.5 \\
&= 75L/day \times m^3/1,000L = 0.075m^3/day
\end{aligned}$$

기출 필수문제 출제율 20% 이상

04 유량 $0.02\text{m}^3/\text{sec}$, s_1 0.5m, s_2 0.3m, 수심 10m, r_1 30m, r_2 60m일 때 투수계수(cm/sec)는? [단, 투수계수 $= \dfrac{2.303 \times Q}{2 \times \pi \times H \times (s_1 - s_2)} \times \log\left(\dfrac{r_2}{r_1}\right)$]

풀이

투수계수(cm/sec) $= \dfrac{2.303 \times 0.02}{2 \times 3.14 \times 10 \times (0.5 - 0.3)} \times \log\left(\dfrac{60}{30}\right)$
$= 0.0011\text{m/sec} \times 100\text{cm/m} = 0.11\text{cm/sec}$

기출 필수문제 출제율 40% 이상

05 수두차가 1.5m이고 두 지점 사이 거리가 5.0m일 때 이 지점을 통과하는 침출수의 유속(cm/sec)은? (단, 투수계수 0.3cm/sec)

풀이

$V(\text{cm/sec}) = KI = K\left(\dfrac{dH}{dL}\right) = 0.3\text{cm/sec} \times \dfrac{1.5\text{m}}{5.0\text{m}} = 0.09\text{cm/sec}$

기출 필수문제 출제율 30% 이상

06 매립지에서 매립지 바닥층의 침투율을 단위면적당(m^2) 2.5L/day 정도로 제안하고자 한다. 이때 다음 조건에서 필요한 두께(m)는?

- 지하수위는 점토층 바로 아래에 위치
- 점토층위 : 0.5m
- 점토투수계수 : $0.9\text{L/m}^2 \cdot \text{day}$

풀이

침투율$(V) = K \cdot \dfrac{dH}{dL}$

$2.5\text{L/m}^2 \cdot \text{day} = 0.9\text{L/m}^2 \cdot \text{day} \times \left(\dfrac{0.5\text{m}}{\text{두께}}\right)$

$\left(\dfrac{0.5\text{m}}{\text{두께}}\right) = \dfrac{2.5}{0.9}$

두께 $= 0.18\text{m}$

기출必수문제 출제율 40% 이상

07 매립지 바닥으로부터 나오는 침출수의 속도는 Darcy법칙으로 추정할 수 있다. 침출수의 배출속도를 단위면적당 0.25L/day, 매립지 바닥의 침출수 높이를 0.8로 유지하고자 한다. 이에 필요한 바닥의 점토층 두께(m)는?(단, 점토층 침투율 $0.03L/m^2 \cdot day$)

풀이

침투율(V) $= K\dfrac{dH}{dL}$

$0.25L/day \cdot m^2 = 0.03L/day \cdot m^2 \times \left(\dfrac{0.8m}{점토의\ 두께}\right)$

$\left(\dfrac{0.8m}{점토의\ 두께}\right) = \dfrac{0.25}{0.03}$

점토의 두께 $= 0.09m$

기출必수문제 출제율 50% 이상

08 다음 조건에 해당하는 침출수량(m^3/day)은?(단, 합리식 이용)

- 면적 10,000m^2, 관길이 2,000m
- 강우강도(I) $= \dfrac{3,600}{(t+20)}$ (mm/day)
- 유입속도 30cm/sec
- 유출계수 0.75
- 유입시간 480sec

풀이

침출수량(m^3/day) $= \dfrac{C \times I \times A}{1,000}$

전체 유입시간 = 파이프 통과시간 + 유입시간

$= \left(\dfrac{2,000m}{0.3m/sec \times 60sec/min}\right)$

$+ (480sec \times min/60sec)$

$= 119.11min$

강우강도(I : mm/day) $= \dfrac{3,600}{(t+20)} = \dfrac{3,600}{(119.11+20)}$

$= 25.88mm/day$

$= \dfrac{0.75 \times 25.88 \times 10,000}{1,000} = 194.1m^3/day$

SECTION 064 침출수 처리

(1) 펜톤산화법

1) 개요

OH라디칼에 의한 산화반응으로 철(Fe) 촉매하에서 H_2O_2(과산화수소)를 분해시켜 OH라디칼을 생성시켜 이들이 활성화되어 수중의 각종 난분해성 유기물질을 산화·분해시키는 공정이다.(난분해성 유기물질 → 생분해성 유기물질)

2) 펜톤산화제 조성 〔출제율 30%〕

과산화수소수(H_2O_2) + 철염($FeSO_4$)

3) 펜톤산화반응 최적 pH

pH 3~4

4) 펜톤산화법 공정순서 〔출제율 30%〕

pH조정조 ⇒ 급속 교반조(산화) ⇒ 중화조 ⇒ 완속교반조 ⇒ 침전조 ⇒ 생물학적 처리(RBC) ⇒ 방류조

5) 장점

① 난분해성 유기물질의 제거 가능 및 생분해성 증가
② 유입시설의 변화 시에도 탄력적인 대응운전이 가능
③ 시설비 오존처리 및 활성탄 흡착탄보다 적게 소요

6) 단점

슬러지 발생량이 많아짐(철염을 이용하므로 수산화철의 슬러지 다량 생성)

(2) 오존산화법

1) 개요

난분해성 유기물질을 오존의 강력한 산화력으로 산화·분해하는 방법이다.

2) 장점
① 난분해성 유기물질의 제거 가능 및 생분해성 증가
② 유입시설의 변화 시에도 탄력적인 대응운전 가능

3) 단점
① 시설비 및 에너지 소비가 큼
② 제거효율 낮음(약 30%)
③ 부대시설 필요(오존발생기, 안전장치 등)

(3) A_2O공법
① 생물학적 고도처리 방법으로 탈질성능이 약하며 폐슬러지 내 인(P)의 함량이 높아 비료로서 가치가 있음
② 생물학적 질소·인 동시 제거 가능
③ 장치구성이 복잡하며 동절기 경우 성능이 안정적이지 못함
④ 처리공정 중 호기조 역할
    ㉠ 질산화   ㉡ 유기물의 산화   ㉢ 인의 과잉섭취

(4) 생물학적 방법으로 침출수 처리 시 문제점 [출제율 20%]
① 중금속 및 기타 무기물질에 의한 미생물 반응저하로 효율 감소
② 고농도의 철 성분으로 인한 슬러지팽화현상으로 인한 효율 감소

(5) 침출수 성분 중 철의 대기 중 반응
대기 중 장기간 노출 시 철이온이 수산화철을 생성시켜 침전됨

 학습 Point

① 펜톤산화제 조성 및 펜톤산화법 공정순서 숙지
② 생물학적 방법 침출수 처리 시 문제점 숙지

SECTION 065 차수설비

(1) 차수설비의 형태구분(일반적)

1) 연직차수막

2) 표면차수막

(2) 차단형 매립지에서 차수설비에 쓰이는 재료 출제율 30%

1) 점토(Clay Soil)

2) 합성차수막(Flexible Membrane Liner ; FML)

3) 토양혼합물(Soil Mixture)

   토양, 아스팔트, 시멘트 등 혼합물

(3) 연직 차수막 출제율 95%

1) 적용(채용) 조건(선정조건)

   지중에 수평방향의 차수층이 존재할 때 사용

2) 시공 : 수직 또는 경사시공

3) 지하수 집배수시설 : 불필요

4) 차수성 확인 : 지하매설로서 차수성 확인이 어려움

5) **경제성** : 단위면적당 공사비는 많이 소요되나 총공사비는 적게 듦

6) **보수** : 지중이므로 보수가 어렵지만 차수막 보강시공 가능

7) **공법 종류**

　① 어스 댐 코어 공법
　② 강널말뚝(Sheet Pile) 공법
　③ 그라우트 공법
　④ 차수시트 매설 공법
　⑤ 지중 연속벽 공법

(4) 표면차수막　출제율 95%

1) **적용조건(선정조건)**

　① 매립지의 필요한 범위에 차수재료로 덮인 바닥이 있는 경우에 사용
　② 매립지반의 투수계수가 큰 경우에 사용

2) **시공** : 매립지 전체를 차수재료로 덮는 방식으로 시공

3) **지하수 집배수시설** : 원칙적으로 지하수 집배수시설을 시공하므로 필요함

4) **차수성 확인** : 시공 시에는 차수성이 확인되지만 매립 후에는 곤란함

5) **경제성** : 단위면적당 공사비는 저가이나 전체적으로 비용이 많이 듦

6) **보수** : 매립 전에는 보수·보강 시공이 가능하나 매립 후에는 어려움

7) 공법 종류

① 지하연속벽공법
② 차수시트(합성고무계 시트, 합성수지계 시트, 아스팔트계 시트)공법
③ 어스라이닝공법
④ 포장공법

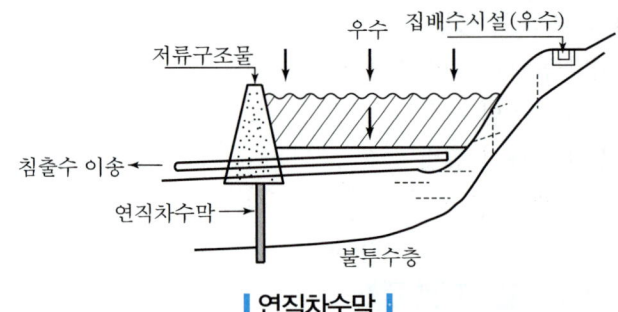

| 연직차수막 |

| 표면차수막 |

8) 표면(바닥) 차수막의 파손원인 및 대책 출제율 50%

① 돌기물질(이물질)
㉠ 파손원인 : 침출수압력에 의해 국부적인 최대압력이 작용
㉡ 대책 : 보호콘크리트 시공 및 돌출부 제거

② 지반침하
㉠ 파손원인 : 침출수 압력에 의해 지반이 부등침하여 하여 국부적 큰 비틀림 발생
㉡ 대책 : 지반다짐 및 치환공 등에 의한 지반개량

③ 지지력 부족
　㉠ 파손원인 : 기계 등의 사용으로 국부적인 큰 하중에 의해 바닥 파손
　㉡ 대책 : 지반다짐 및 치환공 등에 의한 지반개량

④ 지각변동
　㉠ 파손원인 : 지진 등에 의한 변동에 의해 단차 발생
　㉡ 대책 : 제진대책 시공

⑤ 양압력
　㉠ 파손원인 : 배면수압에 의해 차수막 파손
　㉡ 대책 : 지하수 집배수시설 시공

(5) 점토(Clay Soil)층

① 점토는 자연차수막이며 일반적으로 토양입자의 직경이 0.002mm 미만인 토양을 말한다.

② 장점
　침출수 내의 오염물질 흡착능력 우수(고유의 흡착성과 양이온 교환능력을 가지고 있으므로)

③ 단점
　㉠ 재료의 취득이 용이하지 못함
　㉡ 투수율이 타 차수재료에 비해 상대적으로 높음
　㉢ 균등질의 불투수층 시공이 용이하지 못함
　㉣ 바닥처리가 나쁘면 부동침하 및 균열위험이 있음

④ 점토의 수분함량과 관계되는 지표 `출제율 90%`
　㉠ 액성한계(LL)
　㉡ 소성한계(PL)
　㉢ 소성지수(PI)=LL−PL(점토의 수분함량 지표)

⑤ 액성한계(LL)
　점토의 수분함량이 그 이상되면 상태가 더 이상 선명화(플라스틱같이)되지 못하고 액체상태로 되는 한계 수분함량 의미

⑥ 소성한계(PL)

점토의 수분함량이 일정 수준 미만이 되면 성형상태를 유지하지 못하고 부스러지는 상태에서의 한계 수분함량 의미

⑦ 차수막 적합 조건 `출제율 30%`

　㉠ 투수계수 : 10^{-7} cm/sec 미만

　㉡ 점토 및 마사토 함량 : 20% 이상

　㉢ 소성지수(PI) : 10% 이상 30% 미만

　㉣ 액성한계(LL) : 30% 이상

　㉤ 자갈함유량 : 10% 미만

　㉥ 직경 2.5cm 이상 입자 함유량 : 0%

⑧ 특징

　㉠ 벤토나이트 첨가 시 차수성이 더 좋아짐

　㉡ 바닥처리가 나쁘면 부동침하 및 균열 위험이 있음

⑨ 점토층 통과 소요시간(t) : Darcy법칙

$$t = \frac{d^2 \eta}{k(d+h)}$$

여기서, t : 침출수의 점토층 통과시간(year)
　　　　d : 점토층 두께(m)
　　　　h : 침출수 수두(m)
　　　　k : 투수계수(m/year)
　　　　η : 유효공극률(공극용적/흙입자용적)

침출수의 유출을 방지하기 위해서는 투수계수(k) 및 수두차(h)를 감소시킴

⑩ 토양 투수계수(K)에 미치는 영향 인자

　㉠ 토양입자크기(토양)　　㉡ 공극률(토양)　　㉢ 입자크기분포(토양)

　㉣ 점성계수[액체(침출수)]　㉤ 비중량[액체(침출수)]

 학습 Point

① 차단형 매립지 차수설비재료 숙지
② 연직차수막 표면차수막 내용 및 그림 전체 숙지
③ 표면차수막 파손원인·대책 숙지
④ LL, PL, PI 관계 및 정의 숙지
⑤ 차수막 적합조건 내용 숙지

기출 필수문제 출제율 70% 이상

01 매립지 바닥의 점토층의 두께는 100cm이고, 투수계수는 10^{-7}cm/sec 이다. 점토층의 유효공극률을 0.3으로 가정할 때 다음의 조건에서 침출수가 점토층을 통과하는 데 소요되는 시간(year)을 예측하시오.(점토층위의 침출수 수두=30cm, 점토층 아래의 수두는 점토층 아래면과 일치함)

풀이

$$t = \frac{d^2 \eta}{K(d+h)} = \frac{1^2 m^2 \times 0.3}{10^{-9} m/sec \times (1+0.3)m}$$
$$= 230,769,230.8 sec \times 1min/60sec \times 1hr/60min \times 1day/24hr \times 1year/365day$$
$$= 7.32 year$$

기출 필수문제 출제율 90% 이상

02 다음과 같은 조건인 경우 침출수가 차수층을 통과하는 시간(year)은?

- 점토층의 두께 : 1m
- 투수계수 : 10^{-7}cm/sec
- 유효공극률 : 0.3
- 상부 침출수 수두 : 50cm

풀이

$$t = \frac{1.0^2 m^2 \times 0.3}{(10^{-7} cm/sec \times m/100cm) \times (1.0m + 0.5m)}$$
$$= 200,000,000 sec \times year/31,536,000 sec = 6.34 year$$

기출 필수문제 출제율 30% 이상

03 유효공극률 0.2, 점토층 위의 침출수수두 1.5m인 점토차수층 1.0m를 통과하는데 10년이 걸렸다면 점토차수층의 투수계수(cm/sec)는?

풀이

$$t = \frac{d^2 \eta}{K(d+h)}$$

$$315,360,000 sec = \frac{1.0^2 m^2 \times 0.2}{K(1.0+1.5)m}$$

$$k(1.0+1.5)m = \frac{1.0^2 m^2 \times 0.2}{315,360,000 sec}$$

$$k = 2.54 \times 10^{-10} m/sec (2.54 \times 10^{-8} cm/sec)$$

SECTION 066 반응속도(1차 반응식)

$$\ln \frac{C_t}{C_o} = -kt, \quad C_t = C_o e^{-kt}$$

여기서, C_t : t시간 경과 후 농도
C_o : 반응초기 농도
t : 반응시간(hr, day)
k : 반응속도 상수(1/hr = hr^{-1})

기출 필수문제 출제율 70% 이상

01 유해폐기물이 1차 반응식에 따라 감소한다. 반감기가 100시간일 때 감소속도 상수(hr^{-1})는?

풀이
1차 반응식
$\ln \dfrac{C_t}{C_o} = -kt$
$\ln 0.5 = -k \times 100\text{hr}$
K(감소속도상수)=0.00693hr^{-1}(6.93×10^{-3}hr^{-1})

기출 필수문제 출제율 50% 이상

02 톨루엔이 초기농도의 절반이 될 때까지의 소요시간(hr)은?(단, 1차 감소속도 상수는 0.0885/hr)

풀이
1차 반응식
$\ln \dfrac{C_t}{C_o} = -kt$
$\ln 0.5 = -0.0885/\text{hr} \times t$
$t = 7.83\text{hr}$

기출必수문제 출제율 40% 이상

03 유해폐기물이 1차 반응식에 따라 감소한다. 속도상수가 0.069/hr일 때 반감기(hr)는?

풀이

1차 반응식

$$\ln\frac{C_t}{C_o} = -kt$$

$\ln 0.5 = -0.069/\text{hr} \times t$

$$t = \frac{\ln 0.5}{-0.069/\text{hr}}$$

$t = 10.05\,\text{hr}$

기출必수문제 출제율 40% 이상

04 매립지의 침하는 1차 속도로 일어난다. 반감기가 5년이라면 6년 후 침하깊이는 몇 %인가?

풀이

1차 반응식에 의한 속도상수(K)

$$\ln\frac{C_t}{C_o} = -kt$$

$\ln 0.5 = -k \times 5$

$k = 0.1386$

6년 후 침하율

$\ln\frac{C_t}{C_o} = -kt$ (C_o를 100으로 가정)

$$\ln\left(\frac{C_t}{100}\right) = -0.1386 \times 6$$

$C_t = 43.53 \Rightarrow$ 6년 후 침하율이 43.53% 진행됨을 의미

6년 후 침하된 깊이=초기 침하깊이−6년 후 침하율
　　　　　　　　=100−43.53=56.46%

기출 必수문제 출제율 60% 이상

05 어느 매립지에서 침출수 농도가 반으로 감소하는 데 3.5년 걸렸다면 침출수의 농도가 90% 분해되는 데 몇 년이 소요되는가?(단, 1차 반응)

> **풀이**
>
> $\ln \dfrac{C_t}{C_o} = -kt$
>
> $\ln 0.5 = -k \times 3.5 \text{year}$
>
> $k = \dfrac{\ln 0.5}{-3.5} = 0.198 \text{year}^{-1}$
>
> 90% 분해소요기간(반응 후 농도는 10% 의미)
>
> $\ln \left(\dfrac{10}{100} \right) = -0.198 \text{year}^{-1} \times t$
>
> $t = \dfrac{\ln 0.1}{-0.198 \text{year}^{-1}} = 11.63 \text{년year}$

SECTION 067 합성차수막(Flexible Membrane Liner ; FML)

(1) 특징

① 자체의 차수성은 우수하나 파손에 의한 누수위험이 있다.
② 어떤 지반에도 적용 가능하나 시공 시 주의가 요구된다.
③ 내구성은 높으나 파손 및 열화의 위험이 있으므로 주위가 요구된다.
④ 투수계수가 낮고 점토차수재에 비해 두께가 얇아도 가능하므로 매립장 유효용량이 증가된다.

(2) 합성차수막의 종류 출제율 60%

① IIR : Isoprene-Isobutylene(Butyl Rubber)
② CPE : Chlorinated Polyethylene
③ CSPE : Chlorosulfonated Polyethylene
④ EPDM : Ethylene Propylene Diene Monomer
⑤ LDPE : Low-Density Polyethylene

⑥ HDPE : High-Density Polyethylene
⑦ CR : Chloroprene Rubber(Neoprene, polychloroprene)
⑧ PVC : Polyvinyl Chloride

(3) 합성차수막의 분류
① 열가소성(Thermoplastic) 계통
② 열경화성(Thermosetting) 계통

(4) 합성차수막의 세부분류
① Thermoplastics : PVC
② Crystalline Thermoplastics : HDPE, LDPE
③ Thermoplastic Elastomers : CPE, CSPE
④ Elastomer Thermoplastics : EDPM, IIR, CR

(5) Crystallinity(결정도)가 증가할수록 합성차수막에 나타나는 성질
① 열에 대한 저항도 증가
② 화학물질에 대한 저항성 증가
③ 투수계수의 감소
④ 인장강도의 증가
⑤ 충격에 약해짐
⑥ 단단해짐

(6) 합성차수막의 장단점
① HDPE, LDPE [출제율 70%]
　㉠ 장점
　　ⓐ 대부분의 화학물질에 대한 저항성이 큼
　　ⓑ 온도에 대한 저항성이 높음
　　ⓒ 강도가 높음
　　ⓓ 접합상태 양호
　㉡ 단점
　　유연하지 못하여 구멍 등 손상을 입을 우려가 있음

② CPE
　㉠ 장점
　　강도가 높음

ⓒ 단점
  ⓐ 방향족탄화수소 및 용매류에 약함
  ⓑ 접합상태가 양호하지 못함

③ CSPE 출제율 20%
  ㉠ 장점
    ⓐ 미생물에 강함   ⓑ 접합이 용이함
    ⓒ 산과 알칼리에 특히 강함
  ㉡ 단점
    ⓐ 기름, 탄화수소, 용매류에 약함
    ⓑ 강도가 낮음

④ PVC
  ㉠ 장점
    ⓐ 작업이 용이함   ⓑ 강도가 높음
    ⓒ 접합이 용이함   ⓓ 가격이 저렴함
  ㉡ 단점
    ⓐ 자외선, 오존, 기후에 약함 ⓑ 대부분 유기화학물질에 약함

⑤ EPDM
  ㉠ 장점
    ⓐ 강도가 높음   ⓑ 수분함량이 낮음
  ㉡ 단점
    ⓐ 기름, 탄화수소, 용매에 약함 ⓑ 접합상태가 양호하지 못함

⑥ IIR
  ㉠ 장점
    수중에서 부풀어 오르는 정도가 낮음
  ㉡ 단점
    ⓐ 강도가 낮음   ⓑ 탄화수소에 약함
    ⓒ 접합 및 보수가 용이하지 못함

⑦ CR
  ㉠ 장점
    ⓐ 대부분의 화학물질에 대한 저항성 높음
    ⓑ 마모 및 기계적 충격에 강함

　　　　ⓛ 단점
　　　　　ⓐ 접합이 용이하지 못함　　ⓑ 가격이 고가임

> **학습 Point**
> 각 합성차수막의 장단점 숙지

SECTION 068 매립지의 사후관리

출제율 30%

(1) 매립지에서 환경오염을 최소화하기 위한 주요시설물

1) 저류 구조물(갖추어야 할 기능)

① 폐기물의 유출 및 누출 방지
② 매립폐기물량 저류
③ 침출수의 유출 및 누출 방지
④ 매립 후 폐기물의 안전한 저류

2) 차수시설

침출수 유출 방지 및 지하수 유입차단

3) 우수배제시설

4) 침출수 집배수시설

5) 덮개설비

6) 발생가스 대책시설

7) 지하수 검사정 등 사후관리설비　출제율 20%

검사정 개소수 ⇒ 3개소 이상(지하수 흐름의 상류 1개소 이상, 하류 2개소 이상)
　　　　　　　염소농도 측정(지하수 오염 여부 확인)

(2) 매립지 사후관리항목(주기적 모니터링 항목) `출제율 50%`

1) 우수배제시설
2) 침출수 처리시설
3) 지하수 수질조사
4) 발생가스 조성조사 및 처리시설
5) 구조물 및 지반의 안정도
6) 지표수 수질조사
7) 토양조사
8) 주변 환경영향 종합보고서 작성
9) 해수수질조사
10) 방역방법(차단형 매립시설은 제외)

(3) 사후관리계획서 포함사항

1) 폐기물처리시설의 설치 및 사용내용
2) 사후관리 추진일정
3) 빗물배제계획
4) 침출수관리계획(차단형 매립시설은 제외)
5) 지하수 수질조사계획
6) 발생가스의 관리계획(유기성 폐기물을 매립하는 시설만 해당)
7) 구조물과 지반 등의 안정도 유지계획

학습 Point

① 매립지 환경오염의 최소화를 위한 시설물 종류 및 내용 숙지
② 매립지 사후관리 항목 5가지 숙지

SECTION 069 토양오염의 대책

(1) 토양오염의 특징

1) 오염경로의 다양성
2) 피해발현의 완만성 및 만성적인 형태
3) 오염영향의 국지성
4) 오염의 비인지성 및 타 환경인자와의 영향관계 모호성
5) 원상복구의 어려움

(2) 지하수 오염의 특징

1) 지하수 흐름의 완만성
2) 지하수 흐름방향의 모호성
3) 지하수 오염원 및 오염경로의 다양성

4) 모니터링의 곤란성
5) 원상복구의 어려움

(3) 토양오염물질 중 BTEX `출제율 20%`

1) B → 벤젠(Benzene)
2) T → 톨루엔(Toluene)
3) E → 에틸벤젠(Ethylbenzene)
4) X → 크실렌(Xylene)

(4) 토양오염 처리기술

1) 원위치 처리기술

① 생물학적 분해법(Biodegradation) : in-situ(오염토양 내에서 처리)
② 생물주입 배출법(Bioventing) : in-situ
③ 토양 수세법(Soil Flushing) : in-situ
④ 토양증기추출법(Soil Vapor Extraction) : in-situ
⑤ 유리화법(Vitrification) : in-situ

2) 굴착 후 처리기술

① 토양경작법(Land Forming) : ex-situ(오염토양 밖에서 처리)
② 토양세척법(Soil Washing) : -ex-situ
③ 토양증기추출법(Soil Vapor Extraction) : -ex-situ
④ 용매추출법(Solvent Extraction) : ex-situ
⑤ 고온열탈착법(High-Temperature Thermal Desorption) : ex-situ

3) 토양증기추출법(SVE) `출제율 30%`

① 원리

불포화 대수층에서 토양을 진공상태로 만들어 줌으로써 토양으로부터 휘발성, 준휘발성 오염물질을 제거하는 기술이다.

② 영향인자

㉠ 오염물질 분포깊이와 면적(추출정의 위치가 오염지역 내일 경우 적용)
㉡ 오염물질농도(오염물질의 헨리상수 0.01 이상 및 상온에서 휘발성을 갖는 유기물질에 적용)
㉢ 대수층의 깊이
㉣ 토양의 특성과 성분(오염부지, 공기투과계수가 1×10^{-4} cm/sec 경우 적용)

③ 장점
   ㉠ 비교적 기계 및 장치가 간단하여 단기간 설치가 가능함
   ㉡ 지하수의 깊이에 대한 제한을 받지 않음
   ㉢ 유지·관리비가 적으며 굴착이 필요 없음
   ㉣ 생물학적 처리효율을 보다 높여주고 가장 많은 적용사례가 있음

④ 단점
   ㉠ 지반구조의 복잡성으로 총 처리기간을 예측하기 어려움
   ㉡ 오염물질의 증기압이 낮은 경우 제거효율 낮음
   ㉢ 토양의 침투성이 크고 균일하여야 적용가능함
   ㉣ 토양층이 치밀하여 기체흐름의 정도가 어려운 곳에서는 사용이 곤란함

4) 생물주입배출법(Bioventing)

① 원리
   불포화 토양층 내에 산소를 공급함으로써 미생물의 분해를 통해 유기물질을 분해처리하는 기술이다.

② 영향인자
   ㉠ 토양의 pH(pH 6~8)
   ㉡ 수분함량(통기성과 산소전달률을 감소 → 적절한 수분함량 유지)
   ㉢ 필수양분, 질소, 인
   ㉣ 온도

③ 특징
   ㉠ 휘발성이 강한 유기물질 이외에도 중간 정도의 휘발성을 가지는 분자량이 다소 큰 유기물질을 처리할 수 있다.
   ㉡ 기술 적용 시에는 대상부지에 대한 정확한 산소소모율의 산정이 중요하다.

5) 토양 경작법(Landfarming)

① 원리
   오염토양을 굴착 후 지표면에 깔아 놓고 정기적으로 뒤집어줌으로써 공기를 공급해주면서 미생물에 호기성 생분해조건을 제공하고 유기성 물질을 제거하는 기술이다.

② 영향인자
   ㉠ 오염물질의 형태와 농도
   ㉡ 오염물질의 분포깊이와 분산
   ㉢ 독성물질, 휘발성 유기물질 존재 여부

③ 특징
   ㉠ 많은 공간이 필요하고 굴착 시 비용이 추가된다.
   ㉡ 유기용매가 대기 중으로 방출되어 공기를 오염시킬 수 있어 사전에 처리해야 한다.

6) 생물학적 분해법(Biodegradation)

① 미생물이 토양에서 유기오염물질을 분해시키는 과정으로 산소가 충분히 공급되면 미생물은 유기오염물질을 이산화탄소, 물, 미생물 세포 등으로 변화시킨다.
② 오염물질과 미생물의 접촉이 원활하지 않은 토양은 정화효과가 낮으며 온도가 낮을 경우 생분해 속도가 느리고 중금속, 염분 등의 농도가 높을 경우 미생물 성장에 해롭다.

7) 토양수세법(Soil Flushing)

오염물질의 용해도를 증가시키기 위한 첨가제를 함유한 물을 토양에 주입함으로써 지하수위가 상승하여 오염물질이 침출되어 처리되며 투수성이 낮은 토양은 처리하기 곤란하다.

8) 토양세척법(Soil Washing)

① 적절한 세척제를 이용하여 토양입자에 결합되어 있는 유기오염물질(표면장력약화)과 중금속(토양으로부터 분리)을 처리하는 방법이다. 오염물질의 제거가 아닌 오염토양의 부피감소가 목적이며 세척제로 사용되는 산, 염기, 착염물질은 금속물질을 추출, 정화시키는 데 주로 이용된다.
② 부지 내에서 유해오염물의 이송 없이 바로 처리할 수 있고 적용 가능한 오염물질 종류(비휘발성, 생물학적 난분해성 물질)의 범위가 넓다.

9) 동전기 정화기술 출제율 30%

지층 속에 전극을 설치한 후 전류를 가하여 지층의 물리·화학적 및 수리학적 변화를 유도한 후 전도현상(동전기 현상)을 일으켜 오염물질을 이동, 추출 제거하는 기술이다.

① 전기삼투

포화토양 내에 전류가 가해지면 양이온이 음극을 향하여 이동하면서 공극수를 함께 이동시킴으로써 물이 흐르는 현상이며, 낮은 수리전도도(예 : 점토)를 가진 토양오염물질 처리에 효과적이다.

② 전기이동

전기경사에 의한 전하를 띤 화학물질의 이동 현상이며 이온상태의 오염물질이나 입자 표면에 전하를 띤 토양오염물질 처리에 효과적이다.

③ 전기영동

주어진 전기장에 의하여 대전된 입자가 자신이 가지고 있는 전하와 반대방향으로 이동하는 현상이며 토양, 액체 혼합물 내의 전하를 띤 콜로이드의 이동을 의미한다.

(5) 지하수오염 처리기술

1) 공기살포기법(Air Sparging)

① 포화대수층 내에 공기를 강제 주입하여 오염물질을 휘발시켜 추출시킴으로써 처리하는 공법이다.

② 적용 가능한 경우
  ㉠ 오염물질의 용해도가 낮은 경우
  ㉡ 포화대수층 경우
  ㉢ 대수층의 투수도가 10^{-3} cm/sec 이상일 때
  ㉣ 토양의 종류가 사질토, 균질토일 때

2) Directional Wells 출제율 30%

수직굴착으로 오염물질에 대한 접근이 용이하지 않은 지반구조이거나 오염물질이 수평으로 퍼져 있는 경우 주입정과 추출정을 수평 또는 일정각도를 가지도록 배치하여 처리하는 기술이며, 불특정한 여러 종류의 오염물질을 완전히 처리하는 데 적용할 수 있다.

 학습 Point

① 토양 및 지하수 오염 특징 각 4가지씩 숙지
② BTEX 숙지
③ 토양증기 추출법의 정의 및 장단점 3가지씩 숙지
④ 토양경작법
⑤ Directional Wells 내용 숙지

SECTION 070 연소법칙

(1) Hess 법칙

반응열의 양은 반응이 일어나는 과정에 무관하고 반응 전후의 물질 및 그 상태에 의해서 결정된다는 법칙이다.

(2) Lewis식

$$C \propto H_l$$

여기서, C : 연료 중의 탄소
H_l : 저위발열량

이론공기량 및 이론연소가스량은 연료의 종류에 따라 고유한 값을 가지며, 연료중의 탄소성분은 저위발열량에 비례한다는 식이다.

(3) 착화온도 출제율 50%

① 가연성 물질이 외부로부터 가열을 요하지 않고 스스로 발생하는 연소열로 연소를 계속할 수 있는 최저의 온도, 즉 연료 자신의 연소열에 의하여 연소를 계속하게 되는 온도를 의미하며 착화온도가 낮은 물질일수록 위험성이 크다.

② 착화점, 발화점, 발화온도라고 한다.

③ 특징
   ㉠ 분자구조가 간단할수록 착화온도는 높아진다.
   ㉡ 화학결합의 활성도가 클수록 착화온도는 낮아진다.
   ㉢ 화학반응성이 클수록 착화온도는 낮아진다.
   ㉣ 동질물질인 경우 화학적으로 발열량이 클수록 착화온도는 낮아진다.
   ㉤ 공기 중의 산소농도 및 압력이 높을수록 착화온도는 낮아진다.
   ㉥ 석탄의 탄화도가 작을수록 착화온도는 낮아진다.
   ㉦ 비표면적이 클수록 착화온도는 낮아진다.

학습 Point

착화온도의 정의 및 특징 내용 숙지

SECTION 071 연료의 연소

(1) 고체연료의 연소

1) 종류 출제율 30%

① 표면연소(Surface Combustion)　② 분해연소(Decomposing Combustion)
③ 자기(내부)연소　④ 증발연소(Evaporating Combustion)

2) 장점

① 수송이 편리하고 야적이 가능
② 연소장치가 간단하고 가격이 저렴
③ 매장량이 풍부하며 연소성이 느린 점을 이용하여 특수목적에 사용 가능함

3) 단점

① 전처리가 필요하며 완전연소가 곤란하여 회분이 남게 됨
② 연소효율이 낮고 고온을 얻기가 어려움

4) 석탄의 탄화도 증가 시 나타나는 현상

① 연료비가 높아짐(양질의 석탄이 됨)
② 고정탄소의 함량이 증가(고정탄소가 클수록 양질의 석탄 : 무연탄 > 역청탄 > 갈탄 > 이탄 > 목재)
③ 발열량이 높아짐
④ 휘발분이 감소
⑤ 매연발생률이 낮아짐
⑥ 비열이 감소
⑦ 착화온도가 높아짐

(2) 액체연료의 연소

1) 종류 출제율 50%

① 증발 연소(Evaporating Combustion) ② 분무 연소(Spray Burning)
③ 액면 연소(Pool Burning) ④ 등심 연소(Wick Combustion)

2) 장점

① 고체연료에 비하여 발열량이 높아 연소효율이 좋음(완전연소 가능)
② 회분 발생이 거의 없고 저장, 운반이 용이함
③ 연소조절이 용이하며 일정한 품질을 구할 수 있음

3) 단점

① 국부가열 가능성이 쉬워 화재위험성 및 역화가 발생할 수 있음
② 연소 시 소음이 발생함
③ 불완전연소 시 SO_x 및 매연 발생 가능성이 있음

(3) 기체연료의 연소

1) 종류 출제율 30%

① 혼합기 연소(예혼합, 부분혼합 연소)
② 확산 연소(Diffusive Burning)

2) 장점

① 적은 공기비로 완전연소 가능하여 연소효율이 높음
② 회분, SO_2, 매연 발생 없음
③ 점화·소화가 용이하고 연소조절이 쉬움(안정된 연소 가능)

3) 단점

① 시설비(저장, 이송)가 크고 폭발위험성 있음
② 누설 발생 시 실내일 경우 위험함
③ 다른 연료에 비해 취급이 곤란함

학습 Point

1. 고체연료의 종류 및 탄화도 증가 시 현상 5가지 숙지
2. 액체연료의 종류 및 장단점 2가지씩 숙지
3. 기체연료의 종류 및 장단점 2가지씩 숙지

SECTION 072 연소의 종류(특성)

(1) 증발연소

화염으로부터 열을 받으면 가연성 증기가 발생하는 연소, 즉 액체연료가 액면에서 증발하여 가연성 증기로 되어 산소와 반응, 착화되어 화염이 발생하고 증발이 촉진되면서 연소하는 현상으로, 고체 및 액체연료 가연물의 연소형태이다.

(2) 분해연소

연소 초기에 가연성 고체(목탄, 석탄, 타르 등)가 열분해에 의하여 가연성 가스가 생성되고 이것이 긴 화염을 발생시키면서 연소하는 현상으로, 대부분의 고체연료의 연소는 분해연소이다.(열분해에 의해 발생된 가스와 공기가 혼합하여 연소)

(3) 표면연소

고체연료 표면에 고온을 유지시켜 표면에서 반응을 일으켜 내부로 연소가 진행되는 형태이며 숯불연소, 불균일연소라고도 하며 코크스 또는 분해연소가 끝난 석탄 자체가 연소하는 과정으로, 연소되면 적열할 뿐 화염이 없는 연소형태이다.

(4) 확산연소

가연성 연료와 외부공기가 서로 확산에 의해 혼합하면서 화염을 형성하는 연소형태, 즉 연료는 버너노즐로부터 분리시켜 외부공기와 일정속도로 혼합하여 연소하는 형태이이며 기체연료가 대표적이다.

(5) 자기연소

내부연소라고도 하며 공기 중 산소를 필요로 하지 않으며, 분자(물질 자체) 자신이 가지고 있는 산소에 의해 연소하는 형태이고 니트로글리세린이 대표적이다.

(6) 혼합기연소

기체연료와 공기를 알맞은 비율로 혼합(AFR)하여, 혼합기에 넣어 점화시키는 연소형태이며 AFR(공기, 연료 비율)이 중요한 인자로 작용한다.

(7) 발연연소

열분해로 발생된 휘발성분이 정화되지 않고 다량의 발연을 수반하여 표면반응을 일으키면서 연소하는 형태이다.

 학습 Point

증발·분해·표면·확산·자기연소 정의 숙지

SECTION 073 연소효율과 발열량의 관계

출제율 30%

$$연소효율(\eta) = \frac{H_l - (L_1 + L_2)}{H_l} \times 100\%$$

여기서, H_l : 저위 발열량(kcal/kg)
L_1 : 미연소 손실(kcal/kg)
L_2 : 불완전연소 손실(kcal/kg)

학습 Point

연소효율식 및 factor 숙지

기출 必수문제 출제율 30% 이상

01 소각 대상물인 열가소성 플라스틱의 저위발열량이 5,000kcal/kg이며, 이 플라스틱 소각 시 발생되는 연소재 중의 미연소 손실은 저위발열량의 15%이고 불완전연소에 의한 손실은 800kcal/kg일 때 소각대상물의 연소효율(%)은?

풀이

$$연소효율(\%) = \frac{H_l - (L_1 + L_2)}{H_l} \times 100$$
$$= \frac{5,000 - [(5,000 \times 0.15) + 800]}{5,000} \times 100 = 69\%$$

SECTION 074 연소반응

(1) 가연물 구비조건

1) 화학적 활성이 강할 것
2) 반응열이 클 것
3) 반응표면적(연소접촉 표면적)이 클 것
4) 활성화에너지가 작을 것
5) 산소와 친화력이 우수할 것

(2) 3T 출제율 30%

1) Time(연소시간)

    완전연소를 위한 충분한 체류시간

2) Temperature(연소온도)

    연료를 인화점 이상 예열하기 위한 충분한 온도

3) Turbulence(혼합)

    노 내 연료와 공기의 충분한 혼합

(3) 연소반응식

폐기물의 연소는 가연물(타는 성분)을 구성하는 원소, 즉 탄소(C), 수소(H), 황(S)에 의한 연소이며 3가연 원소의 연소반응에서 가연물질이 연소하기 위한 공기량, 연소생성 가스량을 구할 수 있다.

① 고체·액체의 연소

> 탄소 ⇨ $C + O \rightarrow CO_2 + 8,100 (kcal/kg)$
> 수소 ⇨ $2H_2 + O_2 \rightarrow 2H_2O + 34,000 (kcal/kg)$
> 황 ⇨ $S + O_2 \rightarrow SO_2 + 2,500 (kcal/kg)$

② 기체 연소

일산화탄소 ⇨ $2CO + O_2 \rightarrow 2CO_2 + 3{,}035(kcal/Sm^3)$

수소 ⇨ $2H_2 + O_2 \rightarrow 2H_2O + 3{,}050(kcal/Sm^3)$

일반탄화수소 ⇨ $C_mH_n + \left(m + \dfrac{n}{4}\right)O_2 \rightarrow mCO_2 + \dfrac{n}{2}H_2O$

유기화학물질 ⇨ $C_aH_bO_cN_d + \left[\dfrac{4a+b-2c}{4}\right]O_2$
$\rightarrow a[CO_2] + \dfrac{b}{2}[H_2O] + \dfrac{d}{2}[N_2]$

메탄 ⇨ $CH_4 + 2O_2 \rightarrow CO_2 + 2H_2O + 9{,}530(kcal/Sm^3)$

프로판 ⇨ $C_3H_8 + 5O_2 \rightarrow 3CO_2 + 4H_2O + 24{,}370(kcal/Sm^3)$

프로필알코올 ⇨ $C_3H_7OH + 4.5O_2 \rightarrow 3CO_2 + 4H_2O$

메탄올 ⇨ $CH_3OH + 1.5O_2 \rightarrow CO_2 + 2H_2O$

기출 必수문제 출제율 40% 이상

01 어떤 폐기물의 화학적 조성이 다음과 같을 때 이 폐기물 100g을 생물학적으로 처리하고자 한다. 이 폐기물의 화학적 조성에 적합한 화학적 분자식을 쓰시오. (단, 폐기물의 화학적 조성무게비 : 탄소 48%, 수소 4%, 산소 40%, 질소 8%)

> **풀이**
> 폐기물 100g 중 각 성분 비율을 구하면
> 탄소(C) = 48g/12g = 4
> 수소(H) = 4g/1g = 4
> 산소(O) = 40g/16g = 2.5
> 질소(N) = 8g/14g = 0.57
>
> 화학적 분자식 : $C_4H_4O_{2.5}N_{0.57}$

기출 필수문제 출제율 40% 이상

02 부틸($C_6H_{14}O_2$)의 이론적 화학양론 반응식을 쓰시오.

> **풀이**
>
> 유기화학물질 연소반응식
>
> $$C_aH_bO_cN_d + \left[\frac{4a+b-2c}{4}\right]O_2 \rightarrow a[CO_2] + \frac{b}{2}[H_2O] + \frac{d}{2}[N_2]$$
>
> $$\frac{[(4\times6)+14-(2\times2)]}{4} \rightarrow 8.5O_2$$
>
> $$a = 6 \rightarrow 6CO_2$$
>
> $$\frac{b}{2} = \frac{14}{2} \rightarrow 7H_2O$$
>
> 화학양론 분자식 : $C_6H_{14}O_2 + 8.5O_2 \rightarrow 6CO_2 + 7H_2O$

(4) 탄소(C)의 연소

① 중량

```
    C    +    O₂    →    CO₂
  12kg      32kg         44kg
   1kg      2.67kg        3.67kg(44/12)
```

② 부피(용량)

```
    C    +    O₂       →    CO₂
  12kg      22.4Sm³         22.4Sm³
   1kg      1.87Sm³         1.87Sm³(22.4/12)
```

(5) 수소(H)의 연소

① 중량

```
    H₂   +   ½O₂    →    H₂O
   2kg      16kg         18kg
   1kg       8kg          9kg(18/2)
```

1-201

② 부피(용량)

$$H_2 + \frac{1}{2}O_2 \rightarrow H_2O$$

2kg   11.2Sm³   22.4Sm³
1kg   5.6Sm³   11.2Sm³(22.4/2)

(6) 황(S)의 연소

① 중량

$$S + O_2 \rightarrow SO_2$$

32kg   32kg   64kg
1kg   1kg   2kg(64/32)

② 부피(용량)

$$S + O_2 \rightarrow O_2$$

32kg   22.4Sm³   22.4Sm³
1kg   0.7Sm³   0.7Sm³(22.4/32)

학습 Point

1. 가연물의 구비조건 4가지 숙지
2. 연소반응식 내용 숙지

SECTION 075 이론산소량(O_0)

이론산소량(O_0)은 연료를 완전연소시키는 데 필요한 최소한의 산소의 양을 의미한다.

(1) 고체 및 액체연료

고체, 액체연료 1kg의 연소 시 이론산소량(O_0)

① 중량

$$O_0 = 32/12C + 16/2(H - O/8) + 32/32S$$
$$= 2.667C + 8H - O + S(kg/kg)$$

② 부피(용량)

$$O_0 = 22.4/12C + 11.2/2(H - O/8) + 22.4/32S$$
$$= 1.867C + 5.6H - 0.7O + 0.7S(Nm^3/kg)$$

여기서, (H − O/8)는 유효수소이다. 연료 중에 산소가 함유되어 있을 때 수소 중 일부는 이 산소와 결합하여 결합수(H_2O)를 생성하므로 전부 연소되지 않고 $\dfrac{O}{8}$ 만큼 연소가 되지 않는 의미이며 연료 중에 함유된 산소량을 보정하기 위해 사용된다. 즉, 유효수소는 실제 연소에 참여할 수 있는 수소의 양으로 전체수소에서 산소와 결합된 수소량을 제외한 양을 의미한다. (연료 중의 산소가 결합수의 상태로 있기 때문에 전 수소에서 연소에 이용되지 않는 수소분을 공제한 수소)

(2) 기체연료 이론산소량(O_0)

$$O_0 = 0.5H_2 + 0.5CO + 2CH_4 + \cdots + \left(m + \dfrac{n}{4}\right)C_mH_n - O_2(Nm^3/Nm^3)$$
$$= 0.5H_2 + 0.5CO + 2CH_4 + 2.5C_2H_2 + 3C_2H_4 + 5C_3H_8$$
$$+ 6.5C_4H_{10} + 1.5H_2S - O_2$$

기출 必수문제 출제율 50% 이상

01 탄소(C) 5kg을 완전연소시킨다면 산소는 몇 Nm^3 필요한가?

[풀이]

완전연소 반응식

$$C + O_2 \rightarrow CO_2$$

12kg : $22.4Nm^3$

5kg : $O_2(Nm^3)$

$$O_2(Nm^3) = \frac{5kg \times 22.4Nm^3}{12kg} = 9.33Nm^3$$

기출 必수문제 출제율 50% 이상

02 이론적으로 순수한 탄소 5kg을 완전연소시키는 데 필요한 산소의 양(kg)은?

[풀이]

완전연소 반응식

$$C + O_2 \rightarrow CO_2$$

12kg : 32kg

5kg : $O_2(kg)$

$$O_2(kg) = \frac{5kg \times 32kg}{12kg} = 13.33kg$$

기출 必수문제 출제율 50% 이상

03 탄소성분이 무게비로 35% 포함된 폐기물 1ton을 소각 시 발생할 수 있는 CO_2 가스 발생량(m^3)은?

[풀이]

완전연소 반응식

$$C + O_2 \rightarrow CO_2$$

12kg : $22.4m^3$

1,000kg×0.35 : $CO_2(m^3)$

$$CO_2(m^3) = \frac{1,000kg \times 0.35 \times 22.4m^3}{12kg} = 653.33m^3$$

기출 필수문제 출제율 50% 이상

04 CO_2 100kg의 표준상태에서 부피(m^3)는?(단, CO_2는 이상기체, 표준상태)

> **풀이**
>
> 완전연소 반응식
>
> $$C + O_2 \rightarrow CO_2$$
>
> $$44kg : 22.4m^3$$
>
> $$100kg : CO_2(m^3)$$
>
> $$CO_2(m^3) = \frac{100kg \times 22.4m^3}{44kg} = 50.91m^3$$

기출 필수문제 출제율 50% 이상

05 쓰레기 조성을 원소분석한 결과 탄소 70%, 수소 5%, 산소 19%, 질소 4%, 황 2%였다. 이 쓰레기 100kg이 연소 시 필요한 이론산소량(Sm^3)은?

> **풀이**
>
> 이론산소량($O_0 : Sm^3$) = $1.867C + 5.6H - 0.7O + 0.7S$
> $= (1.867 \times 0.7) + (5.6 \times 0.05) - (0.7 \times 0.19) + (0.7 \times 0.02)$
> $= 1.468 Sm^3/kg \times 100kg = 146.8 Sm^3$

기출 필수문제 출제율 30% 이상

06 에탄(C_2H_6) 10L를 완전연소시킬 때 산소의 양(kg)은?

> **풀이**
>
> 완전연소 반응식
>
> $$C_2H_6 + 3.5O_2 \rightarrow 2CO_2 + 3H_2O$$
>
> $$22.4L : 3.5 \times 32kg$$
>
> $$10L : O_2(kg)$$
>
> $$O_2(kg) = \frac{10L \times (3.5 \times 32)kg}{22.4L} = 50kg$$

기출 必수문제 출제율 40% 이상

07 $C_6H_{12}O_6$(포도당) 10kg을 완전연소 시 필요한 이론산소량(kg)을 구하시오.

풀이

완전연소 반응식
$C_6H_{12}O_6 + 6O_2 \rightarrow 6CO_2 + 6H_2O$
180kg : 6×32kg
10kg : O_0(kg)

$$O_0(kg) = \frac{10kg \times (6 \times 32)kg}{180kg} = 10.67kg$$

기출 必수문제 출제율 50% 이상

08 분자식이 $3[C_6H_7O_2(OH)_3]$의 유기물 600kg이 완전연소 시 필요한 산소의 양(kg)은?

풀이

완전연소 반응식
$3[C_6H_7O_2(OH)_3] + 18O_2 \rightarrow 18CO_2 + 15H_2O$
486kg : 18×32kg
600kg : O_2(kg)

$$O_2(kg) = \frac{600kg \times (18 \times 32)kg}{486kg} = 711.11kg$$

기출 必수문제 출제율 40% 이상

09 배기가스 중 NO_2 농도가 100ppm이면 이는 약 몇 mg/Sm^3에 해당하는가?(단, 표준상태)

풀이

표준상태(0℃, 1atm)에서 중량과 용량의 관계식 적용

$$(mg/Sm^3) = ppm \times \frac{분자량}{22.4} = 100 \times \frac{46}{22.4} = 205.36 mg/Sm^3$$

[참고] $(ppm) = mg/Sm^3 \times \frac{22.4}{분자량}$

기출 필수문제 출제율 30% 이상

10 $4m^3$ 용기에 질소(N_2)를 80kg을 넣고 압력을 60atm으로 올렸다. 이때 온도(℃)를 구하시오. (단, 이상상태기체이며 $R=0.082 atm \cdot L/mol \cdot k$)

풀이

이상기체상태 반응식 이용
$PV=nRT$
여기서, P : 기체의 절대압력(atm)
V : 부피(L)
n : 기체의 몰수(mol) = $\dfrac{무게}{분자량}$
= 80kg × 1mol/28g × 1,000g/1kg
= 2,857.14mol

$T(k) = \dfrac{PV}{nR}$

$= \dfrac{60atm \times 4m^3 \times 1,000L/m^3}{2,857.14mol \times 0.082atm \cdot L/mol \cdot k} = 1,024.39k$

온도(℃) = 1,024.39k − 273 $[K = 273 + ℃]$
= 751.39℃

SECTION 076 이론공기량(A_0)

이론공기량(A_0)은 연료를 완전연소하는 데 필요한 최소한의 공기량을 의미한다.

(1) 고체 및 액체 연료

고체·액체 연료 1kg 연소 시 이론공기량(A_0)

① 중량

$$A_0 = O_0 \times \frac{1}{0.232}$$

$$O_0 = \frac{32}{12}C + \frac{16}{2}\left(H - \frac{O}{8}\right) + \frac{32}{32}S = 2.667C + 8\left(H - \frac{O}{8}\right) + S$$

$$A_0 = 11.5C + 34.63H - 4.31O + 4.31S \,(\text{kg/kg})$$

여기서, C, H, O, S는 액체 및 고체 연료 1kg 중에 탄소, 수소, 산소, 황의 중량분율을 의미한다.

[유도] 출제율 30%

- 고체 또는 액체 폐기물의 원소 조성 : C, H, O, S, N
- C+H+O+S+N=1kg
- 가연원소 C, H, S의 연소반응

  $C\ +\ O_2\ \rightarrow\ CO_2$
  12kg   32kg
  1kg   2.667kg

  $H\ +\ \frac{1}{2}O_2\ \rightarrow\ H_2O$
  2kg   16kg
  1kg   8kg

  $S\ +\ O_2\ \rightarrow\ SO_2$
  32kg   32kg
  1kg   1kg

O_0(이론산소량 : kg)$= 2.667C + 8H + S - O$

$$A_0 = \frac{\text{이론산소량}}{\text{공기 중 산소 무게비}}$$
$$= \frac{2.667C + 8H + S - O}{0.232}$$
$$= 11.5C + 34.63H + 4.31S - 4.31O \,(\text{kg/kg})$$

② 용량

$$A_0 = O_0 \times \frac{1}{0.21}$$

$$O_0 = \frac{22.4}{12}C + \frac{11.2}{2}\left(H - \frac{O}{8}\right) + \frac{22.4}{32}S$$
$$= 1.867C + 5.6\left(H - \frac{O}{8}\right) + 0.7S$$

$$A_0 = 8.89C + 26.67H - 3.33O + 3.33S \,(\text{Nm}^3/\text{kg})$$

[유도] 출제율 30%

- 고체 또는 액체 폐기물의 원소조성 : C, H, O, S, N
- C+H+O+S+N=1kg
- 가연원소 C, H, S의 연소반응

  C + O_2 → CO_2
  12kg   22.4Sm^3
  1kg   1.86Sm^3

  H_2 + $\frac{1}{2}O_2$ → H_2O
  2kg   11.2Sm^3
  1kg   5.6Sm^3

  S + O_2 → SO_2
  32kg   22.4Sm^3
  1kg   0.7Sm^3

$$O_0(\text{이론산소량}: \text{Sm}^3) = 1.867C + 5.6H + 0.7S - 0.7O$$
$$O : \text{연료 중 산소}$$

$$A_0 = \text{이론산소량} \times \frac{1}{\text{공기 중 산소 부피비}}$$
$$= \frac{1.867C + 5.6H + 0.7S - 0.7O}{0.21}$$
$$= 8.89C + 26.67C + 3.33S - 3.33O(\text{Sm}^3/\text{kg})$$

(2) 기체연료

$$A_0 = \frac{O_0}{0.21} (\text{Sm}^3/\text{Sm}^3)$$
$$= \frac{1}{0.21}[0.5(H_2) + 0.5(CO) + 2(CH_4) + \cdots \left(m + \frac{n}{4}\right)C_m H_n - O_2]$$

(3) 발열량을 이용한 이론공기량 및 이론가스량 계산(Rosin식)

1) 고체연료

$$\text{이론공기량}(A_0) = 1.01 \times \frac{\text{저위발열량}(H_l)}{1{,}000} + 0.5 \; (\text{m}^3/\text{kg})$$

$$\text{이론가스량}(G_0) = 0.89 \times \frac{H_l}{1{,}000} + 1.65 \; (\text{m}^3/\text{kg})$$

2) 액체연료

$$\text{이론공기량}(A_0) = 0.85 \times \frac{H_l}{1{,}000} + 2 \; (\text{m}^3/\text{kg})$$

$$\text{이론가스량}(G_0) = 1.11 \times \frac{H_l}{1{,}000} + 0 \; (\text{m}^3/\text{kg})$$

 **학습 Point**

이론공기량식 유도 숙지

기출 필수문제 출제율 50% 이상

01 저위발열량이 10,000kcal/kg인 중유의 A_0(이론공기량)은(Sm³/kg)?(단, Rosin식 사용)

풀이

Rosin식 ⇒ 액체연료 A_0(이론공기량)

$$A_0 = 0.85 \times \frac{H_l}{1,000} + 2 \,(\text{Sm}^3/\text{kg}) = \left(0.85 \times \frac{10,000}{1,000}\right) + 2 = 10.5 \,\text{Sm}^3/\text{kg}$$

기출 필수문제 출제율 70% 이상

02 분자식이 $C_m H_n$인 탄화수소가스 1Sm³의 완전연소에 필요한 이론공기량(Sm³/Sm³)은?

풀이

$C_m H_n$의 완전연소반응식

$$C_m H_n + \left(m + \frac{n}{4}\right) O_2 \rightarrow m CO_2 + \frac{n}{2} H_2O$$

이론공기량(A_0)

$$A_0 = \frac{O_0}{0.21}$$

O_0(이론산소량) ⇒ 기체연료 1Sm³에 필요한 이론산소량

$$\left(m + \frac{n}{4}\right) \text{Sm}^3$$

$$22.4\,\text{Sm}^3 \,:\, \left(m + \frac{n}{4}\right) \times 22.4\,\text{Sm}^3$$
$$1\,\text{Sm}^3 \,:\, O_0$$
$$O_0 = \left(m + \frac{n}{4}\right)$$

$$= \frac{\left(m + \frac{n}{4}\right)}{0.21} = 4.76m + 1.19n \,(\text{Sm}^3/\text{Sm}^3)$$

기출 必수문제 출제율 50% 이상

03 탄소, 수소, 산소, 황의 중량이 각각 91%, 5%, 3%, 1% 인 중유에 필요한 이론산소량(Sm^3/kg) 및 이론공기량(Sm^3/kg)을 각각 구하시오.

풀이

이론산소량(O_0)

$$O_0(Sm^3/kg) = 1.867C + 5.6\left(H - \frac{O}{8}\right) + 0.7S$$

$$= (1.867 \times 0.91) + \left[5.6 \times \left(0.05 - \frac{0.03}{8}\right)\right] + (0.7 \times 0.01)$$

$$= 1.965 Sm^3/kg$$

이론공기량(A_0)

$$A_0(Sm^3/kg) = O_0 \times \frac{1}{0.21} = 1.965 \times \frac{1}{0.21} = 9.36 Sm^3/kg$$

기출 必수문제 출제율 50% 이상

04 중량비가 탄소 81%, 수소 16%, 황 3%의 중유 10kg을 연소시키는 데 필요한 이론공기량(Sm^3)은?

풀이

이론산소량(O_0)

$$O_0(Sm^3/kg) = 1.867C + 5.6\left(H - \frac{O}{8}\right) + 0.7S$$

$$= (1.867 \times 0.81) + (5.6 \times 0.16) + (0.7 \times 0.03) = 2.43 Sm^3/kg$$

이론공기량(A_0)

$$A_0(Sm^3/kg) = O_0 \times \frac{1}{0.21} = 2.43 Sm^3/kg \times \frac{1}{0.21}$$

$$= 11.57 Sm^3/kg \times 10kg = 115.7 Sm^3$$

기출 必 수문제 출제율 50% 이상

05 폐기물 2.0ton을 소각처리하고자 한다. 쓰레기 조성이 다음과 같을 때 이론공기량(Sm^3)은?[C : 50%, H : 18%, O : 32%]

풀이

이론공기량(A_0)

$$A_0 = \frac{O_0}{0.21}$$

$$= \frac{1}{0.21} \times (1.867C + 5.6H - 0.7O)$$

$$= \frac{1}{0.21} \times [(1.867 \times 0.5) + (5.6 \times 0.18) - (0.7 \times 0.32)]$$

$$= 8.18 Sm^3/kg \times 2,000kg = 16,380 Sm^3$$

기출 必 수문제 출제율 40% 이상

06 다음의 폐기물 1ton을 연소시킬 때의 이론공기량(ton)은?(폐기물 조성 - C = 20%, H = 4%, O = 16%, 기타 불연성 물질 60%, 산소함량 0.23)

풀이

이론공기량(A_0)

$$A_0(kg/kg) = \frac{1}{0.23} \times O_0$$

$$O_0(kg/kg) = 2.667C + 8\left(H - \frac{O}{8}\right) + S$$

$$= 2.667C + 8H - O$$

$$= \frac{1}{0.23} \times [(2.667 \times 0.2) + (8 \times 0.04) - 0.16]$$

$$= \frac{0.693 kg/kg}{0.23}$$

$$= 3.014 kg/kg \times 1,000 kg$$

$$= 3.014 kg \times ton/1,000 kg = 3.01 ton$$

기출必수문제 출제율 50% 이상

07 폐기물의 원소 조성이 다음과 같을 때 이론공기량(Sm^3/kg)은?

- 가연분 70% [C=40%, H=10%, O=35%, S=5%]
- 수분 20%
- 회분 10%

풀이

이론공기량(A_0)

$$A_0 = \frac{O_0}{0.21}$$

$$= \frac{1}{0.21}(1.867C + 5.6H + 0.7S - 0.7O)$$

가연분 중 각 성분계산 : C = 0.7×40 = 28%
H = 0.7×10 = 7%
O = 0.7×35 = 24.5%
S = 0.7×5 = 3.5%

$$= \frac{1}{0.21}[(1.867 \times 0.28) + (5.6 \times 0.07) + (0.7 \times 0.035) - (0.7 \times 0.245)]$$

$$= 3.66 Sm^3/kg$$

기출必수문제 출제율 50% 이상

08 메탄올(CH_3OH) 1kg이 연소하는 데 필요한 이론공기량(Sm^3)은?

풀이

완전연소반응식

$CH_3OH + 1.5 O_2 \rightarrow CO_2 + 2H_2O$

32kg : 1.5×22.4Sm^3
1kg : $O_0(Sm^3)$

$$O_0(Sm^3) = \frac{1kg \times (1.5 \times 22.4)Sm^3}{32kg}$$

$$= 1.05 Sm^3 (이론산소량 : O_0)$$

이론공기량(A_0 : Sm^3) $= \frac{1.05}{0.21} = 5 Sm^3$

[다른 방법]

CH_3OH의 분자량$[C+H_4+O=12+(1\times4)+16=32]$

각 성분의 구성비 : $C=12/32=0.375$
$H=4/32=0.125$
$O=16/32=0.5$

$$A_0 = \frac{1}{0.21}(1.867C+5.6H-0.7O)$$
$$= \frac{1}{0.21}[(1.867\times0.375)+(5.6\times0.125)-(0.7\times0.5)]$$
$$= 5.0Sm^3/kg \times 1kg = 5.0Sm^3$$

기출必수문제 출제율 40% 이상

09 폐기물 1kg을 소각 시 반응이 다음과 같을 때 이론공기량(Sm^3/kg)은?(폐기물 조성 ⇒ 가연분 38%, 수분 42%, 회분 20%)

$C_6H_{10}O_5 + 6O_2 \rightarrow 6CO_2 + 5H_2O$

풀이

완전연소반응식($C_6H_{10}O_5$: 셀룰로오스)

$C_6H_{10}O_5 + 6O_2 \rightarrow 6CO_2 + 5H_2O$
   162kg   : $6\times22.4Sm^3$
$1kg\times0.38$: $O_0(Sm^3)$

$$O_0(Sm^3) = \frac{(1kg\times0.38)\times(6\times22.4)Sm^3}{162kg} = 0.315Sm^3/kg$$

이론공기량$(A_0) = \dfrac{O_0}{0.21} = \dfrac{0.315}{0.21} = 1.5Sm^3/kg$

기출 必수문제 출제율 60% 이상

10 분자식이 C_4H_8인 부틸렌 $1Sm^3$의 연소에 필요한 이론공기량(Sm^3)은?

풀이

완전연소방정식

$$C_4H_8 + 6O_2 \rightarrow 4CO_2 + 4H_2O$$

$22.4Sm^3$: $6 \times 22.4Sm^3$

$1Sm^3$: $O_0(Sm^3)$

$$O_0(Sm^3) = \frac{1Sm^3 \times (6 \times 22.4)Sm^3}{22.4Sm^3} = 6Sm^3$$

이론공기량$(A_0) = \dfrac{O_0}{0.21} = \dfrac{6}{0.21} = 28.57Sm^3$

기출 必수문제 출제율 50% 이상

11 주성분이 $C_{10}H_{17}O_6N$인 폐기물을 소각하고자 한다. 폐기물 10kg 소각에 이론적으로 필요한 공기의 무게(kg)는?(단, 공기 중 산소량은 중량비로 23%)

풀이

$C_{10}H_{17}O_6N$의 분자량 $= [(12 \times 10) + (1 \times 17) + (16 \times 6) + (14) = 247]$

각 성분의 구성비 : $C = \dfrac{120}{247} = 0.486$

$H = \dfrac{17}{247} = 0.069$

$O = \dfrac{96}{247} = 0.388$

$N = \dfrac{14}{247} = 0.056$

$A_0 = \dfrac{O_0}{0.23} = \dfrac{1}{0.23} \times \left[2.667C + 8\left(H - \dfrac{O}{8}\right) + S \right]$

$= 11.5C + 34.63H - 4.31O + 4.31S \, (kg/kg)$

$= [(11.5 \times 0.486) + (34.63 \times 0.069)] - (4.31 \times 0.388)$

$= 6.306 kg/kg \times 10kg = 63.06kg$

[다른 방법]

$$C_{10}H_{17}O_6N + 11.25O_2 \rightarrow 10CO_2 + 8.5H_2O + \frac{1}{2}N_2$$

247kg : 11.25×32kg
10kg : O_0(kg)

$$O_0(kg) = \frac{10kg \times (11.25 \times 32)kg}{247kg} = 14.57kg$$

$$A_0 = \frac{14.57}{0.23} = 63.35kg$$

기출 必 수문제 출제율 50% 이상

12 탄소 5kg을 완전연소하는 데 소요되는 이론공기량(Nm^3)은?

풀이

연소반응식

$$C + O_2 \rightarrow CO_2$$

12kg : 22.4Nm³
5kg : O_0(Nm³)

$$O_0(Nm^3) = \frac{5kg \times 22.4Nm^3}{12kg} = 9.33Nm^3$$

$$A_0 = \frac{9.33}{0.21} = 44.44Nm^3$$

기출 必 수문제 출제율 50% 이상

13 탄소 10kg을 완전연소하는 데 필요한 이론공기량(kg)을 구하시오.

풀이

완전연소 반응식

$$C + O_2 \rightarrow CO_2$$

12kg : 32kg
10kg : O_0(kg)

$$O_0(kg) = \frac{10kg \times 32kg}{12kg} = 26.67kg$$

$$A_0(\text{중량기준}) = \frac{26.67}{0.232} = 114.96kg$$

기출 必수문제 출제율 50% 이상

14 C_6H_6 $1Sm^3$가 완전연소하는 데 소요되는 이론공기량(Sm^3)은?

풀이

$$A_0 = \frac{1}{0.21} \times \left(m + \frac{n}{4}\right)(Sm^3/Sm^3)$$
$$= 4.76m + 1.19n$$
$$= (4.76 \times 6) + (1.19 \times 6)$$
$$= 35.7 Sm^3/Sm^3 \times 1Sm^3$$
$$= 35.71 Sm^3$$

[다른 방법]

$C_6H_6 \;+\; 7.5O_2 \;\rightarrow\; 6CO_2 + 3H_2O$

$22.4 Sm^3 \;:\; 7.5 \times 22.4 Sm^3$

$1 Sm^3 \;:\; O_0(Sm^3)$

$O_0(Sm^3) = 7.5 Sm^3$

$$A_0 = \frac{O_0}{0.21} = \frac{7.5}{0.21} = 35.71 Sm^3$$

기출 必수문제 출제율 50% 이상

15 C_5H_{12} 100kg을 완전연소시키는 데 표준상태에서 필요한 이론공기량(m^3)은? (단, 이상기체로 가정함)

풀이

완전연소 반응식

$C_5H_{12} \;+\; 8O_2 \;\rightarrow\; 5CO_2 + 6H_2O$

$72kg \;:\; 8 \times 22.4 m^3$

$100kg \;:\; O_0(m^3)$

$$O_0(m^3) = \frac{100kg \times (8 \times 22.4)m^3}{72kg} = 248.89 m^3$$

$$A_0 = \frac{O_0}{0.21} = \frac{248.89}{0.21} = 1,185.19 m^3$$

기출 必 수문제   출제율 60% 이상

16 일산화탄소 1kg 완전연소 시 이론공기량(질량기준)을 화학양론적으로 구하시오. (단, 공기 중 산소량은 중량으로 23.15%)

풀이

완전연소 반응식

$CO + 0.5O_2 \rightarrow CO_2$

28kg : 16kg

1kg : O_0(kg)

$O_0(\text{kg}) = \dfrac{1\text{kg} \times 16\text{kg}}{28\text{kg}} = 0.57\text{kg}$

$A_0 = \dfrac{O_0}{0.2315} = \dfrac{0.57}{0.2315} = 2.47\text{kg}$

기출 必 수문제   출제율 60% 이상

17 수소 1kg을 연소하는 데 필요한 산소량은 탄소 1kg을 연소하는 데 필요한 양론적 산소량의 몇 배가 되는가?

풀이

수소 완전연소 반응식

$H_2 + \dfrac{1}{2}O_2 \rightarrow H_2O$

2kg : 16kg

1kg : O_0(kg)

$O_0(\text{kg}) = \dfrac{1\text{kg} \times 16\text{kg}}{2\text{kg}} = 8\text{kg}$

탄소 완전연소 반응식

$C + O_2 \rightarrow CO_2$

12kg : 32kg

1kg : O_0(kg)

$O_0(\text{kg}) = \dfrac{1\text{kg} \times 32\text{kg}}{12\text{kg}} = 2.67\text{kg}$

양론적 산소량비 $= \dfrac{8}{2.67} = 3$배

기출 必수문제 출제율 50% 이상

18 수소 1kg을 연소하는 데 필요한 양론적 공기량은 탄소 1kg을 연소하는 데 필요한 공기량의 몇 배인가?(단, 공기 중의 산소량은 중량비로 0.232이다.)

풀이

수소 완전연소 반응식

$H_2 + 0.5O_2 \rightarrow H_2O$

2kg : 16kg

1kg : O_0(kg)

$O_0(kg) = \dfrac{1kg \times 16kg}{2kg} = 8kg$

$A_0 = \dfrac{O_0}{0.232} = \dfrac{8}{0.232} = 34.48kg$

탄소 완전연소반응식

$C + O_2 \rightarrow CO_2$

12kg : 32kg

1kg : O_0(kg)

$O_0(kg) = \dfrac{1kg \times 32kg}{12kg} = 2.67kg$

$A_0 = \dfrac{O_0}{0.232} = \dfrac{2.67}{0.232} = 11.51kg$

공기의 비율 = $\dfrac{수소\ A_0}{탄소\ A_0} = \dfrac{34.48}{11.50} = 3배$

19 건조슬러지의 원소분석결과 분자식이 $C_5H_7NO_2$이라면 이 슬러지 50kg을 완전연소하는 데 필요한 이론공기의 질량(kg)은?(단, 표준상태)

풀이

$C_5H_7NO_2$의 분자량 $= [(12\times 5)+(7\times 1)+(1\times 14)+(16\times 2)=113]$

각 성분의 구성비 : $C = \dfrac{60}{113} = 0.53$

$H = \dfrac{7}{113} = 0.062$

$N = \dfrac{14}{113} = 0.124$

$O = \dfrac{32}{113} = 0.283$

$A_0 = \dfrac{O_0}{0.23} = 11.5C + 34.63H - 4.31O + 4.31S \,(\text{kg/kg})$

$= [(11.5 \times 0.53)+(34.63 \times 0.062)] - (4.31 \times 0.283)$

$= 7.022 \text{kg/kg} \times 50 \text{kg} = 351.12 \text{kg}$

SECTION 077 실제공기량과 공기비

연소 시 실제로는 이론공기량보다 많은 양의 공기를 공급하여야 완전연소가 가능하다. 즉, 실제공기량(A)은 이론공기량(A_0)과 공기비(m)를 적용하여 산출한다.

(1) 공기비

$$m = \dfrac{A}{A_0} \;;\; A = mA_0$$

여기서, m : 공기비(과잉공기계수)
A : 실제공기량
A_0 : 이론공기량

(2) 과잉공기량

$$\text{과잉공기량} = A - A_0 \\ = mA_0 - A_0 \quad \Rightarrow \quad m = 1 + \left(\frac{\text{과잉공기량}}{A_0}\right) \\ = A_0(m-1)$$

(3) 과잉공기율

$$\text{과잉공기비율}(\%) = \frac{(A - A_0)}{A_0} \times 100 = \frac{A_0(m-1)}{A_0} \times 100 = (m-1) \times 100$$

(4) 공기비 산출방법

① 연소가스의 조성으로 근사적으로 구한다.(배기가스 성분에 의한 공기비)

    ㉠ 완전연소 시 공기비(CO=0)

$$m = \frac{21}{21 - O_2}$$

    ㉡ 불완전연소 시 공기비

$$[CO=0] \text{ 경우 } m = \frac{N_2}{N_2 - 3.76 O_2}$$

$$[CO \neq 0] \text{ 경우 } m = \frac{N_2}{N_2 - 3.76(O_2 - 0.5CO)}$$

$$N_2 = 100 - [CO_2 + O_2 + CO]$$

② CO_{2max}(최대탄산가스율)을 이용하여 구한다.

$$m = \frac{CO_{2max}\%}{CO_2\%}$$

여기서, CO_{2max} : • 공기 중 산소가 모두 CO_2로 변화하여 연소가스 중의 CO_2 비율이 최대가 된 것을 의미한다.

      • $CO_{2max} = \dfrac{CO_2 \text{ 발생량}}{\text{이론건조연소가스량}}$

(5) 공기비의 영향

① m이 클 경우
  ㉠ 연소실 내에서 연소온도가 낮아진다.
  ㉡ 통풍력이 증대되어 배기가스에 의한 열손실이 커진다.
  ㉢ 배기가스 중 SO_x(황산화물), NO_x(질소산화물)의 함량이 증가하여 연소장치의 부식에 크게 영향을 미친다.

② m이 작을 경우
  ㉠ 배기가스 내 매연의 발생이 크다.(불완전 연소로 인함)
  ㉡ 연소가스의 폭발위험성이 크다.(불완전 연소로 인함)
  ㉢ 열손실에 큰 영향을 준다.
  ㉣ CO, HC의 오염물질 농도가 증가한다.

> **Reference** N_2, O_2의 연소공기와 m의 관계
>
> m은 실제공기량(A)과 이론공기량(A_0)의 비이며, 연소가스 중 O_2는 과잉 공기량의 21%에 상당하므로 O_2 용적(%)은
> $(O_2) = 0.21(A - A_0) = 0.21(m-1)A_0$
>
> 연소가스 중 N_2는 과잉공기량이 79%에 상당하므로 N_2 용적(%)은
> $(N_2) = 0.79A = 0.79mA_0$
>
> $$\frac{O_2}{N_2} = \frac{0.21(m-1)A_0}{0.79mA_0}$$
> $$\frac{m-1}{m} = \frac{79O_2}{21N_2}$$
> $$m = \frac{21N_2}{21N_2 - 79O_2} = \frac{N_2}{N_2 - 3.76O_2}$$

 Point

1. 과잉공기량 및 과잉공기율 관련 식 숙지
2. 공기비 영향 내용 숙지

기출 必수문제 출제율 30% 이상

01 배기가스 성분의 분석결과 산소량이 9.5%라면 완전연소 시 공기비는?

풀이

완전연소 시 공기비$(m) = \dfrac{21}{21-O_2} = \dfrac{21}{21-9.5} = 1.83$

기출 必수문제 출제율 70% 이상

02 폐기물 소각에 필요한 이론공기량이 1.65Nm³/kg이고 공기비는 1.5이다. 하루 폐기물 소각량이 50ton일 경우 실제 필요한 공기량(Nm³/hr)은?

풀이

실제공기량$(A) = m \times A_0$
$\quad m = 1.5$
$\quad A_0 = 1.65 \text{Nm}^3/\text{kg}$
$\quad = 1.5 \times 1.65 \text{Nm}^3/\text{kg} \times 50\text{톤}/\text{day} \times 1{,}000\text{kg}/\text{톤} \times \text{day}/24\text{hr}$
$\quad = 5{,}156.25 \text{Nm}^3/\text{hr}$

기출 必수문제 출제율 80% 이상

03 프로판(C_3H_8) 1Sm³을 공기과잉계수 1.15로 완전연소 시 실제 필요한 공기량(Sm³)은?

풀이

완전연소반응식
$C_3H_8 + 5O_2 \rightarrow 3CO_2 + 4H_2O$
이론산소량$(O_0) = 5\text{Sm}^3$
이론공기량$(A_0) = \dfrac{O_0}{0.21} = \dfrac{5}{0.21} = 23.81 \text{Sm}^3$
실제공기량$(A) = m \times A_0 = 1.15 \times 23.81 \text{Sm}^3 = 27.38 \text{Sm}^3$

기출 필수문제 출제율 50% 이상

04 폐기물을 소각처리하고자 한다. 중량백분율로 탄소 성분이 11%, 수소 3%, 산소 13%이고 기타 성분(불연성 성분)이 73%일 때 소각로에 공급해야 할 실제공기량(Nm^3/kg)은?[단, 과잉공기계수 $m=1.31$, 이론공기량(A_0)=$8.89C+26.7\left(H-\dfrac{O}{8}\right)+3.3S(Nm^3/kg)$]

> **풀이**
> 실제공기량(A) = $m \times A_0$
> $m = 1.31$
> $(A_0) = 8.89C + 26.7\left(H - \dfrac{O}{8}\right) + 3.3S$
> $\quad = (8.89 \times 0.11) + \left[26.7 \times \left(0.03 - \dfrac{0.13}{8}\right)\right]$
> $\quad = 1.345 Nm^3/kg$
> $= 1.31 \times 1.345 Nm^3/kg$
> $= 1.76 Nm^3/kg$

기출 필수문제 출제율 50% 이상

05 탄소 86%, 수소 7%, 산소 5%, 황 2%를 함유하는 중유의 연소에 필요한 이론산소량(Sm^3/kg)과 이론공기량(Sm^3/kg) 및 실제공기량(Sm^3/kg)은?(단, 과잉공기비는 1.25)

> **풀이**
> 이론산소량(O_0)
> $O_0 = 1.867C + 5.6H + 0.7S - 0.7O$
> $\quad = [(1.867 \times 0.86) + (5.6 \times 0.07) + (0.7 \times 0.02) - (0.7 \times 0.05)]$
> $\quad = 1.976 Sm^3/kg$
>
> 이론공기량(A_0)
> $A_0 = \dfrac{O_0}{0.21} = \dfrac{1.976}{0.21} = 9.41 Sm^3/kg$
>
> 실제공기량(A)
> $A = m \times A_0 = 1.25 \times 9.41 = 11.76 Sm^3/kg$

기출必수문제 출제율 80% 이상

06 어떤 폐기물 1kg의 원소 조성이 다음과 같고 실제주입된 공기량이 $15Sm^3$일 때 과잉공기량(Sm^3/kg)과 과잉공기비는?(중량분율 구성 ; C=30%, H=12%, O=25%, S=3%, 수분 20%, ash=10%)

> **풀이**
>
> 과잉공기비(m)
>
> $$m = \frac{A}{A_0}$$
>
> $A = 15 Sm^3/kg$
>
> $A_0 = \dfrac{O_0}{0.21} = \dfrac{1.08}{0.21} = 5.14 Sm^3/kg$
>
> $O_0 = 1.867C + 5.6H + 0.7S - 0.7O \ (Sm^3/kg)$
> $\quad = [(1.867 \times 0.3) + (5.6 \times 0.12) + (0.7 \times 0.03) - (0.7 \times 0.25)]$
> $\quad = 1.08 Sm^3/kg$
>
> $= \dfrac{15}{5.14} = 2.92$
>
> 과잉공기량 $= A - A_0 = 15 - 5.14 = 9.86 Sm^3/kg$

기출必수문제 출제율 50% 이상

07 어떤 폐기물의 원소 조성이 다음과 같고 실제공기량이 $12Sm^3$일 때 공기비는?(단, 가연분 60%(C=40%, H=10%, O=45%, S=5%), 수분 15%, 회분 15%)

> **풀이**
>
> 공기비(m) $= \dfrac{A}{A_0}$
>
> $A = 12 Sm^3$
>
> $A_0 = \dfrac{1}{0.21}(1.867C + 5.6H + 0.7S - 0.7O)$
>
> 가연분 중 각 성분 : $C = 0.6 \times 40 = 24\%$
> $\qquad\qquad\qquad\quad H = 0.6 \times 10 = 6\%$
> $\qquad\qquad\qquad\quad O = 0.6 \times 45 = 27\%$
> $\qquad\qquad\qquad\quad S = 0.6 \times 5 = 3\%$
>
> $= \dfrac{1}{0.21}[(1.867 \times 0.24) + (5.6 \times 0.06) + (0.7 \times 0.03) - (0.7 \times 0.27)]$
>
> $= 2.93 Sm^3$
>
> $= \dfrac{12}{2.93} = 4.09$

기출必수문제 출제율 50% 이상

08 등유($C_{10}H_{20}$) 1kg을 공기비 2.1로 완전연소 시 필요한 실제공기량(Sm^3/kg)은?

> **풀이**
>
> 완전연소반응식
> $C_{10}H_{20}$ + $15O_2$ → $10CO_2$ + $10H_2O$
> 140kg : $15 \times 22.4 Sm^3$
> 1kg : $O_0(Sm^3)$
>
> $O_0(Sm^3) = \dfrac{1kg \times (15 \times 22.4)Sm^3}{140kg} = 2.4 Sm^3$
>
> $A_0 = \dfrac{O_0}{0.21} = \dfrac{2.4}{0.21} = 11.43 Sm^3$
>
> $A = m \times A_0 = 2.1 \times 11.43 = 24 Sm^3$/kg

기출必수문제 출제율 80% 이상

09 100mol/hr의 부탄(C_4H_{10})과 5,000mol/hr의 공기가 소각로에서 완전연소되는 경우 과잉공기율(%)은?

> **풀이**
>
> 과잉공기율(%) $= \left(\dfrac{A - A_0}{A_0}\right) \times 100$
>
> $A = 5,000$ mol/hr
> $A_0 \Rightarrow C_4H_{10}$ + $6.5O_2$ → $4CO_2$ + $5H_2O$
> 1mol : 6.5mol
> 100mol/hr : O_0(mol/hr)
>
> O_0(mol/hr) $= \dfrac{100\text{mol/hr} \times 6.5\text{mol}}{1\text{mol}} = 650$ mol/hr
>
> $A_0 = \dfrac{O_0}{0.21} = \dfrac{650}{0.21} = 3,095.23$ mol
>
> $= \dfrac{5,000 - 3,095.23}{3,095.23} \times 100 = 61.54(\%)$

기출 必수문제 출제율 70% 이상

10 배기가스의 분석치가 CO_2 : 20%, O_2 : 10%, N_2 : 80%이면 연소 시 공기비는?

[풀이]

불완전연소 시 공기비(m)

$$m = \frac{N_2}{N_2 - 3.76 O_2} = \frac{80}{80 - (3.76 \times 10)} = 1.89$$

기출 必수문제 출제율 80% 이상

11 중량 조성이 탄소 86%, 수소 14%인 액체연료를 시간당 100kg을 연소했을 때 배출가스의 분석치가 CO_2 : 15%, O_2 : 10%, N_2 : 75%이라면, 시간당 필요한 실제 공기량(Sm^3/hr)을 구하시오.

[풀이]

실제공기량(A) = $m \times A_0$

$$m = \frac{N_2}{N_2 - 3.76 O_2} = \frac{75}{75 - (3.76 \times 10)} = 2.01$$

$$A_0 = \frac{1}{0.21} \times (1.867C + 5.6H)$$

$$= \frac{1}{0.21} \times [(1.867 \times 0.86) + (5.6 \times 0.14)] = 11.38 m^3/kg$$

$$= 2.01 \times 11.38 m^3/kg \times 100 kg/hr = 2,287.21 m^3/hr$$

기출 必수문제 출제율 50% 이상

12 도시폐기물 1kg 소각시키는 데 필요한 산소량(O_2)이 0.75kg이라면 같은 조건하에 폐기물 100kg/hr를 소각시키는 데 필요한 실제공기량(Sm^3/hr)은 얼마인가?(단, 공기비 1.5, 유입공기는 표준상태)

[풀이]

실제공기량(A)

$A = m \times A_0$

$m = 1.5$

$A_0 = \dfrac{O_0}{0.21}$

$O_0 = 0.75 kg \cdot O_2/1kg \times 22.4 m^3/32 kg \cdot O_2 = 0.525 Sm^3/kg$

$$= \frac{0.525}{0.21} = 2.5 \text{Sm}^3/\text{kg}$$
$$= 1.5 \times 2.5 \text{Sm}^3/\text{kg} \times 100 \text{kg/hr} = 375 \text{Sm}^3/\text{hr}$$

기출 必 수문제 출제율 80% 이상

13 중량 조성이 탄소 86%, 수소 4%, 산소 8%, 황 2%인 액체연료를 1kg/hr로 연소 시 배기가스 함량이 CO_2 : 12.5%, O_2 : 3.5%, N_2 : 84%일 때 실제공기량(m^3/hr)은?

풀이

실제공기량$(A) = m \times A_0$

$$m = \frac{N_2}{N_2 - 3.76 O_2} = \frac{84}{84 - (3.76 \times 3.5)} = 1.19$$

$$A_0 = \frac{1}{0.21}[(1.867 \times 0.86) + (5.6 \times 0.04) + (0.7 \times 0.02) - (0.7 \times 0.08)] = 8.51 \text{m}^3/\text{kg}$$

$$= 1.19 \times 8.51 \text{m}^3/\text{kg} \times 1 \text{kg/hr} = 10.13 \text{m}^3/\text{hr}$$

기출 必 수문제 출제율 80% 이상

14 중량기준으로 C : 85%, H : 4%, O : 9%, S : 2%의 연료를 연소시켰을 때, 연소가스 중 CO_2 : 11.5%, O_2 : 3.5%, N_2 : 85%이다. 실제공기량(m^3/kg)은?(단, 표준상태임)

풀이

실제공기량(A)

$A = m \times A_0$

$$m = \frac{N_2}{N_2 - 3.76 \times O_2} = \frac{85}{85 - 3.76 \times 3.5} = 1.18$$

$$A_0 = \frac{1}{0.21}\left[(1.867 \times 0.85) + 5.6 \times \left(0.04 - \frac{0.09}{8}\right) + (0.7 \times 0.02)\right]$$

$$= 8.39 \text{m}^3/\text{kg}$$

$$= 1.18 \times 8.39 \text{m}^3/\text{kg} = 9.90 \text{m}^3/\text{kg}$$

기출 必 수문제 출제율 40% 이상

15 탄소 85%, 수소 10%, 산소 5% 조성을 가진 액체폐기물을 시간당 100kg을 소각한다. 이때 연소가스 조성이 CO_2 : 12%, O_2 : 4%, N_2 : 84%일 경우 다음 물음에 답하시오.(단, 연소공기온도 25℃)

(1) 폐기물을 연소하기 위한 이론공기량(Sm^3/kg)
(2) 매 시간 공급하는 연소용 실제공기량(m^3/hr)

> **풀이**
>
> 이론공기량(Sm^3/kg) = $\dfrac{O_0}{0.21}$
>
> O_0(이론산소량) = $1.867C + 5.6H + 0.7S - 0.7O$
> $= (1.867 \times 0.85) + (5.6 \times 0.1) - (0.7 \times 0.05)$
> $= 2.11 Sm^3/kg$
>
> $= \dfrac{2.11}{0.21} = 10.06 Sm^3/kg$
>
> 실제공기량(m^3/hr) = $m \times A_0$
>
> $m = \dfrac{N_2}{N_2 - 3.76 O_2} = \dfrac{84}{84 - (3.76 \times 4)} = 1.22$
>
> $A_0 = 10.06 Sm^3/kg$
>
> $= 1.22 \times 10.06 Sm^3/kg \times 100 kg/hr \times \dfrac{273 + 25}{273}$
>
> $= 1,339.71 m^3/hr$

기출 必 수문제 출제율 50% 이상

16 어느 폐기물을 분석한 결과 수분 65%, 회분 12%, 가연분 23%(C : 11.7%, H : 1.81%, O : 8.76%, N : 0.39%, Cl : 0.31%, S : 0.03%)를 얻었다. 다음 물음에 답하시오.

(1) 가연분의 건조 고위발열량(kcal/kg)
(2) 습량기준 저위발열량(kcal/kg)
(3) 공기비가 2일 때 실제공기량(m³/kg)

> **풀이**
>
> 1) 가연분의 건조고위발열량
>
> $$H_h(\text{kcal/kg : 가연분}) = H_h(\text{kcal/kg : 습량}) \times \frac{100}{100 - \text{불연분}}$$
>
> $H_h(\text{kcal/kg : 습량})$
>
> $$= 8,100\text{C} + 34,000\left(\text{H} - \frac{\text{O}}{8}\right) + 2,500\text{S}$$
>
> $$= (8,100 \times 0.117) + \left[34,000 \times \left(0.0181 - \frac{0.0876}{8}\right)\right]$$
>
> $$+ (2,500 \times 0.0003) = 1,191.55 \text{kcal/kg}$$
>
> $$= 1,191.55(\text{kcal/kg : 습량}) \times \frac{100}{100 - 65 - 12}$$
>
> $$= 5,180.65 \text{kcal/kg}$$
>
> 2) 습량기준 저위발열량
>
> $$H_l(\text{kcal/kg : 습량}) = H_h(\text{kcal/kg : 습량}) - 600(9\text{H} + \text{W})$$
>
> $$= 1,191.55 - 600[(9 \times 0.0181) + 0.65] = 703.81 \text{kcal/kg}$$
>
> 3) 공기비가 2일 때 실제공기량
>
> $$A = m \times A_0$$
>
> $m = 2$
>
> $$A_0 = \frac{1}{0.21}[(1.867\text{C} + 5.6\text{H} + 0.7\text{S} - 0.7\text{O})]$$
>
> $$= \frac{1}{0.21}[(1.867 \times 0.117) + (5.6 \times 0.0181) + (0.7 \times 0.0003) - (0.7 \times 0.0876)]$$
>
> $$= 1.23 \text{m}^3/\text{kg}$$
>
> $$= 2 \times 1.23 \text{m}^3/\text{kg} = 2.46 \text{m}^3/\text{kg}$$

> [기출 必수문제] 출제율 50% 이상

17 C_5H_{12} 150kg을 연소시킨 후 발생하는 가스 중에 N_2 : 84%, CO_2 : 12.5%, O_2 : 3.5%가 발생하였다면 이 연료를 연소할 때 필요한 실제공기량(m^3)을 구하시오.

풀이

$$A(m^3) = m \times A_0$$

$$m = \frac{N_2}{N_2 - (3.76 \times O_2)} = \frac{84}{84 - (3.76 \times 3.5)} = 1.19$$

$$A_0 = \frac{O_0}{0.21}$$

연소반응식

$$C_5H_{12} + 8O_2 \rightarrow 5CO_2 + 6H_2O$$

72kg : $8 \times 22.4 m^3$

150kg : O_0

$$O_0 = \frac{150kg \times (8 \times 22.4)m^3}{72kg} = 373.33 m^3$$

$$= \frac{373.33}{0.21} = 1,777.78 m^3$$

$$= 1.19 \times 1,777.78 = 2,115.56 \, m^3$$

SECTION 078 최대 이산화탄소량(CO_{2max} ; %)

- 이론공기량(A_0)으로 완전연소하는 경우 이론건조연소가스(G_{od}) 중 CO_2의 백분율을 의미하며, 연소가스 중 CO_2의 농도가 최대값을 갖도록 연소하는 것이 이상적이다.
- CO_{2max}는 배기가스 중에 포함되어 있는 CO_2의 최대치를 의미하며, 이론공기량으로 연소 시 그 값이 가장 커진다.

$$CO_{2max}(\%) = \frac{CO_2}{G_{od}} \times 100 = \frac{1.867C}{G_{od}} \times 100$$

$$= \frac{단위연료당 \ CO_2 \ 발생량}{이론건조 \ 연소가스량} \times 100$$

$$CO_{2max}(\%) = \frac{CO_2}{CO_2 + N_2} \times 100$$

(1) 고체 및 액체연료의 경우

$$CO_{2\max}(\%) = \frac{1.867C}{G_{od}} \times 100 = \frac{187C}{G_{od}}$$

여기서, C : 연료 내 탄소량

KOH 용액에 SO_2가 흡수되는 경우

$$CO_{2\max}(\%) = \frac{1.867C + 0.7S}{G_{od}} \times 100$$

(2) 기체연료의 경우

$$CO_{2\max}(\%) = \frac{(CO) + (CO_2) + (CH_4) + 2(C_2H_4) + x(C_xH_y)}{G_{od}} \times 100$$

$$CO_{2\max}(\%) = \frac{\sum CO_2 \text{양}}{G_{od}} \times 100$$

여기서, $\sum CO_2$ 양 : 배기가스 내의 총 CO_2 양
G_{od} : 이론건조연소가스량(Sm^3/Sm^3)

(3) 완전연소의 경우(CO = 0일 경우)

$$CO_{2\max}(\%) = \frac{(CO_2) \times 100}{100 - \left(\frac{O_2}{0.21}\right)} = \frac{21 \times CO_2}{21 - O_2} = m \times CO_2$$

여기서, CO_2 : 연소가스 내의 CO_2 양(Sm^3/Sm^3)
m : 과잉공기비

(4) 불완전연소의 경우(CO ≠ 0일 때)

$$CO_{2\max}(\%) = \frac{21[CO_2 + CO]}{[21 - O_2 + 0.395CO]}$$

여기서, CO : 연소가스 내의 CO 양(Sm^3/Sm^3)

(5) 공기비와 CO_{2max}(%)의 관계 [출제율 50%]

① 완전연소 시

$$\frac{21}{21-(O_2)} = m, \quad m = \frac{CO_{2max}(\%)}{CO_2(\%)}$$

② 불완전연소 시

$$m = \frac{21(N_2)}{21(N_2) - 79[O_2 - 0.5(CO)]} = \frac{(N_2)}{(N_2) - 3.76(O_2)}$$

기출 필수문제 출제율 40% 이상

01 공기비를 1.3으로 하는 어떤 연료를 연소시킬 때 배출가스 조성을 분석한 결과 CO_2가 18%이었다면 CO_{2max}(%)은?

풀이

$$m = \frac{CO_{2max}(\%)}{CO_2(\%)}$$

$CO_{2max}(\%) = m \times CO_2(\%) = 1.3 \times 18\% = 23.4\%$

기출 필수문제 출제율 30% 이상

02 이론공기량을 사용하여 프로판(C_3H_8) $1Nm^3$를 완전연소시킬 때 CO_{2max}(%)는?

풀이

$$CO_{2max}(\%) = \frac{CO_2}{G_{od}} \times 100$$

$G_{od} = (1 - 0.21)A_0 + CO_2$

$C_3H_8 + 5O_2 \rightarrow 3CO_2 + 4H_2O$

$22.4Nm^3 : 5 \times 22.4Nm^3$

$1Nm^3 : 5Nm^3$

$= \left[(1-0.21) \times \frac{5}{0.21}\right] + 3 = 21.81(Nm^3/Nm^3)$

$= \frac{3}{21.81} \times 100 = 13.76\%$

[다른 방법]

실제반응식 ⇒ $C_3H_8 + 5O_2 + xN_2 \rightarrow 3CO_2 + 4H_2O + xN_2$

C_3H_8 $1Nm^3$당 이론산소량은 $5Nm^3$

⇒ 수반되는 $N_2 = 5 \times \left(\dfrac{79}{21}\right) = 18.8Nm^3$

$CO_2 = 3Nm^3$

$CO_{2\max} = \dfrac{CO_2}{CO_2 + N_2} \times 100 = \dfrac{3}{3 + 18.8} \times 100 = 13.76\%$

학습 Point

공기비와 $CO_{2\max}$ 관계식 숙지

03 공기를 이용하여 CO를 완전연소시키는 경우 이론건조가스 중 $CO_{2\max}(\%)$를 구하시오.

풀이

$CO_{2\max}(\%) = \dfrac{CO_2}{G_{od}} \times 100$

$G_{od} = (1 - 0.21)A_0 + CO_2$

$CO + \dfrac{1}{2}O_2 \rightarrow CO_2$

$22.4m^3 : 0.5 \times 22.4 Sm^3$

$1m^3 : 0.5m^3$

$CO_2 = 1m^3/m^3$

$A_0 = \dfrac{0.5}{0.21} = 2.38m^3/m^3$

$= [(1 - 0.21) \times 2.38] + 1 = 2.88m^3/m^3$

$= \dfrac{1}{2.88} \times 100 = 34.72\%$

기출 必수문제 출제율 50% 이상

04 탄소 84%, 수소 16%로 구성된 폐기물을 완전연소 시 $CO_{2\max}(\%)$는?

풀이

$$CO_{2\max}(\%) = \frac{1.867C}{G_{od}(건조이론가스량)} \times 100$$

$$G_{od} = 1.867C + 0.7S + 0.8N + 0.79A_0$$

$$A_0 = \frac{O_0}{0.21} = \frac{1}{0.21}[(1.867 \times 0.84) + (5.6 \times 0.16)]$$

$$= 11.73 \, \text{m}^3/\text{kg}$$

$$= (1.867 \times 0.84) + (0.79 \times 11.73) = 10.84 \, \text{m}^3/\text{kg}$$

$$= \frac{(1.867 \times 0.84)}{10.84} \times 100 = 14.47\%$$

기출 必수문제 출제율 60% 이상

05 프로판(C_3H_8)과 부탄(C_4H_{10})이 70% : 30%의 용적비로 혼합된 기체 1Nm^3이 완전연소될 때의 CO_2 발생량(Nm^3)은?

풀이

혼합가스 1Nm^3 중의 각 함량

$C_3H_8 = \frac{70}{100}$, $C_4H_{10} = \frac{30}{100}$

$C_3H_8 \Rightarrow$ C는 3 $\Rightarrow$ 연소 시 1Nm^3당 3Nm^3의 CO_2 발생

$C_4H_{10} \Rightarrow$ C는 4 $\Rightarrow$ 연소 시 1Nm^3당 4Nm^3의 CO_2 발생

CO_2 발생량(Nm^3) $= 3C_3H_8 + 4C_4H_{10}$

$$= 3 \times \left(\frac{70}{100}\right) + 4 \times \left(\frac{30}{100}\right) = 3.3 \, \text{Nm}^3$$

SECTION 079 연소가스량

(1) 이론연소가스량

① 고체 및 액체연료

㉠ 이론건연소가스량(G_{od})

- G_{od}는 배기가스 중 수증기(수분)가 포함되지 않은 상태의 조건이다.
- 이론공기량(A_0)으로 연소시 C, H, S 성분의 연소생성물 및 공기 내 질소의 양을 계산하여 연소가스량을 구한다.

$$G_{od} = A_0 \times 0.79 + \frac{22.4}{12}C + \frac{22.4}{32}S + \frac{22.4}{28}N$$
$$= (1-0.21)A_0 + 1.867C + 0.7S + 0.8N$$
$$= A_0 - 0.21 \left[\frac{1.867C + 5.6\left(H - \frac{O}{8}\right) + 0.7S}{0.21} \right] + 1.867C + 0.7S + 0.8N$$

$$G_{od} = A_0 - 5.6H + 0.7O + 0.8N (Sm^3/kg)$$

단, 연료 중 O, N 불포함 시

$$G_{od} = A_0 - 5.6H$$

여기서, C : $C + O_2 \to CO_2$ $\left[\dfrac{22.4 sm^3}{12kg} = 1.867 Sm^3/kg\right]$

H_2 : $H_2 + \dfrac{1}{2}O_2 \to H_2O$ $\left[\dfrac{22.4 sm^3}{2kg} = 11.2 Sm^3/kg\right]$

S : $S + O_2 \to SO_2$ $\left[\dfrac{22.4 sm^3}{32kg} = 0.7 Sm^3/kg\right]$

N_2 : 연소반응 없음 $\left[\dfrac{22.4 sm^3}{28kg} = 0.8 Sm^3/kg\right]$

H_2O : 연소반응 없음 $\left[\dfrac{22.4 sm^3}{18kg} = 1.244 Sm^3/kg\right]$

ⓒ 이론습연소가스량(G_{ow})
- G_{od}에 수증기(수분)가 포함되는 상태의 조건이다.
- 연소용 공기 중의 수분은 연료 중의 수분이나 연소 시 생성되는 수분량에 비해 매우 적으므로 보통 무시할 수 있다.

$$G_{ow} = G_{od} + 11.2H + 1.244W$$
$$= (1-0.21)A_0 + 1.867C + 0.7S + 0.8N + 11.2H + 1.244W$$

$$G_{ow} = A_0 + 5.6H + 0.7O + 0.8N + 1.244W$$

단, 연료 중 O, N이 불포함 시(수분 1.244W은 무시)

$$G_{ow} = A_0 + 5.6H$$

ⓒ G_{ow}와 G_{od}의 관계

$$G_{ow} = G_{od} + (11.2H + 1.244W)(Sm^3/kg)$$
$$= G_{od} + 1.244(9H + W)$$

$$G_{od} = G_{ow} - (11.2H + 1.244W)(Sm^3/kg)$$

② 기체연료

$$G_{od} = (1-0.21)A_0 + \Sigma \text{연소생성물}(Sm^3/Sm^3)$$

여기서, Σ 연소생성물 : 주로 N_2, CO_2, H_2O

$$G_{ow} = G_{od} + H_2O(Sm^3/Sm^3)$$

대부분 기체연료는 탄화수소(C_xH_y)의 형태이므로

$$G_{od} = 0.79A_0 + (x)(Sm^3/Sm^3)$$

$$G_{ow} = 0.79A_0 + \left(x + \frac{y}{2}\right)(Sm^3/Sm^3)$$

(2) 실제연소가스량

실제연소가스량은 이론연소가스량과 과잉공기량의 합으로 구할 수 있다.

① 고체 및 액체연료

　㉠ 실제건연소가스량(G_d)
- G_d는 배기가스 중 수증기(수분)가 포함되지 않은 상태의 조건이다.
- G_d는 이론건연소가스량(G_{od})과 과잉공기량(Ⓐ)을 합한 것이다.

$$G_d = G_{od} + Ⓐ$$
$$= G_{od} + (m-1)A_0$$
$$= [A_0 - 5.6H + 0.7O + 0.8N] + (m-1)A_0$$

$$G_d = mA_0 - 5.6H + 0.7O + 0.8N (Sm^3/kg)$$
$$= (m - 0.21)A_0 + 1.867C + 0.7S + 0.8N$$

　㉡ 실제습연소가스량(G_w)
- G_d에 수증기(수분)가 포함되는 상태의 조건이다.
- G_w는 이론습연소가스량(G_{ow})과 과잉공기량(Ⓐ)을 합한 것이다.

$$G_w = G_{ow} + Ⓐ$$
$$= G_{ow} + (m-1)A_0$$
$$= [A_0 - 5.6H + 0.7O + 0.8N] + 1.244W + (m-1)A_0$$
$$= (m - 0.21)A_0 + 1.867C + 11.2H + 0.7S + 0.8N + 1.244W$$

$$G_w = mA_0 + 5.6H + 0.7O + 0.8N + 1.244W (Sm^3/kg)$$

② 기체연료

대부분 기체연료는 탄화수소(C_xH_y)의 형태이다.

　㉠ 탄화수소의 연소반응식

$$C_xH_y + \left(x + \frac{y}{4}\right)O_2 \rightarrow xCO_2 + \frac{y}{2}H_2O$$

　㉡ 실제건연소가스량(G_d)

$$G_d = (m-1)A_0 + G_{od}$$
$$= (m-0.21)A_0 + \Sigma\,연소생성물(Sm^3/Sm^3) : 연소생성물(x)$$

ⓒ 실제습연소가스량(G_w)

$$G_w = (m-1)A_0 + G_{ow}$$
$$= (m-0.21)A_0 + \Sigma \text{연소생성물} : \text{연소생성물}\left(x + \frac{y}{2}\right)$$
$$= G_d + H_2O(Sm^3/Sm^3)$$

기출 必수문제 출제율 50% 이상

01 C 85%, H 7%, S 3.2%, N 3.1%, H$_2$O 1.7%인 중유를 완전연소시킬 경우 실제습윤 연소가스량(Sm^3/kg)은?(단, 공기비 1.3)

풀이

실제습윤연소가스량(G_w)
$$G_w = (m-0.21)A_0 + 1.867C + 11.2H + 0.7S + 0.8N + 1.244W(Sm^3/kg)$$
$$A_0 = \frac{O_0}{0.21} = \frac{1}{0.21}[(1.867 \times 0.85) + (5.6 \times 0.07) + (0.7 \times 0.032)]$$
$$= 9.53 Sm^3/kg$$
$$= [(1.3 - 0.21) \times 9.53] + (1.867 \times 0.85) + (11.2 \times 0.07) + (0.7 \times 0.032)$$
$$+ (0.8 \times 0.031) + (1.244 \times 0.017)$$
$$= 12.83 Sm^3/kg$$

기출 必수문제 출제율 40% 이상

02 다음 조성의 도시 고형폐기물 1ton 소각 시 발생하는 이론습연소가스 무게(ton) 및 실제습연소가스 무게(ton)는?(단, m=1.5 : 조성(%) C=30, H=20, S=5, N=5 수분=10, ash=10)

풀이

이론습연소가스량(G_{ow})
$$G_{ow} = 0.79A_0 + 1.867C + 11.2H + 0.7S + 0.8N + 1.244W$$
$$A_0 = \frac{O_0}{0.23} = \frac{2.667C + 8H + S}{0.23}$$
$$= \frac{1}{0.23}[(2.667 \times 0.3) + (8 \times 0.2) + (0.05)] = 10.65 kg/kg$$
$$= (0.79 \times 10.65) + (1.867 \times 0.3) + (11.2 \times 0.2) + (0.7 \times 0.05)$$
$$+ (0.8 \times 0.05) + (1.244 \times 0.1)$$
$$= 11.42 kg/kg$$

이론습연소가스 무게(ton) = 11.42kg/kg × 1,000kg × ton/1,000kg = 11.42ton

실제습연소가스량(G_w)
$G_w = G_{ow} + (m-1)A_0$ = 11.42kg/kg + [(1.5-1) × 10.65]kg/kg = 16.75kg/kg

실제습연소가스 무게(ton) = 16.75kg/kg × 1,000kg × ton/1,000kg = 16.75ton

기출必수문제 출제율 50% 이상

03 C_3H_8 $1Sm^3$을 공기비 1.2로 완전연소시킬 경우 표준상태의 실제건조연소가스량(m^3)을 구하시오.

풀이

실제건조연소가스량(G_d)
$G_d = (m - 0.21)A_0 + (x)$

$A_0 = \dfrac{1}{0.21}\left(x + \dfrac{y}{4}\right) = \dfrac{1}{0.21}\left(3 + \dfrac{8}{4}\right) = 23.81 Sm^3$

$= [(1.2 - 0.21) \times 23.81] + 3 = 26.57 Sm^3$

기출必수문제 출제율 50% 이상

04 CH_4 $1Sm^3$을 공기과잉계수 1.6으로 완전연소시킬 경우 실제습윤연소가스량(Sm^3) 및 실제건조연소가스량(Sm^3)은?

풀이

실제습윤연소가스량(G_w)
$G_w = (m - 0.21)A_0 + \left(x + \dfrac{y}{2}\right)$

$CH_4 + 2O_2 \rightarrow CO_2 + 2H_2O$

$A_0 = \dfrac{1}{0.21}\left(x + \dfrac{y}{4}\right) = \dfrac{1}{0.21}\left(1 + \dfrac{4}{4}\right) = 9.52 Sm^3$

$= [(1.6 - 0.21) \times 9.52] + \left(1 + \dfrac{4}{2}\right) = 16.23 Sm^3$

실제건조연소가스량(G_d)
$G_d = (m - 0.21)A_0 + (x)$

$A_0 = \dfrac{1}{0.21}\left(x + \dfrac{y}{4}\right) = \dfrac{1}{0.21}\left(1 + \dfrac{4}{4}\right) = 9.52 Sm^3$

$= [(1.6 - 0.21) \times 9.52] + 1 = 14.23 Sm^3$

기출 필수문제 출제율 40% 이상

05 $C + O_2 + N_2 \rightarrow CO_2 + N_2$ 반응식으로부터 1kg의 탄소를 연소할 때의 이론공기량 (m^3)과 소각가스량의 부피(m^3)와 무게(kg)는?

풀이

부피

$$
\begin{array}{ccccccc}
C & + & O_2 & + & N_2 & \rightarrow & CO_2 & + & N_2 \\
12\text{kg} & & 22.4\text{m}^3 & & 22.4\text{m}^3 & & 22.4\text{m}^3 & & 22.4\text{m}^3 \\
1\text{kg} & & x & & x & & x & & x
\end{array}
$$

이론공기량$(A_0) = \dfrac{O_0}{0.21} = \dfrac{1.867}{0.21}$ $\left[1.867 = \dfrac{1\text{kg} \times 22.4\text{m}^3}{12\text{kg}}\right]$

$\qquad\qquad\quad = 8.89\text{m}^3/\text{kg} \times 1\text{kg}$

$\qquad\qquad\quad = 8.89\text{m}^3$

소각가스량$(G_0) = 0.79 A_0 + CO_2 + N_2$ $\left[1.867 = \dfrac{1\text{kg} \times 22.4\text{m}^3}{12\text{kg}}\right]$

$\qquad\qquad\quad = (0.79 \times 8.89) + 1.867 + 1.867$

$\qquad\qquad\quad = 10.76\text{m}^3$

무게

소각가스량(kg)

$$
\begin{array}{ccccccc}
C & + & O_2 & + & N_2 & \rightarrow & CO_2 & + & N_2 \\
12\text{kg} & & 32\text{kg} & & 28\text{kg} & & 44\text{kg} & & 28\text{kg} \\
1\text{kg} & & x & & x & & x & & x
\end{array}
$$

이론공기량$(A_0) = \dfrac{O_0}{0.232} = \dfrac{2.67}{0.232}$ $\left[2.67 = \dfrac{1\text{kg} \times 32\text{kg}}{12\text{kg}}\right]$

$\qquad\qquad\quad = 11.49\text{kg}/\text{kg} \times 1\text{kg}$

$\qquad\qquad\quad = 11.49\text{kg}$

소각가스량$(G_0) = (1-0.232) A_0 + CO_2 + N_2$ $\left[3.76 = \dfrac{1\text{kg} \times 44\text{kg}}{12\text{kg}}\right]$

$\qquad\qquad\quad = (0.768 \times 11.49) + 3.67 + 2.33$ $\left[2.23 = \dfrac{1\text{kg} \times 28\text{kg}}{12\text{kg}}\right]$

$\qquad\qquad\quad = 14.83\text{kg}$

기출 必 수문제 출제율 80% 이상

06 다음 조건의 폐기물을 연소 시 물음에 답하시오.

> 연료 조성 : C=90%, H=9%, S=1%
> 건배기가스 중 $CO_2+SO_2=15\%$, CO=0%, $O_2=1\%$

(1) 이론공기량(m^3/kg)
(2) 공기비
(3) 건배기가스 기준 아황산가스의 농도(%)

풀이

(1) 이론공기량$(A_0) = \dfrac{O_0}{0.21} = \dfrac{1}{0.21}[1.867C + 5.6H + 0.7S]$

$= \dfrac{1}{0.21}[(1.867 \times 0.9) + (5.6 \times 0.09) + (0.7 \times 0.01)]$

$= 10.43 \, m^3/kg$

(2) 공기비$(m) = \dfrac{N_2}{N_2 - 3.76 \times O_2} = \dfrac{84}{84 - (3.76 \times 1)} = 1.05$

(3) 실제건배기가스 중 아황산가스의 농도(%)

$= \dfrac{SO_2}{G_d} \times 100$

$G_d = (m - 0.21)A_0 + 1.867C + 0.7S$

$= [(1.05 - 0.21) \times 10.43] + (1.867 \times 0.9) + (0.7 \times 0.01)]$

$= 10.45 \, m^3/kg$

$SO_2 = 0.7S = 0.7 \times 0.01 = 0.007 \, m^3/kg$

$= \dfrac{0.007}{10.45} \times 100 = 0.07\%$

07 중량비로 C : 86%, H : 11%, S : 3%인 중유를 $m = 1.3$으로 연소시킬 때 다음을 구하시오.

가. 이론공기량(Sm^3/kg)
나. 실제건조가스량(Sm^3/kg)
다. 실제건조가스량 중 SO_2 용적률(%)

풀이

가. 이론공기량(A_0)

$$A_0 = O_0 \times \frac{1}{0.21}$$

$$O_0 = (1.867 \times 0.86) + (5.6 \times 0.11) + (0.7 \times 0.03) = 2.24 Sm^3/kg$$

$$= \frac{2.24}{0.21} = 10.67 Sm^3/kg$$

나. 실제건조가스량(G_d)

$$G_d = G_{od} + (m-1)A_0$$

$$G_{od} = (1-0.21)A_0 + 1.867C + 0.7S$$

$$= [(1-0.21) \times 10.67] + (1.867 \times 0.86) + (0.7 \times 0.3)$$

$$= 10.06 Sm^3/kg$$

$$= 10.06 + (1.3-1) \times 10.67 Sm^3/kg = 13.26 Sm^3/kg$$

다. 실제건조가스 중 SO_2 용적률(%)

$$용적률(\%) = \frac{SO_2}{G_d} \times 100$$

$$SO_2 = 0.7S = 0.7 \times 0.03 = 0.021 Sm^3/kg$$

$$= \frac{0.021}{13.26} \times 100 = 0.16\%$$

SECTION 080 공기연료비(Air/Fuel Ratio ; AFR)

① 공기는 건조한 공기를 기준으로 하며 건조공기 부피는 N_2 79%, O_2 21%로 구성되며 건조공기 무게는 N_2 76.8%, O_2 23.2%로 구성된다.
② 부피기준의 공연비는 (공기몰 수/연료몰 수)로 무게기준의 공연비는 (공기단위중량/연료단위중량)으로 나타낸다.

  ㉠ 부피식

  $$AFR = \frac{공기의\ 몰수(Air-mole)}{연료의\ 몰수(Fuel-mole)}$$

  $$AFR = \frac{산소의\ 몰수/0.21}{연료의\ 몰수}$$

  ㉡ 무게(중량)식

  $$AFR = \frac{공기의\ 중량(Air-kg)}{연료의\ 중량(Fuel-kg)}$$

  $$AFR = \frac{공기의\ 몰수 \times 분자량}{연료의\ 몰수 \times 분자량}$$

기출必수문제 출제율 60% 이상

01 C_4H_{10}의 이론적 연소 시 부피기준 AFR은?

풀이

C_4H_{10} 연소반응식

$C_4H_{10}\ +\ 6.5O_2\ \rightarrow\ 4CO_2\ +\ 5H_2O$

1 mole   6.5 mole

$AFR = \dfrac{1/0.21 \times 6.5}{1} = 30.95$ mole air/1mole fuel

기출필수문제 출제율 80% 이상

02 C_8H_{18}(옥탄) 1mol을 완전연소 시 AFR을 중량비 및 부피비로 구하시오. (단, 표준상태, 건조공기 분자량 28.95)

> **풀이**
>
> C_8H_{18}의 연소반응식
>
> $C_8H_{18} + 12.5O_2 \rightarrow 8CO_2 + 9H_2O$
>
> 1 mole   12.5 mole
>
> 부피기준(AFR) $= \dfrac{1/0.21 \times 12.5}{1} = 59.5$ mole air/moles fuel
>
> 중량기준(AFR) $= 59.5 \times \dfrac{28.95}{114} = 15.14$ kg air/kg fuel
>
> [28.95 = 건조공기분자량 ; 114 = C_8H_{18} 분자량]

기출필수문제 출제율 80% 이상

03 공기가 1mol의 산소와 3.76mol의 질소로 구성되었다고 할 때, 프로판(C_3H_8) 1mol을 완전연소시킬 경우 다음 물음에 답하시오.

(1) 프로판 가스의 실제적인 완전연소식(질소성분 포함)을 나타내시오.
(2) AFR(부피기준)
(3) 공기분자량을 28.95라 할 때 AFR(질량기준)

> **풀이**
>
> (1) 완전연소반응식(질소 포함)
>
> $C_3H_8 + 5O_2 + \left(5 \times \dfrac{79}{21}\right)N_2 \rightarrow 3CO_2 + 4H_2O + \left(5 \times \dfrac{79}{21}\right)N_2$
>
> $C_3H_8 + 5O_2 + 18.81N_2 \rightarrow 3CO_2 + 4H_2O + 18.81N_2$
>
> (2) 부피기준(AFR) $= \dfrac{\dfrac{1}{0.21} \times 5}{1} = 23.81$ mole air / moles fuel
>
> (3) 질량기준(AFR) = 부피기준(AFR) $\times \dfrac{공기분자량(28.95)}{C_3H_8 분자량}$
>
> $= 23.81 \times \dfrac{28.95}{44} = 15.67$ kg air/kg fuel

SECTION 081 등가비(ϕ)

① 연소과정에서 열평형을 이해하기 위한 관계식이다.

$$\phi = \frac{(실제의\ 연료량/산화제)}{(완전연소를\ 위한\ 이상적\ 연료량/산화제)}$$

② ϕ에 따른 특성 출제율 50%
  ㉠ $\phi = 1$
    ⓐ 완전연소에 알맞은 연료와 산화제가 혼합된 경우이다.
    ⓑ $m = 1$
  ㉡ $\phi > 1$
    ⓐ 연료가 과잉으로 공급된 경우이다.
    ⓑ $m < 1$
  ㉢ $\phi < 1$
    ⓐ 공기가 과잉으로 공급된 경우이다.
    ⓑ $m > 1$
    ⓒ CO는 완전연소를 기대할 수 있어 최소가 되나 NO_x(질소산화물)은 증가된다.

 학습 Point

ϕ에 따른 특성 내용 숙지

SECTION 082 소각로 내 연소가스와 폐기물 흐름에 따른 구분 (연소형식 : 연소가스의 유동방식)

출제율 80%

(1) 역류식(향류식)

① 폐기물의 이송방향과 연소가스의 흐름을 반대로 하는 형식이다.
② 난연성 또는 착화하기 어려운 폐기물 소각에 가장 적합한 방식이다.
③ 후연소 내의 온도저하나 불완전연소가 발생할 수 있다.
④ 복사열에 의한 건조에 유리하며 저위발열량이 낮은 폐기물에 적합하다.

(2) 병류식

① 폐기물의 이송방향과 연소가스의 흐름방향이 같은 형식이다.
② 수분이 적고 저위발열량이 높을 때 적용한다.
③ 폐기물의 발열량이 높을 경우 적당한 형식이다.
④ 건조대에서의 건조효율이 저하될 수 있다.

(3) 교류식

① 역류식과 병류식의 중간적인 형식이다.
② 중간 정도의 발열량을 가지는 폐기물에 적합하다.
③ 두 흐름이 교차하여 폐기물 질의 변동이 클 때 적합하다.

(4) 복류식(2회류식)

① 2개의 출구를 가지고 있는 댐퍼의 개폐로 역류식, 병류식, 교류식으로 조절할 수 있는 형식이다.
② 폐기물의 질이나 저위발열량의 변동이 심할 경우에 적합하다.

폐기물 흐름에 따른 소각로 구분 종류 4가지 숙지

SECTION 083 폐기물 건조방식 구분

출제율 80%

건조에 필요한 열을 전하는 방식에 따라 열풍수열식과 전도수열식으로 구분된다.

(1) 열풍수열 건조

열풍과 피건조재료(폐기물)가 직접 접촉함으로써 열의 전달이 이루어진다.

1) 향류식
열풍이 폐기물 이동방향과 역방향

2) 병류식
열풍이 폐기물 이동방향과 같은 경우

3) 통기식

(2) 전도수열 건조

열원으로부터 폐기물 재료에 간접적으로 열의 전달이 이루어지며, 열손실이 적고 건조효율이 높다.

(3) 건조과정

1) 예열기간

2) 항률 건조기간
수분 건조속도 일정

3) 감률 건조기간
수분 건조속도 감소

 학습 Point

폐기물 건조방식 구분 내용 숙지

SECTION 084 폐기물의 투입방식에 따른 구분

(1) 하부 투입방식
투입되는 연료와 공기흐름이 같은 방향이며, 착화면의 이동방향과 공기의 흐름이 반대이다.

(2) 상부 투입방식
투입되는 연료와 공기흐름이 반대방향이며 착화면의 이동방향과 공기의 흐름이 같고 하부 투입방식보다 더 고온이 되고, CO_2에서 CO로의 변화속도가 빠르다.

(3) 십자 투입방식
투입되는 연료와 공기흐름이 어느 정도의 각도를 유지하고 공기는 공급연료에서 연소층으로 흐르며 연소층과 화층의 사이에는 건류층, 환원층, 산화층의 3개층이 나누어져 있다.

폐기물의 투입방식에 따른 구분 3종류 숙지

SECTION 085 연소(소각)조건

(1) 연소의 장점(소각의 목적)
1) 위생적 처리 가능(안정화, 무해화)
2) 폐기물 감량화
3) 폐기물 운반비용 절감
4) 매립소요면적을 많이 줄임
5) 폐열 이용 가능(에너지 회수 이용)

(2) 일반적 연소방정식

$$\text{유기물} + O_2 \Rightarrow CO_2 + CO + H_2O + SO_x + NO_x + Cl_2 + \text{열}$$

⇑
3T : Temperature, Time, Turbulence

(3) 완전 연소조건(3T) 출제율 60%

1) 온도(Temperature)

① 연소온도에 영향인자
- ㉠ 발화온도
- ㉡ 수분함량
- ㉢ 공기량
- ㉣ 연소기기의 모양

② 연소 배기가스 온도가 너무 높을 경우
- ㉠ 소각로 과열
- ㉡ 질소산화물(NO_x) 생성량 증대
- ㉢ 고온부식의 증가
- ㉣ 냉각 위한 공기의 과다 사용
- ㉤ 연소시간 단축

③ 연소 배기가스 온도 너무 낮은 경우
- ㉠ 소각로 내부 저온부식 촉진
- ㉡ 연소효율 및 통풍력 저하
- ㉢ HC, CO, 악취 발생
- ㉣ 백연 발생 가능

2) 체류시간(연소시간 : Time)

① 완전연소 위해 충분한 체류시간이 요구된다.
② 체류시간 짧을 경우 대기오염 유발물질이 발생한다.

3) 혼합(Turbulence)

① 혼합은 공기나 화격자의 이송에 의해 행하여진다.
② 소각로 내 단회로 형성 시 다이옥신 전구물질이 형성되어 다이옥신류의 배출 가능성이 크게 되므로 격벽(Baffle)을 설치하여 단회로를 방지하도록 하여야 한다.

(4) 완전연소 및 불완전연소

1) 완전연소

① 열효율이 높아 가연성 물질이 완전하게 연소한 상태이다.
② 발생가스
　CO_2, SO_2, H_2O, NO_2

2) 불완전연소

① 열효율이 낮아 가연성 물질이 남아 있는 상태이다.
② 발생가스
　CO, HC, NH_3, H_2S (환경오염)

학습 Point

3T 내용 숙지

SECTION 086 소각방식 분류(소각로 종류)

(1) 화격자 방식(Grate or Stoker) : Stoker식 화격자 연소방식

1) 원리

소각로 내에 고정화격자 또는 이동화격자를 설치하여 이 화격자 위에 폐기물을 투입하여 소각하는 방식으로 대부분의 도시폐기물에 적용한다.

2) 장점

① 연속적인 소각과 배출이 가능하다.
② 용량부하가 크며 전자동운전이 가능하다.
③ 폐기물 전처리(파쇄)가 불필요하다.
④ 배기가스에 의한 폐기물 건조가 가능하다.
⑤ 악취 발생이 적고 유동층식에 비해 내구연한이 길다.

3) 단점　출제율 30%

① 수분이 많거나 용융소각물(플라스틱 등)의 소각에는 화격자 막힘의 염려가 있어 부적합하다.
② 국부가열 발생 가능성이 있고 체류시간이 길며 교반력이 약하다.
③ 고온으로 인한 화격자 및 금속부 과열 가능성이 있다.
④ 투입호퍼 및 공기출구의 폐쇄 가능성이 있다.
⑤ 연소용 공기예열이 필요하다.

4) 종류

① 반전식　　② 계단식　　③ 병렬계단식
④ 역동식　　⑤ 회전롤러식

(2) 고정상 연소기(Fixed Bed Incinerator) : 고정 화격자 연소장치

1) 원리

소각로 내의 화상 위에서 소각물을 연소하는 방식의 화격자로서 적재가 불가능한 슬러지, 입자상 물질, 열을 받아 용융해서 착화연소하는 물질(플라스틱)의 연소에 적합하다.

2) 장점　출제율 20%

① 열에 열화·용해되는 소각물(플라스틱)의 완전소각이 가능하다.
② 화격자에 적재가 불가능한 슬러지, 입자상 물질의 폐기물을 소각할 수 있다.

3) 단점

① 체류시간이 길고 교반력이 약하여 국부가열이 발생할 수 있다.
② 연소효율이 낮다.
③ 소각잔사 용량이 많이 발생한다.

4) 종류

① 수평 고정 화격자　　② 경사 고정 화격자　　③ 계산 고정 화격자

(3) 다단로(Multiple Hearth Incinerator)

1) 원리

상부로부터 공급된 소각물을 여러 단으로 분할된 수평고정상로에서 회전축으로 교반하여 하부로 이동하게 하여 최종재가 배출 시까지 다음 단으로 연속 이동시켜 소각하는 방식이다.

2) 다단로 3개 영역

① 건조영역
  ㉠ 상부 2단
  ㉡ 상부 바닥영역으로 폐기물의 수분함량을 약 48%까지 건조

② 연소(소각), 탈취영역
  ㉠ 중간 2단   ㉡ 연소 및 탈취가 진행
  ㉢ 온도 750~1,000℃의 영역

③ 냉각영역
  ㉠ 고온의 재가 유입공기에 의해 냉각되고 소각재는 거의 불활성 상태
  ㉡ 배출가스 온도 250~600℃

3) 폐기물 공급 및 교반

① 상단에 투입된 폐기물은 회전팔(arm)에 의해 하부단으로 떨어진다.
② 일반적으로 다단로는 6~8단으로 구성된다.
③ arm은 회전하면서(약 0.5~3rpm)폐기물을 교반시키면서 하부로 이송시킨다.

4) 장점

① 타 소각로에 비해 체류기간이 길어 특히 휘발성이 낮은 폐기물 연소에 유리하다.
② 수분함량이 높은 폐기물도 연소 가능하다.
③ 물리화학적 성분이 다른 각종 폐기물을 처리할 수 있다.
④ 보조연료로 다양한 연료를 사용할 수 있다.

5) 단점

① 열적 충격이 쉽게 발생하여 내화물이나 상에 손상을 초래한다.
② 가동장치로 인한 유지비가 높다.
③ 유해폐기물의 완전연소를 위한 2차 연소실이 필요하다.
④ 고열량 폐기물 또는 불규칙적인 대형 폐기물 처리에는 부적합하다.

(4) 회전로 : 회전식 소각로(Rotary Kiln)

1) 원리

회전(0.5~1.5rpm)하는 원통형 소각로로서 소각물을 교반하면서 연속적으로 소각하는 방식이다.

2) 장점 출제율 30%

① 넓은 범위의 액상 및 고상 폐기물을 소각할 수 있다.
② 전처리 없이 소각물 주입이 가능하다.
③ 소각에 방해 없이 연속으로 재의 배출이 가능하다.
④ 동력비 및 운전비가 적다.
⑤ 소각물 부하변동에 적응이 가능하다.

3) 단점 출제율 50%

① 처리량이 적을 경우 설치비가 높다.
② 후처리장치(대기오염방지장치)에 대한 분진부하율이 높다.
③ 비교적 열효율이 낮은 편이다.
④ 구형 및 원통형 폐기물은 완전연소 전에 화상에서 이탈할 수 있다.
⑤ 노에서의 공기유출이 크므로 종종 대량의 과잉공기 및 2차 연소실이 필요하다.

(5) 유동층 소각로(Fluidized Bed Incinerator)

1) 원리 출제율 50%

하부에서 가스를 주입하여 불활성층인 모래를 유동시켜 이를 가열시키고 상부에서 폐기물을 주입하여 소각하는 방식이며 폐기물을 주입 전에 전처리(파쇄)하여야 하고 적용폐기물은 하수슬러지류, 폐유, 고형폐기물 등이 있다.

2) 유동층 매체의 구비조건 출제율 60%

① 불활성일 것
② 열충격에 강하고 융점이 높아야 함
③ 내마모성일 것
④ 비중이 작아야 할 것
⑤ 공급안정 및 가격이 저렴할 것
⑥ 입도 분포가 균일할 것

3) 장점 출제율 70%

① 유동매체의 열용량이 커서 액상, 기상, 고형폐기물의 전소 및 혼소, 균일한 연소가 가능하다.
② 반응시간이 빨라 소각시간이 짧다(노부하율이 높음).
③ 연소효율이 높아 미연소분이 적고 2차 연소실이 불필요하다.
④ 기계적 구동 부분이 적어 고장률이 낮다.
⑤ 노내온도의 자동제어로 열회수가 용이하다.
⑥ 유동매체의 축열량이 높아 정지 후 가동 시 보조연료 사용 없이 정상가동이 가능하다.

4) 단점 출제율 50%

① 층의 유동으로 상으로부터 찌꺼기의 분리가 어려우며 운전비, 특히 동력비가 높다.
② 투입이나 유동화를 위해 파쇄가 필요하다.
③ 유동매체의 손실로 인한 보충이 필요하다.
④ 고점착성의 반유동상 슬러지는 처리가 곤란하다.
⑤ 유동모래에 의한 기계적인 마모가 발생한다.

(6) 액상 분무 주입식 소각로(Liquid Injection Incinerator)

1) 원리

액상폐기물 소각에 많이 이용되며, 액상 폐기물을 미분사장치인 노즐버너를 통하여 액체를 미립화하여 소각하는 방식이다.

2) 장점 출제율 30%

① 광범위한 종류의 액상폐기물의 연소가 가능하다.(수분 99%의 폐액소각 가능)
② 대기오염방지시설 이외에 소각재 처리시설이 불필요하다.
③ 구동장치가 간단하고 고장이 적다.
④ 운영비가 적게 소요된다.
⑤ 무인화, 자동화가 가능하다.

3) 단점 출제율 50%

① 시설비가 고가(버너노즐 미립화장치)이다.
② 운전조건이 까다롭다.
③ 대량 처리에 어려움이 있다.
④ 고형물의 농도가 높으면 버너노즐이 막히기 쉽다.

학습 Point

1 화격자 방식 원리, 장단점 4가지씩 숙지
2 고정상 연소기 원리, 장단점 2가지씩 숙지
3 다단로 3개 영역 내용 및 장단점 3가지씩 숙지
4 회전식 소각로 원리 및 장단점 4가지씩 숙지
5 유동층 소각로 원리, 유동매체구비조건 5가지, 장단점 4가지씩 숙지
6 액상분무주입식 소각로의 장단점 4가지씩 숙지

SECTION 087 소각로의 설계

(1) 연소실의 크기

① 연소실은 주입폐기물을 건조, 휘발, 점화시켜 연소시키는 1차 연소실과 미연소분을 연소시키는 2차 연소실로 구성되며 연소실의 운전척도는 공연비(A/F비), 혼합 정도, 연소온도 등이다.

② 연소실의 크기가 작은 경우
  ㉠ 연소실 입구가 폐쇄될 수 있다.
  ㉡ 연소시간이 짧아 대기오염문제를 유발할 수 있다.

③ 연소실의 크기가 큰 경우
  연소효율이 저하된다.

(2) 연소실 열부하(연소실 열발생률 ; $kcal/m^3 \cdot hr$) 출제율 50%

1) 개요

1시간 동안 단위부피당 발생되는 폐기물의 평균 열량을 의미한다.

$$\text{연소실 열부하율}(kcal/m^3 \cdot hr) = \frac{\text{시간당 연소폐기물량}(kg/hr) \times \text{저위발열량}(kcal/kg)}{\text{연소실 용적}(m^3)}$$

2) 연소실 열부하가 너무 큰 경우

국부적인 과열에 의한 소각로의 손상 및 불완전 연소가 우려된다.

3) 연소실 열부하가 너무 작은 경우

연소실 내의 적정온도 유지가 어렵다.

(3) 화격자 연소율(부하율 ; kg/m² · hr)

1) 개요

소각로 내의 화층을 형성하는 영역을 화상이라 하며 화상연소율, 화상부하율이라고도 한다. 연소실 내의 화격자 단위면적당 강열감량 이하로 소각할 수 있는 무게를 의미한다.

$$\text{화격자 연소율}(kg/m^2 \cdot hr) = \frac{\text{시간당 폐기물의 연소량}(kg/hr)}{\text{화격자(화상) 면적}(m^2)}$$

2) 화격자 연소율이 큰 경우

① 소각로 내 온도저하로 불완전연소를 초래할 수 있다.
② 규모가 작고 경제성 있으나 연소효율의 안정성이 떨어진다.

(4) 연소온도 　출제율 30%

단위연료를 이론공기량으로 연소 시 이론상 최고온도를 의미하고 연소 시 발생하는 화염온도를 말한다.

$$\text{이론연소온도}(t_2 : ℃) = \frac{H_l}{G_o \times C_p} + t_1$$

여기서, H_l : 저위발열량(kcal/Sm³)
G_o : 이론연소가스량(Sm³/Sm³)
C_p : 연소가스량의 평균정압비열(kcal/Sm³ · ℃)
t_1 : 실제(기준)온도(℃)
t_2 : 이론연소온도(℃)

(5) 폐기물 소각 시 기본적인 점검사항

1) 공기비
2) 연소실 및 배기가스 온도
3) 유해가스 처리효율

(6) 폐기물 소각재 강열감량

폐기물 건조 소각재 중 미연분의 중량백분율 의미한다.

(7) 소각로의 열효율을 향상시키기 위한 대책

1) 폐기물을 파쇄시켜 입자를 균일화한다.
2) 배기가스 재순환에 의해 전열효율을 향상시킨다.
3) 복사전열에 의한 방열손실을 최대한 감소시킨다.
4) 적정한 공기비의 공급 및 3T 조건을 만족시켜 준다.

(8) 통풍장치

통풍이란 연소용 공기의 노내 유입력, 연소배기가스의 옥외 유출력을 의미하며, 통풍장치란 연소장치 내부에 배출된 연소가스를 대치할 공기를 공급하는 장치를 말한다.

1) 통풍장치의 구분 출제율 50%

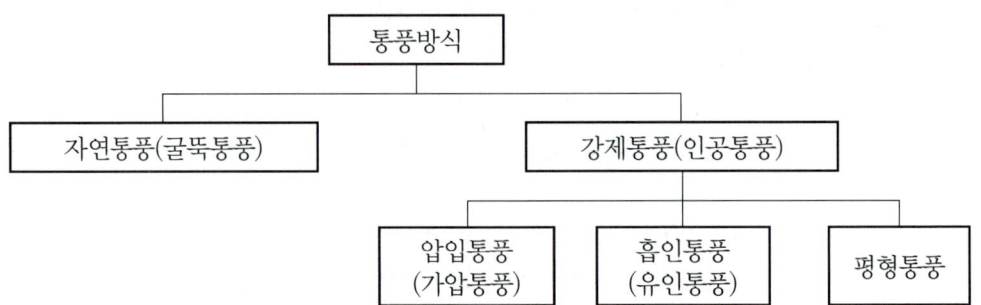

2) 자연통풍

① 개요
굴뚝 내외부의 공기밀도 및 가스밀도 차에 의한 통풍력이 발생하여 이루어진다.

② 자연통풍력 상승조건 출제율 30%
㉠ 배기가스의 온도가 높을수록
㉡ 외기온도가 낮을수록
㉢ 굴뚝(연돌)의 높이가 높을수록
㉣ 연돌의 단면적이 크고, 내부의 굴곡이 적을수록
㉤ 외기주입량이 없을수록
㉥ 계절별로는 겨울보다 여름에 통풍력이 높아짐

③ 통풍력 계산

$$Z = 273H\left(\frac{r_a}{273+t_a} - \frac{r_g}{273+t_g}\right) = H(r_a - r_g)$$

여기서, Z : 통풍력(mmH$_2$O, mmAQ, kg/m^2)
H : 굴뚝의 높이(m)
r_a : 공기밀도(비중)(kg/m^3)
r_g : 배기가스 밀도(비중)(kg/m^3)
t_a : 외기 온도(℃)
t_g : 배기가스 온도(℃)

> **Reference** 공기의 밀도와 배기가스의 밀도가 같을 때
>
> $$Z = 355H\left(\frac{1}{273+t_a} - \frac{1}{273+t_g}\right)$$

④ 특징
  ㉠ 소음이 거의 발생하지 않으며 동력소모가 없다.
  ㉡ 소용량에 적용 가능하다.
  ㉢ 연소실 구조가 복잡한 형태에는 부적당하며 통풍효율이 낮다.
  ㉣ 통풍력은 연돌조건(높이, 단면적), 온도조건(배기가스, 공기)에 영향을 받는다.

3) 강제통풍 〔출제율 50%〕

① 개요
  송풍기 및 배풍기를 이용하는 통풍방식이다.

② 종류
  ㉠ 압입통풍
    연소용 공기를 노 앞에서 설치된 가압송풍기를 이용하여 강제로 연소실 내부로 압입하는 통풍방식으로, 노 내압이 정압(+)으로 유지된다.
  ㉡ 흡입통풍
    연기가스를 송풍기로 흡인하여 노 내의 압력을 부압(-)으로 하여 배기가스를 굴뚝에 흡인시켜 배출하는 통풍방식으로, 노 내압이 부압(-)으로 냉기침입의 우려가 있으나 역화의 위험성은 없다.

ⓒ 평형통풍

연소실 전면, 후면에 각 송풍기 및 배풍기를 부착한 병용식 통풍방식이며 통풍 및 노 내 압력의 조절이 용이하나 소음이 크고 설비비 및 유지비가 많이 소요된다.

> **학습 Point**
> ① 연소식 열부하 너무 큰 경우 및 작은 경우 내용 숙지
> ② 통풍장치 구분, 자연통풍력 상승조건 5가지, 강제통풍종류 3가지 및 개념 숙지

기출 必수문제 출제율 50% 이상

01 연소실의 규격 가로, 세로, 높이가 1.5m, 2.5m, 1.7m인 연소실에서 연소실열부하율을 $3 \times 10^5 kcal/m^3 \cdot hr$으로 유지하려면 저위발열량이 18,000kcal/kg인 중유를 매 시간 얼마나 연소시켜야 하는가?(kg/hr)

풀이

$$열발생률 = \frac{저위발열량(kcal/kg) \times 연소량(kg/hr)}{연소실부피(m^3)}$$

$$연소량(kg/hr) = \frac{(1.5 \times 2.5 \times 1.7)m^3 \times (3 \times 10^5 kcal/m^3 \cdot hr)}{18,000kcal/kg}$$

$$= 106.25 kg/hr$$

기출 必수문제 출제율 50% 이상

02 열부하율이 $100,000kcal/m^3 \cdot hr$인 소각로를 이용하여 발열량이 2,500kcal/kg인 폐기물을 하루에 100ton/day 소각처리하고자 한다. 소각로의 부피(m^3)는? (단, 일일가동시간 8hr)

풀이

$$연소실 \ 부피(m^3) = \frac{저위발열량(kcal/kg) \times 연소량(kg/hr)}{열부하율(kcal/m^3 \cdot hr)}$$

$$= \frac{2,500kcal/kg \times 100ton/day \times 10^3 kg/ton \times day/8hr}{100,000kcal/m^3 \cdot hr}$$

$$= 312.5 m^3$$

기출 必 수문제 출제율 70% 이상

03 어느 도시의 발생폐기물 30ton/day를 소각처리하는 데 필요한 소각로의 설계용량(m^3)은?(단, 소각로의 열부하율은 7,000kcal/m^3·hr, 폐기물의 발열량은 3,000 kcal/kg, 1일가동시간 16hr)

풀이

$$\text{소각로 부피}(m^3) = \frac{\text{저위 발열량}(kcal/kg) \times \text{연소량}(kg/hr)}{\text{열부하율}(kcal/m^3 \cdot hr)}$$

$$= \frac{3,000kcal/kg \times 30톤/day \times 1,000kg/톤 \times day/16hr}{7,000kcal/m^3 \cdot hr}$$

$$= 803.57 m^3$$

기출 必 수문제 출제율 30% 이상

04 인구가 20만 명인 H시의 쓰레기발생량이 1.2kg/인·일이다. 가연분을 소각처리하고자 할 때 소각처리용량(ton/day)은?(단, 폐기물밀도는 350kg/m^3, 가연분은 80%이고 완전분리수거된다.)

풀이

소각처리용량(ton/day) = 1.2kg/인·일 × 200,000인 × 1ton/1,000kg × 0.8
= 192ton/day

기출 必 수문제 출제율 50% 이상

05 쓰레기 발생량이 20,000kg/day이고 발열량이 800kcal/kg일 때 노 내 부하가 5,000kcal/m^3·hr인 소각의 용적(m^3)은?(단, 1일 12시간 가동)

풀이

$$\text{소각로 용적}(m^3) = \frac{\text{소각량} \times \text{저위발열량}}{\text{연소실 열부하율}}$$

$$= \frac{800kcal/kg \times 20,000kg/day \times day/12hr}{5,000kcal/m^3 \cdot hr} = 266.67 m^3$$

기출 必수문제 출제율 70% 이상

06 소각로의 화상부하는 $200kg/m^2 \cdot hr$이고 일일발생량이 $3ton/day$인 폐기물을 소각 시 소각로의 바닥면적(m^2)은?(단, 1일 8hr 가동)

> **풀이**
>
> 화상부하율$(kg/m^2 \cdot hr) = \dfrac{시간당\ 소각량(kg/hr)}{화상면적(m^2)}$
>
> 화상면적$(m^2) = \dfrac{3ton/day \times 1,000kg/ton \times day/8hr}{200kg/m^2 \cdot hr} = 1.88m^2$

기출 必수문제 출제율 60% 이상

07 폐기물의 연소능력이 $230kg/m^2 \cdot hr$이며 연소할 폐기물의 양이 $100m^3/day$이다. 1일 8시간 소각로를 가동시킨다고 할 때 로스톨의 면적(m^2)은?(단, 폐기물의 밀도는 $180kg/m^3$)

> **풀이**
>
> 로스톨면적(화상면적 : m^2) $= \dfrac{시간당\ 소각량(kg/hr)}{연소능력(화상부하율)(kcal/m^2 \cdot hr)}$
>
> $= \dfrac{100m^3/day \times 180kg/m^3 \times day/8hr}{230kg/m^2 \cdot hr} = 9.78m^2$

기출 必수문제 출제율 50% 이상

08 $40m^2$인 바닥면적을 갖는 화격자 소각로에 1일 55ton의 쓰레기가 연속 소각처리된다. 화격자 연소부하($kg/m^2 \cdot hr$)는?

> **풀이**
>
> 화격자 연소부하(화격자 연소율 : $kg/m^2 \cdot hr$)
>
> $= \dfrac{시간당\ 소각량(kg/hr)}{화격자면적(m^2)}$
>
> $= \dfrac{55ton/day \times 1,000kg/ton \times day/24hr}{40m^2} = 57.29kg/m^2 \cdot hr$

기출 필수문제 출제율 70% 이상

09 로터리킬른이 $2.2 \times 10^5 \text{kcal/m}^3 \cdot \text{hr}$의 열을 방출한다. 1,000kg/hr의 슬러지케이크가 220kcal/kg의 열량으로 연소되는 로터리킬른의 크기(직경과 길이)(m)는?(단, 길이는 직경의 3배)

풀이

$$\text{열발생률} = \frac{\text{저위발열량(kcal/kg)} \times \text{연소량(kg/hr)}}{\text{연소실 부피(m}^3)}$$

$$2.2 \times 10^5 \text{kcal/m}^3 \cdot \text{hr} = \frac{1,000 \text{kg/hr} \times 220 \text{kcal/kg}}{\text{연소실 부피(m}^3)}$$

연소실 부피$(m^3) = 1.0 m^3$

부피(m^3) = 단면적(m^2) × 길이(m)

$$= \frac{3.14 \times D^2}{4} \times L$$

$$= \frac{3.14 \times D^2}{4} \times 3D \quad (L = 3D)$$

$1.0 = 2.355 D^3$

$D = \sqrt[3]{\frac{1.0}{2.355}}$

$D = 0.75 m$

$L = 3 \times 0.75 = 2.25 m$

기출 필수문제 출제율 40% 이상

10 소각로의 배기가스량이 5,000kg/hr, 가스온도 1,250℃, 체류시간 1.5sec일 때 소각로의 용적(m^3)은?(단, 표준온도에서 배기가스의 밀도는 $0.25 kg/m^3$)

풀이

소각로 용적(m^3) = 배기가스량 × 체류시간 × 온도보정

$$= \frac{5,000 \text{kg/hr} \times \text{hr}/3,600 \text{sec}}{0.25 \text{kg/m}^3} \times 1.5 \text{sec} \times \frac{(273 + 1,250)}{273}$$

$$= 46.49 m^3$$

기출 必수문제 출제율 80% 이상

11 저위발열량이 9,500kcal/Sm³인 연료를 완전연소 시 이론연소온도(℃)는?(단, 이론연소가스량 10Sm³/Sm³, 연소가스 평균정압비열 0.5kcal/Sm³℃, 기준온도(실온) 25℃)

풀이

$$이론연소온도(t_2 : ℃) = \frac{H_l}{G_0 \times C_p} + t_1$$

$$= \frac{9,500 \text{kcal/Sm}^3}{10 \text{sm}^3/\text{Sm}^3 \times 0.5 \text{kcal/Sm}^3 \cdot ℃} + 25℃ = 1,925℃$$

기출 必수문제 출제율 70% 이상

12 고위발열량이 9,500kcal/Sm³인 CH_4을 연소 시 이론연소온도(℃)는?(단, 이론연소가스량 10Sm³/Sm³, 메탄 정압비열 0.40kcal/Sm³ · ℃, 기준온도 15℃, 공기는 예열하지 않으며, 연소가스는 해리하지 않음)

풀이

$$이론연소온도(t_2 : ℃) = \frac{H_l}{G_0 \times C_p} + t_1$$

$$H_l = H_h - 480(2H_2O) \Rightarrow CH_4 + 2O_2 \rightarrow CO_2 + 2H_2O$$

$$= 9,500 - (480 \times 2) = 8,540 \text{kcal/Sm}^3$$

$$= \frac{8,540 \text{kcal/Sm}^3}{10 \text{sm}^3/\text{Sm}^3 \times 0.40 \text{kcal/Sm}^3 \cdot ℃} + 15℃ = 2,150℃$$

기출 必수문제 출제율 30% 이상

13 소각로에서 연소온도가 1,050℃, 배기온도 500℃, 슬러지온도가 25℃일 경우 열효율(%)은?

풀이

$$열효율(\%) = \frac{(연소온도 - 배기온도)}{(연소온도 - 공급온도)} \times 100$$

$$= \frac{(1,050 - 500)℃}{(1,050 - 25)℃} \times 100 = 53.66\%$$

기출 必수문제 출제율 50% 이상

14 저위발열량이 15,000kcal/kg인 폐유를 연소시킨 결과 발생되는 배기가스량은 13.5Nm³/kg이다. 단열상태의 이론연소온도(℃)는?(단, 배기가스 정압비열 0.31kcal/Nm³·℃, 연소용 공기온도 20℃)

> **풀이**
>
> $$이론연소온도(℃) = \frac{H_l}{G_o \times C_p} + t_1$$
>
> $$= \frac{15,000 \text{kcal/kg}}{13.5 \text{Nm}^3/\text{kg} \times 0.31 \text{kcal/Nm}^3 \cdot ℃} + 20℃$$
>
> $$= 3,604.23℃$$

기출 必수문제 출제율 30% 이상

15 소각로에서 열교환기를 이용하여 배기가스의 열을 전량회수하여 급수를 예열하고자 한다. 급수 온도가 4℃일 때 급수출구온도(℃)는?(단, 배기가스의 유량 1,000 kg/hr, 물의 유량 1,000kg/hr, 배가스의 입구온도 500℃, 배기출구온도 100℃, 물의 비열 1.03kcal/kg·℃, 배기가스의 평균정압비열 0.25kcal/kg·℃)

> **풀이**
>
> 방출열량(배출열) = 급수열량(흡인열)
>
> 방출열량(H_l) = $G_o \times C_p \times (t_2 - t_1)$
>
> $\qquad = 1,000 \text{kg/hr} \times 0.25 \text{kcal/kg} \cdot ℃ \times (500 - 100)℃$
>
> $\qquad = 100,000 \text{kcal/hr}$
>
> 급수열량(H_l) = $1,000 \text{kg/hr} \times 1.03 \text{kcal/kg} \cdot ℃ \times (t_2 - 4)℃$
>
> $100,000 \text{kcal/hr} = 1,000 \text{kg/hr} \times 1.03 \text{kcal/kg} \cdot ℃ \times (t_2 - 4)℃$
>
> $(t_2 - 4)℃ = \dfrac{100,000 \text{kcal/hr}}{1,000 \text{kg/hr} \times 1.03 \text{kcal/kg} \cdot ℃}$
>
> t_2(출구온도) = 101.09℃

기출必수문제 출제율 20% 이상

16 1일 300ton 폐기물을 연속소각 처리하여 80% 무게 감량 소각로에서 발생되는 재는 5분에 1회씩 소각로에서 떨어져서 재냉각장치에서 수분이 재무게의 50% 첨가된다. 냉각된 재의 겉보기 비중이 1.0ton/m³이라면, 이송용 컨베이어에서 1회당 이송능력(m³/회)은?

풀이

$$\text{이송능력}(m^3/\text{회}) = \frac{300\text{ton/day} \times 5\text{min/회} \times \text{day/24hr} \times \text{hr/60min}}{1.0\text{ton/m}^3}$$
$$\times (1-0.8) \times 1.5$$
$$= 0.31 \, m^3/\text{회}$$

SECTION 088 내화물

(1) 종류

1) 내화벽돌　출제율 30%

① 점토질 벽돌　　② 내화단열재 벽돌　　③ 고알루미나재 벽돌

2) 부정형 내화물

① 플라스틱　　② 고알루미나재

3) 내화모르타르

4) 단열보드

(2) 내화물 재질 선택 시 고려사항

1) 소각로의 벽·천장 등의 냉각장치 유·무
2) 소각로의 연소형식
3) 연소가스의 출구, 조연버너의 위치 및 구조

학습 Point

내화물 종류 4가지 및 내화벽돌 종류 3가지 숙지

SECTION 089 소각로의 부식

출제율 20%

(1) 고온부식

① HCl, Cl, NOx 등이 국부적으로 연소가 심한 장소에서 화격자의 온도가 상승함에 따라 금속산화물, 스케일을 형성하여 부식하는 현상이다.

② 고온부식 발생온도
320℃ 이상

③ 고온부식 심각온도
600~700℃

④ 고온부식 하향온도
700℃ 이상에서 완만한 속도로 진행

⑤ 대책
㉠ 화격자의 냉각효율 올림
㉡ 화격자의 냉각 위한 공기주입량 증가
㉢ 화격자 내열 및 내식성 재료 선정(고크롬강, 저니켈강)
㉣ 고온부식 발생 금속 표면에 피복 및 표면온도 내림
㉤ 부식이 이루어지는 부분에 고온공기를 주입하지 않음

(2) 저온부식

① 소각로 내에 결로로 생성된 수분에 부식성 가스(SO_3 등)가 용해되어 이온상태로 해리되면서 금속부와 전기화학적 반응에 의해 금속염을 생성함에 따라 부식하는 현상이다.

② 저온부식 심각온도
100~150℃

③ 대책
㉠ 내부식성 재료 선정
㉡ 부식원인 연소가스(황산, 염산)와 접촉 방지
㉢ 연소가스 온도를 산노점 이상 재가열
㉣ 공기예열 및 보온

학습 Point

고온 및 저온 부식의 온도 및 대책 3가지씩 숙지

SECTION 090 클링커(Clinker)

출제율 20%

(1) 정의

소각재(회분)가 용융 또는 연화되어 굳어진 상태이다.

(2) 클링커 생성조건

① 화격자 위에 적재된 폐기물층이 불균일할 경우
두께가 얇은 부분에 과량에 공기가 공급되어 국부가열이 이루어져 회분이 고온으로 인해 용융된다.

② 폐기물층을 심하게 교반하는 경우
회분 내에 포함된 무기성분의 용융이 일어난다.

③ 폐기물층의 두께가 두꺼운 경우
폐기물층 내부에 환원분위기가 형성되어 고온이 되면 폐기물 중의 회분이 용융된다.

(3) 대책

① 폐기물층의 두께와 온도분포를 고르게 하여 국부가열을 방지한다.
② 폐기물층의 교반속도를 조정하여 고온연소부와 재의 접촉을 줄인다.
③ 폐기물성분 중 불연성 무기물질(토사, 유리, 점토 등) 유입을 방지한다.

학습 Point

클링커 생성 조건 및 대책 내용 숙지

SECTION 091 연소실의 입열·출열 종류

출제율 50%

1) 소각로 설계 시 연소실의 입열과 출열이 같도록 함

2) 입열 종류

① 폐기물 자체열(보유열)
② 보조연료의 유입열량
③ 폐기물 연소열(폐기물 저위발열량)
④ 연소용 공급되는 예열 공기열(공기현열)
⑤ 냉각용 공기의 유입열량

3) 출열 종류

① 폐기물 연소 배기가스 배출열
② 연소로의 방열(연소로 벽에서의 방산열량)
③ 불완전연소에 의한 손실열
④ 회분(재)의 유출열
⑤ 폐기물의 착화온도까지 승온열량

학습 Point

소각로 입열 및 출열 종류 4가지씩 숙지

SECTION 092 유해가스 제거 설비

유해가스인 염화수소(HCl)와 황산화물(SO_x)의 제거방법은 물리적·화학적 흡수방식이 있으며, 질소산화물(NO_x)의 경우는 연소조건 제어방법과 습식·건식 처리법이 있다.

(1) 황산화물의 제거방법

1) 개요

화석연료 연소 시 가연성 황성분은 거의 SO_2로 산화되고, 연료 중 황성분 1~5% 정도가 SO_3로 산화되며 SO_3는 연소가스 중의 수증기와 반응하여 H_2SO_4가 된다. (단, 연소가스의 온도가 낮은 경우는 황산이 Mist 상태로 생성)

2) 종류

① 습식법

흡수제를 용해 또는 현탁시켜서 배기가스와 접촉하여 탈황시키며 흡수제로는 석회의 현탁액, 암모니아 수용액, 아황산나트륨 수용액 등을 사용한다.

㉠ 종류
  ⓐ 석회세정법(Wet Lime 또는 Limestone Scrubbing)
  ⓑ 암모니아 흡수법
  ⓒ 나트륨 흡수법(또는 초산나트륨 흡수법)
  ⓓ 마그네슘 흡수법

㉡ 장점
  ⓐ 반응효율(제거효율)이 높다.
  ⓑ 장치규모가 작고 상용화 실적이 많다.
  ⓒ 화학적 양론비가 적어 백연발생 및 약품비가 적게 소요된다.

㉢ 단점
  ⓐ 배출가스의 냉각으로 인해 배기가스의 온도가 저하하고 연돌에서의 확산이 나쁘다.
  ⓑ 수질오염(폐수)의 문제가 있다.
  ⓒ 장치의 부식을 유발할 수 있다.
  ⓓ 운전비 및 건설비는 건식법에 비해 높다.

② 건식법
- ㉠ 종류
    - ⓐ 석회석 주입법
    - ⓑ 활성산화망간법
    - ⓒ 활성탄 흡착법
    - ⓓ 산화·환원법
    - ⓔ 산화구리법
    - ⓕ 전자빔을 이용한 방법
- ㉡ 장점
    - ⓐ 배출가스의 온도저하(냉각)가 거의 없다.
    - ⓑ 배출가스의 연돌에서의 확산력이 좋다.
    - ⓒ 초기투자비가 적게 들고 다이옥신 제거효과도 있다.
    - ⓓ 폐수가 발생하지 않는다.
- ㉢ 단점
    - ⓐ 습식법에 비해 상대적으로 효율이 낮다.
    - ⓑ 장치의 규모가 크다.
    - ⓒ 장치 내 스케일 문제 및 후단 여과집진장치의 여과포 손상을 유발할 수 있다.

3) 석회세정법

① 개요

효율이 낮은 건식석회법을 보완하여 소석회 또는 석회석을 슬러리 상태로 만들어 배연가스 중 황산화물을 처리하는 방법이다.

② 반응식

탈황률의 유지 및 스케일 형성을 방지하기 위해 흡수액의 pH를 6 정도(6.5~7.0)로 조정한다. 또한 반응온도조건은 120~150℃ 정도이다.

$$CaO + H_2O \rightarrow Ca(OH)_2$$
(Lime : 소석회)
$$Ca(OH)_2 + CO_2 \rightarrow CaCO_3 + H_2O$$
(Limestone : 석회석)
$$CaCO_3 + CO_2 + H_2O \rightarrow Ca(HCO_3)_2$$
$$Ca(HCO_3)_2 + SO_2 + H_2O \rightarrow CaSO_3 \cdot 2H_2O + 2CO_2$$
$$CaSO_3 \cdot 2H_2O + \frac{1}{2}O_2 \rightarrow CaSO_4 \cdot 2H_2O$$

③ 제거효율에 영향을 미치는 인자
　㉠ 흡수액의 pH
　　　흡수액 pH가 상승하는 경우 ─ SO_2 제거효율이 높아짐
　　　　　　　　　　　　　　　 ├ 석회석 이용효율이 낮아짐
　　　　　　　　　　　　　　　 └ 산화반응 속도가 낮아짐
　㉡ 액기비(L/G)
　　　액기비가 증가하는 경우 ─ SO_2 제거효율이 높아짐
　　　　　　　　　　　　　　 └ 순환 Pump 동력비가 증가됨

④ 특징
　㉠ 흡수탑의 부식 및 흡수탑 내에서의 압력손실 증가가 단점이다.
　㉡ 세정액의 폐수처리 문제 및 백연이 발생한다.
　㉢ 반응표면적을 증대시켜 반응효율(제거효율)이 높다. 즉, 수용액의 흡수제이기 때문에 SO_2와 반응흡수효율이 양호하다.
　㉣ 가장 큰 단점은 흡수탑 및 탑 이후의 배관에서 스켈링을 유발시키는 것이다.
　㉤ 흡수탑 내부에 결정의 퇴적 및 배가스의 냉각 문제가 유발된다.
　㉥ 스켈링 방지방법
　　　ⓐ 흡수탑 순환액에 산화탑에서 생성한 석고를 반송하고 흡수액 슬러리 중의 석고농도를 5% 이상으로 유지하여 석고의 결정화를 촉진한다.
　　　ⓑ 흡수액량을 많게 하여 탑 내에서의 결착을 방지한다.
　　　ⓒ 순환액 pH 값 변동을 적게 한다.
　　　ⓓ 탑 내의 내장물을 가능한 한 설치하지 않는다.

4) 암모니아 흡수법

① 개요
　암모니아 수용액($2NH_4OH$)을 SO_2와 반응시켜 SO_2, S, $(NH_4)_2SO_4$ 형태로 흡수하는 방법이다.

② 반응식

$$SO_2 + 2NH_4OH \rightarrow (NH_4)_2SO_3 + H_2O$$
$$(NH_4)_2SO_3 + H_2O + SO_2 \rightarrow 2NH_4HSO_3$$

③ 반응 pH

흡수액의 pH는 약 6 정도로 유지하여야 흡수효율이 증가하며 pH 5 이하로 되면 흡수효율이 급격히 저하한다.

5) 석회석 주입법

① 개요

$CaCO_3$ 분말을 연소실(≒1,000℃)에 직접 혼입하여 열분해에 의해 SO_2를 $CaSO_4$(황산칼슘)으로 반응, 집진장치에서 최종 제거하는 방법으로 연소로 내에서 아주 짧은 접촉시간과 아황산가스가 석회분말의 표면 안으로 침투되기 어려우므로 아황산가스 제거효율(≒40%)이 낮은 편이다.

② 반응식

$$CaCO_3 + SO_2 + \frac{1}{2}O_2 \rightarrow CaSO_4 + CO_2$$

$$[CaCO_3 \rightarrow CaO + CO_2$$

$$CaO + SO_2 + \frac{1}{2}O_2 \rightarrow CaSO_4 \downarrow]$$

연소로 내에서의 화학반응은 주로 소성, 흡수, 산화의 3가지로 나눌 수 있다.

③ 특징

㉠ 제거효율이 낮고 연소로 내에서 석회석 분말이 Scale을 생성하여 전달률을 저감시켜 SO_2와 반응하지 못한 석회수분말이 후단 집진기 성능저하를 유발한다.(단점)

㉡ 초기 투자비용이 적게 들어 소규모 보일러나 노후된 보일러에 추가로 설치할 때 사용한다.(장점)

㉢ $CaCO_3$의 가격이 저렴하고 배기가스의 온도 저하가 없어 굴뚝에서 환산력이 좋은 장점이 있다.

㉣ 석회석값이 저렴하므로 재생하여 쓸 필요가 없고 석회석의 분쇄와 주입에 필요한 장비 외에 별도의 부대시설이 크게 필요 없다.(장점)

㉤ 배기가스 중 재와 석회석이 반응하여 연소로 내에 달라붙어 압력손실을 증가시키고, 열전달을 낮춘다.

㉥ $CaCO_3$ 분말이 미반응하면 후처리 집진장치의 효율이 저감된다.(단점)

6) 황산화물의 발생방지법 [출제율 20%]

① 저황성분 함유연료의 사용으로 황산화물의 발생량을 방지한다.
② 높은 굴뚝으로 배기가스 배출 시 수직 및 수평확산에 의해 농도를 감소시킨다.
③ 대체연료의 전환을 통하여 황산화물의 발생량을 낮출 수 있다.

7) 접촉촉매 산화법

① 개요

V_2O_5, K_2SO_4 등의 촉매를 이용하여 배기가스 중 SO_2를 SO_3로 산화 후 탑 내에서 세정하여 진한 H_2SO_4, $(NH_4)_2SO_4$로 회수하는 방법이다.

② 반응식

$$SO_2 + V_2O_5 \rightarrow SO_3$$
$$SO_3 + H_2O \rightarrow H_2SO_4$$
$$SO_3 + 2NH_4OH \rightarrow (NH_4)SO_4 + H_2O$$

8) 흡착법

① 개요 및 특징

㉠ SO_2를 함유한 배기가스를 활성탄층으로 통과시켜 SO_2를 흡착시킨다.
㉡ 흡착된 SO_2는 활성탄 표면에서 산소와 반응하여 산화된 후 수증기와 반응하여 황산으로 흡착층에 고정된다.
㉢ 활성탄은 재생 가능하고 황산은 회수한다.

② 반응식

$$SO_2 + \frac{1}{2}O_2 + H_2O \rightarrow H_2SO_4$$

(2) 질소산화물 제거방법

1) 개요

질소산화물(NO_x)은 주로 연소과정에서 발생하며 대기오염 유발물질은 NO와 NO_2이며 화염에서 NO_x 발생 중 90%는 NO이고 나머지 10%는 NO_2가 차지한다. 연소가스 중의 NO는 환원제와 반응하여 N_2로 재전환될 수 있으며, 일반적으로 내연기관엔진에서의 환원제는 CO이고, 화력발전소에서는 NH_3이다.

2) 연소 시 NO_x 생성에 영향을 미치는 인자 및 저감

① 온도(낮게 함)
② 반응속도
③ 반응물질의 농도(NO_x 함량)가 적은 연료 사용
④ 반응물질의 혼합 정도(연소영역에서 산소농도 낮춤)
⑤ 연소실 체류시간(연소영역에서 연소가스 체류시간은 짧게 함)

3) 연소과정에서 발생하는 질소산화물의 종류

① Thermal NO_x
 ㉠ 연료의 연소로 인한 고온분위기에서 연소공기의 분해과정에서 발생, 즉 대기 중 N_2와 O_2가 결합하여 생성된다.
 ㉡ 고온에서 고온 NO는 빠르게 형성되지만 형성에 필요한 시간은 평형에 도달하지 못할 정도로 짧다.

② Fuel NO_x
 연료 자체가 함유하고 있는 불순물의 질소성분이 연소에 의해서 발생한다.

③ Prompt NO_x
 연료와 공기 중 질소 성분의 결합으로 발생한다. 즉, 연료가 열분해 시 질소가 HC 및 C와 반응하여 HCN 또는 CN이 생성되며, 이들은 OH 및 O_2 등과 결합하여 중간생성물질(NCO)을 형성하여 NO의 발생에 관계가 있다는 학설이다.

4) 연소조절에 의한 NO_x 저감방법(연소개선에 의한 NO_x 억제방법) 출제율 80%

① 저산소 연소(저과잉공기 연소)
 ㉠ 낮은 공기비로 연소시키는 방법, 즉 연소 내로 과잉공기의 공급량을 줄여(≒10%) 질소와 산소가 반응할 수 있는 기회를 적게 하는 것이다.
 ㉡ 낮은 공기비일 경우 CO 및 검댕의 발생이 증가하고 노 내의 온도가 상승하므로 주의를 요한다.

② 저온도 연소(연소용 예열공기의 온도 조절)
 에너지 절약, 건조 및 착화성 향상을 위해 사용하는 예열공기의 온도를 조절(낮게 함)하여 NO_x 생성량을 조절한다.

③ 연소부분의 냉각
 연소실의 열부하를 낮춤으로써 NO_x 생성을 저감할 수 있다.

④ 배기가스의 재순환
  ㉠ 연소용 공기에 일부 냉각된 배기가스를 섞어 연소실로 재순환하여 온도 및 산소농도를 낮춤으로써 NO_x 생성을 저감할 수 있다.
  ㉡ NO_x 발생량을 늑15~25% 줄일 수 있고 Thermal NO_x 저감에 효과는 좋으나 Fuel NO_x 저감은 미비하다.

⑤ 2단 연소(2단계 연소법)
  ㉠ 1차 연소실에서 가스온도 상승을 억제하면서 운전하여 NO_x의 생성을 줄이고 불완전연소가스는 2차 연소실에서 완전연소시키는 방법이다. 즉, 버너부분에서 이론공기량의 85~95% 정도로 공급하고, 상부 공기구멍에서 10~15%의 공기를 더 공급한다.
  ㉡ NO_x를 20~30% 줄일 수 있으나 과잉공기 부족으로 인하여 매연, CO의 발생이 증가한다.

⑥ 버너 및 연소실의 구조 개선
  저 NO_x 버너를 사용하고 버너의 위치를 적정하게 설치하여 NO_x 생성을 저감할 수 있다.

⑦ 수증기 물분사 방법
  물분자의 흡열반응을 이용하여 화로 내에 수증기를 분무, 온도를 저하시켜 NO_x 생성을 저감할 수 있다.

⑧ 기타
  연소영역에서 연소가스의 체류시간을 짧게 한다.

5) 처리기술에 의한 질소산화물 제거방법 `출제율 30%`

배출가스 중의 NO_x 제거는 연소조절에 의한 제어법보다 더 높은 NO_x 제거효율이 요구되는 경우나 연소방식을 적용할 수 없는 경우에 사용된다.

① 선택적 촉매환원법(Selective Catalytic Reduction ; SCR)
  ㉠ 개요
    연소가스 중의 NOx를 촉매(T_iO_2와 V_2O_5를 혼합하여 제조)를 사용하여 환원제(NH_3, H_2S, CO, H_2 등)와 반응 N_2와 H_2O로 O_2와 상관없이 접촉환원시키는 방법이다.

ⓛ 반응식
  ⓐ 환원제 : NH₃
   NH₃를 환원제로 사용하는 탈질법은 산소존재에 의해 반응속도가 증대하는 특이한 반응이고, 2차 공해의 문제도 적은 편이므로 광범위하게 적용된다.

   $6NO + 4NH_3 \rightarrow 5N_2 + 6H_2O$
   $6NO_2 + 8NH_3 \rightarrow 7N_2 + 12H_2O$

   (산소가 공존하는 경우)
   $4NO + 4NH_3 + O_2 \rightarrow 5N_2 + 6H_2O$

  ⓑ 환원제 : CO

   $2NO + 2CO \rightarrow N_2 + 2CO_2$
   $2NO_2 + 4CO \rightarrow N_2 + 4CO_2$

ⓒ 특징
  ⓐ 주입환원제가 배출가스 중 질소산화물을 우선적으로 환원한다는 의미에서 선택적 촉매환원법이라 한다.
  ⓑ 적정반응 온도영역은 275~450℃이며 최적반응은 350℃에서 일어난다.
  ⓒ 최적조건에서 약 90% 정도의 효율이 있고 다이옥신 제거도 가능하다.
  ⓓ 먼지, SO_x 등에 의해 촉매의 활성이 저하되어 효율이 떨어진다.
  ⓔ 촉매 교체 시 상당한 비용이 부담된다.
  ⓕ 촉매반응탑 설치가 필요하여 설비비가 많이 든다.
  ⓖ 질소산화물의 고효율제거에 사용되며 잔여물질이 없어 폐기물처리비용이 들지 않는다.
  ⓗ SCR에서 Al_2O_3계(알루미나계)의 촉매는 SO_2, SO_3, O_2와 반응하여 황산염이 되기 쉽고 촉매의 활성이 저하된다.
  ⓘ H_2S를 사용하는 선택적 촉매환원법은 Claus 반응에 따라 아황산가스 제거도 가능한 NO_x, SO_x 동시제거법으로 제안되기도 한다.
  ⓙ 질소산화물 전환율은 반응온도에 따라 종모양(Bell Shape)을 나타낸다.

② 선택적 비촉매(무촉매) 환원법(Selective Noncatalytic Reduction ; SNCR)
　㉠ 개요
　　촉매를 사용하지 않고 연소가스에 환원제(암모니아, 요소)를 분사하여 고온에서 NO_x와 선택적으로 반응하여 N_2와 H_2O로 분해하는 방법으로 NO의 암모니아에 의한 환원에는 보통 산소의 공존이 필요하다.
　㉡ 반응식

$$4NO + 4NH_3 + O_2 \rightarrow 4N_2 + 6H_2O$$
$$4NO + 2(NH_2)2CO + O_2 \rightarrow 4N_2 + 4H_2O + 2CO_2$$

　㉢ 특징
　　ⓐ 반응온도 영역은 750~950℃이며 최적반응은 800~900℃에서 일어난다.
　　ⓑ 질소산화물의 제거효율은 약 40~70%이며 제거율을 높이기 위해서는 보통 1,000℃ 정도의 고온과 NH_3/NO 비가 2 이상인 암모니아의 첨가가 필요하다.
　　ⓒ 다양한 가스에 적용 가능하고 장치가 간단하며 유지보수가 용이하다.
　　ⓓ 약품을 과다 사용하면 암모니아가 HCl과 반응하여 백연현상이 발생할 수 있으므로 주의를 요한다.
　　ⓔ 온도가 너무 낮은 경우 NO_x의 환원반응이 원활하지 않아 암모니아 그대로 배출되는데 이를 암모니아 슬립현상이라 한다.
　　ⓕ 반응기 등의 설비가 필요하지 않아 설비비는 작고, 특히 더러운(고농도) NO_x의 제거에 적합하다.
　　ⓖ NO의 암모니아에 의한 환원에는 암모니아 첨가가 필요하다.
　　ⓗ 다이옥신 제거는 거의 불가능하다.

Reference SCR과 SNCR의 비교

비교 항목	SNCR	SCR
NO_x 저감한계	50ppm	20~40ppm
제거효율	30~70%	90%
운전온도	850~950℃	300~400℃
소요면적	설치공간이 작다.	촉매탑 설치
암모니아 슬립	10~100ppm	5~10ppm
PCDD 제거	거의 없음	가능성 있음
경제성	설치비가 저렴하다.	수명이 짧다.
고려사항	• 투입온도, 혼합 • 암모니아 슬립 • 효율	• 운전온도 • 배기가스 가열비용 • 촉매독 • 암모니아 슬립(매우 적음) • 설치공간 • 촉매 교체비
장점	• 다양한 가스성상에 적용 가능 • 장치가 간단 • 운전보수 용이	• 높은 탈질효과 • 암모니아 슬립이 매우 적다.
단점	• 백연현상 • 암모니아 슬립	• 유지비가 많이 든다.(촉매비용) • 운전비가 많이 든다. • 압력손실이 크다. • 먼지, SO_x 등에 의해 방해를 받음

③ 접촉분해법

　㉠ NO가 함유된 배기가스를 CO_3O_4(산화코발트)에 접촉시켜 N_2와 O_2로 분해하는 방법이다.

　㉡ 반응식

$$2NO \rightarrow N_2 + O_2$$
$$\Uparrow$$
$$CO_3O_4$$

④ 흡착법
  ㉠ 활성탄, 실리카겔의 흡착제에 배기가스를 흡착시키는 방법으로, 산소가 다량 포함 시 폭발, 화재의 위험성이 있다.
  ㉡ NO_2는 흡착 가능하나, NO는 흡착이 곤란하다.

⑤ 전자선 조사법
  ㉠ 배기가스 중 암모니아를 첨가, 전리(이온성) 방사선(α선, β선, γ선, 전자선 및 X선)을 조사하여 가스 중의 산소 또는 물을 활성화시켜 산화력이 강한 OH 라디칼을 형성하여 NO_x와 SO_x을 고체상 입자로 동시 제거하는 방법이다.
  ㉡ 부생물로 황산암모늄 및 질산암모늄을 생성한다.
  ㉢ NO_x 및 SO_x 제거율이 80% 이상을 달성할 수 있는 건식의 제거 프로세스이다.
  ㉣ 구성이 간단하여 계내의 압력손실이 낮다.

⑥ 용융염 흡수법
  배기가스 중의 NO를 용융염에 흡수하는 방법이다.

⑦ 접촉환원법
  NO_x 함유된 배기가스를 촉매($CuO-Al_2O_3$, $Mn-Fe_2O_3$)하에서 환원제(CO, H_2, CH_4)를 이용하여 N_2로 환원시키는 방법으로 CO의 환원반응속도가 가장 빠르다.

⑧ 습식법(습식배연탈질법)
  ㉠ 종류
    ⓐ 물, 알칼리 흡수법   ⓑ 황산 흡수법
    ⓒ 산화 흡수법   ⓓ 산화흡수 환원법
  ㉡ 일반적으로 조작의 공정이 복잡하고 가격이 비싸다.
  ㉢ 건식 암모니아환원법에 비해 연구개발이 느리다.
  ㉣ NO는 반응성이 낮고, NO_2 또는 N_2O_5까지 산화하기 위해서는 강한 산화제가 필요하므로 처리비용이 높아진다.
  ㉤ 처리액 중 아질산염 및 질산염의 처리가 용이하지 못하다.

> **Reference** 비선택적 촉매환원법 (NSCR)
>
> **1 개요**
> 배기가스 중 O_2을 우선 환원제(CH_4, H_2, CO, HC 등)로 하여금 소비하게 한 후 NO_x를 환원시키는 방법이다. 즉, NO_x뿐만 아니라 O_2까지 소비된다.
>
> **2 반응식**
> $4NO + CH_4 \rightarrow 2N_2 + CO_2 + 2H_2O$
> $4NO_2 + CH_4 \rightarrow 4NO + CO_2 + 2H_2O$
>
> **3 특징**
> ① 촉매로는 P_t, V_2O_5뿐만 아니라 Co, Ni, Cu, Cr 등의 산화물도 이용 가능하다.
> ② NO 환원제는 아세틸렌계 > 올레핀계 > 방향족계 > 파라핀계 순으로 불포화도가 높은 만큼 반응성이 좋다.
> ③ NOx와 환원제의 반응서열은 CH_4 > H_2 > CO이며 탄화수소의 경우 탄소수의 증가에 따라 일반적으로 반응성이 개선된다고 볼 수 있다.

(3) 연소법(소각법)

1) 개요

배출가스량이 많은 가연성의 유해가스, 유해가스의 농도가 낮은 경우, 악취물질 등에 적용한다.

2) 특징

① 폐열을 회수하여 이용할 수 있다.
② 배기가스의 유량과 농도의 변화에 잘 적용할 수 있다.
③ 연소장치의 설계 및 운전조절을 통해 유해가스를 거의 완전히 제거할 수 있다.
④ 시설투자비와 유지관리비가 많이 들며 연소 시 기타 오염물질을 유발시킬 가능성이 있다.

3) 종류

① **직접연소법**
After Burner법이라고도 하며, HC, H_2, NH_3, HCN 및 유독가스 제거법으로 사용된다. 경우에 따라 보조연료나 보조공기가 필요하며 대체로 오염물질의 발열량이 연소에 필요한 전체 열량의 50% 이상일 때 경제적으로 타당하다.

② 가열연소법

After Burner법이라고도 하며, H_2S, 메르캅탄, 가솔린, HC, H_2, NH_3, HCN 등의 제거에 유용하다. 오염기체의 농도가 낮을 경우 보조연료가 필요하며, 보통 경제적으로 오염가스의 농도가 연소하한치(LEL)의 50% 이상일 때 적합하고 보통 연소실 내의 온도는 650~850℃, 체류시간은 0.7(0.2)~0.9(0.8)초 정도로 설계한다.

③ 촉매연소법

악취성분을 함유하는 가스를 촉매에 의해 비교적 저온(400~500℃) 정도에서 불꽃 없이 산화시키는 방법으로 직접연소법에 비해 낮은 온도, 짧은 체류시간에서도 처리가 가능하다. 저농도의 가연물질과 공기를 함유한 기체물질에 대하여 적용되며 촉매는 백금(Pt), 코발트(Co), 니켈(Ni) 등이 있으나, 고가이지만 성능이 우수한 백금계의 것을 많이 사용한다.

> **Reference** 고온산화법
>
> 유해가스로 오염된 가연성 물질을 처리하는 방법 중 반응속도가 빠르고 연료소비량이 적은 편이며, 산화온도가 비교적 적기 때문에 NO_x의 발생이 가장 적은 처리방법이다.

학습 Point

1. 황산화물 제거법·습식법·건식법 종류 4가지 및 장단점 2가지씩 숙지
2. 황산화물 발생방지법 4가지 숙지
3. 질소산화물 연소과정에서 발생하는 NO_x의 종류 3가지 숙지
4. 연소조절에 의한 NO_x 저감방법 5가지 숙지
5. SCR 및 SNCR 내용 비교 숙지

SECTION 093 다이옥신

(1) 개요 및 특징

① 다이옥신과 퓨란은 PVC 또는 플라스틱류 등을 포함하고 있는 합성물질을 연소시킬 때 발생한다. 또한 PCB의 부분산화 또는 불완전연소에 의하여 발생한다.
② 다이옥신류란 PCDDs와 PCDFs를 총체적으로 말하며 다이옥신과 퓨란은 하나 또는 두 개의 산소원자와 1~8개의 염소원자가 결합된 두 개의 벤젠고리를 포함하고 있다.(다이옥신은 산소 2개, 2개의 벤젠고리, 2개 이상의 염소원소로 구성)

③ 다이옥신 중 2, 3, 7, 8-Tetrachloro Dibenzo-p-Dioxin이 독성이 가장 높다.
④ 독성이 가장 강한 것으로 알려진 2, 3, 7, 8-TCDD의 독성잠재력을 1로 보고, 다른 이성질체에 대해서는 상대적인 독성등가인자를 사용하여 주로 표시한다.(TCDD ; Tetrachloro Dibenzo-p-Dioxin)
⑤ 다이옥신은 산소원자가 2개인 PCDD와 산소원자가 1개인 PCDF를 통칭하는 용어이며 PCDF계는 135개 PCDD계는 75개의 이성질체가 존재한다.

> **Reference** 독성등가 환산계수(TEF ; Toxicity Equivalent Factor)
>
> 다이옥신은 염소의 부착위치 및 치환수에 따라 독성의 강도가 다르므로 이성체 중에서 가장 독성이 강한 2.3.7.8-TCDD의 독성을 기준값 1로 하여 각 이성체의 상대적인 독성값을 나타낸 계수를 독성등가 환산계수라 한다.

(2) 연소로의 다이옥신류 배출경로(생성기 전)

① 폐기물 중에 존재하는 다이옥신류(PCDD/PCDF)가 분해되지 않고 배출(PCB의 불완전연소에 의해 발생)
② PCDD/PCDF의 전구물질이 전환되어 배출
③ 소각과정에서 유기물에 염소공여체가 반응하여 생성 배출
④ 저온에서 촉매화반응에 의해 분진과 결합하여 배출

(3) 제어방법 출제율 50%

① 1차적(사전 : 연소 전) 제어방법
  ㉠ 다이옥신류 전구물질(PVC, 유기염소계 화합물)을 사전에 제어한다.
  ㉡ 플라스틱류는 분리수거하고 페인트가 칠해져 있거나 페인트로 처리된 목재, 가구류 반입을 억제한다.

② 2차적(노 내, 연소과정) 제어방법 출제율 90%
  ㉠ 다이옥신 물질의 분해에 충분한 연소온도가 되도록 가동개시할 때 온도를 빨리 승온시키고 체류시간을 조정하고 완전연소를 위해 연료와 공기를 충분히 혼합시킨다.(완전연소 조건 3 T)
  ㉡ 일반적으로 적절한 온도범위는 850~950℃ 정도이다. 즉, 소각 후 연소실 온도는 850℃ 이상 및 연소실에서의 체류시간을 2초 정도로 유지하여 2차 발생을 억제한다.

ⓒ 연소용 공기(1차, 2차 공기)는 적정량을 효과적으로 배분 공급하여 완전연소가 가능하도록 한다(연소실에 2차 공기를 주입하여 난류를 개선함).
② 입자이월(소각로 내 부유분진이 연소기 밖으로 빠져나가는 입자)은 다이옥신류의 저온형성에 참여하는 전구물질 역할을 하기 때문에 최소화한다. 즉, 소각로를 벗어나는 비산재의 양이 최대한 적도록 한다.
⑩ 연소실의 형상을 클링커 축적이 생기지 않는 구조로 한다.

③ 3차적(후처리, 연소 후) 제어방법
㉠ 촉매분해법
촉매로 금속산화물(V_2O_5, T_iO_2), 귀금속(Pt, Pd) 등을 이용하여 다이옥신을 분해하는 방법이다.
㉡ 열분해법
ⓐ 산소가 아주 적은 환원성 분위기에서 탈염소화, 수소첨가반응 등에 의해 다이옥신을 분해하는 방법이다.
ⓑ 850℃ 이상의 고온을 유지하여 열적으로 다이옥신을 분해하는 방법으로, 체류시간도 2 sec 이상 유지가 요구된다.
㉢ 자외선 광분해법
자외선 파장(250~340 nm)을 이용하여 배기가스에 조사하여 다이옥신의 결합을 분해하는 방법이다.
㉣ 오존분해법
ⓐ 용액 중에 오존을 주입하여 다이옥신을 산화분해하는 방법이다.
ⓑ 수중분해 시 염기성 조건일수록, 온도는 높을수록 분해속도는 커진다.
㉤ 활성탄주입시설+반응탑+Bag Filter(여과집진시설)의 조합방법
ⓐ 배기가스 Conditioning 시 활성탄 분말투입시설을 설치하여 다이옥신과 반응시킨 후 집진함으로써 제거하는 방법이다.
ⓑ 집진장치의 온도는 200℃ 이하로 내리는 것이 바람직하다.

다이옥신 2차적(노 내, 연소과정) 제어방법 숙지

SECTION 094 플라스틱 열처리 방법

(1) 열분해 방법

1) 감압분해법
2) 유동층에 의한 저온열분해법
3) 수증기개질법
4) 수증기 유동층 가스화법

(2) 플라스틱 소각의 문제점 출제율 50%

1) 화격자상에서 용융된 후 통기공 밑으로 적하하여 부식성 가스 발생 및 구동장치의 변형이 유발된다.
2) 부식성 가스로 인한 집진장치 및 송풍기 Stack 등이 부식된다.
3) 높은 발열량에 알맞은 공기비가 곤란하다.
4) 플라스틱의 용융에 의한 통기공의 막힘이 발생된다.
5) 대량 공급 시 이상고온현상이 발생한다.
6) 플라스틱의 특이한 연소특성에 의한 급속연소 및 난연소부분이 발생한다.

> **Reference** 폐플라스틱의 재활용방법
>
> **1** 재생이용법
>   ① 용융재생법   ② 용해재생법   ③ 파쇄재생법
> **2** 고체연료화법
> **3** 분해이용법
>   ① 열분해   ② 소각법

> **Reference** PCB 의 유해성
>
> ① 지방성분에 잘 용해되어 생체 내에 농축이 일어난다.
> ② 인체 내에서 암을 유발시킬 가능성이 높다.
> ③ 면역성을 감소시키며 여성호르몬에 대하여 억제작용을 한다.
> ④ 자연계에서 쉽게 분해되지 않으며 광합성 작용을 방해한다.

 학습 Point

플라스틱 소각의 문제점 5가지 숙지

SECTION 095 소각잔재물

(1) 바닥재(Bottom Ash)

① 폐기물의 연소 후에 남는 잔재물 중 소각로 화격자 최종 하부에서 배출되는 소각재로서 Grate Ash라고도 한다.
② 소각로 화격자 간 틈새로 낙하하는 소각재로 Grate Siftings라고도 한다.

(2) 비산재(Fly Ash)

1) 구분 출제율 20%

① 집진시설로부터 제거된 집진재(비산먼지)
② 보일러 상부의 재
③ 산성가스 잔재물(산성가스 중화 시 사용된 알칼리제)
④ 폐활성탄

2) 비산재 처리방법

① 고형화 처리법
  ㉠ 시멘트 고화법   ㉡ 아스팔트 고화법
  ㉢ 소결 고화법   ㉣ 용융·냉각 고화법

② 약품(킬레이트제) 첨가법
③ 산·용매 추출법
④ 유리안정화법

SECTION 096 유해가스 제거 반응식

(1) 황산화물 출제율 30%

1) 석회법(습식)

$$CaCO_3 + SO_2 \rightarrow CaSO_3 + CO_2$$
$$Ca(HCO_3)_2 + SO_2 + H_2O \rightarrow CaSO_3 \cdot 2H_2O + 2CO_2$$

2) 석회흡수법(건식)

$$CaCO_3 \rightarrow CaO + CO_2$$
$$CaO + SO_2 + \frac{1}{2}O_2 \rightarrow CaSO_4$$

(2) 질소산화물 출제율 30%

1) SCR(선택적 촉매 환원법)

$$6NO + 4NH_3 \rightarrow 5N_2 + 6H_2O$$
$$6NO + 8NH_3 \rightarrow 7N_2 + 12H_2O$$

2) SNCR(선택적 무촉매 환원법)

$$4NO + 4NH_3 + O_2 \rightarrow 4N_2 + 6H_2O$$

(3) 염화수소 출제율 30%

$$2HCl + Ca(OH)_2 \rightarrow CaCl_2 + 2H_2O$$
$$HCl + NaOH \rightarrow NaCl + 2H_2O$$

기출必수문제 출제율 50% 이상

01 황성분이 1%인 폐기물을 10ton/hr 소각하는 소각로에서 배기가스 중의 SO_2를 $CaCO_3$로 완전히 탈황하는 경우 이론상 하루에 필요한 $CaCO_3$의 양(ton/day)은? (단, 폐기물 중의 S은 모두 SO_2로 전환되며, 소각로의 1일가동시간은 8시간, Ca 원자량 40)

풀이

$CaCO_3 + SO_2 \rightarrow CaSO_3 + CO_2$

위의 반응식에서 S과 탄산칼슘($CaCO_3$)은 1 : 1 반응한다.

　S　⇒　$CaCO_3$
　32ton ： 100ton
　10ton/hr × 0.01 ： $CaCO_3$(ton/day)

$$CaCO_3(ton/day) = \frac{100ton \times 10ton/hr \times 0.01 \times 8hr/day}{32ton} = 2.5ton/day$$

기출必수문제 출제율 50% 이상

02 비중이 0.9이고 황함유량이 3%(무게기준)인 폐유를 2kL/hr의 속도로 연소할 때 생성되는 SO_2의 부피(Sm^3/hr)와 무게(kg/hr)는? (단, 황성분은 전량 SO_2 전환됨)

풀이

SO_2 부피

　S + O_2 → SO_2
　32kg　　：　22.4Sm^3
　2kL/hr × 0.9kg/L × 1,000L/kL × 0.03 ： SO_2(Sm^3)

$$SO_2(Sm^3/hr) = \frac{2kL/hr \times 0.9kg/L \times 1,000L/kL \times 0.03 \times 22.4Sm^3}{32kg}$$
$$= 37.8 Sm^3/hr$$

SO_2 무게

　S + O_2 → SO_2
　32kg　　：　64kg
　2kL/hr × 0.9kg/L × 1,000L/kL × 0.03 ： SO_2(kg/hr)

$$SO_2(kg/hr) = \frac{2kL/hr \times 0.9kg/L \times 1,000L/kL \times 0.03 \times 64kg}{32kg} = 108kg/hr$$

기출 必 수문제 출제율 50% 이상

03 폐기물 연소 후 배출되는 배기가스의 염화수소농도가 360ppm이고, 배기가스의 부피가 5,811Sm³/hr일 때, 배기가스 내 염화수소를 Ca(OH)₂로 처리 시 필요한 Ca(OH)₂의 양(kg/hr)은?(단, Ca원자량은 40, 처리반응률은 100%로 한다.)

풀이

반응식

$2HCl + Ca(OH)_2 \rightarrow CaCl_2 + 2H_2O$

$2 \times 22.4 Sm^3 : 74 kg$

$5,811 Sm^3/hr \times 360 mL/m^3 \times m^3/10^6 mL : Ca(OH)_2(kg/hr)$

$Ca(OH)_2(kg/hr) = \dfrac{5,811 Sm^3/hr \times 360 mL/m^3 \times m^3/10^6 mL \times 74 kg}{2 \times 22.4 Sm^3}$

$= 3.46 kg/hr$

기출 必 수문제 출제율 30% 이상

04 HCl을 NaOH로 중화처리한다. 다음에 답하시오.

(1) 반응식
(2) HCl을 NaOH로 중화처리 시 필요한 NaOH 양(kg/hr)은?(단, HCl의 처리효율 99%, 처리가스량 1,000m³/hr, 온도 100℃, HCl 유입농도 1,500ppm)

풀이

(1) 반응식
   $HCl + NaOH \rightarrow NaCl + H_2O$

(2) NaOH량(kg/hr)

   $HCl + NaOH \rightarrow NaCl + H_2O$
   $22.4 m^3 \quad 40 kg$

   $1,000 m^3/hr \times 1,500 mL/m^3 \times 0.99 \times m^3/10^6 mL \times \dfrac{273+100}{273} : NaOH(kg/hr)$

   $NaOH(kg/hr) = 3.62 kg/hr$

 학습 Point

유해가스 제거반응식 숙지

SECTION 097 주요 제진장치

(1) 원심력식 집진(제진)장치 : Cyclone

분진을 함유하는 가스에 선회운동을 시켜서 가스로부터 분진을 분리, 포집하는 장치이며 가스유입 및 유출형식에 따라 접선유입식과 축류식으로 나누어져 있다.

1) 종류

① 접선유입식 : 입구유속 7~15m/sec
② 축류식 : 입구유속 10m/sec 전후

2) Blow Down 현상 [출제율 30%]

① 정의
  Cyclone의 Dust Box 또는 Hopper부에서 처리가스량의 5~10%를 재흡인하여 운전함으로써 집진효율을 향상시키기 위한 방법이다.

② 효과
  ㉠ 집진효율 증대
  ㉡ Cyclone 내 난류억제로 인한 비산 방지
  ㉢ 장치 내부의 분진퇴적 억제

3) 장점 [출제율 50%]

① 구조가 간단하고 보수관리가 용이하다.
② 고농도 분진처리에 적합하다.
③ 설치비가 낮고 고온에서 운전 가능하다.

4) 단점 [출제율 50%]

① 미세입자에 대한 집진에는 효율이 낮다.
② 점착성·마모성 분진처리에 부적합하다.
③ 입구유속이 증가하면 압력손실이 증대된다.

(2) 세정식 집진시설 : Wet Scrubber

세정액을 분사시키거나 함진가스를 분산시켜 액적 또는 액막을 형성시켜 함진가스를 세정시킴으로써 접촉에 의한 분진 및 유해가스의 동시 처리가 가능하다.

1) 장점

① 미세분진 채취효율이 높고 2차적 분진처리가 불필요하다.
② 설치비용이 저렴하고 좁은 공간에도 설치가 가능하다.
③ 부식성 가스의 회수가 가능하고 가스에 의한 폭발위험이 없다.
④ 단일장치로서 분진과 유해가스의 동시처리가 가능하다.
⑤ Demistor 사용으로 미트스 처리가 가능하다.

2) 단점

① 유지관리비가 높고 부식성 가스로 인한 부식잠재성이 있다.
② 폐수가 발생하며 공업용수를 과잉사용한다.
③ 추운 겨울에 동결방지장치를 필요로 한다.
④ 장치류에 Plugging을 유발할 수 있다.

3) 종류

① 유수식(저수식 ; 가스분산형)
  ㉠ S형 임펠러형   ㉡ Guide vane(나선안내익)형
  ㉢ 분수(분출)형   ㉣ Rator형

② 가압수식(액분산형)
  ㉠ 벤투리 스크러버   ㉡ 제트 스크러버
  ㉢ 사이클론 스크러버 ㉣ 충전탑

③ 회전식
  ㉠ Theisen Washer   ㉡ Impulse Scrubber

4) 주요 Scrubber의 비교 [출제율 30%]

구분	기본유속 (m/sec)	액가스비 (L/m³)	Pump 압력	압력손실 (mmH₂O)
Spray Tower	1~2	2~3	중	10~50
Packing Tower	0.5~1	1~2	소	100~250
Cyclone Scrubber	1~2	0.5~1.5	중	120~150
Theisen Washer	30~750(rpm)	0.7~2	소	50~150
Jet Scrubber	10~20	10~50	대	0~150
Ventury Scrubber	60~90	0.3~1.5	소	300~800

(3) 여과집진장치(Bag Filter)

함진가스를 여과재(Filter Media)에 통과시켜 입자를 분리포집하는 장치로서 압력손실 150mm H_2O 정도에서 먼지를 탈진·제거하며, 탈진방식에 따라 간헐식과 연속식으로 구분된다.

1) 여과재의 조건

   ① 포집효율이 높아야 한다.
   ② 포집 시 흡인저항은 낮은 것이 좋다.
   ③ 가능한 흡습률이 작아야 한다.
   ④ 가볍고 1매당 무게의 불균형이 적어야 한다.

2) 여과속도는 제거효율에 미치는 영향인자 중 가장 중요하다.

$$여과속도(V\,;\,cm/sec) = \frac{Q}{A} = \frac{총처리가스유량}{총여과면적(여과백\ 1개의\ 면적 \times 여과백\ 개수)}$$

3) 형식 구분

   ① 여과포 모양
      ㉠ 원통형(Tube Type)　　㉡ 평판형(Flat Screen Type)
      ㉢ 봉투형(Envelope Type)

② 탈진방법 출제율 30%
　㉠ 진동형(Shaker Type)
　㉡ 역기류형(Reverse Air Flow Type)
　㉢ 펄스제트형(Pulse-jet Type)

4) 장점

① 집진효율이 높다.
② 건식 공정이므로 포집먼지의 처리가 용이하다.
③ 적용범위가 넓다.
④ 연속집진방식일 경우 먼지부하의 변동이 있어도 효율에는 영향이 없다.

5) 단점

① 고온, 산·알칼리 가스의 경우 여과백 수명이 단축된다.
② 산화성 먼지농도가 $50g/m^3$ 이상일 경우 발화위험이 있다.
③ 여과백 교체 시 비용이 많이 소요되고 작업방법이 어렵다.
④ 가스가 노점온도 이하가 되면 수분이 생성되므로 주의를 요한다.

기출必수문제 출제율 30% 이상

01 직경 300mm, 유효높이 15m의 원통형 백필터를 사용하여 함진농도 $5g/m^3$의 배기가스를 $1,200m^3/min$으로 처리 시 백필터의 소요개수는?(단, 여과속도 1.2cm/sec)

> **풀이**
>
> 여과백 소요개수 = $\dfrac{\text{총여과면적}}{\text{여과백 1EA당 면적}}$
>
> 총여과면적(m^2) = $\dfrac{\text{처리가스유량}}{\text{여과속도}}$ = $\dfrac{1,200m^3/min \times min/60sec}{1.2cm/sec \times m/100cm}$
>
> = $1,666.67m^2$
>
> 여과백 1EA 면적(m^2) = $\pi \times$ 직경 $\times$ 높이 = $3.14 \times 0.3m \times 15m = 14.13m^2$
>
> 여과백 소요개수 = $\dfrac{1,666.67}{14.13}$ = 117.95(118개)

(4) 전기집진장치(Electrostatic Precipitator ; EP)

특고압 직류 전원을 사용하여 집진극을 (+), 방전극을 (−)로 불평등전계를 형성하고 이 전계에서의 코로나 방전을 이용하여 함진가스 중의 입자에 전하를 부여 대전입자를 쿨롱력으로 집진극에 분리포집하는 장치이다. 즉, 코로나 방전에 의해 발생하는 전기력으로 입자를 대전시켜 집진한다.

1) 압력손실

① 건식 : 10mm H_2O ② 습식 : 20mm H_2O

2) 집진효율

99.9% 이상

3) 장점

① 집진효율이 높다.(0.01μm 정도 포집 용이, 99.9% 정도 고집진효율)
② 대량의 분진함유가스의 처리가 가능하다.
③ 압력손실이 적고, 미세한 입자까지도 처리가 가능하다.
④ 운전, 유지 · 보수 비용이 저렴하다.
⑤ 고온(500℃ 전후)가스 처리가 가능하다.
⑥ 광범위한 온도범위에서 적용이 가능하며 폭발성 가스의 처리도 가능하다.
⑦ 회수가치 입자포집에 유리하다.
⑧ 배출가스의 온도강하가 적다.

4) 단점

① 분진의 부하변동에 적응하기 곤란하며, 고전압으로 안전사고의 위험성이 높다.
② 분진의 성상에 따라 전처리시설이 필요하다.
③ 설치비용이 많이 소요되고 설치공간이 많이 필요하다.
④ 가연성 입자의 처리가 곤란하다.
⑤ 특정 물질을 함유한 분진제거에는 곤란하다.

5) 집진성능에 영향을 주는 인자 출제율 20%

① 먼지의 입경 및 입경분포
㉠ 입경이 클수록 분리속도가 커져서 집진성능이 증가한다.
㉡ 입경분포는 그 분포의 폭이 클수록 집진성능이 증가한다.

② 전기비저항 출제율 30%
㉠ 전기집진장치의 성능지배요인(먼지 전기비저항, 수분함량, 처리가스량 먼지 직경, 먼지농도) 중 가장 큰 것이 분진의 전기비저항이다.
㉡ 전기비저항($10^4\,\Omega-cm$) 이하는 집진판에서 재비산이 일어난다.
㉢ 전기비저항($10^4 \sim 5 \times 10^{10}\,\Omega-cm$)에서는 정상적인 먼지 제거성능을 보여 집진효율이 가장 양호한 범위이다.
㉣ 전기비저항($5 \times 10^{10}\,\Omega-cm$ 부근)에서는 국부적인 절연파괴를 야기시켜 스파크 발생으로 인한 집진효율이 저하된다.
㉤ 전기비저항($10^{10} \sim 10^{13}\,\Omega-cm$)에서는 역전리가 발생하여 집진효율이 크게 저하된다.

③ 수분함량
수분함량이 증가할수록 전기비저항이 낮아져 집진효율이 증가하나 저온부식에 유의하여야 한다.

④ 처리가스량
처리가스량이 증가(가스유속 증가)하면 입자의 재비산으로 집진효율이 감소하고 가스유속이 급격히 저하되면 집진기 내의 가스유속분포가 불균일하게 되어 집진효율이 크게 떨어진다.

⑤ 먼지농도
농도가 크면 입자의 비표면적이 크게 되어 공간상 전하가 크게 되고(전하효과) 방전전류가 억제, 집진율이 저하되므로 전처리 집진장치를 설치하여 전기집진기 입구 먼지농도를 낮추어야 한다.

  학습 Point

① Cyclone Blow Down 정의 효과 3가지 및 장단점 3가지 숙지
② 세정식 집진시설 종류 구분 및 비교 숙지
③ 여과집진시설 형식구분 및 장단점 3가지씩 숙지
④ 전기집진시설 장단점 3가지 및 집진성능 영향인자 숙지

SECTION 098 악취 제거방법

출제율 30%

(1) 수세법

1) 원리

친수성의 악취성분을 세정액(흡수액)에 용해시키는 방법으로, 일반적으로 흡수액은 물이 사용된다.

2) 장점

① 장기가 간단하고 조작이 용이하다.
② 일반적으로 널리 이용된다.

3) 단점

① 압력손실이 크다.
② 수온변화에 따라 탈취효과의 변동이 심하다.

(2) 흡착법

1) 원리

활성탄, 이온교환수지를 이용하여 물리적으로 악취를 흡착제거하는 방법이다.

2) 장점

① 효율이 좋다.   ② 유지관리가 쉽다.

3) 단점

고농도 악취물질 제거 시 한계가 있다.

(3) 약액세정법

1) 원리

약품과 악취물질을 접촉시켜 화학반응으로 악취를 제거하는 방법으로 H_2S의 제거에 널리 사용되는 세정제는 다이에탄올아민 용액이다.

2) 장점

① 조작이 간단하다.
② 다양한 악취물질에 적용 가능하다.

3) 단점

① 산성·염기성 가스를 별도 처리해야 한다.
② 장치의 부식을 유발한다.

(4) 연소법(직접연소법, 촉매연소법)

1) 원리

① 직접연소법
   화염을 사용하여 악취물질을 최저온도 이상에서 산화연소시키는 방법으로 연소온도는 700~800℃ 정도이며 이 온도범위에서 0.5sec 정도의 체류시간이 필요하다.

② 촉매연소법
   백금이나 금속산화물 등의 촉매를 이용하여 비교적 낮은 온도(250~450℃)에서 산화분해시키는 방법으로 보조연료가 필요 없다.

2) 장점

① 직접연소법
   ㉠ 효율이 높다.
   ㉡ 열회수가 가능하다.

② 촉매연소법
   보조연료 사용이 적다.

3) 단점

① 직접연소법
　　㉠ 연료소비가 과다하다.　　　㉡ 2차 오염물질 발생 우려가 있다.

② 촉매연소법
　　촉매에 나쁜 영향을 주는 물질(할로겐원소, 납, 황, 먼지), 즉 촉매독이 촉매의 활성을 저하시켜 사전에 제거해야 한다.

(5) 공기희석법

1) 높은 굴뚝을 통해 방출시켜 대기 중에 분산희석시키는 방법이다.
2) 운영비가 일반적으로 가장 적게 드는 방법이다.

(6) 화학적 산화법

강산화력이 O_3, $KMnO_4$, H_2O_2 등을 산화제로 사용하여 악취를 분해하는 방법이며 주로 유기물질 제거에 적용한다.

 학습 Point

악취제거 방법 종류 5가지 숙지

SECTION 099 송풍기 소요동력

$$\text{소요동력(kW)} = \frac{Q \times \Delta P}{6,120 \times \eta} \times \alpha \qquad (\text{HP}) = \frac{Q \times \Delta P}{4,500 \times \eta} \times \alpha$$

여기서, Q : 송풍량(m^3/min)
　　　　ΔP : 송풍기 유효전압(정압)(mmH_2O)
　　　　η : 송풍기 효율
　　　　α : 여유율

> 기출 必 수문제 출제율 30% 이상

01 스토커식 소각시설에서의 총압력손실이 900mmH$_2$O, 폐처리가스량 45,000Sm^3/hr, 효율 65%인 송풍기의 소요동력(kW)은?

> **풀이**
>
> 송풍기 소요동력(kW) $= \dfrac{Q \times \Delta P}{6,120 \times \eta} \times \alpha$
>
> $Q = 45,000 \text{Sm}^3/\text{hr} \times 60\text{min} = 750 \text{Sm}^3/\text{min}$
>
> $= \dfrac{750 \times 900}{6,120 \times 0.65} \times 1.0 = 169.68 \text{kW}$

SECTION 100 집진효율

$$집진효율(\eta) = \left(1 - \dfrac{C_o \cdot Q_o}{C_i \cdot Q_i}\right) \times 100 = \left(1 - \dfrac{C_o}{C_i}\right) \times 100\%$$

여기서, C_i, C_o : 집진장치 입·출구 분진농도(g/m^3)
Q_i, Q_o : 집진장치 입·출구 가스유량(m^3/hr)

$$총집진효율(\eta_r) = 1 - (1-\eta_1)(1-\eta_2)(1-\eta_3)$$

여기서, η_1 : 1차 집진장치 집진율
η_2 : 2차 집진장치 집진율
η_3 : 3차 집진장치 집진율

 **학습 Point**

집진효율식 및 Factor 숙지

기출 必수문제 출제율 40% 이상

01 배기가스의 분진농도가 2,000mg/Nm³인 소각로에서 분진을 처리하기 위하여 집진효율 50%인 중력집진기, 80%인 여과집진기 그리고 세정집진기가 직렬로 연결되었다. 먼지농도를 5mg/Sm³ 이하로 줄이기 위해서는 세정집진기 집진효율은 최소한 몇 % 이상 되어야 하는가?

> 풀이
> $$\left(1-\frac{C_o}{C_i}\right) = 1-(1-\eta_1)(1-\eta_2)(1-\eta_3)$$
> $$\left(1-\frac{5}{2,000}\right) = 1-(1-0.5)(1-0.8)(1-\eta_3)$$
> $$\eta_3 = 0.975 \times 100 = 97.5\%$$

기출 必수문제 출제율 30% 이상

02 수은을 함유하는 폐기물 1,300kg/hr 소각 시 발생되는 비산재를 포집효율 98.5% 전기집진기로 포집하는 경우 연간 포집되는 수은의 양(kg/year)은?

- 비산재 발생량 : 소각 폐기물량의 1%
- 비산재 중의 수은함량 : 2.5μg/g
- 1년 8,000hr 기준

> 풀이
> 수은의 양(kg/year)
> $= 1,300\text{kg/hr} \times 0.01 \times 0.985 \times 2.5\mu\text{g/g} \times \text{g}/10^6\mu\text{g} \times 8,000\text{hr/year} = 0.26\text{kg/year}$

SECTION 101 연돌(굴뚝, Stack)

(1) 연돌형식

1) 원통형
2) 철탑형
3) 다각형
4) 철근 · 콘크리트형

(2) 연돌 높이 결정 영향인자

1) 풍향
2) 풍속
3) 대기 안정도
4) 역전층
5) 피해지역까지의 거리

SECTION 102 에너지 회수 및 이용

(1) 냉각 설비방식

1) 폐열 보일러식
2) 물분사식
3) 공기혼합식
4) 간접공냉식

(2) 보일러

보일러는 연료의 연소열을 압력용기 속의 물로 전달하여 소요압력의 증기를 발생시키는 장치로, 생산용 열에너지로 이용된다.

1) 보일러 용량 표시

① 정격증발량

보일러를 연속운전 시 최대부하상태에서 단위시간에 발생할 수 있는 증발량을 의미하며 증기압, 온도, 급수온도 등을 같이 표시할 필요가 있다.

② 환산증발량

발생증기를 일정기준으로 환산하여 용량을 비교할 수 있는 방법으로, 상당증발량이라고도 한다.

2) 보일러의 종류

① 원통보일러　　　② 수관보일러　　　③ 특수보일러

3) 보일러효율

① 연소에 의한 에너지가 열에너지로 어느 정도 전달되었는가를 나타낸다.
② 발열량은 저위발열량을 사용한다.

$$보일러효율 = \frac{증기발생에\ 소비된\ 열량}{연료의\ 완전연소\ 시\ 발생하는\ 열량}$$

(3) 열교환기　출제율 80%

열교환기는 단독으로 폐열을 회수하는 시설이 아니라 보일러 등에 설치하여 보조적으로 폐열을 회수하는 데 주로 사용한다.

1) 과열기

① 보일러에서 발생하는 포화증기에 다량의 수분이 함유되어 있어 이것에 열을 가하게 하여 수분을 제거하고 과열도가 높은 증기를 얻기 위해서 설치하며 과열증기는 온도가 높을수록 효과가 크며 과열도는 사용재료에 따라 제한된다.

② 종류
  ㉠ 방사형 과열기
    화실의 천장부 또는 노벽에 배치하며 주로 화염의 방사열을 이용한다.
  ㉡ 대류형 과열기
    보통 제1, 제2연도의 중간에 설치하며 연소가스의 대류에 의한 전달열을 받는 과열기이다.
  ㉢ 방사·대류형 과열기
    대류전달면 입구 가까이에 설치하며 방사열과 대류전달열을 동시에 이용하는 과열기이다.

2) 재열기

과열기와 같은 구조로 되어 있으며, 설치위치는 대개 과열기 중간 또는 뒤쪽에 배치한다. 보일러 터빈에서 팽창하여 포화증기에 가까워진 증기를 다시 예열하여 터빈에 되돌려 팽창시키는 역할을 한다.

3) 절탄기(이코노마이저) `출제율 50%`

연도에 설치하며 보일러 전열면을 통하여 연소가스의 여열로 보일러 급수를 예열하여 보일러효율을 높이는 장치이며, 급수예열에 의해 보일러수와의 온도차가 감소되므로 보일러 드럼에 발생하는 열응력이 감소된다.

4) 공기예열기

연도가스 여열을 이용하여 연소용 공기를 예열, 보일러 효율을 높이는 장치이며, 연료의 착화와 연소를 양호하게 하고 연소온도를 높이는 효과가 있다.

5) 증기터빈

① 증기가 갖는 열에너지를 회전운동으로 전환시키는 장치이며, 터빈의 용량은 현장의 증기부하와 전력부하의 장기예측에 근거를 두고 설계한다.

② 분류관점에 따른 터빈 형식 `출제율 30%`
  ㉠ 증기작동방식
    ⓐ 충동터빈(Impulse Turbine)
    ⓑ 반동터빈(Reaction Turbine)
    ⓒ 혼합식 터빈(Combination Turbine)
  ㉡ 증기이용방식
    ⓐ 배압터빈(Back Pressure Turbine)
    ⓑ 추기배압터빈
    ⓒ 복수터빈(Condensing Turbine)
    ⓓ 혼합터빈(Mixed Pressure Turbine)
  ㉢ 피구동기
    ⓐ 직결형 터빈(Directly Coupled Turbine)
    ⓑ 감속형 터빈(Geared Turbine)
    ⓒ 급수펌프구동터빈(Feedwater Pump Drive Turbine)

② 증기유동방향
　　ⓐ 축류터빈(Axial Flow Turbine)
　　ⓑ 반경류터빈(Radial Flow Turbine)
③ 케이싱 수
　　ⓐ 1케이싱 터빈(Single Casing Turbine)
　　ⓑ 2케이싱 터빈(Two Casing Turbine)
④ 흐름 수
　　ⓐ 단류터빈(Single Flow Turbine)
　　ⓑ 복류터빈(Double Flow Turbine)

(4) 유기물질(도시폐기물)로부터 에너지 회수방법 `출제율 30%`

1) 소각에 의한 열회수
2) 혐기성 소화방식에 의한 CH_4 Gas 회수
3) 고형화연료(RDF)의 생산
4) 열분해에 의한 연료생산

(5) 폐타이어 재생 `출제율 30%`

1) 재생방법

① 재생 및 분말고무 제조
② 놀이기구 제작
③ 고무아스팔트 이용

2) 에너지 회수방법

① 소각에 의한 열회수 이용
② 시멘트 킬른에서 열회수 이용
③ 화력발전에서 열회수 이용

(6) 고농도 폐유기용제 재생방법

1) 용매추출법　　　2) 증류법　　　3) 스팀탈리법

> **Reference** 폐열보일러 유지관리 방법
>
> 1 고온부식 대책
>   관벽 온도가 350℃를 초과하지 않도록 운전
> 2 저온부식 대책
>   관벽 온도를 항상 150℃ 이상으로 유지 운전
> 3 파쇄 및 마모 대책
>   가스유속을 10m/sec 이하로 유지하며 청소를 자주 함
> 4 부하변동 대책
>   2 또는 3연속식 수위제어방식을 채택하고 과부하에 견딜 수 있는 안전밸브 부착

 학습 Point

① 열교환기 종류 및 정의 및 특징 숙지
② 증기터빈의 분류관점형식 구분 및 종류 숙지
③ 유기물 에너지 회수방법 4가지 숙지
④ 폐타이어 재생 내용 숙지

SECTION 103 감시제어설비

출제율 20%

(1) 감시제어설비

소각시설의 감시제어설비는 설치기기의 운전상황의 정확한 파악, 더 나아가 고장 및 이상에 대한 판단과 대응을 하기 위한 것이다.

(2) CCTV(감시용 폐쇄회로 카메라) 설치위치

Monitor 위치	CCTV 위치	설치 목적
쓰레기 크레인 조작실	투입 Hopper	호퍼의 투입구 레벨상태 감시
	Reception Hall	쓰레기 투입상태 확인
중앙제어실	소각로(노 내)	노 내 연소상태 및 화염 감시
	연돌	연돌 매연 배출 감시
	보일러 수면계	보일러 수위 감시

CCTV 설치 위치 내용 숙지

SECTION 104 고형물 함량에 따른 폐기물 분류

출제율 70%

(1) 액상폐기물

> 고형물의 함량이 5% 미만

(2) 반고상폐기물

> 고형물의 함량이 5% 이상 15% 미만

(3) 고상폐기물

> 고형물의 함량이 15% 이상

(4) 함침성 고상폐기물

종이, 목재 등 기름을 흡수하는 변압기 내부부재(종이, 나무와 금속이 서로 혼합되어 분리가 어려운 경우 포함)를 말함

(5) 비함침성 고상폐기물

금속판, 구리선 등 기름을 흡수하지 않는 평면 또는 비평면형태의 변압기 내부부재를 말함

각 용어정의 숙지

> **기출 必 수문제** 출제율 30% 이상

01 함수율 90%인 슬러지 10ton과 함수율이 70%인 음식쓰레기 30ton을 혼합하였을 경우 혼합물의 함수율(%)과 폐기물의 종류(액상, 반고상, 고상)는 무엇인가?

> **풀이**
>
> $$함수율(\%) = \frac{(10 \times 0.9) + (30 \times 0.7)}{10 + 30} \times 100 = 75\%$$
>
> 고형물 함량 $= 100 - 75 = 25\%$
>
> 고형물의 함량이 15% 이상이므로 고상폐기물

SECTION 105 시료의 양과 시료 수

(1) 시료의 양

1회에 100g 이상 채취(단, 소각재 경우 1회에 500g 이상 채취)

(2) 시료의 수   출제율 40%

1) 대상폐기물의 양과 시료의 최소수

대상폐기물의 양(단위 : ton)	시료의 최소수
~1 미만	6
1 이상~5 미만	10
5 이상~30 미만	14
30 이상~100 미만	20
100 이상~500 미만	30
500 이상~1,000 미만	36
1,000 이상~5,000 미만	50
5,000 이상~	60

2) 폐기물이 적재되어 있는 운반차량에서 시료를 채취하는 경우 [출제율 30%]

① 5ton 미만의 차량에 적재되어 있을 때
적재폐기물을 평면상에서 6등분 후 각 등분마다 시료를 채취

② 5ton 이상의 차량에 적재되어 있을 때
적재폐기물을 평면상에서 9등분 후 각 등분마다 시료를 채취

> **학습 Point**
> 1 대상폐기물의 양과 시료의 최소수 내용 숙지
> 2 적재 운반차량 시료 채취 내용 숙지

SECTION 106 시료의 분할채취방법

출제율 30%

(1) 구획법

① 모아진 대시료를 네모꼴로 얇게 균일한 두께로 편다.
② 이것을 가로 4등분 세로 5등분하여 20개의 덩어리로 나눈다.
③ 20개의 각 부분에서 균등량씩을 취하여 혼합하여 하나의 시료로 한다.

㉠  ㉡ 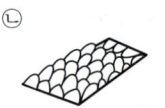 ㉢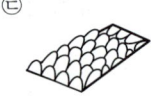

│구획법│

(2) 교호삽법

① 분쇄한 대시료를 단단하고 깨끗한 평면 위에 원추형으로 쌓는다.
② 원추를 장소를 바꾸어 다시 쌓는다.
③ 추에서 일정량을 취하여 장방형으로 도포하고 계속해서 일정량을 취하여 그 위에 입체로 쌓는다.
④ 육면체의 측면을 교대로 돌면서 균등량씩을 취하여 두 개의 원추를 쌓는다.
⑤ 하나의 원추는 버리고 나머지 원추를 앞의 조작을 반복하면서 적당한 크기까지 줄인다.

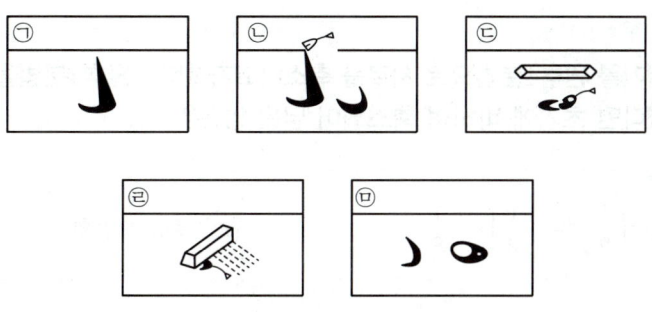

| 교호삽법 |

(3) 원추사분법

① 분쇄한 대시료를 단단하고 깨끗한 평면 위에 원추형으로 쌓아 올린다.
② 앞의 원추를 장소를 바꾸어 다시 쌓는다.
③ 원추의 꼭지를 수직으로 눌러서 평평하게 만들고 이것을 부채꼴로 사등분한다.
④ 마주 보는 두 부분을 취하고 반은 버린다.
⑤ 반으로 줄어든 시료를 앞의 조작을 반복하여 적당한 크기까지 줄인다.

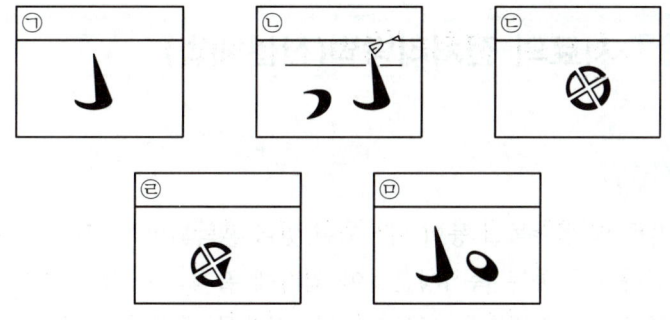

| 원추사분법 |

 학습 Point

시료분할채취방법 종류 및 순서 숙지

기출 必수문제 출제율 50% 이상

01 쓰레기를 원추4분법으로 시료를 축소하고자 한다. 원추4분법을 3회 반복하여 축소하였다면 초기에 비하여 축소되어 남은 양은?

풀이
$$X = \left(\frac{1}{2}\right)^n = \left(\frac{1}{2}\right)^3 = \frac{1}{8}$$
[n : 축소작업횟수]

기출 必수문제 출제율 50% 이상

02 1,000g의 시료에 대하여 원추4분법을 4회 조작하면 시료는 몇 g이 되는가?

풀이
$$X = \left(\frac{1}{2}\right)^n = \left(\frac{1}{2}\right)^4 \times 1,000g = 62.5g$$

SECTION 107 시료의 전처리방법(산분해법)

출제율 30%

(1) 적용범위

① 유기물 및 현탁물질 등이 함유되어 있어 혼탁되어 있거나, 색상을 띠고 있는 경우
② 실험하고자 하는 목적성분들이 입자에 흡착되어 있는 경우
③ 난분해성의 착화합물 또는 착이온 상태로 존재하는 경우

(2) 종류

1) 질산법

   유기물 함량이 낮은 시료에 적용

2) 질산 – 염산

   유기물 함량이 비교적 높지 않고 금속의 수산화물, 황화물을 함유시료에 적용

3) 질산 – 황산

   유기물 등이 많이 함유하고 있는 대부분의 시료에 적용

4) 질산 – 과염소산

　유기물을 다량 함유하고 있으면서 산화분해가 어려운 시료에 적용

5) 질산 – 과염소산 – 불화수소산

　다량의 점토질 또는 규산염을 함유한 시료에 적용

6) 회화

　목적성분이 400℃ 이상에서 휘산되지 않고 쉽게 회화될 수 있는 시료에 적용

7) 마이크로파

　폐유 등 유기물이 다량 함유된 시료에 적용

 학습 Point

산분해법의 종류에 따른 적용 내용 숙지

SECTION 108 용출시험방법

(1) 적용범위　[출제율 30%]

① 고상 또는 반고상 폐기물에 대하여 폐기물관리법에서 규정하고 있는 지정폐기물의 판정
② 지정폐기물의 중간처리방법을 결정하기 위한 실험
③ 매립방법을 결정하기 위한 실험

(2) 시료용액의 조제　[출제율 50%]

① 시료용액의 조제
　㉠ 시료의 조제방법에 따라 조제한 시료 100g 이상을 정확히 단다.
　　　⇩
　㉡ 용매 : 정제수에 염산을 넣어 pH를 5.8~6.3
　　　⇩
　㉢ 시료 : 용매=1 : 10(w/v)의 비로 2,000mL 삼각플라스크에 넣어 혼합

② 용출조작
　㉠ 진탕 : 혼합액을 상온, 상압에서 진탕횟수가 매분당 약 200회, 진폭이 4~5cm인 진탕기를 사용하여 6시간 연속 진탕
　⇩
　㉡ 여과 : 1.0μm의 유리섬유여과지로 여과
　⇩
　㉢ 여과액을 적당량 취하여 용출실험용 시료용액으로 함

(3) 용출실험 결과의 설정

① 용출실험의 결과는 시료 중의 수분함량 보정을 위해 함수율 85% 이상인 시료에 한하여 보정한다.

② 보정값

$$\frac{15}{100 - 시료의\ 함수율(\%)}$$

✓ 학습 Point
용출시험방법의 조제 및 용출조작순서 및 내용 숙지

기출 수문제 출제율 40% 이상

01 함수율이 90%인 폐기물을 용출시험한 결과 납 10mg/L가 용출되었다. 함수율보정값은 얼마인가?(단, 용출시험의 결과 시료 중 수분함량 보정을 위해 85% 이상 시료에 한함)

풀이

함수율보정값 $= \dfrac{15}{100 - D} = \dfrac{15}{100 - 90} = 1.5$

기출 必 수문제 출제율 50% 이상

02
함수율 90%인 공정슬러지의 용출시험결과 납이 15mg/L의 농도로 용출되었다면 이 슬러지의 용출시험결과의 보정값(mg/L)은?(단, 모든 납은 슬러지 중의 고형물로부터 용출된 것이며, 보정은 매립 가능 함수율인 85%를 기준으로 보정)

풀이

보정값(mg/L) = 함수율보정값 × 농도
$$= \frac{15}{100-90} \times 15\text{mg/L} = 1.5 \times 15\text{mg/L} = 22.5\text{mg/L}$$

기출 必 수문제

03 용출시험 시 용출시험의 영향인자와 조건은?

풀이

조제시료 ⇒ 100g 이상
pH 범위 ⇒ 5.8~6.3
시료·용매비율 ⇒ 1 : 10
진탕횟수 ⇒ 200회/min
진폭 ⇒ 4~5cm
진탕시간 ⇒ 6시간
여과지 ⇒ 1.0μm 유리섬유여과지

SECTION 109 자외선/가시선 분광광도계(흡광광도법)

(1) 장치 구성

광원부 ⇒ 파장선택부 ⇒ 시료부 ⇒ 측광부

(2) 흡광도(A)

$$A = \log \frac{1}{t}$$

여기서, t : 투과도

기출필수문제 출제율 40% 이상

01 투과광의 광도가 50%일 때 흡광도는?

풀이
$$흡광도(A) = \log \frac{1}{t} = \log \frac{1}{1-0.5} = 0.30$$

기출필수문제 출제율 40% 이상

02 강도 I_0의 단색관이 정색액을 통과 시 그 빛의 70%가 흡수되었다면 흡광도는?

풀이
$$흡광도(A) = \log \frac{1}{t} = \log \frac{1}{1-0.7} = 0.52$$

SECTION 110 원자흡수분광광도법(원자흡광광도법)

(1) 장치 구성 출제율 30%

광원부 ⇒ 시료원자화부 ⇒ 단색화부 ⇒ 측광부

(2) 광원램프

중공음극램프

(3) 검량선 정량법

1) 검량선법   2) 표준첨가법   3) 내부표준법

SECTION 111 유도결합플라스마 원자발광광도법 (유도결합플라스마 발광광도법, ICP)

(1) 장치 구성 출제율 30%

시료주입부 → 고주파전원부 → 광원부 → 분광부 → 연산처리부 → 기록부

SECTION 112 가스크로마토그래피(G.C)

(1) 장치 구성

시료도입부 → 분리관 → 검출기

(2) 검출기 출제율 30%

1) 열전도도 검출기(TCD)
2) 불꽃이온화 검출기(FID)
3) 전자포획 검출기(ECD)
4) 불꽃광도 검출기(FPD)
5) 불꽃열이온 검출기(FTD)

(3) 정량법

1) 절대검량선법
2) 넓이 백분율법
3) 보정넓이 백분율법
4) 내부표준법
5) 피검성분추가법

SECTION 113 이온전극법

(1) 장치 구성

전위차계, 이온전극, 비교전극, 시료용기, 자석교반기

(2) 이온전극 종류

1) 유리막 전극
2) 고체막 전극
3) 고체막 전극
4) 격막형 전극

SECTION 114 수소이온농도(pH) : 유리전극법

① 유리전극과 비교전극으로 된 측정기를 사용하여 측정
② 양 전극 간에 생성되는 기전력의 차를 이용하여 다음 식으로 정의됨

$$pH_x = pH_s \pm \frac{F(E_x - E_s)}{2.303RT}$$

여기서, pH_x : 시료의 pH 측정값
pH_s : 표준용액의 pH($-\log [H^+]$)
E_x : 시료에서의 유리전극과 비교전극 간의 전위차(mV)
E_s : 표준용액에서의 유리전극과 비교전극 간의 전위차(mV)
F : 패러데이(Faraday) 상수(9.649×10^4 C/mol)
R : 기체상수{8.314 J/(K · mol)}
T : 절대온도(K)

기출必수문제 출제율 30% 이상

01 pH 2.0인 폐산 15m³와 pH 5.5인 폐산 65m³을 혼합하였을 때 혼합액의 pH는?

풀이

$$pH = \log\frac{1}{(H^+)}$$

$$(H^+) = \frac{(15 \times 10^{-2.0}) + (65 \times 10^{-5.5})}{15 + 65} = 0.00188 \text{(mol/L)}$$

$$= \log\frac{1}{0.00188} = 2.73$$

SECTION 115 수분 및 고형물

출제율 50%

(1) 분석절차 출제율 50%

① 평량병 또는 증발접시를 미리 105~110℃에서 1시간 건조
⇩
② 데시케이터 안에서 식힌 후 사용하기 직전에 무게를 측정
⇩
③ 시료 적당량을 취함
⇩
④ 증발접시와 시료의 무게를 정확히 측정
⇩
⑤ 물 중탕에서 수분의 대부분을 날려 보냄
⇩
⑥ 105~110℃의 건조기 안에서 4시간 완전 건조시킴
⇩
⑦ 실리카겔이 담겨 있는 데시케이터 안에 넣어 식힘
⇩
⑧ 무게를 정확히 줄임

(2) 결과보고

① 수분

$$수분(\%) = \frac{(W_2 - W_3)}{(W_2 - W_1)} \times 100$$

② 고형물

$$고형물(\%) = \frac{(W_3 - W_1)}{(W_2 - W_1)} \times 100$$

여기서, W_1 : 평량병 또는 증발접시의 무게
W_2 : 건조 전의 평량병 또는 증발접시와 시료의 무게
W_3 : 건조 후의 평량병 또는 증발접시와 시료의 무게

학습 Point

수분 및 고형물의 분석절차 및 결과보고 관련식 숙지

기출 必수문제 출제율 50% 이상

01 폐기물 시료의 수분측정 시험결과로 다음과 같은 자료를 얻었다. 수분함량(%)은?

- 용기의 무게(W_1) : 50.125g
- 용기와 시료의 무게(W_2) : 90.209g
- 건조 후 용기와 시료의 무게(W_3) : 76.346g

풀이

$$수분함량(\%) = \frac{(W_2 - W_3)}{(W_2 - W_1)} \times 100 = \frac{(90.209 - 76.346)}{(90.209 - 50.125)} \times 100 = 34.58\%$$

기출 必수문제 출제율 40% 이상

02 어떤 폐기물의 수분을 측정하기 위해 실험하였더니 다음과 같은 결과를 얻었다. 수분(%)은?

- 시료무게 : 20g
- 증발접시무게 : 5.315g
- 증발접시 및 시료의 건조 후 무게 : 18.875g

풀이

$$수분함량(\%) = \frac{(W_2 - W_3)}{(W_2 - W_1)} \times 100 = \frac{수분량}{항습시료무게} \times 100$$

$$= \frac{[(20 + 5.315) - 18.875]}{[(20 + 5.315) - 5.315]} \times 100 = 32.2\%$$

SECTION 116 강열감량 및 유기물 함량

출제율 50%

(1) 분석절차

① 도가니 또는 접시를 미리 (600±25)℃에서 30분간 강열
⇩
② 데시케이터 안에서 식힌 후 사용하기 직전에 무게를 측정
⇩
③ 시료적당량(20g 이상)을 취함
⇩
④ 도가니 또는 접시의 무게를 정확히 측정
⇩
⑤ 질산암모늄용액(25%)을 넣어 시료에 적시고 천천히 가열하여 탄화시킴
⇩
⑥ (600±25)℃의 전기로 안에서 3시간 강열함
⇩
⑦ 실리카겔이 담겨 있는 데시케이터 안에 넣어 식힘
⇩
⑧ 무게를 정확히 측정

(2) 결과보고

① 강열감량

$$강열감량(\%) = \frac{(W_2 - W_3)}{(W_2 - W_1)} \times 100$$

② 유기물 함량

$$유기물\ 함량(\%) = \frac{휘발성\ 고형물(\%)}{고형물(\%)} \times 100$$

③ 휘발성 고형물

$$휘발성\ 고형물(\%) = 강열감량(\%) - 수분(\%)$$

여기서, W_1 : 도가니 또는 접시의 무게
W_2 : 탄화 전의 도가니 또는 접시와 시료의 무게
W_3 : 탄화 후의 도가니 또는 접시와 시료의 무게

학습 Point

강열감량 및 유기물 함량의 분석절차 및 결과보고 관련식 숙지

기출 必 수문제 출제율 50% 이상

01 휘발성 고형물이 10%, 고형물이 45%인 경우 강열감량(%) 및 유기물 함량(%)은?

풀이

강열감량(%) = 휘발성 고형물(%) + 수분(%) = 10 + (100 − 45) = 65%

유기물 함량(%) = $\dfrac{\text{휘발성 고형물}}{\text{고형물}} \times 100 = \dfrac{10}{45} \times 100 = 22.22\,(\%)$

기출 必 수문제 출제율 50% 이상

02 수분 45%, 고형물 55% 인 쓰레기의 유기물 함량을 측정하기 위해 다음과 같이 강열감량을 측정하였다. 대상 쓰레기의 유기물 함량(%) 및 강열감량(%)은?

- 용기의 방냉 후 무게(W_1) : 22.5g
- 용기와 시료의 무게(W_2) : 65.8g
- 600±25℃에서 3시간 강열한 후 용기와 시료의 방냉 후 무게(W_3) : 38.8g

풀이

강열감량(%) = $\dfrac{(W_2 - W_3)}{(W_2 - W_1)} \times 100 = \dfrac{(65.8 - 38.8)}{(65.8 - 22.5)} \times 100 = 62.36\%$

유기물 함량(%) = $\dfrac{\text{휘발성 고형물}}{\text{고형물}} \times 100$

휘발성 고형물(%) = 강열감량(%) − 수분(%) = 62.36 − 45 = 17.36%

= $\dfrac{17.36}{55} \times 100 = 31.56\%$

PART 02
과년도 문제풀이

WASTES TREATMENT

본 문제는 독자의 제보 및 환경기사마을 다음 카페 시험 후기를 바탕으로 재복원한 것입니다.

SECTION 001 2012년 1회 기사

01 사이클론 집진장치에서의 Blow Down 현상에 대하여 기술하시오.

> **풀이**
> 1. 정의
>   Cyclone의 Dust Box 또는 Hopper 부에서 처리가스량의 5~10%를 재흡인하여 운전함으로써 집진효율을 향상시키기 위한 방법이다.
> 2. 효과
>   ① 집진효율 증대
>   ② Cyclone 내 난류억제로 인한 비산 방지
>   ③ 장치 내부의 분진퇴적 억제

02 열분해 공정이 소각법에 비하여 갖는 장점 3가지를 기술하시오.

> **풀이**
> **열분해 공정의 장점**
> ① 소각법에 비해 배기가스량이 적게 배출된다.
> ② 소각법에 비해 황 및 중금속이 회분(Ash) 속에 고정되는 비율이 크다.
> ③ 소각법에 비해 환원기가 유지되므로 3가 크롬(Cr^{+3})이 6가 크롬(Cr^{+6})으로 변화하기 어려우며, 대기오염물질의 발생이 적다.

03 경질물 79%, 중질물 21%, 초기수분 20%인 폐기물을 하루 100톤 파쇄 및 선별하여 경질물은 소각, 중질물은 자력 선별기에서 철분 회수 후 처리한다. 파쇄 시 초기 수분의 20%가 손실되고, 수분의 손실은 경질물에서만 발생하며, 경질물로 분류된 것 중 중질물의 5%(파쇄 후 중량기준)가 함유하고 중질물 분류 중 경질물의 20%(파쇄 후 중량기준)가 함유할 경우 다음을 구하시오. (단위는 하루기준, 총량은 수분 포함)

> (1) 파쇄 중 수분 손실량(ton/d)
> (2) 파쇄 후 경질물 총량(ton/d)
> (3) 풍력 선별 후 경질물 총량(ton/d)
> (4) 풍력 선별 후 중질물 총량(ton/d)

> **풀이**
>
> (1) 파쇄 중 수분 손실량(ton/day)
>   수분 손실은 경질물에서만 발생하므로,
>   (ton/day) = 79ton × 0.2 × 0.2 = 3.16ton/day
> (2) 파쇄 후 경질물 총량(ton/day)
>   (ton/day) = 79 − 3.16 = 75.84ton/day
> (3) 풍력 선별 후 경질물 총량(ton/day)
>   (ton/day) = 75.84 − (75.84 × 0.2) + (21 × 0.05) = 61.72ton/day
> (4) 풍력 선별 후 중질물 총량(ton/day)
>   (ton/day) = 21 − (21 × 0.05) + (75.84 × 0.2) = 35.12ton/day

04 폐기물이 1년에 3,526,000톤 발생하고 인구는 8,575,632명이다. 수거 작업인원은 6,230명이며, 하루 작업시간은 8시간, 1년 365일 일 때 다음 물음에 답하시오.
(1) 하루 일인 폐기물 발생량(kg/인·일)
(2) 하루 수거인부가 수거하는 폐기물 발생량(ton/인·일)
(3) MHT

> **풀이**
>
> (1) 하루 1인 폐기물 발생량(kg/인·일)
>
> $$(kg/인 \cdot 일) = \frac{발생쓰레기량}{대상(발생)인구수}$$
>
> $$= \frac{3,526,000 ton/year \times 1,000 kg/ton \times year/365 day}{8,575,632 인}$$
>
> $$= 1.13 kg/인 \cdot 일$$
>
> (2) 하루 수거인부가 수거하는 폐기물 발생량(ton/인·일)
>
> $$(ton/인 \cdot 일) = \frac{발생쓰레기량}{수거인원}$$
>
> $$= \frac{3,526,000 ton/year \times year/365 day}{6,230 인} = 1.55 ton/인 \cdot 일$$
>
> (3) $MHT = \frac{수거인부수 \times 수거인부 총수거시간}{총수거량(발생쓰레기량)}$
>
> $$= \frac{6,230 인 \times 8hr/day \times 365 day/year}{3,526,000 ton/day} = 5.16 MHT(man/hr \cdot ton)$$

05 유기물로 이루어진 물질의 조성이 다음과 같다면, 중량기준 단위 무게(kg)당 저위발열량 Dulong 식을 이용하여 구하시오.

> [무게조성]
> 유기물의 C=20%, H=4%, O=10%, S=1%, 수분=8%, 기타=57%

풀이

고위발열량(H_h)

$$H_h = 8,100C + 34,000\left(H - \frac{O}{8}\right) + 2,500S$$

$$= 8,100 \times 0.2 + \left[34,000 \times \left(0.04 - \frac{0.1}{8}\right)\right] + 2,500 \times 0.01$$

$$= 2,580(kcal/kg)$$

저위발열량(H_l)

$$H_l = H_h - 600(9H + W)$$

$$= 2,580(kcal/kg) - 600[(9 \times 0.04) + 0.08] = 2,316(kcal/kg)$$

06 1일 쓰레기의 발생량이 300톤인 지역에서 트렌치 방식으로 매립장을 계획할 때 1년간 필요한 면적(m^2)을 구하시오. (단, 폐기물 밀도 650kg/m^3, 트렌치 높이 1.5m, 트렌치 이용률 70%, 폐기물 부피 감소량 40%임)

풀이

$$매립면적(m^2/year) = \frac{매립폐기물의\ 양}{(폐기물\ 밀도 \times 매립깊이 \times 이용률)}$$

$$= \frac{300ton/day \times 365day/year}{0.65ton/m^3 \times 1.5m \times 0.7}$$

$$= 160,459.56 m^2/year$$

$$= 160,459.56 \times (1 - 0.4) \quad [부피감소 고려]$$

$$= 96,263.74 m^2/year$$

07 조성이 $C_{60}H_{93}ON$ 유기물질 1ton/day이 호기성 안정화할 때 필요산소량(Sm^3/day)을 구하시오. (단, 생성물질은 CO_2, H_2O, NH_3임)

> **풀이**
>
> 유기물질의 호기성 완전분해 반응식
>
> $$C_aH_bO_cN_d + \left(\frac{4a+b-2c}{4}\right)O_2 \rightarrow aCO_2 + \left(\frac{b}{2}\right)H_2O + \frac{d}{2}N_2$$
>
> $$C_{60}H_{93}ON + \left[\frac{(4\times 60)+93-(2\times 1)}{4}\right]O_2 \rightarrow 60CO_2 + \left(\frac{93}{2}\right)H_2O + \left(\frac{1}{2}\right)N_2$$
>
> $C_{60}H_{93}ON\ +\ 82.75O_2 \rightarrow 60CO_2 + 46.5H_2O + 0.5N_2$
> 843kg : $82.75 \times 22.4 Sm^3$
> 1,000kg/day : $O_0(Sm^3/day)$
>
> $$O_0(Sm^3/day) = \frac{1,000kg/day \times (82.75 \times 22.4)Sm^3}{843kg} = 2,198.81 Sm^3/day$$

08 Rosin-Rammler 모델은 폐기물 파쇄 시 폐기물의 입자크기 분포에 관한 모델식이다. 폐기물의 85% 이상을 3.3cm보다 작게 파쇄하고자 할 때 특성입자의 크기(cm)를 산정하시오. (단, $n=1$임)

> **풀이**
>
> $$Y = 1 - \exp\left[-\left(\frac{X}{X_0}\right)^n\right]$$
>
> $$0.85 = 1 - \exp\left[-\left(\frac{3.3}{X_0}\right)^1\right]$$
>
> $$-\frac{3.3}{X_0} = \ln(1-0.85)$$
>
> X_0(특성입자 : cm) = 1.74cm

09 노 내의 다이옥신 억제방법 5가지를 기술하시오.

> **풀이**
>
> **노 내(연소과정) 제어방법**
> ① 완전연소조건 3T(Temperature, Time, Turbulence)를 충족할 것
> ② 적정 연소온도(860~920℃) 유지
> ③ 공기공급량(1차 공기, 2차 공기)의 조절
> ④ 입자이월의 최소화
> ⑤ 후류온도제어(250℃ 이하, 400℃ 이상에서 다이옥신량 급감)

10 매립지 바닥의 점토층의 두께는 90cm, 투수계수는 10^{-7}cm/sec이다. 점토층의 유효 공극률을 0.25로 가정할 때 다음의 조건으로 침출수가 점토층을 통과하는 데 소요되는 시간(year)을 예측하시오.

> [조건] • 점토층 위의 침출수 수두 = 30cm
> • 점토층 아래의 수두 = 점토층 아랫면과 일치

> **풀이**
>
> $$t = \frac{d^2 \eta}{K(d+h)}$$
>
> $$= \frac{0.9^2 \text{m}^2 \times 0.25}{(10^{-7}\text{cm/sec} \times \text{m}/100\text{cm}) \times (0.9+0.3)\text{m}}$$
>
> $= 168{,}750{,}000\text{sec} \times 1\text{min}/60\text{sec} \times 1\text{hr}/60\text{min} \times 1\text{day}/24\text{hr}$
> $\times 1\text{year}/365\text{day}$
>
> $= 5.35 \text{year}$

11 다음 조건의 선별효율(%)을 Rietema 식에 의하여 구하시오. (단, 투입폐기물 총량은 100ton)

분류	투입비율(%)	회수(30ton)
A	30	90%
B	70	10%

> **풀이**
> x_1이 $(30 \times 0.9) 27 \text{ton} \rightarrow y_1$은 3ton
> x_2이 $(30 \times 0.1) 3 \text{ton} \rightarrow y_2$은 67ton
> $x_0 = x_1 + x_2 = 27 + 3 = 30 \text{ton}$
> $y_0 = y_1 + y_2 = 3 + 67 = 70 \text{ton}$
> $E(\%) = \left[\left| \left(\dfrac{x_0}{x_0} \right) - \left(\dfrac{y_1}{y_0} \right) \right| \right] \times 100 = \left[\left| \left(\dfrac{27}{30} \right) - \left(\dfrac{3}{70} \right) \right| \right] \times 100 = 85.71\%$

12 다음의 오염된 토양의 정화 및 복구 기술에 대하여 서술하시오.

(1) 동전기 정화기술
(2) 전기삼투
(3) 전기이동
(4) 전기영동

> **풀이**
> (1) 동전기 정화기술
>   지층 속에 전극을 설치한 후 전류를 가하여 지층의 물리ㆍ화학적 및 수리학적 변화를 유도한 후 전도현상(동전기 현상)을 일으켜 오염물질을 이동, 추출 제거하는 기술이다.
> (2) 전기삼투
>   포화토양 내에 전류가 가해지면 양이온이 음극을 향하여 이동하면서 공극수를 함께 이동시킴으로써 물이 흐르는 현상이며, 낮은 수리전도도(예 : 점토)를 가진 토양오염물질 처리에 효과적이다.
> (3) 전기이동
>   전기경사에 의한 전하를 띤 화학물질의 이동 현상이며 이온상태의 오염물질이나 입자표면에 전하를 띤 토양오염물질 처리에 효과적이다.
> (4) 전기영동
>   주어진 전기장에 의하여 대전된 입자가 자신이 가지고 있는 전하와 반대방향으로 이동하는 현상이며 토양, 액체 혼합물 내의 전하를 띤 콜로이드의 이동을 의미한다.

13 C : 86.6%, H : 4%, O : 8%, S : 1.4%의 조성으로 된 액체 연료 1kg을 연소하는 데 필요한 (1) 이론산소량(m^3/kg) 및 (2) 이론공기량(m^3/kg)을 각각 구하시오.

> **풀이**
>
> (1) 이론산소량(m^3/kg) : O_0
>
> $$O_0(m^3/kg) = 1.867C + 5.6\left(H - \frac{O}{8}\right) + 0.7S$$
> $$= (1.867 \times 0.866) + \left[5.6 \times \left(0.04 - \frac{0.08}{8}\right)\right] + (0.7 \times 0.014)$$
> $$= 1.795(m^3/kg)$$
>
> (2) 이론공기량(m^3/kg)
>
> $$A_0 = \frac{O_0}{0.21} = \frac{1.795 m^3/kg}{0.21} = 8.55 m^3/kg$$

14 연직차수막(공)에서 쓰이는 공법 4가지를 기술하시오.

> **풀이**
>
> **연직차수막 공법**
> ① 어스 댐 코어 공법　　　　② 강널말뚝(Sheet Pile) 공법
> ③ 그라우트 공법　　　　　　④ 차수시트 매설 공법
>
> [참고] ①~④항 외에
> 　　　　⑤ 지중 연속벽 공법

15 다음과 같은 조성을 가지는 폐기물을 소각하려고 한다.
　(1) 재활용 전 가연성 폐기물의 평균 발열량(kcal/kg)을 구하시오.
　(2) 종이 20%, 플라스틱류 50%, 유리 30%, 금속류 50%를 회수하여 재활용할 경우 남은 가연성 폐기물의 발열량(kcal/kg)을 구하시오.

종류	종이	플라스틱류	음식물류	유리류	금속류
조성(%)	20	35	15	15	15
발열량(kcal/kg)	4,500	9,000	2,000	0	0

[풀이]

(1) 재활용 전 가연성 폐기물 평균발열량
  비가연성 물질인 유리류 및 금속류 제외
  $(kcal/kg) = (4{,}500\,kcal/kg \times 0.2) + (9{,}000\,kcal/kg \times 0.35)$
  $\qquad\qquad\qquad + (2{,}000\,kcal/kg \times 0.15)$
  $\qquad\quad = 4{,}350\,kcal/kg$

(2) 재활용 후 가연성 폐기물 발열량
  남은 가연성 폐기물 비율은,
  ① 종이 $= 0.2 \times (1-0.2) = 0.16 \times 100 = 16\%$
  ② 플라스틱류 $= 0.35 \times (1-0.5) = 0.175 \times 100 = 17.5\%$
  ③ 음식쓰레기 $= 0.15 \times 100 = 15\%$
  $(kcal/kg) = (4{,}500\,kcal/kg \times 0.16) + (9{,}000\,kcal/kg \times 0.175)$
  $\qquad\qquad\qquad + (2{,}000\,kcal/kg \times 0.15)$
  $\qquad\quad = 2{,}595\,kcal/kg$

16 1일 폐기물 발생량이 1,000ton인 도시에서 8ton 덤프트럭으로 쓰레기를 매립장까지 운반하고자 한다. 다음 조건에서 1일 몇 대의 차량이 필요한가?

[조건]
- 작업시간 : 8hr/day
- 운반거리 : 10km
- 왕복 운반시간 : 20분
- 적재시간 : 15분
- 하역시간 : 10

[풀이]

$$\text{차량대수} = \frac{\text{폐기물 총량}}{\text{차량 적재용량}}$$

폐기물 총량 $= 1{,}000\,ton/day$

$$\text{차량 적재용량} = \frac{8\,ton/\text{대}\cdot\text{회}}{(20+15+10)\text{분}/\text{회} \times hr/60min \times day/8hr}$$
$\qquad\qquad\quad = 85.33\,ton/day\cdot\text{대}$

$= \dfrac{1{,}000\,ton/day}{85.33\,ton/day\cdot\text{대}} = 11.72(12\text{대})$

17 슬러지 C/N비 5, 낙엽 C/N비 70, 혼합하여 C/N비 25로 만들 때 1kg 낙엽에 첨가할 슬러지량을 구하시오.(낙엽 수분 50%, 슬러지 수분 75%, 낙엽 고형물질 중 질소 0.6, 슬러지 고형물질 중 질소 6)

풀이

문제요약

구분	C/N비	질소/TS	탄소/TS	함수율	혼합비율
슬러지	5	6%	30%	75%	$(1-x)$
낙엽	70	0.6%	42%	50%	x

C의 함량 $= [(1-x) \times (1-0.75) \times 0.3] + [x \times (1-0.5) \times 0.42]$
$\quad\quad\quad = 0.075 - 0.075x + 0.21x = 0.075 + 0.135x$

N의 함량 $= [(1-x) \times (1-0.75) \times 0.06] + [x \times (1-0.5) \times 0.006]$
$\quad\quad\quad = 0.015 - 0.015x + 0.003x = 0.015 - 0.012x$

C/N비 $= \dfrac{\text{C함량}}{\text{N함량}}$

$25 = \dfrac{0.075 + 0.135x}{0.015 - 0.012x}$

$25 \times (0.015 - 0.012x) = 0.075 + 0.135x$

$0.375 - 0.3x = 0.075 + 0.135x$

$x = 0.689$

$0.689 : 0.311 = 1 : x'$ (첨가슬러지량)

x' (첨가슬러지량) $= 0.45\text{kg}$

18 다음의 용출시험방법에 대하여 기술하시오.

(1) 시료 : 용매(W : V)
(2) 용출용매의 pH(염산 이용 시)
(3) 시료 (　)g 이상
(4) 진탕횟수 (　) 회/분
(5) 진탕기 진폭 (　~　)cm
(6) 진탕시간 (　) 시간 연속
(7) (　) 후 원심분리한다.

> **풀이**
>
> **용출시험방법**
> (1) 시료 : 용매 비율(W : V) ⇒ 1 : 10
> (2) 용출용매의 pH 범위 ⇒ pH 5.8~6.3
> (3) 조제시료 ⇒ 100g 이상
> (4) 진탕횟수 ⇒ 200회/분
> (5) 진탕기 진폭 ⇒ 4~5cm
> (6) 진탕시간 ⇒ 6시간 연속
> (7) 여과지 ⇒ $1.0\mu m$ 유리섬유 여과지 여과 후 원심분리

SECTION 002 2012년 1회 산업기사

01 쓰레기를 수거하는 작업, 즉 청소작업이 끝난 후 이에 대한 상태를 평가하는 방법으로는 CEI와 USI를 사용한다. 각각에 대하여 간단히 서술하시오.

> **풀이**
> 1. CEI(Community Effects Index)
>   지역사회 효과지수라 하며 가로 청소상태를 기준(scale : 1~4)으로 측정하는 방법이다.
> 2. USI(User Satisfaction Index)
>   사용자만족도 지수라 하며 서비스를 받는 사람들의 만족도를 설문조사(설문문항 : 6개)하여 계산하는 방법이다.

02 압축비(CR)와 부피감소율(VR)의 관계를 설명하고, 가로축을 VR, 세로축을 CR로 하여 두 인자 간의 관계를 그래프로 나타내시오.

> **풀이**
> ### CR과 VR의 관계식
> ① 압축비(다짐률 : Compaction Ratio ; CR) $= \dfrac{V_i}{V_f} = \dfrac{100}{(100 - VR)}$
>
> ② 부피감소율(Volume Reduction ; VR)
> $= \left(\dfrac{V_i - V_f}{V_i}\right) \times 100 = \left(1 - \dfrac{V_f}{V_i}\right) \times 100$
> $= \left(1 - \dfrac{1}{CR}\right) \times 100\,(\%)$
>
> 여기서, V_i : 압축 전 초기부피, V_f : 압축 후 최종부피
>
> [CR과 VR의 관계 그래프]
>
>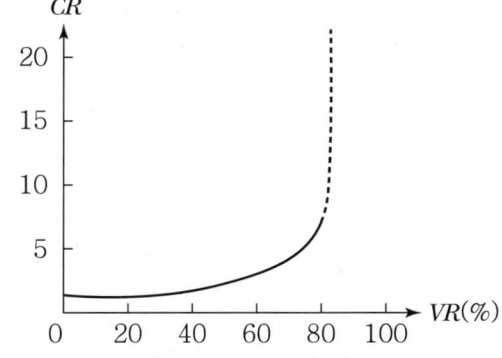
>
> (VR이 증가함에 따라 CR의 증가율은 처음에는 서서히 증가하고 약 80% 이상 되면 매우 급격히 증가함)

03 열분해의 정의를 서술하고 열분해 시 생성되는 기체상, 고체상, 액체상 물질을 각각 1가지씩 기술하시오.

> **풀이**
>
> **열분해 정의**
> 공기가 부족한 상태에서 가연성폐기물을 연소시켜 유기물질로부터 가스, 액체 및 고체 상태의 연료를 생산하는 공정을 의미하며 흡열반응을 한다.
>
> **열분해에 의해 생성되는 물질(1가지씩만 기술)**
> ① 기체물질 : H_2, CH_4, CO, H_2S, HCN
> ② 액체물질 : 식초산, 아세톤, 메탄올, 오일, 타르
> ③ 고체물질 : 탄화물(Char), 불활성물질

04 해안매립공법의 종류 3가지를 기술하시오.

> **풀이**
>
> **해안매립공법**
> ① 순차투입공법
>   호안 측으로부터 순차적으로 쓰레기를 투입하여 육지화하는 방법이다.
> ② 박층뿌림공법
>   개량된 지반이 붕괴될 위험성이 있는 경우에 밑면이 뚫린 바지선에 폐기물을 적재하여 쓰레기를 박층으로 떨어뜨려 뿌려줌으로써 바닥지반의 하중을 균등하게 해주는 방법이다.
> ③ 수중투기공법(내수배제공법)
>   외주 호 안이나 중간제방 등에 고립된 매립지대의 해수를 그대로 놓은 채 쓰레기를 투기하거나 매립 전에 내수를 일부 배제한 후 쓰레기를 투기하는 방법이다.

05 합성차수막의 종류 4가지를 쓰시오.

> **풀이**
>
> **합성차수막의 종류**
> ① HDPE ② CPE
> ③ CSPE ④ PVC
>
> [참고] ①~④항 외에
> ⑤ EPDN ⑥ IIR ⑦ CR

06 휘발성 고형물(비중 0.89), 수분(비중 1.0), 강열잔류고형물(비중 1.95)이 각각 3%, 8%, 89%일 때 슬러지 비중은?

> **풀이**
>
> $$\frac{슬러지량}{슬러지\ 비중} = \frac{유기물}{유기물\ 비중} + \frac{무기물}{무기물\ 비중} + \frac{함수량}{함수\ 비중}$$
>
> $$\frac{100}{슬러지\ 비중} = \frac{3}{0.89} + \frac{89}{1.95} + \frac{(100-3-89)}{1.0}$$
>
> $$\frac{100}{슬러지\ 비중} = 57.012$$
>
> 슬러지 비중 = 1.754

07 배출밀도가 20L 봉투에 무게가 8kg인 폐기물 봉투 550개가 8m³ 용량 적재차량 적재 시 40L의 침출수가 발생할 때 밀도변화율(차량적재 시/배출 시)을 구하시오.

> **풀이**
>
> $$밀도변화율 = \frac{차량적재\ 시}{배출\ 시}$$
>
> 배출 시 밀도 = 8kg/20L = 0.4kg/L
>
> 차량적재 시 밀도 = $\frac{8kg/개 \times (550 - 40/20)개}{8m^3 \times 1,000L/m^3}$ = 0.548kg/L
>
> $= \frac{0.548}{0.4} = 1.37$

08 다음 조건의 폐기물 선별장치의 선별효율을 Rietema 식에 의하여 구하시오.

[조건]
- 선별장치의 투입량이 1.0ton/hr이고, 회수량이 600kg/hr이며, 이 중 회수량 550kg/hr가 회수대상 물질이다.
- 거부량 또는 제거량이 400kg/hr이고, 이 중 회수대상 물질은 70kg/hr이었다.

풀이

x_1 550kg/hr → y_1 50kg/hr
x_2 70kg/hr → y_2 330kg/hr(1,000 − 600 − 70)kg/hr
$x_0 = x_1 + x_2 = 620$kg/hr
$y_0 = y_1 + y_2 = 380$kg/hr

Rietema 선별효율(E)

$$E(\%) = \left[\left|\left(\frac{x_1}{x_0}\right) - \left(\frac{y_1}{y_0}\right)\right|\right] \times 100 = \left[\left|\left(\frac{550}{620}\right) - \left(\frac{50}{380}\right)\right|\right] \times 100 = 75.55\%$$

09 분뇨량이 80kL/day이며 유기물이 소화되면서 가스발생량은 분뇨량의 8배이다. 그리고 가스저류고에 8시간 보관하고자 하였을 때 가스저장고의 용량(m^3)을 구하시오.

풀이

용량(m^3) = 80kL/day × m^3/kL × day/24hr × 8hr × 8 = 213.33m^3

10 초기수분이 98%인 1ton의 슬러지를 수분함량 50%로 건조할 때 증발된 수분량(ton)을 구하시오.

풀이

초기슬러지량(100 − 초기함수율) = 처리 후 슬러지량(100 − 처리 후 함수율)
1ton × (100 − 98) = 처리 후 슬러지량 × (100 − 50)
처리 후 슬러지량(ton) = 0.04ton
증발된 수분량(ton) = 1 − 0.04 = 0.96ton

11 C_5H_{12} 100kg을 연소시킨 후 발생하는 가스 중에 N_2 : 84%, CO_2 : 12.5%, O_2 : 3.5%가 발생하였다면 이 연료를 연소할 때 필요한 실제공기량(m^3)을 구하시오.

> **풀이**
>
> $A(m^3) = m \times A_0$
>
> $$m = \frac{N_2}{N_2 - (3.76 \times O_2)} = \frac{84}{84 - (3.76 \times 3.5)} = 1.19$$
>
> $$A_0 = \frac{O_0}{0.21}$$
>
> 연소반응식
> $C_5H_{12} + 8O_2 \rightarrow 5CO_2 + 6H_2O$
> 72kg : $8 \times 22.4 m^3$
> 100kg : O_0
>
> $$O_0 = \frac{100kg \times (8 \times 22.4)m^3}{72kg} = 248.89 m^3$$
>
> $$= \frac{248.89}{0.21} = 1,185.19 m^3$$
>
> $= 1.19 \times 1,185.19 = 1,410.38 m^3$

12 폐기물 발생량이 4,300m^3/day인 도시에서 8ton 덤프트럭으로 쓰레기를 매립장으로 운반하고자 한다. 폐기물 밀도는 280kg/m^3, 덤프트럭 작업시간 6hr/day, 운반거리 25km, 왕복시간 45분, 투기시간 8분, 적재시간 20분, 대기차량 2대인 조건에서 하루에 몇 대의 차량이 필요한가?

> **풀이**
>
> $$차량대수 = \frac{폐기물\ 총량}{차량\ 적재용량} + 대기차량$$
>
> 폐기물 총량 = 4,300m^3/day $\times$ 280kg/m^3 $\times$ ton/1,000kg
> $\qquad\qquad = 1,240 ton/day$
>
> $$차량\ 적재용량 = \frac{8ton/대 \cdot 회}{(45+8+20)min/회 \times day/6hr \times hr/60min}$$
> $\qquad\qquad = 39.45 ton/day$
>
> $$= \frac{1,204}{39.45} + 2 = 32.52(33대)$$

13 쓰레기 발생량이 20,000kg/일이고 저위발열량이 800kcal/kg일 때 소각로 내 열부하가 5,000kcal/m³ · h인 소각로 용적(m³)을 구하시오. (단, 1일 24시간 가동)

> **풀이**
>
> $$\text{소각로 용적(m}^3) = \frac{\text{저위발열량} \times \text{연소량}}{\text{열부하율}}$$
>
> $$= \frac{800\text{kcal/kg} \times 20,000\text{kg/day} \times \text{day/24hr}}{5,000\text{kcal/m}^3 \cdot \text{hr}} = 133.33\text{m}^3$$

14 저위발열량이 5,000(kcal/Sm³)인 연료를 완전연소 시 이론연소온도(℃)를 구하시오. (단, 이론연소가스량 10Sm³, 연소가스 평균 정압비열 0.35kcal/Sm³ · ℃, 기준온도(실온) 25℃이다.)

> **풀이**
>
> $$\text{이론연소온도(℃)} = \frac{H_l}{G_o \times C_p} + t_1$$
>
> $$= \frac{5,000\text{kcal/Sm}^3}{10\text{Sm}^3/\text{Sm}^3 \times 0.35\text{kcal/Sm}^3 \cdot \text{℃}} + 25\text{℃} = 1,453.57\text{℃}$$

15 수거대상 인구 1,500명, 폐기물 발생량 1.5kg/인 · 일, 차량용적 5m³, 적재밀도 600kg/m³일 때 폐기물의 수거횟수(회/주)를 구하시오. (단, 차량 1대 기준)

> **풀이**
>
> $$(\text{회/주}) = \frac{\text{총폐기물 발생량(kg/주)}}{\text{1회 수거량(kg/회)}}$$
>
> $$= \frac{1.5\text{kg/인} \cdot \text{일} \times 1,500\text{인} \times 7\text{일/주}}{5\text{m}^3/\text{대} \times \text{대/회} \times 600\text{kg/m}^3} = 5.26(6\text{회/주})$$

16 초기수분함유량이 96%인 슬러지를 농축시켰을 때 농축 후의 함수율(%)을 구하시오. [단, SL_2(농축 후 슬러지)는 SL_1(초기 슬러지)의 $\frac{1}{3}$임]

> **풀이**
>
> 초기슬러지량(1−초기함수율) = 농축 후 슬러지량(1−농축 후 함수율)
>
> $1 \times (1 - 0.96) = (1 \times 1/3) \times (1 - \text{농축 후 함수율})$
>
> 농축 후 함수율(%) = 88%

SECTION 003 2012년 2회 기사

01 주성분이 $C_5H_7O_2N$이고, 함수율이 15%인 건조슬러지를 완전연소하고자 할 때 건조슬러지 1kg당 필요한 공기량(kg)과 연소 시 고위발열량(kcal/kg)을 구하시오.(단, 공기 중 산소량은 중량비로 23%)

풀이

(1) 건조슬러지 1kg당 필요공기량(kg)

$C_5H_7O_2N$의 분자량 $=[(12\times5)+(1\times7)+(16\times2)+14]=113$

각 성분의 구성비 : $C=\dfrac{12\times5}{113}\times0.85=0.4513$

$H=\dfrac{1\times7}{113}\times0.85=0.0526$

$O=\dfrac{16\times2}{113}\times0.85=0.2407$

$N=\dfrac{14}{113}\times0.85=0.1053$

$A_0(kg/kg)=\dfrac{O_0}{0.23}=\dfrac{1}{0.23}\left[2.667C+8\left(H-\dfrac{O}{8}\right)+S\right]$

$=11.5C+34.63H-4.31O+4.31S$

$=(11.5\times0.4513)+(34.63\times0.0526)-(4.31\times0.2407)$

$=5.97kg/kg$

(2) 고위발열량(H_h : kcal/kg)

$H_h=8,100C+34,000\left(H-\dfrac{O}{8}\right)+2,500S$

$=(8,100\times0.4513)+\left[34,000\times\left(0.0526-\dfrac{0.2407}{8}\right)\right]$

$=4,420.96kcal/kg$

02 저위발열량이 5,000kcal/Sm³인 기체연료를 완전연소 시 이론습배기 연소가스량은 10Sm³/Sm³이다. 연소가스 평균정압비열이 0.4kcal/Sm³·℃이고 주입공기의 온도가 10℃일 경우 배기가스의 온도(℃)는?

풀이

이론연소온도(℃) $=\dfrac{H_l}{G_o\times C_p}+t_1$

$=\dfrac{5,000kcal/Sm^3}{10Sm^3/Sm^3\times0.4kcal/Sm^3\cdot℃}+10℃=1,260℃$

03 폐기물의 고형화 처리방법 6가지를 쓰시오.

> **풀이**
>
> **고형화 처리방법**
> ① 시멘트기초법(시멘트고형화법)   ② 석회기초법
> ③ 자가시멘트법   ④ 열가소성 플라스틱법
> ⑤ 유기중합체법   ⑥ 피막형성법

04 다음 ( ) 안에 알맞은 말을 넣으시오.

(1) 폐산은 수소이온농도지수가 (①)인 것으로 한정한다.
(2) 폐알칼리는 수소이온농도지수가 (②)인 것으로 한정하며 수산화칼륨 및 수산화나트륨을 포함한다.
(3) 폐유는 기름성분을 (③) 함유한 것을 포함하며 PCB 함유폐기물, 폐식용유, 식품재료와 원료를 조리·가공하면서 발생하는 기름, 폐흡착제 및 폐흡수제는 제외한다.

> **풀이**
>
> ① 2.0 이하, ② 12.5 이상, ③ 5%
>
> [참고] 지정폐기물의 종류
> 1. 특정시설에서 발생되는 폐기물
>   가. 폐합성 고분자화합물
>   1) 폐합성 수지(고체상태의 것은 제외한다)
>   2) 폐합성 고무(고체상태의 것은 제외한다)
>   나. 오니류(수분함량이 95퍼센트 미만이거나 고형물 함량이 5퍼센트 이상인 것으로 한정한다)
>   1) 폐수처리 오니(환경부령으로 정하는 물질을 함유한 것으로 환경부장관이 고시한 시설에서 발생되는 것으로 한정한다)
>   2) 공정 오니(환경부령으로 정하는 물질을 함유한 것으로 환경부장관이 고시한 시설에서 발생되는 것으로 한정한다)
>   다. 폐농약(농약의 제조·판매업소에서 발생되는 것으로 한정한다)
> 2. 부식성 폐기물
>   가. 폐산(액체상태의 폐기물로서 수소이온 농도지수가 2.0 이하인 것으로 한정한다)
>   나. 폐알칼리(액체상태의 폐기물로서 수소이온 농도지수가 12.5 이상인 것을 한정하며, 수산화칼륨 및 수산화나트륨을 포함한다)
> 3. 유해물질 함유 폐기물(환경부령으로 정하는 물질을 함유한 것으로 한정한다)
>   가. 광재(鑛滓)[철광 원석의 사용으로 인한 고로(高爐) 슬래그(Slag)는 제외한다]

나. 분진(대기오염 방지시설에서 포집된 것으로 한정하되, 소각시설에서 발생되는 것은 제외한다)
다. 폐주물사 및 샌드블라스트 폐사(廢砂)
라. 폐내화물(廢耐火物) 및 재벌구이 전에 유약을 바른 도자기 조각
마. 소각재
바. 안정화 또는 고형화·고화 처리물
사. 폐촉매
아. 폐흡착제 및 폐흡수제[광물유·동물유 및 식물유의 정제에서 사용된 폐토사(廢土砂)를 포함한다]

4. 폐유기용제
   가. 할로겐족(환경부령으로 정하는 물질 또는 이를 함유한 물질로 한정한다)
   나. 그 밖의 폐유기용제(가목 외의 유기용제를 말한다)

5. 폐페인트 및 폐래커(다음 각 목의 것을 포함한다)
   가. 페인트 및 래커와 유기용제가 혼합된 것으로서 페인트 및 래커 제조업, 용적 5세제곱미터 이상 또는 동력 3마력 이상의 도장(塗裝)시설, 폐기물을 재활용하는 시설에서 발생되는 것
   나. 페인트 보관용기에 남아 있는 페인트를 제거하기 위하여 유기용제와 혼합한 것
   다. 폐페인트 용기(용기 안에 남아 있는 페인트가 건조되어 있고, 그 잔존량이 용기 바닥에서 6밀리미터를 넘지 아니하는 것은 제외한다)

6. 폐유(기름성분을 5퍼센트 이상 함유한 것을 포함하며, 폴리클로리네이티드비페닐(PCBs)함유 폐기물, 폐식용유, 식품 재료와 원료를 조리·가공하면서 발생하는 기름, 폐흡착제 및 폐흡수제는 제외한다)

7. 폐석면
   가. 건조고형물의 함량을 기준으로 하여 석면이 1퍼센트 이상 함유된 제품·설비(뿜칠로 사용된 것은 포함된다) 등의 해체·제거 시 발생되는 것
   나. 슬레이트 등 고형화된 석면 제품 등의 연마·절단·가공 공정에서 발생된 부스러기 및 연마·절단·가공 시설의 집진기에서 모아진 분진
   다. 석면의 제거작업에 사용된 바닥비닐시트(뿜칠로 사용된 석면의 해체·제거작업에 사용된 경우에는 모든 비닐시트)·방진마스크·작업복 등

8. 폴리클로리네이티드비페닐 함유 폐기물
   가. 액체상태의 것(1리터당 2밀리그램 이상 함유한 것으로 한정한다)
   나. 액체상태 외의 것(용출액 1리터당 0.003밀리그램 이상 함유한 것으로 한정한다)

9. 폐유독물(「유해화학물질관리법」에 따른 유독물을 폐기하는 경우로 한정한다)

10. 의료폐기물(환경부령으로 정하는 의료기관이나 시험·검사 기관 등에서 발생되는 것으로 한정한다)

11. 그 밖에 주변환경을 오염시킬 수 있는 유해한 물질로서 환경부장관이 정하여 고시하는 물질

05 함수율이 98%인 슬러지를 농축하여 부피를 2/3로 줄였을 때 유기탄소량은 35%/ TS, 총질소 량은 10%/ TS, 이것과 혼합할 톱밥의 함수율은 20%, 유기탄소량은 85%/ TS, 총질소량은 2%/ TS일 때 농축슬러지와 톱밥의 혼합비를 3 : 2(무게비)로 할 경우 C/N 비는?

> **풀이**
>
> 먼저 농축슬러지 부피 감소 시(2/3) 함수율 물질수지식을 이용하여 구하면
> 초기슬러지부피(1 − 초기함수율) = 농축 후 슬러지 부피(1 − 농축 후 함수율)
> $1 \times (1 - 0.98) = \left(1 \times \dfrac{2}{3}\right) \times (1 - 농축\ 후\ 함수율)$
>
> 처리(농축 후)함수율(%) = 97%
>
> $C/N비 = \dfrac{혼합물\ 중\ 탄소의\ 양}{혼합물\ 중\ 질소의\ 양}$
>
> 혼합물 중 탄소의 양
> $= \left[\left\{\dfrac{3}{3+2} \times (1-0.97) \times 0.35\right\} + \left\{\dfrac{2}{3+2} \times (1-0.2) \times 0.85\right\}\right] = 0.2783$
>
> 혼합물 중 질소의 양
> $= \left[\left\{\dfrac{3}{3+2} \times (1-0.97) \times 0.1\right\} + \left\{\dfrac{2}{3+2} \times (1-0.2) \times 0.02\right\}\right] = 0.0082$
>
> $C/N비 = \dfrac{0.2783}{0.0082} = 33.94$

06 유리화법의 장점 및 단점을 2가지씩 기술하시오.

> **풀이**
>
> 1. 장점
>   ① 첨가제 비용이 비교적 저렴하다.
>   ② 2차 오염물질의 발생이 거의 없다.
> 2. 단점
>   ① 에너지가 집약적이다.
>   ② 특수장치와 숙련된 기술인원이 필요하다.

07 입경 20cm인 입자를 4cm로 파쇄하는 데 필요한 에너지는 입경이 10cm인 입자를 4cm로 파쇄하는 데 필요한 에너지의 몇 배인가?(Kick 법칙 이용)

> **풀이**
>
> $$E = C\ln\left(\frac{L_1}{L_2}\right)$$
>
> $$E_1 = C\ln\left(\frac{20}{4}\right)$$
>
> $$E_2 = C\ln\left(\frac{10}{4}\right)$$
>
> $$\frac{E_1}{E_2} = \frac{\ln 5}{\ln 2.5} = 1.76 \text{배}$$

08 인구 50만 명인 어느 도시의 폐기물 발생량이 1.0kg/인·일이고, 밀도는 0.5ton/m³이다. 쓰레기를 압축하면서 그 용적이 2/3가 되었고, 다시 쓰레기를 분쇄하면서 1/2이 감소되었다. Trench형 매립 시 연간 필요 매립지의 면적(m²/year)은?(단, Trench의 높이 5m이고, Trench 중 복토의 깊이는 1m이다.)

> **풀이**
>
> 압축만 한 경우 : 매립면적(m²/year)
>
> $$(\text{m}^2/\text{year}) = \frac{1.0\text{kg/인}\cdot\text{일} \times 500{,}000\text{인} \times 365\text{일/year}}{500\text{kg/m}^3 \times (5-1)\text{m}} \times \frac{2}{3}$$
>
> $$= 60{,}833.33\,\text{m}^2/\text{year}$$
>
> 압축 후 분쇄한 경우 매립면적(m²/year)
>
> $$(\text{m}^2/\text{year}) = 60{,}833.33 \times \left(1 - \frac{1}{2}\right) = 30{,}416.67\,\text{m}^2/\text{year}$$

09 쓰레기 발생량 예측방법 3가지를 기술하시오.

> **풀이**
>
> **쓰레기 발생량 예측방법**
> ① 경향법
>   최저 5년 이상의 과거처리실적을 수직 모델에 대하여 과거의 경향을 가지고 장래를 예측하는 방법이다.
> ② 다중회귀모델
>   하나의 수식으로 각 인자(기후, 면적, 인구, 자원회수량)들의 효과를 총괄적으로 나타내어 복잡한 시스템의 분석에 유용하게 사용할 수 있는 쓰레기 발생량의 예측방법이다.
> ③ 동적모사모델
>   쓰레기 발생량에 영향을 주는 모든 인자를 시간에 대한 함수로 나타낸 후 시간에 대한 함수로 표현된 각 영향인자들 간의 상관관계를 수식화하여 쓰레기 발생량을 예측하는 방법이다.

10 소각로 내 연소과정에서 배출되는 다이옥신 제거방법 3가지만 기술하시오.

> **풀이**
>
> **노 내(연소과정) 제어방법**
> ① 완전연소조건 3T(Temperature, Time, Turbulence)를 충족할 것
> ② 적정 연소온도(860~920℃) 유지
> ③ 공기공급량(1차 공기, 2차 공기)의 조절
>
> [참고] ①~③항 외에
>   ④ 입자이월의 최소화
>   ⑤ 후류온도제어(250℃ 이하, 400℃ 이상에서 다이옥신량 급감)

11 소각로의 배기가스배출량이 8,000kg/hr이며, 체류시간은 2sec, 소각로 내 가스온도는 1,000℃이다. 소각로의 체적(m^3)은?(단, 표준온도에서 배기가스의 밀도는 1.292kg/Sm^3)

> **풀이**
>
> 소각로 용적(m^3) = 배기가스량 × 체류시간
> $$= \left(\frac{8,000\text{kg/hr} \times \text{hr}/3,600\text{sec}}{1.292\text{kg/Sm}^3}\right) \times 2\text{sec} \times \frac{273+1,000}{273}$$
> $$= 16.04\text{m}^3$$

12 Cd^{2+}을 Na_2S으로 침전시키는 침전반응식을 쓰시오.

> **풀이**
>
> **반응식**
> $Cd^{2+} + Na_2S \rightarrow CdS(\Downarrow : 침전) + 2Na^+$

13 1차 반응에서 초기농도가 1/2로 감소하는 데 100sec 소요되었다면 초기 농도가 1/100로 감소하는 데 소요되는 시간(sec)을 구하시오.

> **풀이**
>
> 1차 반응식에 의한 속도상수(K)를 우선 구함
> $\ln \dfrac{C_t}{C_0} = -kt$
> $\ln 0.5 = -k \times 100\,\mathrm{sec}$
> $k = 0.00693\,\mathrm{sec}^{-1}$
> 초기 농도가 1/100로 감소
> $\ln \dfrac{1}{100} = -0.00693\,\mathrm{sec}^{-1} \times t$
> $t = 664.53\,\mathrm{sec}$

14 연직차수막과 표면차수막에 대하여 그림을 그려서 비교 설명하시오.

> **풀이**
>
>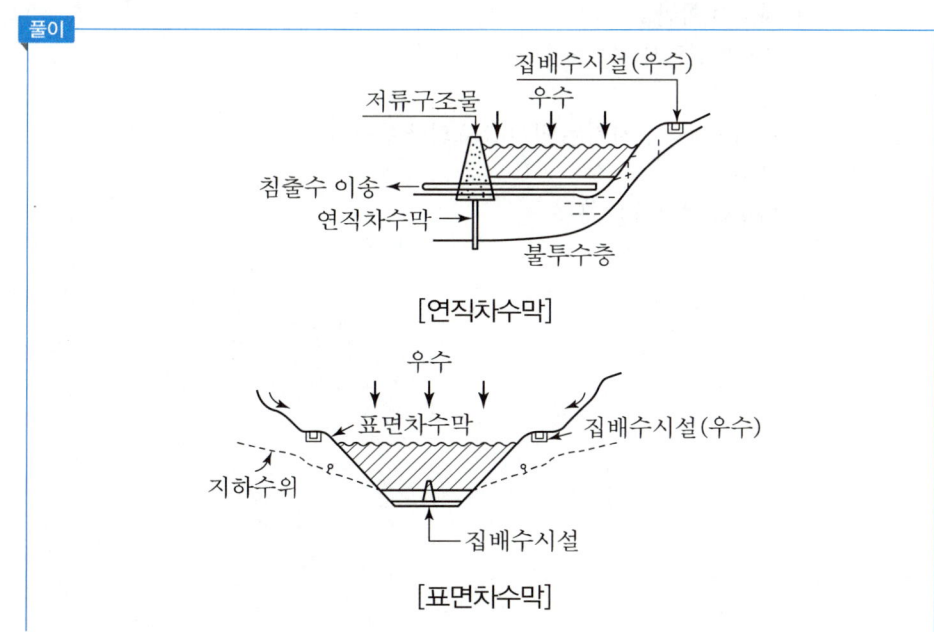

연직차수막과 표면차수막의 특징

1. 표면차수막
   ① 적용조건(선정조건)
   　매립지의 필요한 범위에 차수재료로 덮인 바닥이 있는 경우 또는 매립지반의 투수계수가 큰 경우에 사용
   ② 시공
   　매립지 전체를 차수재료로 덮는 방식으로 시공
   ③ 지하수 집배수시설
   　원칙적으로 지하수 집배수시설을 시공하므로 필요
   ④ 차수성 확인
   　시공 시에는 차수성이 확인되지만 매립 후에는 곤란함
   ⑤ 경제성
   　단위면적당 공사비는 저가이나 전체적으로 비용이 많이 듦
   ⑥ 보수
   　매립 전에는 보수·보강 시공이 가능하나 매립 후에는 어려움

2. 연직차수막
   ① 적용(채용, 선정) 조건
   　지중에 수평방향의 차수층이 존재할 때 사용
   ② 시공
   　수직 또는 경사시공
   ③ 지하수 집배수시설
   　불필요
   ④ 차수성 확인
   　지하매설로서 차수성 확인이 어려움
   ⑤ 경제성
   　단위면적당 공사비는 많이 소요되나 총공사비는 적게 듦
   ⑥ 보수
   　차수막 보강시공 가능

15 탄소원과 에너지원에 따른 미생물을 4가지로 구분하시오.

> **풀이**
> ① 광(합성)독립(자가) 영양미생물
>   탄소원 : 이산화탄소(CO_2), 에너지원 : 빛
> ② 광(합성)종속 영양미생물
>   탄소원 : 유기탄소, 에너지원 : 빛
> ③ 화학독립(자가)영양미생물
>   탄소원 : 이산화탄소(CO_2), 에너지원 : 무기물의 산화·환원반응
> ④ 화학종속 영양미생물
>   탄소원 : 유기탄소, 에너지원 : 유기물의 산화·환원반응

16 연소제어에 의한 질소산화물 저감방법을 4가지 기술하시오.

> **풀이**
> **NO_x 발생억제방법(연소실 내에서 저감대책) : 4가지만 기술하면 됨**
> ① 저산소 연소
>   낮은 공기비로 연소시키는 방법, 즉 연소실 내로 과잉 공기의 공급량을 줄여 질소와 산소의 반응기회를 적게 하는 방법이다.
> ② 저온도연소
>   예열공기온도 낮게 함으로써 NO_x 생성량을 조절한다.
> ③ 연소부분의 냉각
>   연소실 열부하를 낮춤으로써 NO_x 생성을 저감한다.
> ④ 배기가스 재순환
>   냉각된 배기가스 일부를 연소실로 재순환하여 온도 및 산소농도를 낮춤으로써 NO_x 생성을 저감한다.
> ⑤ 2단연소
>   1단연소실에 부족한 공기를 공급하여 가스온도 상승을 억제하면서 NO_x의 생성을 줄이고 2단연소실에서 완전연소시키는 방법이다.
> ⑥ 버너 및 연소실의 구조 개선
>   저 NO_x버너를 사용하여 버너의 위치를 적정하게 설치하여 NO_x 생성을 저감한다.
> ⑦ 수증기 및 물분사 방법
>   물분자의 흡열반응을 이용하여 온도를 저하시켜 NO_x 생성을 저감한다.

17 구성성분이 무게비로 C 86%, H 12%, S 2% 연료를 연소 시 실제 건배기가스 중의 SO_2 농도(%)를 구하시오. (단, 건배기가스 내의 CO_2+SO_2의 농도는 13%, O_2는 3%, CO는 0%, 나머지는 N이다.)

풀이

이론공기량$(A_0) = \dfrac{O_0}{0.21} = \dfrac{1}{0.21}[1.867C + 5.6H + 0.7S]$

$= \dfrac{1}{0.21}[(1.867 \times 0.86) + (5.6 \times 0.12) + (0.7 \times 0.02)]$

$= 10.91 \text{m}^3/\text{kg}$

공기비$(m) = \dfrac{N_2}{N_2 - 3.76 \times O_2} = \dfrac{84}{84 - (3.76 \times 3)} = 1.15$

실제 건배기가스 중 아황산가스의 농도(%)

$= \dfrac{SO_2}{G_d} \times 100$

$G_d = (m - 0.21)A_0 + 1.867C + 0.7S$

$= [(1.15 - 0.21) \times 10.91] + (1.867 \times 0.86) + (0.7 \times 0.02)] = 11.88 \text{m}^3/\text{kg}$

$= \dfrac{0.014}{11.88} \times 100 = 0.12\%$

SECTION 004 2012년 2회 산업기사

01 다음 조성의 폐기물의 습량기준 단위무게당 고위발열량(kcal/kg) 및 저위발열량(kcal/kg)을 Dulog 식을 이용하여 각각 구하시오.

[폐기물 분석조성]
C=30%, H=20%, O=10%, S=5%, 수분=25%, 불연소율=10%

풀이

고위발열량(H_h)

$H_h = 8,100C + 34,000\left(H - \dfrac{O}{8}\right) + 2,500S$

$= 8,100 \times 0.3 + \left[34,000 \times \left(0.2 - \dfrac{0.1}{8}\right)\right] + 2,500 \times 0.05 = 8,930 \text{(kcal/kg)}$

저위발열량(H_l)

$H_l = H_h - 600(9H + W)$

$= 8,930 \text{(kcal/kg)} - 600 \times [(9 \times 0.2) + 0.25] = 7,700 \text{(kcal/kg)}$

02 폐기물 분석결과 수분이 20%, 강열감량 75%이었다. 다음을 구하시오.
(1) 고형물(%)
(2) 휘발성 고형물(%)
(3) 유기물 함량(%)

풀이

(1) 고형물(%)
고형물(%) = 폐기물(%) - 수분(%) = 100(%) - 20(%) = 80(%)
(2) 휘발성 고형물(%)
휘발성 고형물(%) = 강열감량(%) - 수분(%) = 75(%) - 20(%) = 55(%)
(3) 유기물 함량(%)

유기물 함량(%) = $\dfrac{\text{휘발성 고형물}}{\text{고형물}} \times 100 = \dfrac{55}{80} \times 100 = 68.75(\%)$

03 압축비(CR)를 부피감소율(VR)의 함수로 나타내시오. (단, V_1 : 압축 전 부피, V_2 : 압축 후 부피)

> **풀이**
>
> $$VR = \left(\frac{V_1 - V_2}{V_1}\right) \times 100 = \left(1 - \frac{V_2}{V_1}\right) \times 100 = \left(1 - \frac{1}{CR}\right) \times 100$$
>
> [참고] $CR = \dfrac{V_1}{V_2} = \dfrac{100}{(100 - VR)}$

04 납(Pb^{2+})의 농도 60mg/L인 액상 폐기물 100m³가 있다. 이 중 납을 모두 황화물로 제거하기 위해서 필요한 황화나트륨(Na_2S)의 양은 몇 kg인가?(단, Pb=207, Na=23)

> **풀이**
>
> $Pb^{2+} + S^{2-} \rightarrow PbS \Downarrow$
>
> 207kg : 32kg
>
> 60mg/L × 100m³ × 1,000L/m³ × kg/10⁶mg : S(kg)
>
> $S(kg) = \dfrac{60\text{mg/L} \times 100\text{m}^3 \times 1{,}000\text{L/m}^3 \times \text{kg}/10^6\text{mg} \times 32\text{kg}}{207\text{kg}} = 0.927\text{kg}$
>
> $Na_2S \quad \rightarrow \quad S$
>
> 78kg : 32kg
>
> Na_2S(kg) : 0.927kg
>
> $Na_2S(kg) = \dfrac{78\text{kg} \times 0.927\text{kg}}{32\text{kg}} = 2.26\text{kg}$

05 분자량이 100인 어느 폐기물의 원소조성이 다음과 같다. 이 폐기물 1kg이 혐기성 조건하에서 완전분해될 때 생성되는 이론적인 메탄 가스량(kg)은 얼마인가?(단, $C_xH_yO_z + aH_2O \rightarrow bCH_4 + cCO_2$ 기준)

[조성 중량비 : 탄소 : 60%, 수소 : 8%, 산소 : 32%]

풀이

각 성분 비율을 구하면

탄소(C)$= \dfrac{60}{12} = 5$, 수소(H)$= \dfrac{8}{1} = 8$, 산소(O)$= \dfrac{32}{16} = 2$

화학양론 반응식

$C_5H_8O_2 + 2H_2O \rightarrow 3CH_4 + 2CO_2$

100kg : 3×16kg

1kg : CH_4(kg)

$CH_4(kg) = \dfrac{1kg \times (3 \times 16)kg}{100kg} = 0.48kg$

06 1일 폐기물 발생량이 3,200m³인 도시에서 적재용량 8m³의 덤프트럭으로 운반하려 한다. 1일 몇 대의 차량이 필요한가?(단, 대기차량 포함)

[조건]
- 작업시간 : 8hr/day
- 왕복운반시간 40분
- 대기차량 2대
- 운반거리 20km
- 투기시간 10분
- 적재시간 10분

풀이

차량대수 $= \dfrac{1일\ 폐기물\ 발생량}{1일\ 1대당\ 운반량} +$ 대기차량

1일 폐기물 발생량 $= 3,200 m^3/day$

1일 1대당 운반량

$= \dfrac{8m^3/대 \cdot 회}{(40+10+10)min/회 \times hr/60min \times day/8hr} = 64m^3/day \cdot 대$

$= \dfrac{3,200m^3/day}{64m^3/day \cdot 대} + 2대 = 52대$

07 수분함량 63%인 폐기물 18,000kg을 천일건조상에서 건조시켰더니 수분함량 49%가 되었다. 그러나 천일건조상에서 이 폐기물을 걷는 과정에서 소나기를 만나 수분함량이 다시 58%가 되었다면 최종적으로 이 폐기물에서 제거된 수분의 양(kg)은?

> **풀이**
>
> **고형물 물질수지식**
>
> $18,000 \times (100-63) =$ 건조 후 폐기물량 $\times (100-58)$
>
> 건조 후 폐기물량 $= \dfrac{18,000 \times (100-63)}{(100-58)} = 15,857.14\text{kg}$
>
> 제거된 수분량(kg) = 건조 전 폐기물량 − 건조 후 폐기물량
> $= 18,000 - 15,857.14\text{kg} = 2,142.86\text{kg}$

08 Rietema 식을 기술하시오. (단, x_1 : 회수쓰레기 중 회수대상물질, x_2 : 제거쓰레기 중 회수대상물질, y_1 : 회수쓰레기 중 비회수대상물질, y_2 : 제거쓰레기 중 비회수대상물질)

> **풀이**
>
> **Rietema 선별효율식**
>
> $E(\%) = \left[\left| \left(\dfrac{x_1}{x_1 + x_2} \right) - \left(\dfrac{y_1}{y_1 + y_2} \right) \right| \right] \times 100$

09 500m³인 슬러지 혐기성 소화조가 함수율 95%의 슬러지를 하루에 10m³를 소화한다고 한다. 소화조 유기물의 부하율(kg · VS/m³ · day)은?(단, 무기물 비율은 40%이며, 비중은 1.0)

> **풀이**
>
> 유기물부하율 $= \dfrac{\text{유기물의 양}}{\text{소화조의 용적}}$
>
> $= \dfrac{10\text{m}^3/\text{day} \times 1,000\text{kg/m}^3 \times (1-0.95) \times (1-0.4)}{500\text{m}^3}$
>
> $= 0.6\text{kg} \cdot \text{VS/m}^3 \cdot$ 일

10 C_6H_{14} 100kg을 완전연소하는 데 필요한 이론공기량(kg)은?

> **풀이**
>
> **완전연소반응식**
>
> $C_6H_{14} + 9.5O_2 \rightarrow 6CO_2 + 7H_2O$
>
> 85kg : 9.5×32kg
>
> 100kg : O_0(kg)
>
> $O_0(kg) = \dfrac{100kg \times (9.5 \times 32)kg}{85kg} = 353.49kg$
>
> $A_0(kg) = \dfrac{353.49kg}{0.232} = 1,523.66kg$

11 쓰레기 발생량의 조사방법 3가지를 기술하시오.

> **풀이**
>
> **쓰레기 발생량 조사방법**
> ① 적재차량 계수분석법
>   일정기간 동안 특정 지역의 쓰레기 수거·운반차량의 대수를 조사하여, 이 결과를 밀도로 이용하여 질량으로 환산하는 방법이다.
> ② 직접 계근법
>   입구에서 쓰레기가 적재되어 있는 차량과 출구에서 쓰레기를 적하한 공차량을 계근하여 쓰레기량을 산출하는 방법으로, 비교적 정확한 쓰레기 발생량을 파악할 수 있다.
> ③ 물질수지법
>   물질수지(유입, 유출 폐기물)을 세울 수 있는 상세한 데이터가 있는 경우에 가능한 방법으로, 주로 산업폐기물의 발생량 추산에 이용된다.

12 종속영양미생물과 독립영양미생물의 차이점을 탄소원 및 에너지원으로 구분하여 기술하시오.

> **풀이**
>
> ① 광(합성)독립(자가) 영양미생물
>   탄소원 : 이산화탄소(CO_2), 에너지원 : 빛
> ② 광(합성)종속 영양미생물
>   탄소원 : 유기탄소, 에너지원 : 빛
> ③ 화학독립(자가) 영양미생물
>   탄소원 : 이산화탄소(CO_2), 에너지원 : 무기물의 산화·환원반응
> ④ 화학종속 영양미생물
>   탄소원 : 유기탄소, 에너지원 : 유기물의 산화·환원반응

13 저위발열량이 10,000kca/kg인 중유의 이론공기량(Sm³/kg)은?(단, Rosin 식 이용)

> **풀이**
> 이론공기량(A_0) : Rosin 식
> $A_0(\text{Sm}^3/\text{kg}) = 0.85 \times \dfrac{H_l}{1,000} + 2 = \left(0.85 \times \dfrac{10,000}{1,000}\right) + 2 = 10.5 \text{Sm}^3/\text{kg}$

14 파이프라인(관거) 수송방식의 종류 3가지를 쓰시오.

> **풀이**
> 관거수송방식의 종류
> ① 공기 수송　　② 슬러리 수송　　③ 캡슐 수송

15 침출수에 포함된 수은 2mg/L를 흡착법으로 처리하여 0.01mg/L로 방류시키기 위한 흡착제 소요량(mg/L)은?(Freundlich 식 $K=0.5$, $n=1$)

> **풀이**
> $\dfrac{X}{M} = K \cdot C^{\frac{1}{n}}$
>
> 여기서, X : 흡착제에 흡착된 피흡착 물질의 농도[$X = 2 - 0.01 = 1.99(\text{mg/L})$]
> 　　　　M : 활성탄 사용량(mg/L)
> 　　　　K : 상수 = 0.5
> 　　　　n : 1
> 　　　　C : 처리수 중의 피흡착 물질의 농도 = 0.01(mg/L)
>
> Freundlich 등온흡착식에 대입
> $\dfrac{1.99}{M} = 0.5 \times 0.01^{\frac{1}{1}}$
> $M = 398(\text{mg/L})$

16 투입량 1ton/h, 회수량 700kg/h(이 중 회수대상물질 600kg/h), 제거량 300kg/h (회수물질 60kg)일 때 선별효율(%)을 구하시오. (단, Worrell 식 적용)

> **풀이**
>
> $x_1 : 600\text{kg/hr} \rightarrow y_1 : 100\text{kg/hr}$
>
> $x_2 : 60\text{kg/hr} \rightarrow y_2 : (1{,}000 - 700 - 60)\text{kg/hr}$
>
> $x_0 = x_1 + x_2 = 600 + 60 = 660\text{kg/hr}$
>
> $y_0 = y_1 + y_2 = 100 = 240 = 340\text{kg/hr}$
>
> $E(\%) = \left[\left(\dfrac{x_1}{x_0}\right) \times \left(\dfrac{y_2}{y_0}\right)\right] \times 100 = \left[\left(\dfrac{600}{660}\right) \times \left(\dfrac{240}{340}\right)\right] \times 100 = 64.17\%$

17 적환장을 설치해야 하는 경우 4가지를 기술하시오. (단, 소형 용기를 많이 사용할 때는 답란에서 제외함)

> **풀이**
>
> **적환장을 설치해야 하는 경우**
> ① 최종처리장과 수거지역의 거리가 먼 경우(16km 이상)
> ② 저밀도 거주지역이 존재할 경우
> ③ 상업지역에서 폐기물 수집에 소형 용기를 많이 사용하는 경우
> ④ 슬러지 수송이나 공기 수송방식을 사용할 경우

2012년 4회 기사

01 RDF(Refuse Drived Fuel)의 구비조건 6가지를 쓰시오.

> **풀이**
>
> **RDF 구비조건**
> ① 발열량이 높을 것
> ② 함수율이 낮을 것
> ③ 쓰레기 원료 중에 비가연성 성분이나 연소 후 잔류하는 재의 양이 적을 것
> ④ 대기오염이 적을 것
> ⑤ 배합률이 균일할 것(조성이 균일할 것)
> ⑥ 저장 및 이송이 용이할 것

02 인구 20만 명인 도시에서 1인 1일 쓰레기 발생량 1.2kg이고 쓰레기 밀도가 450kg/m³, 차량운전시간 8hr/day, 운반거리 4km, 적재용량 8m³, 1회 왕복시간 30분, 하역시간 20분, 적재시간 10분일 때 소요 차량대수는?(단, 대기차량 2대, 압축률 1.5)

> **풀이**
>
> 차량대수 = $\dfrac{1일\ 폐기물\ 발생량}{1일\ 1대당\ 운반량}$ + 대기차량
>
> 1일 폐기물 발생량 = 1.2kg/인·일 × 200,000인 = 240,000kg/일
>
> 1일 1대당 운반량
>
> $= \dfrac{8m^3/대·회 \times 450kg/m^3}{(30+20+10)min/회 \times hr/60min \times day/8hr} \times 1.5$
>
> $= 43,200 kg/day·대$
>
> $= \dfrac{240,000 kg/day}{43,200 kg/day·대} + 2대 = 7.5(8대)$

03 유동층소각로의 장점 6가지를 쓰시오.

> **풀이**
>
> **유동층소각로의 장점**
> ① 유동매체의 열용량이 커서 액상, 기상, 고형 폐기물의 전소 및 혼소, 균일한 연소가 가능하다.
> ② 반응시간이 빨라 소각시간이 짧다.(노 부하율이 높다.)
> ③ 연소효율이 높아 미연소분이 적고 2차 연소실이 불필요하다.
> ④ 가스의 온도가 낮고 과잉공기량이 낮다. 따라서 NO_x도 적게 배출된다.

⑤ 기계적 구동부분이 적어 고장률이 낮아 유지관리가 용이하다.
⑥ 노 내 온도의 자동제어로 열회수가 용이하다.

04 압축비를 CR이라 하고 부피감소율을 VR이라 할 때 상관관계를 나타내시오.

풀이

$$VR = \left(\frac{V_i - V_f}{V_i}\right) \times 100 = \left(1 - \frac{V_f}{V_i}\right) \times 100 = \left(1 - \frac{1}{CR}\right) \times 100$$

여기서, V_i : 압축 전 초기 부피
V_f : 압축 후 최종 부피

05 점토의 수분함량과 관계되는 지표를 나타내고 간단히 설명하시오.

풀이

점토의 수분함량과 관계되는 지표
1. 액성한계(LL)
   점토의 수분함량이 그 이상 되면 상태가 더 이상 선명화되지 못하고 액체상태로 되는 한계 수분함량
2. 소성한계(PL)
   점토의 수분함량이 일정수준 미만이 되면 성형상태를 유지하지 못하고 부스러지는 상태에서의 한계 수분함량
3. 소성지수(PI)
   $PI = LL - PL$

06 함수율이 98%인 폐기물을 탈수시켜 함수율을 75%로 감소 시 이 폐기물의 부피감소율(%)은?(단, 비중은 1.0)

풀이

$VR = \left(1 - \dfrac{V_f}{V_i}\right) \times 100$ 식에 고형물 물질수지식 적용

$V_i(1 - \text{처리 전 함수율}) = V_f(1 - \text{처리 후 함수율})$

$VR(\%) = \left[1 - \dfrac{(1 - \text{처리 전 함수율})}{(1 - \text{처리 후 함수율})}\right] \times 100$

$ = \left[1 - \dfrac{(1 - 0.98)}{(1 - 0.75)}\right] \times 100 = 92\%$

07 톨루엔이 초기 농도의 1/4이 될 때까지의 소요시간(hr)은?(단, 1차 감소속도상수는 0.0665hr)

> **풀이**
>
> **1차 반응식**
> $$\ln \frac{C_t}{C_0} = -kt$$
> $$\ln \frac{25}{100} = -0.0665/\text{hr} \times t$$
> $$t = 20.85\text{hr}$$

08 지정폐기물의 종류를 분류하여 쓰시오.

> **풀이**
>
> **지정폐기물의 종류**
> ① 특정 시설에서 발생되는 폐기물
> ② 부식성 폐기물
> ③ 유해물질 함유 폐기물(환경부령으로 정하는 물질을 함유한 것으로 한정한다)
> ④ 폐유기용제
> ⑤ 폐페인트 및 폐래커
> ⑥ 폐유(기름성분을 5% 이상 함유한 것을 포함하며 폴리클로리네이티드비페닐 함유 폐기물, 폐식용유, 식품재료와 원료를 조리·가공하면서 발생하는 기름, 폐흡착제 및 폐흡수제는 제외한다.)
> ⑦ 폐석면
> ⑧ 폴리클로리네이티드비페닐 함유폐기물
> ⑨ 폐유독물(「유해화학물질관리법」에 따른 유독물을 폐기하는 경우로 한정한다.)
> ⑩ 의료폐기물(환경부령으로 정하는 의료기관이나 시험·검사기관 등에서 발생되는 것으로 한정한다.)

09 다음 조건의 총 매립면적(m^2)은?

> 인구 28,000명, 폐기물 발생량 2.1kg/인·일, 매립평균깊이 8.5m, 매립지수명 10년, 밀도 480kg/m^3, 부대시설의 면적은 매립면적의 5%

> **풀이**
>
> $$\text{매립면적}(m^2) = \frac{\text{매립폐기물의 양}}{(\text{폐기물 밀도} \times \text{매립 깊이})}$$
>
> $$= \frac{2.1\text{kg/인}\cdot\text{일} \times 28,000\text{인} \times 365\text{일/year} \times 10\text{year}}{480\text{kg/m}^3 \times 8.5\text{m}}$$
>
> $$= 5,202.94\text{m}^2 \times (1.05) = 55,233.09\text{m}^2$$

10 함수율 90%인 공정슬러지의 용출시험결과 카드뮴이 0.25mg/L의 농도로 용출되었을 경우 다음을 답하시오.

(1) 수분 보정값
(2) 지정폐기물로 분류 유무

> **풀이**
>
> (1) 수분 보정값 = 함수율 보정값 × 농도 = $\frac{15}{100-90} \times 0.25\text{mg/L} = 0.375\text{mg/L}$
>
> (2) 지정폐기물로 분류 유무
>   지정폐기물에 함유된 유해물질의 기준 중 카드뮴의 기준값 0.3mg/L보다 큰 값을 가지므로 지정폐기물로 분류한다.
>
> [참고] 지정폐기물에 함유된 유해물질의 기준
>
> | No | 유해물질 | 기준(mg/L) |
> |---|---|---|
> | 1 | 시안화합물 | 1 |
> | 2 | 크롬 | — |
> | 3 | 6가크롬 | 1.5 |
> | 4 | 구리 | 3 |
> | 5 | 카드뮴 | 0.3 |
> | 6 | 납 | 3 |
> | 7 | 비소 | 1.5 |
> | 8 | 수은 | 0.005 |
> | 9 | 유기인화합물 | 1 |
> | 10 | 폴리클로리네이티드비페닐(PCBs) | 액체상태의 것 : 2
액체상태 이외의 것 : 0.003 |
> | 11 | 테트라클로로에틸렌 | 0.1 |
> | 12 | 트리클로로에틸렌 | 0.3 |
> | 13 | 할로겐화유기물질 | 5% |
> | 14 | 기름성분 | 5% |

11 다음 표를 이용하여 물음에 답하시오.

구성분	폐기물중량(kg)	압축계수	매립지에서의 압축용적(m^3)
음식폐기물	100	0.35	0.105
종이	400	0.15	0.657
플라스틱	50	0.10	0.251
가죽	5	0.35	0.008
유리	70	0.4	0.161
철	30	0.3	0.031
재	20	0.75	0.048
계	675		1.261

(1) 폐기물 매립 시 완전히 다져졌다고 하였을 때 겉보기 밀도(kg/m^3)는?

> **풀이**
>
> $$\text{겉보기 밀도(kg/}m^3) = \frac{\text{폐기물 중량}}{\text{압축용적(부피)}} = \frac{675\text{kg}}{1.261m^3} = 535.29\text{kg/}m^3$$

(2) 종이 50%, 유리 80% 회수된 후의 매립지에서의 압축 겉보기 밀도(kg/m^3)는?

> **풀이**
>
> $$\text{압축 겉보기 밀도(kg/}m^3) = \frac{\text{회수 후 중량}}{\text{회수 후 용적(부피)}}$$
> $$= \frac{675 - [(400 \times 0.5) + (70 \times 0.8)]}{1.261 - [(0.657 \times 0.5) + (0.161 \times 0.8)]}$$
> $$= \frac{419\text{kg}}{0.8037m^3} = 521\text{kg/}m^3$$

12 폐기물 1ton 중 유기물 성분은 $C_{60}H_{98}O_{35}N$이고 함수율은 50%, VS는 55%, VS 분해율은 0.9, 공기 중 산소의 무게는 0.23, 공기의 밀도는 $1.25kg/m^3$, 유기물분해에 걸리는 시간이 6일 소요될 경우 하루에 필요한 공기송풍량(m^3/day)은?

> **풀이**
>
> 공기송풍량(m^3/day)
>
> $=$(분해 VS에 필요한 산소량)$\times \dfrac{1}{공기\ 중\ 산소} \times \dfrac{1}{공기\ 밀도}$
>
> **완전반응식**
>
> $C_{60}H_{98}O_{35}N + 67O_2 \rightarrow 60CO_2 + 48H_2O + 0.5NH_3$
>
> $1,392kg \quad : 67 \times 32kg$
>
> $1,000kg/6day \times (1-0.5) \times 0.55 \times 0.9 : O_2(kg/day)$
>
> $O_2(kg/day) = \dfrac{1,000kg/6day \times 0.5 \times 0.55 \times 0.9 \times (67 \times 32)kg}{1,392kg}$
>
> $= 63.53kg/day \times \dfrac{1}{0.23} \times \dfrac{1}{1.25kg/m^3} = 220.99m^3/day$

13 중량기준으로 C : 85%, H : 4%, O : 9%, S : 2%의 연료를 연소시켰을 때, 연소가스 중 CO_2 11.5%, O_2 3.5%, N_2 85%이다. 실제 공기량(m^3/kg)은?(단, 표준상태임)

> **풀이**
>
> 실제 공기량$(A) = m \times A_0$
>
> $m = \dfrac{N_2}{N_2 - 3.76 \times O_2} = \dfrac{85}{85 - (3.76 \times 3.5)} = 1.18$
>
> $A_0 = \dfrac{1}{0.21}\left[(1.867 \times 0.85) + 5.6\left(0.04 - \dfrac{0.09}{8}\right) + (0.7 \times 0.02)\right]$
>
> $= 8.39m^3/kg$
>
> $= 1.18 \times 8.39m^3/kg = 9.90m^3/kg$

14 폐기물을 분석한 결과 수분 10%, 회분 30%, 고정탄소 50%, 휘발분 10%이고 휘발분 성분을 원소분석한 결과 (H : 15%, O : 25%, S : 10%, C : 50%)이었다. 듀롱식을 사용하여 고위발열량(kcal/kg)을 구하시오.

> **풀이**
>
> $$H_h(\text{kcal/kg}) = 8{,}100C + 34{,}000\left(H - \frac{O}{8}\right) + 2{,}500S$$
> $$= [8{,}100 \times \{(0.1 \times 0.5) + 0.5\}] + [34{,}000 \times \{(0.1 \times 0.15)$$
> $$- \left(\frac{0.1 \times 0.25}{8}\right)\}] + [2{,}500 \times (0.1 \times 0.1)]$$
> $$= 4{,}883.75 \text{ kcal/kg}$$
>
> [다른 방법]
>
> $$H_h = 8{,}100C + 34{,}000\left(H - \frac{O}{8}\right) + 2{,}500S$$
>
> C 함량 = $[(0.1 \times 0.5) + 0.5] = 0.55$
> H 함량 = $(0.1 \times 0.15) = 0.015$
> O 함량 = $(0.1 \times 0.25) = 0.025$
> S 함량 = $[(0.1 \times 0.1) = 0.01$
>
> $$H_h = (8{,}100 \times 0.55) + \left[34{,}000 \times \left(0.015 - \frac{0.025}{8}\right)\right] + (2{,}500 \times 0.01)$$
> $$= 4{,}883.75 \text{ kcal/kg}$$

15 어떤 폐기물 1kg의 원소조성이 다음과 같고 실제 주입된 공기량이 10Sm³일 때 과잉공기량(Sm³/kg)과 과잉공기비는?(단, 중량분율 구성 : C=30%, H=12%, O=25%, S=3%, 수분 20%, ash=10%)

> **풀이**
>
> **과잉공기비(m)**
>
> $$m = \frac{A}{A_0}$$
>
> $A = 10 \text{Sm}^3/\text{kg}$
>
> $$A_0 = \frac{O_0}{0.21} = \frac{1.08}{0.21} = 5.14 \text{Sm}^3/\text{kg}$$
>
> $$O_0 = 1.867C + 5.6H + 0.7S - 0.7O \, (\text{Sm}^3/\text{kg})$$
> $$= [(1.867 \times 0.3) + (5.6 \times 0.12) + (0.7 \times 0.03) - (0.7 \times 0.25)]$$
> $$= 1.08 \text{Sm}^3/\text{kg}$$
>
> $$= \frac{10}{5.14} = 1.95$$
>
> 과잉공기량 = $A - A_0 = 10 - 5.14 = 4.86 \text{Sm}^3/\text{kg}$

16 파쇄기로 평균 크기 20.2cm의 폐기물을 5.0cm로 파쇄 시 필요한 에너지소모율은 17.7kWhr/ton이다. 시간당 100ton의 폐기물을 평균 크기 25.5cm에서 5.0cm로 파쇄 시 소요되는 동력(kW)은?(단, Kick 법칙을 이용)

> **풀이**
>
> $$E = C \ln\left(\frac{L_1}{L_2}\right)$$
>
> $$17.7\text{kW} \cdot \text{hr/ton} = C \ln\left(\frac{20.2}{5.0}\right)$$
>
> $C = 12.68$
>
> $$E = 12.68 \ln\left(\frac{25.5}{5.0}\right) \times 100 = 2,065.88 \text{kW}$$

17 다음 조성을 가진 분뇨와 음식물을 중량비(무게비) 1 : 3로 혼합처리 시 C/N비를 구하시오.

구분	함수율	총고형물 중 유기탄소량	총고형물 중 총질소량
분뇨	95%	40%	20%
음식물	35%	87%	5%

> **풀이**
>
> $$\text{C/N비} = \frac{\text{혼합물 중 탄소의 양}}{\text{혼합물 중 질소의 양}}$$
>
> 혼합물 중 탄소의 양
> $$= \left[\left[\frac{1}{1+3} \times (1-0.95) \times 0.4\right] + \left[\frac{3}{1+3} \times (1-0.35) \times 0.87\right]\right] = 0.429$$
>
> 혼합물 중 질소의 양
> $$= \left[\left[\frac{1}{1+3} \times (1-0.95) \times 0.2\right] + \left[\frac{3}{1+3}(1-0.35) \times 0.05\right]\right] = 0.027$$
>
> $$\text{C/N비} = \frac{0.429}{0.027} = 15.89$$

2012년 4회 산업기사

01 폐기물발생량 2,000,000ton/year, 수거율 95%, 수거인부 1일에 1,000명씩 2교대, 1명당 1일 수거시간 8hr일 경우 MHT는?

> **풀이**
>
> $$\text{MHT} = \frac{\text{수거인부} \times \text{수거인부 총수거시간}}{\text{총발생량}}$$
>
> $$= \frac{1,000\text{인} \times (8\text{hr/day} \times 365\text{day/year}) \times 2}{2,000,000\text{ton/year} \times 0.95} = 3.07\text{MHT}(\text{man} \cdot \text{hr/ton})$$

02 Trench 법으로 매립할 경우 4.5ton의 수거차량이 1일 50대 운반한다. 다음 조건에서 매립 가능 일수(day)는?(단, 쓰레기밀도 0.45ton/m³, 매립면적 50,000m², 복토높이 60cm, 매립높이 5.6m)

> **풀이**
>
> $$\text{매립 가능 일수(day)} = \frac{\text{매립용적}}{\text{쓰레기 발생량}}$$
>
> $$= \frac{[50,000\text{m}^2 \times (5.6+0.6)\text{m}] \times 0.45\text{ton/m}^3}{4.5\text{ton/대} \times 50\text{대/day}} = 620\text{day}$$

03 연직차수막의 공법 3가지를 쓰시오.

> **풀이**
>
> **연직차수막 공법**
> ① 어스댐 코어공법　　② 강널말뚝(Sheet Pile) 공법　　③ 그라우트 공법
>
> [참고] 위의 ①~③항 외에
> 　　　④ 차수시트 매설공법　　　⑤ 지중연속벽 공법

04 합성차수막 중 HDPE의 장점 4가지를 쓰시오.

> **풀이**
>
> **HDPE 장점**
> ① 대부분의 화학물질에 대한 저항성이 크다.
> ② 온도에 대한 저항성이 높다.
> ③ 강도가 높다.
> ④ 접합상태가 양호하다.
>
> [참고] HDPE 단점
> 　　　유연하지 못하여 구멍 등 손상을 입을 우려가 있다.

05 다음과 같은 조성을 가진 도시폐기물인 건조중량 기준 고위발열량이 3,416kcal/kg 이었다면 습윤중량 기준 저위발열량(kcal/kg)은?

[폐기물 조성]
- 가연분=23%(C=11.7%, H=1.81%, O=8.76%, N=0.39%, 기타=0.34%)
- 수분=65%
- 회분=12%

> **풀이**
>
> 습윤기준 저위발열량(H_l) = $H_h \times \left(\dfrac{건조시료}{습윤시료}\right) - 600(9H + W)$
>
> $= 3,416 \times \left(\dfrac{23+12}{100}\right) - 600[(9 \times 0.0181) + 0.65]$
>
> $= 707.86\text{kcal/kg}$

06 질소산화물 제거방법 중 연소실 내에서의 저감대책 3가지를 쓰시오.

> **풀이**
>
> **NO$_x$ 발생억제방법(연소실 내에서 저감대책)**
> ① 저산소연소　　② 저온도연소　　③ 배기가스 재순환
>
> [참고] 위의 ①~③항 외에
> 　　　④ 연소부분의 냉각　⑤ 2단연소　⑥ 수증기 및 물분사

07 다음 용어를 간단히 기술하시오.

(1) 유효입경
(2) 평균입경
(3) 특성입자의 크기

> **풀이**
> (1) 유효입경
>   입도누적곡선상의 10%에 해당하는 입자직경
> (2) 평균입경
>   입도누적곡선상의 50%에 해당하는 입자직경
> (3) 특성입자의 크기
>   입자의 무게기준으로 63.2%가 통과할 수 있는 체눈의 크기

08 부피감소율이 80%에서 90%로 될 때 압축비 CR은 몇 배인가?

> **풀이**
> $$CR = \frac{100}{100 - VR}$$
> $VR(80\%)$ 경우 $CR = \frac{100}{100 - 80} = 5$
> $VR(90\%)$ 경우 $CR = \frac{100}{100 - 90} = 10$
> CR 비 $= \frac{10}{5} = 2$, 즉 2배 증가

09 10ton 중 철이 8% 존재한다고 가정하였을 때 다음 물음에 답하시오.

폐기물 종류(단위 : ton)	반입	제거	회수
철	0.8	0.08	0.72
비철금속	9.2	8.92	0.28

(1) 철의 순도(%)
(2) 철의 선별효율(%) : Worrel 식 이용

> **풀이**
>
> (1) 철순도(%) = $\dfrac{회수철량}{회수된\ 철\ 총량} \times 100$
>
> $= \left(\dfrac{x_1}{x_1 + y_1}\right) \times 100 = \left(\dfrac{0.72}{0.72 + 0.28}\right) \times 100 = 72\%$
>
> (2) 선별효율(E) = $\left[\left(\dfrac{x_1}{x_0}\right) \times \left(\dfrac{y_2}{y_0}\right)\right] \times 100 = \left[\left(\dfrac{0.72}{0.8}\right) \times \left(\dfrac{8.92}{9.2}\right)\right] \times 100 = 87.26\%$

10 35℃로 운전되는 혐기성 소화조로부터 1일 4,000m³의 가스가 생성되며, 이 중 메탄함유율이 69%라면 몇 g의 COD로 전환되는지 구하시오. (단, 1g · COD/0.395L · CH₄)

> **풀이**
>
> (g · COD) = 4,000m³/day × 0.69 × 1,000L/m³ × 1g · COD/0.395L · CH₄
> = 6,987,341.78g · COD

11 다음 조건의 슬러지 부피(m³)는?

고형물 중량 450kg, 비중 1.2, 함수율 95%

> **풀이**
>
> 슬러지 부피(m³) = $\dfrac{슬러지\ 중량}{슬러지\ 비중(밀도)}$
>
> 슬러지 중량 = 450kg × $\left(\dfrac{100}{100 - 95}\right)$ = 9,000kg
>
> 슬러지 밀도 → $\dfrac{100}{슬러지\ 밀도(비중)} = \dfrac{5}{1.2} + \dfrac{95}{1.0}$
>
> 슬러지 밀도 = 1.0084
>
> = $\dfrac{9,000kg}{1.0084ton/m^3 \times 1,000kg/ton}$ = 8.93m³

12 프로판(C_3H_8) $1Sm^3$을 공기과잉계수 1.1로 완전연소 시 실제 필요한 공기량(Sm^3)은?

> **풀이**
>
> **완전연소반응식**
> $C_3H_8 + 5O_2 \rightarrow 3CO_2 + 4H_2O$
> 이론산소량(O_0) = $5Sm^3$
> 이론공기량(A_0) = $\dfrac{O_0}{0.21} = \dfrac{5}{0.21} = 23.81Sm^3$
> 실제공기량(A) = $m \times A_0 = 1.1 \times 23.81Sm^3 = 26.19Sm^3$

13 다음의 폐기물 1ton을 연소시킬 때의 이론공기량(ton)은?

> [폐기물 조성]
> C = 20%, H = 4%, O = 16%, 기타 불연성 물질 60%, 산소 함량 0.23

> **풀이**
>
> **이론공기량(A_0)**
> $A_0(kg/kg) = \dfrac{1}{0.23} \times O_0$
>
> $O_0(kg/kg) = 2.667C + 8\left(H - \dfrac{O}{8}\right) + S$
> $\qquad = 2.667C + 8H - O$
>
> $= \dfrac{1}{0.23} \times [(2.667 \times 0.2) + (8 \times 0.04) - 0.16]$
>
> $= \dfrac{0.693kg/kg}{0.23}$
>
> $= 3.014kg/kg \times 1,000kg = 3,014kg \times ton/1,000kg = 3.01ton$

2013년 기사 복원 문제풀이

01 다이옥신류의 독성등가환산계수(TEF)에 대하여 간단히 설명하시오.

> **풀이**
>
> **독성등가환산계수(TEF ; Toxicity Equivalent Factor)**
> 다이옥신은 염소의 부착 위치 및 치환수에 따라 독성의 강도가 다르다. 이성체 중에서 가장 독성이 강한 2, 3, 7, 8-TCDD의 독성을 기준값 1로 하여 각 이성체의 상대적인 독성값을 나타낸 계수를 독성등가환산계수라 한다.

02 '갑' 시의 쓰레기를 매립장까지 운반하는 데 소요되는 운반비용은 3,000원/km · ton이다. 그런데 중간에 적환장을 설치하여 운반하면 적환장으로부터 매립장까지의 운반비용이 2,000원/km · ton이다. 적환장 설치 전후의 비용이 같아지는 적환장의 설치 위치는 쓰레기 발생지점으로부터 몇 km 지점인가?(단, 적환장의 관리비용은 위치에 관계없이 ton당 7,000원, 쓰레기 발생지점부터 매립장까지의 거리 20km, 설치비용 등 기타 조건은 고려하지 않음)

> **풀이**
>
> $3{,}000$원/km · ton $\times 20$km $= [2{,}000$원/km · ton $\times (20-x)$km$]$
> $\qquad\qquad\qquad\qquad + (3{,}000$원/km · ton $\times x) + 7{,}000$원/ton
> $1{,}000x = 13{,}000$
> $x(\text{설치 위치}) = 13\text{km}$

03 폐기물 분석결과 고형물 80%, 회분 15%였다. 다음을 구하시오.

(1) 수분함량(%)　　　　　　　　(2) 강열감량(%)
(3) 휘발성 고형물(%)　　　　　　(4) 유기물 함량(%)

> **풀이**
>
> (1) 수분함량(%) = 100 - 고형물(%) - 회분(%) = 100 - 80 - 15 = 5%
> (2) 강열감량(%) = $\dfrac{\text{미연소분}}{\text{가연분}} = \dfrac{80-15-5}{80} \times 100 = 75\%$
> (3) 휘발성 고형물(%) = 강열감량(%) - 수분(%) = 75 - 5 = 70%
> (4) 유기물 함량(%) = $\dfrac{\text{휘발성 고형물}}{\text{고형물}} \times 100 = \dfrac{70}{80} \times 100 = 87.5\%$

04 결정도(Crystallinity)가 증가할수록 합성차수막에 나타날 수 있는 성질 6가지를 쓰시오.

> **풀이**
> ① 열에 대한 저항도 증가 ② 화학물질에 대한 저항성 증가
> ③ 투수계수의 감소 ④ 인장강도의 증가
> ⑤ 충격에 약해짐 ⑥ 단단해짐

05 파쇄 전에 폐기물 10ton/hr 중 유리 8%를 회수하기 위해 트롬멜 스크린으로 선별하였다. 다음 물음에 답하시오. (단, 회수되는 폐기물 1ton/hr, 그중 유리의 양 0.72ton/hr)

(1) 유리의 회수효율(%)
(2) 선별효율(%) : Worrel식
(3) 선별효율(%) : Rietema식

> **풀이**
> (1) 유리의 회수효율
> $$\text{유리 회수효율(\%)} = \frac{\text{유리회수량}}{\text{투입유리총량}} = \frac{0.72}{10 \times 0.08} \times 100 = 90\%$$
>
> (2) 선별효율 : Worrel식
> $$E(\%) = \left[\left(\frac{x_1}{x_0}\right) \times \left(\frac{y_2}{y_0}\right)\right] \times 100$$
> $x_1 = 0.72\text{ton/hr}$ $y_1 = 0.28\text{ton/hr}$
> $x_2 = 0.08\text{ton/hr}$ $y_2 = 8.92\text{ton/hr}$ $(10-1-0.08)$
> $x_0 = x_1 + x_2 = 0.72 + 0.08 = 0.8\text{ton/hr}$
> $y_0 = y_1 + y_2 = 0.28 + 8.92 = 9.2\text{ton/hr}$
> $$= \left[\left(\frac{0.72}{0.8}\right) \times \left(\frac{8.92}{9.2}\right)\right] \times 100 = 87.26\%$$
>
> (3) 선별효율 : Rietema식
> $$E(\%) = \left[\left|\left(\frac{x_1}{x_0}\right) - \left(\frac{y_1}{y_0}\right)\right|\right] \times 100 = \left[\left|\left(\frac{0.72}{0.8}\right) - \left(\frac{0.28}{9.2}\right)\right|\right] \times 100 = 86.96\%$$

06 농축 전 고형물 3%인 슬러지를 농축하여 6.5%의 고형물이 되었다. 농축 후 슬러지의 비중과 부피감소율(%)을 구하시오. (단, 고형물의 비중은 1.25)

> **풀이**
>
> ① 농축 후 슬러지 비중
>
> $$\frac{100}{\text{슬러지 비중}} = \frac{6.5}{1.25} + \frac{93.5}{1.0}$$
>
> 슬러지 비중 = 1.013
>
> ② 부피감소율(VR)
>
> 농축 전 슬러지 부피(SL_1) $\times \dfrac{1}{1.006} \times (1-0.97)$
>
> 농축 후 슬러지 부피(SL_2) $\times \dfrac{1}{1.013} \times (1-0.935)$
>
> $$VR = \frac{SL_1 - SL_2}{SL_1} \times 100$$
>
> $$= \left(1 - \frac{SL_2}{SL_1}\right) \times 100$$
>
> $$= \left(1 - \frac{\text{농축 후 슬러지 부피}}{\text{농축 전 슬러지 부피}}\right) \times 100$$
>
> $$= \left[1 - \frac{\dfrac{1}{1.006} \times (1-0.97)}{\dfrac{1}{1.013} \times (1-0.935)}\right] \times 100 = 53.53\%$$
>
> [참고] $\dfrac{100}{\text{슬러지 비중}} = \dfrac{3}{1.25} + \dfrac{97}{1.0}$
>
> 슬러지 비중(농축 전) = 1.006

07 적환장에서 대형 차량으로 적재하는 형식 3가지를 쓰시오.

> **풀이**
> ① 직접투하방식(Direct-discharge Transfer station)
>   소형차에서 대형차로 직접 투하하여 싣는 방법으로 주택가와 먼 지역에 설치 가능하며 소도시에 유용한 방법이나 압축되지 않는 단점이 있다.
> ② 저장투하방식(Storage-discharge Transfer station)
>   쓰레기를 저장 피트(pit)나 플랫폼에 저장한 후 압축기(or 블로저)로 적환하는 방법으로 대도시의 대용량 쓰레기에 적합하며 교통체증 현상을 없애주는 효과가 있다.
> ③ 직접·저장투하 결합방식(Direct and Storage discharge Transfer station)
>   직접 상차하는 방식과 쓰레기를 저장 후 적환하는 방식 두 가지 모두를 한 적환장 내에 설치 운영하는 방식이다.
>
> [참고] 복원문제 내용상 종류 3가지만 답하여도 무방하다고 사료됩니다.

08 매립지 내 가스(LFG)발생 단계를 4단계로 구분하여 그래프로 나타내고, CO_2와 CH_4가 각 단계별로 어떻게 변하는지 간단히 설명하시오.(단, 가로축은 매립 후 소요기간, 세로축은 가스구성비(%)로 표시)

> **풀이**
> ① 매립경과기간에 따른 가스의 구성성분 변화(4단계)
>
>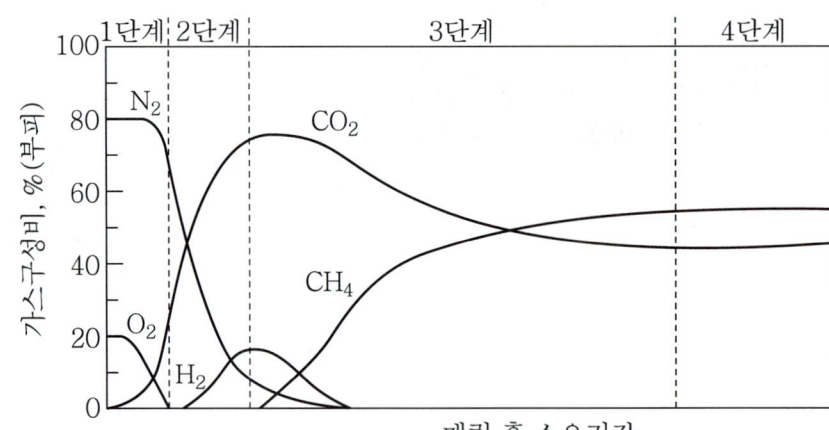
>
> ② CO_2의 각 단계별 변화
>   ㉠ 1단계 : 서서히 증가하는 단계
>   ㉡ 2단계 : CO_2 생성되는 단계
>   ㉢ 3단계 : CO_2 발생비율이 서서히 감소하는 단계
>   ㉣ 4단계 : CO_2 구성비가 거의 일정한 정상상태단계(≒40%)

③ CH_4의 각 단계별 변화
  ㉠ 1단계 : CH_4 생성 없는 단계
  ㉡ 2단계 : CH_4 생성 없는 단계
  ㉢ 3단계 : CH_4 함량이 증가하기 시작하는 단계
  ㉣ 4단계 : CH_4 구성비가 거의 일정한 정상상태단계(≒55%)

09 고형화 처리에 있어서 혼합률(MR)과 부피변화율(VCF)의 관계식을 기술하시오.

풀이

$$VCF = \frac{V_s}{V_r} = \frac{(M_s/\rho_s)}{(M_r/\rho_r)} = \left(\frac{M_s \rho_r}{M_r \rho_s}\right)$$

$$= \frac{(M_r + M_a)}{M_r} \times \frac{\rho_r}{\rho_s}$$

$$= (1 + MR) \times \frac{\rho_r}{\rho_s}$$

여기서, ρ_r : 고형화 처리 전 폐기물 밀도
ρ_s : 고형화 처리 후 폐기물 밀도
M_a : 첨가제의 질량
M_r : 폐기물의 질량
V_s : 고형화 처리 후 폐기물 부피
V_r : 고형화 처리 전 폐기물 부피

10 함수율 80%인 슬러지 1ton을 함수율 5%인 톱밥을 혼합하여 60%인 함수율로 만들기 위해 필요한 톱밥량(ton)은?

> **풀이**
>
> $60 = \dfrac{(1 \times 0.8) + (X \times 0.05)}{(1 + X)} \times 100$
>
> $60(1 + X) = (0.8 + 0.05X) \times 100$
>
> $60 + 60X = 80 + 5X$
>
> $55X = 20$
>
> $X(\text{톱밥의 양 : ton}) = 0.36\text{ton}$

11 쓰레기(C/N비 8.0)와 낙엽(C/N비 45)을 혼합하여 퇴비화하려 한다. 혼합물의 C/N비가 25가 되도록 다음 조건하에서 혼합비율(낙엽 : 쓰레기) = 1 : ( )을 결정하시오. (단, 쓰레기함수율 80%, 쓰레기 고형물질 중의 질소 4.5%, 낙엽 함수율 45%, 낙엽 고형물질 중의 질소 0.6%)

> **풀이**
>
> 문제 내용을 정리하면 다음과 같다.
>
> | 구분 | C/N비 | 질소/TS | 탄소/TS | 함수율 | 혼합비율 |
> |---|---|---|---|---|---|
> | 쓰레기 | 8.0 | 4.5% | 36% | 80% | $(1-x)$ |
> | 낙엽 | 45 | 0.6% | 27% | 45% | x |
>
> C의 함량 $= [(1-x) \times (1-0.8) \times 0.36] + [x \times (1-0.45) \times 0.27]$
> $\qquad\qquad = 0.0765x + 0.072$
>
> N의 함량 $= [(1-x) \times (1-0.8) \times 0.045] + [x \times (1-0.45) \times 0.006]$
> $\qquad\qquad = -0.0057x + 0.009$
>
> C/N비 $= \dfrac{\text{C 함량}}{\text{N 함량}}$
>
> $25 = \dfrac{0.0765x + 0.072}{-0.0057x + 0.009}$
>
> $25(-0.0057x + 0.009) = 0.0765x + 0.072$
>
> $x = 0.7$
>
> $0.7 : (1 - 0.7) = 1 : x'$
>
> $x'(\text{낙엽 1에 대한 슬러지 비율}) = 0.43$

12 다음 [보기]에서 문제에 알맞는 것을 찾아서 쓰시오.

> [보기] MBT, RPF, EPR, RDF, eddy current separation

(1) 생활쓰레기 전처리시설
(2) 쓰레기 전환 연료
(3) 플라스틱 전환 연료
(4) 알루미늄캔 선별방법
(5) 생산자책임 재활용제도

풀이

(1) 생활쓰레기 전처리시설
   MBT(Mechanical Biological Treatment)
(2) 쓰레기 전환 연료
   RDF(Refuse Derived Fuel)
(3) 플라스틱 전환 연료
   RPF(Refuse Plastic Fuel)
(4) 알루미늄캔 선별방법
   eddy current separation
(5) 생산자책임 재활용제도
   EPR(Extended Producer Responsibility)

13 도랑식으로 매립하는 인구 10,000명인 도시가 있다. 이 도시 쓰레기 배출량이 2.1kg/인·일이며 쓰레기 밀도는 0.4ton/m³이다. 이 쓰레기를 압축할 경우 부피감소율이 30%라고 하면 Trench 200,000m³에 적용될 수 있는 매립 가능 연수는?

풀이

$$\text{매립기간(year)} = \frac{\text{매립용적}}{\text{쓰레기 발생량}}$$

$$= \frac{200,000\text{m}^3 \times 400\text{kg/m}^3}{2.1\text{kg/인·일} \times 10,000\text{인}}$$

$$= 3,809.52\,\text{day} \times \frac{1}{(1-0.3)}$$

$$= 5,442.17\,\text{day} \times \text{year}/365\,\text{day} = 14.91\,\text{year}$$

14 중량 조성으로 탄소 86%, 수소 14%인 액체연료를 시간당 100kg 연소했을 때 배출 가스의 분석치가 CO_2 15%, O_2 10%, N_2 75%로 나타났다. 이때 시간당 필요한 실제 공기량(Sm^3)을 구하시오.

> **풀이**
>
> $A = m \times A_0$
>
> $m = \dfrac{N_2}{N_2 - (3.76 \times O_2)} = \dfrac{75}{75 - (3.76 \times 10)} = 2.01$
>
> $A_0 = \dfrac{1}{0.21}\left[1.867C + 5.6\left(H - \dfrac{O}{8}\right) + 0.7S\right]$
>
> $\quad = \dfrac{1}{0.21}[(1.867 \times 0.86) + (5.6 \times 0.14)] = 11.38\,m^3/kg$
>
> $= 2.01 \times 11.38\,m^3/kg \times 100\,kg/hr = 2,287\,m^3/hr$

15 $C_6H_{12}O_6$(포도당) 10kg을 완전연소 시 필요한 이론산소량(kg)을 구하시오.

> **풀이**
>
> 완전연소반응식
>
> $C_6H_{12}O_6 + 6O_2 \rightarrow 6CO_2 + 6H_2O$
>
> 180kg : 6×32kg
>
> 10kg : $O_0(kg)$
>
> $O_0(kg) = \dfrac{10\,kg \times (6 \times 32)\,kg}{180\,kg} = 10.67\,kg$

16 다음 조건에서 총입열량과 이론배기가스온도(총입열=출열을 이용)를 구하시오.

- 저위발열량 : 5,000kcal/kg
- 이론공기량 : 5.5m^3/kg
- 공기비 : 2
- 이론습가스량 : 13.2m^3/kg
- 폐기물과 공기공급온도 : 20℃
- 폐기물 및 공기공급비열은 각각 0.4(kcal/kg·℃), 0.31(kcal/m^3·℃)
- 연소가스의 정압비열 : 0.33(kcal/m^3·℃)
- 소각재의 열손실은 저위발열량의 10%
- 소각로 열손실은 소각로 총입열의 5%

> **풀이**
>
> - **총입열량(Q_i)**
>
> Q_i = 폐기물 현열 + 폐기물 연소열량 + 공급공기 반입열량
>
> 폐기물 현열 = 폐기물 비열 × 온도 = $0.4\text{kcal/kg} \cdot ℃ \times 20℃ = 8\text{kcal/kg}$
>
> 폐기물 연소열량 = $5,000\text{kcal/kg}$(저위발열량)
>
> 공급공기 반입열량 = 공기공급비열 × 실제공기량 × 공기공급온도
> $= 0.31\text{kcal/m}^3 \cdot ℃ \times (5.5 \times 2) \times 20℃$
> $= 68.2\text{kcal/kg}$
>
> $= 8 + 5,000 + 68.2 = 5,076.2\text{kcal/kg}$
>
> - **배기가스온도(℃)**
>
> 총입열량 = 총출열량이므로
> 총출열량 = 연소가스 유출열량 × 회분 유출열량 × 소각로 열손실
>
> 연소가스 유출열량 = 연소가스량 × 연소가스 정압비열 × 연소온도
> $= [13.2 + (2-1) \times 5.5]\text{m}^3/\text{kg} \times 0.33\text{kcal/m}^3 \cdot ℃$
> $\times t℃$
> $= 5.797t$
>
> 회분 유출열량 = $H_l \times \dfrac{10}{100} = 5,000\text{kcal/kg} \times 0.1 = 500\text{kcal/kg}$
>
> 소각로 열손실 = 총입열량 × $\dfrac{5}{100} = 5,076.2\text{kcal/kg} \times 0.05$
> $= 253.81\text{kcal/kg}$
>
> $5,076.2\text{kcal/kg} = (5.797t + 500 + 253.81)\text{kcal/kg}$
> $t(℃) = 745.63℃$

17 중량비가 탄소 81%, 수소 16%, 황 3%의 중유 1kg을 연소시키는 데 필요한 이론공기량(Sm^3)은?

> **풀이**
>
> **이론산소량(O_0)**
>
> $O_0(\text{Sm}^3/\text{kg}) = 1.867\text{C} + 5.6\left(\text{H} - \dfrac{\text{O}}{8}\right) + 0.7\text{S}$
> $= (1.867 \times 0.81) + (5.6 \times 0.16) + (0.7 \times 0.03) = 2.43\text{Sm}^3/\text{kg}$
>
> **이론공기량(A_0)**
>
> $A_0(\text{Sm}^3/\text{kg}) = O_0 \times \dfrac{1}{0.21} = 2.43\text{Sm}^3/\text{kg} \times \dfrac{1}{0.21}$
> $= 11.57\text{Sm}^3/\text{kg} \times 1\text{kg} = 11.57\text{Sm}^3$

18 플라스틱의 재활용방법 4가지를 쓰시오.

> **[풀이]**
> **플라스틱 재활용방법**
> ① 용융재생법 ② 파쇄재생법
> ③ 고체연료화법 ④ 분해이용법(열분해, 소각법)

19 파쇄처리의 문제점 및 이에 대한 대책을 각각 2가지 기술하시오.

> **[풀이]**
> 1. 폭발위험성 대책
>   ① 항상 산소농도를 10% 이하로 혼입시킴
>   ② 폭발유발물질 사전 선별
> 2. 비산분진 대책
>   ① 외부 유출을 차단하기 위한 밀폐구조
>   ② 작업장 내부의 압력을 음압(부압)으로 유지

20 소각로에서 다이옥신 발생원인 4가지를 쓰시오.

> **[풀이]**
> **소각로의 다이옥신류 배출경로**
> ① 폐기물 중에 존재하는 다이옥신류(PCDD/PCDF)가 분해되지 않고 배출(PCB의 불완전연소에 의해 발생)
> ② PCDD/PCDF의 전구물질이 전환되어 배출
> ③ 소각과정에서 유기물에 염소공여체가 반응하여 생성 배출
> ④ 저온에서 촉매화반응에 의해 분진과 결합하여 배출

21 유효입경과 균등계수에 대하여 설명하시오.

> **[풀이]**
> 1. 유효입경(D_{10})
>   ① 입도누적곡선상의 10%에 해당하는 입자직경을 의미한다. 즉, 전체의 10%를 통과시킨 체눈의 크기에 해당하는 입경이다.
>   ② 유효입경이 작을수록 입경이 미세하고, 비표면적은 증가한다.

2. 균등계수(U)
   ① D_{60}(입도누적곡선상의 60%에 해당하는 입경)와 유효입경(D_{10})의 비로 나타내며 표시는 U로 한다.
   ② 균등계수의 수치가 1에 근접할수록 양호한 입도분포를 의미하여 수치가 클수록 공극률이 작아져 통기저항이 증가된다.
3. 유효입경과 균등계수 관련식
   $$균등계수(U) = \frac{D_{60}}{D_{10}}$$

22. 기계적 탈수방법 4가지를 쓰시오.

풀이

기계적 탈수방법
① 진공탈수 ② 가압탈수
③ 원심분리탈수 ④ 벨트프레스

23. 일반적 퇴비화에서 초기 C/N비, C/N비 80보다 높을 경우 나타나는 현상과 C/N비 20보다 낮을 경우 나타나는 현상 및 대책을 설명하시오.

풀이

1. 초기 C/N비
   26~35
2. C/N비 80보다 높은 경우 현상
   질소결핍현상이나 분해진행될수록 최종적으로 C/N비가 10 정도 된다.
3. C/N비 20보다 낮을 경우 현상 및 대책
   ① 질소가 암모니아로 변하여 pH 증가 및 암모니아 가스 발생으로 인한 악취 발생
   ② 대책으로는 C/N비가 높은 폐기물과 적당한 비율로 혼합

24. 쓰레기 매립지에서 발생하는 악취물질 3가지를 쓰시오.

풀이

매립지 악취물질
① 암모니아(NH_3) ② 황화수소(H_2S) ③ 메틸멜캅탄(CH_3SH)

25 유해폐기물이 1차 반응식에 따라 감소한다. 속도상수가 0.0693/hr일 때 초기 농도의 절반이 될 때까지의 소요시간(hr)은?

> **풀이**
> $$\ln \frac{C_t}{C_o} = -kt$$
> $$\ln 0.5 = -0.0693/\text{hr}^{-1} \times t$$
> $$t = \frac{\ln 0.5}{-0.0693/\text{hr}^{-1}} = 10.00 \text{hr}$$

26 건조슬러지의 원소분석결과 분자식이 $C_5H_7NO_2$라면 이 슬러지 1kg을 완전연소시키는 데 필요한 실제공기량(kg)은?(단, 과잉공기 50%, 산소중량 23% 기준)

> **풀이**
> $$A = m \times A_0$$
> $$A_0 = \frac{O_0}{0.23} = 11.5\text{C} + 34.48\text{H} - 4.31\text{O} + 4.31\text{S} \, (\text{kg/kg})$$
> 각 성분 구성비 : $\text{C} = \frac{60}{113} = 0.53$
> $$\text{H} = \frac{7}{113} = 0.062$$
> $$\text{N} = \frac{14}{113} = 0.124$$
> $$\text{O} = \frac{32}{113} = 0.283$$
> $$= [(11.5 \times 0.53) + (34.48 \times 0.062)] - (4.31 \times 0.283)$$
> $$= 7.029 \text{kg/kg} \times 1\text{kg} = 7.029 \text{kg}$$
> $$= 1.5 \times 7.029 \text{kg} = 10.54 \text{kg}$$

27 함수율이 50%인 슬러지를 함수율 25%의 슬러지로 처리하였을 경우 처리 후/처리 전의 체적비(%)를 구하시오.

> **풀이**
> 처리 전 슬러지량×(1−처리 전 함수율)
> =처리 후 슬러지량×(1−처리 후 함수율)
> $$\frac{\text{처리 후 슬러지량}}{\text{처리 전 슬러지량}} = \frac{(1-0.5)}{(1-0.25)} \times 100 = 66.67(\%)$$

28 소각로의 배기가스배출량이 20,000kg/hr이며, 체류시간은 3sec, 소각로 내 가스온도는 1,000℃이다. 소각로의 체적(m^3)은?(단, 표준온도에서 배기가스의 밀도는 1.292kg/Sm^3)

풀이

$$소각로\ 용적(m^3) = 배기가스배출량 \times 체류시간$$
$$= \left(\frac{20,000\text{kg/hr} \times \text{hr}/3,600\text{sec}}{1.292\text{kg/Sm}^3}\right) \times 3\text{sec} \times \frac{273+1,000}{273}$$
$$= 60.15\text{m}^3$$

29 인구 40만 명인 도시에서 쓰레기를 처리하는 데 최소한 확보하여야 할 쓰레기 수송차량의 대수는 얼마인가?

- 1인 1일 배출량 : 1.15kg/인·일
- 차량용적 : 10ton
- 수거빈도 : 최대 2회/일
- 보조차량 : 설계 대수의 20% 확보

풀이

$$차량\ 대수(대) = \frac{1일\ 폐기물\ 발생량}{1일\ 1대당\ 운반량} \times 1.2$$

1일 폐기물 발생량
= 1.15kg/인·일 × 400,000인 = 460,000kg/일

$$1일\ 1대당\ 운반량 = \frac{10\text{ton/대·회} \times 1,000\text{kg/ton}}{일/2회}$$
$$= 20,000\text{kg/일·대}$$

$$= \frac{460,000\text{kg/일}}{20,000\text{kg/일·대}} \times 1.2 = 27.6대(28대)$$

30 쓰레기를 원추사분법으로 시료를 축소하고자 한다. 축소되어 남은 양이 $\dfrac{1}{120}$에서 $\dfrac{1}{130}$ 사이일 경우 시료의 반복횟수는?

> **풀이**
>
> $\left(\dfrac{1}{2}\right)^n = \dfrac{1}{120}$
>
> $n\log 0.5 = \log 1 - \log 120$
>
> $n = 6.9$회
>
> $\left(\dfrac{1}{2}\right)^n = \dfrac{1}{130}$
>
> $n\log 0.5 = \log 1 - \log 130$
>
> $n = 7.0$회
>
> 따라서 반복횟수는 7회

31 다음 조건의 습윤 고위발열량, 건조 고위발열량, 가연분 기준 건조 고위발열량(kcal/kg)을 구하시오.

가연분(%)						함수율(%)	회분
C	H	O	N	S	Cl	65	나머지
11.0	2.5	8.8	0.4	0.2	0.1		

> **풀이**
>
> 습윤 고위발열량(kcal/kg) $= (8{,}100 \times 0.11) + \left[34{,}000\left(0.023 - \dfrac{0.088}{8}\right)\right]$
> $+ (2{,}500 \times 0.002) = 1{,}372\,\text{kcal/kg}$
>
> 건조 고위발열량(kcal/kg) $= 1{,}372 \times \dfrac{100}{100-65} = 3{,}920\,\text{kcal/kg}$
>
> 가연분 기준 건조 고위발열량(kcal/kg) $= 3{,}920 \times \dfrac{(100-65)}{(100-65-12)} = 5{,}965.22\,\text{kcal/kg}$

32 폐기물 저위발열량 측정방법 3가지를 쓰시오. (단, 경험식 포함)

풀이

① 원소분석에 의한 방법(Dulong식)

[경험식] $H_l(\text{kcal/kg}) = 8,100C + 34,000\left(H - \dfrac{O}{8}\right)$
$\qquad\qquad\qquad\qquad + 2,500S - 600(9H + W)$

② 삼성분에 의한 방법

[경험식] $H_l(\text{kcal/kg}) = 45 \times VS - 6W$

$\qquad$ 여기서, VS : 쓰레기 중 가연분 조성비(%)
$\qquad\qquad\quad\ W$: 쓰레기 중 수분의 조성비(%)

③ 물리적 조성에 의한 방법

[경험식] $H_l(\text{kcal/kg}) = 88.2R + 40.5(G+P) - 6W$

$\qquad$ 여기서, R : 플라스틱 함유율(%)
$\qquad\qquad\quad\ G$: 쓰레기 함유율(건조기준)(%)
$\qquad\qquad\quad\ P$: 종이 함유율(건조기준)(%)
$\qquad\qquad\quad\ W$: 수분 함유율(%)

33 다음 조건의 폐기물 선별장치의 선별효율(%)을 Worrel 식과 Rietema 식에 의하여 구하시오.

- 선별장치의 투입량이 1.0ton/hr이고 회수량이 600kg/hr이며 이 중 회수량의 550kg/hr가 회수대상물질이다.
- 거부량 또는 제거량이 400kg/hr이고, 이 중 회수대상물질은 70kg/hr이다.

풀이

x_1이 550kg/hr ⇨ y_1은 50kg/hr

x_2가 70kg/hr ⇨ y_2는 330kg/hr : (1,000 - 600 - 70)kg/hr

$x_0 = x_1 + x_2 = 550 + 70 = 620$kg/hr

$y_0 = y_1 + y_2 = 50 + 330 = 380$kg/hr

Worrel 식

$$E(\%) = \left[\left(\dfrac{x_1}{x_0}\right) \times \left(\dfrac{y_2}{y_0}\right)\right] \times 100 = \left[\left(\dfrac{550}{620}\right) \times \left(\dfrac{330}{380}\right)\right] \times 100 = 77.04\%$$

Rietema 식

$$E(\%) = \left(\left|\dfrac{x_1}{x_0} - \dfrac{y_1}{y_0}\right|\right) \times 100 = \left(\left|\dfrac{550}{620} - \dfrac{50}{380}\right|\right) \times 100 = 75.55\%$$

34 연소 중 발생하는 다이옥신 저감장치(저감설비)의 대표적 2가지를 쓰시오.

> 풀이
> (2가지만 기술)
> ① 촉매분해법
> ② 활성탄주입시설+반응탑+여과집진시설의 조합
> ③ 열분해법
> ④ 자외선 광분해법
> ⑤ 오존분해법

35 질소산화물(NO_x)의 연소조절에 의한 저감방법 4가지를 쓰시오.

> 풀이
> **연소조절에 의한 저감방법(4가지만 기술)**
> ① 저산소 연소(저과잉공기 연소)
> ② 저온도 연소(연료용 예열공기의 온도 조절)
> ③ 연소부분의 냉각
> ④ 배기가스의 재순환
> ⑤ 2단 연소(2단계 연소법)
> ⑥ 버너 및 연소실의 구조 개선
> ⑦ 수증기 물분사 방법

36 소각로의 화상부하는 $200kg/m^2 \cdot hr$이고 일일발생량이 35ton/day인 폐기물을 소각시 소각로의 바닥면적(m^2)은?(단, 1일 8hr 가동)

> 풀이
> $$화상부하율(kg/m^2 \cdot hr) = \frac{시간당\ 소각량(kg/hr)}{화상면적(m^2)}$$
> $$화상면적(m^2) = \frac{35ton/day \times 1,000kg/ton \times day/8hr}{200kg/m^2 \cdot hr} = 21.88m^2$$

37 LCA(Life Cycle Assessment)의 정의 및 평가단계 4단계를 쓰시오.

> **풀이**
> 1. 정의
>   사용한 자원 및 에너지, 환경으로 배출되는 환경오염물질을 규명하고 정량화함으로써 한 제품이나 공정에 관련된 환경부담을 평가하여 그 에너지와 자원, 환경부하 영향을 평가하여 환경을 개선시킬 수 있는 기회를 규명하는 과정을 전과정평가라 한다.
> 2. 4단계
>   ① 1단계 : 목적 및 범위의 설정(Goal Definition Scoping)
>   ② 2단계 : 목록분석(Inventory Analysis)
>   ③ 3단계 : 영향평가(Impact Analysis or Assessment)
>   ④ 4단계 : 개선평가 및 해석(Improvement Assessment)

38 초기 수분이 60%인 1ton의 폐기물을 수분함량 40%로 건조할 때 증발된 수분량(kg)은?

> **풀이**
> $1{,}000\text{kg} \times (100-60) = $ 처리 후 폐기물량 $\times (100-40)$
> 처리 후 폐기물량(kg) $= \dfrac{1{,}000\text{kg} \times 40}{60} = 666.67\text{kg}$
> 증발된 수분량(kg) = 건조 전 폐기물량 − 건조 후 폐기물량
> $= (1{,}000 - 666.67)\text{kg} = 333.33\text{kg}$

39 파쇄기로 평균크기 20cm의 폐기물을 5.0cm로 파쇄 시 필요한 에너지 소모율은 25kW·hr/ton이다. 시간당 10ton의 폐기물을 평균크기 30cm에서 5.0cm로 파쇄 시 소요되는 동력(kW)은?(단, Kick 법칙 적용)

> **풀이**
> $E = C \ln\left(\dfrac{L_1}{L_2}\right)$
> 우선 상수 C를 구하면
> $25\text{kW} \cdot \text{hr/ton} = C \ln\left(\dfrac{20}{5.0}\right)$
> $C = \dfrac{25\text{kW} \cdot \text{hr/ton}}{1.386} = 18.04$
> $E = 18.04 \times \ln\left(\dfrac{30}{5.0}\right) = 32.32\text{kW} \cdot \text{hr/ton}$
> 동력(kW) $= 32.32(\text{kW} \cdot \text{hr/ton}) \times 10\text{ton/hr} = 323.2(\text{kW})$

40 $C_{50}H_{100}O_{40}N$이 혐기성으로 완전분해 시 1ton당 CH_4 생성량(kg/ton)은?

[풀이]

완전분해 반응식

$$C_{50}H_{100}O_{40}N + \left[\frac{(4\times 50) - 100 - (2\times 40) + (3\times 1)}{4}\right]H_2O \rightarrow$$

$$\left[\frac{(4\times 50) + 100 - (2\times 40) - (3\times 1)}{8}\right]CH_4$$

$$+ \left[\frac{(4\times 50) - 100 + (2\times 40) + (3\times 1)}{8}\right]CO_2 + NH_3$$

$C_{50}H_{100}O_{40}N + 5.75H_2O \rightarrow 27.13CH_4 + 22.88CO_2 + NH_3$

    1,354ton   : 27.13×16ton

    1ton   : CH_4(ton)

$$CH_4(kg/ton) = \frac{1ton \times (27.13 \times 16)ton}{1,354ton} = 0.3205ton/ton \times 1,000kg/ton$$

$$= 320.5kg/ton$$

[참고]

1,345 = $C_{50}H_{100}O_{40}N$ 분자량 [(12×50) + (1×100) + (16×40) + (14×1)]

41 분자식이 $[C_6H_7O_2(OH)_3]_5$인 폐기물 1ton을 호기성 퇴비화 할 때 필요한 산소량(kg)을 구하시오. (단, 최종 퇴비의 화학식은 $[C_6H_7O_2(OH)_3]_2$이며 무게는 400kg이다.)

[풀이]

$[C_6H_7O_2(OH)_3]_5 \rightarrow C_{30}H_{50}O_{25}$ (1,000kg)

$[C_6H_7O_2(OH)_3]_5 = [C_6H_7O_2(OH)_3]_3 + [C_6H_7O_2(OH)_3]_2$

    1,000kg   =   600kg   +   400kg

$[C_6H_7O_2(OH)_3]_3 + [C_6H_7O_2(OH)_3]_2 + 18O_2 \rightarrow [C_6H_7O_2(OH)_3]_2$

    486kg   : 18×32kg + 18 CO_2 + 15 H_2O

    600kg   : O_2(kg)

$$O_2(kg) = \frac{600kg \times (18 \times 32)kg}{486kg} = 711.11kg$$

42 중금속 슬러지를 시멘트로 고형화 처리할 경우 다음 조건에서 부피변화율(VCF)을 구하시오.

- 혼합률(MR) : 0.3
- 고화처리 전 폐기물의 밀도 : 1.1ton/m³
- 고화처리 후 폐기물의 밀도 : 1.2ton/m³

> **풀이**
>
> **부피변화율(VCF)**
>
> $$VCF = (1+MR) \times \frac{\rho_r}{\rho_s} = (1+0.3) \times \frac{1.1\text{ton/m}^3}{1.2\text{ton/m}^3} = 1.19$$
>
> [참고] $VCF = \dfrac{V_s}{V_r} = \dfrac{(M_s/\rho_s)}{(M_r/\rho_r)} = \dfrac{M_s \rho_r}{M_r \rho_s}$
>
> $= \dfrac{M_r + M_s}{M_r} \times \dfrac{\rho_r}{\rho_s} = (1+MR) \times \dfrac{\rho_r}{\rho_s}$

43 다음과 같은 조건인 경우 침출수가 차수층을 통과하는 시간(year)은?

- 점토층의 두께 : 1.0m
- 유효공극률 : 0.3
- 투수계수 : 10^{-7}cm/sec
- 상부 침출수 수두 : 50cm

> **풀이**
>
> $$t = \frac{1.0^2\text{m}^2 \times 0.3}{(10^{-7}\text{cm/sec} \times \text{m}/100\text{cm}) \times (1.0\text{m} + 0.5\text{m})}$$
>
> $= 200{,}000{,}000\text{sec} \times (\text{year}/31{,}536{,}000\text{sec}) = 6.34\text{year}$

44 차단형 매립지에서 차수설비에 쓰이는 재료 3가지를 쓰시오.

> **풀이**
>
> **차단형 매립지에서 차수설비 재료**
> ① 점토(Clay Soil)
> ② 합성차수막(Flexible Membrane Liner ; FML)
> ③ 토양혼합물(Soil Mixture) : 토양, 아스팔트, 시멘트 등 혼합물

45 하수처리장 폐슬러지(C/N=8)와 음식폐기물(C/N=55)을 혼합하여 퇴비화하려 한다. 혼합 폐기물의 C/N비를 25로 조절하기 위해서는 혼합폐기물 중 음식폐기물의 혼합비율은 몇 %이어야 하는가?(단, 폐슬러지의 함수율=75(%), 고형물질 중의 질소=5(%), 음식물 함수율=50(%), 음식물의 고형물 중 질소=0.6(%))

> **풀이**
>
> 문제 요약
>
> | | C/N비 | 질소/TS | 탄소/TS | 함수율 | 혼합비율 |
> |---|---|---|---|---|---|
> | 폐슬러지 | 8 | 5% | 40% | 75% | $(1-x)$ |
> | 음식폐기물 | 55 | 0.6% | 33% | 50% | x |
>
> 폐슬러지 중 탄소/TS $\Rightarrow 8 = \dfrac{탄소}{5}$ 탄소=40%
>
> 음식폐기물 중 탄소/T $\Rightarrow 55 = \dfrac{탄소}{0.6}$ 탄소=33%
>
> C의 함량 $= [(1-x) \times (1-0.75) \times 0.4] + [x \times (1-0.5) \times 0.33]$
> $\qquad\qquad = 0.1 - 0.1x + 0.165x$
> $\qquad\qquad = 0.1 + 0.065x$
>
> N의 함량 $= [(1-x) \times (1-0.75) \times 0.05] + [x \times (1-0.5) \times 0.006]$
> $\qquad\qquad = 0.0125 - 0.0125x + 0.003x$
> $\qquad\qquad = 0.0125 - 0.0095x$
>
> C/N비 $= \dfrac{C함량}{N함량}$
>
> $25 = \dfrac{0.1 + 0.065x}{0.0125 - 0.0095x}$
>
> $25 \times (0.0125 - 0.0095x) = 0.1 + 0.065x$
>
> $0.3125 - 0.2375x = 0.1 + 0.065x$
>
> x(음식폐기물 혼합비율) $= 0.7024 \times 100 = 70.24\%$

46 중량비로 탄소 : 87%, 수소 : 11%, 황 : 2%인 중유를 공기비 1.5로 연소시킬 때 다음을 구하시오.

(1) 이론산소량(Sm^3/kg)

(2) 이론공기량(Sm^3/kg)

(3) 실제공기량(Sm^3/kg)

> **풀이**
>
> (1) 이론산소량(O_0)
>
> $$O_0(\text{Sm}^3/\text{kg}) = 1.867\text{C} + 5.6\left(\text{H} - \frac{\text{O}}{8}\right) + 0.7\text{S}$$
> $$= (1.867 \times 0.87) + (5.6 \times 0.11) + (0.7 \times 0.02)$$
> $$= 2.25(\text{Sm}^3/\text{kg})$$
>
> (2) 이론공기량(A_0)
>
> $$A_0(\text{Sm}^3/\text{kg}) = O_0 \times \frac{1}{0.21} = 2.25 \times \frac{1}{0.21} = 10.71(\text{Sm}^3/\text{kg})$$
>
> (3) 실제공기량(A)
>
> $$A(\text{Sm}^3/\text{kg}) = m \times A_0 = 1.5 \times 10.71 = 16.07(\text{Sm}^3/\text{kg})$$

47 경사 2 : 1(층의 높이 1)이고, 층의 높이가 3m, 앞면 10m, 복도층의 두께는 15cm이다. 복도는 셀매립형식(평면육면체)이며 앞면, 옆면, 윗면에서 실시할 경우 복토재의 부피(m^3)와 복토재/(복토재+폐기물량)의 비율(%)을 구하시오.(단, 폐기물량은 200ton/day, 밀도는 300kg/m^3)

> **풀이**
>
> - 일일 매립폐기물 부피(V)
>
> $$V = \frac{200\text{ton/day}}{0.3\text{ton/m}^3} = 666.67\text{m}^3/\text{day}$$
>
> - 셀의 길이(L)
>
> $$L = \frac{666.67\text{m}^3}{(3 \times 10)\text{m}^2} = 22.22\text{m}$$
>
> - 셀의 표면적
>
>   ① 윗면 $= 22.2\text{m} \times 10\text{m} = 222\text{m}^2$
>
>   ② 앞면 $= 22.2\text{m} \times \sqrt{(3^2)\text{m}^2 + (3 \times 2)^2 \text{m}^2} = 148.92\text{m}^2$
>
>   ③ 옆면 $= 10\text{m} \times \sqrt{(3^2)\text{m}^2 + (3 \times 2)^2 \text{m}^2} = 67.1\text{m}^2$
>
> - 복토재 부피(V_c)
>
> $$V_c = 0.15\text{m} \times (222 + 148.92 + 67.1)\text{m}^2 = 65.7\text{m}^3$$
>
> - $\dfrac{\text{복토재}}{(\text{복토재} + \text{폐기물량})} = \dfrac{65.7}{65.7 + 666.67} = 0.0897 \times 100 = 8.97\%$

SECTION 008 2013년 산업기사 복원 문제풀이

01 다이옥신류의 독성등가환산계수(TEF)에 대하여 간단히 설명하시오.

> **풀이**
> **독성등가환산계수(TEF ; Toxicity Equivalent Factor)**
> 다이옥신은 염소의 부착 위치 및 치환수에 따라 독성의 강도가 다르다. 이성체 중에서 가장 독성이 강한 2, 3, 7, 8-TCDD의 독성을 기준값 1로 하여 각 이성체의 상대적인 독성값을 나타낸 계수를 독성등가환산계수라 한다.

02 시료의 분할채취방법 중 원추사분법에 대하여 설명하시오.

> **풀이**
> **원추사분법**
> ① 분쇄한 대시료를 단단하고 깨끗한 평면 위에 원추형으로 쌓아 올린다.
> ② 장소를 바꾸어 앞의 원추를 다시 쌓는다.
> ③ 원추의 꼭지를 수직으로 눌러서 평평하게 만들고 이것을 부채꼴로 사등분한다.
> ④ 마주보는 두 부분을 취하고 반은 버린다.
> ⑤ 반으로 줄어든 시료를 앞의 조작을 반복하여 적당한 크기까지 줄인다.

03 파쇄입도를 나타내는 로진-레뮬러 모델(Rosin-Rammler Model)의 체하분포식을 쓰시오.

> **풀이**
> **Rosin-Rammler Model(로진-레뮬러 모델)**
> $$Y = 1 - \exp\left[-\left(\frac{X}{X_0}\right)^n\right]$$
> 여기서, Y : 체하분율(크기가 X보다 작은 폐기물의 총누적무게분율. 즉, 입자 크기가 X보다 큰 입자의 누적률)
> X : 입자의 입경
> X_0 : 특성입자의 입경
> n : 상수(분포지수 : 균등수)

04 열교환기 부속장치 중 이코노마이저(절단기)에 대한 설명이다. 괄호 안에 알맞은 용어를 쓰시오.

> 이코노마이저는 (①)에 설치되며, 보일러 전열면을 통하여 연소가스의 (②)로 보일러급수를 예열하여 보일러의 효율을 높이는 장치이다.

풀이
① 연도　　　　　　　　　　② 여열

05 LCA(Life Cycle Assessment)의 구성요소 4가지를 기술하시오.

풀이

LCA 4단계
① 1단계 : 목적 및 범위 설정(Goal Definition Scoping)
② 2단계 : 목록 분석(Inventory Analysis)
③ 3단계 : 영향 평가(Impact Analysis)
④ 4단계 : 개선평가 및 해석(Improvement Assessment)

06 퇴비화 시 C/N비가 20 이하인 경우 발생하는 현상 2가지를 쓰시오.

풀이
1. 질소가 암모니아로 변하여 pH를 증가시킨다.
2. 암모니아 가스가 발생되어 퇴비화 과정 중 악취가 생긴다.

07 발열량 공식에서 사용되는 $\left(H - \dfrac{O}{8}\right)$의 의미를 쓰시오.

풀이

$\left(H - \dfrac{O}{8}\right)$는 유효수소이다. 연료 중에 산소가 함유되어 있을 때 수소 중 일부는 이 산소와 결합하여 결합수(H_2O)를 생성하므로 전부 연소되지 않고 $\dfrac{O}{8}$ 만큼 연소가 되지 않는 의미이며, 연료 중에 함유된 산소량을 보정하기 위해 사용된다. 즉, 유효수소는 실제 연소에 참여할 수 있는 수소의 양으로 전체 수소에서 산소와 결합된 수소량을 제외한 양을 말한다.

08 C_6H_5Cl(클로로벤젠)을 소각로에서 연소시킨 경우 연소 반응식이 다음과 같을 때 화학양론적 반응식을 완성하시오. (단, 연소 시 50% 과잉공기 사용, 공기 중 질소는 불활성이다.)

$$C_6H_5Cl + (ⓐ)O_2 + (ⓑ)N_2 \rightarrow (ⓒ)CO_2 + (ⓓ)H_2O + HCl + (ⓔ)O_2 + (ⓕ)N_2$$

풀이

ⓐ : 공기비 1.5 고려 이론산소량계산 $[C_mH_nCl_{n'}]$

$$a = 1.5 \times \left[m + \frac{(n-n')}{4}\right]$$
$$= 1.5 \times \left[6 + \frac{(5-1)}{4}\right] = 10.5$$

ⓑ $= a \times \dfrac{0.79}{0.21} = 10.5 \times \dfrac{0.79}{0.21} = 39.5$

ⓒ $= 6$

ⓓ $= \dfrac{5-1}{2} = 2$

ⓔ $= a - c - \dfrac{d}{2} = 10.5 - 6 - 1 = 3.5$

ⓕ $=$ ⓑ $= 39.5$

$C_6H_5Cl + 10.5O_2 + 39.5N_2 \rightarrow 6CO_2 + 2H_2O + HCl + 3.5O_2 + 39.5N_2$

09 직경이 3m인 Trommel Screen의 임계속도(rpm)는?

풀이

임계속도$(\eta_c : \text{rpm}) = \dfrac{1}{2\pi}\sqrt{\dfrac{g}{r}}$

$= \dfrac{1}{2\pi}\sqrt{\dfrac{9.8}{1.5}}$

$= 0.407 \text{cycle/sec} \times 60 \text{sec/min} = 24.42 \text{cycle/min}(24.42\text{rpm})$

10 인구 220만 명인 도시의 폐기물 발생량은 1.5kg/인·일이고, 수거인부 2,000명이 1일 8시간 작업 시 MHT는?

> **풀이**
>
> $$\text{MHT} = \frac{\text{수거인부} \times \text{수거인부 총 수거시간}}{\text{총 수거량}}$$
>
> $$= \frac{2,000\text{인} \times 8\text{hr/day}}{1.5\text{kg/인·일} \times 2,200,000\text{인} \times \text{ton}/1,000\text{kg}}$$
>
> $$= 4.85\text{MHT}(\text{man·hr/ton})$$

11 $C_6H_{12}O_6$(포도당) 1kg이 혐기성 분해 시 CH_4의 발생부피(L)는?

> **풀이**
>
> **혐기성 완전분해 반응식**
>
> $C_6H_{12}O_6 \rightarrow 3CO_2 + 3CH_4$
>
> $C_6H_{12}O_6 \rightarrow 3CH_4$
>
>   180kg : $3 \times 22.4\text{m}^3$
>
>   1kg : $CH_4(\text{m}^3)$
>
> $$CH_4(\text{m}^3) = \frac{1\text{kg} \times (3 \times 22.4)\text{m}^3}{180\text{kg}} = 0.37\text{m}^3 \times 1,000\text{L}/\text{m}^3 = 370\text{L}$$

12 인구 50,000명인 어느 도시의 폐기물 발생량이 1.5kg/인·일, 수거율 85%, 밀도는 600kg/m^3이다. 1일 2회 수거 시 하루에 필요한 운반트럭의 대수는?(단, 예비트럭 3대, 1대의 적재부피 $8m^3$)

> **풀이**
>
> $$\text{차량대수(대)} = \left(\frac{\text{폐기물총량}}{\text{차량적재용량} \times \text{운반횟수}}\right) + \text{대기(예비)차량}$$
>
> $$= \frac{1.5\text{kg/인·일} \times 50,000\text{인} \times 0.85}{8\text{m}^3/\text{대·회} \times 2\text{회/일} \times 600\text{kg/m}^3} + 3$$
>
> $$= 9.64(\text{약 10대})$$

13 C_3H_8 $1Sm^3$을 완전연소시킬 경우 표준상태의 이론건조연소가스량(m^3)을 구하시오.

> **풀이**
>
> **이론건조연소가스량(G_d)**
>
> $G_{ow} = (1-0.21)A_0 + (x)$
>
> $A_0 = \dfrac{1}{0.21}\left(x + \dfrac{y}{4}\right) = \dfrac{1}{0.21}\left(3 + \dfrac{8}{4}\right) = 23.81 Sm^3$
>
> $= [(1-0.21) \times 23.81] + 3 = 21.81 Sm^3$

14 중량비가 탄소 81%, 수소 16%, 황 3%의 중유 1kg을 연소시키는 데 필요한 이론공기량(Sm^3)은?

> **풀이**
>
> **이론산소량(O_0)**
>
> $O_0(Sm^3/kg) = 1.867C + 5.6\left(H - \dfrac{O}{8}\right) + 0.7S$
>
> $= (1.867 \times 0.81) + (5.6 \times 0.16) + (0.7 \times 0.03) = 2.43 Sm^3/kg$
>
> **이론공기량(A_0)**
>
> $A_0(Sm^3/kg) = O_0 \times \dfrac{1}{0.21} = 2.43 Sm^3/kg \times \dfrac{1}{0.21}$
>
> $= 11.57 Sm^3/kg \times 1kg = 11.57 Sm^3$

15 하루에 150,000ton의 쓰레기가 배출되는 도시에서 2년간 배출된 폐기물을 도랑식 매립법을 이용하여 매립처리하려 한다. 폐기물의 밀도는 600kg/m^3이고 폐기물의 부피감소율은 40%일 때, 도랑의 깊이를 8m로 한다면 필요한 매립지의 면적은 몇 m^2인가?

> **풀이**
>
> 매립면적(m^2) = $\dfrac{\text{매립폐기물 양}}{\text{폐기물 밀도} \times \text{매립 깊이}}$
>
> $= \dfrac{150,000 ton/day \times 1,000 kg/ton \times 365 day/year \times 2 year}{600 kg/m^3 \times 8m}$
>
> $= 22,812,500 m^3 \times (1-0.4) = 13,687,500 m^2$

16 유량 500m³/day 슬러지 고형물 함량 5.4%, VS 함량이 62%인 슬러지를 혐기성 소화 공법으로 처리하고자 한다. 소화조 VS 제거율 55%, 가스생성량이 0.75m³/kg·VS 이라면 1일 가스발생량(m³/day)은?(단, 슬러지 비중 1.04)

> **풀이**
>
> 가스발생량(m³/day) = 500m³/day × 0.054 × 0.62 × 0.55 × 1,040kg/m³
> × 0.75m³·gas/kg·VS
> = 7,181.46m³/day

17 밀도가 2.2g/cm³인 폐기물 20kg에 고형화재료를 폐기물 양의 60% 첨가하여 고형화시킨 결과 밀도가 3.0g/cm³로 증가하였다면 고형화 처리 전·후의 부피비를 구하시오.

> **풀이**
>
> $$VCR = \frac{V_s}{V_r} = \frac{M_s/\rho_s}{M_r/\rho_r}$$
>
> V_r(고형화 처리 전 부피) = $\frac{20\text{kg}}{2.2\text{g/cm}^3 \times \text{kg}/1,000\text{g}}$ = 9,090.91cm³
>
> V_s(고형화 처리 후 부피) = $\frac{[20+(20\times 0.6)]\text{kg}}{3.0\text{g/cm}^3 \times \text{kg}/1,000\text{g}}$ = 10,666.67cm³
>
> = $\frac{10,666.67}{9,090.91}$ = 1.17

18 폐기물의 각 성분별 함수량을 측정한 결과가 다음과 같을 때 전체함수율의 비(처리 후/처리 전)를 구하시오.(단, 중량 기준, 종이류 및 연탄재만 60% 효율로 수분함량이 처리됨)

성분	중량(kg)	수분함량(%)
플라스틱류	15	5
종이류	5	13
금속류	5	3
연탄재	75	22

> **풀이**
>
> 처리 전 함수율(%) = $\dfrac{\text{총 수분량}}{\text{총 쓰레기중량}} \times 100$
>
> $= \dfrac{(15 \times 0.05) + (5 \times 0.13) + (5 \times 0.03) + (75 \times 0.22)}{15 + 5 + 5 + 75} \times 100$
>
> $= 18.05\%$
>
> 처리 후 함수율(%) = $\dfrac{(15 \times 0.05) + (5 \times 0.13 \times 0.4) + (5 \times 0.03) + (75 \times 0.22 \times 0.4)}{15 + 5 + 5 + 75} \times 100 = 7.76\%$
>
> $\dfrac{\text{처리 후 함수율}}{\text{처리 전 함수율}} = \dfrac{7.76}{18.07} = 0.43$

19 침출수량이 310m³/day, 침출수 집수관 내의 유속이 5cm/sec인 경우 집수관의 설계 직경(cm)은?(단, 집수관 단면적의 $\dfrac{1}{2}$만 침출수가 흐르게 함)

> **풀이**
>
> $Q = A \times V$
>
> $A = \dfrac{Q}{V} = \dfrac{310 \text{m}^3/\text{day}}{5 \text{cm/sec} \times 86{,}400 \text{sec/day} \times \text{m}/100 \text{cm}} = 0.0717 \text{m}^2$
>
> $\dfrac{\pi \times D^2}{4} = 0.0717 \text{m}^2 \times 2$
>
> $D = \sqrt{\dfrac{4 \times 0.0717 \times 2}{3.14}} = 0.4274 \text{m} \times 100 \text{cm/m} = 42.74 \text{cm}$

20 파쇄의 목적 및 파쇄기의 작용력을 각각 3가지씩 쓰시오.

> **풀이**
>
> 1. 파쇄 목적
>   ① 겉보기 비중의 증가   ② 유기물의 분리, 회수   ③ 비표면적의 증가
> 2. 파쇄기의 작용력
>   ① 압축작용   ② 전단작용   ③ 충격작용

21 다음 조성을 가진 분뇨와 음식물을 중량비(무게비) 1 : 2로 혼합처리 시 C/N비를 구하시오.

구분	함수율	총고형물 중 유기탄소량	총고형물 중 총질소량
분뇨	95%	35%	15%
음식물	20%	85%	5%

풀이

$$C/N비 = \frac{혼합물\ 중\ 탄소의\ 양}{혼합물\ 중\ 질소의\ 양}$$

혼합물 중 탄소의 양
$$= \left[\left\{\frac{1}{1+2} \times (1-0.95) \times 0.35\right\} + \left\{\frac{2}{1+2} \times (1-0.2) \times 0.85\right\}\right] = 0.45916$$

혼합물 중 질소의 양
$$= \left[\left\{\frac{1}{1+2} \times (1-0.95) \times 0.15\right\} + \left\{\frac{2}{1+2}(1-0.2) \times 0.05\right\}\right] = 0.02916$$

$$C/N비 = \frac{0.45916}{0.02916} = 15.75$$

---

22 폐기물 수송방법 중 관거수송의 종류 3가지를 쓰시오.

풀이

관거수송의 종류
① 공기수송   ② 슬러리수송   ③ 캡슐수송

---

23 유해폐기물이 1차 반응식에 따라 감소한다. 반감기가 100시간일 때 감소속도 상수(hr^{-1})는?

풀이

1차 반응식

$$\ln\frac{C_t}{C_o} = -kt$$

$\ln 0.5 = -k \times 100hr$

K(감소속도상수) $= 0.00693 hr^{-1}$ ($6.93 \times 10^{-3} hr^{-1}$)

24 유기물 $C_{30}H_{50}O_{20}N_2S$의 고위발열량(kcal/kg)을 구하시오. (단, Dulong 식 적용)

> **풀이**
>
> $C_{30}H_{50}O_{20}N_2S$의 분자량
> $[(12 \times 30) + (1 \times 50) + (16 \times 20) + (14 \times 2) + (32 \times 1)] = 790$
>
> 각 성분의 구성비 : $C = \dfrac{12 \times 30}{790} = 0.4557$
>
> $H = \dfrac{1 \times 50}{790} = 0.0633$
>
> $O = \dfrac{16 \times 20}{790} = 0.4051$
>
> $S = \dfrac{32}{790} = 0.0405$
>
> $H_h(\text{kcal/kg}) = 8,100C + 34,000\left(H - \dfrac{O}{8}\right) + 2,500S$
>
> $= (8,100 \times 0.4557) + \left[34,000\left(0.0633 - \dfrac{0.4051}{8}\right)\right]$
>
> $\quad + (2,500 \times 0.0405)$
>
> $= 4,222.45 \text{kcal/kg}$

25 다음 조건에서 소요차량 대수를 구하시오.

- 폐기물 발생량 : 200ton/day
- 수송차량 무게 : 5ton, 적재용량 : 8m³
- 폐기물 밀도 : 0.4ton/m³
- 일일 3회 수송

> **풀이**
>
> 차량대수 $= \dfrac{\text{폐기물 발생량}}{\text{차량적재용량} \times \text{운반횟수}}$
>
> $= \dfrac{200\text{ton/day}}{8\text{m}^3/\text{대} \cdot \text{회} \times 0.4\text{ton/m}^3 \times 3\text{회/일}} = 20.83(21\text{대})$

26 생분뇨의 SS가 40,000mg/L이고, 1차 침전지에서 SS 제거율은 80%이다. 1일 100kL 분뇨를 투입할 때 1차 침전지에서 1일 발생 슬러지량(ton/day)은?(단, 발생 슬러지 함수율은 97%이고, 비중은 1.0이다.)

> **풀이**
>
> 슬러지량(ton/day) = 유입 SS량 × 제거율 × $\left(\dfrac{100}{100-\text{함수율}}\right)$
>
> $= 100\text{kL/day} \times 40,000\text{mg/L} \times 1,000\text{L/kL} \times \text{ton}/10^9\text{mg}$
> $\times 0.8 \times \left(\dfrac{100}{100-97}\right)$
> $= 106.67\text{ton/day}$
>
> [다른 방법] 고형물 물질수지식 이용
> 1차 침전조 제거 SS량 $= 100\text{kL/day} \times 40,000\text{mg/L} \times 1,000\text{L/kL}$
> $\times \text{ton}/10^9\text{mg} \times 0.8$
> $= 3.2\text{ton} \cdot SS/\text{day}$
> $3.2\text{ton} \cdot SS/\text{day} = $ 발생슬러지량 × (1−0.97)
> 발생슬러지량(ton/day) = 106.67ton/day

27 다음 표를 이용하여 평균밀도(kg/m^3)를 구하시오.

구성분	중량백분율(%)	밀도(kg/m^3)
A	44	290
B	29	85
C	10	65
D	7	65
E	7	195
F	3	320

> **풀이**
>
> 평균밀도 $= \dfrac{(290 \times 0.44) + (85 \times 0.29) + (65 \times 0.1) + (65 \times 0.07) + (195 \times 0.07) + (320 \times 0.03)}{100}$
> $= 186.55\text{kg/m}^3$

28 쓰레기 발생량의 조사방법 3가지를 기술하시오.

> **풀이**
>
> **쓰레기 발생량 조사방법**
> ① 적재차량 계수분석법
>   일정기간 동안 특정 지역의 쓰레기 수거·운반차량의 대수를 조사하여, 이 결과를 밀도로 이용하여 질량으로 환산하는 방법이다.
> ② 직접 계근법
>   입구에서 쓰레기가 적재되어 있는 차량과 출구에서 쓰레기를 적하한 공차량을 계근하여 쓰레기량을 산출하는 방법으로, 비교적 정확한 쓰레기 발생량을 파악할 수 있다.
> ③ 물질수지법
>   물질수지(유입, 유출 폐기물)를 세울 수 있는 상세한 데이터가 있는 경우에 가능한 방법으로, 주로 산업폐기물의 발생량 추산에 이용된다.

29 밀도가 0.45ton/m^3였던 것을 압축기에 넣어 압축시킨 결과 0.82ton/m^3으로 증가시켰을 때 부피감소율은?

> **풀이**
>
> $$\text{부피감소율}(VR) = \left(1 - \frac{V_f}{V_i}\right) \times 100$$
>
> $$V_i = \frac{1 \text{ton}}{0.45 \text{ton/m}^3} = 2.22 \text{m}^3$$
>
> $$V_f = \frac{1 \text{ton}}{0.82 \text{ton/m}^3} = 1.22 \text{m}^3$$
>
> $$= \left(1 - \frac{1.22}{2.22}\right) \times 100 = 45.05\%$$

30 액상, 반고상, 고상폐기물에 대하여 설명하시오.

> **풀이**
>
> 1. 액상폐기물
>   고형물의 함량이 5% 미만인 폐기물
> 2. 반고상폐기물
>   고형물의 함량이 5% 이상 15% 미만인 폐기물
> 3. 고상폐기물
>   고형물의 함량이 15% 이상인 폐기물

31 쓰레기를 수거하는 작업, 즉 청소작업이 끝나면 이에 대한 상태를 평가하는 방법으로 CEI와 USI를 사용한다. 각각에 대하여 간단히 서술하시오.

> **풀이**
> (1) CEI(Community Effects Index)
>   지역사회 효과지수라 하며, 가로청소상태를 기준(scale : 1~4)으로 측정하는 방법이다.
> (2) USI(User Satisfaction Index)
>   사용자만족도지수라 하며, 서비스를 받는 사람들의 만족도를 설문조사(설문문항 : 6개)하여 계산하는 방법이다.

32 인구 120만 명인 어느 도시의 폐기물 발생량이 1.6kg/인·일이고, 밀도는 $0.6ton/m^3$이다. 쓰레기를 압축하면서 그 용적이 2/3가 되었을 경우, Trench형 매립 시 연간 필요 매립지의 면적(m^2/year)을 구하시오.(단, 매립깊이 4m)

> **풀이**
> **압축한 경우의 매립면적(m^2/year)**
> $$(m^2/year) = \frac{1.6kg/인·일 \times 1,200,000인 \times 365일/year}{600kg/m^3 \times 4m} \times \frac{2}{3}$$
> $$= 194,666.67 m^2/year$$

33 수분함량이 25%인 폐기물 1ton을 건조하여 수분함량이 10%인 폐기물을 만들었을 때 제거된 수분량(kg)은?

> **풀이**
> **고형물 물질 수지식**
> $1,000 \times (100-25) =$ 건조 후 폐기물량$\times (100-10)$
> 건조 후 폐기물량 $= \frac{1,000kg \times 75}{90} = 833.33kg$
> 제거된 수분량(kg) = 처리 전 폐기물량 − 건조 후 폐기물량
> $= 1,000 - 833.33 = 166.67kg$

34 고형화 처리방법 중 석회기초법의 단점 2가지를 쓰시오.

> **풀이**
>
> 석회기초법 단점
> ① pH가 낮을 때 폐기물 성분의 용출가능성이 증가한다.
> ② 최종 폐기물질의 양이 증가한다.

35 다음 반응식을 이용하여 BOD_u 1kg 분해 시 메탄 발생량(kg)을 구하시오.

> [반응식] ① $C_6H_{12}O_6 \rightarrow 3CO_2 + 3CH_4$
> ② $C_6H_{12}O_6 + 6O_2 \rightarrow 6CO_2 + 6H_2O$

> **풀이**
>
> 혐기성 완전분해 반응식
> $C_6H_{12}O_6 \rightarrow 3CO_2 + 3CH_4$
> 180kg   : 3×16kg
> 1kg   : CH_4(kg)
>
> $CH_4(kg) = \dfrac{1kg \times (3 \times 16)kg}{180kg} = 0.27kg$

36 C_3H_8 $1Sm^3$을 공기비 1.1로 완전연소시킬 경우 표준상태의 실제건조연소가스량(m^3)을 구하시오.

> **풀이**
>
> 실제건조연소가스량(G_d)
> $G_d = (m - 0.21)A_0 + (x)$
> $A_0 = \dfrac{1}{0.21}\left(x + \dfrac{y}{4}\right) = \dfrac{1}{0.21}\left(3 + \dfrac{8}{4}\right) = 23.81 Sm^3$
> $= [(1.1 - 0.21) \times 23.81] + 3 = 24.19 Sm^3$

37 폐기물 분석결과 수분이 30%, 강열감량 65%이었다. 다음을 구하시오.

(1) 휘발성 고형물(%)
(2) 유기물 함량(%)

> **풀이**
> (1) 휘발성 고형물(%)
>   휘발성 고형물(%) = 강열감량(%) − 수분(%) = 65(%) − 30(%) = 35(%)
> (2) 유기물 함량(%)
>   유기물 함량(%) = $\dfrac{\text{휘발성 고형물}}{\text{고형물}} \times 100 = \dfrac{35}{70} \times 100 = 50(\%)$
>   [고형물(%) = 폐기물(%) − 수분(%) = 100(%) − 30(%) = 70(%)]

38 듀롱(Dulon)식의 $\left(H - \dfrac{O}{8}\right)$의 의미를 쓰시오.

> **풀이**
> 유효수소로서 연료 내에 포함된 수분을 보정하는 것을 의미하며, 가연물질에 결합수로서 포함하는 수소를 제외한 유효수소분에 대한 소요산소를 나타낸다.
> 즉, 유효수소는 실제 연소에 참여할 수 있는 수소의 양으로 전체 수소에서 산소와 결합된 수소량을 제외한 양을 의미한다.

39 선별효율을 구하는 경험식은 Worrel 식과 Rietema 식이 있다. 각각의 경험식을 쓰시오.

> **풀이**
> ① Worrel 식
> $E(\%) = (x : 회수율) \times (y : 기각률, 폐기율)$
> $= \left[\left(\dfrac{x_1}{x_0}\right) \times \left(\dfrac{y_2}{y_0}\right)\right] \times 100$
> ② Rietema 식
> $E(\%) = (x : 회수율) - (y : 회수율)$
> $= \left[\left|\left(\dfrac{x_1}{x_0}\right) - \left(\dfrac{y_1}{y_0}\right)\right|\right] \times 100$
> 여기서, x_0 : 회수대상 물질의 투입량(투입된 총량) : 투입물질 중 회수대상물질
> x_1 : 회수대상 물질의 회수량(회수된 순량) : 회수된 물질 중 회수대상물질
> x_2 : 제거된 물질 중 회수량 : 배출물질 중 회수대상물질

y_0 : 기타 도시폐기물의 투입량(투입된 기타 폐기물량) : 투입물질 중 회수대상이 아닌 물질

y_1 : 기타 도시폐기물의 회수량(회수되는 기타 도시폐기물의 양) : 회수된 물질 중 기타 물질

y_2 : 기타 도시폐기물의 폐기량(제거되는 기타 폐기물의 양) : 배출물질 중 기타 물질

40 폐기물을 원소분석한 결과 다음과 같다. 저위발열량(kcal/kg)을 구하시오.(단, Dulon식 이용, 고위발열량은 9,055kcal/kga임)

원소분석 조성 : C 30%, H 20%, O 10%, 수분 10%, 회분 20%, S 10%

풀이

$$H_l(\text{kcal/kg}) = H_h - 600(9H + W)$$
$$= 9,055 - [600 \times ((9 \times 0.2) + 0.1)] = 7,915 \text{kcal/kg}$$

41 적환장(Transfer Station)을 설치해야 하는 이유 5가지를 쓰시오.

풀이

(5가지만 기술하시면 됩니다.)
① 작은 용량의 수집차량을 사용할 때(15m³ 이하)
② 최종처리장과 수거지역의 거리가 먼 경우(16km 이상)
③ 불법투기와 다량의 어질러진 쓰레기들이 발생할 때
④ 저밀도 거주지역이 존재할 때
⑤ 상업지역에서 폐기물 수집에 소형 용기를 많이 사용하는 경우
⑥ 슬러지 수송이나 공기수송방식을 사용할 때

42 밀도 2.94kg/m³인 쓰레기를 압축시킨 후 부피가 60%로 감소되었다. 압축 후의 밀도(kg/m³)를 구하시오.

풀이

$$VR = \left(1 - \frac{V_f}{V_i}\right) \times 100$$

$$VR = 60\%$$

$$V_i = \frac{1\text{kg}}{2.94\text{kg/m}^3} = 0.3448\text{m}^3$$

$$60 = \left(1 - \frac{V_f}{0.3348}\right) \times 100$$

$$V_f = 0.13392\text{m}^3$$

$$압축\ 후\ 밀도 = \frac{1\text{kg}}{0.13392\text{m}^3} = 7.47\text{kg/m}^3$$

43 폐기물 파쇄의 이점(기대효과) 5가지를 쓰시오.

풀이

파쇄의 이점(기대효과)
① 겉보기 비중의 증가(수송, 매립지 수명 연장)
② 유기물의 분리, 회수
③ 비표면적의 증가(미생물 분해속도 증가)
④ 입경분포의 균일화(저장, 압축, 소각 용이)
⑤ 용적 감소(부피 감소 ; 무게 변화)

44 입경 10cm의 폐기물을 1cm로 파쇄할 때 사용되는 에너지는 입경 10cm를 4cm로 파쇄할 때 소요되는 에너지의 몇 배인가?(단, Kick 법칙 이용, $n=1$임)

풀이

$$E = C\ln\left(\frac{L_1}{L_2}\right)$$

$$E_1 = C\ln\left(\frac{10}{1}\right) = C\ln 10$$

$$E_2 = C\ln\left(\frac{10}{4}\right) = C\ln 2.5$$

$$동력비\left(\frac{E_1}{E_2}\right) = \frac{\ln 10}{\ln 2.5} = 2.51배$$

45 함수율 96% 고형물 중 유기물 함유비가 75%의 생슬러지를 소화하여 유기물의 70%가 가스 및 탈리액으로 전환되고 함수율 93%의 소화슬러지가 얻어졌다. 똑같은 슬러지를 같은 조건에서 1,000m³/day를 소화한 경우 소화슬러지 발생량(m³/day)은? (단, 소화 전후의 슬러지 비중 1.0)

> **풀이**
>
> **잔류고형물을 구하여 함수율 보정**
>
> 소화 전 슬러지량(1,000m³/day) = $VS + FS + W$
>
> $VS = 1,000\text{m}^3/\text{day} \times (1-0.96) \times 0.75 = 30\text{m}^3/\text{day}$
>
> $FS = 1,000\text{m}^3/\text{day} \times (1-0.96) \times 0.25 = 10\text{m}^3/\text{day}$
>
> 소화 후 슬러지량($x\text{m}^3/\text{day}$) = VS'(잔류유기물) + $FS' + W$
>
> $VS' = 30\text{m}^3/\text{day} \times (1-0.7) = 9\text{m}^3/\text{day}$
>
> $FS' = FS(FS : 불변) = 10\text{m}^3/\text{day}$
>
> 소화 후 슬러지량 수분보정 = $(VS' + FS') \times \dfrac{100}{100 - 함수율}$
>
> $= (9+10) \times \dfrac{100}{100-93} = 271.43\text{m}^3/\text{day}$

46 $C_4H_6O_2N$이 H_2O와 반응하여 생성물을 생성할 때, 그 반응식을 기술하시오. (단, 생성물은 이산화탄소, 메탄, 암모니아다.)

> **풀이**
>
> **혐기성 완전분해 반응식**
>
> $C_aH_bO_cN_d + \left(\dfrac{4a-b-2c+3d}{4}\right)H_2O \rightarrow \left(\dfrac{4a+b-2c-3d}{8}\right)CH_4$
>
> $+ \left(\dfrac{4a-b+2c+3d}{8}\right)CO_2 + dNH_3$
>
> $C_4H_6O_2N + 2.25H_2O \rightarrow 1.875CH_4 + 2.125CO_2 + NH_3$

47 혐기성 소화탱크에서 유기물이 60%, 무기물이 40%인 슬러지를 소화하여 소화슬러지의 유기물이 40%, 무기물이 60%가 되었다. 이때의 소화율(%)을 구하시오.

> **풀이**
> $$\text{소화효율}(\%) = \left(1 - \frac{VS_2/FS_2}{VS_1/FS_1}\right) \times 100 = \left(1 - \frac{0.4/0.6}{0.6/0.4}\right) \times 100 = 55.56\%$$

48 인구 70만 명인 어느 도시에 폐기물 발생량이 1인·일 1.5kg이다. 연간 소요되는 매립면적(m^2)을 구하시오. (단, 폐기물 밀도는 450kg/m^3, 매립 높이는 5m)

> **풀이**
> $$\text{매립면적}(m^2/year) = \frac{\text{매립폐기물의 양}}{(\text{폐기물밀도} \times \text{매립깊이})}$$
> $$= \frac{1.5\text{kg/인·일} \times 700{,}000\text{인} \times 365\text{일/year}}{450\text{kg/}m^3 \times 5\text{m}}$$
> $$= 170{,}333.33\,m^2/year$$

49 매립지 침출수 발생량 영향인자 3가지를 쓰시오.

> **풀이**
> **매립지 침출수 발생량 영향인자(3가지만 기술하시면 됩니다.)**
> ① 폐기물의 분해 정도 ② 강우량 및 증발량
> ③ 지하수위 및 지하수량 ④ 표면 유출량 및 침투수량

50 탄소 85%, 수소 7%, 황 3.2%, 질소 3.1%, 수분 1.7%인 중유를 완전연소시킬 경우 실제습연소가스량(Sm^3/kg)을 구하시오. (단, 공기비는 1.3)

> **풀이**
>
> **실제습연소가스량(G_w)**
> $G_w = (m - 0.21)A_0 + 1.867C + 0.7S + 0.8N + 11.2H + 1.244W$
>
> $A_0 = \dfrac{1}{0.21}\left[1.867C + 5.6\left(H - \dfrac{O}{8}\right) + 0.7S\right]$
>
> $\quad = \dfrac{1}{0.21}[(1.867 \times 0.85) + (5.6 \times 0.07) + (0.7 \times 0.032)] = 9.53 Sm^3/kg$
>
> $= [(1.3 - 0.21) \times 9.53] + (1.867 \times 0.85) + (0.7 \times 0.032) + (0.8 \times 0.031)$
> $\quad + (11.2 \times 0.07) + (1.244 \times 0.017)$
> $= 12.83 Sm^3/kg$
>
> **[다른 방법]**
> $G_w = mA_0 + 5.6H + 0.7O + 0.8N + 1.244W$
> $\quad = (1.3 \times 9.53) + (5.6 \times 0.07) + (0.8 \times 0.031) + (1.244 \times 0.017) = 12.83 Sm^3/kg$

51 저위발열량이 9,000kcal/Sm^3인 연료를 완전연소 시 이론연소온도(℃)는? (단, 이론연소가스량 10Sm^3/Sm^3, 연소가스 평균정압비열 0.5kcal/$Sm^3 \cdot$℃, 기준온도(실온) 25℃)

> **풀이**
>
> 이론연소온도(t_2 : ℃) $= \dfrac{H_l}{G_o \times C_p} + t_1$
>
> $\quad = \dfrac{9,000 kcal/Sm^3}{10 Sm^3/Sm^3 \times 0.5 kcal/Sm^3 \cdot ℃} + 25℃ = 1,825℃$

52 고형물 3%인 슬러지 70ton과 고형물 10%인 음식쓰레기 30ton을 혼합하였을 경우 다음 물음에 답하시오.

(1) 폐기물 판정여부(액상, 반고상, 고상)
(2) 고상을 만들기 위해서는 함수율이 85% 이하이어야 하므로 얼마의 수분을 증발(%)시켜야 하는지 구하시오.

> **풀이**
>
> (1) 폐기물 판정여부(액상, 반고상, 고상)
>
> 혼합시 고형물(%) = $\dfrac{(70 \times 0.03) + (30 \times 0.1)}{70 + 30} \times 100 = 5.1\%$
>
> 고형물의 함량이 5.1% 이상이므로 반고상폐기물
>
> (2) 수분요구증발량(%) = $(100 - 5.1) - 85 = 9.9\%$

53 다음의 폐기물 1ton을 연소시킬 때의 이론공기량(ton)은?(단, 폐기물 조성-C= 20%, H=4%, O=16%, 기타 불연성 물질 60%, 산소함량 0.23)

> **풀이**
>
> **이론공기량(A_0)**
>
> $A_0 (\text{kg/kg}) = \dfrac{1}{0.23} \times O_0$
>
> $O_0 (\text{kg/kg}) = 2.667C + 8\left(H - \dfrac{O}{8}\right) + S$
>
> $\qquad\qquad = 2.667C + 8H - O$
>
> $= \dfrac{1}{0.23} \times [(2.667 \times 0.2) + (8 \times 0.04) - 0.16]$
>
> $= \dfrac{0.693 \text{kg/kg}}{0.23} = 0.013$
>
> $= 0.013 \text{kg/kg} \times 1{,}000 \text{kg} = 3.013 \text{kg} \times \text{ton}/1{,}000 \text{kg} = 3.01 \text{ton}$

2014년 1회 기사

01 다음 조건에서 30일간 1ha에서 발생된 폐기물을 수거하여야 할 때, 차량 대수를 구하시오.

- 폐기물 밀도 : 500kg/m³
- 폐기물 발생량 : 1.5kg/인·일
- 차량적재용적 : 10m³
- 수거면적 : 14,000m²
- 1ha당 300인 거주

풀이

$$차량대수(대) = \frac{폐기물\ 발생량}{1대당\ 운반량}$$

폐기물 발생량 = 1.5kg/인·일 × 300인/10,000m²
  × 14,000m² × 30일 = 18,900kg

1대당 운반량 = 10m³/대 × 500kg/m³ = 5,000kg/대

$$= \frac{18,900kg}{5,000kg/대} = 3.78(4대)$$

02 열분해 공정이 소각에 비하여 갖는 장점 3가지를 쓰시오.

풀이
① 배기가스양이 적게 배출된다.
② 황, 중금속 분이 Ash(회분) 중에 고정되는 비율이 크다.
③ 상대적으로 저온이기 때문에 NO_x(질소산화물)의 발생량이 적다.

03 고형화 처리방법 중 자가시멘트법의 장단점을 2가지씩 쓰시오.

풀이
1. 장점
   ① 혼합률이 비교적 낮다.
   ② 중금속의 고형화 처리에 효과적이다.
2. 단점
   ① 장치비가 크고 숙련된 기술이 요구된다.
   ② 보조에너지가 필요하다.

04 퇴비화 설계운영 고려인자 중 C/N비의 적정 수치를 쓰고 C/N비가 높을 경우와 낮을 경우 영향을 간단히 기술하시오.

> **풀이**
>
> 1. C/N비 적정 수치
>   25~50
> 2. C/N비가 높을 경우
>   유기산 등이 퇴비의 pH를 낮추고 미생물의 성장과 활동도 억제되며 질소 부족으로 퇴비화가 잘 형성되지 않아 퇴비화의 소요기간이 길어진다.
> 3. C/N비가 낮을 경우
>   질소가 암모니아로 변하여 pH를 증가시키고 이로 인해 암모니아 가스가 발생되어 퇴비화 과정 중 악취가 발생한다.

05 에탄 1mol을 완전연소 시 AFR을 중량비 및 부피비로 구하시오. (단, 표준상태, 건조공기 분자량 28.95)

> **풀이**
>
> **C_2H_6의 연소반응식**
>
> C_2H_6 + $3.5O_2$ → $2CO_2$ + $3H_2O$
> 1mole   3.5mole
>
> 부피기준(AFR) = $\dfrac{1/0.21 \times 3.5}{1}$ = 16.67mole air/moles fuel
>
> 중량기준(AFR) = $16.67 \times \dfrac{28.95}{30}$ = 16.08kg air/kg fuel
>
> [28.95 = 건조공기분자량 ; 30 = C_2H_6 분자량]

06 차수막의 종류는 구조 등에 따라 연직 차수막과 표면 차수막으로 나눌 수 있다. 선정 조건과 연직차수공에서 쓰이는 공법 2가지를 쓰시오.

> **풀이**
> 1. 선정조건
>   ① 연직 차수막
>   지중에 수평방향의 차수층이 존재할 때
>   ② 표면 차수막
>   매립지의 필요한 범위에 차수재료로 덮인 바닥이 있는 경우 또는 매립지반의 투수계수가 큰 경우
> 2. 연직차수공 공법
>   ① 어스댐코어 공법
>   ② 강널말뚝(Sheet Pile) 공법

07 다음 조건에서 온도(°K)를 구하시오. (단, 이상기체 방정식 이용)

- 압력 : 6atm
- NO_2 80kg이 차지하는 부피 $2m^3$
- 기체상수(R) : 0.082057L · atm/mole · K

> **풀이**
> $$PV = nRT$$
> $$PV = \frac{m}{M}RT$$
> $$T = \frac{PV \cdot M}{m \cdot R} = \frac{6\text{atm} \times 2{,}000\text{L} \times 46\text{g/mole}}{80{,}000\text{g} \times 0.082057\text{L} \cdot \text{atm/mole} \cdot \text{K}} = 84.09°K$$

08 폐기물 1kg에 첨가제 0.3kg을 첨가하여 고형화 처리하였다. 혼합률과 부피변화율을 구하시오. (단, 고화 전 밀도 $2.2g/cm^3$, 고화 후 밀도 $2.5g/cm^3$)

> **풀이**
> $$혼합률(MR) = \frac{0.3\text{kg}}{1\text{kg}} = 0.3$$
> $$부피감소율(VCR) = (1 + MR) \times \frac{\rho_r}{\rho_s} = (1 + 0.3) \times \frac{2.2}{2.5} = 1.14$$

09 $C_6H_{12}O_6$(포도당) 1ton이 혐기성 분해 시 질량기준 및 부피기준의 CH_4 생성량을 구하시오.

풀이

(1) 질량기준(중량기준)

$$C_6H_{12}O_6 \rightarrow 3CO_2 + 3CH_4$$

180kg → : 3×16kg
1,000kg → : CH_4(kg)

$$CH_4(kg) = \frac{1,000kg \times (3 \times 16)kg}{180kg} = 266.67kg$$

(2) 부피기준

$$C_6H_{12}O_6 \rightarrow 3CO_2 + 3CH_4$$

180kg → : 3×22.4m³
1,000kg → : CH_4(m³)

$$CH_4(m^3) = \frac{1,000kg \times (3 \times 22.4)m^3}{180kg} = 373.33m^3$$

10 고형화 처리방법의 종류 4가지를 쓰시오.

풀이

고형화 처리방법
① 시멘트 기초법　　　　② 석회 기초법
③ 자가시멘트법　　　　④ 열가소성 플라스틱법

11 매립지 바닥의 점토층의 두께는 100cm이고, 투수계수는 10^{-7}cm/sec이다. 점토층의 유효공극률을 0.3으로 가정할 때 다음의 조건에서 침출수가 점토층을 통과하는 데 소요되는 시간(year)을 예측하시오.

[조건]
점토층 위의 침출수 수두=30cm, 아래의 수두는 점토층 아래면과 일치함

풀이

$$소요되는\ 시간(year) = \frac{d^2\eta}{K(d+h)}$$

$$= \frac{1^2 m^2 \times 0.3}{10^{-9} m/sec \times (1+0.3)m}$$

$$= 230,769,230.8 sec \times 1min/60sec$$
$$\times 1hr/60min \times 1day/24hr \times 1year/365day$$

$$= 7.32 year$$

12 중량 조성이 탄소 86%, 수소 4%, 산소 8%, 황 2%인 액체연료를 10kg/hr로 연소 시 배기가스 함량이 CO_2 : 12.5%, O_2 : 3.5%, N_2 : 84%일 때 실제공기량(m^3/hr)은?

풀이

실제공기량$(A) = m \times A_0$

$$m = \frac{N_2}{N_2 - 3.76O_2} = \frac{84}{84 - (3.76 \times 3.5)} = 1.19$$

$$A_0 = \frac{1}{0.21}[(1.867 \times 0.86) + (5.6 \times 0.04)$$
$$+ (0.7 \times 0.02) - (0.7 \times 0.08)] = 8.51 m^3/kg$$

$$= 1.19 \times 8.51 m^3/kg \times 10 kg/hr = 101.3 m^3/hr$$

13 폐기물의 조성이 다음과 같은 경우 중량 및 부피의 이론공기량을 구하시오.

- 가연분 70%[C = 40%, H = 10%, O = 35%, S = 5%]
- 수분 20%
- 회분(Ash) 10%

풀이

가연분 중 각 성분 계산 : C = 0.7 × 40 = 28%
H = 0.7 × 10 = 7%
O = 0.7 × 35 = 24.5%
S = 0.7 × 5 = 3.5%

(1) 중량 ; 이론공기량(A_0)

$$A_0 (\text{kg/kg}) = \frac{1}{0.23} \times O_0$$

$$O_0 (\text{kg/kg}) = 2.667C + 8H - O + S$$

$$= \frac{1}{0.23} \times [(2.667 \times 0.28) + (8 \times 0.07) - 0.245 + 0.035]$$

$$= 4.77 \text{kg/kg}$$

(2) 부피 ; 이론공기량(A_0)

$$A_0 (\text{Sm}^3/\text{kg}) = \frac{1}{0.21} \times O_0$$

$$O_0 (\text{Sm}^3/\text{kg}) = 1.867C + 5.6H + 0.7S - 0.7O$$

$$= \frac{1}{0.21} \times [(1.867 \times 0.28) + (5.6 \times 0.07)$$

$$+ (0.7 \times 0.035) - (0.7 \times 0.245)]$$

$$= 3.66 \text{Sm}^3/\text{kg}$$

14 어느 도시에서 배출되는 쓰레기량은 1인 1일 1.8kg이며, 밀도는 620kg/m³이다. 이 쓰레기를 압축할 때 처음 부피의 3/4으로 되며, 이를 다시 분쇄할 경우는 압축한 부피의 1/3로 된다. Trench 법으로 처리된 쓰레기를 깊이 6m로 매립할 때, 압축처리만 하여 매립한 경우에 비해 압축한 후 분쇄처리한 경우, 1년간 몇 m²의 매립면적의 축소가 가능한지 구하시오.(단, 이 도시의 인구는 200,000명이다.)

> **풀이**
>
> **압축만 한 경우 매립면적**
>
> $(m^2/year) = \dfrac{1.8kg/인 \cdot 일 \times 200,000인 \times 365일/year}{620kg/m^3 \times 6m} \times \dfrac{3}{4}$
>
> $= 26,491.94 m^2/year$
>
> 압축 후 분쇄한 경우 매립면적$(m^2/year) = 26,491.94 \times \dfrac{1}{3} = 8,830.64 m^2/year$
>
> 축소 가능 면적$(m^2) = 26,491.94 - 8,830.64 = 17,661.3 m^2/year$

15 폐기물 100kg에서 종이가 50%, 플라스틱이 30%, 수분이 20%이다. 파쇄 후 수분 25%가 없어지고, 선별하면 플라스틱, 종이로 분류된다. 플라스틱에는 종이 10%(혼합폐기물 내 종이량 10%)가 섞이고 종이에는 플라스틱 5%(혼합 폐기물 내 플라스틱 5%)가 섞인다. 그리고 물은 80%가 종이로 모이고 플라스틱의 물은 20%가 증발한다. 선별 후 종이, 플라스틱의 무게(kg)를 구하시오.

> **풀이**
>
> 선별 후 종이 무게(kg)
> = 원 종이무게 − 유실무게(10%) + 수분무게 + 플라스틱 혼입 무게
> $= 50 - (50 \times 0.1) + (15 \times 0.8) + (30 \times 0.05) = 58.5 kg$
>   [15kg → 잔여 수분량 100kg×0.2 = 20kg
>   20kg×(1−0.25) = 15kg]
>
> 선별 후 플라스틱 무게(kg)
> = 원 플라스틱 무게 − 유실무게(5%) + 수분무게 + 종이의 혼입무게
> $= 30 - (30 \times 0.05) + [15 \times (0.2 \times 0.8)] + (50 \times 0.1) = 35.9 kg$
>   [0.8 → 잔여 수분비율(1−0.2)]

16 LCA(Life Cycle Assessment)의 정의 및 평가단계 4단계를 쓰시오.

> **풀이**
>
> 1. 정의
>   사용한 자원 및 에너지, 환경으로 배출되는 환경오염물질을 규명하고 정량화함으로써 한 제품이나 공정에 관련된 환경부담을 평가하여 그 에너지와 자원, 환경부하 영향을 평가하여 환경을 개선시킬 수 있는 기회를 규명하는 과정을 전과정평가라 한다.

2. 4단계
① 1단계 : 목적 및 범위 설정(Goal Definition Scoping)
② 2단계 : 목록 분석(Inventory Analysis)
③ 3단계 : 영향 평가(Impact Analysis or Assessment)
④ 4단계 : 개선평가 및 해석(Improvement Assessment)

17 고형물 농도 40kg/m³인 슬러지 500m³/day를 탈수한 결과, 소석회를 슬러지 고형물당 30% 첨가하여(이때 첨가된 소석회의 50%가 고형물이 되는 것임) 20kg/m²·hr의 여과속도 및 함수율 78%의 탈수케이크를 얻었다. 면적(m²)과 탈수케이크 양(ton/day)을 구하시오. (단, 탈수기 운전시간 1일 8시간, 비중은 1.0 기준)

> **풀이**
>
> 면적(m²) = $\dfrac{\text{총 고형물량}}{\text{여과속도}}$
>
> $= \dfrac{500\text{m}^3/\text{day} \times 40\text{kg/m}^3 \times [1+(0.3 \times 0.5)]}{20\text{kg/m}^2 \cdot \text{hr} \times 8\text{hr/day}} = 143.75\text{m}^2$
>
> 탈수케이크 양(ton/day) = $500\text{m}^3/\text{day} \times 40\text{kg/m}^3 \times [1+(0.3 \times 0.5)]$
>
> $\times \text{ton}/1{,}000\text{kg} \times \left(\dfrac{100}{100-78}\right)$
>
> $= 104.55\text{ton/day}$

18 CH_4 1Sm³을 공기과잉계수 1.3으로 완전연소시킬 경우 실제습윤연소가스양(Sm³) 및 실제건조연소가스양(Sm³)은?

> **풀이**
>
> **실제습윤연소가스양(G_w)**
>
> $G_w = (m-0.21)A_0 + (x + \dfrac{y}{2})$
>
> $CH_4 + 2O_2 \rightarrow CO_2 + 2H_2O$
>
> $A_0 = \dfrac{1}{0.21}\left(x + \dfrac{y}{4}\right) = \dfrac{1}{0.21}\left(1 + \dfrac{4}{4}\right) = 9.52\text{Sm}^3$
>
> $= [(1.3 - 0.21) \times 9.52] + \left(1 + \dfrac{4}{2}\right) = 13.38\text{Sm}^3$

> 실제건조연소가스양(G_d)
> $G_d = (m - 0.21)A_0 + (x)$
> $A_0 = \dfrac{1}{0.21}\left(x + \dfrac{y}{4}\right) = \dfrac{1}{0.21}\left(1 + \dfrac{4}{4}\right) = 9.52\,\text{Sm}^3$
> $= [(1.3 - 0.21) \times 9.52] + 1 = 11.38\,\text{Sm}^3$

19 초기 농도가 120mg/L인 배기가스에 활성탄 30mg/L를 반응시키니 농도가 10mg/L가 되었고 활성탄을 80mg/L를 반응시키니 농도가 4mg/L로 되었다. 농도를 6mg/L로 만들기 위하여 반응시켜야 하는 활성탄의 양(mg/L)은?

(단, Freundlich 등온공식 $\dfrac{X}{M} = kC^{\frac{1}{n}}$ 을 이용)

> **풀이**
> $\dfrac{X}{M} = kC^{\frac{1}{n}}$
>
> $\dfrac{120 - 10}{30} = k \times 10^{\frac{1}{n}}$: ㉮식
>
> $\dfrac{120 - 4}{80} = k \times 4^{\frac{1}{n}}$: ㉯식
>
> ㉮식을 ㉯식으로 나눔
>
> $2.539 = 2.5^{\frac{1}{n}}$, 양변에 log를 취하면
>
> $\log 2.539 = \dfrac{1}{n} \log 2.5$, $n = 0.983$ → ㉮식에 대입
>
> $3.67 = k \times 10^{\frac{1}{0.983}}$, $k = 0.352$
>
> $\dfrac{120 - 6}{M} = 0.352 \times 6^{\frac{1}{0.983}}$
>
> $M = 52.33\,\text{mg/L}$

2014년 1회 산업기사

01 $4m^3$의 용기에 질소(N_2)를 100kg 넣고 압력을 60atm으로 올렸다. 이때 온도(℃)를 구하시오. (단, 이상상태 기체이며 $R = 0.082 atm \cdot L/mol \cdot K$)

풀이

이상기체 상태방정식
$PV = nRT$
$$T(K) = \frac{PV}{nR}$$

n(기체몰수) $= \dfrac{무게}{분자량} = 100kg \times 1,000g/kg \times mol/28g$
$\qquad\qquad\qquad\quad = 3,571.43 mol$

$= \dfrac{60atm \times 4m^3 \times 1,000L/m^3}{3,571.43mol \times 0.082atm \cdot L/mol \cdot K}$

온도(℃) $= T - 273 = 819.51 - 273 = 546.51℃$

---

02 어느 지역의 조성식을 살펴보니 $C_{24}H_{88}O_{16}H_2S \cdot 190H_2O$이다. 이 쓰레기의 저위발열량(kcal/kg)을 Dulong 식으로 산정하여라.

풀이

$C_{24}H_{88}O_{16}H_2S \cdot 190H_2O$의 분자량
$C_{24} + H_{90} + O_{16} + S + 190H_2O$
$= (12 \times 24) + (1 \times 90) + (16 \times 16) + 32 + (190 \times 18) = 4,086$

각 원소 성분비 $C = \dfrac{12 \times 24}{4,086} = 0.0704 \times 100 = 7.04\%$

$H = \dfrac{90}{4,086} = 0.02203 \times 100 = 2.203\%$

$O = \dfrac{16 \times 16}{4,086} = 0.06265 \times 100 = 6.265\%$

$S = \dfrac{32}{4,086} = 0.00783 \times 100 = 0.783\%$

수분 $= \dfrac{190 \times 18}{4,086} = 0.837 \times 100 = 83.7\%$

$$H_l(\text{kcal/kg}) = H_h - 600(9\text{H} + \text{W})$$

$$H_h = 8{,}100\text{C} + 34{,}000\left(\text{H} - \frac{\text{O}}{8}\right) + 2{,}500\text{S}$$

$$= (8{,}100 \times 0.0704) + \left[34{,}000 \times \left(0.02203 - \frac{0.06265}{8}\right)\right]$$

$$+ (2{,}500 \times 0.00783)$$

$$= 1072.57 \text{kcal/kg}$$

$$= 1{,}072.57 - 600 \times [(9 \times 0.02203) + 0.837] = 451.41 \text{kcal/kg}$$

03
폐기물 중 알루미늄을 선별하고자 한다. 폐기물 투입량은 120ton이고, 회수량이 100ton, 회수량 중 알루미늄캔 양이 90ton, 제거 폐기물 중 알루미늄캔 양이 5ton일 때 Worrell 식에 의한 선별효율(%)을 구하시오.

풀이

x_1 90ton → y_1 10ton

x_2 5ton → y_2 15ton (120 − 100 − 5)ton

$x_0 = x_1 + x_2 = 95\text{ton}$

$y_0 = y_1 + y_2 = 25\text{ton}$

Worrell 식 선별효율(E)

$$E(\%) = \left[\left(\frac{x_1}{x_0}\right) \times \left(\frac{y_2}{y_0}\right)\right] \times 100 = \left[\left(\frac{90}{95}\right) \times \left(\frac{15}{25}\right)\right] \times 100 = 56.84\%$$

04
적환장 설치가 필요한 경우 3가지를 쓰시오.

풀이

적환장 설치가 필요한 경우
① 작은 용량(15m^3 이하)의 수집차량을 사용할 때
② 최종처리장과 수거지역의 거리가 먼 경우(16km 이상)
③ 저밀도 거주지역이 존재할 때

05 다음 설명의 선별방법을 쓰시오.

(1) 자속이 두 개가 있으며 고유저항, 도자율 등의 물성의 차이에서 반반력크기의 차이가 생기기 때문에 비자성 도체의 분리가 가능하다.
(2) 전자석 유도에 관한 패러데이 법칙을 기초로 한다.

> **풀이**
> 와전류 선별법

06 입경 20cm의 폐기물을 2cm로 파쇄할 때 사용되는 에너지는 입경 15cm를 2cm로 파쇄할 때 소요되는 에너지의 몇 배인가?(단, Kick 법칙 이용, $n=1$)

> **풀이**
> $$E = c\ln\left(\frac{L_1}{L_2}\right)$$
> $$E_1 = c\ln\left(\frac{20}{2}\right), \quad E_2 = c\ln\left(\frac{15}{2}\right)$$
> $$\frac{E_1}{E_2} = \frac{\ln 10}{\ln 7.5} = 1.14\text{배}$$

07 이론공기량을 사용하여 프로판(C_3H_8) $1Nm^3$를 완전연소시킬 때 $CO_{2\max}(\%)$는?

> **풀이**
> $$CO_{2\max}(\%) = \frac{CO_2}{G_{od}} \times 100$$
> $$G_{od} = (1-0.21)A_0 + CO_2$$
> $$C_3H_8 + 5O_2 \rightarrow 3CO_2 + 4H_2O$$
> $$22.4Nm^3 : 5 \times 22.4Nm^3$$
> $$1Nm^3 : 5Nm^3$$
> $$= \left[(1-0.21) \times \frac{5}{0.21}\right] + 3 = 21.81\,(Nm^3/Nm^3)$$
> $$= \frac{3}{21.81} \times 100 = 13.76\%$$

08 부탄 $1Sm^3$의 연소에 필요한 이론공기량(Sm^3)은?

> **풀이**
>
> **완전연소 반응식**
> $$C_4H_{10} + 6.5O_2 \rightarrow 4CO_2 + 5H_2O$$
> $22.4Sm^3 : 6.5 \times 22.4Sm^3$
> $\quad 1Sm^3 : O_0(Sm^3)$
>
> $O_0(Sm^3) = \dfrac{1Sm^3 \times (6.5 \times 22.4)Sm^3}{22.4Sm^3} = 6.5Sm^3$
>
> 이론공기량$(A_0) = \dfrac{O_0}{0.21} = \dfrac{6.5Sm^3}{0.21} = 30.95Sm^3$

09 일산화탄소 5kg 완전연소 시 이론공기량(질량기준)을 화학양론적으로 구하시오. (단, 공기 중 산소량은 중량으로 23.15%)

> **풀이**
>
> **완전연소 반응식**
> $$CO + 0.5O_2 \rightarrow CO_2$$
> $28kg : 16kg$
> $\quad 5kg : O_0(kg)$
>
> $O_0(kg) = \dfrac{5kg \times 16kg}{28kg} = 2.86kg$
>
> $A_0(kg) = \dfrac{2.86kg}{0.2315} = 12.34kg$

10 폐기물을 압축시켜 용적 감소율이 30%인 경우 압축비는?

> **풀이**
>
> 압축비$(CR) = \dfrac{100}{100 - VR} = \dfrac{100}{100 - 30} = 1.43$

11 LCA(Life Cycle Assessment)의 구성요소 4가지를 기술하시오.

> **풀이**
>
> **LCA 4단계**
> ① 1단계 : 목적 및 범위 설정(Goal Definition Scoping)
> ② 2단계 : 목록 분석(Inventory Analysis)
> ③ 3단계 : 영향 평가(Impact Analysis)
> ④ 4단계 : 개선평가 및 해석(Improvement Assessment)

12 Rosin-Rammler Model의 체하분포식을 쓰고, 각 Factor를 설명하시오.

> **풀이**
>
> **Rosin-Rammler Model(로진-레뮬러 모델)**
> $$Y = 1 - \exp\left[-\left(\frac{X}{X_0}\right)^n\right]$$
> 여기서, Y : 체하분율(크기가 X보다 작은 폐기물의 총누적무게분율. 즉, 입자
> 크기가 X보다 큰 입자의 누적률)
> X : 입자의 입경
> X_0 : 특성입자의 입경
> n : 상수(분포지수 : 균등수)

13 유해폐기물이 1차 반응식에 따라 감소할 경우 반감기(hr)는?(단, 1차 속도상수 0.00885/hr)

> **풀이**
>
> **1차 반응식**
> $\ln \dfrac{C_t}{C_o} = -kt$
>
> $\ln 0.5 = -0.0885/\mathrm{hr}^{-1} \times t$
>
> $t = \dfrac{\ln 0.5}{0.0885/\mathrm{hr}^{-1}}$
>
> $t = 7.83 \mathrm{hr}$

14 인구 1천만 명이 거주하는 도시를 위한 위생쓰레기 매립지를 계획할 때, 매립지의 수명을 10년으로 하고 복토량은 부피비로 폐기물 : 복토비율이 5 : 1이 되게 할 때 매립용량(m^3/year)이 어느 정도 되어야 하는지 계산하시오. (단, 매립 후 쓰레기의 밀도는 450kg/m^3, 1인 1일 쓰레기 발생량은 1.15kg/인·일)

> **풀이**
>
> $$\text{매립용량}(m^3/year) = \frac{\text{폐기물 발생량}}{\text{폐기물 밀도}}$$
> $$= \frac{1.15kg/\text{인}\cdot\text{일} \times 10,000,000\text{인} \times 365\text{일}/year}{450kg/m^3}$$
> $$= 9,327,777.78 m^3/year \times (1.2) \rightarrow \text{복토용량 고려}$$
> $$= 11,193,333.33 m^3/year$$

15 다음과 같은 조건인 경우 침출수가 차수층을 통과하는 시간(year)은?

- 점토층의 두께 : 1.0m
- 유효공극률 : 0.3
- 투수계수 : 10^{-7}cm/sec
- 상부 침출수 수두 : 30cm

> **풀이**
>
> $$t = \frac{1.0^2 m^2 \times 0.3}{(10^{-7} cm/sec \times m/100cm) \times (1.0m + 0.3m)}$$
> $$= 230,769,230.8 sec \times year/31,536,000 sec = 7.32 year$$

16 다음 조성의 폐기물의 습량기준 단위무게당 고위발열량(kcal/kg)을 Dulog 식을 이용하여 구하시오.

[폐기물 분석조성]
C = 30%, H = 20%, O = 10%, S = 5%, 수분 = 25%, 불연소율 = 10%

> **풀이**
>
> **고위발열량(H_h)**
>
> $$H_h = 8,100C + 34,000\left(H - \frac{O}{8}\right) + 2,500S$$
> $$= (8,100 \times 0.3) + \left[34,000\left(0.2 - \frac{0.1}{8}\right)\right] + (2,500 \times 0.05) = 8,930(kcal/kg)$$

17 $C_{50}H_{100}O_{42}N$으로 이루어진 폐기물이 있다. 이 폐기물 3mol이 분해될 때 생성되는 메탄의 양은 몇 mol인지 그 반응식을 쓰고 계산하여라.

> **풀이**
>
> **혐기성 완전분해 반응식**
>
> $$C_aH_bO_cN_dS_e + \left(\frac{4a-b-2c+3d+2e}{4}\right)H_2O \rightarrow$$
>
> $$\left(\frac{4a+b-2c-3d-2e}{8}\right)CH_4 + \left(\frac{4a-b+2c+3d+2e}{8}\right)CO_2 + dNH_3 + eH_2S$$
>
> $$C_{50}H_{100}O_{40}N + \left(\frac{4\times50-100-2\times42+3\times1}{4}\right)H_2O \rightarrow$$
>
> $$\left[\frac{(4\times50)+100-(2\times42)-(3\times1)}{8}\right]CH_4$$
>
> $$+\left[\frac{(4\times50)-100+(2\times42)+(3\times1)}{8}\right]CO_2 + NH_3$$
>
> $C_{50}H_{100}O_{42}N + 4.75H_2O \rightarrow 26.625CH_4 + 23.375CO_2 + NH_3$
>
>   1mol   : 26.625mol
>
>   3mol   : CH_4(mol)
>
> $CH_4(mol) = \dfrac{3mol \times 26.625mol}{1mol} = 79.88mol$

18 해안 매립의 공법 3가지를 쓰시오.

> **풀이**
>
> **해안 매립 공법**
> ① 순차투입공법   ② 박층뿌림공법   ③ 수중투기공법(내수배제공법)

19 슬러지를 처리하기 위해 위생처리장 활성슬러지(1.5% 농도) $30m^3$를 농축조에 넣어 농축한 결과 슬러지의 농도가 35,000mg/L가 되었다. 농축된 슬러지양(m^3)은?

> **풀이**
>
> 농축 전 슬러지양×농축 전 고형물량=농축 후 슬러지양×농축 후 고형물량
>
> 농축 후 슬러지양 $= \dfrac{\text{농축 전 슬러지양} \times \text{농축 전 고형물량}}{\text{농축 후 고형물량}}$
>
> $= \dfrac{30m^3 \times 0.015}{0.035\,(35,000mg/L = 3.5\%)} = 12.86m^3$

2014년 2회 기사

01 쓰레기의 발생량 예측방법 중 다중회귀모델과 동적 모사모델에 대하여 2가지만 서술하시오.

> **풀이**
>
> **쓰레기 발생량 예측방법**
> ① 다중회귀모델
>   하나의 수식으로 각 인자(기후, 면적, 인구, 자원회수량)들의 효과를 총괄적으로 나타내어 복잡한 시스템의 분석에 유용하게 사용할 수 있는 쓰레기 발생량의 예측방법이다.
> ② 동적 모사모델
>   쓰레기 발생량에 영향을 주는 모든 인자를 시간에 대한 함수로 나타낸 후 시간에 대한 함수로 표현된 각 영향인자들 간의 상관관계를 수식화하여 쓰레기 발생량을 예측하는 방법이다.

02 유동층 소각로의 단점 6가지를 쓰시오.

> **풀이**
>
> **유동층 소각로의 단점**
> ① 층의 유동으로 상으로부터 찌꺼기의 분리가 어려우며 운전비, 특히 동력비가 높다.
> ② 투입이나 유동화를 위해 파쇄가 필요하다.
> ③ 유동매체의 손실로 인한 보충이 필요하다.
> ④ 고점착성의 반유동상 슬러지는 처리가 곤란하다.
> ⑤ 유동모래에 의한 기계적인 마모가 발생한다.
> ⑥ 소각로 본체에서 압력 손실이 크고 유동매체의 비산 또는 분진의 발생량이 많다.

03 유동층 소각로에서 유동층 매체의 구비조건 5가지를 쓰시오.

> **풀이**
>
> **유동층 매체의 구비조건**
> ① 불활성일 것
> ② 열충격에 강하고 융점이 높을 것
> ③ 내마모성일 것
> ④ 비중이 작을 것
> ⑤ 공급안정 및 가격이 저렴할 것

04 합성차수막의 종류 5가지를 쓰시오.

풀이

합성차수막의 종류(5가지만 기술)
① IIR : Isoprene-Isobutylene(Butyl Rubber)
② CPE : Chlorinated Polyethylene
③ CSPE : Chlorosulfonated Polyethylene
④ EPDM : Ethylene Propylene Diene Monomer
⑤ LDPE : Low-Density Polyethylene
⑥ HDPE : High-Density Polyethylene
⑦ CR : Chloroprene Rubber(Neoprene, Polychloroprene)
⑧ PVC : Polyvinyl Chloride

05 노 내의 다이옥신 억제방법 5가지를 기술하시오.

풀이

노 내(연소과정) 제어방법
① 완전연소 조건 3T의 충족
② 적정 연소온도(860~920℃) 유지
③ 공기공급량(1차, 2차 공기)의 조절
④ 입자 이월의 최소화
⑤ 후류온도제어(250℃ 이하, 400℃ 이상에서 다이옥신양 급감)

06 연소제어에 의한 질소산화물 저감방법을 4가지 기술하시오.

풀이

NO_x 발생 억제방법(연소실 내에서 저감대책) : 4가지만 기술하면 됨
① 저산소 연소
  낮은 공기비로 연소시키는 방법, 즉 연소 내로 과잉 공기의 공급량을 줄여 질소와 산소의 반응기회를 적게 하는 방법이다.
② 저온도연소
  예열공기온도 낮게 함으로써 NO_x 생성량을 조절한다.
③ 연소부분의 냉각
  연소실 열부하를 낮춤으로써 NO_x 생성을 저감한다.
④ 배기가스 재순환
  냉각된 배기가스 일부를 연소실로 재순환하여 온도 및 산소농도를 낮춤으로써 NO_x 생성을 저감한다.

⑤ 2단 연소
1단연소실에 부족한 공기를 공급하여 가스온도 상승을 억제하면서 NO_x의 생성을 줄이고 2단 연소실에서 완전연소시키는 방법이다.
⑥ 버너 및 연소실의 구조 개선
저 NO_x 버너를 사용하여 버너의 위치를 적정하게 설치하여 NO_x 생성을 저감한다.
⑦ 수증기 및 물분사 방법
물분자의 흡열반응을 이용하여 온도를 저하시켜 NO_x 생성을 저감한다.

07 파쇄 메커니즘 3가지를 쓰고 각각의 종류를 1가지씩 쓰시오.

[풀이]

파쇄 메커니즘 및 종류
① 전단작용(Van Roll식 왕복전단 파쇄기)
② 충격작용(해머밀 파쇄기)
③ 압축작용(Rotary Mill식 파쇄기)

08 퇴비화 설계운영 고려인자 중 3가지를 쓰고 각 인자의 적정 운전범위를 쓰시오.

[풀이]

퇴비화 설계운영 고려인자 및 적정 운전범위
① 수분함량 : 50~60%   ② C/N비 : 25~50   ③ 온도 : 55~60℃

09 침출수 처리의 펜톤산화법에서 펜톤산화제의 조성을 쓰시오.

[풀이]

과산화수소수(H_2O_2) + 철염($FeSO_4$)

10 함수율 98%인 슬러지를 농축하여 90%로 하였다면 부피변화율(%)은?

[풀이]

초기 슬러지양 × (100 − 초기 함수율) = 처리 후 슬러지양 × (100 − 처리 후 함수율)
농축 전 슬러지양 × (100 − 98) = 농축 후 슬러지양 × (100 − 90)

$$부피변화율(\%) = \frac{농축\ 후\ 슬러지양}{농축\ 전\ 슬러지양} = \frac{(100-98)}{(100-90)} = 0.2 \times 100 = 20\%$$

11 인구가 150,000명인 도시에서 발생한 폐기물을 압축하여 도랑식 위생매립방법으로 처리하고자 한다. 1년 동안 매립에 필요한 매립지의 소요부지면적(m^2/year)은?

- 매립깊이 : 4m
- 폐기물 밀도 : 500kg/m^3
- 폐기물 발생량 : 1.5kg/인·일
- 쓰레기 압축률 : 50%

풀이

$$\text{매립면적}(m^2/year) = \frac{\text{매립폐기물의 양}}{(\text{폐기물밀도} \times \text{매립깊이})}$$

$$= \frac{1.5 kg/인 \cdot 일 \times 150,000인 \times 365일/year}{500 kg/m^3 \times 4m}$$

$$= 41,062.5 m^2/year \times (1-0.5) \Leftarrow \text{압축률 고려}$$

$$= 20,531.25 m^2/year$$

12 분자식이 C_mH_n인 탄화수소가스 $1Sm^3$의 완전연소에 필요한 이론공기량(Sm^3/Sm^3)은?

풀이

C_mH_n의 완전연소 반응식

$$C_mH_n + \left(m + \frac{n}{4}\right)O_2 \rightarrow mCO_2 + \frac{n}{2}H_2O$$

이론공기량(A_0)

$$A_0 = \frac{O_0}{0.21}$$

O_0(이론산소량) ⇒ 기체연료 $1Sm^3$에 필요한 이론산소량

$$\left(m + \frac{n}{4}\right) Sm^3$$

$22.4 Sm^3$: $\left(m + \frac{n}{4}\right) \times 22.4 Sm^3$

$1 Sm^3$: O_0

$$O_0 = \left(m + \frac{n}{4}\right)$$

$$= \frac{\left(m + \frac{n}{4}\right)}{0.21} = 4.76m + 1.19n (Sm^3/Sm^3)$$

13 폐기물의 조성이 다음과 같은 경우 중량 및 부피의 이론공기량을 구하시오.

- 가연분 60%[C=40%, H=10%, O=35%, S=5%]
- 수분 20%
- 회분(Ash) 10%

풀이

가연분 중 각 성분 계산 : C = 0.6×40 = 24%
H = 0.6×10 = 6%
O = 0.6×35 = 21%
S = 0.6×5 = 3.0%

(1) 중량 ; 이론공기량(A_0)

$$A_0(\text{kg/kg}) = \frac{1}{0.23} \times O_0$$

$$O_0(\text{kg/kg}) = 2.667C + 8H - O + S$$

$$= \frac{1}{0.23} \times [(2.667 \times 0.24) + (8 \times 0.06) - 0.21 + 0.03]$$

$$= 4.08 \text{kg/kg}$$

(2) 부피 ; 이론공기량(A_0)

$$A_0(\text{Sm}^3/\text{kg}) = \frac{1}{0.21} \times O_0$$

$$O_0(\text{Sm}^3/\text{kg}) = 1.867C + 5.6H + 0.7S - 0.7O$$

$$= \frac{1}{0.21} \times [(1.867 \times 0.24) + (5.6 \times 0.06) + (0.7 \times 0.03) - (0.7 \times 0.21)]$$

$$= 3.13 \text{Sm}^3/\text{kg}$$

14 입경 20cm의 폐기물을 2cm로 파쇄할 때 사용되는 에너지는 입경 10cm를 2cm로 파쇄할 때 소요되는 에너지의 몇 배인가?(단, Kick 법칙 이용, $n=1$)

풀이

$$E = C \ln\left(\frac{L_1}{L_2}\right)$$

$$E_1 = C \ln\left(\frac{20}{2}\right) = C \ln 10, \quad E_2 = C \ln\left(\frac{10}{2}\right) = C \ln 5$$

동력비 $\left(\frac{E_1}{E_2}\right) = \frac{\ln 10}{\ln 5} = 1.43$배

15 농축 전 고형물 3%인 슬러지를 농축하여 6.5%의 고형물이 되었다. 농축 후 슬러지의 비중과 부피감소율(%)을 구하시오. (단, 고형물의 비중은 1.25)

> **풀이**
>
> **농축 후 슬러지 비중**
>
> $$\dfrac{100}{슬러지\ 비중} = \dfrac{6.5}{1.25} + \dfrac{93.5}{1.0}$$
>
> $$\dfrac{100}{슬러지\ 비중} = 98.7$$
>
> 슬러지 비중 = 1.013
>
> 부피감소율(VR)
>
> 농축 전 슬러지 부피 $\times \dfrac{1}{1.006} \times (1-0.97)$
>
> $=$ 농축 후 슬러지 부피 $\times \dfrac{1}{1.013} \times (1-0.935)$
>
> $VR = \left(\dfrac{농축\ 전\ 슬러지\ 부피 - 농축\ 후\ 슬러지\ 부피}{농축\ 전\ 슬러지\ 부피}\right) \times 100$
>
> $= \left(1 - \dfrac{농축\ 후\ 슬러지\ 부피}{농축\ 전\ 슬러지\ 부피}\right) \times 100$
>
> $= \left(1 - \dfrac{\dfrac{1}{1.006} \times (1-0.97)}{\dfrac{1}{1.013} \times (1-0.935)}\right) \times 100 = 53.53\%$
>
> [참조] : $\dfrac{100}{슬러지\ 비중} = \dfrac{3}{1.25} + \dfrac{97}{1.0}$
>
> 슬러지 비중(농축 전) = 1.006

16 등유($C_{10}H_{20}$) 1kg을 공기비 2.2로 완전연소 시 필요한 실제공기량(Sm^3/kg)은?

> **풀이**
>
> 완전연소 반응식
> $C_{10}H_{20} + 15O_2 \rightarrow 10CO_2 + 10H_2O$
> 140kg : $15 \times 22.4 Sm^3$
> 1kg : $O_0(Sm^3)$
>
> $O_0(Sm^3) = \dfrac{1kg \times (15 \times 22.4)Sm^3}{140kg} = 2.4 Sm^3$
>
> $A_0 = \dfrac{O_0}{0.21} = \dfrac{2.4}{0.21} = 11.43 Sm^3$
>
> $A = m \times A_0 = 2.2 \times 11.43 = 25.15 Sm^3/kg$

17 다음 그림은 대표적인 차수설비의 단면이다. 각각의 차수설비 명칭을 쓰시오.

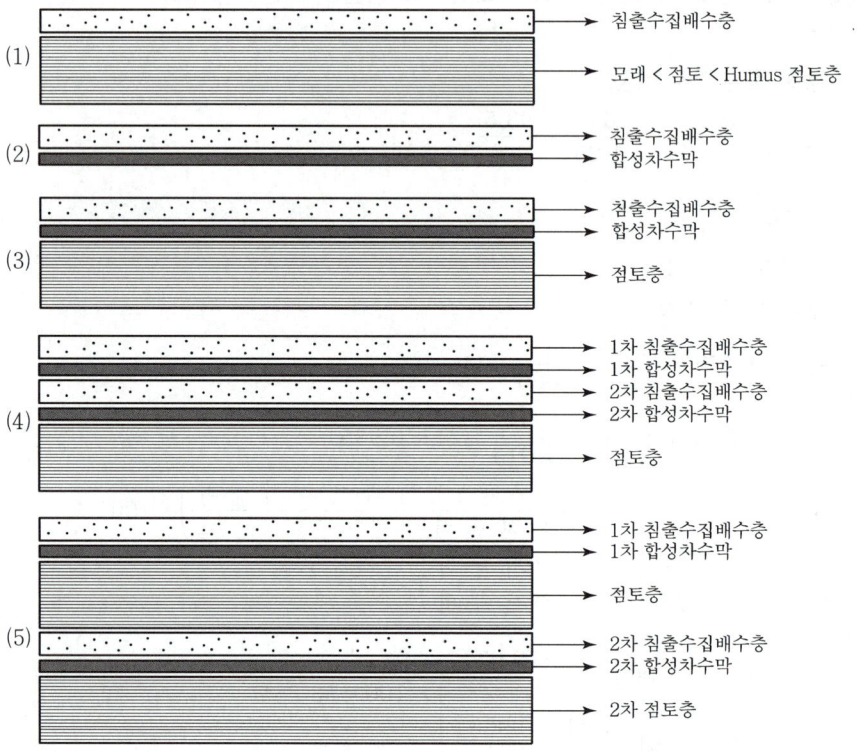

> **풀이**
> (1) : 단일점토차수층   (2) : 단일합성차수막
> (3) : 복합차수층   (4) : 이중차수층
> (5) : 이중복합차수층

18 고형물이 10%인 공정슬러지의 용출시험결과 납이 5mg/L의 농도로 용출되었다면 이 슬러지의 용출시험결과의 보정값(mg/L)은?(단, 모든 납은 슬러지 중의 고형물로부터 용출된 것이며, 보정은 매립 가능 함수율인 85%를 기준으로 보정)

> **풀이**
> 보정값(mg/L) = 함수율 보정값 × 농도
> $= \dfrac{15}{100-90} \times 5\text{mg/L} = 1.5 \times 5\text{mg/L} = 7.5\text{mg/L}$

19 조성이 $C_{60}H_{93}ON$인 유기물질 1ton/day이 호기성 안정화할 때 필요산소량(Sm^3/day)을 구하시오.

> **풀이**
> **유기물질의 완전분해 반응식**
> $C_aH_bO_cN_d + \left(\dfrac{4a+b-2c}{4}\right)O_2 \rightarrow aCO_2 + \left(\dfrac{b}{2}\right)H_2O + \dfrac{d}{2}N_2$
> $C_{60}H_{93}ON + \left[\dfrac{(4\times60)+93-(2\times1)}{4}\right]O_2 \rightarrow 60CO_2 + \left(\dfrac{93}{2}\right)H_2O + \left(\dfrac{1}{2}\right)N_2$
>
> $C_{60}H_{93}ON \quad + \quad 82.75 O_2 \rightarrow 60CO_2 + 46.5H_2O + 0.5N_2$
> 843kg : $82.75 \times 22.4 (Sm^3)$
> 1,000kg/day : $O_0(Sm^3/\text{day})$
>
> $O_0(Sm^3/\text{day}) = \dfrac{1,000\text{kg/day} \times (82.75 \times 22.4)Sm^3}{843\text{kg}} = 2,198.81 Sm^3/\text{day}$

2014년 2회 산업기사

01 연직차수막공법의 종류 4가지를 쓰시오.

> **풀이**
> **연직차수막공법**
> ① 어스 댐 코어 공법 ② 강널말뚝공법
> ③ 그라우트 공법 ④ 차수 시트 매설공법

02 RDF(Refuse Drived Fuel) 재료가 갖추어야 하는 구비조건 4가지를 쓰시오.

> **풀이**
> **RDF 구비조건**
> ① 발열량(칼로리)이 높을 것
> ② 함수율이 낮을 것
> ③ 쓰레기 원료 중 비가연성 성분이나 연소 후 잔류하는 재의 양이 적을 것
> ④ 대기오염이 적을 것

03 퇴비화 설계운영 고려인자 중 C/N비가 80 이상, 20 이하인 경우의 영향을 쓰시오.

> **풀이**
> (1) C/N비가 80 이상인 경우
>   유기산 등이 퇴비의 pH를 낮추고 미생물의 성장과 활동도 억제되며, 질소부족으로 퇴비화가 잘 형성되지 않아 퇴비화의 소요기간이 길어진다.
> (2) C/N비가 20 이하인 경우
>   질소가 암모니아로 변하여 1개를 증가시키고, 이로 인해 암모니아 가스가 발생하여 퇴비화 과정 중 악취가 발생한다.

04 합성차수막의 종류 6가지를 쓰시오.

> **풀이**
>
> **합성차수막의 종류(6가지만 기술)**
> ① IIR : Isoprene-Isobutylene(Butyl Rubber)
> ② CPE : Chlorinated Polyethylene
> ③ CSPE : Chlorosulfonated Polyethylene
> ④ EPDM : Ethylene Propylene Diene Monomer
> ⑤ LDPE : Low-Density Polyethylene
> ⑥ HDPE : High-Density Polyethylene
> ⑦ CR : Chloroprene Rubber(Neoprene, Polychloroprene)
> ⑧ PVC : Polyvinyl Chloride

05 파쇄이론에서 에너지소모량을 예측하는 Kick의 법칙을 기술하시오.

> **풀이**
>
> **Kick의 법칙**
> 폐기물 입자의 크기를 3cm 미만으로 파쇄하는 공정에 적용(고운 파쇄 또는 2차 파쇄라 한다.)
>
> $$E = C \ln\left(\frac{L_1}{L_2}\right)$$
>
> 여기서, E : 폐기물의 파쇄에너지(kW·hr/ton)
> C : 상수
> L_1 : 초기 폐기물의 크기(cm)
> L_2 : 최종 파쇄 후 폐기물의 크기(cm)

06 1일 쓰레기의 발생량이 100톤인 지역에서 트렌치 방식으로 매립장을 계획한다면 3년간 필요한 토지 면적(m^2)을 구하시오. (단, 도랑의 깊이는 2.5m이고, 매립에 따른 쓰레기의 부피 감소율은 70%, 매립 전 쓰레기 밀도는 0.5ton/m^3이다.)

> **풀이**
>
> 매립면적(m^2) = $\dfrac{\text{매립폐기물의 양}}{(\text{폐기물밀도} \times \text{매립깊이})} \times \text{부피감소율}$
>
> $= \dfrac{100\text{ton/day} \times 365\text{day/year} \times 3\text{year}}{0.5\text{ton/m}^3 \times 2.5\text{m}} \times (1-0.7) = 26,280\text{m}^2$

07 다음 물질회수율 중 어느 물질의 % 선별효율이 더 높은가?(단, Worrell식 적용)

```
유리 20kg                        기각
캔 5kg      →   (선별기)    →    유리 2kg
                                 캔 4kg
                   ↓ 선별
              유리 18kg 캔 1kg
```

풀이

유리

x_1 18kg → y_1 1kg

x_2 2kg → y_2 4kg

$x_0 = x_1 + x_2 = 18 + 2 = 20$kg

$y_0 = y_1 + y_2 = 1 + 4 = 5$kg

$E(\%) = \left[\left(\dfrac{18}{20}\right) \times \left(\dfrac{4}{5}\right)\right] \times 100 = 72\%$

캔

x_1 1kg → y_1 2kg

x_2 4kg → y_2 18kg

$x_0 = x_1 + x_2 = 1 + 4 = 5$kg

$y_0 = y_1 + y_2 = 2 + 18 = 20$kg

$E(\%) = \left[\left(\dfrac{1}{5}\right) \times \left(\dfrac{2}{20}\right)\right] \times 100 = 2\%$

유리의 선별효율(72%)이 더 높다.

08 슬러지 중 비중 0.85인 유기성 고형물이 6%, 비중 1.95인 무기성 고형물의 함량이 35%일 때 이 슬러지 비중을 구하시오.

풀이

$\dfrac{\text{슬러지양}}{\text{슬러지 비중}} = \dfrac{\text{유기물}}{\text{유기물 비중}} + \dfrac{\text{무기물}}{\text{무기물 비중}} + \dfrac{\text{함수량}}{\text{함수 비중}}$

$\dfrac{100}{\text{슬러지 비중}} = \dfrac{6}{0.85} + \dfrac{35}{1.95} + \dfrac{(100-6-35)}{1.0}$

$\dfrac{100}{\text{슬러지 비중}} = 84.0075$

슬러지 비중 = 1.19

09 폐기물 발생량이 5,000m³/day인 도시에서 8ton 덤프트럭으로 쓰레기를 매립장으로 운반하고자 한다. 폐기물 밀도는 280kg/m³, 덤프트럭 작업시간 6hr/day, 운반거리 25km, 왕복시간 45분, 투기시간 8분, 적재시간 20분, 대기차량 3대인 조건에서 하루에 몇 대의 차량이 필요한가?

> **풀이**
>
> 차량대수 = $\dfrac{\text{폐기물 총량}}{\text{차량 적재용량}}$ + 대기차량
>
> 차량 적재용량(1일 1대당 운반량)
>
> $= \dfrac{8\text{ton/대} \cdot \text{회}}{(45+8+20)\text{분/회} \times \text{hr/60분} \times \text{day/6hr}}$
>
> $= 39.45 \text{ton/day} \cdot \text{대}$
>
> 폐기물 총량 $= 5{,}000\text{m}^3/\text{day} \times 0.28\text{ton/m}^3$
>
> $\qquad\qquad = 1{,}400\text{ton/day}$
>
> $= \dfrac{1{,}400\text{ton/day}}{39.45\text{ton/day} \cdot \text{대}} + 3 = 38.49(39\text{대})$

10 슬러지의 각 성분의 관계이다. ( ) 안에 알맞은 내용을 쓰시오.

> 슬러지 $= TS + W$
> $\qquad = (\ ① \ ) + (\ ② \ ) + W$

> **풀이**
>
> 슬러지 $= TS + W$
> $\qquad = (VS) + (FS) + W$
>
> 여기서, TS : 총 고형물
> $\qquad\quad VS$: 휘발성 고형물
> $\qquad\quad FS$: 강열 잔류 고형물
> $\qquad\quad W$: 수분

11 수소 5kg을 완전연소하는 데 소요되는 이론공기량(Nm^3)은?

> **풀이**
> 연소반응식
> $$H_2 + \frac{1}{2}O_2 \rightarrow H_2O$$
> 2kg : $0.5 \times 22.4 Nm^3$
> 5kg : $O_0 (Nm^3)$
>
> $$O_0(Nm^3) = \frac{5kg \times (0.5 \times 22.4)Nm^3}{2kg} = 28 Nm^3$$
>
> $$A_0(Nm^3) = \frac{28 Nm^3}{0.21} = 133.33 Nm^3$$

12 수소 1kg을 완전연소하는 데 필요한 산소량은 탄소 1kg을 연소하는 데 필요한 양론적 산소량의 몇 배가 되는가?

> **풀이**
> 수소 완전연소 반응식
> $$H_2 + \frac{1}{2}O_2 \rightarrow H_2O$$
> 2kg : 16kg
> 1kg : $O_0(kg)$
>
> $$O_0(kg) = \frac{1kg \times 18kg}{2kg} = 8kg$$
>
> 탄소 완전연소 반응식
> $$C + O_2 \rightarrow CO_2$$
> 12kg : 32kg
> 1kg : $O_0(kg)$
>
> $$O_0(kg) = \frac{1kg \times 32kg}{12kg} = 2.67 kg$$
>
> 양론적 산소량비 $= \dfrac{8}{2.67} = 3$배

13 종이 50%, 나무 25%, 연탄재 25%가 혼합되어 있고, 전체 무게는 10ton이다. 각각의 밀도는 400kg/m³, 450kg/m³, 500kg/m³일 경우 매립하는 데 총 10년이 소요되었다. 만일 종이를 분리하여 재활용할 경우 매립기간(year)은?

> **풀이**
>
> 각각의 부피계산
>
> 종이 부피$(m^3) = \dfrac{5,000 \text{kg}}{400 \text{kg/m}^3} = 12.5 m^3$
>
> 나무 부피$(m^3) = \dfrac{2,500 \text{kg}}{450 \text{kg/m}^3} = 5.56 m^3$
>
> 연탄재 부피$(m^3) = \dfrac{2,500 \text{kg}}{500 \text{kg/m}^3} = 5 m^3$
>
> 총 부피 $= 12.5 + 5.56 + 5 = 23.06 m^3$
>
> 종이 재활용 부피 $= 5.56 + 5 = 10.56 m^3$
>
> $23.06 m^3 : 10 \text{year} = 10.56 m^3 : $ 매립기간(year)
>
> 매립기간$(\text{year}) = \dfrac{10 \text{year} \times 10.56 m^3}{23.06 m^3} = 4.58 \text{year}$

14 차단형 매립지에서 차수설비에 쓰이는 재료 3가지를 쓰시오.

> **풀이**
> ① 점토   ② 합성차수막   ③ 토양 혼합물

15 황성분이 1.5%인 폐기물을 10ton/hr 소각하는 소각로에서 배기가스 중의 SO_2를 $CaCO_3$로 완전히 탈황하는 경우 이론상 하루에 필요한 $CaCO_3$의 양(ton/day)은? (단, 폐기물 중의 S은 모두 SO_2로 전환되며, 소각로의 1일 가동시간은 8시간, Ca 원자량 40)

> **풀이**
>
> $CaCO_3 + SO_2 \rightarrow CaSO_3 + CO_2$
> 위의 반응식에서 S과 탄산칼슘$(CaCO_3)$은 1 : 1 반응한다.
>   S ⇒ $CaCO_3$
> 32ton : 100ton
> 10ton/hr × 0.015 : $CaCO_3$(ton/day)
>
> $CaCO_3(\text{ton/day}) = \dfrac{100 \text{ton} \times 10 \text{ton/hr} \times 0.015 \times 8 \text{hr/day}}{32 \text{ton}} = 3.75 \text{ton/day}$

16 중량 조성이 탄소 85%, 수소 15%인 액체연료를 시간당 100kg을 연소했을 때 배출가스의 분석치가 CO_2 : 12.5%, O_2 : 3.5%, N_2 : 84%이라면, 시간당 필요한 실제공기량(Sm^3/hr)을 구하시오.

> **풀이**
>
> 실제공기량$(A) = m \times A_0$
>
> $$m = \frac{N_2}{N_2 - 3.76 O_2} = \frac{84}{84 - (3.76 \times 3.5)} = 1.186$$
>
> $$A_0 = \frac{1}{0.21} \times (1.867C + 5.6H)$$
>
> $$= \frac{1}{0.21} \times [(1.867 \times 0.85) + (5.6 \times 0.15)] = 11.56 Sm^3/kg$$
>
> $$= 1.186 \times 11.56 Sm^3/kg \times 100 kg/hr = 1,370.75 Sm^3/hr$$

17 점토의 수분함량과 관계되는 지표를 관계식으로 나타내시오.

> **풀이**
>
> 소성지수(PI) = 액성한계(LL) − 소성한계(PL)

18 폐기물의 연소능력이 200kg/$m^2 \cdot$hr이며 연소할 폐기물의 양이 100m^3/day이다. 1일 8시간 소각로를 가동시킨다고 할 때, 화격자의 면적(m^2)은?(단, 폐기물 밀도 200kg/m^3)

> **풀이**
>
> $$화상면적(m^2) = \frac{시간당\ 소각량}{연소능력(화상부하율)}$$
>
> $$= \frac{100 m^3/day \times 200 kg/m^3 \times day/8hr}{200 kg/m^2 \cdot hr} = 12.5 m^2$$

2014년 4회 기사

01 퇴비화 시 톱밥, 왕겨 등을 넣는 이유 2가지를 쓰시오.

> **풀이**
> Bulking Agent(통기개량제)를 넣는 이유
> ① 퇴비의 수분함량을 조절하기 위하여
> ② 퇴비의 질(C/N 비) 개선을 위하여

02 유기물, $C_6H_{12}O_6$(포도당) 1kg을 혐기성으로 완전분해 시 생성될 수 있는 이론적인 CH_4의 무게(kg) 및 부피(Sm^3)를 구하시오.

> **풀이**
> 혐기성 완전분해 반응식
> $C_6H_{12}O_6 \Rightarrow 3CH_4$
> 180kg : 3×16kg
> 1kg : CH_4(kg)
> $CH_4(kg) = \dfrac{1kg \times (3 \times 16)kg}{180kg} = 0.27kg$
>
> $C_6H_{12}O_6 \Rightarrow 3CH_4$
> 180kg : 3×22.4Sm^3
> 1kg : $CH_4(Sm^3)$
> $CH_4(Sm^3) = \dfrac{1kg \times (3 \times 22.4)Sm^3}{180kg} = 0.37Sm^3$

03 연소온도의 정의를 쓰고 이론연소온도를 구하는 식을 쓰시오.

> **풀이**
>
> 1. 정의
>   단위연료를 이론공기량으로 연소 시 이론상 최고온도를 의미하고 연소 시 발생하는 화염온도를 말한다.
>
> 2. 관계식
>
> $$\text{이론연소온도}(℃) = \frac{H_l}{G_o \times C_p} + t_1$$
>
>   여기서, H_l : 저위발열량($kcal/Sm^3$)
> G_o : 이론연소가스량(Sm^3/Sm^3)
> C_p : 연소가스량의 평균정압비열($kcal/Sm^3 \cdot ℃$)
> t_1 : 실제온도(℃)

04 소각로 내 연소과정에서 배출되는 다이옥신 제거방법 5가지를 기술하시오.

> **풀이**
>
> **노 내(연소과정) 제어방법**
> ① 완전연소 조건 3T(Temperature, Time, Turbulence)의 충족
> ② 적정 연소온도(860~920℃) 유지
> ③ 공기공급량(1차 공기, 2차 공기)의 조절
> ④ 입자 이월의 최소화
> ⑤ 후류온도제어(250℃ 이하, 400℃ 이상에서 다이옥신양 급감)

05 폐기물 10톤 중 유리가 8% 존재한다고 가정하였을 때 다음 물음에 답하시오.

폐기물 종류(단위 : ton/kg)	반입	제거	회수
유리	0.8	0.08	0.72
캔	9.2	8.92	0.28

(1) 유리의 회수율을 구하시오.
(2) 유리의 선별효율을 구하시오. (단, Worrell식 및 Rietema식 이용)

> **풀이**
>
> (1) 유리회수율(E)
> $$E(\%) = \frac{회수유리량}{투입유리총량} \times 100 = \frac{0.72}{0.8} \times 100 = 90\%$$
>
> (2) 유리선별효율
> ① Worrell식
> $$E(\%) = \left[\left(\frac{x_1}{x_0}\right) \times \left(\frac{y_2}{y_0}\right)\right] \times 100 = \left[\left(\frac{0.72}{0.8}\right) \times \left(\frac{8.92}{9.2}\right)\right] \times 100 = 87.26\%$$
>
> ② Rietema식
> $$E(\%) = \left[\left|\frac{x_1}{x_0} - \frac{y_1}{y_0}\right|\right] \times 100 = \left[\left|\left(\frac{0.72}{0.8}\right) - \left(\frac{0.28}{9.2}\right)\right|\right] \times 100 = 86.96\%$$

06 유기성 폐기물이 10ton일 경우 회수될 수 있는 메탄양(m^3) 및 금전적 가치(원)를 산정하시오.

> [조건] 1. 도시폐기물 중 유기성분의 수분함량 : 30%
> 2. 고형물 체류시간 : 30일
> 3. 휘발성 고형물, VS = 0.85×TS(총 고형물)
> 4. 생분해 가능한 휘발성 고형물, BVS = 0.70×VS
> 5. 예상 BVS 전환율 : 90%
> 6. 가스 발생량 : $0.5m^3$/kg · BVS
> 7. 가스 에너지 함량 : $5,250kcal/m^3$
> 8. 에너지 가치 : $5,500원/10^5 kcal$

> **풀이**
>
> 휘발성 고형물량(VS : kg) = 10ton×0.85×(1−0.3)×1,000kg/ton = 5,950kg
> 생분해 가능한 휘발성 고형물량(BVS)
> BVS = 0.7×5,950kg×0.9 = 3,748.5kg(BVS)
> 회수 메탄양(m^3) = 3,748.5kg(BVS)×$0.5m^3$/kg · BVS = $1,874.25m^3$
> 가스에너지열량(kcal) = $1,874.25m^3$×$5,250kcal/m^3$ = 9,839,812.5kcal
> 금전적 가치(원) = 9,839,812.5kcal×$5,500원/10^5 kcal$ = 541,189.69원

07 함수율이 98%인 슬러지 500m³/day를 처리할 수 있는 혐기성 소화조의 용량(m³)은?[단, $VS/TS=0.6$, 소화일수 30일, 숙성일수(소화슬러지 저장기간) 10일, 소화오니의 함수율 94%, 유기물량의 60%가 액화 및 가스화된다고 한다. 비중은 1.0, 소화조 용량(V) = $\frac{1}{2}(Q_1 + Q_2)T_1 + Q_2 T_2$식 이용]

> **풀이**
>
> 소화조 용적(m³) = $\left(\frac{1}{2}(Q_1 + Q_2)T_1\right) + (Q_2 T_2)$
>
> Q_1 = 소화조 유입 슬러지양 = 500m³/day
>
> Q_2 = 소화소에 축적되는 소화슬러지양(m³/day)
>
> $Q_2 = (4,000 + 2,400)\text{kg} \cdot TS/\text{day} \times \dfrac{100 \cdot SL}{(100-94) \cdot TS}$
>
> $\times \text{m}^3/1,000\text{kg} = 106.67\text{m}^3/\text{day}$
>
> $TS = FS + VS'$ (잔류 유기물)
>
> $FS = 500\text{m}^3 \cdot SL/\text{day} \times 1,000\text{kg/m}^3$
>
> $\times \dfrac{(100-98) \cdot TS}{100 \cdot SL} \times \dfrac{0.4 FS}{TS} = 4,000\text{kg/day}$
>
> $VS' = 500\text{m}^3 \cdot SL/\text{day} \times 1,000\text{kg/m}^3$
>
> $\times \dfrac{(100-98) \cdot TS}{100 \cdot SL} \times \dfrac{0.6 \cdot VS}{TS}$
>
> $\times \dfrac{(100-60) \cdot VS'}{100 \cdot VS} = 2,400\text{kg/day}$
>
> $= 4,000 + 2,400 = 6,400\text{kg/day}$
>
> $= \dfrac{1}{2}(Q_1 + Q_2) \cdot T_1 + Q_2 \cdot T_2$
>
> $= \left[\dfrac{(300 + 106.67)\text{m}^3/\text{day}}{2} \times 30\text{day}\right] + (106.67\text{m}^3/\text{day} \times 10\text{day})$
>
> $= 7,166.75\text{m}^3$

08 매립지에서 침출된 유기물 Dieldrin 농도가 1/2로 반감하는 데 소요되는 시간이 3.0년이다. Dieldrin 농도가 99% 분해되는 데 소요되는 기간(year)을 계산하시오.

> **풀이**
>
> $\ln \dfrac{C_t}{C_0} = -kt$
>
> $\ln 0.5 = -k \times 3.0 \text{year}$
>
> $k = 0.231 \text{year}^{-1}$
>
> 99% 분해 소요시간(반응 후 농도 1% 의미)
>
> $\ln \dfrac{(100-99)}{100} = -0.231 \times t$
>
> $t = 19.94 \text{year}$

09 열분해 공정이 소각에 비하여 갖는 장점 3가지를 쓰시오.

> **풀이**
> ① 배기가스양이 적게 배출된다.
> ② 황, 중금속 분이 Ash(회분) 중에 고정되는 비율이 크다.
> ③ 상대적으로 저온이기 때문에 NO_x(질소산화물)의 발생량이 적다.

10 수소 1kg을 연소하는 데 필요한 양론적 공기량은 탄소 1kg을 연소하는 데 필요한 공기량의 몇 배인가?(단, 공기 중의 산소량은 중량비로 0.232이다.)

> **풀이**
>
> **수소 완전연소 방정식**
> $H_2 + 0.5O_2 \rightarrow H_2O$
> 2kg : 16kg
> 1kg : O_0(kg)
> O_0(kg) = 8kg
> $A_0 = \dfrac{O_0}{0.232} = \dfrac{8}{0.232} = 34.48$ kg
>
> **탄소 완전연소 방정식**
> $C + O_2 \rightarrow CO_2$
> 12kg : 32kg
> 1kg : O_0(kg)
> O_0(kg) = 2.67kg
> $A_0 = \dfrac{O_0}{0.232} = \dfrac{2.67}{0.232} = 11.50$ kg
>
> 공기의 비율 = $\dfrac{수소\ A_0}{탄소\ A_0} = \dfrac{34.48}{11.50} = 3$배

11 다음의 오염된 토양의 정화 및 복구기술에 대하여 설명하시오.
(1) 동전기 정화기술
(2) 전기삼투
(3) 전기이동
(4) 전기영동

> **풀이**
> (1) 동전기 정화기술
>   지층 속에 전극을 설치한 후 전류를 가하여 지층의 물리·화학적 및 수리학적 변화를 유도한 후 전도현상(동전기 현상)을 일으켜 오염물질을 이동, 추출 제거하는 기술이다.
> (2) 전기삼투
>   포화토양 내에 전류가 가해지면 양이온이 음극을 향하여 이동하면서 공극수를 함께 이동시킴으로써 물이 흐르는 현상이며, 낮은 수리전도도(예 : 점토)를 가진 토양오염물질 처리에 효과적이다.

(3) 전기이동

전기경사에 의한 전하를 띤 화학물질의 이동 현상이며 이온상태의 오염물질이나 입자표면에 전하를 띤 토양오염물질 처리에 효과적이다.

(4) 전기영동

주어진 전기장에 의하여 대전된 입자가 자신이 가지고 있는 전하와 반대방향으로 이동하는 현상이며 토양, 액체 혼합물 내의 전하를 띤 콜로이드의 이동을 의미한다.

12 탄소 84%, 수소 13.0%, 황 2.0%, 질소 1.0% 조성을 가지는 중유를 1kg당 15Sm³의 공기로 완전연소할 경우 습배출가스 중의 황산화물의 부피농도(ppm)는?(단, 표준상태 기준)

풀이

$$SO_2(\text{ppm}) = \frac{SO_2}{G_w} \times 10^6 = \frac{0.7S}{G_w} \times 10^6$$

$$G_w = G_{ow} + (m-1)A_0$$

$$G_{ow} = (1-0.21)A_0 + CO_2 + H_2O + SO_2$$

$$A_0 = \frac{1}{0.21} \times O_0$$

$$= \frac{1}{0.21} \times [(1.867 \times 0.84) + (5.6 \times 0.13) + (0.7 \times 0.02)] = 11.0(\text{Sm}^3/\text{kg})$$

$$= (0.79 \times 11.0) + (1.867 \times 0.84) + (11.2 \times 0.13) + (0.7 \times 0.02) = 11.73 \text{Sm}^3/\text{kg}$$

$$m = \frac{A}{A_0} = \frac{15}{11.0} = 1.36$$

$$= 11.73 + [(1.36-1) \times 11.0] = 15.69 \text{Sm}^3/\text{kg}$$

$$= \frac{(0.7 \times 0.02)}{15.69} \times 10^6 = 892.29 \text{ppm}$$

13 $C_6H_{12}O_6$ 1kg을 혐기성으로 완전분해 시 생성될 수 있는 이론적 CH_4 및 CO_2의 무게 (kg)는?

> **풀이**
>
> **혐기성 완전분해 반응식**
> $C_6H_{12}O_6 \Rightarrow 3CH_4 + 3CO_2$
> 180kg : 3×16kg
> 1kg : CH_4(kg)
>
> $CH_4(kg) = \dfrac{1kg \times (3 \times 16)kg}{180kg} = 0.27kg$
>
> $C_6H_{12}O_6 \Rightarrow 3CH_4 + 3CO_2$
> 180kg : 3×44kg
> 1kg : CO_2(kg)
>
> $CO_2(kg) = \dfrac{1kg \times (3 \times 44)kg}{180kg} = 0.73kg$

14 인구 10만 명인 어느 도시의 폐기물 발생량이 1.5kg/인·일이고, 밀도는 0.45 ton/m³이다. 쓰레기를 압축하면서 그 용적의 40%가 감소되었고, 다시 쓰레기를 분쇄하면서 1/3이 감소되었다. Trench형 매립 시 연간 필요 매립지의 면적 차이 (m²/year)는?(단, Trench의 높이 5m임)

> **풀이**
>
> 압축만 한 경우의 매립면적(m²/year)
> $(m^2/year) = \dfrac{1.5kg/인 \cdot 일 \times 100{,}000인 \times 365일/year}{450kg/m^3 \times 5m} \times (1-0.4)$
> $= 14{,}600 m^2/year$
>
> 압축 후 분쇄한 경우의 매립면적(m²/year)
> $(m^2/year) = 14{,}600 \times \left(1 - \dfrac{1}{3}\right) = 9{,}733.33 m^2/year$
>
> 소요면적 차이 $= (14{,}600 - 9{,}733.33)m^2/year = 4{,}866.67 m^2/year$

15 의료폐기물 중 위해의료폐기물의 종류 4가지를 쓰시오.

> **풀이**
>
> **위해의료폐기물**
> ① 조직물류 폐기물 ② 병리계 폐기물
> ③ 손상성 폐기물 ④ 생물·화학 폐기물
> ⑤ 혈액오염 폐기물
>
> [참고] 위해의료폐기물
> ① 조직물류 폐기물 : 인체 또는 동물의 조직·장기·기관·신체의 일부, 동물의 사체, 혈액·고름 및 혈액생성물(혈청, 혈장, 혈액제제)
> ② 병리계 폐기물 : 시험·검사 등에 사용된 배양액, 배양용기, 보관균주, 폐시험관, 슬라이드, 커버글라스, 폐배지, 폐장갑
> ③ 손상성 폐기물 : 주사바늘, 봉합바늘, 수술용 칼날, 한방 침, 치과용 침, 파손된 유리재질의 시험기구
> ④ 생물·화학 폐기물 : 폐백신, 폐항암제, 폐화학치료제
> ⑤ 혈액오염폐기물 : 폐혈액백, 혈액투석 시 사용된 폐기물, 그 밖에 혈액이 유출될 정도로 포함되어 있는 특별한 관리가 필요한 폐기물

16 슬러지의 개량방법 4가지를 쓰시오.

> **풀이**
>
> **슬러지 개량방법**
> ① 약품처리(주 개량방법) ② 열처리
> ③ 슬러지 세척(세정법) ④ 생물학적 처리

17 소화조 가열에 1,000,000kcal/hr가 요구된다고 한다. 슬러지의 TS는 8%이고, VS는 90%이며 소화 시 VS의 50%가 소화가스로 전환되고 소화가스는 1m³당 5,000kcal/m³의 열량을 낸다. 제거된 VS 1kg당 0.7m³의 소화가스가 발생된다고 하면, 소화조 가열에 필요한 최소슬러지양(m³/hr)을 구하시오. (단, 슬러지 비중 1.0)

> **풀이**
>
> **최소슬러지양(Q)**
>
> $1,000,000 \text{kcal/hr} = Q(\text{m}^3/\text{hr}) \times 1,000 \text{kg/m}^3 \times 0.7 \text{m}^3/\text{kg} \cdot VS$
> $\qquad\qquad\qquad\qquad \times 0.08 \times 0.9 \times 0.5 \times 5,000 \text{kcal/m}^3$
>
> $Q(\text{m}^3/\text{hr}) = \dfrac{1,000,000 \text{kcal/hr}}{1,000 \text{kg/m}^3 \times 0.7 \text{m}^3/\text{kg} \cdot VS \times 0.08 \times 0.9 \times 0.5 \times 5,000 \text{kcal/m}^3}$
>
> $\qquad\qquad\;\; = 7.94 \text{m}^3/\text{hr}$

2014년 4회 산업기사

01 합성차수막의 종류 5가지를 쓰시오.

> **풀이**
>
> **합성차수막의 종류(5가지만 기술)**
> ① IIR : Isoprene – Isobutylene(Butyl Rubber)
> ② CPE : Chlorinated Polyethylene
> ③ CSPE : Chlorosulfonated Polyethylene
> ④ EPDM : Ethylene Propylene Diene Monomer
> ⑤ LDPE : Low – Density Polyethylene
> ⑥ HDPE : High – Density Polyethylene
> ⑦ CR : Chloroprene Rubber(Neoprene, Polychloroprene)
> ⑧ PVC : Polyvinyl Chloride

02 RDF(Refuse Drived Fuel) 재료가 갖추어야 하는 구비조건 4가지를 쓰시오.

> **풀이**
>
> **RDF 구비조건**
> ① 발열량(칼로리)이 높을 것
> ② 함수율이 낮을 것
> ③ 쓰레기 원료 중 비가연성 성분이나 연소 후 잔류하는 재의 양이 적을 것
> ④ 대기오염이 적을 것

03 쓰레기 발생량 조사방법 3가지를 기술하시오.

> **풀이**
>
> **쓰레기 발생량 조사방법**
> ① 적재차량 계수분석법
> 일정기간 동안 특정 지역의 쓰레기 수거·운반차량의 대수를 조사하여, 이 결과를 밀도로 이용하여 질량으로 환산하는 방법이다.
> ② 직접 계근법
> 일정기간 동안 특정 지역의 쓰레기 수거운반차량을 중간적환장이나 중계처리장에서 직접 계근하는 방법이다.
> ③ 물질수지법
> 시스템으로 유입되는 모든 물질들과 유출되는 모든 폐기물의 양에 대하여 물질수지를 세움으로써 폐기물 발생량을 추정하는 방법이다.

04 압축률(CR)을 부피감소율(VR)의 함수로 나타내시오.

> **풀이**
>
> **CR과 VR의 관계**
>
> 압축비(다짐률, CR ; Compaction Ratio) $= \dfrac{V_i}{V_f} = \dfrac{100}{(100-VR)}$
>
> $ = -\left(\dfrac{100-VR}{100}\right)$
>
> 부피감소율(VR ; Volume Reduction) $= \left(\dfrac{V_i - V_f}{V_i}\right) \times 100 = \left(1 - \dfrac{V_f}{V_i}\right) \times 100$
>
> $ = \left(1 - \dfrac{1}{CR}\right) \times 100 \,(\%)$
>
> 여기서, V_i : 압축 전 초기부피, V_f : 압축 후 최종부피

05 폐기물 발생량이 4,300m³/day인 도시에서 11ton 덤프트럭으로 쓰레기를 매립장으로 운반하고자 한다. 폐기물 밀도는 280kg/m³, 덤프트럭 작업시간 8hr/day, 운반거리 25km, 왕복시간 45분, 투기시간 8분, 적재시간 20분, 대기차량 2대인 조건에서 하루에 몇 대의 차량이 필요한가?

> **풀이**
>
> 차량대수 $= \dfrac{\text{폐기물 총량}}{\text{차량 적재용량}} + \text{대기차량}$
>
> 차량 적재용량(1일 1대당 운반량)
>
> $= \dfrac{11\text{ton/대} \cdot \text{회}}{(45+8+20)\text{분/회} \times \text{hr/60분} \times \text{day/8hr}}$
>
> $= 72.33\text{ton/day} \cdot \text{대}$
>
> 폐기물 총량 $= 4,300\text{m}^3/\text{day} \times 0.28\text{ton/m}^3$
>
> $ = 1,204\text{ton/day}$
>
> $= \dfrac{1,204\text{ton/day}}{72.33\text{ton/day} \cdot \text{대}} + 2 = 16.65 + 2 = 18.65(19\text{대})$

06 슬러지를 개량하는 목적과 개량방법 3가지를 쓰시오.

> **풀이**
> 1. 슬러지 개량 목적
>   ① 슬러지 탈수성 향상
>   ② 슬러지 안정화
>   ③ 탈수 시 약품 소모량 및 소요동력을 줄임
>
> 2. 슬러지 개량방법
>   ① 생물학적 처리방법
>   ② 약품처리방법
>   ③ 열처리방법

07 공기를 이용하여 CO를 완전연소하는 경우 이론건조가스 중 $CO_{2\max}$ (%)를 구하시오.

> **풀이**
> $$CO_{2\max}(\%) = \frac{CO_2}{G_{od}} \times 100$$
> $$G_{od} = (1-0.21)A_0 + CO_2$$
> $$CO + \frac{1}{2}O_2 \rightarrow CO_2$$
> $$22.4\text{m}^3 : 0.5 \times 22.4\text{m}^3$$
> $$1\text{m}^3 : 0.5\text{m}^3$$
> $$CO_2 = 1\text{m}^3/\text{m}^3$$
> $$A_0 = O_0 \times \frac{1}{0.21} = 0.5 \times \frac{1}{0.21} = 2.38\text{m}^3/\text{m}^3$$
> $$= [(1-0.21) \times 2.38] + 1 = 2.88\text{m}^3/\text{m}^3$$
> $$= \frac{1}{2.88} \times 100 = 34.72\%$$

08 탄소 10kg을 연소시키는 데 필요한 이론공기량(kg)을 구하시오.

> **풀이**
>
> **완전연소 반응식**
> $$C + O_2 \rightarrow CO_2$$
> 12kg : 32kg
> 10kg : O_0(kg)
>
> $$O_0(\text{kg}) = \frac{10\text{kg} \times 32\text{kg}}{12\text{kg}} = 26.67\text{kg}$$
>
> $$A_0(\text{중량기준 : kg}) = \frac{26.67}{0.232} = 114.96\text{kg}$$

09 선별기를 이용하여 폐기물을 선별하려고 한다. 2ton/hr의 속도로 폐기물이 유입되고, 회수된 1,200kg/hr 중 회수대상물질은 1,000kg/hr이다. 제거된 회수대상물질이 100kg/hr일 때 Rietema 식을 이용하여 선별효율(%)을 구하시오.

> **풀이**
>
> x_1 1,000kg/hr → y_1 200kg/hr
> y_1 100kg/hr → y_2 700kg/hr(2,000 − 1,200 − 100)kg/hr
> $x_0 = x_1 + x_2 = 1,100$ kg/hr
> $y_0 = y_1 + y_2 = 900$ kg/hr
>
> Rietema 선별효율(E)
> $$E(\%) = \left[\left|\left(\frac{x_1}{x_0}\right) - \left(\frac{y_1}{y_0}\right)\right|\right] \times 100 = \left[\left|\left(\frac{1,000}{1,100}\right) - \left(\frac{200}{900}\right)\right|\right] \times 100 = 68.69\%$$

10 적환장의 위치 선정 시 고려해야 할 사항 3가지를 기술하시오.

> **풀이**
>
> **적환장 위치 선정 시 고려사항**
> ① 수거하고자 하는 개별적 고형폐기물 발생지역의 하중중심(무게중심)과 되도록 가까운 곳
> ② 쉽게 간선도로에 연결되며, 2차 보조수송수단의 연결이 쉬운 곳
> ③ 건설비와 운영비가 적게 들고 경제적인 곳
>
> [참고] ①~③항 이외에
> ④ 주민의 반대가 적고 주변환경에 대한 영향이 최소인 곳

11 인구 400만 명인 도시의 폐기물 발생량은 1.25kg/인·일이고, 수거인부 2,000명이 1일 8시간 작업 시 MHT는?

> **풀이**
>
> $$MHT = \frac{수거인부 \times 수거인부\ 총\ 수거시간}{총\ 수거량}$$
>
> $$= \frac{2,000인 \times 8hr/day}{1.25kg/인·일 \times 4,000,000인 \times ton/1,000kg}$$
>
> $$= 3.2 MHT(man·hr/ton)$$

12 액상, 반고상, 고상폐기물에 대하여 설명하시오.

> **풀이**
> 1. 액상폐기물
>   고형물의 함량이 5% 미만인 폐기물
> 2. 반고상폐기물
>   고형물의 함량이 5% 이상 15% 미만인 폐기물
> 3. 고상폐기물
>   고형물의 함량이 15% 이상인 폐기물

13 파쇄기에 이용되는 작용력 3가지를 쓰시오.

> **풀이**
>
> **파쇄기의 작용력**
> ① 압축작용   ② 전단작용   ③ 충격작용

14 볏짚에 분뇨를 혼합하여 퇴비화하려 한다. 초기 C/N비를 27로 유지하기 위한 분뇨의 투입비율(%)을 산정하시오. (단, 질량 기준, 유기물 기준)

- 볏짚 : 함수율 25%, 총 고형물 중 유기탄소량 85%, 총 고형물 중 유기질소량 3%
- 분뇨 : 함수율 95%, 총 고형물 중 유기탄소량 30%, 총 고형물 중 유기질소량 10%

풀이

문제 요약

구분	함수율	질소/TS	탄소/TS	투입 비율
볏짚	25%	3%	85%	$(1-x)$
분뇨	95%	10%	30%	x

C의 함량 $= [(1-x) \times (1-0.25) \times 0.85] + [x \times (1-0.95) \times 0.3]$
$\quad\quad\quad\quad = 0.6375 - 0.6375x + 0.015x = 0.6375 - 0.6225x$

N의 함량 $= [(1-x) \times (1-0.25) \times 0.03] + [x \times (1-0.95) \times 0.1]$
$\quad\quad\quad\quad = 0.0225 - 0.0225x + 0.005x = 0.0225 - 0.0175x$

C/N비 $= \dfrac{C \text{ 함량}}{N \text{ 함량}}$

$$27 = \dfrac{0.6375 - 0.6225x}{0.0225 - 0.0175x}$$

$27 \times (0.0225 - 0.0175x) = 0.6375 - 0.6225x$
$\quad 0.6075 - 0.4725x = 0.6375 - 0.6225x$
$\quad 0.15x = 0.03$
$\quad\quad x = 0.2 \times 100 = 20\%$

즉, 분뇨의 투입비율(x)은 20%

15 유기물, $C_6H_{12}O_6$ 1kg을 혐기성으로 완전분해 시 생성될 수 있는 이론적 CH_4의 양(kg) 및 부피(m^3)는?

풀이

혐기성 완전분해 반응식

$C_6H_{12}O_6 \Rightarrow 3CH_4$
  180kg : 3×16kg
   1kg : CH_4(kg)

$CH_4(kg) = \dfrac{1kg \times (3 \times 16)kg}{180kg} = 0.27kg$

$C_6H_{12}O_6 \Rightarrow 3CH_4$
  180kg : $3 \times 22.4m^3$
   1kg : $CH_4(m^3)$

$CH_4(m^3) = \dfrac{1kg \times (3 \times 22.4)m^3}{180kg} = 0.37m^3$

16 어떤 연료의 이론공기량이 10kg이라면 질소의 무게(kg)는?

> **풀이**
> $N_2(kg) = (1-0.232) \times A_0 = 0.768 \times 10kg = 7.68kg$

17 유해폐기물이 1차 반응식에 따라 감소한다. 반감기가 50시간일 때 감소속도 상수(hr^{-1})를 구하시오.

> **풀이**
> **1차 반응식**
> $\ln \dfrac{C_t}{C_o} = -kt$
> $\ln 0.5 = -k \times 50hr$
> $K(감소속도\ 상수) = -\dfrac{\ln 0.5}{50hr} = 0.01386 hr^{-1}$

18 함수율이 95%인 슬러지의 유기물 함량이 고형물의 70%이다. 이를 소화시키면 유기물의 60%가 분해되고, 소화 후 슬러지 감소율은 70%이다. 소화 후 슬러지의 함수율은 얼마인가?

> **풀이**
> 소화 전 슬러지양 $= VS + FS$
> $\qquad VS = 100m^3/day \times (1-0.95) \times 0.7 = 3.5m^3/day$
> $\qquad FS = 100m^3/day \times (1-0.95) \times 0.3 = 1.5m^3/day$
> 소화 후 슬러지양 $= VS' + FS'$
> $\qquad VS' = 3.5m^3/day \times (1-0.6) = 1.4m^3/day$
> $\qquad FS' = FS(불변) = 1.5m^3/day$
> 소화 후 슬러지양 수분보정 $= (VS' + FS') \times \dfrac{100}{100 - 소화\ 후\ 함수율}$
> $\qquad 30m^3/day = (1.4+1.5)m^3/day \times \dfrac{100}{100 - 소화\ 후\ 함수율}$
> $30(100 - 소화\ 후\ 함수율) = 290$
> $100 - 소화\ 후\ 함수율 = \dfrac{290}{30}$
> 소화 후 함수율 $= 100 - 9.67 = 90.33\%$

2015년 1회 기사

01 연직차수막과 표면차수막에 대하여 그림을 그리고 각각 적용조건을 기술하시오.

풀이

1. 그림비교

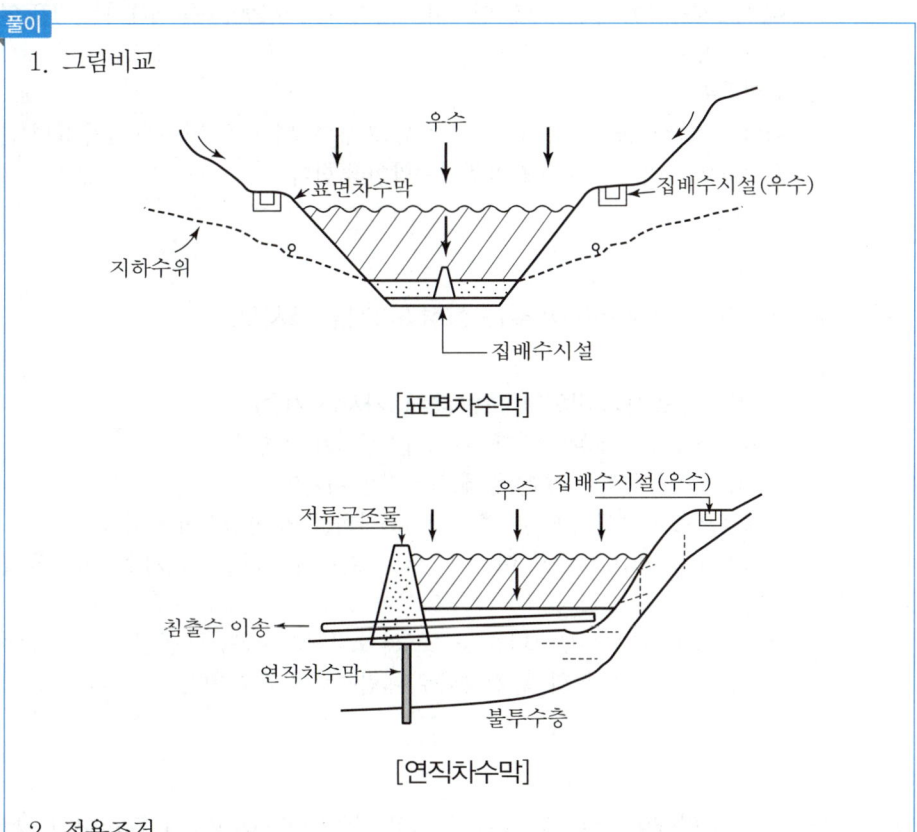

[표면차수막]

[연직차수막]

2. 적용조건
   ① 표면차수막
   매립지의 필요한 범위에 차수재료로 덮인 바닥이 있는 경우 또는 매립지반의 투수계수가 큰 경우에 사용
   ② 연직차수막
   지중에 수평방향의 차수층이 존재할 경우 사용

02 연직차수막 및 표면차수막의 용어를 설명하시오.

> **풀이**
> 1. 연직차수막
>   지하에 암반이나 점성토로 이루어진 불투수층이 수평방향으로 존재할 경우 수직방향으로 시공하여 차수막으로 인하여 매립지 내외의 물이동을 억제하는 것을 연직차수막이라 한다.
> 2. 표면차수막
>   매립지 지반에 불투수층이 존재하지 않고 투수계수가 큰 경우 매립지 표면 전체를 차수막으로 씌우는 방법을 표면차수막이라 한다.

03 열분해공정이 소각에 비하여 갖는 장점 5가지를 쓰시오.

> **풀이**
> **열분해공정이 소각에 비하여 갖는 장점(5가지만 기술)**
> ① 배기가스량이 적게 배출된다.(가스처리장치가 소형화)
> ② 황, 중금속분이 Ash(회분) 중에 고정되는 비율이 크다.
> ③ 상대적으로 저온이기 때문에 NO_X(질소산화물)의 발생량이 적다.
> ④ 환원기가 유지되므로 Cr^{+3}이 Cr^{+6}으로 변화하기 어려우며 대기오염물질의 발생이 적다.
> ⑤ 폐플라스틱, 폐타이어, 오니류 등 스토커 소각처리가 곤란한 물질도 처리 가능하다.
> ⑥ 공기공급장치의 소형화 및 감량화로 매립용량이 감소한다.

04 도시폐기물을 파쇄할 경우 $X_{90}=1.7$cm로 하여(90% 이상을 1.7cm보다 작게 파쇄할 경우) 특성입자의 크기(cm)를 구하면?(Rosin-Rammler 식 적용, $n=1$)

> **풀이**
> $$Y = 1 - \exp\left[-\left(\frac{X}{X_0}\right)^n\right]$$
> $$0.9 = 1 - \exp\left[-\left(\frac{1.7}{X_0}\right)^1\right]$$
> $$-\frac{1.7}{X_0} = \ln 0.1$$
> $$X_0 = \frac{1.7}{2.3} = 0.74 \text{cm}$$

05 유기성 고형화 처리의 고화제 종류 5가지를 쓰시오.

> **풀이**
>
> **유기성 고화제 종류**
> ① 역청(타르)　　② 파라핀　　③ PE(폴리에스테르)
> ④ 에폭시　　　　⑤ 폴리부타디엔

06 매립구조에 따른 방법을 5가지로 구분하여 쓰시오.

> **풀이**
>
> **매립구조에 따른 구분**
> ① 혐기성 매립　　② 혐기성 위생 매립　　③ 개량 혐기성 위생 매립
> ④ 준호기성 매립　⑤ 호기성 매립

07 매립장 침출수가 대기중 장기간 노출 시 침전물이 생성되는 이유를 설명하시오.

> **풀이**
>
> 침출수가 대기중 장기간 노출 시 침출수 성분 중 철이온이 수산화철을 생성시켜 침전된다.

08 폐기물발생량이 1일 30ton이고, 55% 압축시켜 깊이 4m인 도랑의 바닥면으로부터 2.5m 높이로 매립하고자 한다. 연간 소요되는 매립면적(m^2/year)은?(단, 폐기물밀도는 0.45ton/m^3)

> **풀이**
>
> $$\text{매립면적}(m^2/year) = \frac{\text{매립폐기물의 양}}{(\text{폐기물밀도} \times \text{매립깊이})} \times (1 - \text{압축률})$$
>
> $$= \frac{30ton/day \times 365day/year}{0.45ton/m^3 \times 2.5m} \times (1 - 0.55) = 4,380 m^2/year$$

09 전기집진장치의 집진원리를 설명하시오.

풀이

전기집진장치(Electrostatic Precipitator ; EP) 원리
특고압 직류전원을 사용하여 집진극(+), 방전극(−)으로 불평등 전계를 형성하고 이 전계에서의 코로나 방전을 이용, 함진가스 중의 입자에 전하를 부여하여 대전입자를 쿨롱력으로 집진극에 분리포집하는 장치이다. 즉, 코로나 방전에 의해 발생하는 전기력으로 입자를 대전시켜 집진한다.

10 다음 조건에서 활성슬러지법으로 제거된 BOD 제거효율(%)은?

구 분	BOD(mg/L)	SS(mg/L)	Cl−(ppm)	처리방법
생분뇨	20,000	30,000	5,000	1차 희석 후
방류수	50	80	250	활성슬러지법

풀이

$$\text{BOD 제거효율(\%)} = \left(1 - \frac{BOD_0}{BOD_i}\right) \times 100$$

$BOD_0 = 50\text{mg/L}$

$BOD_i = 20{,}000\text{mg/L} \times (250/5{,}000 = 1/20) = 1{,}000\text{mg/L}$

$$= \left(1 - \frac{50}{1{,}000}\right) \times 100 = 95\%$$

11 임계속도가 28rpm일 때 트롬멜 스크린의 직경(m)은?

풀이

임계속도$(\eta_c) = \dfrac{1}{2\pi}\sqrt{\dfrac{g}{r}}$

$\dfrac{28}{60} = \dfrac{1}{2 \times 3.14}\sqrt{\dfrac{9.8}{r}}$

$\sqrt{\dfrac{9.8}{r}} = 2.93$

$\dfrac{9.8}{r} = (2.93)^2$

$r = \dfrac{9.8}{(2.93)^2} = 1.14\text{m}$

스크린의 직경 $= 1.14 \times 2 = 2.28\text{m}$

12 고형화 처리의 정의 및 장단점을 1가지씩 기술하시오.

> 풀이
>
> 1. 정의
>   폐기물을 고체로 경화되는 성질을 갖는 물질과 혼합함으로써 형성되고, 고체구조 내에 독성 폐기물을 고정시키거나 포획시키는 방법이다.
> 2. 고형화 처리의 장점(1가지만 기술)
>   ① 유해물질을 물리적으로 고립 안정화하여 독성을 저하시킨다.
>   ② 폐기물의 안정화로 인해 취급이 용이하다.
>   ③ 폐기물의 2차 오염을 방지(표면적 및 용출특성 감소)할 수 있다.
> 3. 고형화 처리의 단점(1가지만 기술)
>   ① 시설비가 고가이고, 숙련된 기술이 요구된다.
>   ② 고화제의 체적증가 및 수분함량 증가 시 부패 가능성이 있다.
>   ③ 처리용량이 제한적이고, 전처리(PVC)가 요구된다.

13 매립지 선정 시 고려사항 3가지를 쓰시오.

> 풀이
>
> **매립지 선정 시 고려사항(3가지만 기술)**
> ① 계획 매립용량 확보가 가능할 것
> ② 복토의 확보가 용이할 것
> ③ 자연재해(지진, 단층지대 등) 등에 대한 안전성
> ④ 기상요소(풍향, 기상변화, 강우량)
> ⑤ 사후매립지 이용계획(장래이용성 ; 지지력)
> ⑥ 침출수의 공공수역의 오염관계(수원지와 위치조사)

14 연소가스의 온도냉각방법 3가지를 쓰시오.

> 풀이
>
> **배출가스의 냉각방법**
> ① 열교환법　　　② 공기희석법　　　③ 살수법

15 분해연소의 정의를 쓰시오.

> **풀이**
>
> **분해연소**
> 연소 초기에 가연성 고체(목탄, 석탄, 타르 등)가 열분해에 의하여 가연성 가스가 생성되고 이것이 긴 화염을 발생시키면서 연소하는 현상으로, 대부분의 고체연료의 연소는 분해연소이다.

16 일일복토의 두께, 적용시기, 특성(3가지)을 기술하시오.

> **풀이**
>
> 1. 두께
>   최소두께 15cm 이상
> 2. 적용시기
>   일일작업 종료 후(매일 실시)
> 3. 특성
>   ① 화재예방
>   ② 악취발산억제 및 해충발생방지
>   ③ 폐기물 비산방지

17 어떤 물질의 함수율은 90%이고 지정폐기물의 지정기준은 1리터당 3mg 이상이다. 이 물질의 농도가 2.1mg/L라면 지정폐기물로 판단할 수 있는지 설명하시오.

> **풀이**
>
> 함수율 85% 이상이므로 수분함량보정
>
> $2.1 \text{mg/L} \times \dfrac{15}{100-90} = 3.15 \text{mg/L}$
>
> 기준 3mg/L 이상이므로 지정폐기물로 판단함

SECTION 016 2015년 1회 산업기사

01 합성차수막의 종류 5가지를 쓰시오.

> **풀이**
>
> **합성차수막의 종류(5가지만 기술)**
> ① IIR : Isoprene−Isobutylene(Butyl Rubber)
> ② CPE : Chlorinated Polyethylene
> ③ CSPE : Chlorosulfonated Polyethylene
> ④ EPDM : Ethylene Propylene Diene Monomer
> ⑤ LDPE : Low−Density Polyethylene
> ⑥ HDPE : High−Density Polyethylene
> ⑦ CR : Chloroprene Rubber(Neoprene, Polychloroprene)
> ⑧ PVC : Polyvinyl Chloride

02 매립구조에 따른 방법을 5가지로 구분하여 쓰시오.

> **풀이**
>
> **매립구조에 따른 구분**
> ① 혐기성 매립
> ② 혐기성 위생 매립
> ③ 개량 혐기성 위생 매립
> ④ 준호기성 매립
> ⑤ 호기성 매립

03 어떤 공장에서 폐수 내 수은함량이 1.3mg/L이다. 이 폐수를 흡착법으로 처리하여 0.01mg/L까지 처리하고자 할 때 요구되는 흡착제량(mg/L)은?(단, 흡착식은 Freundlich 등온식에 따르며, $k=0.5$, $n=2$이다.)

> **풀이**
>
> $$\frac{X}{M} = kC^{\frac{1}{n}}$$
>
> $$\frac{(1.3-0.01)}{M} = 0.5 \times 0.01^{\frac{1}{2}}$$
>
> $M = 25.8 \text{mg/L}$

04 적환장(Transfer Station)을 설치해야 하는 이유 4가지를 쓰시오.

풀이

적환장 설치 이유(4가지만 기술)
① 작은 용량의 수집차량을 사용할 때($15m^3$ 이하)
② 최종처리장과 수거지역의 거리가 먼 경우(16km 이상)
③ 불법투기와 다량의 어질러진 쓰레기들이 발생할 때
④ 저밀도 거주지역이 존재할 때
⑤ 상업지역에서 폐기물 수집에 소형 용기를 많이 사용하는 경우
⑥ 슬러지 수송이나 공기수송방식을 사용할 때

05 종속영양미생물과 독립영양미생물의 차이점을 탄소원 및 에너지원으로 구분하여 기술하시오.

풀이

① 광(합성)독립(자가) 영양미생물
- 탄소원 : 이산화탄소(CO_2), 에너지원 : 빛

② 광(합성)종속 영양미생물
- 탄소원 : 유기탄소, 에너지원 : 빛

③ 화학독립(자가) 영양미생물
- 탄소원 : 이산화탄소(CO_2), 에너지원 : 무기물의 산화·환원반응

④ 화학종속 영양미생물
- 탄소원 : 유기탄소, 에너지원 : 유기물의 산화·환원반응

06 고형화 처리방법 중 석회기초법의 포졸란을 설명하고 종류 3가지를 쓰시오.

풀이

1. 포졸란(Pozzolan)
   규소를 함유하는 미분상태의 물질이며 $Ca(OH)_2$와 물과 반응하여 불용성, 수밀성 화합물을 형성하는 물질이다.
2. 종류
   ① 비산재(Fly Ash)   ② 점토(Clay)   ③ 슬래그(Slag)

07 폐기물 선별분리방법의 종류 6가지를 쓰시오.

> **풀이**
> **폐기물 선별분리방법**
> ① 손선별(인력선별 : Hand Sorting)   ② 스크린선별법(Screening)
> ③ 와전류선별법   ④ 광학선별법
> ⑤ 테이블(Table)선별법   ⑥ 공기선별법(Air Classifier)

08 슬러지 개량(Conditioning) 방법 5가지를 쓰시오.

> **풀이**
> **슬러지 개량법**
> ① 약품처리   ② 열처리
> ③ 슬러지 세척(세정법)   ④ 생물학적 처리(혐기성, 호기성 소화)
> ⑤ 동결처리

09 트롬멜스크린에서 트롬멜의 임계속도 산정식을 설명하시오.

> **풀이**
> 임계속도$(\eta_c) = \dfrac{1}{2\pi}\sqrt{\dfrac{g}{r}} = \sqrt{\dfrac{g}{4\pi^2 r}}$ (rpm)
> 여기서, g : 중력가속도(9.8m/sec^2)
> r : 스크린의 회전반경(m)

10 폐기물 발생량이 1일 30ton이고, 55% 압축시켜 깊이 4m인 도랑의 바닥면으로부터 2.5m 높이로 매립하고자 한다. 연간 소요되는 매립면적(m²/year)은?
(단, 폐기물밀도는 0.45ton/m³)

> **풀이**
> 매립면적(m²/year) $= \dfrac{\text{매립폐기물의 양}}{(\text{폐기물밀도} \times \text{매립깊이})} \times (1 - \text{압축률})$
> $= \dfrac{30\text{ton/day} \times 365\text{day/year}}{0.45\text{ton/m}^3 \times 2.5\text{m}} \times (1 - 0.55) = 4{,}380\text{m}^2/\text{year}$

11 매립지에서 매립일수 계산식을 쓰시오.

> **풀이**
>
> $$매립기간(day) = \frac{매립용적(또는\ 양)}{쓰레기\ 발생용적(또는\ 양)/day}$$

12 쓰레기와 슬러지의 함수율이 각각 50%와 70%라고 한다면 쓰레기와 슬러지를 중량비 4 : 1 비율로 혼합 시 함수율은(%)?

> **풀이**
>
> $$함수율(\%) = \frac{(4 \times 0.5) + (1 \times 0.7)}{(4+1)} \times 100 = 54\%$$

13 슬러지 내 수분의 함유형태 4가지를 쓰시오.

> **풀이**
>
> **수분함유형태**
> ① 간극수　　　　　　　　② 모관결합수
> ③ 부착수　　　　　　　　④ 내부수

14 저위발열량을 이용한 연소효율식을 쓰시오.

> **풀이**
>
> $$연소효율(\eta) = \frac{H_l - (L_1 + L_2)}{H_l} \times 100\%$$
>
> 여기서, H_l : 저위 발열량(kcal/kg)
> 　　　　L_1 : 미연소 손실(kcal/kg)
> 　　　　L_2 : 불완전연소 손실(kcal/kg)

15 BOD 10,000mg/L, Cl⁻ 600ppm인 분뇨를 희석하여 활성슬러지법으로 처리한 결과 BOD 30mg/L, Cl⁻ 30ppm이었을 때, 활성슬러지법의 BOD처리효율(%)은?(단, 염소는 활성슬러지법에 의해 처리되지 않음)

> **풀이**
>
> BOD 처리효율(%) = $\left(1 - \dfrac{BOD_0}{BOD_i}\right) \times 100$
>
> $BOD_0 = 30\text{mg/L}$
>
> $BOD_i = 10{,}000\text{mg/L} \times (30/600 = 1/20) = 500\text{mg/L}$
>
> $= \left(1 - \dfrac{30}{500}\right) \times 100 = 94\%$

16 수소 12.0%, 수분 0.5%인 액체연료의 고위발열량이 9,500kcal/kg이라면 저위발열량(kcal/kg)은?

> **풀이**
>
> 저위발열량(H_l : kcal/kg) = $H_h - 600(9H + W)$
> $= 9{,}500 - 600 \times [(9 \times 0.12) + 0.005] = 8{,}849\text{kcal/kg}$

17 폐기물의 평균 저위발열량(kcal/kg)은?(단, 도표 내 백분율은 중량백분율, 수분의 증발잠열은 공히 500kcal/kg)

구분	성분비(%)	고위발열량(kcal/kg)
종이	30	9,000
목재	20	10,000
음식류	40	8,500
플라스틱	10	15,000

> **풀이**
>
> 각 H_h에서 증발잠열 제외 후 중량 성분비를 고려하여 계산
> $H_l = [(9{,}000-500) \times 0.3] + [(10{,}000-500) \times 0.2] + [(8{,}500-500) \times 0.4]$
> $\quad + [(15{,}000-500) \times 0.1]$
> $= 9{,}100\text{kcal/kg}$

2015년 2회 기사

01 공기가 1mol의 산소와 3.76mol의 질소로 구성되었다고 할 때, 프로판(C_3H_8) 1mol 을 완전연소시킬 경우 다음 물음에 답하시오.

(1) 프로판 가스의 실제적인 완전연소식(질소성분 포함)을 나타내시오.
(2) AFR(부피기준)
(3) 공기분자량을 28.95라 할 때 AFR(질량기준)

> **풀이**
>
> (1) 완전연소 반응식(질소 포함)
> $$C_3H_8 + 5O_2 + \left(5 \times \frac{79}{21}\right)N_2 \rightarrow 3CO_2 + 4H_2O + \left(5 \times \frac{79}{21}\right)N_2$$
> $$C_3H_8 + 5O_2 + 18.81N_2 \rightarrow 3CO_2 + 4H_2O + 18.81N_2$$
>
> (2) 부피기준(AFR) $= \dfrac{\dfrac{1}{0.21} \times 5}{1} = 23.81 \text{mole air / moles fuel}$
>
> (3) 질량기준(AFR) = 부피기준(AFR) × $\dfrac{\text{공기분자량}(28.95)}{C_3H_8\text{분자량}}$
> $= 23.81 \times \dfrac{28.95}{44} = 15.67 \text{kg air/kg fuel}$

02 해안매립공법의 종류 3가지를 기술하시오.

> **풀이**
>
> **해안매립공법**
> ① 순차투입공법
>   호안 측으로부터 순차적으로 쓰레기를 투입하여 육지화하는 방법이다.
> ② 박층뿌림공법
>   개량된 지반이 붕괴될 위험성이 있는 경우에 밑면이 뚫린 바지선에 폐기물을 적재하여 쓰레기를 박층으로 떨어뜨려 뿌려줌으로써 바닥지반의 하중을 균등하게 해주는 방법이다.
> ③ 수중투기공법(내수배제공법)
>   외주 호 안이나 중간제방 등에 고립된 매립지대의 해수를 그대로 놓은 채 쓰레기를 투기하거나 매립 전에 내수를 일부 배제한 후 쓰레기를 투기하는 방법이다.

03 "갑" 시의 쓰레기를 매립장까지 운반하는 데 소요되는 운반비용은 3,000원/km·ton이다. 그런데 중간에 적환장을 설치하여 운반하면 적환장으로부터 매립장까지의 운반비용이 2,000원/km·ton이다. 적환장 설치 전후의 비용이 같아지는 적환장의 설치 위치는 쓰레기 발생지점으로부터 몇 km 지점인가?(단, 적환장의 관리비용은 위치에 관계없이 ton당 7,000원, 쓰레기 발생지점부터 매립장까지의 거리 20km, 설치비용 등 기타 조건은 고려하지 않음)

> **풀이**
>
> $3{,}000원/km \cdot ton \times 20km = [2{,}000원/km \cdot ton \times (20-x)km]$
> $\qquad\qquad\qquad\qquad\qquad\qquad + (3{,}000원/km \cdot ton \times x) + 7{,}000원/ton$
>
> $1{,}000x = 13{,}000$
>
> $x(설치위치) = 13km$

04 유동층소각로의 장점 6가지를 쓰시오.

> **풀이**
>
> **유동층소각로의 장점**
> ① 유동매체의 열용량이 커서 액상, 기상, 고형 폐기물의 전소 및 혼소, 균일한 연소가 가능하다.
> ② 반응시간이 빨라 소각시간이 짧다.(노 부하율이 높다.)
> ③ 연소효율이 높아 미연소분이 적고 2차 연소실이 불필요하다.
> ④ 가스의 온도가 낮고 과잉공기량이 낮다. 따라서 NO_x도 적게 배출된다.
> ⑤ 기계적 구동부분이 적어 고장률이 낮아 유지관리가 용이하다.
> ⑥ 노 내 온도의 자동제어로 열회수가 용이하다.

05 다이옥신류의 독성등가환산계수(TEF)에 대하여 간단히 설명하시오.

> **풀이**
>
> **독성등가환산계수(TEF ; Toxicity Equivalent Factor)**
> 다이옥신은 염소의 부착 위치 및 치환수에 따라 독성의 강도가 다르다.
> 이성체 중에서 가장 독성이 강한 2, 3, 7, 8-TCDD의 독성을 기준값 1로 하여 각 이성체의 상대적인 독성값을 나타낸 계수를 독성등가환산계수라 한다.

06 다음 [보기]에서 문제에 알맞는 것을 찾아서 쓰시오.

[보기] MBT, RPF, EPR, RDF, eddy current separation

(1) 생활쓰레기 전처리시설
(2) 쓰레기 전환 연료
(3) 플라스틱 전환 연료
(4) 알루미늄캔 선별방법
(5) 생산자책임 재활용제도

> **풀이**
> (1) 생활쓰레기 전처리시설
>   MBT(Mechanical Biological Treatment)
> (2) 쓰레기 전환 연료
>   RDF(Refuse Derived Fuel)
> (3) 플라스틱 전환 연료
>   RPF(Refuse Plastic Fuel)
> (4) 알루미늄캔 선별방법
>   eddy current separation
> (5) 생산자책임 재활용제도
>   EPR(Extended Producer Responsibility)

07 직경이 2m인 트롬멜 스크린의 최적회전속도(rpm)는?

> **풀이**
> 최적회전속도(rpm) = 임계속도(η_c) × 0.45
> $$\eta_c = \frac{1}{2\pi}\sqrt{\frac{8}{r}}$$
> $$= \frac{1}{2\pi}\sqrt{\frac{9.8}{1}}$$
> $= 0.5 \text{cycle/sec} \times 60 \text{sec/min} = 30 \text{rpm}$
> $= 30 \text{rpm} \times 0.45 = 13.5 \text{rpm}$

08 소각로의 화상부하는 150kg/m² · hr이고 일일발생량이 100ton/day인 폐기물을 소각 시 소각로 화격자의 길이(m)를 구하시오. (단, 화격자 폭 3m)

> **풀이**
>
> 화상 면적 $= \dfrac{100\text{ton/day} \times 1{,}000\text{kg/ton} \times \text{day}/24\text{hr}}{150\text{kg/m}^2 \cdot \text{hr}} = 27.78\text{m}^2$
>
> 화격자 길이 $= \dfrac{27.78\text{m}^2}{3\text{m}} = 9.26\text{m}$

09 어느 쓰레기를 압축시켜 용적감소율이 75%인 경우 압축비를 구하시오.

> **풀이**
>
> 압축비$(CR) = \dfrac{100}{100 - VR} = \dfrac{100}{100 - 75} = 4.0$

10 다음 조성의 도시 고형폐기물 1ton 소각 시 발생하는 이론습연소가스 무게(ton) 및 실제습연소가스 무게(ton)는? (단, $m = 1.5$: 조성(%) C=30, H=20, S=5, N=5 수분=10, ash=10)

> **풀이**
>
> **이론습연소가스량(G_{ow})**
>
> $G_{ow} = 0.79A_0 + 1.867\text{C} + 11.2\text{H} + 0.7\text{S} + 0.8\text{N} + 1.244\text{W}$
>
> $A_0 = \dfrac{O_0}{0.23} = \dfrac{2.667\text{C} + 8\text{H} + \text{S}}{0.23}$
>
> $\quad = \dfrac{1}{0.23}[(2.667 \times 0.3) + (8 \times 0.2) + (0.05)] = 10.65\text{kg/kg}$
>
> $\quad = (0.79 \times 10.65) + (1.867 \times 0.3) + (11.2 \times 0.2) + (0.7 \times 0.05)$
> $\quad\quad + (0.8 \times 0.05) + (1.244 \times 0.1) = 11.42\text{kg/kg}$
>
> 이론습연소가스 무게(ton) $= 11.42\text{kg/kg} \times 1{,}000\text{kg} \times \text{ton}/1{,}000\text{kg}$
> $\quad\quad\quad\quad\quad\quad\quad\quad = 11.42\text{ton}$
>
> **실제습연소가스량(G_w)**
>
> $G_w = G_{ow} + (m-1)A_0$
>
> $\quad = 11.42\text{kg/kg} + [(1.5-1) \times 10.65]\text{kg/kg} = 16.75\text{kg/kg}$
>
> 실제습연소가스 무게(ton) $= 16.75\text{kg/kg} \times 1{,}000\text{kg} \times \text{ton}/1{,}000\text{kg} = 16.75\text{ton}$

11 프로판(C_3H_8) 1kg을 완전연소 시 발생하는 CO_2 양(kg)과 아세틸렌(C_2H_2) 1kg을 완전연소 시 발생한 CO_2 양(kg)의 비는?(단, 아세틸렌 연소 시 CO_2 양/프로판 연소 시 CO_2 양)

> **풀이**
>
> $C_3H_8 + 5O_2 \rightarrow 3CO_2 + 4H_2O$
> 44kg : 3×44kg
> 1kg : CO_2(kg)
> CO_2(kg) = 3kg
>
> $C_2H_2 + 2.5O_2 \rightarrow 2CO_2 + H_2O$
> 26kg : 2×44kg
> 1kg : CO_2(kg)
> CO_2(kg) = 3.39kg
>
> $\dfrac{(\text{아세틸렌 연소 시 } CO_2 \text{ 양})}{(\text{프로판 연소 시 } CO_2 \text{ 양})} = \dfrac{3.39}{3} = 1.13$

12 중유의 원소 조성은 C : 88%, H : 12%이다. 이 중유를 완전연소시킨 결과, 중유 1kg당 건조배기가스량이 15.8Nm³이었다면, 건조배기가스 중의 CO_2 농도(V/V%)는?

> **풀이**
>
> $CO_2(\%) = \dfrac{CO_2}{G_d} \times 100 = \dfrac{1.867 \times C}{G_d}$
>
> $= \dfrac{(1.867 \times 0.88) \text{Nm}^3/\text{kg}}{15.8 \text{Nm}^3/\text{kg}} \times 100 = 10.39\%$

13 C, H, S의 중량(%)이 각각 85%, 13%, 2%인 중유를 공기과잉계수 1.2로 연소시킬 때 건조배기 중의 이산화황의 부피분율(%)은?(단, 황성분은 전량 이산화황으로 전환된다고 가정함)

> **풀이**
> $$SO_2(\%) = \frac{SO_2}{G_d} \times 100 = \frac{0.7S}{G_d} \times 100$$
> $$G_d = mA_0 - 5.6H$$
> $$A_0 = \frac{1}{0.21} \times O_0$$
> $$= \frac{1}{0.21} \times [(1.867 \times 0.85) + (5.6 \times 0.13) + (0.7 \times 0.02)]$$
> $$= 11.09 m^3$$
> $$= (1.2 \times 11.09) - (5.6 \times 0.13) = 12.58 m^3$$
> $$= \frac{(0.7 \times 0.02)}{12.58} \times 100 = 0.11(\%)$$

14 혐기성(피산소성) 소화탱크에서 유기물이 70%, 무기물이 30%인 슬러지를 소화하여 소화슬러지의 유기물이 55%, 무기물이 45%가 되었다면 소화율(%)은?

> **풀이**
> $$소화효율(\%) = \left(1 - \frac{VS_2/FS_2}{VS_1/FS_1}\right) \times 100 = \left(1 - \frac{0.55/0.45}{0.7/0.3}\right) \times 100 = 47.6\%$$

15 폐기물을 분석한 결과 수분 10%, 회분 30%, 고정탄소 50%, 휘발분이 10%이고 휘발분 성분을 원소분석한 결과 (H : 15%, O : 25%, S : 10%, C : 50%)이었다. 듀롱식을 사용하여 고위발열량(kcal/kg)을 구하시오.

> **풀이**
>
> $H_h = 8,100C + 34,000(H - \dfrac{O}{8}) + 2,500S$
>
> $= [8,100 \times \{(0.1 \times 0.5) + 0.5\}] + \left[34,000 \times \left\{(0.1 \times 0.15) - \left(\dfrac{0.1 \times 0.25}{8}\right)\right\}\right]$
> $\quad + [2,500 \times (0.1 \times 0.1)]$
> $= 4,883.75 \text{kcal/kg}$
>
> [다른 방법]
>
> $H_h = 8,100C + 34,000(H - \dfrac{O}{8}) + 2,500S$
>
> C함량 $= [(0.1 \times 0.5) + 0.5] = 0.55$
> H함량 $= (0.1 \times 0.15) = 0.015$
> O함량 $= (0.1 \times 0.25) = 0.025$
> S함량 $= (0.1 \times 0.1) = 0.01$
>
> $= (8,100 \times 0.55) + [34,000 \times (0.015 - \dfrac{0.025}{8})] + (2,500 \times 0.01)$
> $= 4,883.75 \text{kcal/kg}$

16 인구 10,000명의 도시에서 1일 1인당 1.2kg의 쓰레기를 배출하고 있다. 이때 쓰레기의 평균 겉보기 밀도는 500kg/m³이다. 일주일간 발생되는 쓰레기량(m³/주)은? (단, 일요일은 1.5kg/인·일의 율로 배출)

> **풀이**
>
> 일주일(평일 6일 + 일요일)을 구분하여 계산 후 합한다.
>
> 평일(6일) 발생쓰레기량 $= \dfrac{1.2\text{kg/인}\cdot\text{일} \times 10,000\text{인} \times 6\text{일/주}}{500\,\text{kg}/\text{m}^3} = 144\text{m}^3/\text{주}$
>
> 일요일 발생쓰레기량 $= \dfrac{1.5\text{kg/인}\cdot\text{일} \times 10,000\text{인} \times 1\text{일/주}}{500\text{kg}/\text{m}^3} = 30\text{m}^3/\text{주}$
>
> 총 발생쓰레기량(m³/주) $= 144\text{m}^3/\text{주} + 30/\text{m}^3/\text{주} = 174\text{m}^3/\text{주}$

17 슬러지 비중이 1인 쓰레기 100ton을 함수율 60%에서 함수율 30%로 건조할 때 건조되는 쓰레기 양(ton)을 구하시오.

> **풀이**
>
> $100 \times (100-60) = $ 처리 후 슬러지양 $\times (100-30)$
>
> 처리 후 슬러지양(ton) $= \dfrac{100 \times 40}{70} = 57.14\text{ton}$

18 액체연료의 이론공기량(중량단위)을 구하는 식을 유도하여 설명하시오.

> **풀이**
>
> - 고체 또는 액체 폐기물의 원소 조성 : C, H, O, S, N
> - C + H + O + S + N = 1kg
> - 가연원소 C, H, S의 연소반응
>
> $\text{C} \;+\; \text{O}_2 \;\rightarrow\; \text{CO}_2$
> 12kg   32kg
> 1kg   2.667kg
>
> $\text{H}_2 \;+\; \dfrac{1}{2}\text{O}_2 \;\rightarrow\; \text{H}_2\text{O}$
> 2kg   16kg
> 1kg   8kg
>
> $\text{S} \;+\; \text{O}_2 \;\rightarrow\; \text{SO}_2$
> 32kg   32kg
> 1kg   1kg
>
> O_0(이론산소량 : kg) $= 2.667\text{C} + 8\text{H} + \text{S} - \text{O}$
>
> $A_0 = \dfrac{\text{이론산소량}}{\text{공기 중 산소 무게비}}$
>
> $= \dfrac{2.667\text{C} + 8\text{H} + \text{S} - \text{O}}{0.232} = 11.5\text{C} + 34.63\text{H} + 4.31\text{S} - 4.31\text{O}\,(\text{kg/kg})$

19 다음 조건에서의 매립복토재 양(m^3/day)은?

- 매립면적 : $150m^2$/day
- 1층의 복토두께 : 60cm
- 복토층 : 3층

> **풀이**
> 복토양(m^3/day) = 매립면적 × 복토두께
> = $150m^2$/day × (60×3)cm × m/100cm = $270m^3$/day

20 1몰의 Glucose($C_6H_{12}O_6$)는 혐기성 분해 시 다음의 식과 같이 중간 생성물로 2몰의 아세트산과 4몰의 수소로 변화한 다음 메탄올로 생성한다. 이 경우에 아세트산과 수소로부터 발생하는 메탄량(L)을 산정하고, 이때 생성되는 발생가스의 CO_2와 CH_4의 구성비를 결정하시오.

[반응식] $C_6H_{12}O_6 + 2H_2O \rightarrow 2CH_3COOH + 4H_2 + 2CO_2$

> **풀이**
> 반응식을 정리하면
> $2CH_3COOH + 4H_2 \rightarrow 3CH_4 + CO_2$
>
> 메탄 발생량(L) = 3 × 22.4L = 67.2L
> CO_2와 CH_4[$3CH_4$] 구성비 = 1 : 3 비율

2015년 2회 산업기사

01 유동층 소각로의 장점 5가지를 쓰시오.

풀이

유동층 소각로의 장점(5가지만 기술)
① 유동매체의 열용량이 커서 액상, 기상, 고형폐기물의 전소 및 혼소, 균일한 연소가 가능하다.
② 반응시간이 빨라 소각시간이 짧다(노부하율이 높음).
③ 연소효율이 높아 미연소분이 적고 2차 연소실이 불필요하다.
④ 기계적 구동 부분이 적어 고장률이 낮다.
⑤ 노 내 온도의 자동제어로 열회수가 용이하다.
⑥ 유동매체의 축열량이 높아 정지 후 가동 시 보조연료 사용 없이 정상가동이 가능하다.

02 인구 25,000인 도시에서 1인 1일 쓰레기 배출량이 1.5kg이고 밀도가 0.45ton/m³인 쓰레기를 매립용량이 20,000m³인 도랑식 트렌치에 매립처분하고자 할 때 트렌치의 사용일수(day)는?(단, 매립 시 부피감소율은 30%이며, 기타 조건은 고려하지 않음)

풀이

$$\text{매립기간(day)} = \frac{\text{매립용적}}{\text{쓰레기 발생량}}$$

$$= \frac{20,000\text{m}^3 \times 450\text{kg/m}^3}{1.5\text{kg/인}\cdot\text{일} \times 25,000\text{인}}$$

$$= 240\text{day} \times \frac{1}{(1-0.3)} \Leftarrow \text{부피감소율 고려}$$

$$= 342.86(343\text{day})$$

03 다음 조건에 해당하는 총 매립면적(m^2)은?

- 인구 28,000명
- 폐기물 발생량 2.1kg/인·일
- 매립평균깊이 8.5m
- 매립지 수명 10년
- 밀도 480kg/m^3
- 부대시설의 면적은 매립면적의 3%

풀이

$$\text{매립면적}(m^2) = \frac{\text{매립폐기물의 양}}{(\text{폐기물밀도} \times \text{매립깊이})}$$

$$= \frac{2.1\text{kg/인·일} \times 28,000\text{인} \times 365\text{일/year} \times 10\text{year}}{480\text{kg/}m^3 \times 8.5\text{m}}$$

$$= 52,602.94m^2 \times 1.03 = 54,181.03m^2$$

04 인구 500,000인 어느 도시의 쓰레기 발생량 중 가연성이 30%라고 한다. 쓰레기 발생량이 0.9kg/인·일이고 밀도는 0.9ton/m^3, 쓰레기차의 적재용량이 15m^3일 때, 가연성 쓰레기를 운반하는 데 필요한 차량(대/일)은?(단, 차량은 1일 1회 운행기준)

풀이

$$\text{소요차량}(\text{대/일}) = \frac{\text{가연성 쓰레기 총량}}{\text{적재용량}} \times \text{가연성 비율}$$

$$= \frac{0.9\text{kg/인·일} \times 500,000\text{인}}{15m^3/\text{대} \times 900\text{kg/}m^3} \times 0.3 = 10(\text{대/일})$$

05 프로판(C_3H_8) 1Sm^3을 공기과잉계수 1.15로 완전연소 시 실제 필요한 공기량(Sm^3)은?

풀이

완전연소 반응식
$C_3H_8 + 5O_2 \rightarrow 3CO_2 + 4H_2O$
이론산소량(O_0) = 5Sm^3
이론공기량(A_0) = $\frac{O_0}{0.21} = \frac{5}{0.21} = 23.81 Sm^3$
실제공기량(A) = $m \times A_0 = 1.15 \times 23.81 Sm^3 = 27.38 Sm^3$

06 수소 12.0%, 수분 0.5%인 액체연료의 고위발열량이 9,500kcal/kg이라면 저위발열량(kcal/kg)은?

> **풀이**
> 저위발열량(H_l : kcal/kg) = $H_h - 600(9H + W)$
> $= 9,500 - 600 \times [(9 \times 0.12) + 0.005] = 8,849$ kcal/kg

07 도시쓰레기 100kg을 분쇄한 다음 1g의 시료를 취해 원소분석기로 성분분석한 결과 다음과 같았다. 쓰레기의 고위발열량(kcal/kg)은?(단, Dulong 식 적용)

조성	C	H	O	S
분율(%)	40	30	25	5

> **풀이**
> 고위발열량(H_h)
> $H_h = 8,100C + 34,000(H - \dfrac{O}{8}) + 2,500S$
> $= (8,100 \times 0.4) + [34,000 \times (0.3 - \dfrac{0.25}{8})] + (2,500 \times 0.05) = 12,502.5$ kcal/kg

08 고형화 처리방법 중 자가시멘트법의 장단점 2가지씩 쓰시오.

> **풀이**
> 1. 장점(2가지만 기술)
>   ① 혼합률이 비교적 낮다.
>   ② 중금속의 고형화 처리에 효과적이다.
>   ③ 전처리(탈수)가 불필요하다.
> 2. 단점(2가지만 기술)
>   ① 장치비가 크고 숙련된 기술이 요구된다.
>   ② 보조에너지가 필요하다.
>   ③ 많은 황화물을 가지는 폐기물에만 적합하다.

09 소각로에서 열교환기를 이용하여 배기가스의 열을 전량회수하여 급수를 예열하고자 한다. 급수 온도가 4℃일 때 급수출구온도(℃)는?(단, 배기기스의 유량 1,000kg/hr, 물의 유량 1,000kg/hr, 배가스의 입구온도 500℃, 배기출구온도 100℃, 물의 비열 1.03kcal/kg·℃, 배기가스의 평균정압비열 0.25kcal/kg·℃)

> **풀이**
> 방출열량(배출열) = 급수열량(흡인열)
> 방출열량(H_l) = $G_o \times C_p \times (t_2 - t_1)$
>   = 1,000kg/hr × 0.25kcal/kg·℃ × (500 − 100)℃
>   = 100,000kcal/hr
> 급수열량(H_l) = 1,000kg/hr × 1.03kcal/kg·℃ × $(t_2 - 4)$℃
> 100,000kcal/hr = 1,000kg/hr × 1.03kcal/kg·℃ × $(t_2 - 4)$℃
> $(t_2 - 4)$℃ = $\dfrac{100,000 \text{kcal/hr}}{1,000 \text{kg/hr} \times 1.03 \text{kcal/kg} \cdot ℃}$
> t_2(출구온도) = 101.09℃

10 탄소 10kg을 완전연소하는 데 필요한 이론공기량(kg)을 구하시오.

> **풀이**
> **완전연소 반응식**
> C + O_2 → CO_2
> 12kg : 32kg
> 10kg : O_0(kg)
> $O_0(\text{kg}) = \dfrac{10\text{kg} \times 32\text{kg}}{12\text{kg}} = 26.67\text{kg}$
> A_0(중량기준) = $\dfrac{26.67}{0.232}$ = 114.96kg

11 파쇄이론에서 에너지소모량을 예측하는 Kick의 법칙에 대하여 기술하시오.

> **풀이**
>
> **Kick의 법칙**
> 폐기물 입자의 크기를 3cm 미만으로 파쇄하는 공정에 적용(고운 파쇄 또는 2차 파쇄라 한다.)
> $$E = C\ln\left(\frac{L_1}{L_2}\right)$$
> 여기서, E : 폐기물의 파쇄에너지(kW · hr/ton)
> C : 상수
> L_1 : 초기 폐기물의 크기(cm)
> L_2 : 최종 파쇄 후 폐기물의 크기(cm)

12 연소과정에 열평형을 이해하기 위한 등가비의 식 및 등가비에 따른 특성을 기술하시오.

> **풀이**
>
> 1. 관련식
> $$\phi = \frac{(실제의\ 연료량/산화제)}{(완전연소를\ 위한\ 이상적\ 연료량/산화제)}$$
> 2. ϕ에 따른 특성
>   ① $\phi = 1$
>   ㉠ 완전연소에 알맞은 연료와 산화제가 혼합된 경우이다.
>   ㉡ $m = 1$
>   ② $\phi > 1$
>   ㉠ 연료가 과잉으로 공급된 경우이다.
>   ㉡ $m < 1$
>   ③ $\phi < 1$
>   ㉠ 공기가 과잉으로 공급된 경우이다.
>   ㉡ $m > 1$
>   ㉢ CO는 완전연소를 기대할 수 있어 최소가 되나 NO_x(질소산화물)은 증가된다.

13 슬러지에 포함된 수분함량 분포 중 탈수성이 용이한 수분형태의 순서를 쓰시오.

> **풀이**
>
> **탈수성이 용이한(분리하기 쉬운) 수분형태 순서**
> 모관결합수 ← 간극모관결합수 ← 쐐기상 모관결합수 ← 표면부착수 ← 내부수

2015년 4회 기사

01 매립지에서 환경오염을 최소화하기 위한 주요 시설물 6가지를 쓰시오.

> **풀이**
>
> **매립지에서 환경오염을 최소화하기 위한 주요 시설물**
> ① 저류구조물　　　　　　② 차수시설
> ③ 우수배제시설　　　　　④ 침출수 집배수시설
> ⑤ 덮개 설비　　　　　　 ⑥ 발생가스 대책시설

02 매립지의 사후관리항목 4가지를 쓰시오.

> **풀이**
>
> **매립지 사후관리항목(4가지만 기술)**
> ① 우수배제시설　　　　　　　　　② 침출수 처리시설
> ③ 지하수 수질조사　　　　　　　 ④ 발생가스 조성조사 및 처리시설
> ⑤ 구조물 및 지반의 안정도　　　　⑥ 지표수 수질조사
> ⑦ 토양조사　　　　　　　　　　　⑧ 주변 환경영향 종합보고서 작성
> ⑨ 해수수질조사　　　　　　　　　⑩ 방역방법(차단형 매립시설은 제외)

03 혐기성 소화의 장점 4가지를 쓰시오.

> **풀이**
>
> **혐기성 소화의 장점(4가지만 기술)**
> ① 호기성 처리에 비해 슬러지 발생량이 적다.
> ② 동력시설의 소모가 적어 운전비용이 저렴하다.
> ③ 생성슬러지의 탈수 및 건조가 쉽다.(탈수성 양호)
> ④ 메탄가스 회수가 가능하여 회수된 가스를 연료로 사용 가능하다.
> ⑤ 기생충란이나 전염병균이 사멸한다.
> ⑥ 고농도 폐수 및 분뇨를 낮은 비용으로 처리할 수 있다.

04 합성차수막에서 결정도가 증가할수록 나타나는 성질 6가지를 쓰시오.

> **풀이**
>
> **Crystallinity(결정도)가 증가할수록 합성차수막에 나타나는 성질**
> ① 열에 대한 저항도 증가　　② 화학물질에 대한 저항성 증가
> ③ 투수계수의 감소　　　　　④ 인장강도의 증가
> ⑤ 충격에 약해짐　　　　　　⑥ 단단해짐

05 표면(바닥)차수막의 파손원인 4가지를 쓰시오.

> **풀이**
>
> **표면차수막의 파손원인(4가지만 기술)**
> ① 돌기물질(이물질)　　② 지반침하
> ③ 지지력 부족　　　　　④ 지각변동
> ⑤ 양압력

06 폐기물침출수를 펜톤(Fenton) 산화법으로 처리하는 경우 산화제조성 및 처리공정순서를 쓰시오.

> **풀이**
>
> 1. 펜톤산화제 조성
>   과산화수소수(H_2O_2) + 철염($FeSO_4$)
> 2. 펜톤산화법 공정순서
>   pH조정조 → 급속 교반조(산화) → 중화조 → 완속교반조 → 침전조
>   → 생물학적 처리(RBC) → 방류조

07 다이옥신의 연소 후 저감설비 3가지를 쓰시오.

> **풀이**
>
> **연소 후(후처리) 저감설비(3가지만 기술)**
> ① 촉매분해법　　　　　② 열분해법
> ③ 자외선 광분해법　　　④ 오존분해법

08 어떠한 도시의 쓰레기를 매립장까지 운반하는 데 소요되는 운반비용은 3,000원/km·ton이다. 매립장까지 사이에 적환장을 설치하여 운반하면 적환장으로부터 매립장까지의 운반비용은 2,000원/km·ton이다. 적환장 설치 전후의 비용이 같아지는 적환장의 설치위치는 쓰레기 발생지점으로부터 몇 km 지점인지 구하시오.(단, 적환장의 관리비용은 위치에 관계없이 ton당 10,000원, 쓰레기 발생지점부터 매립장까지의 거리 20km, 설치비용 등 기타 조건은 고려하지 않음)

> **풀이**
> 비용과 거리의 관계식
> $3,000원/km \cdot ton \times 20km = (2,000원/km \cdot ton \times (20-x)km)$
> $\qquad\qquad\qquad\qquad\qquad + (3,000원/km \cdot ton \times xkm) + 10,000원/ton$
> $60,000원/ton = 원/ton\,[2,000(20-x) + 3,000x + 10,000]$
> $10,000 = 1,000x \qquad\qquad x(적환장\ 설치위치) = 10km$

09 도랑식으로 매립하는 인구 10,000명인 도시가 있다. 이 도시 쓰레기 배출량이 2.1kg/인·일이며 쓰레기밀도는 $0.45t/m^3$이다. 이 쓰레기를 압축할 경우 부피감소율이 30%라고 하면 Trench $2,000m^3$에 적용될 수 있는 매립 가능일수(day)는?

> **풀이**
> $$매립기간(day) = \frac{매립용적}{쓰레기\ 발생량}$$
> $$= \frac{2,000m^3 \times 450kg/m^3}{2.1kg/인 \cdot 일 \times 10,000인}$$
> $$= 42.86day \times \frac{1}{(1-0.3)} \leftarrow 부피감소율\ 고려$$
> $$= 61.22(62day)$$

10 폐기물을 고화처리방법으로 처리하였다. $MR = 0.25$이며 고화처리 후 밀도는 $1.2ton/m^3$이고 고화처리 전 밀도가 $1.1ton/m^3$일 때 VCR은?

> **풀이**
> $$VCR = (1+MR) \times \frac{\rho_r}{\rho_S} = (1+0.25) \times \frac{1.1}{1.2} = 1.15$$

11 유해폐기물의 고형화 처리방법의 종류 4가지를 쓰시오.

> **풀이**
>
> **고형화 처리방법**
> ① 시멘트 기초법　　　　② 석회 기초법
> ③ 자가시멘트법　　　　④ 열가소성 플라스틱법

12 고형화 처리목적 2가지를 기술하시오.

> **풀이**
>
> **고형화 처리의 목적(2가지만 기술)**
> ① 유해폐기물의 불활성화(독성저하 및 폐기물 내의 오염물질 이동성 감소)
> ② 용출 억제(물리적으로 안정한 물질로 변화)
> ③ 토양개량 및 매립 시 충분한 강도 확보
> ④ 취급 용이 및 재활용(건설자재) 가능

13 매립지 침출수 발생량에 영향을 미치는 인자 3가지를 쓰시오.

> **풀이**
>
> **매립지 침출수 발생량 영향 인자(3가지만 기술)**
> ① 폐기물의 분해 정도　　② 강우량 및 증발량
> ③ 지하수위 및 지하수량　④ 표면 유출량 및 침투수량

14 폐기물을 분석한 결과 수분 10%, 회분 30%, 고정탄소 50%, 휘발분이 10%이고 휘발분 성분을 원소분석한 결과 (H : 15%, O : 25%, S : 10%, C : 50%)이었다. 듀롱식을 사용하여 고위발열량(kcal/kg)을 구하시오.

> **풀이**
>
> $H_h = 8,100C + 34,000(H - \dfrac{O}{8}) + 2,500S$
>
> $= [8,100 \times \{(0.1 \times 0.5) + 0.5\}] + \left[34,000 \times \left\{(0.1 \times 0.15) - \left(\dfrac{0.1 \times 0.25}{8}\right)\right\}\right]$
> $\quad + [2,500 \times (0.1 \times 0.1)]$
> $= 4,883.75 \text{kcal/kg}$
>
> [다른 방법]
>
> $H_h = 8,100C + 34,000(H - \dfrac{O}{8}) + 2,500S$
>
> C함량 = [(0.1 × 0.5) + 0.5] = 0.55
> H함량 = (0.1 × 0.15) = 0.015
> O함량 = (0.1 × 0.25) = 0.025
> S함량 = (0.1 × 0.1) = 0.01
> $= (8,100 \times 0.55) + [34,000 \times (0.015 - \dfrac{0.025}{8})] + (2,500 \times 0.01)$
> $= 4,883.75 \text{kcal/kg}$

15 폐기물 파쇄를 통한 세립화 및 균일화의 장점 3가지를 쓰시오.

> **풀이**
>
> **파쇄를 통한 세립화 및 균일화의 장점(3가지만 기술)**
> ① 용량 감소(압축 시에 밀도 증가)로 인한 운반비가 절감된다.
> ② 조대폐기물에 의한 소각물의 손상이 방지된다.
> ③ 폐기물의 건조성 및 연소성이 향상된다.
> ④ 자력선별에 의한 고가금속 등의 회수가 가능하다.
> ⑤ 매립면적 감소 및 다짐성이 향상된다.

16 탄소 85%, 수소 10%, 산소 5% 조성을 가진 액체폐기물을 시간당 100kg을 소각한다. 이때 연소가스 조성이 $CO_2 : 12\%$, $O_2 : 4\%$, $N_2 : 84\%$일 경우 다음 물음에 답하시오. (단, 연소공기온도 25℃)

(1) 폐기물을 연소하기 위한 이론공기량(Sm^3/kg)
(2) 매시간 공급하는 연소용 실제공기량(m^3/hr)

> **풀이**
>
> 이론공기량(Sm^3/kg) = $\dfrac{O_0}{0.21}$
>
> O_0(이론산소량) = $1.867C + 5.6H + 0.7S - 0.7O$
> $= (1.867 \times 0.85) + (5.6 \times 0.1) - (0.7 \times 0.05)$
> $= 2.11 Sm^3/kg$
>
> $= \dfrac{2.11}{0.21} = 10.06 Sm^3/kg$
>
> 실제공기량(m^3/hr) = $m \times A_0$
>
> $m = \dfrac{N_2}{N_2 - 3.76 O_2} = \dfrac{84}{84 - (3.76 \times 4)} = 1.22$
>
> $A_0 = 10.06 Sm^3/kg$
>
> $= 1.22 \times 10.06 Sm^3/kg \times 100 kg/hr \times \dfrac{273+25}{273}$
>
> $= 1,339.71 m^3/hr$

17 함수율이 20%인 1톤 폐기물을 함수율 10%로 처리했을 때, 수분을 모두 증발시키는 데 2,520kcal/kg이 소요된다. 이때 사용되는 총 에너지 요구량(kcal)은?

> **풀이**
>
> $1,000kg \times (100-20)$ = 처리 후 폐기물량 $\times (100-10)$
>
> 처리 후 폐기물량 = $\dfrac{1,000kg \times 80}{90} = 888.89 kg$
>
> 증발된 수분량(kg) = 처리 전 폐기물량 - 증발 후 폐기물량
> $= 1,000 - 888.89 = 111.11 kg$
>
> 총 에너지 요구량(kcal/kg) = $111.11 kg \times 2,520 kcal/kg = 279,997.2 kcal$

2015년 4회 산업기사

01 쓰레기 발생량 조사방법 3가지를 기술하시오.

> **풀이**
>
> **쓰레기 발생량 조사방법**
> ① 적재차량 계수분석법
>   일정기간 동안 특정 지역의 쓰레기 수거·운반차량의 대수를 조사하여, 이 결과를 밀도로 이용하여 질량으로 환산하는 방법이다.
> ② 직접 계근법
>   일정기간 동안 특정 지역의 쓰레기 수거운반차량을 중간적환장이나 중계처리장에서 직접 계근하는 방법이다.
> ③ 물질수지법
>   시스템으로 유입되는 모든 물질들과 유출되는 모든 폐기물의 양에 대하여 물질수지를 세움으로써 폐기물 발생량을 추정하는 방법이다.

02 파쇄기에 이용되는 작용력 3가지를 쓰시오.

> **풀이**
>
> **파쇄기의 작용력**
> ① 압축작용   ② 전단작용   ③ 충격작용

03 파쇄 메커니즘 3가지를 쓰고 각각의 종류를 1가지씩 쓰시오.

> **풀이**
>
> **파쇄 메커니즘 및 종류**
> ① 전단작용(Van Roll식 왕복전단 파쇄기) ② 충격작용(해머밀 파쇄기)
> ③ 압축작용(Rotary Mill식 파쇄기)

04 유동층 소각로에서 유동층 매체의 구비조건 5가지를 쓰시오.

> **풀이**
>
> **유동층 매체의 구비조건**
> ① 불활성일 것   ② 열충격에 강하고 융점이 높을 것
> ③ 내마모성일 것   ④ 비중이 작을 것
> ⑤ 공급안정 및 가격이 저렴할 것

05 적환장 설치가 필요한 경우 3가지를 쓰시오.

> **풀이**
>
> **적환장 설치가 필요한 경우**
> ① 작은 용량($15m^3$ 이하)의 수집차량을 사용할 때
> ② 최종처리장과 수거지역의 거리가 먼 경우(16km 이상)
> ③ 저밀도 거주지역이 존재할 때

06 폐기물 파쇄의 이점(기대효과) 5가지를 쓰시오.

> **풀이**
>
> **파쇄의 이점(기대효과)**
> ① 겉보기 비중의 증가(수송, 매립지 수명 연장)
> ② 유기물의 분리, 회수
> ③ 비표면적의 증가(미생물 분해속도 증가)
> ④ 입경분포의 균일화(저장, 압축, 소각 용이)
> ⑤ 용적 감소(부피 감소 ; 무게 변화)

07 매립지에서 환경오염을 최소화하기 위한 주요 시설물 6가지를 쓰시오.

> **풀이**
>
> **매립지에서 환경오염을 최소화하기 위한 주요 시설물**
> ① 저류구조물　　　　　　② 차수시설
> ③ 우수배제시설　　　　　④ 침출수 집배수시설
> ⑤ 덮개설비　　　　　　　⑥ 발생가스 대책시설

08 양호한 복토재의 구비조건 4가지를 쓰시오.

> **풀이**
>
> **복토재 구비조건**
> ① 원료가 저렴하고 살포가 용이할 것
> ② 투수계수가 낮을 것
> ③ 불연소성이며 생분해 가능성이 있을 것
> ④ 확보가 용이하고 무독성일 것

09 매립지의 사후관리 주관행정기관 및 사후관리기간을 쓰시오.

> **풀이**
> 1. 매립지 사후관리 주관행정기관
>   시 · 도지사나 지방환경관서의 장
> 2. 사후관리기간
>   사용종료 또는 폐쇄신고를 한 날부터 30년 이내

10 매립지의 차수시설 기능 3가지를 쓰시오.

> **풀이**
> **매립지 차수시설기능**
> ① 침출수에 의한 공공수역 및 지하수오염, 주변환경에 미칠 나쁜 영향을 방지함
> ② 주변 지하수 유입에 의한 침출수량 증가를 방지함
> ③ 침출수 내의 이동상황을 차단함

11 도랑식으로 매립하는 인구 10,000명인 도시가 있다. 이 도시 쓰레기 배출량이 2.1kg/인 · 일이며 쓰레기밀도는 0.45t/m³이다. 이 쓰레기를 압축할 경우 부피감소율이 30%라고 하면 Trench 2,000m³에 적용될 수 있는 매립 가능 일수(day)는?

> **풀이**
> $$\text{매립기간(day)} = \frac{\text{매립용적}}{\text{쓰레기 발생량}}$$
> $$= \frac{2{,}000\text{m}^3 \times 450\text{kg/m}^3}{2.1\text{kg/인 · 일} \times 10{,}000\text{인}}$$
> $$= 42.86\text{day} \times \frac{1}{(1-0.3)} \leftarrow \text{부피감소율 고려}$$
> $$= 61.22(62\text{day})$$

12 소각로의 화상부하는 200kg/m² · hr이고 일일발생량이 3ton/day인 폐기물을 소각 시 소각로의 바닥면적(m²)은?(단, 1일 8hr 가동)

> **풀이**
> $$\text{화상부하율(kg/m}^2 \cdot \text{hr)} = \frac{\text{시간당 소각량(kg/hr)}}{\text{화상면적(m}^2)}$$
> $$\text{화상면적(m}^2) = \frac{3\text{ton/day} \times 1{,}000\text{kg/ton} \times \text{day/8hr}}{200\text{kg/m}^2 \cdot \text{hr}} = 1.88\text{m}^2$$

13 600m³인 슬러지 혐기성 소화조가 함수율 95%의 슬러지를 하루에 15m³를 소화한다고 한다. 소화조 유기물의 부하율(kg · VS/m^3 · day)은?(단, 무기물 비율은 40%이며, 비중은 1.0)

> **풀이**
>
> 유기물 부하율 $= \dfrac{\text{유기물의 양}}{\text{소화조의 용적}}$
>
> $= \dfrac{15m^3/day \times 1{,}000kg/m^3 \times (1-0.95) \times (1-0.4)}{600m^3}$
>
> $= 0.75 kg \cdot VS/m^3 \cdot 일$

14 소각로에서 연소온도가 1,050℃, 배기온도 500℃, 슬러지온도가 25℃일 경우 열효율(%)은?

> **풀이**
>
> 열효율(%) $= \dfrac{(\text{연소온도} - \text{배기온도})}{(\text{연소온도} - \text{공급온도})} \times 100 = \dfrac{(1{,}050 - 500)℃}{(1{,}050 - 25)℃} \times 100 = 53.66\%$

15 소각 대상물인 열가소성 플라스틱의 저위발열량이 5,000kcal/kg이며, 이 플라스틱 소각 시 발생되는 연소재 중의 미연소 손실은 저위발열량의 15%이고 불완전연소에 의한 손실은 800kcal/kg일 때 소각대상물의 연소효율(%)은?

> **풀이**
>
> 연소효율(%) $= \dfrac{H_l - (L_1 + L_2)}{H_l} \times 100$
>
> $= \dfrac{5{,}000 - [(5{,}000 \times 0.15) + 800]}{5{,}000} \times 100 = 69\%$

2016년 1회 기사

01 일반적 도시폐기물의 에너지 회수방법 3가지를 쓰시오.

> **풀이**
> 도시폐기물의 에너지 회수방법(3가지만 기술)
> ① 소각에 의한 열회수
> ② 혐기성 소화방식에 의한 CH_4 가스 회수
> ③ SRF(RDF) : 연료생산
> ④ 열분해에 의한 연료생산

02 냄새물질(악취) 제거방법 3가지를 쓰시오.

> **풀이**
> 악취 제거방법(3가지만 기술)
> ① 수세법 ② 흡착법
> ③ 약액세정법 ④ 연소법(직접연소, 촉매연소)
> ⑤ 공기희석법 ⑥ 화학적 산화법

03 쓰레기와 슬러지의 함수율이 각각 50%와 70%라고 한다면 쓰레기와 슬러지를 중량비 4 : 1 비율로 혼합 시 함수율(%)은?

> **풀이**
> $$함수율(\%) = \frac{(4 \times 0.5) + (1 \times 0.7)}{(4+1)} \times 100 = 54\%$$

04 폐기물 처리 유동층소각로의 장점 4가지를 쓰시오.

풀이

유동층소각로의 장점(4가지만 기술)
① 유동매체의 열용량이 커서 액상, 기상, 고형 폐기물의 전소 및 환소, 균일한 연소가 가능하다.
② 반응시간이 빨라 소각시간이 짧다.(노 부하율이 높다.)
③ 연소효율이 높아 미연소분이 적고 2차 연소실이 불필요하다.
④ 가스의 온도가 낮고 과잉공기량이 낮다. 따라서 NO_x도 적게 배출된다.
⑤ 기계적 구동 부분이 적어 고장률이 낮아 유지관리가 용이하다.
⑥ 노 내 온도의 자동제어로 열회수가 용이하다.

05 쓰레기 매립 시 발생하는 악취의 원인물질을 화학식을 포함하여 4가지 쓰시오.

풀이

쓰레기 매립 시 악취 발생 원인물질(4가지만 기술)
① 메틸멜캅탄(CH_3SH) ② 암모니아(NH_3)
③ 황화수소(H_2S) ④ 트리메틸아민($(CH_3)_3N$)
⑤ 아세트알데히드(CH_3CHO) ⑥ 황화메틸(CH_3SCH_3)

06 매립지에서 최종복토의 목적 4가지를 쓰시오.

풀이

최종복토 목적
① 가스 수집·배출을 위한 층 확보 ② 우수 배제
③ 침출수 저감 ④ 경관 및 미관 향상을 위한 식재를 위해

07 쓰레기 발생량 예측방법 3가지를 쓰시오.

풀이

쓰레기 발생량 예측방법
① 다중회귀모델 ② 동적 모사모델 ③ 경향법

08 폐기물 처리방법인 열분해와 소각의 차이점 및 열분해 생성물질을 3가지로 구분하여 쓰시오.

> **풀이**
> 1. 차이점
>   열분해란 공기가 부족한 상태(무산소 혹은 저산소)에서 가연성 폐기물을 간접가열에 의해 유기물질로부터 연료를 생산하는 흡열반응공정이며, 소각은 가연성 폐기물을 산소와 반응시키는 발열반응공정이다.
>
> 2. 열분해 생성물질
>   ① 기체물질 : H_2, CH_4, CO 등
>   ② 액체물질 : 식초산, 아세톤, 메탄올 등
>   ③ 고체물질 : 탄화물, 불활성 물질 등

09 인구 2,200,000인 도시의 폐기물 발생량은 1.5kg/인·일이고, 수거인부 2,000명이 1일 8시간 작업 시 MHT는?

> **풀이**
> $$MHT = \frac{수거인부 \times 수거인부\ 총\ 수거시간}{총\ 수거량}$$
> $$= \frac{2,000인 \times 8hr/day}{1.5kg/인 \cdot 일 \times 2,200,000인 \times ton/1,000kg}$$
> $$= 4.85 MHT(man \cdot hr/ton)$$

10 초기 수분이 60%인 1ton의 폐기물을 수분함량 50%로 건조할 때 증발된 수분량(kg)은?

> **풀이**
> $1,000kg \times (100-60) = $ 처리 후 폐기물량 $\times (100-50)$
> 처리 후 폐기물량(kg) $= \dfrac{1,000kg \times 40}{50} = 800kg$
> 증발된 수분량(kg) = 건조 전 폐기물량 − 건조 후 폐기물량 = 1,000 − 800 = 200kg

11 30일간 발생된 폐기물을 수거하여야 할 때 차량 대수는?(단, 차량 운행횟수는 1회로 한다.)

- 폐기물 밀도 : 500kg/m³
- 폐기물 압축비 : 2
- 폐기물 발생량 : 1.5kg/인·일
- 차량 적재용적 : 10m³
- 차량 이용률 : 0.67
- 500가구(가구당 4명)

풀이

차량대수(대) = $\dfrac{\text{폐기물 발생량}}{\text{1대당 운반량}}$

폐기물 발생량 = 1.5kg/인·일 × 500가구 × 4인/가구 × 30일 = 90,000kg

1대당 운반량 = 10m³/대·회 × 500kg/m³ × 0.67 × 2 × 1회 = 6,700kg/대

= $\dfrac{90,000\text{kg}}{6,700\text{kg/대}}$ = 13.43 (14대)

12 고체·액체·기체연료의 연소형태를 각각 2가지씩 쓰시오.

풀이

1. 고체연료
   ① 표면연소
   ② 분해연소

2. 액체연료
   ① 증발연소
   ② 분무연소

3. 기체연료
   ① 혼합기연소
   ② 확산연소

13 퇴비화 수분함량 조절제인 Bulking Agent의 조건을 3가지 쓰시오.

풀이

Bulking Agent의 조건
① 수분 흡수능력이 좋아야 한다.
② 쉽게 조달 가능한 폐기물이어야 한다.
③ 입자 간의 구조적 안정성이 있어야 한다.

14 폐기물의 화학적 처리에서 응집제로 황산알루미늄을 사용하는 이유를 쓰시오.

> **풀이**
>
> **황산알루미늄을 응집제로 사용하는 이유**
> ① 가격이 저렴
> ② 거의 모든 현탁성 물질 또는 부유물 제거에 유효
> ③ 독성이 없어 대량 주입이 가능
> ④ 철염과 같이 시설물을 더럽히지 않음

15 매립구조에 의한 매립방법 3가지를 쓰고 간단히 설명하시오.

> **풀이**
>
> **매립구조에 의한 구분(3가지만 기술)**
> ① 혐기성 매립(피산소성 매립)
>   습지 또는 계곡 등에 폐기물을 중간복토와 함께 매립하여 쓰레기층의 내부 상태가 혐기성 상태로 되는 단순 투기하는 방법
> ② 혐기성 위생매립(피산소성 위생매립)
>   폐기물을 쌓고(높이 약 2~3m) 그 위에 복토(약 50cm)를 하는 구조의 공법
> ③ 개량형 혐기성 위생매립(개량형 피산소성 위생매립)
>   혐기성 위생매립시설의 저부에 배수용 집수관 및 차수막을 설치한 구조의 공법
> ④ 준호기성 매립
>   오수를 가능한 한 빨리 매립지 밖으로 배제하여 폐기물과 저수의 수압을 저감시켜 지하토양으로의 오수의 침투를 방지함과 동시에 집수하는 단계에서 가능한 한 침출수를 정화할 수 있도록 집수장치를 설계한 구조의 공법
> ⑤ 호기성 매립
>   준호기성 매립에서의 침출수 집수관 이외에 별도의 공기주입시설을 설치하여 강제적으로 공기를 불어넣어 매립지 내부를 호기성 상태로 유지하는 구조의 공법

16 쓰레기를 매립하기 전에 감량화를 목적으로 실시하는 매립방법을 쓰시오.

> **풀이**
>
> 압축 매립방식(Baling System)

17 다음은 매립지 침출수에 관한 내용이다. ( ) 안에 알맞은 용어를 써 넣으시오.

- 침출수 생성에 가장 큰 영향을 미치는 인자는 (①)이며 침출수는 매립 초기에서는 산성이나 시간이 경과함에 따라 (②)을 나타낸다. 또한 온도가 높아짐에 따라 pH는 (③)지고, pH가 (④)수록 중금속 용출 가능성이 커진다.
- COD는 매립경과 연수가 증가함에 따라 COD/TOC의 비는 점진적으로 (⑤) 하는 경향이 있다.

풀이

① : 강수량　　② : 알칼리성　　③ : 높아
④ : 낮을　　⑤ : 감소

18 중량 조성이 탄소 86%, 수소 14%인 액체연료를 시간당 100kg을 연소했을 때 배출가스의 분석치가 CO_2 : 15%, O_2 : 10%, N_2 : 75%이라면, 시간당 필요한 실제 공기량(Sm^3/hr)을 구하시오.

풀이

실제 공기량$(A) = m \times A_0$

$$m = \frac{N_2}{N_2 - 3.76 O_2} = \frac{75}{75 - (3.76 \times 10)} = 2.01$$

$$A_0 = \frac{1}{0.21} \times (1.867C + 5.6H)$$

$$= \frac{1}{0.21} \times [(1.867 \times 0.86) + (5.6 \times 0.14)] = 11.38 \, m^3/kg$$

$$= 2.01 \times 11.38 \, m^3/kg \times 100 \, kg/hr = 2287.21 \, Sm^3/hr$$

19 폐유기용제의 정제방법 3가지를 쓰시오.

풀이

폐유기용제의 정제방법
① 용매추출법　　② 증류법(증발법)　　③ 스팀탈리법

20 하루 500ton의 연료를 연소시켜 보일러에서 증기를 발생시켜 발전기를 돌려 전기를 판매할 경우 다음을 답하시오.

- 연료사용량 = 500ton/day
- 연료발열량 = 2,000kcal/kg
- 1kW = 860kcal
- 보일러 효율 70%, 증기터빈 효율 30%, 열손실 10%

(1) 유효열량(kcal/hr)
(2) 전력판매량(kWh)

> **풀이**
> (1) 유효열량(kcal/hr) = 500ton/day × 2,000kcal/kg × 10^3kg/ton
>   × day/24hr × 0.7 × 0.3 × (1 − 0.1)
>   = 7,875,000kcal/hr
> (2) 전력판매량(kWh) = 7,875,000kcal/hr × kw/860kcal = 9,156.98kWh

2016년 1회 산업기사

01 암모니아 10kg/day가 산화에 의해 반응이 일어날 경우 필요한 이론적 산소량(kg/day)을 구하시오.(단, 촉매가 존재 시 반응)

> **풀이**
>
> **산화반응식**
> $4NH_3 + 5O_2 \rightarrow 4NO + 6H_2O$
> $4 \times 17\text{kg} : 5 \times 32\text{kg}$
> $10\text{kg/day} : O_0(\text{kg/day})$
>
> $O_0(\text{kg/day}) = \dfrac{10\,\text{kg/day} \times (5 \times 32)\text{kg}}{(4 \times 17)\text{kg}} = 23.53\,\text{kg/day}$

02 분뇨처리시설을 가온식으로 운영한다. 투입 분뇨량이 2.0kL/hr일 때 투입된 분뇨를 소화온도까지 올리는 데 필요한 열량(kcal/hr)은?(단, 소화온도 35℃, 투입분뇨온도 20℃, 분뇨비열은 1cal/g·℃이며, 분뇨의 비중은 1.0, 기타 열손실은 없는 것으로 한다.)

> **풀이**
>
> 열량(kcal/hr) = 슬러지량 × 비열 × 온도차
> = (2.0kL/hr × 1,000L/kL × 1kg/1L × 1,000g/kg)
>   × (1cal/g℃ × 1kcal/1,000cal) × (35 − 20)℃
> = 30,000kcal/hr

03 여과식 집진시설(Bag Filter) 여과백의 부착 분진 탈진방법 3가지를 쓰시오.

> **풀이**
>
> **탈진방법**
> ① 진동형(Shaker Type)   ② 역기류형(Reverse Air Flow Type)
> ③ 펄스제트형(Pulse-Jet Type)

04 다음은 열교환기 중 절탄기에 관한 내용이다. (　) 안에 알맞은 용어를 쓰시오.

> 절탄기는 (①)에 설치하며 보일러 전열면을 통하여 연소가스의 (②)로 보일러 급수를 예열하여 보일러 효율을 높이는 장치이다.

풀이
① 연도　　　　　　　　② 여열

05 저위발열량이 9,500kcal/Sm³인 연료를 완전연소 시 이론연소온도(℃)는?(단, 이론연소가스량 10Sm³/Sm³, 연소가스 평균 정압비열 0.5kcal/Sm³℃, 기준온도(실온) 25℃)

풀이

$$\text{이론연소온도}(t_2 : ℃) = \frac{H_l}{G_o \times C_p} + t_1$$

$$= \frac{9,500 \text{kcal/Sm}^3}{10 \text{sm}^3/\text{Sm}^3 \times 0.5 \text{kcal/Sm}^3 \cdot ℃} + 25℃ = 1,925℃$$

06 고형화 처리에 사용되는 포틀랜드 시멘트의 주요 성분 4가지를 쓰시오.

풀이
포틀랜드 시멘트의 주요 성분
① 석회(CaO)　② 실리카(SiO_2)　③ 알루미나(Al_2O_3)　④ 산화철(Fe_2O_3)

07 매립지의 pH를 저하시키는 원인을 쓰고 중금속 용출인자를 설명하시오.

풀이
매립지의 pH를 저하시키는 것은 생성되는 CO_2 가스에 의하며, 중금속 용출인자는 pH 5 이하인 산 형성 단계에서의 낮은 pH이다.

08 사업장 일반폐기물 중 관리형 매립시설의 매립대상 물질 4가지를 쓰시오.

> **풀이**
> 관리형 매립시설의 매립대상 물질(4가지만 기술)
> ① 광재   ② 폐금속류   ③ 폐토사
> ④ 폐석고   ⑤ 폐석회

09 쓰레기를 수거하는 작업, 즉 청소작업이 끝난 후 이에 대한 상태를 평가하는 방법으로는 CEI와 USI를 사용한다. 각각에 대하여 간단히 서술하시오.

> **풀이**
> 1. CEI(Community Effects Index)
>   지역사회 효과지수라 하며 가로 청소상태를 기준(Scale : 1~4)으로 측정하는 방법이다.
> 2. USI(User Satisfaction Index)
>   사용자 만족도 지수라 하며 서비스를 받는 사람들의 만족도를 설문조사(설문 문항 : 6개)하여 계산하는 방법이다.

10 소각로에서 발생되는 재의 무게감량비가 60%, 부피감소비가 80%라 할 때 소각 전 폐기물의 밀도가 $0.35 ton/m^3$라면 소각재의 밀도(ton/m^3)는?

> **풀이**
> 처리 후 밀도(ton/m^3) = 처리 전 밀도 $\times \dfrac{(100 - 무게감소율)}{(100 - 부피감소율)}$
>
> $= 0.35 ton/m^3 \times \dfrac{(100-60)}{(100-80)} = 0.7 ton/m^3$

11 분뇨의 고형물 농도는 37,000mg/L이고 고형물 중 휘발성 고형물의 양이 65%이다. 고형물 중 유기물(VS) 1kg당 CH_4의 발생량이 $0.5m^3$일 경우 분뇨 $1m^3$당 발생하는 $CH_4(m^3)$를 구하시오.

> **풀이**
> 휘발성고형물 = 유기물
> $CH_4(m^3) = 1m^3 \times 37,000 mg/L - TS \times 0.65 VS \times 0.5 m^3 CH_4/kg \cdot VS$
> $\quad \times kg/10^6 mg \times 1,000 L/m^3$
> $= 12.03 m^3$

12 플라스틱 소각의 문제점 3가지를 쓰시오.

> **풀이**
>
> **플라스틱 소각의 문제점**
> ① 화격자상에서 용융된 후 통기공 밑으로 적하하여 부식성 가스 발생 및 구동장치의 변형이 유발된다.
> ② 부식성 가스로 인한 집진장치 및 송풍기 Stack 등이 부식된다.
> ③ 높은 발열량에 알맞은 공기비가 곤란하다.
> ④ 플라스틱의 용융에 의한 통기공의 막힘이 발생된다.
> ⑤ 대량 공급 시 이상고온현상이 발생한다.
> ⑥ 플라스틱의 특이한 연소특성에 의한 급속연소 및 난연소 부분이 발생한다.

13 질소산화물 제어방법 중 환원반응을 이용한 대표적 제어방법 2가지를 쓰시오.

> **풀이**
>
> **질소산화물 제어방법(환원반응)**
> ① 선택적 촉매환원법(SCR)   ② 선택적 무촉매환원법(SNCR)

14 하루에 평균 300ton의 쓰레기를 배출하는 도시가 있다. 매립지의 평균 두께를 6m, 매립밀도를 0.7t/m³로 가정할 때 향후 5년간(1년은 300일 가정)의 쓰레기 매립을 위한 최소 매립면적(m²)은?(단, 복토, 침하, 진입로, 기타 시설은 고려하지 않음)

> **풀이**
>
> $$\text{매립면적}(m^2) = \frac{\text{매립폐기물의 양}}{(\text{폐기물 밀도} \times \text{매립 깊이})}$$
>
> $$= \frac{300\text{ton/day} \times 300\text{day/year} \times 5\text{year}}{0.7\text{ton/m}^3 \times 6\text{m}} = 107,142.86\text{m}^2$$

15 일반폐기물의 위생매립방법 3가지를 쓰고 간단히 설명하시오.

> **풀이**
>
> **위생매립방법의 종류**
> ① 도랑형 매립방법
>   도랑을 파고 폐기물을 매립한 다음 다짐 후 다시 복토하는 방법으로 도랑의 길이는 약 2.5~7m, 폭은 20m 정도이다.
>
> ② 지역식 매립방법
>   지하수면이 높은 지역이나 셀 또는 도랑의 굴착이 용이하지 않은 지형에 적용하는 방식이다.
>
> ③ 계곡 매립방법
>   협곡, 계곡, 채석장을 매립지로 활용하는 방식으로 일반적으로 셀 방식으로 시행된다.

16 폐기물 처리방법 중 열분해의 정의를 쓰시오.

> **풀이**
>
> 열분해란 공기가 부족한 상태(무산소 혹은 저산소 분위기)에서 가연성 폐기물을 연소시켜(간접가열에 의해) 유기물질로부터 가스, 액체 및 고체상태의 연료를 생산하는 공정을 의미하며 흡열반응을 한다.

17 쓰레기 발생량 예측방법 3가지를 쓰시오.

> **풀이**
>
> **쓰레기 발생량 예측방법**
> ① 경향법   ② 다중회귀모델   ③ 동적 모사모델

18 매립지의 사후관리항목 4가지를 쓰시오.

> **풀이**
>
> **매립지의 사후관리항목(4가지만 기술)**
> ① 우수배제시설   ② 침출수 처리시설
> ③ 지하수 수질조사   ④ 발생가스 조성조사 및 처리시설
> ⑤ 구조물 및 지반의 안정도 ⑥ 지표수 수질조사
> ⑦ 토양조사

19 매립지 내 발생가스(LFG)의 종류 5가지를 쓰시오.

> **풀이**
>
> **LFG 가스**
> ① CH_4 ② CO_2 ③ NH_3
> ④ H_2S ⑤ H_2

20 저온파쇄기술의 정의를 쓰시오.

> **풀이**
>
> 저온파쇄기술은 저온영역에서 신장성이나 충격치가 급격히 저하되어 취성을 나타내는 특성을 이용하여 폐기물을 냉각하고 충격파쇄하는 기술이다.

21 퇴비화 설계·운영을 위한 대표적 고려인자 4가지를 쓰고 각 인자의 적정 운전범위를 쓰시오.

> **풀이**
>
> **퇴비화 설계·운영을 위한 대표적 고려인자**
> ① 수분함량 : 50~60%   ② C/N비 : 25~50
> ③ 온도 : 55~60℃   ④ pH : 5.5~8.0

2016년 2회 산업기사

01 기계식 소각로(Grate or Stoker Type)의 장단점을 2가지씩 쓰시오.

> **풀이**
> 1. 장점(2가지만 기술)
>   ① 연속적인 소각과 배출이 가능하다.
>   ② 용량부하가 크며 전자동운전이 가능하다.
>   ③ 폐기물 전처리(파쇄)가 불필요하다.
>   ④ 배기가스에 의한 폐기물 건조가 가능하다.
>   ⑤ 악취 발생이 적고 유동층식에 비해 내구연한이 길다.
>
> 2. 단점(2가지만 기술)
>   ① 수분이 많거나 용융소각물(플라스틱 등)의 소각에는 화격자 막힘의 염려가 있어 부적합하다.
>   ② 국부가열 발생 가능성이 있고 체류시간이 길며 교반력이 약하다.
>   ③ 고온으로 인한 화격자 및 금속부 과열 가능성이 있다.
>   ④ 투입호퍼 및 공기출구의 폐쇄 가능성이 있다.

02 화격자소각로의 고온부식을 줄이기 위한 대책을 3가지만 쓰시오.

> **풀이**
> **고온부식 대책(3가지만 기술)**
> ① 화격자의 냉각효율 올림
> ② 화격자의 냉각을 위한 공기주입량 증가
> ③ 화격자 내열 및 내식성 재료 선정(고크롬강, 저니켈강)
> ④ 고온부식 발생 금속 표면에 피복 및 표면온도를 내림
> ⑤ 부식이 이루어지는 부분에 고온공기를 주입하지 않음

03 매립을 매립방법에 따라 단순매립, 위생매립, 안전매립으로 구분하여 간단히 설명하시오.

> **풀이**
> ① 단순매립
>   비위생적 매립형태이며 차수막, 복토, 집배수를 고려하지 않는 매립방법
> ② 위생매립
>   일반폐기물 처분에 가장 경제적이고 많이 사용하며 차수막, 복토, 집배수를 고려한 매립방법
> ③ 안전매립
>   유해폐기물의 최종처분방법으로 유해 폐기물을 자연계와 완전 차단하는 매립방법

04 LCA(Life Cycle Assessment)의 정의 및 평가단계 4단계를 쓰시오.

> **풀이**
> 1. 정의
>   사용한 자원 및 에너지, 환경으로 배출되는 환경오염물질을 규명하고 정량화함으로써 한 제품이나 공정에 관련된 환경부담을 평가하여 그 에너지와 자원, 환경부하 영향을 평가하여 환경을 개선시킬 수 있는 기회를 규명하는 과정을 전과정평가라 한다.
>
> 2. 4단계
>   ① 1단계 : 목적 및 범위의 설정(Goal Definition Scoping)
>   ② 2단계 : 목록 분석(Inventory Analysis)
>   ③ 3단계 : 영향 평가(Impact Analysis or Assessment)
>   ④ 4단계 : 개선 평가 및 해석(Improvement Assessment)

05 생활폐기물 매립 시 지반침하에 영향을 끼치는 요인 3가지를 쓰시오.

> **풀이**
> **매립지 지반침하 요인**
> ① 초기다짐(다짐이 불완전한 경우)
> ② 유기물 분해와 압밀의 효과
> ③ 폐기물 특성(파쇄 미실시 등)

06 매립지 내 발생가스가 안정화되기까지의 4단계를 쓰고 3단계 발생가스의 함량 변화를 쓰시오.

> **풀이**
>
> 1. 매립지 내 발생가스 단계
>   ① 1단계 : 호기성 단계
>   ② 2단계 : 혐기성 비메탄화 단계
>   ③ 3단계 : 혐기성 메탄 생성·축적 단계
>   ④ 4단계 : 혐기성 정상상태 단계
>
> 2. 3단계 발생가스 함량
>   가스 내의 CH_4 함량은 증가하기 시작하며 H_2, CO_2의 비율은 낮아진다.

07 유동층 소각로에서 유동층 매체의 구비조건 5가지를 쓰시오.

> **풀이**
>
> **유동층 매체의 구비조건**
> ① 불활성일 것
> ② 열충격에 강하고 융점이 높을 것
> ③ 내마모성일 것
> ④ 비중이 작을 것
> ⑤ 공급안정 및 가격이 저렴할 것

08 Rietema 식을 단서 조건의 수식으로 표현하시오. (단, x_1 : 회수쓰레기 중 회수대상물질, x_2 : 제거쓰레기 중 회수대상물질, y_1 : 회수쓰레기 중 비회수대상물질, y_2 : 제거쓰레기 중 비회수대상물질)

> **풀이**
>
> **Rietema 선별효율식**
> $$E(\%) = \left[\left|\left(\frac{x_1}{x_1+x_2}\right) - \left(\frac{y_1}{y_1+y_2}\right)\right|\right] \times 100$$

09 팽화제(Bulking Agent)의 종류 3가지를 쓰시오.

> **풀이**
> ① 톱밥　　　　　② 볏짚　　　　　③ 낙엽

10 유해폐기물이 1차 반응식에 따라 감소할 경우 반감기(hr)는?(단, 1차 속도상수 0.00885/hr)

> **풀이**
> 1차 반응식
> $\ln \dfrac{C_t}{C_o} = -kt$
> $\ln 0.5 = -0.0885/\text{hr}^{-1} \times t$
> $t = \dfrac{\ln 0.5}{0.0885/\text{hr}^{-1}}$
> $t = 7.83\text{hr}$

11 손 선별(Hand Sorting)식 작업방법을 설명하시오.

> **풀이**
> 9m/min 이하의 속도로 이동하는 컨베이어 벨트의 한쪽 또는 양쪽에 작업자가 서서 선별하는 작업방법이다.

12 폐기물 분석결과 강열감량이 67%, 수분이 30%일 경우 휘발성 고형물 함량(%) 및 유기물 함량(%)을 구하시오.

> **풀이**
> 휘발성 고형물 함량(%) = 강열감량 − 수분 = 67 − 30 = 37%
>
> 유기물 함량(%) = $\dfrac{\text{휘발성 고형물}}{\text{고형물}} = \dfrac{37}{(100-30)} \times 100 = 52.86\%$

13 Rosin-Rammler 모델은 폐기물 파쇄 시 폐기물의 입자 크기 분포에 관한 모델식이다. 폐기물의 80% 이상을 4cm보다 작게 파쇄하고자 할 때 특성입자의 크기(cm)를 산정하시오. (단, $n=1$임)

> **풀이**
>
> $$Y = 1 - \exp\left[-\left(\frac{X}{X_0}\right)^n\right]$$
>
> $$0.8 = 1 - \exp\left[-\left(\frac{4}{X_0}\right)^1\right]$$
>
> $$-\frac{4}{X_0} = \ln(1-0.8)$$
>
> X_0(특성입자 : cm) $= 2.49$ cm

14 $C_{30}H_{50}O_{20}N_2S$ 물질의 고위발열량을 구하시오. (단, Duloug식 이용)

> **풀이**
>
> $$H_h = 8,100C + 34,000\left(H - \frac{O}{8}\right) + 2,500S$$
>
> $C_{30}H_{50}O_{20}N_2S$의 분자량에 대한 각 성분 구성비
>
> 분자량 $= (12 \times 30) + (1 \times 50) + (16 \times 20) + (14 \times 2) + 32$
> $= 790$
>
> $$C = \frac{(12 \times 30)}{790} = 0.456$$
>
> $$H = \frac{(1 \times 50)}{790} = 0.063$$
>
> $$O = \frac{(16 \times 20)}{790} = 0.405$$
>
> $$S = \frac{32}{790} = 0.041$$
>
> $= (8,100 \times 0.456) + \left[34,000\left(0.063 - \frac{0.405}{8}\right)\right] + (2,500 \times 0.041)$
> $= 4,216.85$ kcal/kg

15 입경 10cm의 폐기물을 1cm로 파쇄할 때 사용되는 에너지는 입경 10cm를 4cm로 파쇄할 때 소요되는 에너지의 몇 배인가?(단, Kick 법칙 이용, $n=1$)

> **풀이**
>
> $$E = C\ln\left(\frac{L_1}{L_2}\right)$$
>
> $E_1 = C\ln\left(\dfrac{10}{1}\right) = C\ln 10$, $E_2 = C\ln\left(\dfrac{10}{4}\right) = C\ln 2.5$
>
> 동력비$\left(\dfrac{E_1}{E_2}\right) = \dfrac{\ln 10}{\ln 2.5} = 2.51$배

16 음식물이 섞여 있는 도시쓰레기의 수분함량이 59%였다. 이것을 건조시켜 수분함량을 27%로 하였다면 중량 감소율(%)은?(단, 비중 1.0)

> **풀이**
>
> 초기 쓰레기량×(1−초기 함수율)=건조 후 쓰레기량×(1−건조 후 함수율)
>
> 중량 감소율(%) = $\dfrac{\text{초기 쓰레기량} - \text{건조 후 쓰레기량}}{\text{초기 쓰레기량}} \times 100$
>
> $= \left[1 - \dfrac{(100 - \text{초기 함수율})}{(100 - \text{처리 후 함수율})}\right] \times 100$
>
> $= \left[1 - \dfrac{(100 - 59)}{(100 - 27)}\right] \times 100 = 43.84\%$
>
> [다른 풀이방법]
>
> $100 \times 0.41 =$ 건조 후 쓰레기 중량$\times 0.73$
>
> 건조 후 쓰레기 중량 $= \dfrac{100 \times 0.41}{0.73} = 56.16\%$
>
> 중량감소율(%) $= \dfrac{100 - 56.16}{100} \times 100 = 43.84\%$

17 함수율 60%인 폐기물 100ton을 함수율 40%로 변환시키면 소각 무게(ton)는 얼마인가?

> **풀이**
> 초기 소각량×(100−초기 함수율)=변화 후 소각량×(100−변화 후 함수율)
> 100ton×(100−60)=변화 후 소각량×(100−40)
> 변화 후 소각량(ton) = $\dfrac{100\,\text{ton} \times 40}{60}$ = 66.67ton

18 다음 조건에서 매립복토재의 양(m^3/day)은?

- 매립면적 : 150m^2/day
- 1층의 복토두께 : 60cm
- 복토층 : 3층

> **풀이**
> 복토양(m^3/day) = 매립면적×복토두께
> = 150m^2/day×(60×3)cm×m/100cm = 270m^3/day

19 소각 대상물인 열가소성 플라스틱의 저위발열량이 1,600kcal/kg이며, 이 플라스틱 소각 시 발생되는 연소재 중의 미연소 손실은 저위발열량의 15%이고 불완전연소에 의한 손실은 저위발열량의 4%일 때 최종 저위발열량(kcal/kg)은?

> **풀이**
> 최종 저위발열량 = 1,600kcal/kg−[(1,600×0.15)+(1,600×0.04)]kcal/kg
> = 1,296kcal/kg

20 어느 도시의 폐기물 수거량이 150,000ton/year, 수거인부 500명, 1일 작업시간 8시간, 연간 작업일수가 250일일 경우 MHT는?

> **풀이**
> $MHT = \dfrac{\text{수거인부} \times \text{수거인부 총 수거시간}}{\text{총 수거량}}$
> $= \dfrac{500\text{인} \times (8\,\text{hr/day} \times 250\,\text{day/year})}{150{,}000\,\text{ton/year}} = 6.67\,MHT(\text{man}\cdot\text{hr/ton})$

2016년 4회 기사

01 다음과 같은 조건으로 선별효율을 Worrell식과 Rietema식을 적용하여 구하시오.

[조건]
선별장치의 투입량이 2.0ton/hr이고, 회수량이 800kg/hr이며, 회수량의 600kg/hr가 회수대상 물질이다.
거부량 또는 제거량이 1,200kg/hr이고, 이 중 회수대상 물질은 100kg/hr이었다.
(1) Worrell식의 선별효율(%)
(2) Rietema식의 선별효율(%)

풀이

x_1 600kg/hr → y_1 200kg/hr
x_2 100kg/hr → y_2 (2,000−800−100)=1,100kg/hr
$x_0 = x_1 + x_2 = 700$ kg/hr
$y_0 = y_1 + y_2 = 1,300$ kg/hr

(1) Worrell식 선별효율(E)

$$E(\%) = \left[\left(\frac{x_1}{x_0}\right) \times \left(\frac{y_2}{y_0}\right)\right] \times 100 = \left[\left(\frac{600}{700}\right) \times \left(\frac{1,100}{1,300}\right)\right] \times 100 = 72.53\%$$

(2) Rietema식 선별효율(E)

$$E(\%) = \left[\left|\left(\frac{x_1}{x_0}\right) - \left(\frac{y_1}{y_0}\right)\right|\right] \times 100 = \left[\left|\left(\frac{600}{700}\right) - \left(\frac{200}{1,300}\right)\right|\right] \times 100 = 70.33\%$$

02 어느 도시의 발생폐기물 50ton/day를 소각 처리하는 데 필요한 소각로의 설계용량(m³)은?(단, 소각로의 열부하율은 200,000kcal/m³·hr, 폐기물의 발열량은 3,500kcal/kg, 1일 가동시간은 15시간을 기준한다.)

풀이

$$\text{소각로용량}(m^3) = \frac{\text{저위발열량} \times \text{연소량}}{\text{열부하율}}$$

$$= \frac{3,500\text{kcal/kg} \times 50\text{ton/day} \times \text{day}/15\text{hr} \times 1,000\text{kg/ton}}{200,000\text{kcal/m}^3 \cdot \text{hr}}$$

$$= 58.33\text{m}^3$$

03 1일 쓰레기의 발생량이 50톤인 지역에서 트렌치 방식으로 매립장을 계획한다면 1년간 필요한 토지면적(m^2)을 구하시오.(단, 도랑의 깊이는 2.5m이고 매립에 따른 쓰레기의 부피 감소율은 60%, 매립 전 쓰레기 밀도는 400kg/m^3이다.)

> **풀이**
>
> 매립면적(m^2/year) = $\dfrac{\text{매립폐기물의 양}}{(\text{폐기물 밀도} \times \text{매립 깊이})} \times \text{부피감소율}$
>
> $= \dfrac{50\text{ton/day} \times 1{,}000\text{kg/ton} \times 365\text{day/year}}{400\text{kg/m}^3 \times 2.5\text{m}} \times (1 - 0.6)$
>
> $= 7{,}300\text{m}^2/\text{year}$

04 저위발열량이 9,000kcal/Sm^3인 연료를 완전연소 시 이론연소온도(℃)는?(단, 이론연소가스량 10Sm^3/Sm^3, 연소가스 평균정압비열 0.5kcal/Sm^3℃, 기준온도(실온) 25℃)

> **풀이**
>
> 이론연소온도(t_2 : ℃) = $\dfrac{H_l}{G_o \times C_p} + t_1$
>
> $= \dfrac{9{,}000\text{kcal/Sm}^3}{10\text{Sm}^3/\text{Sm}^3 \times 0.5\text{kcal/Sm}^3 \cdot ℃} + 25℃ = 1{,}825℃$

05 폐기물 1ton 중 유기물 성분은 $C_{60}H_{98}O_{35}N$이고 함수율 50%, VS는 55%, VS 분해율은 0.9, 공기 중 산소의 무게는 0.23, 공기의 밀도는 1.25kg/m^3, 유기물 분해에 걸리는 시간이 9일일 때 하루에 필요한 공기송풍량(m^3/day)은?

> **풀이**
>
> 공기송풍량(m^3/day)
>
> = (분해 VS에 필요한 산소량) $\times \dfrac{1}{\text{공기 중 산소}} \times \dfrac{1}{\text{공기 밀도}}$
>
> 완전반응식
>
> $C_{60}H_{98}O_{35}N + 67O_2 \rightarrow 60CO_2 + 49H_2O + 0.5N_2$
>
> 1,392kg : 67×32kg
>
> 1,000kg/9day×(1−0.5)×0.55×0.9 : O_2(kg/day)
>
> O_2(kg/day) = $\dfrac{1{,}000\text{kg/9day} \times 0.5 \times 0.55 \times 0.9 \times (67 \times 32)\text{kg}}{1{,}392\text{kg}}$
>
> $= 42.36\text{kg/day} \times \dfrac{1}{0.23} \times \dfrac{1}{1.25\text{kg/m}^3} = 147.33\text{m}^3/\text{day}$

06 통풍형식 3가지를 기술하시오.

> **풀이**
> 1. 자연통풍
>   굴뚝 내·외부의 공기밀도 및 가스밀도차에 의한 통풍력이 발생하여 이루어지는 통풍방식이다.
> 2. 압입통풍
>   연소용 공기를 노 앞에서 설치된 가압송풍기를 이용하여 강제로 연소실 내부로 압입하는 통풍방식이다. 연소실 열부하율을 높일 수 있고 노 내압이 정압(+)으로 유지된다.
> 3. 흡인통풍
>   연기가스를 송풍기로 흡인하여 노 내의 압력을 부압(−)으로 하여 배기가스를 굴뚝에 흡인시켜 배출하는 통풍방식이다. 노 내압이 부압(−)으로 냉기침입의 우려가 있으나 역화의 위험성은 없다.
> 4. 평형통풍
>   연소실의 전·후면에 각 송풍기 및 배풍기를 부착한 병용식 통풍방식으로 연소실의 구조가 복잡하여도 통풍은 잘 이루어진다.

07 1차 반응에서 초기농도가 1/2로 감소하는 데 100sec가 소요되었다면 초기 농도가 1/100로 감소하는 데 소요되는 시간(sec)을 구하시오.

> **풀이**
> 1차 반응식에 의한 속도상수(K)를 우선 구함
> $\ln \dfrac{C_t}{C_0} = -kt$
> $\ln 0.5 = -k \times 100$
> $k = 0.00693 \mathrm{sec}^{-1}$
> 초기 농도가 1/100로 감소
> $\ln \dfrac{1}{100} = -0.00693 \times t$
> $t = 664.53 \mathrm{sec}$

08 연직차수막의 공법 3가지를 쓰시오.

> **풀이**
>
> **연직차수막 공법**
> ① 어스댐 코어공법   ② 강널말뚝(Sheet Pile) 공법   ③ 그라우트 공법
>
> [참고] 위의 ①~③항 외에
>   ④ 차수시트 매설공법   ⑤ 지중연속벽 공법

09 중량비로 탄소 : 87%, 수소 : 11%, 황 : 2%인 중유를 공기비 1.5로 연소시킬 때 다음을 구하시오.

(1) 이론산소량(Sm^3/kg)
(2) 이론공기량(Sm^3/kg)
(3) 실제공기량(Sm^3/kg)

> **풀이**
>
> (1) 이론산소량(O_0)
>
> $$O_0(Sm^3/kg) = 1.867C + 5.6\left(H - \frac{O}{8}\right) + 0.7S$$
> $$= (1.867 \times 0.87) + (5.6 \times 0.11) + (0.7 \times 0.02)$$
> $$= 2.25(Sm^3/kg)$$
>
> (2) 이론공기량(A_0)
>
> $$A_0(Sm^3/kg) = O_0 \times \frac{1}{0.21} = 2.25 \times \frac{1}{0.21} = 10.71(Sm^3/kg)$$
>
> (3) 실제공기량(A)
>
> $$A(Sm^3/kg) = m \times A_0 = 1.5 \times 10.71 = 16.07(Sm^3/kg)$$

10 고형화 처리방법 중 석회기초법의 포졸란을 설명하고 종류 3가지를 쓰시오.

> **풀이**
>
> 1. 포졸란(Pozzolan)
>   규소를 함유하는 미분상태의 물질이며 $Ca(OH)_2$와 물과 반응하여 불용성, 수밀성 화합물을 형성하는 물질이다.
> 2. 종류
>   ① 비산재(Fly Ash)   ② 점토(Clay)   ③ 슬래그(Slag)

11 토양의 입도분포를 조사한 결과가 다음과 같을 경우, 유효입경, 균등계수, 곡률계수는 각각 얼마인가?(단, D_{10}, D_{30}, D_{60}은 각각 통과백분율 10%, 30%, 60%에 해당하는 입경이다.)

구분	D10	D30	D60
입자크기(mm)	0.25	0.50	0.75

풀이

유효입경(D_{10}) : 0.25mm

균등계수(U) = $\dfrac{D_{60}}{D_{10}}$ = $\dfrac{0.75}{0.25}$ = 3.0

곡률계수(Z) = $\dfrac{(D_{30})^2}{D_{10} \times D_{60}}$ = $\dfrac{(0.5)^2}{0.25 \times 0.75}$ = 1.33

12 퇴비화의 숙성인자 및 지표 3가지를 쓰시오.

풀이

숙성인자	지표
C/N비	10 이하
함수율(수분)	40% 이하
온도	40℃ 이하

13 퇴비화 설계운영 시 고려인자 3가지의 최적 조건을 쓰시오.

풀이

퇴비화 설계운영 시 최적조건(3가지만 기술)
① 수분함량(함수율) : 50~60% ② C/N비 : 25~50
③ 온도 : 55~60℃ ④ pH : 5.5~8.0

14 소각로에 사용되는 내화벽돌 종류 2가지를 쓰시오.

> **풀이**
>
> **내화벽돌(2가지만 기술)**
> ① 점토질 벽돌　　② 내열단열재 벽돌　　③ 고알루미나재 벽돌

15 연돌(Stack)의 형식 2가지를 쓰시오.

> **풀이**
>
> **연돌형식(2가지만 기술)**
> ① 원통형　　② 철탑형　　③ 다각형　　④ 철근·콘크리트형

16 혐기성 소화의 장점 4가지를 쓰시오.

> **풀이**
>
> **혐기성 소화의 장점(4가지만 기술)**
> ① 호기성 처리에 비해 슬러지 발생량이 적다.
> ② 동력시설의 소모가 적어 운전비용이 저렴하다.
> ③ 생성슬러지의 탈수 및 건조가 쉽다.(탈수성 양호)
> ④ 메탄가스를 회수하여 연료로 사용 가능하다.
> ⑤ 기생충란이나 전염병균이 사멸한다.
> ⑥ 고농도 폐수 및 분뇨를 낮은 비용으로 처리할 수 있다.

17 소화조에서 발생하는 H_2S 처리 시 반응식을 쓰시오.

> **풀이**
>
> **소화가스(H_2S)와 철(Fe)의 반응식**
> $Fe + H_2S \rightarrow FeS + H_2$
> 　　　　　(흑색 : 검은색)

18 보일러의 열효율 계산식을 쓰시오.

> **풀이**
>
> 보일러 열효율 = $\dfrac{\text{증기발생에 사용된 열량}}{\text{연료의 완전연소 시 발생하는 열량}}$

19 CH_4 $1Sm^3$을 공기과잉계수 1.6으로 완전연소시킬 경우 실제습윤연소가스량(Sm^3) 및 실제건조연소가스량(Sm^3)은?

> **풀이**
>
> 실제습윤연소가스량(G_w)
>
> $G_w = (m - 0.21)A_0 + \left(x + \dfrac{y}{2}\right)$
>
> $CH_4 + 2O_2 \rightarrow CO_2 + 2H_2O$
>
> $A_0 = \dfrac{1}{0.21}\left(x + \dfrac{y}{4}\right) = \dfrac{1}{0.21}\left(1 + \dfrac{4}{4}\right) = 9.52 Sm^3$
>
> $= [(1.6 - 0.21) \times 9.52] + \left(1 + \dfrac{4}{2}\right) = 16.23 Sm^3$
>
> 실제건조연소가스량(G_d)
>
> $G_d = (m - 0.21)A_0 + (x)$
>
> $A_0 = \dfrac{1}{0.21}\left(x + \dfrac{y}{4}\right) = \dfrac{1}{0.21}\left(1 + \dfrac{4}{4}\right) = 9.52 Sm^3$
>
> $= [(1.6 - 0.21) \times 9.52] + 1 = 14.23 Sm^3$

20 밀도가 $2.2g/cm^3$인 폐기물 20kg에 고형화재료 30kg을 첨가하여 고형화시킨 결과 밀도가 $3.0g/cm^3$로 증가하였다면 VCR은?

> **풀이**
>
> $VCR = \dfrac{Vs}{Vr} = \dfrac{Ms/\rho_s}{Mr/\rho_r}$
>
> $Vr(\text{고형화 처리 전 부피}) = \dfrac{20kg}{2.2g/cm^3 \times kg/1,000g} = 9,090.91 cm^3$
>
> $Vs(\text{고형화 처리 후 부피}) = \dfrac{(20+30)kg}{3.0g/cm^3 \times kg/1,000g} = 16,666.67 cm^3$
>
> $= \dfrac{16,666.67}{9,090.91} = 1.83$

2016년 4회 산업기사

01 프로판(C_3H_8) $1Sm^3$를 공기과잉계수 1.2로 연소 시 건조연소가스량(Sm^3)을 구하시오.

> **풀이**
>
> 건조연소가스량(G_d)
> $G_d(Sm^3) = G_{od} + (m-1)A_0$
> $C_3H_8 + 5O_2 \rightarrow 3CO_2 + 4H_2O$
> $G_{od} = (1-0.21)A_0 + CO_2$
> $A_0 = \dfrac{O_0}{0.21} = \dfrac{5}{0.21} = 23.81 m^3/m^3$
> $= [(1-0.21) \times 23.81] + 3 = 21.81 Sm^3/Sm^3 \times 1Sm^3$
> $= 21.81 m^3$
> $= 21.81 + [(1.2-1) \times 23.81] = 26.57 Sm^3$

02 유해폐기물이 1차 반응식에 따라 감소한다. 반감기가 100시간일 때 감소속도상수(hr^{-1})를 구하시오.

> **풀이**
>
> 1차 반응식
> $\ln \dfrac{C_t}{C_o} = -kt$
> $\ln 0.5 = -k \times 100 hr$
> $k(감소속도상수) = 0.00693 hr^{-1} (6.93 \times 10^{-3} hr^{-1})$

03 어느 지역의 조성식을 살펴보니 $C_{24}H_{88}O_{16}H_2S \cdot 190H_2O$이다. 이 쓰레기의 저위발열량(kcal/kg)을 Dulong 식으로 산정하여라.

> **풀이**
>
> $C_{24}H_{88}O_{16}H_2S \cdot 190H_2O$의 분자량
> $C_{24} + H_{90} + O_{16} + S + 190H_2O$
> $= (12 \times 24) + (1 \times 90) + (16 \times 16) + 32 + (190 \times 18) = 4,086$
>
> 각 원소 성분비 $C = \dfrac{12 \times 24}{4,086} = 0.0704 \times 100 = 7.04\%$
>
> $H = \dfrac{90}{4,086} = 0.02203 \times 100 = 2.203\%$
>
> $O = \dfrac{16 \times 16}{4,086} = 0.06265 \times 100 = 6.265\%$
>
> $S = \dfrac{32}{4,086} = 0.00783 \times 100 = 0.783\%$
>
> 수분 $= \dfrac{190 \times 18}{4,086} = 0.837 \times 100 = 83.7\%$
>
> $H_l(\text{kcal/kg}) = H_h - 600(9H + W)$
>
> $H_h = 8,100C + 34,000\left(H - \dfrac{O}{8}\right) + 2,500S$
>
> $= (8100 \times 0.0704) + \left[34,000 \times \left(0.02203 - \dfrac{0.06265}{8}\right)\right]$
> $+ (2,500 \times 0.00783) = 1,072.57 \text{kcal/kg}$
>
> $= 1,072.57 - 600 \times [(9 \times 0.02203) + 0.837] = 451.41 \text{kcal/kg}$

04 매립지의 시간경과에 따른 분해로 인한 가스의 구성성분변화를 간단히 설명하시오.

풀이

1. 1단계
   ① 호기성 단계[초기 조절단계]
   ② N_2, O_2는 급격히 감소, CO_2는 서서히 증가하는 단계

2. 2단계
   ① 혐기성 단계[혐기성 비메탄화단계 ; 전이단계]
   ② 임의성 미생물에 의하여 SO_4^{2-}의 NO_3^{-1}가 환원되는 단계이며, 이 반응에 의해 CO_2가 생성되는 단계

3. 3단계
   ① 혐기성 메탄 생성 축적단계[산형성 단계]
   ② $CO_2 \cdot H_2$의 발생비율은 감소하고, CH_4 함량이 증가하기 시작하는 단계

4. 4단계
   ① 혐기성 메탄 생성 정상상태 단계[메탄발효단계]
   ② $CH_4 \cdot CO_2$의 구성비가 거의 일정한 정상상태 단계
   ③ 가스조성
      ㉠ CH_4 : 55% ㉡ CO_2 : 40% ㉢ N_2 : 5%

05 합성차수막 종류 5가지를 기술하시오.

풀이

합성차수막의 종류(5가지만 기술)
① HDPE   ② LDPE   ③ CSPE
④ CPE   ⑤ PVC   ⑥ EPDM
⑦ IIR   ⑧ CR

06 밀도가 300kg/m³인 쓰레기 1ton을 밀도 800kg/m³로 압축시킬 경우 부피감소율(%)은?

> **풀이**
>
> 부피감소율(VR)
>
> $$VR(\%) = \left(1 - \frac{V_f}{V_i}\right) \times 100$$
>
> $$V_i = \frac{1{,}000\text{kg}}{300\text{kg/m}^3} = 3.33\text{m}^3$$
>
> $$V_f = \frac{1{,}000\text{kg}}{800\text{kg/m}^3} = 1.25\text{m}^3$$
>
> $$= \left(1 - \frac{1.25}{3.33}\right) \times 100 = 62.46\%$$

07 매립지 침출수 발생량에 영향을 주는 인자를 나열하시오.

> **풀이**
>
> **침출수 발생량 영향인자**
> ① 폐기물의 분해 정도
> ② 강우량 및 증발량
> ③ 지하수위 및 지하수량
> ④ 표면 유출량 및 침투수량

08 해안매립공법의 종류 3가지를 기술하시오.

> **풀이**
>
> **해안매립공법**
> ① 순차투입공법
>   호안 측으로부터 순차적으로 쓰레기를 투입하여 육지화하는 방법이다.
>
> ② 박층뿌림공법
>   개량된 지반이 붕괴될 위험성이 있는 경우에 밑면이 뚫린 바지선에 폐기물을 적재하여 쓰레기를 박층으로 떨어뜨려 뿌려줌으로써 바닥지반의 하중을 균등하게 해주는 방법이다.
>
> ③ 수중투기공법(내수배제공법)
>   외주 호 안이나 중간제방 등에 고립된 매립지대의 해수를 그대로 놓은 채 쓰레기를 투기하거나 매립 전에 내수를 일부 배제한 후 쓰레기를 투기하는 방법이다.

09 열분해 공정이 소각법에 비하여 갖는 장점 3가지를 기술하시오.

> **풀이**
>
> **열분해 공정의 장점**
> ① 소각법에 비해 배기가스량이 적게 배출된다.
> ② 소각법에 비해 황 및 중금속이 회분(Ash) 속에 고정되는 비율이 크다.
> ③ 소각법에 비해 환원기가 유지되므로 3가 크롬(Cr^{+3})이 6가 크롬(Cr^{+6})으로 변화하기 어려우며, 대기오염물질의 발생이 적다.

10 저위발열량이 10,000kcal/kg인 중유의 이론공기량(Sm^3/kg)은?(단, Rosin식 이용)

> **풀이**
>
> 이론공기량(A_0) : Rosin식
>
> $A_0(Sm^3/kg) = 0.85 \times \dfrac{H_l}{1,000} + 2 = \left(0.85 \times \dfrac{10,000}{1,000}\right) + 2 = 10.5 Sm^3/kg$

11 폐기물발생량 2,000,000ton/year, 수거율 95%, 수거인부 1일에 1,000명씩 2교대, 1명당 1일 수거시간 8hr일 경우 MHT는?

> **풀이**
>
> $MHT = \dfrac{수거인부 \times 수거인부\ 총수거시간}{총발생량}$
>
> $= \dfrac{1,000인 \times (8hr/day \times 365day/year) \times 2}{2,000,000ton/year \times 0.95}$
>
> $= 3.07 MHT(man \cdot hr/ton)$

12 다음 조건에서 총입열량과 이론배기가스온도(총입열=출열을 이용)를 구하시오.

- 저위발열량 : 5,000kcal/kg
- 이론공기량 : 5.5m³/kg
- 공기비 : 2
- 이론습가스량 : 13.2m³/kg
- 폐기물과 공기공급온도 : 20℃
- 폐기물 및 공기공급비열은 각각 0.4(kcal/kg · ℃), 0.31(kcal/m³ · ℃)
- 연소가스의 정압비열 : 0.33(kcal/m³ · ℃)
- 소각재의 열손실은 저위발열량의 10%
- 소각로 열손실은 소각로 총입열의 5%

풀이

- **총입열량(Q_i)**

  Q_i = 폐기물 현열 + 폐기물 연소열량 + 공급공기 반입열량

  폐기물 현열 = 폐기물 비열 × 온도 = 0.4kcal/kg · ℃ × 20℃ = 8kcal/kg
  폐기물 연소열량 = 5,000kcal/kg(저위발열량)
  공급공기 반입열량 = 공기공급비열 × 실제공기량 × 공기공급온도
  　　　　　　　　= 0.31kcal/m³ · ℃ × (5.5×2) × 20℃ = 68.2kcal/kg

  = 8 + 5,000 + 68.2 = 5,076.2kcal/kg

- **배기가스온도(℃)**

  총입열량 = 총출열량이므로
  총출열량 = 연소가스 유출열량 × 회분 유출열량 × 소각로 열손실
  　　　연소가스 유출열량 = 연소가스량 × 연소가스 정압비열 × 연소온도
  　　　　　　　　= [13.2 + (2−1)×5.5]m³/kg × 0.33kcal/m³ · ℃
  　　　　　　　　　× t℃ = 6.171t

  　　　회분 유출열량 = $H_l × \dfrac{10}{100}$ = 5,000kcal/kg × 0.1 = 500kcal/kg

  　　　소각로 열손실 = 총입열량 × $\dfrac{5}{100}$ = 5,076.2kcal/kg × 0.05
  　　　　　　　　　　= 253.81kcal/kg

  5,076.2kcal/kg = (6.171t + 500 + 253.81)kcal/kg
  6.171t = 4,322.39
  t = 700.44℃

13 소각로 설계 시 연소실의 입열 및 출열의 종류를 3가지씩 쓰시오.

> **풀이**
>
> (1) 입열(3가지만 기술)
>   ① 폐기물 자체열(보유열)
>   ② 보조연료의 유입열량
>   ③ 폐기물 연소열
>   ④ 연소용으로 공급되는 예열 공기열(공기헌열)
>   ⑤ 냉각용 공기의 유입열량
>
> (2) 출열(3가지만 기술)
>   ① 배기가스 배출열   ② 연소로의 방열
>   ③ 불오나전연소에 의한 손실열   ④ 회분(재)의 유출열

14 고형화 처리 후 적정 처리 여부를 시험 · 조사해야 하는 항목 4가지를 쓰시오.

> **풀이**
>
> **고형화 처리 후 적정 처리 여부 시험 · 조사 항목**
>   ① 압축강도시험   ② 투수율 시험
>   ③ 내수성 시험   ④ 밀도 측정
>   ⑤ 용출 시험

15 열분해(Pyrolysis)의 정의를 쓰시오.

> **풀이**
>
> 열분해란 공기가 부족한 상태(무산소 혹은 저산소 분위기)에서 가연성 폐기물을 연소시켜(간접가열에 의해) 유기물질로부터 가스, 액체 및 고체상태의 연료를 생산하는 공정을 의미하며 흡열반응을 한다.

16 쓰레기와 슬러지를 혼합한 퇴비화의 장점 4가지를 기술하시오.

> **풀이**
>
> **슬러지 · 쓰레기 혼합 퇴비화의 장점**
> ① 슬러지 내의 수분을 폐기물에 흡수시켜 수분의 함량을 조절할 수 있는 팽화제 역할을 한다.
> ② C/N비 조절이 가능하다.
> ③ 부족한 영향분을 보충할 수 있다.
> ④ 부족한 미생물을 보충할 수 있다.

17 슬러지 중 비중 0.85인 유기성 고형물이 6%, 비중 1.95인 무기성 고형물의 함량이 35%일 때 이 슬러지 비중을 구하시오.

> **풀이**
>
> $$\frac{슬러지양}{슬러지\ 비중} = \frac{유기물}{유기물\ 비중} + \frac{무기물}{무기물\ 비중} + \frac{함수량}{함수\ 비중}$$
>
> $$\frac{100}{슬러지\ 비중} = \frac{6}{0.85} + \frac{35}{1.95} + \frac{(100-6-35)}{1.0}$$
>
> $$\frac{100}{슬러지\ 비중} = 84.0075$$
>
> 슬러지 비중 = 1.19

18 어떤 폐기물을 용출시험한 결과 카드뮴의 농도가 2.0mg/L이었다. 이 폐기물은 지정폐기물로 분류되는지를 판별하시오. (단, 이 폐기물의 수분함량은 90%이고, 지정폐기물의 카드뮴의 용출시험 기준은 0.3mg/L 이상)

> **풀이**
>
> (1) 수분보정값=함수율보정값×농도= $\frac{15}{100-90} \times 2.0 \text{mg/L} = 3\text{mg/L}$
>
> (2) 지정폐기물로 분류 유·무
>   지정폐기물에 함유된 유해물질의 기준 중 카드뮴의 기준값 0.3mg/L보다 큰 값을 가지므로 지정폐기물로 분류한다.

[참고] 지정폐기물에 함유된 유해물질의 기준

No	유해물질	기준(mg/L)
1	시안화합물	1
2	크롬	–
3	6가크롬	1.5
4	구리	3
5	카드뮴	0.3
6	납	3
7	비소	1.5
8	수은	0.005
9	유기인화합물	1
10	폴리클로리네이티드 비페닐(PCBs)	액체상태의 것 : 2 액체상태 이외의 것 : 0.003
11	테트라클로로에틸렌	0.1
12	트리클로로에틸렌	0.3
13	할로겐화유기물질	5%
14	기름성분	5%

19 퇴비화 설계운영 고려인자 중 C/N비가 80 이상, 20 이하인 경우의 영향을 쓰시오.

풀이

(1) C/N비가 80 이상인 경우
유기산 등이 퇴비의 pH를 낮추고 미생물의 성장과 활동도 억제되며, 질소 부족으로 퇴비화가 잘 형성되지 않아 퇴비화의 소요기간이 길어진다.

(2) C/N비가 20 이하인 경우
질소가 암모니아로 변하여 1개를 증가시키고, 이로 인해 암모니아 가스가 발생하여 퇴비화 과정 중 악취가 발생한다.

20 섭씨온도 25℃를 화씨온도로 나타내시오.

풀이

$$\text{화씨온도}(°F) = \left(\frac{9}{5} \times ℃\right) + 32 = \left(\frac{9}{5} \times 25℃\right) + 32 = 77°F$$

2017년 1회 기사

01 다음 도시폐기물의 성상이 다음과 같을 때 고위발열량(kcal/kg)과 저위발열량(kcal/kg)을 구하시오.

C	H	O	S	Cl	수분	회분
11%	8%	8%	0.1%	0.1%	65%	7.8%

풀이

고위발열량(H_h)

$$H_h(\text{kcal/kg}) = 8,100\text{C} + 34,000\left(\text{H} - \frac{\text{O}}{8}\right) + 2,500\text{S}$$

$$= (8,100 \times 0.11) + \left[34,000 \times \left(0.08 - \frac{0.08}{8}\right)\right] + (2,500 \times 0.001)$$

$$= 3,273.5 \text{kcal/kg}$$

저위발열량(H_l)

$$H_l = H_h - 600(9\text{H} + \text{W})$$

$$= 3,273.5 - 600 \times [(9 \times 0.08) + 0.65] = 2,451.5 \text{kcal/kg}$$

02 퇴비화 설계운영 고려인자 중 C/N비가 80 이상, 20 이하인 경우의 영향을 쓰시오.

풀이

(1) C/N비가 80 이상인 경우
    유기산 등이 퇴비의 pH를 낮추고 미생물의 성장과 활동도 억제하며, 질소 부족으로 퇴비화가 잘 형성되지 않아 퇴비화의 소요기간이 길어진다.
(2) C/N비가 20 이하인 경우
    질소가 암모니아로 변하여 pH를 증가시키고, 이로 인해 암모니아 가스가 생성되어 퇴비화 과정 중 악취가 발생한다.

03 입경 20cm의 폐기물을 2cm로 파쇄할 때 사용되는 에너지는 입경 10cm를 2cm로 파쇄할 때 소요되는 에너지의 몇 배인가?(단, Kick 법칙 이용, $n=1$)

> **풀이**
>
> $$E = c\ln\left(\frac{L_2}{L_1}\right)$$
>
> $$E_1 = c\ln\left(\frac{20}{2}\right) = c\ln 10, \quad E_2 = c\ln\left(\frac{10}{2}\right) = c\ln 5$$
>
> 동력비 $= \dfrac{E_1}{E_2} = \dfrac{\ln 10}{\ln 5} = 1.43$ 배

04 매립을 매립방법에 따라 단순매립, 위생매립, 안전매립으로 구분하여 간단히 설명하시오.

> **풀이**
> ① 단순매립
>   비위생적 매립형태이며 차수막, 복토, 집배수를 고려하지 않는 매립방법
> ② 위생매립
>   일반폐기물 처분에 가장 경제적이고 많이 사용하며 차수막, 복토, 집배수를 고려한 매립방법
> ③ 안전매립
>   유해폐기물의 최종처분방법으로 유해폐기물을 자연계와 완전 차단하는 매립방법

05 매립지의 사후관리항목 4가지를 쓰시오.

> **풀이**
>
> **매립지의 사후관리항목(4가지만 기술)**
> ① 우수배제시설   ② 침출수 처리시설
> ③ 지하수 수질조사   ④ 발생가스 조성조사 및 처리시설
> ⑤ 구조물 및 지반의 안정도 ⑥ 지표수 수질조사
> ⑦ 토양조사

06 고형물 농도 40kg/m³인 슬러지를 하루에 500m³ 탈수시키고자 한다. 소석회를 슬러지 고형물당 30% 첨가할 때(이때 첨가된 소석회의 50%가 고형물이 되는 것임) 겉보기여과속도가 20kg/m² · hr라 할 때 함수율 78%의 탈수케이크를 얻었다. 여과지 면적(m²)과 탈수케이크 양(ton/day)을 구하시오.(단, 탈수기 운전시간 1일 8시간, 비중은 1.0 기준)

> **풀이**
>
> 여과지 면적(m²) = $\dfrac{\text{총고형물량}}{\text{여과속도}}$
>
> = $\dfrac{\text{슬러지중 고형물량} + \text{소석회로 인한 발생고형물}}{\text{여과속도}}$
>
> = $\dfrac{500\text{m}^3/\text{day} \times 40\text{kg/m}^3 \times [1+(0.3 \times 0.5)]}{20\text{kg/m}^2 \cdot \text{hr} \times 8\text{hr/day}}$ = 143.75m²
>
> 탈수케이크 양(ton/day) = 500m³/day × 40kg/m³ × [1+(0.3×0.5)]
>   × ton/1,000kg × $\left(\dfrac{100}{100-78}\right)$
>   = 104.55ton/day

07 LCA(Life Cycle Assessment)의 구성요소 4가지를 기술하시오.

> **풀이**
>
> **LCA 4단계**
> ① 1단계 : 목적 및 범위 설정(Goal Definition Scoping)
> ② 2단계 : 목록 분석(Inventory Analysis)
> ③ 3단계 : 영향 평가(Impact Analysis)
> ④ 4단계 : 개선 평가 및 해석(Improvement Assessment)

08 소각로의 배기가스 배출량이 20,000kg/hr이며, 체류시간은 3sec, 소각로 내 가스온도는 1,000℃이다. 소각로의 체적(m³)은?(단, 표준온도에서 배기가스의 밀도는 1.292kg/Sm³)

> **풀이**
>
> 소각로 용적(m³) = 배기가스 배출량 × 체류시간
>   = $\left(\dfrac{20,000\text{kg/hr} \times \text{hr}/3,600\text{sec}}{1.292\text{kg/Sm}^3}\right) \times 3\text{sec} \times \dfrac{273+1,000}{273}$
>   = 60.15m³

09 소각로에서 다이옥신 발생원인 3가지를 쓰시오.

풀이

소각로의 다이옥신류 배출경로
① 폐기물 중에 존재하는 다이옥신류(PCDD/PCDF)가 분해되지 않고 배출(PCB의 불완전연소에 의해 발생)
② PCDD/PCDF의 전구물질이 전환되어 배출
③ 소각과정에서 유기물에 염소공여체가 반응하여 생성 배출
④ 저온에서 촉매화반응에 의해 분진과 결합하여 배출

10 강열감량의 정의를 쓰시오.

풀이

강열감량은 소각재 잔사 중 미연분(가연분)의 함량을 중량백분율로 표시한 값으로 소각로의 연소효율을 판정하는 지표 및 설계인자로 사용된다.

11 열분해장치의 종류 3가지를 쓰시오.

풀이

① 고정상 열분해장치   ② 유동상 열분해장치   ③ 부유상 열분해장치

12 혐기성 소화의 장단점 3가지씩 쓰시오.

풀이

(1) 장점
  ① 호기성 처리에 비해 슬러지 발생량이 적다.
  ② 동력시설의 소모가 적어 운전비용이 저렴하다.
  ③ 생성슬러지의 탈수 및 건조가 쉽다.
(2) 단점
  ① 호기성 소화공법보다 운전이 용이하지 않다.
  ② 악취가 발생한다.
  ③ 높은 온도가 요구되며 미생물 성장속도가 느리다.

13 와전류선별기 사용 시 구리와 같은 그룹에 포함되어 선별되는 것을 다음에서 찾아 쓰시오.

> 유리, 구리, 알루미늄, 도자기, 돌, 아연, 나무, 납, 종이, 니켈, 철

풀이
구리, 알루미늄, 아연, 납, 니켈
※ 비철금속이 와전류선별에 해당한다.

14 매립지 침출수 발생량에 영향을 미치는 인자 6가지를 쓰시오.

풀이
① 폐기물의 분해 정도   ② 강우량   ③ 증발량
④ 지하수위   ⑤ 지하수량   ⑥ 표면유출량 및 침투수량

15 인구 20만 명인 매립지의 면적(m^2)을 구하시오. (쓰레기 발생량 1.2kg/인·일, 매립지 연한 20년, 폐기물 밀도 350kg/m^3, 매립높이 5m)

풀이
$$\text{매립면적}(m^2) = \frac{\text{매립폐기물의 양}}{(\text{폐기물밀도} \times \text{매립높이})}$$
$$= \frac{1.2\text{kg/인·일} \times 200,000\text{인} \times 365\text{일/year} \times 20\text{year}}{350\text{kg/}m^3 \times 5m}$$
$$= 1,001,142.86 m^2$$

16 트롬멜스크린의 선별효율에 영향을 주는 인자 5가지를 쓰시오.

풀이
① 체눈의 크기(입경)   ② 원통의 직경   ③ 경사도
④ 원통의 길이   ⑤ 회전속도

17 소각 잔재물 2가지를 쓰고, 그 물질의 생성을 억제하는 이유를 쓰시오.

> **풀이**
> (1) 소각 잔재물
>   ① 바닥재(Bottom Ash)   ② 비산재(Fly Ash)
> (2) 생성 억제 이유
>   Cd이나 Zn과 같은 중금속의 끓는점은 소각로 운전온도보다 낮으므로 휘발하여 비산재에 농축되기 때문에 생성을 억제한다.

18 1,000kg의 폐기물을 호기성 퇴비화 시 필요한 산소량(kg)을 구하시오.(단, 폐기물의 분자식은 $[C_6H_7O_2(OH)_3]_5$이고, 최종 퇴비의 화학식은 $[C_6H_7O_2(OH)_3]_2$이며, 무게는 400kg이다.)

> **풀이**
> **호기성 완전분해 반응식**
> $[C_6H_7O_2(OH)_3]_5 \Rightarrow C_{30}H_{50}O_{25}$
> $C_{30}H_{50}O_{25} + \left[\dfrac{(4 \times 30) + 50 - (2 \times 25)}{4}\right] O_2 \rightarrow 18CO_2 + 15H_2O + [C_6H_7O_2(OH)_3]_2$
>
> 810kg : 30×32kg
> 1,000kg : O_2(kg)
>
> $O_2(kg) = \dfrac{1,000kg \times (30 \times 32)kg}{810kg} = 1,185.69kg$

SECTION 027 2017년 1회 산업기사

01 매립지에서 유기물의 완전분해식이 $C_{68}H_{111}O_{50}N + aH_2O \rightarrow bCH_4 + 33CO_2 + NH_3$ 로 가정할 때 유기물 1ton을 완전분해 시 소모되는 H_2O의 양(kg)과 CH_4의 생성량 (kg)을 구하시오.

풀이

혐기성 완전분해 반응식

$C_{68}H_{111}O_{50}N + 16H_2O \rightarrow 35CH_4 + 33CO_2 + NH_3$

$$H_2O \rightarrow \left[\frac{(4\times 68)-(111)-(2\times 50)+(3\times 1)}{4}\right] = 16$$

1,741kg : 16×18kg
1,000kg : H_2O(kg)

$$H_2O\,(kg) = \frac{1,000kg \times (16\times 18)kg}{1,741kg} = 165.42kg$$

$$CH_4 \rightarrow \left[\frac{(4\times 68)+111-(2\times 50)-(3\times 1)}{8}\right] = 35$$

1,741kg : 35×16kg
1,000kg : CH_4(kg)

$$CH_{42}\,(kg) = \frac{1,000kg \times (35\times 16)kg}{1,741kg} = 321.65kg$$

02 1시간에 1ton을 소각하려고 한다. 열이용효율이 20%라고 하면 생산된 전력(kW) 은?(단, 1kJ=0.278Wh, 발열량은 10^4kJ/kg)

풀이

생산전력(kW) = 1,000kg/hr × 10^4kJ/kg × 0.278Wh/kJ × 0.2
= 556,000W × kW/1,000W = 556kW

03 LCA(Life Cycle Assessment)의 정의 및 평가단계 4단계를 쓰시오.

> 풀이
>
> 1. 정의
>   사용한 자원 및 에너지, 환경으로 배출되는 환경오염물질을 규명하고 정량화함으로써 한 제품이나 공정에 관련된 환경부담을 평가하여 그 에너지와 자원, 환경부하 영향을 평가하여 환경을 개선시킬 수 있는 기회를 규명하는 과정을 전과정평가(LCA)라 한다.
> 2. 4단계
>   ① 1단계 : 목적 및 범위의 설정(Goal Definition Scoping)
>   ② 2단계 : 목록 분석(Inventory Analysis)
>   ③ 3단계 : 영향 평가(Impact Analysis or Assessment)
>   ④ 4단계 : 개선 평가 및 해석(Improvement Assessment)

04 다이옥신류의 독성등가환산계수(TEF)에 대하여 간단히 설명하시오.

> 풀이
>
> **독성등가환산계수(TEF ; Toxicity Equivalent Factor)**
> 다이옥신은 염소의 부착 위치 및 치환수에 따라 독성의 강도가 다르다. 이성체 중에서 가장 독성이 강한 2, 3, 7, 8−TCDD의 독성을 기준값 1로 하여 각 이성체의 상대적인 독성값을 나타낸 계수를 독성등가환산계수라 한다.

05 매립지 선정 시 고려사항 4가지를 쓰시오.

> 풀이
>
> **매립지 선정 시 고려사항(4가지만 기술)**
> ① 계획 매립용량 확보가 가능할 것
> ② 복토의 확보가 용이할 것
> ③ 자연재해(지진, 단층지대 등) 등에 대한 안전성
> ④ 기상요소(풍향, 기상변화, 강우량)
> ⑤ 사후매립지 이용계획(지지력 등 장래이용성)
> ⑥ 침출수와 공공수역의 오염관계(수원지와 위치조사)

06 적환장의 위치 선정 시 고려해야 할 사항 3가지를 기술하시오.

> **풀이**
>
> **적환장 위치 선정 시 고려사항**
> ① 수거하고자 하는 개별적 고형폐기물 발생지역의 하중중심(무게중심)과 되도록 가까운 곳
> ② 쉽게 간선도로에 연결되며, 2차 보조수송수단의 연결이 쉬운 곳
> ③ 건설비와 운영비가 적게 들고 경제적인 곳
>
> [참고] ①~③항 이외에
> ④ 주민의 반대가 적고 주변환경에 대한 영향이 최소인 곳

07 중량비가 탄소 81%, 수소 16%, 황 3%의 중유 1kg을 연소시키는 데 필요한 이론공기량(Sm^3)은?

> **풀이**
>
> 이론산소량(O_0)
> $$O_0(Sm^3/kg) = 1.867C + 5.6\left(H - \frac{O}{8}\right) + 0.7S$$
> $$= (1.867 \times 0.81) + (5.6 \times 0.16) + (0.7 \times 0.03) = 2.43 Sm^3/kg$$
>
> 이론공기량(A_0)
> $$A_0(Sm^3/kg) = O_0 \times \frac{1}{0.21} = 2.43 Sm^3/kg \times \frac{1}{0.21}$$
> $$= 11.57 Sm^3/kg \times 1kg = 11.57 Sm^3$$

08 어느 매립지에서 침출수 농도가 반으로 감소하는 데 3.5year 소요되었다면 침출수의 농도가 90% 분해되는 데 소요되는 기간(year)을 계산하시오.

> **풀이**
>
> $\ln \dfrac{C_t}{C_o} = -kt$
>
> $\ln 0.5 = -k \times 3.5$
>
> $k = 0.198 year^{-1}$
>
> 90% 분해 소요시간(반응 후 농도 10% 의미)
>
> $\ln \dfrac{10}{100} = -0.198 year^{-1} \times t$
>
> $t = 11.63 year$

09 매립지에서의 덮개설비는 침출수 발생 억제에 중요한 역할을 한다. 덮개설비의 역할 4가지를 기술하시오.

> **풀이**
>
> **덮개설비(복토)의 주요 기능**
> ① 쓰레기의 비산방지　　② 악취 및 유독가스의 확산방지
> ③ 병원균 매개체의 서식방지　　④ 화재 발생방지
>
> [참고] ①~④항 이외에
> ⑤ 강우에 의한 우수의 이동 및 침투방지로 침출수량 최소화
> ⑥ 매립지의 압축효과에 의한 부등침하의 최소화

10 고형물 중 유기물질 함량이 70%이고 함수율이 97%인 잉여슬러지를 하루에 1,000ton 씩 혐기성 소화 시 유기물의 70%가 스스로 손실되고 함수율이 92%인 소화슬러지를 얻었다. 이때 하루에 발생되는 소화슬러지의 양(ton)은?

> **풀이**
>
> 소화 후 슬러지량(ton/day) = $(FS + VS') \times \dfrac{100}{100 - 함수율}$
>
> FS(무기물) = 1,000ton/day
> $\qquad\qquad \times (1-0.97) \times (1-0.7) = 9$ton/day
> VS'(잔류유기물) = 1,000ton/day
> $\qquad\qquad \times (1-0.97) \times 0.7$
> $\qquad\qquad \times (1-0.7) = 6.3$ton/day
>
> $= (9 + 6.3)$ton/day $\times \dfrac{100}{100-92} = 191.25$ton/day

11 폐기물 중 철분, 구리, 플라스틱(유리병)의 3종류를 각각 분리할 경우 가장 적절한 선별방법에 대하여 설명하시오.

> **풀이**
>
> **와전류 선별법**
> 연속적으로 변화하는 자장 속에 비극성(비자성)이고, 전기전도도가 우수한 물질(구리, 알루미늄, 아연 등)을 넣으면 금속 내에 소용돌이 전류가 발생하는 와전류 현상에 의하여 반발력이 생기는데, 이 반발력의 차를 이용하여 다른 물질로부터 분리하는 방법이다.

12 쓰레기 발열량 측정방법 4가지를 쓰시오.

> 풀이
> ① 원소분석에 의한 방법(Dulong법)
> ② 삼성분에 의한 방법
> ③ 물리적 조성에 의한 방법
> ④ 단열열량계에 의한 직접 측정방법

13 소각로 화격자의 구조적 구비조건 3가지를 쓰시오.

> 풀이
> ① 이송 및 교반이 용이하며 건조, 연소, 후연소 공정에서 효율적인 기능이 발휘되어야 한다.
> ② 장기간 운전이 가능하도록 내열성, 내부식성, 내마모성 등의 강도를 갖추어야 한다.
> ③ 연소공기가 공급되도록 적절한 구조를 갖추어야 하며, 연소공기가 적절히 배분되도록 해야 한다.

14 Stoker식 화격자 연소방식의 종류 4가지를 쓰시오.

> 풀이
> ① 반전식 ② 계단식(병렬계단식)
> ③ 회전롤러식 ④ 역동식

15 폐기물 파쇄를 통한 세립화 및 균일화의 장점 3가지를 쓰시오.

> 풀이
> ① 조대폐기물에 대한 소각로의 손상이 방지된다.
> ② 폐기물의 건조성 및 연소성이 향상된다.
> ③ 용량 감소로 인한 운반비가 절감된다.

16 인구 3만 명인 도시에서 1인 1일 쓰레기 배출량이 1.2kg이고 밀도가 0.8ton/m³인 쓰레기를 매립용량이 100,000m³에 매립처분하고자 할 때 매립지 사용연한(year)을 구하시오.

> **풀이**
>
> 매립기간(year) = $\dfrac{\text{매립용적}}{\text{쓰레기발생량}}$
>
> $= \dfrac{100{,}000\text{m}^3 \times 800\text{kg/m}^3}{1.2\text{kg/인·일} \times 365\text{일/year} \times 30{,}000\text{인}} = 6.09\text{year}$

17 어느 도시폐기물 중 비가연성분이 60%(W/W%)이다. 밀도가 500kg/m³인 폐기물 10m³ 중 가연성 물질의 양(ton)을 구하시오.

> **풀이**
>
> 가연성 물질의 양(ton) = 폐기물양 × 가연성 물질의 함유비율
>
> $= (\text{밀도} \times \text{부피}) \times \left(\dfrac{100 - \text{비가연성 성분}}{100}\right)$
>
> $= 500\text{kg/m}^3 \times 10\text{m}^3 \times \text{ton}/1{,}000\text{kg} \times \left(\dfrac{100-60}{100}\right)$
>
> $= 2\text{ton}$

18 매립지 지반 침하원인 3가지를 쓰시오.

> **풀이**
> ① 초기다짐(다짐이 불완전한 경우)
> ② 유기물 분해와 압밀의 효과
> ③ 폐기물 특성(파쇄 미실시 등)

2017년 2회 기사

01 유해폐기물의 국가 간 이동 및 처리에 관한 국제협약의 명칭을 쓰시오.

> **풀이**
> 바젤(Basell)협약

02 퇴비화 설계·운영을 위한 대표적 고려인자 4가지를 쓰고 각 인자의 적정 운전범위를 쓰시오.

> **풀이**
> **퇴비화 설계·운영을 위한 대표적 고려인자 및 적정 운전 범위**
> ① 수분함량 : 50~60% ② C/N비 : 25~50
> ③ 온도 : 55~60℃ ④ pH : 5.5~8.0

03 쓰레기와 슬러지의 함수율이 각각 50%와 70%라고 한다면 쓰레기와 슬러지를 중량비 4 : 1 비율로 혼합 시 함수율(%)은?

> **풀이**
> 함수율(%) = $\dfrac{(4 \times 0.5) + (1 \times 0.7)}{(4+1)} \times 100 = 54\%$

04 고형화 처리목적 및 종류를 각각 4가지씩 쓰시오.

> **풀이**
> (1) 목적
>   ① 유해폐기물의 불활성화(독성 저하 및 폐기물 내의 오염물질 이동성 감소)
>   ② 용출 억제(물리적으로 안정한 물질로 변화)
>   ③ 토양개량 및 매립 시 충분한 강도 확보
>   ④ 취급 용이 및 재활용(건설자재) 가능
> (2) 종류
>   ① 시멘트기초법 ② 석회기초법
>   ③ 자가시멘트법 ④ 열가소성 플라스틱법

05
다음과 같은 조건으로 선별효율을 Worrell 식과 Rietema 식을 적용하여 구하시오.

[조건]
선별장치의 투입량이 2.0ton/hr이고, 회수량이 800kg/hr이며, 회수량의 600kg/hr가 회수대상 물질이다.
거부량 또는 제거량이 1,200kg/hr이고, 이 중 회수대상 물질은 100kg/hr이었다.
(1) Worrell 식의 선별효율(%)
(2) Rietema 식의 선별효율(%)

풀이

x_1 600kg/hr → y_1 200kg/hr
x_2 100kg/hr → y_2 (2,000 − 800 − 100) = 1,100kg/hr
$x_0 = x_1 + x_2 = 700$ kg/hr
$y_0 = y_1 + y_2 = 1,300$ kg/hr

(1) Worrell 식 선별효율(E)

$$E(\%) = \left[\left(\frac{x_1}{x_0}\right) \times \left(\frac{y_2}{y_0}\right)\right] \times 100 = \left[\left(\frac{600}{700}\right) \times \left(\frac{1,100}{1,300}\right)\right] \times 100 = 72.53\%$$

(2) Rietema 식 선별효율(E)

$$E(\%) = \left[\left|\left(\frac{x_1}{x_0}\right) - \left(\frac{y_1}{y_0}\right)\right|\right] \times 100 = \left[\left|\left(\frac{600}{700}\right) - \left(\frac{200}{1,300}\right)\right|\right] \times 100 = 70.33\%$$

06
다음 조건의 매립장에서 예상되는 연간 침출수 발생량(m^3/year)은?

- 매립지 면적 : 100ha
- 연평균 강우량 : 1,200mm
- 유출률 : 0.15
- 복토 경사도 : 7% 경사
- 토양의 수분저장량 : 180mm
- 증산량 : 700mm

> **풀이**
>
> 침출수량(mm/year)=강우량(P)−[유출량(R)+증발산량(ET)]−토양의 수분보유량(F)
> 유출량=강우량×유출률
>   =1,200(mm/year)×0.15
>   =180mm/year
>   =1.2m−(0.18m+0.7m)+0.18m=0.5m/year
>
> 침출수 발생량(m^3/year)=침출수량(m/year)×매립지면적(m^2)
>   =0.5m/year×100ha×$(100m)^2$/ha=500,000m^3/year

07 매립지에서 환경오염을 최소화하기 위한 주요 시설물 6가지를 쓰시오.

> **풀이**
>
> 매립지에서 환경오염을 최소화하기 위한 주요 시설물
> ① 저류구조물　　② 차수시설　　③ 우수배제시설
> ④ 침출수 집배수시설　　⑤ 덮개 설비　　⑥ 발생가스 대책시설

08 C, H, S의 중량(%)이 각각 85%, 13%, 2%인 중유를 공기과잉계수 1.2로 연소시킬 때 건조배기 중 이산화황의 부피분율(%)은?(단, 황성분은 전량 이산화황으로 전환된다고 가정함)

> **풀이**
>
> $$SO_2(\%) = \frac{SO_2}{G_d} \times 100 = \frac{0.7S}{G_d} \times 100$$
>
> $$G_d = mA_0 - 5.6H$$
>
> $$A_0 = \frac{1}{0.21} \times O_0$$
>
> $$= \frac{1}{0.21} \times [(1.867 \times 0.85) + (5.6 \times 0.13) + (0.7 \times 0.02)]$$
>
> $$= 11.09 m^3$$
>
> $$= (1.2 \times 11.09) - (5.6 \times 0.13) = 12.58 m^3$$
>
> $$= \frac{(0.7 \times 0.02)}{12.58} \times 100 = 0.11(\%)$$

09 질소산화물(NO_x)의 연소조절에 의한 저감방법 4가지를 쓰시오.

> **풀이**
>
> **연소조절에 의한 저감방법(4가지만 기술)**
> ① 저산소 연소(저과잉공기 연소) ② 저온도 연소(연료용 예열공기의 온도 조절)
> ③ 연소부분의 냉각 ④ 배기가스의 재순환
> ⑤ 2단 연소(2단계 연소법) ⑥ 버너 및 연소실의 구조 개선
> ⑦ 수증기 물분사 방법

10 플라스틱의 재활용방법 4가지를 쓰시오.

> **풀이**
>
> **플라스틱 재활용방법**
> ① 용융재생법 ② 파쇄재생법
> ③ 고체연료화법 ④ 분해이용법(열분해, 소각법)

11 용출시험의 목적 2가지를 쓰시오.

> **풀이**
>
> **용출시험 목적(2가지만 기술)**
> ① 고상 또는 반고상 폐기물에 대하여 폐기물관리법에서 규정하고 있는 지정폐기물의 판정
> ② 지정폐기물의 중간처리방법을 결정하기 위한 실험
> ③ 매립방법을 결정하기 위한 실험

12 폐열보일러의 유지관리방법 4가지를 쓰고 간단히 설명하시오.

> **풀이**
> ① 고온부식 대책 : 보일러 관벽온도가 350℃를 초과하지 않도록 운전한다.
> ② 저온부식 대책 : 보일러 관벽온도를 항상 150℃ 이상으로 유지·운전한다.
> ③ 파쇄 및 마모대책 : 가스유속을 10m/sec 이하로 유지하며 청소를 자주한다.
> ④ 부하변동대책 : 2 또는 3연속식 수위제어방식을 채택하고 과부하에 견딜 수 있는 안전밸브를 부착한다.

13 매립지 저류구조물의 기능 3가지를 쓰시오.

> **풀이**
> ① 폐기물 및 침출수의 유출 및 누출방지
> ② 매립폐기물량 저류
> ③ 매립 후 폐기물의 안전한 저류

14 인구 10만 명인 어느 도시의 폐기물 배출량이 1.2kg/인·일이다. 매립 전 압축하여 부피감소율이 40%였다면 연간 매립감소용량(m^3)을 구하시오.(단, 폐기물 밀도는 0.55ton/m^3)

> **풀이**
> 매립감소용량(m^3/year) = $\dfrac{폐기물 발생량}{폐기물 밀도}$
> = $\dfrac{1.2 kg/인·일 \times 100,000인 \times 365일/year}{550 kg/m^3}$
> = 79,636.36m^3/year × 0.4 = 31,854.55m^3/year

15 생활환경에 관계되는 피해를 일으킬 우려가 있는 폐산, 폐알칼리, 타르피치, 폐수처리오니, 동물성 잔재물 등의 폐기물을 매립하는 방법을 쓰시오.

> **풀이**
> 관리형 매립방법

16 혐기성 소화로에 유입수 BOD는 20,000mg/L이고 유출수는 10,000mg/L이며 처리유량은 $1m^3$/day이다. 하루 발생 CH_4 가스량(L/day)을 구하시오. (단, $0.35m^3CH_4$/제거BOD-kg)

> **풀이**
>
> CH_4 발생량(L/day) $= 1m^3$/day $\times (20,000-10,000)$mg/L
> $\qquad \times 1,000$L/$m^3 \times$ kg/10^6mg $\times 0.35m^3CH_4$/제거BOD-kg
> $= 3.5m^3$/day $\times 1,000$L/$m^3 = 3,500$L/day

17 초기 수분이 60%인 1ton의 폐기물을 수분함량 50%로 건조할 때 증발된 수분량(kg)은?

> **풀이**
>
> $1,000$kg $\times (100-60) =$ 처리 후 폐기물량 $\times (100-50)$
>
> 처리 후 폐기물량(kg) $= \dfrac{1,000\text{kg} \times 40}{50} = 800$kg
>
> 증발된 수분량(kg) = 건조 전 폐기물량 - 건조 후 폐기물량 $= 1,000 - 800 = 200$kg

18 C_5H_{12} 100kg을 완전연소시키는 데 표준상태에서 필요한 이론공기량(m^3)은?(단, 이상기체로 가정함)

> **풀이**
>
> 완전연소 반응식
>
> $C_5H_{12} + 8O_2 \rightarrow 5CO_2 + 6H_2O$
>
> 72kg : $8 \times 22.4 m^3$
>
> 100kg : $O_0(m^3)$
>
> $O_0(m^3) = \dfrac{100\text{kg} \times (8 \times 22.4)m^3}{72\text{kg}} = 248.89 m^3$
>
> $A_0 = \dfrac{O_0}{0.21} = \dfrac{248.89}{0.21} = 1,185.19 m^3$

19 어느 도시의 연간쓰레기 수거량이 9,500,000m³, 수거인부 수가 5,000명일 때 MHT는?(단, 밀도 0.5ton/m³, 작업시간 1일 8시간)

> **풀이**
>
> $$MHT = \frac{수거인부 \times 수거인부\ 총\ 수거\ 시간}{총\ 수거량}$$
>
> $$= \frac{5,000인 \times (8hr/day \times 365day/year)}{9,500,000m^3/year \times 0.5ton/m^3} = 3.07 MHT(man \cdot hr/ton)$$

20 어느 매립지에서 침출수 농도가 반으로 감소하는 데 3.5년 걸렸다면 침출수의 농도가 90% 분해되는 데 몇 년이 소요되는가?(단, 1차 반응)

> **풀이**
>
> $\ln \frac{C_t}{C_o} = -kt$
>
> $\ln 0.5 = -k \times 3.5$
>
> $k = \frac{\ln 0.5}{-3.5}$
>
> $k = 0.198$
>
> 90% 분해소요기간(반응 후 농도는 10%를 의미)
>
> $\ln(\frac{10}{100}) = -0.198 \times t$
>
> $t = \frac{\ln 0.1}{-0.198}$
>
> $t = 11.63년$

SECTION 029 2017년 2회 산업기사

01 퇴비화 설계운영 고려인자 중 C/N비가 80 이상, 20 이하인 경우의 영향을 쓰시오.

> **풀이**
> (1) C/N비가 80 이상인 경우
>   유기산 등이 퇴비의 pH를 낮추고 미생물의 성장과 활동도 억제되며, 질소 부족으로 퇴비화가 잘 형성되지 않아 퇴비화의 소요기간이 길어진다.
> (2) C/N비가 20 이하인 경우
>   질소가 암모니아로 변하여 1개를 증가시키고, 이로 인해 암모니아 가스가 생성되어 퇴비화 과정 중 악취가 발생한다.

02 폐기물발생량 2,000,000ton/year, 수거율 95%, 수거인부 1일에 1,000명씩 2교대, 1명당 1일 수거시간 8hr일 경우 MHT는?

> **풀이**
> $$MHT = \frac{수거인부 \times 수거인부\ 총수거시간}{총발생량}$$
> $$= \frac{1,000인 \times (8\text{hr/day} \times 365\text{day/year}) \times 2}{2,000,000\text{ton/year} \times 0.95}$$
> $$= 3.07\, MHT(\text{man} \cdot \text{hr/ton})$$

03 해안매립공법의 종류 3가지를 기술하시오.

> **풀이**
> **해안매립공법**
> ① 순차투입공법
>   호안 측으로부터 순차적으로 쓰레기를 투입하여 육지화하는 방법이다.
> ② 박층뿌림공법
>   개량된 지반이 붕괴될 위험성이 있는 경우 밑면이 뚫린 바지선에 폐기물을 적재하여 쓰레기를 박층으로 떨어뜨려 뿌려줌으로써 바닥지반의 하중을 균등하게 해주는 방법이다.
> ③ 수중투기공법(내수배제공법)
>   외주 호 안이나 중간제방 등에 고립된 매립지대의 해수를 그대로 놓은 채 쓰레기를 투기하거나 매립 전에 내수를 일부 배제한 후 쓰레기를 투기하는 방법이다.

04 30일간 발생된 폐기물을 수거하여야 할 때 차량 대수는?(단, 차량 운행횟수는 1회로 한다.)

- 폐기물 밀도 : $500kg/m^3$
- 폐기물 압축비 : 2
- 폐기물 발생량 : 1.5kg/인·일
- 차량 적재용적 : $10m^3$
- 차량 이용률 : 0.67
- 500가구(가구당 4명)

풀이

$$차량대수(대) = \frac{폐기물\ 발생량}{1대당\ 운반량}$$

폐기물 발생량 = 1.5kg/인·일 × 500가구 × 4인/가구 × 30일
= 90,000kg

1대당 운반량 = $10m^3$/대·회 × $500kg/m^3$ × 0.67 × 2 × 1회
= 6,700kg/대

$$= \frac{90,000kg}{6,700kg/대} = 13.43\,(14대)$$

05 질소산화물 제어방법 중 환원반응을 이용한 대표적 제어방법 2가지를 쓰시오.

풀이

질소산화물 제어방법(환원반응)
① 선택적 촉매환원법(SCR)　　② 선택적 무촉매환원법(SNCR)

06 다이옥신의 연소 후 저감설비 3가지를 쓰시오.

풀이

연소 후(후처리) 저감설비(3가지만 기술)
① 촉매분해법　　② 열분해법　　③ 자외선 광분해법　　④ 오존분해법

07 액상, 반고상, 고상폐기물에 대하여 설명하시오.

풀이

1. 액상폐기물 : 고형물의 함량이 5% 미만인 폐기물
2. 반고상폐기물 : 고형물의 함량이 5% 이상 15% 미만인 폐기물
3. 고상폐기물 : 고형물의 함량이 15% 이상인 폐기물

08 고형화 처리방법 중 석회기초법의 단점 2가지를 쓰시오.

풀이

석회기초법 단점
① pH가 낮을 때 폐기물 성분의 용출 가능성이 증가한다.
② 최종 폐기물질의 양이 증가한다.

09 폐기물의 압축비가 1.5, 최종 부피가 10m³일 때 부피감소율(%)을 구하시오.

풀이

부피감소율(VR)

$$VR(\%) = \left(1 - \frac{1}{CR}\right) \times 100 = \left(1 - \frac{1}{1.5}\right) \times 100 = 33.33\%$$

10 높은 효율을 얻기 위한 폐기물 소각 시 연소조건(3T) 3가지를 기술하시오.

풀이

1. Time(연소시간) : 충분한 체류시간
2. Temperature(연소온도) : 연료를 인화점 이상 예열하기 위한 충분한 온도
3. Turbulence(혼합) : 노 내 연료와 공기의 충분한 혼합

11 열부하율이 100,000kcal/m³·hr인 소각로를 이용하여 발열량이 2,500kcal/kg 인 폐기물을 하루에 100ton/day을 소각처리하고자 한다. 소각로의 부피(m³)는?(단, 일일가동시간 8hr)

> **풀이**
>
> $$\text{소각로 부피}(m^3) = \frac{\text{저위발열량}(kcal/kg) \times \text{연소량}(kg/hr)}{\text{열부하율}(kcal/m^3 \cdot hr)}$$
>
> $$= \frac{2{,}500\,kcal/kg \times 100\,ton/day \times 10^3\,kg/ton \times day/8hr}{100{,}000\,kcal/m^3 \cdot hr}$$
>
> $$= 312.5\,m^3$$

12 2,500g의 시료에 대하여 원추 4분법을 3회 조작하면 시료는 몇 g이 되는가?

> **풀이**
>
> $$\text{조작 후 시료무게}(g) = \left(\frac{1}{2}\right)^n = \left(\frac{1}{2}\right)^3 \times 2{,}500g = 312.5g$$

13 혐기성 공정이 호기성 공정에 비해 슬러지가 적은 이유 3가지를 쓰시오.

> **풀이**
>
> ① 호기성 분해에 비해 영양분이 없는 상태로 분해되기 때문(세포생산계수가 작기 때문)
> ② 호기성 분해에 비해 소화기간이 길어 분해 정도가 크기 때문
> ③ 혐기성 분해는 합성세포의 내호흡반응으로 슬러지가 생성되기 때문

14 합성차수막의 종류 3가지를 쓰고 각각의 장단점을 1가지씩 설명하시오.

> **풀이**
>
> (1) HDPE
>   ① 장점 : 대부분의 화학물질에 대한 저항성이 크다.
>   ② 단점 : 유연하지 못하여 구멍 등 손상을 입을 우려가 있다.
> (2) CPE
>   ① 장점 : 경도가 높다.
>   ② 단점 : 방향족 탄화수소 및 용매류에 약하다.
> (3) PVC
>   ① 장점 : 작업이 용이하다.
>   ② 단점 : 자외선, 오존, 기후에 약하다.

15 습식 파쇄기의 종류 3가지를 쓰시오.

> **풀이**
> ① 습식 펄퍼(Wet Pulper) ② 회전드럼식 파쇄기 ③ 냉각 파쇄기

16 혐기성 소화분해 3단계 및 각 단계별 생성물질 2가지씩을 쓰시오.

> **풀이**
> (1) 1단계
>   ① 가수분해단계   ② 생성물질 : 단당류, 지방산
> (2) 2단계
>   ① 산생성단계   ② 생성물질 : 아세트산, 수소
> (3) 3단계
>   ① 메탄생성단계   ② 생성물질 : CH_4, CO_2

17 소각로의 연소온도에 영향을 미치는 인자 4가지를 쓰시오.

> **풀이**
> ① 연소물질의 발화온도   ② 수분함량
> ③ 사용공기량   ④ 연소기의 모양

18 분자식이 C_4H_8인 부틸렌 $1Sm^3$의 연소에 필요한 이론공기량(Sm^3)은?

> **풀이**
> 완전연소방정식
> $\quad C_4H_8 \; + \; 6O_2 \; \Rightarrow \; 4CO_2 \; + \; 4H_2O$
> $22.4Sm^3 \; : \; 6 \times 22.4Sm^3$
> $\quad 1Sm^3 \; : \; O_0(Sm^3)$
>
> $O_0(Sm^3) = \dfrac{1Sm^3 \times (6 \times 22.4)Sm^3}{22.4Sm^3} = 6Sm^3$
>
> 이론공기량(A_0) $= \dfrac{O_0}{0.21} = \dfrac{6}{0.21} = 28.57Sm^3$

19 어느 도시의 폐기물 발생량이 100ton/day이고, 평균 폐기물 밀도는 650kg/m³, 매립에 의한 쓰레기 부피는 40% 감소, trench 깊이는 1.5m, trench 점유율이 65%일 때의 연간 매립사용면적(m^2/year)은?

> **풀이**
>
> 매립사용면적(m^2/year) = $\dfrac{매립폐기물의\ 양}{(폐기물밀도 \times 매립깊이 \times 점유율)}$
>
> $= \dfrac{100\text{ton/day} \times 365\text{day/year}}{0.65\text{ton/m}^3 \times 1.5\text{m} \times 0.65}$
>
> $= 57,593.69\text{m}^2/\text{year} \times (1-0.4)$ ⇐ 부피감소 고려
>
> $= 34,556.21\text{m}^2/\text{year}$

2017년 4회 기사

01 1일 300ton 폐기물을 연속소각처리하여 80% 무게 감량 소각로에서 발생되는 재는 5분에 1회씩 소각로에서 떨어져서 재 냉각장치에서 수분이 재 무게의 50% 첨가된다. 냉각된 재의 겉보기 비중이 1.0ton/m³이라면, 이송용 컨베이어에서 1회당 이송능력(m³/회)은?

풀이

이송능력(m^3/회)
$$= \frac{300 \text{ton/day} \times (1-0.8) \times 1.5 \times 5\text{min/회} \times \text{hr/60min} \times \text{day/24hr}}{1\text{ton/m}^3}$$
$= 0.31 \text{m}^3/\text{회}$

02 강열감량의 정의를 쓰시오.

풀이

강열감량은 소각재 잔사 중 미연분의 함량을 중량백분율로 표시한 값으로 소각로의 연소효율을 판정하는 지표 및 설계인자로 사용한다.

03 폐유의 처리방법 3가지를 기술하시오.

풀이

① 폐유를 정제, 분리하여 상층 함수폐유 및 하층 Pitch는 소각처리한다.
② 기름과 물의 밀도차에 의한 부력을 이용한 중력부상 분리법 및 미세 유적의 2차 처리로 가압부상 분리법을 적용한다.
③ 일반적 폐유는 통상적으로 소각처리한다.

04 폐기물 파쇄의 일반적 목적 3가지를 쓰시오.

풀이

① 겉보기 비중의 증가(수송, 매립지 수명 연장)
② 유기물의 분리·회수
③ 입경분포의 균일화(저장, 압축, 소각 용이)

05 다음 항목의 점토층 차수막의 적합조건을 쓰시오.

(1) 투수계수
(2) 소성지수(PI)
(3) 액성한계(LL)
(4) 자갈함유량

> **풀이**
> (1) 투수계수 : 10^{-7}cm/sec 미만
> (2) 소성지수(PI) : 10% 이상 30% 미만
> (3) 액성한계(LL) : 30% 이상
> (4) 자갈함유량 : 10% 미만

06 다음 항목에 대하여 차수설비인 연직차수막과 표면차수막을 비교하여 설명하시오.

(1) 경제성
(2) 지하수집배수시설
(3) 차수성 확인

> **풀이**
> (1) 경제성
>   연직차수막은 단위면적당 공사비는 많이 소요되나 총 공사비는 적게 들고 표면차수막은 단위면적당 공사비는 저가이나 전체적으로 비용이 많이 든다.
> (2) 지하수집배수시설
>   연직차수막은 불필요하고 표면차수막은 원칙적으로 지하수집배수시설을 필요로 한다.
> (3) 차수성 확인
>   연직차수막은 지하매설로서 차수성 확인이 어렵고 표면차수막은 시공 시 차수성이 확인되지만 매립 후에는 확인이 곤란하다.

07 통풍형식 4가지를 기술하시오.

> **풀이**
> 1. 자연통풍 : 굴뚝 내·외부의 공기밀도 및 가스밀도차에 의한 통풍력이 발생하여 이루어지는 통풍방식이다.
> 2. 압입통풍 : 연소용 공기를 노 앞에서 설치된 가압송풍기를 이용하여 강제로 연소실 내부로 압입하는 통풍방식이다. 연소실 열부하율을 높일 수 있고 노 내압이 정압(+)으로 유지된다.
> 3. 흡인통풍 : 연기가스를 송풍기로 흡인하여 노 내의 압력을 부압(-)으로 하여 배기가스를 굴뚝에 흡인시켜 배출하는 통풍방식이다. 노 내압이 부압(-)으로 냉기침입의 우려가 있으나 역화의 위험성은 없다.
> 4. 평형통풍 : 연소실의 전·후면에 각 송풍기 및 배풍기를 부착한 병용식 통풍방식으로 연소실의 구조가 복잡하여도 통풍은 잘 이루어진다.

08 함수율이 95%인 100ton의 음식물 쓰레기를 탈수시켜 함수율 10%로 만들었다. 탈수 후 음식물 쓰레기 양(ton)을 구하시오.

> **풀이**
> $100\text{ton} \times (1-0.95) =$ 탈수 후 음식물쓰레기양 $\times (1-0.1)$
> 탈수 후 음식물쓰레기양 $= \dfrac{100\text{ton} \times 0.05}{0.9} = 5.56\text{ton}$

09 함수율이 95%인 슬러지를 건조시켜 함수율 90%로 만들었을 때, 건조 후 슬러지의 부피는 건조 전 슬러지 부피의 몇 %인가?

> **풀이**
> 초기 슬러지량 $\times (1-$초기 함수율$) =$ 건조 후 슬러지량$(1-$건조 후 함수율$)$
> $\dfrac{\text{건조 후 슬러지량}}{\text{초기 슬러지량}} = \dfrac{(1-0.95)}{(1-0.9)} = 0.5 \times 100 = 50\%$

10 소각로의 연소실 내에서 연소가스와 폐기물의 흐름에 따라 운전조작방식을 구분할 수 있다. 연소가스와 폐기물의 흐름에 따른 4가지 운전조작방식을 구분하여 쓰시오.

> **풀이**
>
> **연소가스와 폐기물 흐름에 따른 구분**
> ① 역류식(향류식)   ② 병류식   ③ 교류식   ④ 복류식(2회류식)
>
> [참고] (1) 역류식(향류식)
> ① 폐기물의 이송방향과 연소가스의 흐름을 반대로 하는 형식이다.
> ② 난연성 또는 착화하기 어려운 폐기물 소각에 가장 적합한 방식이다.
> ③ 수분이 많고 저위발열량이 낮은 폐기물에 적합하다.
> ④ 후연소 내의 온도 저하나 불완전연소가 발생할 수 있다.
> ⑤ 복사열에 의한 건조에 유리하다.
> (2) 병류식
> ① 폐기물의 이송방향과 연소가스의 흐름방향이 같은 형식이다.
> ② 수분이 적고 저위발열량이 높을 때 적용한다.
> ③ 폐기물의 발열량이 높을 경우 적당한 형식이다.
> ④ 건조대에서의 건조효율이 저하될 수 있다.
> (3) 교류식
> ① 역류식과 병류식의 중간적인 형식이다.
> ② 중간 정도의 발열량을 가지는 폐기물에 적합하다.
> ③ 두 흐름이 교차하여 폐기물의 질의 변동이 클 때 적합하다.
> (4) 복류식(2회류식)
> ① 2개의 출구를 가지고 있는 댐퍼의 개폐로 역류식, 병류식, 교류식으로 조절할 수 있는 형식이다.
> ② 폐기물의 질이나 저위발열량의 변동이 심할 경우에 적합하다.

11 조성이 $C_{60}H_{93}ON$인 유기물질 1ton/day이 호기성 소화에 의해 안정화할 때 필요한 이론적 산소량(kg/day)을 구하시오.

> **풀이**
>
> 유기물질의 호기성 완전분해 반응식
>
> $C_aH_bO_cN_d + \left(\dfrac{4a+b-2c}{4}\right)O_2 \rightarrow aCO_2 + \left(\dfrac{b}{2}\right)H_2O + \left(\dfrac{d}{2}\right)N_2$
>
> $C_{60}H_{93}ON + \left[\dfrac{(4 \times 60) + 93 - (2 \times 1)}{4}\right]O_2 \rightarrow 60CO_2 + \left(\dfrac{93}{2}\right)H_2O + \left(\dfrac{1}{2}\right)N_2$
>
> $C_{60}H_{93}ON + 82.75O_2 \rightarrow 60CO_2 + 46.5H_2O + 0.5N_2$
>
>   843kg   : 87.25×32kg
>
> 1,000kg/day : O_o(kg/day)
>
> O_2(kg/day) $= \dfrac{1{,}000\text{kg/day} \times (82.75 \times 32)\text{kg}}{843\text{kg}} = 3{,}141.16\text{kg/day}$

12 유해폐기물의 고형화 처리방법 6가지를 쓰시오.

> **풀이**
>
> **고형화 처리방법**
> ① 시멘트기초법(시멘트고형화법)   ② 석회기초법
> ③ 자가시멘트법   ④ 열가소성 플라스틱법
> ⑤ 유기중합체법   ⑥ 피막형성법

13 폐기물의 용매추출법에서 추출용매 선택기준 4가지를 쓰시오.

> **풀이**
> ① 비극성   ② 용매회수 가능성   ③ 높은 분배계수   ④ 낮은 끓는점

14 매립지에서 발생하는 가스 종류 5가지를 쓰시오.

> **풀이**
> ① CH_4 ② CO_2 ③ N_2
> ④ NH_3 ⑤ H_2S

15 다음의 조건일 경우 적용 가능한 공법 3가지를 쓰시오.

> (1) 침출수 특성 10년 이상
> (2) $COD < 500ppm$
> (3) $COD/TOC = 2$
> (4) $BOD/COD = 0.1$

> **풀이**
> (1) 역삼투공법 (2) 화학적 산화법 (3) 활성탄처리법

16 다음은 선택적 촉매환원법(SCR)과 비선택적 촉매환원법(SNCR)의 비교표이다. ( ) 안에 알맞은 내용을 쓰시오. (단, 단점은 백연현상, 압력손실의 내용으로 기술)

	SCR	SNCR
저감효율	(①)	(②)
운전온도	(③)	(④)
다이옥신 제어	(⑤)	(⑥)
단점	(⑦)	(⑧)

> **풀이**
> ① 90% 정도 ② 30~70%
> ③ 300~400℃ ④ 850~950℃
> ⑤ 다이옥신 제거 가능성 있음 ⑥ 다이옥신 제거 거의 없음
> ⑦ 압력손실이 크다. ⑧ 백연현상을 유발한다.

17 유해가스 HCl과 SO_2의 제거반응식을 나타내시오. (단, HCl은 $Ca(OH)_2$, SO_2는 $CaCO_3$로 제거함)

> **풀이**
> ① $2HCl + Ca(OH)_2 \rightarrow CaCl_2 + 2H_2O$
> ② $SO_2 + CaCO_3 \rightarrow CaSO_3 + CO_2$

18 고형물 함량이 $80kg/m^3$인 농축슬러지 $10m^3/hr$를 탈수시키려 한다. 고형물 중량에 대해 15%의 소석회를 첨가하여 함수율 70%의 탈수케이크를 얻었을 경우 탈수케이크의 양(ton/day)을 구하시오. (단, 탈수기운전시간은 1일 24시간, 케이크 비중 1.0)

> **풀이**
> 탈수케이크의 양(ton/day) = $10m^3/hr \times 80kg/m^3 \times 24hr/day \times (1+0.15)$
> $\times ton/1,000kg \times \dfrac{100}{100-70}$
> = 73.6ton/day

2017년 4회 산업기사

01 퇴비화 설계운영 시 고려인자 3가지의 최적 조건을 쓰시오.

> **풀이**
> **퇴비화 설계운영 시 최적 조건(3가지만 기술)**
> ① 수분함량(함수율) : 50~60%   ② C/N비 : 25~50
> ③ 온도 : 55~60℃   ④ pH : 5.5~8.0

02 폐기물 발생량 2,000,000ton/year, 수거율 95%, 수거인부 1일에 1,000명씩 2교대, 1명당 1일 수거시간 8hr일 경우 MHT는?

> **풀이**
> $$MHT = \frac{\text{수거인부} \times \text{수거인부 총 수거시간}}{\text{총 발생량}}$$
> $$= \frac{1,000\text{인} \times (8\text{hr/day} \times 365\text{day/year}) \times 2}{2,000,000\text{ton/year} \times 0.95}$$
> $$= 3.07\, MHT(\text{man} \cdot \text{hr/ton})$$

03 합성차수막 재료(종류) 5가지를 기술하시오.

> **풀이**
> **합성차수막의 종류(5가지만 기술)**
> ① HDPE   ② LDPE   ③ CSPE
> ④ CPE   ⑤ PVC   ⑥ EPDM
> ⑦ IIR   ⑧ CR

04 매립지의 사후관리항목 4가지를 쓰시오.

> **풀이**
> **매립지의 사후관리항목(4가지만 기술)**
> ① 우수배제시설   ② 침출수 처리시설
> ③ 지하수 수질조사   ④ 발생가스 조성조사 및 처리시설
> ⑤ 구조물 및 지반의 안정도   ⑥ 지표수 수질조사
> ⑦ 토양조사

05 고형화 처리목적 2가지를 기술하시오.

> **풀이**
>
> **고형화 처리의 목적(2가지만 기술)**
> ① 유해폐기물의 불활성화(독성 저하 및 폐기물 내의 오염물질 이동성 감소)
> ② 용출 억제(물리적으로 안정한 물질로 변화)
> ③ 토양개량 및 매립 시 충분한 강도 확보
> ④ 취급 용이 및 재활용(건설자재) 가능

06 파쇄기에 이용되는 작용력 3가지를 쓰시오.

> **풀이**
>
> **파쇄기의 작용력**
> ① 압축작용   ② 전단작용   ③ 충격작용

07 $C_6H_{12}O_6$ 1kg을 혐기성으로 완전분해 시 생성될 수 있는 이론적 CH_4 및 CO_2의 양(kg)은?

> **풀이**
>
> 혐기성 완전분해 반응식
> $C_6H_{12}O_6 \Rightarrow 3CH_4 + 3CO_2$
> 180kg : 3×16kg
> 1kg : CH_4(kg)
> $CH_4(kg) = \dfrac{1kg \times (3 \times 16)kg}{180kg} = 0.27kg$
>
> $C_6H_{12}O_6 \Rightarrow 3CH_4 + 3CO_2$
> 180kg : 3×44kg
> 1kg : CO_2(kg)
> $CO_2(kg) = \dfrac{1kg \times (3 \times 44)kg}{180kg} = 0.73kg$

08 점토의 수분함량과 관계되는 지표인 소성지수를 관계식으로 나타내시오.

> **풀이**
>
> 소성지수(PI) = 액성한계(LL) − 소성한계(PL)

09 LCA(Life Cycle Assessment)의 구성요소 4가지를 기술하시오.

풀이

LCA 4단계
① 1단계 : 목적 및 범위 설정(Goal Definition Scoping)
② 2단계 : 목록 분석(Inventory Analysis)
③ 3단계 : 영향 평가(Impact Analysis)
④ 4단계 : 개선 평가 및 해석(Improvement Assessment)

10 폐기물 수송방법 중 관거수송의 종류 3가지를 쓰시오.

풀이

관거수송의 종류
① 공기수송　　　② 슬러리수송　　　③ 캡슐수송

11 다음의 오염된 토양의 정화 및 복구기술에 대하여 설명하시오.

(1) 동전기 정화기술　　　(2) 전기삼투
(3) 전기이동　　　　　　(4) 전기영동

풀이

(1) 동전기 정화기술
　지층 속에 전극을 설치한 후 전류를 가하여 지층의 물리·화학적 및 수리학적 변화를 유도한 후 전도현상(동전기 현상)을 일으켜 오염물질을 이동, 추출 제거하는 기술이다.
(2) 전기삼투
　포화토양 내에 전류가 가해지면 양이온이 음극을 향하여 이동하면서 공극수를 함께 이동시킴으로써 물이 흐르는 현상이며, 낮은 수리전도도(예 : 점토)를 가진 토양오염물질 처리에 효과적이다.
(3) 전기이동
　전기경사에 의한 전하를 띤 화학물질의 이동 현상이며 이온상태의 오염물질이나 입자 표면에 전하를 띤 토양오염물질 처리에 효과적이다.
(4) 전기영동
　주어진 전기장에 의하여 대전된 입자가 자신이 가지고 있는 전하와 반대방향으로 이동하는 현상이며 토양, 액체 혼합물 내의 전하를 띤 콜로이드의 이동을 의미한다.

12 처리기술에 의한 질소산화물 제거방법 중 건식배연 탈질방법 3가지를 쓰고 간단히 설명하시오.

> **풀이**
> ① 선택적 촉매환원법(SCR)
>   연소가스 중의 NO_x를 촉매(T_iO_2와 V_2O_5를 혼합하여 제조)를 사용하여 환원제(NH_3, H_2S, CO, H_2 등)와 반응 N_2와 H_2O로 O_2와 상관없이 접촉환원시키는 방법이다.
> ② 선택적 비촉매환원법(SNCR)
>   촉매를 사용하지 않고 연소가스에 환원제(암모니아, 요소)를 분사하여 고온에서 NO_x와 선택적으로 반응하여 N_2와 H_2O로 분해하는 방법으로 NO의 암모니아에 의한 환원에는 보통 산소의 공존이 필요하다.
> ③ 흡착법
>   활성탄, 실리카겔의 흡착제에 배기가스를 흡착시키는 방법이다.

13 다음 항목의 점토층 차수막의 적합조건을 쓰시오.
  (1) 투수계수 (2) 소성지수(PI)
  (3) 액성한계(LL) (4) 자갈함유량

> **풀이**
> (1) 투수계수 : 10^{-7}cm/sec 미만
> (2) 소성지수(PI) : 10% 이상 30% 미만
> (3) 액성한계(LL) : 30% 이상
> (4) 자갈함유량 : 10% 미만

14 복토의 주요 기능 6가지를 쓰시오.

> **풀이**
> ① 쓰레기(먼지, 종이 등)의 비산방지
> ② 악취 및 유독가스 확산방지
> ③ 병원균 매개체(파리, 모기, 쥐 등) 서식방지
> ④ 화재 발생 방지
> ⑤ 강우에 의한 우수의 이동 및 침투방지로 침출수량 최소화
> ⑥ 매립지의 압축효과에 의한 부등침하의 최소화

15 액체연료의 연소형태 3가지를 쓰시오.

> **풀이**
> ① 증발연소 　　　② 분무연소 　　　③ 액면연소

16 도시폐기물 1kg을 소각시키는 데 필요한 산소량(O_2)이 0.75kg이라면 같은 조건하에 폐기물 100kg/hr를 소각시키는 데 필요한 실제공기량(Sm^3/hr)은 얼마인가? (단, 공기비 1.5, 유입공기는 표준상태)

> **풀이**
> 실제공기량(A)
> $A = m \times A_0$
> $m = 1.5$
> $A_0 = \dfrac{O_0}{0.21}$
> $O_0 = 0.75 kg \cdot O_2/1kg \times 22.4 Sm^3/32kg \cdot O_2 = 0.525 Sm^3/kg$
> $= \dfrac{0.525}{0.21} = 2.5 Sm^3/kg$
> $= 1.5 \times 2.5 Sm^3/kg \times 100 kg/hr = 375 Sm^3/hr$

032 2018년 1회 기사

01 다음은 퇴비화 설계·운영을 위한 대표적 고려인자이다. 각 인자의 적정 운전범위를 쓰시오.

(1) 온도 (2) 수분
(3) C/N비 (4) 공기(산소) 공급

풀이
(1) 온도 : 55~60℃ (2) 수분 : 50~60%
(3) C/N비 : 25~50 (4) 공기(산소) 공급 : 5~15%(산소농도)

02 해안매립공법의 종류 3가지를 쓰고 간단히 설명하시오.

풀이
해안매립공법
① 순차투입공법 : 호안 측으로부터 순차적으로 쓰레기를 투입하여 육지화하는 방법이다.
② 박층뿌림공법 : 개량된 지반이 붕괴될 위험성이 있는 경우 밑면이 뚫린 바지선에 폐기물을 적재하여 쓰레기를 박층으로 떨어뜨려 뿌려줌으로써 바닥지반의 하중을 균등하게 해주는 방법이다.
③ 수중투기공법(내수배제공법) : 외주 호안이나 중간 제방 등에 고립된 매립지대의 해수를 그대로 놓은 채 쓰레기를 투기하거나 매립 전에 내수를 일부 배제한 후 쓰레기를 투기하는 방법이다.

03 유동층 소각로에서 유동층 매체의 구비조건 5가지를 쓰시오.

풀이
유동층 매체의 구비조건
① 불활성일 것 ② 열충격에 강하고 융점이 높을 것
③ 내마모성일 것 ④ 비중이 작을 것
⑤ 공급이 안정되고 가격이 저렴할 것

04 쓰레기를 수거하는 작업, 즉 청소작업이 끝난 후 이에 대한 상태를 평가하는 방법으로는 CEI와 USI를 사용한다. 각각에 대하여 간단히 서술하시오.

> **풀이**
> 1. CEI(Community Effects Index)
>   지역사회 효과 지수라 하며 가로 청소상태를 기준(Scale : 1~4)으로 측정하는 방법이다.
> 2. USI(User Satisfaction Index)
>   사용자 만족도 지수라 하며 서비스를 받는 사람들의 만족도를 설문조사(설문 문항 : 6개)하여 계산하는 방법이다.

05 퇴비화 시 톱밥, 왕겨 등을 넣는 이유 2가지를 쓰시오.

> **풀이**
> **Bulking Agent(통기개량제)를 넣는 이유**
> ① 퇴비의 수분함량을 조절하기 위하여   ② 퇴비의 질(C/N 비) 개선을 위하여

06 분자식이 $C_m H_n$인 탄화수소가스 $1Sm^3$의 완전연소에 필요한 이론공기량(Sm^3/Sm^3)은?

> **풀이**
> $C_m H_n$의 완전연소반응식
>
> $C_m H_n + (m + \dfrac{n}{4})O_2 \rightarrow mCO_2 + \dfrac{n}{2}H_2O$
>
> 이론공기량(A_0)
>
> $A_0 = \dfrac{O_0}{0.21}$
>
> O_0(이론산소량) ⇒ 기체연료 $1Sm^3$에 필요한 이론산소량
>
> $$\left(m + \dfrac{n}{4}\right) Sm^3$$
>
> $22.4Sm^3$: $\left(m + \dfrac{n}{4}\right) \times 22.4 Sm^3$
> $1Sm^3$: O_0
> $O_0 = \left(m + \dfrac{n}{4}\right)$
>
> $= \dfrac{\left(m + \dfrac{n}{4}\right)}{0.21} = 4.76m + 1.19n (Sm^3/Sm^3)$

07 폐기물 자원화의 필요성 3가지를 쓰시오.

풀이

자원화 필요성(3가지만 기술)
① 물질과 에너지의 절약
② 환경오염으로 인한 붕괴방지
③ 대외 수입의존도 감소
④ 고용기회 및 재생업소의 창업기회 제공
⑤ 폐기물의 감량에 의한 처리비용의 감소

08 유기성 폐기물이 10ton일 경우 회수될 수 있는 메탄양(m^3) 및 금전적 가치(원)를 산정하시오.

[조건]
1. 도시폐기물 중 유기성분의 수분함량 : 30%
2. 고형물 체류시간 : 30일
3. 휘발성 고형물(VS) = $0.85 \times TS$(총고형물)
4. 생분해 가능한 휘발성고형물(BVS) = $0.70 \times VS$
5. 예상 BVS 전환율 : 90%
6. 가스 발생량 : $0.5m^3/kg \cdot BVS$
7. 가스 에너지 함량 : $5,250 kcal/m^3$
8. 에너지 가치 : $5,500원/10^5 kcal$

풀이

- 휘발성 고형물량(VS : kg) = $10ton \times 0.85 \times (1-0.3) \times 1,000kg/ton = 5,950kg$
- 생분해 가능한 휘발성 고형물량(BVS) = $0.7 \times 5,950kg \times 0.9 = 3,748.5kg(BVS)$
- 회수메탄양(m^3) = $3,748.5kg(BVS) \times 0.5m^3/kg \cdot BVS = 1,874.25m^3$
- 가스에너지열량(kcal) = $1,874.25m^3 \times 5,250kcal/m^3 = 9,839,812.5kcal$
- 금전적 가치(원) = $9,839,812.5kcal \times 5,500원/10^5 kcal = 541,189.69원$

09 열분해 공정이 소각법에 비하여 갖는 장점 4가지를 기술하시오.

풀이

소각법과 비교한 열분해 공정의 장점
① 소각법에 비해 배기가스양이 적게 배출된다.
② 소각법에 비해 황 및 중금속이 회분(Ash) 속에 고정되는 비율이 크다.
③ 소각법에 비해 환원기가 유지되므로 3가 크롬(Cr^{+3})이 6가 크롬(Cr^{+6})으로 변화하기 어려우며, 대기오염물질의 발생이 적다.
④ 상대적으로 저온이기 때문에 NO_x(질소산화물)의 발생량이 적다.

10 어떤 폐기물의 VS가 94%, VS 내 리그닌 함량이 22.5%(건조기준 VS 내 함량)라고 할 때 생분해가 가능한 분율(%)은?

> **풀이**
> 생분해성 분율 = $\dfrac{\text{생분해성 휘발성 고형물량}}{\text{전체 휘발성 고형물량}(VS)}$
> $= \dfrac{94 \times (1-0.225)}{94} \times 100 = 77.5\%$

11 폐기물의 수송방법 중 관거(Pipeline) 수송의 장점 5가지를 쓰시오.

> **풀이**
> ① 자동화, 무공해화, 안전화가 가능하다.
> ② 눈에 띄지 않는다.(미관, 경관 좋음)
> ③ 에너지 절약이 가능하다.
> ④ 교통소통이 원활하여 교통체증 유발이 없다.(수거차량에 의한 도심지 교통량 증가 없음)
> ⑤ 투입 용이, 수집이 편리하다.

12 소각 시 공기비가 클 경우의 특징 3가지를 쓰시오.

> **풀이**
> ① 연소실 내에서 연소온도가 낮아진다.
> ② 통풍력이 증대되어 배기가스에 의한 열손실이 커진다.
> ③ 배기가스 중 SO_x(황산화물), NO_x(질소산화물)의 함량이 증가하여 연소장치의 부식에 크게 영향을 미친다.

13 매립구조에 의한 구분 중 준호기성 매립의 특징 4가지를 쓰시오.

> **풀이**
> **준호기성 매립의 특징(4가지만 기술)**
> ① 오수를 가능한 한 빨리 매립지 외로 배제하여 폐기물과 저수의 수압을 저감시켜 지하토양으로의 오수의 침투를 방지함과 동시에 집수하는 단계에서 가능한 한 침출수를 정화할 수 있도록 집수장치를 설계한 구조이다.
> ② 혐기성 분해를 통한 안정화에 비해 속도가 빠르고 침출수 성상이 양호하다.
> ③ 침출수에 대한 지하수오염, 토양오염을 저감할 수 있다.
> ④ 친산소성 영역이 확대되고 폐기물의 분해가 촉진되며 집수장치의 마모가 적다.
> ⑤ 단위체적당 매립량이 적고 공사비와 운전관리비가 많이 소요된다.

14 다음은 유기물질 및 무기물질의 일반적 선별공정이다. ☐ 의 내용을 쓰시오.

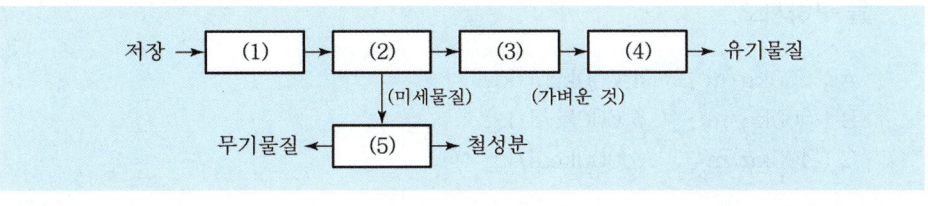

> **풀이**
> (1) Shredder　　(2) Trommel　　(3) Air Classifier
> (4) Cyclone　　(5) Magnetic Separater

15 최종 복토층을 구성하는 층이 다음과 같을 경우 각 층의 두께를 쓰시오. (단, 지하층으로부터의 순서임)

> (1) 가스배제층
> (2) 차단층
> (3) 배수층
> (4) 식생대층

> **풀이**
> (1) 가스배제층 : 30cm 이상　　(2) 차단층 : 45cm 이상
> (3) 배수층 : 30cm 이상　　(4) 식생대층 : 60cm 이상

16 다음 물질 A, B, C를 부피비 3 : 2 : 1로 혼합 시 혼합물의 단위질량당 열량(kcal/kg)을 구하시오.

> A : 600kg/m³,   4,000kcal/kg
> B : 500kg/m³,   5,000kcal/kg
> C : 400kg/m³,   6,000kcal/kg

풀이

각 물질의 중량비를 구한다.

A물질 = $\dfrac{3}{6} \times 100 = 50.0\%$

B물질 = $\dfrac{2}{6} \times 100 = 33.3\%$

C물질 = $\dfrac{1}{6} \times 100 = 16.7\%$

$$\dfrac{(600 \times 3 \times 4{,}000) + (500 \times 2 \times 5{,}000) + (400 \times 1 \times 6{,}000)}{(600 \times 3) + (500 \times 2) + (400 \times 1)} = 4{,}562.5 \text{kcal/kg}$$

17 활성탄과 백필터를 이용한 다이옥신 제거의 장점 4가지를 쓰시오.

풀이

활성탄과 백필터를 이용한 다이옥신 제거의 장점(4가지만 기술)
① 활성탄의 수집 및 재사용 가능함
② 건식공정이므로 폐수가 발생하지 않음
③ 다이옥신 제거효율이 높음
④ 상용화 실적이 많음

18 폐기물 매립지에서 발생한 침출수의 유입 BOD 농도가 3,000mg/L이며 1차 처리시설(효율 80%), 2차 처리시설(효율 50%), 3차 처리시설을 거친 후 최종 농도가 30mg/L라고 할 때 3차 처리시설의 최소효율(%)을 구하시오.

풀이

1, 2차 처리 후 농도 = $3{,}000\text{mg/L} \times (1 - 0.8) \times (1 - 0.5)$
     $= 300\text{mg/L}$

3차 처리시설의 최소효율(%) = $\left(1 - \dfrac{30}{300}\right) \times 100 = 90\%$

19 다음 표를 이용하여 물음에 답하시오.

구성분	폐기물중량(kg)	압축계수	매립지에서의 압축용적(m³)
음식폐기물	120	0.40	0.115
종이	410	0.16	0.667
플라스틱	45	0.10	0.250
가죽	5	0.35	0.007
유리	65	0.38	0.160
철	30	0.3	0.035
계	675		1.234

(1) 폐기물 매립 시 완전히 다져졌다고 하였을 때 겉보기 밀도(kg/m³)는?

> **풀이**
>
> 겉보기 밀도(kg/m³) = $\dfrac{\text{폐기물 중량}}{\text{압축용적(부피)}}$ = $\dfrac{675 \text{kg}}{1.234 \text{m}^3}$ = 547.0kg/m^3

(2) 종이 50%, 유리 80%가 회수된 후의 매립지에서 압축 겉보기 밀도(kg/m³)는?

> **풀이**
>
> 압축 겉보기 밀도(kg/m³) = $\dfrac{\text{회수 후 중량}}{\text{회수 후 용적(부피)}}$
>
> = $\dfrac{675 - [(410 \times 0.5) + (65 \times 0.8)]}{1.234 - [(0.667 \times 0.5) + (0.160 \times 0.8)]}$
>
> = $\dfrac{418 \text{kg}}{0.7725 \text{m}^3}$ = 541.10kg/m^3

2018년 1회 산업기사

01 Rosin-Rammler 모델은 폐기물 파쇄 시 폐기물의 입자크기 분포에 관한 모델식이다. 폐기물의 80% 이상을 2.54cm보다 작게 파쇄하고자 할 때 특성입자의 크기(cm)를 산정하시오. (단, $n=1$임)

> **풀이**
>
> $$Y = 1 - \exp\left[-\left(\frac{X}{X_0}\right)^n\right]$$
>
> $$0.8 = 1 - \exp\left[-\left(\frac{2.54}{X_0}\right)^1\right]$$
>
> $$-\frac{2.54}{X_0} = \ln(1-0.8)$$
>
> $$X_0(\text{특성입자}) = \frac{-2.54}{\ln 0.2} = 1.58\text{cm}$$

02 열분해 시 생성되는 대표적인 연료의 종류를 ① 기상, ② 고상, ③ 액상에 따라 각각 한 가지씩 기술하시오.

> **풀이**
>
> **열분해에 의해 생성되는 물질(1가지씩만 기술)**
> ① 기체상 물질 : H_2, CH_4, CO, H_2S, HCN
> ② 고체상 물질 : 탄화물(Char), 불활성 물질
> ③ 액체상 물질 : 식초산, 아세톤, 메탄올, 오일, 타르

03 Trench법으로 매립할 경우 4.5ton의 수거차량이 1일 50대 운반한다. 다음 조건에서 매립가능일수(day)는?(단, 쓰레기밀도 0.45ton/m³, 매립면적 50,000m², 복토높이 60cm, 매립높이 5.6m)

풀이

$$매립가능일수(day) = \frac{매립량}{쓰레기\ 발생량}$$

$$= \frac{[50,000\text{m}^2 \times (5.6+0.6)\text{m}] \times 0.45\text{ton/m}^3}{4.5\text{ton/대} \times 50\text{대/day}} = 620\,\text{day}$$

04 이론공기량을 사용하여 프로판(C_3H_8) 1Nm³를 완전연소시킬 때 $CO_{2\max}$(%)는?

풀이

$$CO_{2\max}(\%) = \frac{CO_2}{G_{od}} \times 100$$

$$G_{od} = (1-0.21)A_0 + CO_2$$

$$C_3H_8 + 5O_2 \rightarrow 3CO_2 + 4H_2O$$

$$22.4\text{Nm}^3 : 5 \times 22.4\text{Nm}^3$$

$$1\text{Nm}^3 : 5\text{Nm}^3$$

$$= \left[(1-0.21) \times \frac{5}{0.21}\right] + 3 = 21.81\,(\text{Nm}^3/\text{Nm}^3)$$

$$= \frac{3}{21.81} \times 100 = 13.76\%$$

05 고위발열량과 저위발열량의 차이를 설명하시오.

풀이

고위발열량과 저위발열량은 폐기물 성분 중 수소함량의 차이, 즉 증발잠열의 차이이다.

06 입경 10cm인 폐기물을 1cm로 파쇄할 때 사용되는 에너지는 입경 10cm를 4cm로 파쇄할 때 소요되는 에너지의 몇 배인가?(단, Kick 법칙 이용)

풀이

$$E = C\ln\left(\frac{L_1}{L_2}\right)$$

$$E_1 = C\ln\left(\frac{10}{1}\right) = C\ln 10$$

$$E_2 = C\ln\left(\frac{10}{4}\right) = C\ln 2.5$$

동력비 $\left(\dfrac{E_1}{E_2}\right) = \dfrac{\ln 10}{\ln 2.5} = 2.51$배

07 다음 물질회수율 중 어느 물질의 % 선별효율이 더 높은가?(단, Worrell식 적용)

```
유리 20kg                                    기각
캔 5kg      →   (선별기)   →          유리 2kg
                                             캔 4kg
                    ↓ 선별
              유리 18kg 캔 1kg
```

풀이

유리

x_1 18kg → y_1 1kg

x_2 2kg → y_2 4kg

$x_0 = x_1 + x_2 = 18 + 2 = 20$kg

$y_0 = y_1 + y_2 = 1 + 4 = 5$kg

$E(\%) = \left[\left(\dfrac{18}{20}\right) \times \left(\dfrac{4}{5}\right)\right] \times 100 = 72\%$

캔

x_1 1kg → y_1 18kg

x_2 4kg → y_2 2kg

$x_0 = x_1 + x_2 = 1 + 4 = 5$kg

$y_0 = y_1 + y_2 = 2 + 18 = 20$kg

$E(\%) = \left[\left(\dfrac{1}{5}\right) \times \left(\dfrac{2}{20}\right)\right] \times 100 = 2\%$

유리의 선별효율(72%)이 더 높다.

08 매립구조에 따른 방법을 5가지로 구분하여 쓰시오.

> **풀이**
>
> **매립구조에 따른 구분**
> ① 혐기성 매립   ② 혐기성 위생 매립
> ③ 개량혐기성 위생 매립   ④ 준호기성 매립
> ⑤ 호기성 매립

09 폐기물의 최종처분방법인 매립의 장·단점을 각각 2가지씩 쓰시오.

> **풀이**
>
> (1) 장점(2가지만 기술)
>   ① 경제적 처분방식(소각, 퇴비화와 비교)이다.
>   ② 폐기물의 혼합매립이 가능하다.
>   ③ 매립 완료 후 토지 이용(주차시설, 운동장, 공원) 가능성이 있다.
>   ④ 분해가스의 회수 및 이용이 가능하다.
>   ⑤ 폐기물 발생량 변화에 쉽게 대응이 가능하다.
> (2) 단점(2가지만 기술)
>   ① 매립지 확보가 곤란하다.
>   ② 유독성 폐기물(방사능·병원폐기물, 폐유)은 처리가 곤란하다.
>   ③ 지반침하 가능성이 있다.
>   ④ CH_4 등 gas 폭발 가능성이 있다.
>   ⑤ 매립 후 안정화되는 데 일정 기간이 요구된다.

10 슬러지 내의 수분을 제거하는 탈수방법 3가지를 쓰시오.

> **풀이**
>
> **탈수방법(3가지만 기술)**
> ① 천일건조(건조상)   ② 진공탈수(여과)   ③ 가압탈수
> ④ 원심분리탈수   ⑤ 벨트프레스

11 40m²인 바닥면적을 갖는 화격자 소각로에 1일 55ton의 쓰레기가 연속 소각처리된다. 이때 화격자 연소부하(kg/m² · hr)는?

> **풀이**
> 화격자 연소부하(화격자 연소율 : kg/m² · hr)
> $= \dfrac{\text{시간당 소각량(kg/hr)}}{\text{화격자면적(m}^2\text{)}}$
> $= \dfrac{55\text{ton/day} \times 1{,}000\text{kg/ton} \times \text{day/24hr}}{40\text{m}^2} = 57.29 \text{kg/m}^2 \cdot \text{hr}$

12 Stoker식 화격자 연소방식의 화격자 형식의 종류 5가지를 쓰시오.

> **풀이**
> ① 반전식　　② 계산식　　③ 병렬계단식
> ④ 역동식　　⑤ 회전롤러식

13 매립지 주변을 고려한 물 수지를 수립할 때 강수량, 증발산량, 유출량, 침출수량만을 고려한 경우 우리나라의 연간 침출수량(mm)은?(단, 우리나라 연간강수량 1,159mm, 연간증발산량 730mm, 유출량은 최악의 상태를 고려하여 0으로 가정)

> **풀이**
> 침출수량(L : mm) = 강우량(P) − [유출량(R) + 증발산량(ET)]
> = 1,159 − (0 + 730) = 429mm

14 폐기물 관리체계에서 3R를 쓰고 가장 우선적으로 고려해야 하는 항목을 쓰시오.

> **풀이**
> (1) 3R
> 　① 감량화 : Reduction
> 　② 재이용 : Reuse 또는 Recycle(재활용)
> 　③ 회수 이용 : Recovery
> (2) 가장 우선적으로 고려해야 하는 항목
> 　감량화(Reduction)

15 슬러지 개량에 영향을 주는 요소 3가지를 쓰시오.

> **풀이**
>
> **슬러지 개량에 영향을 주는 요소(3가지만 기술)**
> ① 약품 소요량 ② 입자 크기 ③ 슬러지 농도 ④ 슬러지 수송거리

16 C 85%, H 7%, S 3.2%, N 3.1%, H$_2$O 1.7%인 중유를 완전연소시킬 경우 실제습윤 연소가스양(Sm^3/kg)은?(단, 공기비 1.3)

> **풀이**
>
> 실제 습윤연소가스양(G_w)
> $G_w = (m - 0.21)A_0 + 1.867C + 11.2H + 0.7S + 0.8N + 1.244W(\text{Sm}^3/\text{kg})$
> $A_0 = \dfrac{O_0}{0.21}$
> $\quad = \dfrac{1}{0.21}(1.867 \times 0.85) + (5.6 \times 0.07) + (0.7 \times 0.032)] = 9.53(\text{Sm}^3/\text{kg})$
> $\quad = [(1.3 - 0.21) \times 9.53] + (1.867 \times 0.85) + (11.2 \times 0.07) + (0.7 \times 0.032)$
> $\qquad + (0.8 \times 0.031) + (1.244 \times 0.017)$
> $\quad = 12.83 \text{Sm}^3/\text{kg}$

17 소각로 종류 중 스토커식, 유동층식, 회전로식에 대하여 다음을 비교하시오.

(1) 건설비 (2) 유지관리비
(3) 대기오염장치 분진부하율 (4) 전처리

> **풀이**
>
> (1) 건설비
>   건설비(설치비)는 회전로식(Rotary Kiln)이 높으며 특히 처리량이 적을 경우 높다.
> (2) 유지관리비
>   유지관리비(운전비, 동력비)는 유동층식 소각로가 가장 높으며 회전로식이 적다.
> (3) 대기오염장치 분진부하율
>   대기오염장치에 대한 분진부하율이 높은 것은 회전로식 소각로이다.
> (4) 전처리
>   폐기물을 주입 전에 전처리(파쇄)해야 하는 소각로는 유동층식이다.

18 매립지 가스발생 4단계를 쓰고 간단히 설명하시오.

> **풀이**
>
> 1. 1단계
>   ① 호기성 단계[초기 조절단계]
>   ② N_2, O_2는 급격히 감소, CO_2는 서서히 증가하는 단계
>   ③ 매립물의 분해속도에 따라 수일에서 수개월 동안 지속되며, 산소는 대부분 소모되는 단계
> 2. 2단계
>   ① 혐기성 단계[혐기성 비메탄화 단계 ; 전이단계]
>   ② 임의성 미생물에 의하여 SO_4^{2-} 의 NO_3^- 1가 환원되는 단계이며, 이 반응에 의해 CO_2가 생성되는 단계
>   ③ pH 5 이하이며 수분이 충분한 경우에는 다음 단계로 빨리 진행됨
> 3. 3단계
>   ① 혐기성 메탄 생성 축적단계[산형성 단계]
>   ② $CO_2 \cdot H_2$의 발생비율은 감소하고, CH_4 함량이 증가하기 시작하는 단계
>   ③ 온도 55℃까지 상승(30~55℃)하며 pH는 6.8~8.0 정도
>   ④ 매립 후 1~2년(25~55주)이 경과된 단계
> 4. 4단계
>   ① 혐기성 메탄 생성 정상상태 단계[메탄발효단계]
>   ② $CH_4 \cdot CO_2$의 구성비가 거의 일정한 정상상태 단계
>   ③ 가스조성
>   ㉠ CH_4 : 55%   ㉡ CO_2 : 40%   ㉢ N_2 : 5%
>   ④ 온도 30℃ 이하이고 pH는 6.8~8.0 정도
>   ⑤ 매립 후 2~5년이 경과된 단계

SECTION 034 2018년 2회 기사

01 소각로의 연소실 내에서 연소가스와 폐기물의 흐름에 따라 운전조작방식을 구분할 수 있다. 연소가스와 폐기물의 흐름에 따른 4가지 운전조작방식을 기술하시오.

> **풀이**
>
> **연소가스와 폐기물 흐름에 따른 구분**
> ① 역류식(향류식)　　② 병류식　　③ 교류식　　④ 복류식(2회류식)
>
> [참고] (1) 역류식(향류식)
> 　　　　① 폐기물의 이송방향과 연소가스의 흐름을 반대로 하는 형식이다.
> 　　　　② 난연성 또는 착화하기 어려운 폐기물 소각에 가장 적합한 방식이다.
> 　　　　③ 수분이 많고 저위발열량이 낮은 폐기물에 적합하다.
> 　　　　④ 후연소 내의 온도 저하나 불완전연소가 발생할 수 있다.
> 　　　　⑤ 복사열에 의한 건조에 유리하다.
> 　　　(2) 병류식
> 　　　　① 폐기물의 이송방향과 연소가스의 흐름방향이 같은 형식이다.
> 　　　　② 수분이 적고 저위발열량이 높을 때 적용한다.
> 　　　　③ 폐기물의 발열량이 높을 경우 적당한 형식이다.
> 　　　　④ 건조대에서의 건조효율이 저하될 수 있다.
> 　　　(3) 교류식
> 　　　　① 역류식과 병류식의 중간 형식이다.
> 　　　　② 중간 정도의 발열량을 가지는 폐기물에 적합하다.
> 　　　　③ 두 흐름이 교차하여 폐기물 질의 변동이 클 때 적합하다.
> 　　　(4) 복류식(2회류식)
> 　　　　① 2개의 출구를 가지고 있는 댐퍼의 개폐로를 역류식, 병류식, 교류식으로 조절할 수 있는 형식이다.
> 　　　　② 폐기물의 질이나 저위발열량의 변동이 심할 경우에 적합하다.

02 고형화 처리목적 4가지를 기술하시오.

> **풀이**
>
> **고형화 처리의 목적**
> ① 유해폐기물의 불활성화(독성 저하 및 폐기물 내의 오염물질 이동성 감소)
> ② 용출 억제(물리적으로 안정한 물질로 변화)
> ③ 토양개량 및 매립 시 충분한 강도 확보
> ④ 취급 용이 및 재활용(건설자재) 가능

03 어느 매립지에서 침출수 농도가 반으로 감소하는 데 3.5년 걸렸다면 침출수의 농도가 90% 분해되는 데 몇 년이 소요되는가?(단, 1차 반응)

> **풀이**
>
> $\ln \dfrac{C_t}{C_o} = -kt$
>
> $\ln 0.5 = -k \times 3.5$
>
> $k = \dfrac{\ln 0.5}{-3.5}$
>
> $k = 0.198 \text{year}^{-1}$
>
> 90% 분해소요기간(반응 후 농도는 10%를 의미)
>
> $\ln\left(\dfrac{10}{100}\right) = -0.198 \text{year}^{-1} \times t$
>
> $t = \dfrac{\ln 0.1}{-0.198 \text{year}^{-1}}$
>
> $t = 11.63 \text{year}$

04 질소산화물(NO_x)의 연소조절에 의한 저감방법 4가지를 쓰시오.

> **풀이**
>
> **연소조절에 의한 저감방법(4가지만 기술)**
> ① 저산소 연소(저과잉 공기 연소)   ② 저온도 연소(연료용 예열공기의 온도 조절)
> ③ 연소부분의 냉각   ④ 배기가스의 재순환
> ⑤ 2단 연소(2단계 연소법)   ⑥ 버너 및 연소실의 구조 개선
> ⑦ 수증기 물분사 방법

05 폐기물의 압축비가 1.5일 때 부피감소율(%)을 구하시오.

풀이

부피감소율(VR)

$$VR(\%) = \left(1 - \frac{1}{CR}\right) \times 100 = \left(1 - \frac{1}{1.5}\right) \times 100 = 33.33\%$$

06 높은 효율을 얻기 위한 폐기물 소각 시 연소조건(3T) 3가지를 기술하시오.

풀이

① Time(연소시간) : 충분한 체류시간
② Temperature(연소온도) : 연료를 인화점 이상 예열하기 위한 충분한 온도
③ Turbulence(혼합) : 노 내 연료와 공기의 충분한 혼합

07 폐기물을 성상에 따라 분류하고 설명하시오.

풀이

① 액상 폐기물 : 고형물의 함량이 5% 미만인 폐기물
② 반고상 폐기물 : 고형물의 함량이 5% 이상 15% 미만인 폐기물
③ 고상폐기물 : 고형물의 함량이 15% 이상인 폐기물

08 매립지 가스발생 4단계를 쓰고 간단히 설명하시오.

풀이

1. 1단계
   ① 호기성 단계[초기 조절단계]
   ② N_2, O_2는 급격히 감소, CO_2는 서서히 증가하는 단계
   ③ 매립물의 분해속도에 따라 수일에서 수개월 동안 지속되며, 산소는 대부분 소모되는 단계
2. 2단계
   ① 혐기성 단계[혐기성 비메탄화 단계 ; 전이단계]
   ② 임의성 미생물에 의하여 SO_4^{2-}의 NO_3^{-1}가 환원되는 단계이며, 이 반응에 의해 CO_2가 생성되는 단계
   ③ pH 5 이하이며 수분이 충분한 경우에는 다음 단계로 빨리 진행됨
3. 3단계
   ① 혐기성 메탄 생성 축적단계[산 형성 단계]
   ② $CO_2 \cdot H_2$의 발생비율은 감소하고, CH_4 함량이 증가하기 시작하는 단계
   ③ 온도 55℃까지 상승(30~55℃)하며 pH는 6.8~8.0 정도
   ④ 매립 후 1~2년(25~55주)이 경과된 단계
4. 4단계
   ① 혐기성 메탄 생성 정상상태 단계[메탄발효단계]
   ② $CH_4 \cdot CO_2$의 구성비가 거의 일정한 정상상태 단계
   ③ 가스 조성
      ㉠ CH_4 : 55%
      ㉡ CO_2 : 40%
      ㉢ N_2 : 5%
   ④ 온도 30℃ 이하이고 pH는 6.8~8.0 정도
   ⑤ 매립 후 2~5년이 경과된 단계

09 직경이 2m인 트롬멜 스크린의 최적 회전속도(rpm)는?

풀이

최적 회전속도(rpm) = 임계속도(η_c) × 0.45

$$\eta_c = \frac{1}{2\pi}\sqrt{\frac{8}{r}} = \frac{1}{2\pi}\sqrt{\frac{9.8}{1}}$$
$$= 0.5 \text{cycle/sec} \times 60 \text{sec/min} = 30 \text{rpm}$$
$$= 30 \text{rpm} \times 0.45 = 13.5 \text{rpm}$$

10 매립지 바닥의 점토층 두께는 100cm이고, 투수계수는 10^{-7}cm/sec이다. 점토층의 유효공극률을 0.3으로 가정할 때 다음의 조건에서 침출수가 점토층을 통과하는 데 소요되는 시간(year)을 예측하시오.

> [조건]
> 점토층 위의 침출수 수두=30cm, 아래의 수두는 점토층 아랫면과 일치함

풀이

$$\text{소요되는 시간(year)} = \frac{d^2 N}{K(d+h)}$$

$$= \frac{1^2 \text{m}^2 \times 0.3}{10^{-9} \text{m/sec} \times (1+0.3)\text{m}}$$

$$= 230,769,230.8 \text{sec} \times 1\text{min}/60\text{sec}$$
$$\times 1\text{hr}/60\text{min} \times 1\text{day}/24\text{hr} \times 1\text{year}/365\text{day}$$

$$= 7.32 \text{year}$$

11 액상 폐기물 중에 존재하는 유해물질을 응집, 침전법에 의해 제거하고자 한다. 이때 사용되는 응집보조제 3가지와 그 사용목적을 기술하시오.

풀이

응집보조제
응집제의 효과를 높이기 위하여 첨가되는 약품

① 알긴산나트륨[$(C_6H_8O_6)_n$], 규산나트륨[Na_2OSiO_2] 사용목적 : Floc 형성
② 벤토나이트, 카오린 사용목적 : Floc 형성
③ 산·알칼리물질 사용목적 : pH 조정

12 다이옥신을 제어하기 위한 방법[연소 전 제어, 연소과정 제어, 연소 후 제어(대기오염 방지시설)]을 기술하시오.

> **풀이**
> 1. 1차적(사전, 연소 전) 제어방법
>   ① 다이옥신류 전구물질(PVC, 유기염소계 화합물)을 사전에 제어한다.
>   ② 플라스틱류는 분리수거하고 페인트가 칠해져 있거나 페인트로 처리된 목재, 가구류는 반입을 억제한다.
> 2. 2차적(노 내, 연소 중) 제어방법
>   ① 다이옥신 물질의 분해에 충분한 연소온도가 되도록 가동 개시할 때 온도를 빨리 승온시키고 체류시간을 조정하고 완전연소를 위해 연료와 공기를 충분히 혼합시킨다.(완전연소 조건 3T)
>   ② 입자이월(소각로 내 부유분진 중 연소기 밖으로 빠져나가는 일부 입자)은 다이옥신류의 저온 형성에 참여하는 전구물질 역할을 하기 때문에 최소화한다. 즉, 노를 벗어나는 비산재의 양이 최소한이 되도록 한다.
>   ③ 연소실의 형상을 클링커 축적이 생기지 않는 구조로 한다.
> 3. 3차적(후처리, 연소 후) 제어방법
>   ① 현재 가장 합리적인 조합처리방식은 활성탄 주입시설+Bag Filter를 연결하여 제거하는 방법이다.(활성탄 주입시설+반응탑+Bag Filter)
>   ② SCR, SNCR 방법으로 제거가 가능하다.

13 초산과 포도당을 각각 1mol씩 혐기성 소화 시 양론적 메탄 발생량을 비교하시오.(양론적 : mol 기준)

> **풀이**
> 혐기성 완전분해 반응식
> 초산 : $CH_3COOH \rightarrow CH_4 + CO_2$
>   1mol   :   22.4(L)
> 포도당 : $C_6H_{12}O_6 \rightarrow 3CH_4 + 3CO_2$
>   1mol   :   3×22.4(L)
> 포도당 1mol 혐기성 소화 시, 초산 1mol 혐기성 소화 시보다 메탄 발생량[CH_4]은 3배가 많다.

14 생활환경에 관계되는 피해를 일으킬 우려가 있는 폐산, 폐알칼리, 타르피치, 폐수처리오니, 동물성 잔재물 등의 폐기물을 매립하는 방법을 쓰시오.

> **풀이**
> 관리형 매립방법

15 유해폐기물의 위해성을 판단하는 방법으로 사용되는 물질의 특성 5가지를 쓰시오.

> **풀이**
> **위해성 판단, 특성(5가지만 기술)**
> ① 부식성 ② 유해성 ③ 반응성
> ④ 인화성 ⑤ 용출 특성 ⑥ 독성
> ⑦ 난분해성

16 폐기물의 성상분석 조사순서를 쓰시오.

> **풀이**
> 시료 → 밀도 측정 → 물리적 조성 → 건조 · 측정 → 분류 → 가연성 물질
> → 전처리 · 미분쇄 → 화학적 조성

17 침출수 처리의 펜톤산화법에서 펜톤산화제의 조성을 쓰시오.

> **풀이**
> 과산화수소수(H_2O_2) + 철염($FeSO_4$)

18 조성이 $C_{60}H_{93}ON$인 유기물질 1ton/day가 호기성 안정화할 때의 필요산소량(Sm^3/day)을 구하시오.

> **풀이**
>
> 유기물질의 완전분해 반응식
>
> $$C_aH_bO_cN_d + \left(\frac{4a+b-2c}{4}\right)O_2 \rightarrow aCO_2 + \left(\frac{b}{2}\right)H_2O + \frac{d}{2}N_2$$
>
> $$C_{60}H_{93}ON + \left[\frac{(4\times 60)+93-(2\times 1)}{4}\right]O_2 \rightarrow 60CO_2 + \left(\frac{93}{2}\right)H_2O + \left(\frac{1}{2}\right)N_2$$
>
> $C_{60}H_{93}ON \quad + \quad 87.25O_2 \quad \rightarrow \quad 60CO_2 + 46.5H_2O + 0.5N_2$
> 843kg : $87.25 \times 22.4(Sm^3)$
> 1,000kg/day : $O_0(Sm^3/day)$
>
> $$O_0(Sm^3/day) = \frac{1,000kg/day \times (82.75 \times 22.4)Sm^3}{843kg}$$
> $$= 2,198.81 Sm^3/day$$

19 매립지 내 가스(LFG)에서 발생된 CO_2의 제거방법 3가지를 쓰고 설명하시오.

> **풀이**
>
> **LFG에서 CO_2 제거방법**
> ① 흡수법 : 흡수제(물, 유기용제)를 이용하여 CO_2 용해
> ② 흡착법 : 흡착제(활성탄, 실리카겔, 알루미나)에 물리적 흡착시켜 제거
> ③ 막분리법 : 막을 통해 특성 성분을 선택적으로 통과시켜 불순물 제거

2018년 2회 산업기사

01 폐기물을 성상에 따라 분류하고 설명하시오.

> **풀이**
> 1. 액상폐기물 : 고형물의 함량이 5% 미만인 폐기물
> 2. 반고상폐기물 : 고형물의 함량이 5% 이상 15% 미만인 폐기물
> 3. 고상폐기물 : 고형물의 함량이 15% 이상인 폐기물

02 퇴비화 설계운영 고려인자 중 C/N비가 80 이상, 20 이하인 경우의 영향을 쓰시오.

> **풀이**
> (1) C/N비가 80 이상인 경우
>   유기산 등이 퇴비의 pH를 낮추고 미생물의 성장과 활동도 억제되며, 질소 부족으로 퇴비화가 잘 형성되지 않아 퇴비화의 소요기간이 길어진다.
> (2) C/N비가 20 이하인 경우
>   질소가 암모니아로 변하여 pH를 증가시키고, 이로 인해 암모니아 가스가 생성되어 퇴비화 과정 중 악취가 발생한다.

03 소각로 설계 시 연소실의 입열 및 출열의 종류를 3가지씩 쓰시오.

> **풀이**
> (1) 입열(3가지만 기술)
>   ① 폐기물 자체열(보유열)   ② 보조연료의 유입열량
>   ③ 폐기물 연소열   ④ 연소용으로 공급되는 예열 공기열(공기현열)
>   ⑤ 냉각용 공기의 유입열량
> (2) 출열(3가지만 기술)
>   ① 배기가스 배출열   ② 연소로의 방열
>   ③ 불완전연소에 의한 손실열 ④ 회분(재)의 유출열

04 일반적 도시폐기물의 에너지 회수방법 3가지를 쓰시오.

> **풀이**
>
> 도시폐기물의 에너지 회수방법(3가지만 기술)
> ① 소각에 의한 열회수
> ② 혐기성 소화방식에 의한 CH_4 가스 회수
> ③ 고형화 연료(RDF)의 생산
> ④ 열분해에 의한 연료생산

05 쓰레기와 슬러지의 함수율이 각각 50%와 70%라고 한다면 쓰레기와 슬러지를 중량비 4 : 1 비율로 혼합 시 함수율(%)은?

> **풀이**
>
> $$함수율(\%) = \frac{(4 \times 0.5) + (1 \times 0.7)}{(4 + 1)} \times 100 = 54\%$$

06 소각로의 화상부하는 $200kg/m^2 \cdot hr$이고 일일발생량이 3ton/day인 폐기물을 소각 시 소각로의 바닥면적(m^2)은?(단, 1일 8hr 가동)

> **풀이**
>
> $$화상부하율(kg/m^2 \cdot hr) = \frac{시간당\ 소각량(kg/hr)}{화상면적(m^2)}$$
>
> $$화상면적(m^2) = \frac{3ton/day \times 1,000kg/ton \times day/8hr}{200kg/m^2 \cdot hr} = 1.88m^2$$

07 고형화 처리방법 중 석회기초법의 포졸란을 설명하고 종류 3가지를 쓰시오.

> **풀이**
>
> 1. 포졸란(Pozzolan)
>   규소를 함유하는 미분상태의 물질이며 $Ca(OH)_2$와 물과 반응하여 불용성, 수밀성 화합물을 형성하는 물질이다.
> 2. 종류
>   ① 비산재(Fly Ash)   ② 점토(Clay)   ③ 슬래그(Slag)

08 탄소 10kg을 연소시키는 데 필요한 이론공기량(kg)을 구하시오.

풀이

완전연소 반응식

$$C + O_2 \rightarrow CO_2$$

12kg : 32kg

10kg : $O_0(\text{kg})$

$$O_0(\text{kg}) = \frac{10\text{kg} \times 32\text{kg}}{12\text{kg}} = 26.67\text{kg}$$

$$A_0(\text{중량기준 : kg}) = \frac{26.67}{0.232} = 114.96\text{kg}$$

09 폐기물 수송방법 중 관거수송의 종류 3가지를 쓰시오.

풀이

관거수송의 종류
① 공기수송   ② 슬러리 수송   ③ 캡슐 수송

10 직경이 3m인 Trommel Screen의 임계속도(rpm)는?

풀이

$$\text{임계속도}(\eta_c : \text{rpm}) = \frac{1}{2\pi}\sqrt{\frac{g}{r}} = \frac{1}{2\pi} \times \sqrt{\frac{9.8}{1.5}}$$

$$= 0.407\text{cycle/sec} \times 60\text{sec/min}$$

$$= 24.42\text{cycle/min}(24.42\text{rpm})$$

11 합성차수막 중 HDPE의 장점 4가지를 쓰시오.

풀이

HDPE의 장점
① 대부분의 화학물질에 대한 저항성이 크다.
② 온도에 대한 저항성이 높다.
③ 강도가 높다.
④ 접합상태가 양호하다.

[참고] HDPE의 단점
   유연하지 못하여 구멍 등 손상을 입을 우려가 있다.

12 쓰레기를 수거하는 작업, 즉 청소작업이 끝난 후 이에 대한 상태를 평가하는 방법으로는 CEI와 USI를 사용한다. 각각에 대하여 간단히 서술하시오.

> **풀이**
> 1. CEI(Community Effects Index)
>   지역사회 효과 지수라 하며 가로 청소상태를 기준(scale : 1~4)으로 측정하는 방법이다.
> 2. USI(User Satisfaction Index)
>   사용자 만족도 지수라 하며 서비스를 받는 사람들의 만족도를 설문조사(설문문항 : 6개)하여 계산하는 방법이다.

13 슬러지가 포함하고 있는 수분의 종류 4가지에 대해 기술하시오.

> **풀이**
> **슬러지 내 수분의 구성(함유) 형태(4가지만 기술)**
> ① 간극수(Cavemous Water)
>   큰 고형물 입자 간극에 존재하며 슬러지 내 존재하는 물의 형태 중 아주 많은 양을 차지하고 쉽게 분리 가능한 수분이다.
> ② 모관결합수(Capillary Water)
>   미세한 슬러지 고형물질의 아주 작은 입자 사이에 존재하는 수분으로 모세관현상을 일으켜서 모세관압으로 결합되어 있는 수분이다.
> ③ 부착수(Adhesion Water)
>   콜로이드상 입자의 결합수가 생물학적 처리로 발생되는 미세 슬러지 입자 표면에 부착되어 있는 수분으로 제거가 어렵다.
> ④ 내부수
>   슬러지 입자를 형성하고 있는 세포액으로 구성된 수분으로 제거가 어렵다. 즉, 내부수는 결합강도가 가장 커서 탈수하기 어려운 특성이 있다.

14 쓰레기 100ton을 소각하였을 경우 재의 중량은 쓰레기 중량의 20wt%이며, 재의 용적은 20m³이면 재의 밀도(kg/m³)는 얼마인가?

> **풀이**
> $$\text{재의 밀도}(kg/m^3) = \frac{\text{질량(중량)}}{\text{부피}} = \frac{100\text{ton} \times 1,000\text{kg/ton}}{20\text{m}^3} \times 0.2 = 1,000\text{kg/m}^3$$

15 매립지 사후관리계획서에 포함되는 사항 5가지를 쓰시오.

> **풀이**
>
> **사후관리계획서 포함사항(5가지만 기술)**
> ① 폐기물처리시설의 설치 및 사용내용 ② 사후관리 추진일정
> ③ 빗물배제계획   ④ 침출수관리계획
> ⑤ 지하수 수질조사계획   ⑥ 발생가스의 관리계획
> ⑦ 구조물과 지반 등의 안정도 유지계획

16 매립지로부터 가스가 발생될 것이 예상되는 경우 적절한 매립가스 포집방법 3가지를 쓰시오.

> **풀이**
>
> **매립가스 포집방법(3가지만 기술)**
> ① 수직포집정 방법   ② 수평덮개형 추출공법   ③ 수평트렌치 공법

17 다음 조성을 이용하여 분뇨와 음식물을 중량비(무게비) 3 : 5로 혼합처리 시 C/N비를 구하시오.

구분	함수율	총고형물 중 유기탄소량	총고형물 중 총질소량
분뇨	95%	40%	20%
음식물	35%	87%	5%

> **풀이**
>
> $C/N비 = \dfrac{혼합물\ 중\ 탄소의\ 양}{혼합물\ 중\ 질소의\ 양}$
>
> 혼합물 중 탄소의 양
> $= \left\{\dfrac{3}{3+5} \times (1-0.95) \times 0.4\right\} + \left\{\dfrac{5}{3+5} \times (1-0.35) \times 0.87\right\} = 0.361$
>
> 혼합물 중 질소의 양
> $= \left\{\dfrac{3}{3+5} \times (1-0.95) \times 0.2\right\} + \left\{\dfrac{5}{3+5} \times (1-0.35) \times 0.05\right\} = 0.024$
>
> $C/N비 = \dfrac{0.361}{0.024} = 15$

18 탄소 5kg을 완전연소하는 데 소요되는 이론공기량(Nm^3)은?

> **풀이**
>
> 연소반응식
>
> $$C + O_2 \rightarrow CO_2$$
> $$12kg : 22.4Nm^3$$
> $$5kg : O_0(Nm^3)$$
>
> $$O_0(Nm^3) = \frac{5kg \times 22.4Nm^3}{12kg} = 9.33Nm^3$$
>
> $$A_0 = \frac{9.33}{0.21} = 44.44Nm^3$$

19 매립지 내 가스(LFG)에서 발생된 CO_2의 제거방법 3가지를 쓰고 설명하시오.

> **풀이**
>
> **LFG에서 CO_2 제거방법**
> ① 흡수법 : 흡수제(물, 유기용제)를 이용하여 CO_2 용해
> ② 흡착법 : 흡착제(활성탄, 실리카겔, 알루미나)에 물리적 흡착시켜 제거
> ③ 막분리법 : 막을 통해 특성 성분을 선택적으로 통과시켜 불순물 제거

20 LCA(Life Cycle Assessment)의 구성요소 4가지를 기술하시오.

> **풀이**
>
> **LCA 4단계**
> ① 1단계 : 목적 및 범위 설정(Goal Definition Scoping)
> ② 2단계 : 목록 분석(Inventory Analysis)
> ③ 3단계 : 영향 평가(Impact Analysis)
> ④ 4단계 : 개선평가 및 해석(Improvement Assessment)

2018년 4회 기사

01 폐기물 발생량이 4,300m³/day인 도시에서 8ton 덤프트럭으로 쓰레기를 매립장으로 운반하고자 한다. 폐기물 밀도는 280kg/m³, 덤프트럭 작업시간 6hr/day, 운반거리 25km, 왕복시간 45분, 투기시간 8분, 적재시간 20분, 대기차량 2대인 조건에서 하루에 몇 대의 차량이 필요한가?

풀이

$$\text{차량대수} = \frac{\text{폐기물 총량}}{\text{차량 적재용량}} + \text{대기차량}$$

차량 적재용량(1일 1대당 운반량)

$$= \frac{8\text{ton/대} \cdot \text{회}}{(45+8+20)\text{분/회} \times \text{hr/60분} \times \text{day/6hr}} = 39.45\text{ton/day} \cdot \text{대}$$

폐기물 총량 $= 4,300\text{m}^3/\text{day} \times 0.28\text{ton/m}^3 = 1,204\text{ton/day}$

$$= \frac{1,204\text{ton/day}}{39.45\text{ton/day} \cdot \text{대}} + 2 = 30.69 + 2 = 32.69(33\text{대})$$

02 다음 물질회수율 중 어느 물질의 % 선별효율이 더 높은가?(단, Worrell식 적용)

```
유리 20kg                                  기각
캔 5kg      →   (선별기)   →   유리 2kg
                                          캔 4kg
                ↓ 선별
            유리 18kg 캔 1kg
```

풀이

유리

x_1 18kg → y_1 1kg

x_2 2kg → y_2 4kg

$x_0 = x_1 + x_2 = 18 + 2 = 20\text{kg}$

$y_0 = y_1 + y_2 = 1 + 4 = 5\text{kg}$

$E(\%) = \left[\left(\frac{18}{20}\right) \times \left(\frac{4}{5}\right)\right] \times 100 = 72\%$

캔

x_1 1kg → y_1 18kg

x_2 4kg → y_2 2kg

$$x_0 = x_1 + x_2 = 1 + 4 = 5\text{kg}$$
$$y_0 = y_1 + y_2 = 2 + 18 = 20\text{kg}$$
$$E(\%) = \left[\left(\frac{1}{5}\right) \times \left(\frac{2}{20}\right)\right] \times 100 = 2\%$$

유리의 선별효율이 캔의 선별효율보다 70% 높다.

03 유동층 소각로의 장점 및 단점을 3가지씩 기술하시오.

풀이

1. 장점
   ① 유동 매체의 열용량이 커서 액상, 기상 및 고형 폐기물의 전소 및 환소, 균일한 연소가 가능하다.
   ② 반응시간이 빨라 소각시간이 짧다.(노 부하율이 높다.)
   ③ 연소효율이 높아 미연소분의 배출이 적고 2차 연소실이 불필요하다.
2. 단점
   ① 층의 유동으로 상(床)으로부터 찌꺼기의 분리가 어려우며 운전비, 특히 동력비가 높다.
   ② 폐기물의 투입이나 유동화를 위해 파쇄가 필요하다.
   ③ 유동 매체의 손실로 인한 보충이 필요하다.

04 직경이 2.5m인 트롬멜 스크린의 임계속도(rpm)를 구하시오.

풀이

임계속도(η_c)

$$\eta_c = \frac{1}{2\pi}\sqrt{\frac{g}{r}}$$
$$= \frac{1}{2 \times \pi}\sqrt{\frac{9.8}{(2.5/2)}}$$
$$= 0.4458 \text{cycle/sec} \times 60\text{sec/min} = 26.75\text{rpm}$$

05 탄소 10kg을 연소시키는 데 필요한 이론공기량(kg)을 구하시오.

> **풀이**
>
> 완전연소반응식
> $$C + O_2 \rightarrow CO_2$$
> 12kg : 32kg
> 10kg : O_0(kg)
>
> $O_0(\text{kg}) = \dfrac{10\text{kg} \times 32\text{kg}}{12\text{kg}} = 26.67\text{kg}$
>
> $A_0(\text{중량기준 : kg}) = \dfrac{26.67}{0.232} = 114.96\text{kg}$

06 생활폐기물을 소각처리할 때 노 내에서 다이옥신의 발생량을 저감시킬 수 있는 방법 4가지를 기술하시오.

> **풀이**
>
> **노 내(연소과정) 제어방법**
> ① 완전연소조건 3T(Temperature, Time, Turbulence)를 충족할 것
> ② 적정 연소온도(860~920℃) 유지
> ③ 공기공급량(1차 공기, 2차 공기)의 조절
> ④ 입자이월의 최소화

07 열분해 공정이 소각법에 비하여 갖는 장점 3가지를 기술하시오.

> **풀이**
>
> **열분해 공정의 장점**
> ① 소각법에 비해 배기가스양이 적게 배출된다.
> ② 소각법에 비해 황 및 중금속이 회분(Ash) 속에 고정되는 비율이 크다.
> ③ 소각법에 비해 환원기가 유지되므로 3가 크롬(Cr^{+3})이 6가 크롬(Cr^{+6})으로 변화하기 어려우며, 대기오염물질의 발생이 적다.

08 폐기물 선별분리방법의 종류 6가지를 쓰시오.

> **풀이**
>
> **폐기물 선별분리방법**
> ① 손선별(인력선별 : Hand Sorting)   ② 스크린 선별법(Screening)
> ③ 와전류 선별법   ④ 광학 선별법
> ⑤ 테이블(Table) 선별법   ⑥ 공기 선별법(Air Classifier)

09 퇴비화 설계운영 고려인자 중 C/N비가 80 이상, 20 이하인 경우의 영향을 쓰시오.

> **풀이**
>
> (1) C/N비가 80 이상인 경우
>   유기산 등이 퇴비의 pH를 낮추고 미생물의 성장과 활동도 억제되며, 질소 부족으로 퇴비화가 잘 형성되지 않아 퇴비화의 소요기간이 길어진다.
> (2) C/N비가 20 이하인 경우
>   질소가 암모니아로 변하여 pH를 증가시키고, 이로 인해 암모니아 가스가 생성되어 퇴비화 과정 중 악취가 발생한다.

10 소각시설의 감시창(감시제어설비) 설치목적 및 감시 카메라(CCTV) 설치위치를 쓰시오.

> **풀이**
>
> (1) 감시창 설치목적
>   소각로 내 연소상태의 정확한 파악을 위해
> (2) 감시 카메라 설치위치
>   ① 투입호퍼 및 Reception Hall
>   ② 소각로(노 내) 및 연돌

11 활성탄 주입시설을 이용한 소각로에서 발생하는 다이옥신 제거공정을 간단히 설명하시오.

> **풀이**
> 배기가스 Conditioning 시 활성탄 분말 투입시설을 설치하여 다이옥신과 반응시킨 후 집진함으로써 제거하는 방법이다.(활성탄 주입시설＋반응탑＋여과집진시설)

12 수산화물 침전법을 적용하여 크롬(Cr^{3+}) 처리 시 반응식을 쓰시오.

> **풀이**
> $2Cr^{3+} + 6OH^- \rightarrow 2Cr(OH)_3 \downarrow$: 적정 pH 8~9

13 다음 조성을 가진 분뇨와 음식물을 중량비(무게비) 1 : 3으로 혼합처리 시 C/N비를 구하시오.

구분	함수율	총고형물 중 유기탄소량	총고형물 중 총질소량
분뇨	95%	40%	20%
음식물	35%	87%	5%

> **풀이**
> $$C/N비 = \frac{혼합물\ 중\ 탄소의\ 양}{혼합물\ 중\ 질소의\ 양}$$
>
> 혼합물 중 탄소의 양
> $= \left[\frac{1}{1+3} \times (1-0.95) \times 0.4\right] + \left[\frac{3}{1+3} \times (1-0.35) \times 0.87\right] = 0.429$
>
> 혼합물 중 질소의 양
> $= \left[\frac{1}{1+3} \times (1-0.95) \times 0.2\right] + \left[\frac{3}{1+3} (1-0.35) \times 0.05\right] = 0.027$
>
> $C/N비 = \frac{0.429}{0.027} = 15.89$

14 폐기물 소각시설 처리공정 중 연소가스를 냉각시키는 냉각설비 방식 3가지를 쓰시오.

> **풀이**
>
> **냉각설비 방식(3가지만 기술)**
> ① 폐열 보일러식　　　　② 물분사식
> ③ 공기혼합식　　　　　　④ 간접공랭식

15 다음 조건의 매립장에서 예상되는 연간 침출수 발생량(m^3/year)은?

- 매립지 면적 : 100ha
- 연평균 강우량 : 1,200mm
- 유출률 : 0.15
- 복토 경사도 : 7% 경사
- 토양의 수분저장량 : 180mm
- 증산량 : 700mm

> **풀이**
>
> 침출수량(mm/year) = 강우량(P) − [유출량(R) + 증발산량(ET)]
> 　　　　　　　　　− 토양의 수분보유량(F)
> 　유출량 = 강우량 × 유출률
> 　　　　 = 1,200(mm/year) × 0.15 = 180mm/year
> 　　　　 = 1.2m − (0.18m + 0.7m) − 0.18m = 0.14m/year
>
> 침출수 발생량(m^3/year) = 침출수량(m/year) × 매립지면적(m^2)
> 　　　　　　　　　　　= 0.14m/year × 100ha × $(100m)^2$/ha = 140,000m^3/year

16 폐기물의 성상분석 조사순서를 쓰시오.

> **풀이**
>
> 시료 → 밀도 측정 → 물리적 조성 → 건조·측정 → 분류 → 가연성 물질
> 　→ 전처리·미분쇄 → 화학적 조성

17 중량비로 탄소 : 87%, 수소 : 11%, 황 : 2%인 중유를 공기비 1.5로 연소시킬 때 다음을 구하시오.

(1) 이론산소량(Sm^3/kg)
(2) 이론공기량(Sm^3/kg)
(3) 실제공기량(Sm^3/kg)

> **풀이**
>
> (1) 이론산소량(O_0)
> $$O_0(Sm^3/kg) = 1.867C + 5.6H + 0.7S$$
> $$= (1.867 \times 0.87) + (5.6 \times 0.11) + (0.7 \times 0.02)$$
> $$= 2.25(Sm^3/kg)$$
>
> (2) 이론공기량(A_0)
> $$A_0(Sm^3/kg) = O_0 \times \frac{1}{0.21} = 2.25 Sm^3/kg \times \frac{1}{0.21} = 10.71(Sm^3/kg)$$
>
> (3) 실제공기량(A)
> $$A(Sm^3/kg) = m \times A_0 = 1.5 \times 10.71 Sm^3/kg = 16.07(Sm^3/kg)$$

18 HCl(염화수소)의 제거 반응식 2가지를 쓰시오.

> **풀이**
>
> (1) $2HCl + Ca(OH)_2 \rightarrow CaCl_2 + 2H_2O$
> (2) $HCl + NaOH \rightarrow NaCl + H_2O$

19 D_n, d_n이 침출수 집배수층의 체상분율과 매립지 토양의 체상분율일 때 다음의 조건에 만족하는 것을 기술하시오.

> 가. 침출수 집배수층이 주변 물질에 막히지 않을 조건
> 나. 침출수 집배수층이 충분한 투수성을 유지할 조건

풀이

가. 침출수 집배수층이 주변 물질에 의해 막히지 않을 조건

$$\frac{D_{15}(필터재료)}{d_{85}(주변토양)} < 5$$

나. 침출수 집배수층이 충분한 투수성을 유지할 조건

$$\frac{D_{15}(필터재료)}{d_{15}(주변토양)} > 5$$

여기서, D : 침출수 집배수층의 필터재료 입경
D_{15} : 입경누적곡선에서 통과한 백분율로 15%에 상당하는 입경
d : 집배수층 주변토양의 입경
d_{85} : 입경누적곡선에서 통과한 백분율로 85%에 상당하는 입경
d_{15} : 입경누적곡선에서 통과한 백분율로 15%에 상당하는 입경

20 공기를 이용하여 CO를 완전연소하는 경우 이론건조가스 중 $CO_{2\max}$(%)를 구하시오.

풀이

$$CO_{2\max}(\%) = \frac{CO_2}{G_{od}} \times 100$$

$$G_{od} = (1-0.21)A_0 + CO_2$$

$$CO + \frac{1}{2}O_2 \rightarrow CO_2$$

$$22.4\text{m}^3 : 0.5 \times 22.4\text{m}^3$$

$$1\text{m}^3 : 0.5\text{m}^3$$

$$CO_2 = 1\text{m}^3/\text{m}^3$$

$$A_0 = O_0 \times \frac{1}{0.21} = 0.5 \times \frac{1}{0.21} = 2.38\text{m}^3/\text{m}^3$$

$$= [(1-0.21) \times 2.38] + 1 = 2.88\text{m}^3/\text{m}^3$$

$$= \frac{1}{2.88} \times 100 = 34.72\%$$

2018년 4회 산업기사

01 소각로 열부하 40,000kcal/m³·hr, 쓰레기 발생량 42ton/day, 쓰레기 발열량 500kcal/kg, 소각로 가동시간 24hr/day일 때 소각로의 용적(m³)을 구하시오.

풀이

$$\text{소각로 용적(m}^3) = \frac{\text{저위발열량} \times \text{연소량}}{\text{열부하율}}$$

$$= \frac{500\text{kcal/kg} \times 42\text{ton/day} \times \text{day}/24\text{hr} \times 1{,}000\text{kg/ton}}{40{,}000\text{kcal/m}^3 \cdot \text{hr}}$$

$$= 21.88\text{m}^3$$

02 X물질에 대한 선별효율을 구하는 식 중 Worrell 식과 Rietema 식을 기술하시오. (단, X_1 : 회수된 X 순량, X_0 : 투입된 X 순량, Y_1 : 회수되는 기타 폐기물량, Y_2 : 제거되는 기타 폐기물량을 적용하여 식을 구성할 것)

풀이

Worrell 선별효율

$$E(\%) = \left[\left(\frac{X_1}{X_0}\right) \times \left(\frac{Y_2}{Y_0}\right)\right] \times 100$$

여기서, X : 회수율 Y : 기각률

Rietema 선별효율

$$E(\%) = \left[\left|\left(\frac{X_1}{X_0}\right) - \left(\frac{Y_1}{Y_0}\right)\right|\right] \times 100$$

여기서, X : 회수율 Y : 회수율

03 1일 쓰레기의 발생량이 100톤인 지역에서 트렌치 방식으로 매립장을 계획한다면 3년간 필요한 토지 면적(m^2)을 구하시오. (단, 도랑의 깊이는 2.5m이고, 매립에 따른 쓰레기의 부피 감소율은 60%, 매립 전 쓰레기 밀도는 0.5ton/m^3이다.)

> **풀이**
>
> 매립면적(m^2) = $\dfrac{\text{매립폐기물의 양}}{(\text{폐기물 밀도} \times \text{매립깊이})} \times \text{부피감소율}$
>
> = $\dfrac{100\text{ton/day} \times 365\text{day/year} \times 3\text{year}}{0.5\text{ton/m}^3 \times 2.5\text{m}} \times (1-0.6) = 35{,}040\text{m}^2$

04 초기 수분이 98%인 1ton의 슬러지를 수분함량 50%로 건조할 때 증발된 수분량(ton)을 구하시오.

> **풀이**
>
> 초기 슬러지양(100 − 초기 함수율) = 처리 후 슬러지양(100 − 처리 후 함수율)
> 1ton × (100 − 98) = 처리 후 슬러지양 × (100 − 50)
> 처리 후 슬러지양(ton) = 0.04ton
> 증발된 수분량(ton) = 1 − 0.04 = 0.96ton

05 하루 100ton의 도시폐기물을 소각하기 위하여 소요되는 화격자의 크기(면적)를 구하시오. (단, 연속가동 기준, 화격자 화상부하율 340kg/$m^2 \cdot$hr)

> **풀이**
>
> 화격자 면적(m^2) = $\dfrac{\text{시간당 소각량}}{\text{화격자 화상부하율}}$
>
> = $\dfrac{100\text{ton/day} \times 1{,}000\text{kg/ton} \times \text{day/24hr}}{340\text{kg/m}^2 \cdot \text{hr}} = 12.25\text{m}^2$

06 폐기물 수거방식 중 파이프라인 수송방식의 장점 및 단점을 각각 3가지씩 기술하시오.

> **풀이**
>
> 1. 장점
>   ① 자동화 · 무공해화 · 안전화가 가능하다.
>   ② 눈에 띄지 않아 미관, 경관이 좋다.
>   ③ 에너지 절약이 가능하다.
>
>   [참고] ①~③항 외에
>   ④ 교통소통이 원활하여 교통체증 유발이 없다.
>   ⑤ 투입이 용이하고 수집이 편리하다.
>   ⑥ 인건비 절감의 효과가 있다.
>
> 2. 단점
>   ① 대형 폐기물에 대한 전처리공정이 필요하다.
>   ② 설치 후에 경로 변경이 곤란하고 설치비가 비싸다.
>   ③ 잘못 투입된 폐기물은 회수하기 곤란하다.
>
>   [참고] ①~③항 외에
>   ④ 2.5km 이내의 단거리에서만 이용된다.
>   ⑤ 사고 발생 시 시스템 전체가 마비되며 대체 시스템으로 전환이 필요하다.
>   ⑥ 초기 투자비용이 많이 소요된다.

07 중금속 슬러지를 시멘트로 고형화 처리할 경우 다음 조건에서 부피변화율(VCF)을 구하시오.

> [조건]
> - 혼합률(MR) : 0.33
> - 고화처리 전 폐기물의 밀도 : 1.11ton/m³
> - 고화처리 후 폐기물의 밀도 : 1.22ton/m³

> **풀이**
>
> 부피변화율(VCF)
>
> $$VCF = (1+MR) \times \frac{\rho_r}{\rho_s} = (1+0.33) \times \frac{1.11\text{ton/m}^3}{1.22\text{ton/m}^3} = 1.21$$
>
> [참고] $VCF = \dfrac{V_s}{V_r} = \dfrac{(M_s/\rho_s)}{(M_r/\rho_r)} = \dfrac{M_s \rho_r}{M_r \rho_s}$
>
> $\qquad\qquad = \dfrac{M_r + M_s}{M_r} \times \dfrac{\rho_r}{\rho_s} = (1+MR) \times \dfrac{\rho_r}{\rho_s}$

08 LCA(Life Cycle Assessment)의 구성요소 4가지를 기술하시오.

풀이

LCA 4단계
① 1단계 : 목적 및 범위 설정(Goal Definition Scoping)
② 2단계 : 목록 분석(Inventory Analysis)
③ 3단계 : 영향 평가(Impact Analysis)
④ 4단계 : 개선평가 및 해석(Improvement Assessment)

09 매립지 선정 시 고려사항 5가지를 쓰시오.

풀이

매립지 선정 시 고려사항(5가지만 기술)
① 계획 매립용량 확보가 가능할 것
② 복토의 확보가 용이할 것
③ 자연재해(지진, 단층지대 등) 등에 대한 안전성
④ 기상요소(풍향, 기상변화, 강우량)
⑤ 사후매립지 이용계획(장래 이용성 ; 지지력)
⑥ 침출수의 공공수역의 오염관계(수원지와 위치조사)

10 매립지의 사후관리항목 4가지를 쓰시오.

풀이

매립지 사후관리항목(4가지만 기술)
① 우수배제시설
② 침출수 처리시설
③ 지하수 수질조사
④ 발생가스 조성조사 및 처리시설
⑤ 구조물 및 지반의 안정도
⑥ 지표수 수질조사
⑦ 토양조사
⑧ 주변 환경영향 종합보고서 작성
⑨ 해수수질조사
⑩ 방역방법(차단형 매립시설은 제외)

11 매립지 저류구조물의 기능 3가지를 쓰시오.

> **풀이**
>
> **매립지 저류구조물의 기능(3가지만 기술)**
> ① 폐기물 및 침출수의 유출 및 누출방지
> ② 매립폐기물량 저류
> ③ 매립 후 폐기물의 안전한 저류

12 납(Pb^{2+})의 농도 60mg/L인 액상 폐기물 $100m^3$가 있다. 이 중 납을 모두 황화물로 제거하기 위해서 필요한 황화나트륨(Na_2S)의 양은 몇 kg인가?(단, 원자량은 Pb=207, Na=23)

> **풀이**
>
> Pb^{2+} + S^{2-} → PbS ↓
> 207kg : 32kg
> $60mg/L \times 100m^3 \times 1,000L/m^3 \times kg/10^6mg$: S(kg)
>
> $S(kg) = \dfrac{60mg/L \times 100m^3 \times 1,000L/m^3 \times kg/10^6mg \times 32kg}{207kg} = 0.927kg$
>
> Na_2S → S
> 78kg : 32kg
> $Na_2S(kg)$: 0.927kg
>
> $Na_2S(kg) = \dfrac{78kg \times 0.927kg}{32kg} = 2.26kg$

13 폐기물의 연소능력이 $230kg/m^2 \cdot hr$이며 연소할 폐기물의 양이 $100m^3/day$이다. 1일 8시간 소각로를 가동시킨다고 할 때, 로스톨의 면적(m^2)은?(단, 폐기물의 밀도는 $180kg/m^3$)

> **풀이**
>
> 로스톨 면적(화상면적 : m^2) = $\dfrac{\text{시간당 소각량}(kg/hr)}{\text{연소능력(화상부하율)}(kcal/m^2 \cdot hr)}$
>
> $= \dfrac{100m^3/day \times 180kg/m^3 \times day/8hr}{230kg/m^2 \cdot hr} = 9.78m^2$

14 분뇨의 슬러지건량은 10m³, 함수율 95%이다. 함수율을 85%까지 농축하였다면 농축조에서의 분리액(m³)은?(단, 비중 1.0)

> **풀이**
>
> 농축액 분리액(m^3) = $\dfrac{건조슬러지}{1-초기\ 함수율} - \dfrac{건조슬러지}{1-처리\ 후\ 함수율}$
>
> $= \dfrac{10}{(1-0.95)} - \dfrac{10}{(1-0.85)} = 133.33 m^3$

15 여과식 집진시설(Bag Filter) 여과백의 부착 분진 탈진방법 3가지를 쓰시오.

> **풀이**
>
> **탈진방법**
> ① 진동형(Shaker Type) ② 역기류형(Reverse Air Flow Type)
> ③ 펄스제트형(Pulse-Jet Type)

16 쓰레기의 저위발열량 추정 시 3성분의 조성비율을 이용하여 발열량을 산출할 경우 이 3성분을 쓰시오.

> **풀이**
>
> **3성분**
> ① 가연분 ② 수분 ③ 회분

17 중량조성이 탄소 88%, 수소 12%인 액체연료를 150kg/hr의 속도로 주입하여 연소시킬 때 배기가스의 조성은 CO_2 : 12.5%, O_2 : 4%, N_2 : 83.5%이었다. 필요한 실제공기량(Sm^3/hr)을 구하시오.

> **풀이**
>
> 실제공기량(A) = $m \times A_0$
>
> $m = \dfrac{N_2}{N_2 - 3.76 \times O_2} = \dfrac{83.5}{83.5 - (3.76 \times 4)} = 1.22$
>
> $A_0 = \dfrac{1}{0.21}(1.867C + 5.6H)$
>
> $= \dfrac{1}{0.21}[(1.867 \times 0.88) + (5.6 \times 0.12)] = 11.02 Sm^3/kg$
>
> $= 1.22 \times 11.02 Sm^3/kg \times 150 kg/hr = 2,016.66 Sm^3/hr$

18 질소산화물 제거방법 중 연소실 내에서의 저감대책 3가지를 쓰시오.

> **풀이**
>
> **NOx 발생억제방법(연소실 내에서 저감대책)**
> ① 저산소 연소　　　② 저온도 연소　　　③ 배기가스 재순환
>
> [참고] ①~③항 외에
> 　　　　④ 연소 부분의 냉각　　⑤ 2단 연소　　⑥ 수증기 및 물 분사

19 고형화 처리방법 중 시멘트 기초법의 장점 3가지를 기술하시오.

> **풀이**
>
> **시멘트 기초법의 장점**
> ① 재료의 값이 저렴하고 풍부하다.
> ② 시멘트 혼합과 처리기술이 잘 발달되어 있다.
> ③ 폐기물의 건조나 탈수가 불필요하고 다양한 폐기물의 처리가 가능하다.
>
> [참고] ①~③항 외에
> 　　　　④ 시멘트의 양을 조절하여 폐기물 콘크리트의 강도를 크게 할 수 있다.

2019년 1회 기사

01 Bio-SRF 성분품질기준항목(금속) 3가지를 쓰시오.

> **풀이**
> ① Hg(1.0mg/kg 이하) ② Cd(5.0mg/kg 이하)
> ③ Pb(150mg/kg 이하) ④ As(13.0mg/kg 이하)
> ※ 3가지 금속명칭만 답안작성하시면 됩니다.

02 고형연료(SRF)의 문제점 3가지를 쓰시오.

> **풀이**
> ① 환경안정성을 담보할 수 없음(오염물질 과다배출)
> ② 저급한 연료품질
> ③ 설비가격 및 운영비 고가

03 폐기물처리 시설의 종류 중 소각시설의 종류 3가지를 쓰시오.

> **풀이**
> ① 일반소각시설 ② 고온소각시설
> ③ 열분해시설(가스화시설을 포함한다.) ④ 고온용융시설
> ⑤ 열처리 조합시설
> ※ 3가지만 답안작성하시면 됩니다.

04 다음은 폐기물 중간처분시설 중 소각시설의 개별기준이다. ( ) 안에 알맞은 내용을 쓰시오.

> (1) 일반소각시설, 열분해시설
>   연소실 출구온도는 (①) 이상, 연소실 체류시간은 (②) 이상, 바닥재의 강열감량은 (③) 이하
> (2) 고온소각시설
>   연소실 출구온도는 (④) 이상, 연소실 체류시간은 (⑤) 이상, 바닥재의 강열감량은 (⑥) 이하

> **풀이**
> ① 섭씨 850도 ② 2초 ③ 10%
> ④ 섭씨 1,100도 ⑤ 2초 ⑥ 5%

05 중금속처리방법을 전환공정과 분리공정으로 분류 시 각각의 방법을 3가지씩 쓰시오.

> **풀이**
> (1) 전환공정
>   ① 화학적 산화 ② 화학적 환원 ③ 전기적 분해
> (2) 분리공정
>   ① 침전 ② 응결 및 침전 ③ 이온교환

06 매립지 바닥의 점토층의 두께는 100cm이고, 투수계수는 10^{-7}cm/sec이다. 점토층의 유효공극률을 0.3으로 가정할 때 다음의 조건에서 침출수가 점토층을 통과하는 데 소요되는 시간(year)을 예측하시오.

> [조건]
> 점토층 위의 침출수 수두 = 30cm, 아래의 수두는 점토층 아래면과 일치함

> **풀이**
> $$\text{소요되는 시간(year)} = \frac{d^2\eta}{K(d+h)}$$
> $$= \frac{1^2\text{m}^2 \times 0.3}{10^{-9}\text{m/sec} \times (1+0.3)\text{m}}$$
> $$= 230,769,230.8\text{sec} \times 1\text{min}/60\text{sec}$$
> $$\times 1\text{hr}/60\text{min} \times 1\text{day}/24\text{hr} \times 1\text{year}/365\text{day}$$
> $$= 7.32\text{year}$$

07 압축비를 CR이라 하고 부피감소율을 VR이라 할 때 상관관계를 나타내시오.

> **풀이**
> $$VR = \left(\frac{V_i - V_f}{V_i}\right) \times 100 = \left(1 - \frac{V_f}{V_i}\right) \times 100 = \left(1 - \frac{1}{CR}\right) \times 100$$
> 여기서, V_i : 압축 전 초기 부피
> V_f : 압축 후 최종 부피

08 침출수에 포함된 수은 2mg/L를 흡착법으로 처리하여 0.01mg/L로 방류하기 위한 흡착제 소요량(mg/L)은?(단, Freundlich 식을 따르며, $K = 0.5$, $n = 1$이다.)

> **풀이**
>
> $$\frac{X}{M} = K \cdot C^{\frac{1}{n}}$$
>
> 여기서, X : 흡착제에 흡착된 피흡착 물질의 농도[$X = 2 - 0.01 = 1.99$(mg/L)]
> M : 활성탄 사용량(mg/L)
> K : 상수 = 0.5
> n : 1
> C : 처리수 중의 피흡착 물질의 농도 = 0.01(mg/L)
>
> Freundlich 등온흡착식에 대입
>
> $$\frac{1.99}{M} = 0.5 \times 0.01^{\frac{1}{1}}$$
>
> $M = 398$(mg/L)

09 밀도 300kg/m³ 폐기물 1ton을 압축하여 밀도 800kg/m³으로 했을 때 부피 감소율(%)을 구하시오.

> **풀이**
>
> 부피감소율(VR)
>
> $$VR(\%) = \left(1 - \frac{V_f}{V_i}\right) \times 100$$
>
> $$V_i = \frac{1{,}000\text{kg}}{300\text{kg/m}^3} = 3.33\text{m}^3$$
>
> $$V_f = \frac{1{,}000\text{kg}}{800\text{kg/m}^3} = 1.25\text{m}^3$$
>
> $$= \left(1 - \frac{1.25}{3.33}\right) \times 100 = 62.46\%$$

10 다음의 용출시험방법에 대하여 기술하시오.

(1) 시료 : 용매비율($W : V$)
(2) 용출용매의 pH(염산 이용 시)
(3) 조제시료 (   )g 이상
(4) 진탕횟수 (   ) 회/분
(5) 진탕기 진폭 (~   )cm
(6) 진탕시간 (   ) 시간 연속
(7) (   ) 후 원심분리한다.

> **풀이**
>
> **용출시험방법**
> (1) 시료 : 용매 비율($W : V$) ⇒ 1 : 10
> (2) 용출용매의 pH 범위 ⇒ pH 5.8~6.3
> (3) 조제시료 ⇒ 100g 이상
> (4) 진탕횟수 ⇒ 200회/분
> (5) 진탕기 진폭 ⇒ 4~5cm
> (6) 진탕시간 ⇒ 6시간 연속
> (7) 여과지 ⇒ $1.0\mu m$ 유리섬유 여과지 여과 후 원심분리한다.

11 $C_6H_{12}O_6$(포도당) 1kg이 혐기성 분해 시 CO_2 발생량(kg)과 CH_4의 발생부피(m^3)는?

> **풀이**
>
> 혐기성 완전분해 반응식
> $C_6H_{12}O_6 \rightarrow 3CO_2 + 3CH_4$
> $C_6H_{12}O_6 \rightarrow 3CO_2$
>   180kg : 3×44kg
>   1kg : CO_2(kg)
> $CO_2(kg) = \dfrac{1kg \times (3 \times 44)kg}{180kg} = 0.73kg$
>
> CH_4 발생량(m^3)
> $C_6H_{12}O_6 \rightarrow 3CH_4$
>   180kg : $3 \times 22.4m^3$
>   1kg : $CH_4(m^3)$
> $CH_4(m^3) = \dfrac{1kg \times (3 \times 22.4)m^3}{180kg} = 0.37m^3$

12 다음 조건의 침출수량(mm/year)은?

- 연평균 강우량 : 1,500mm
- 유출계수 : 12%
- 연간 증발산량 : 500mm
- 토양, 폐기물의 수분보유량 : 0

풀이

침출수량(L : mm/year) = 강우량(P) − [유출량(R) + 증발산량(ET)]
  − 토양 수분보유량(F)
유출량 = 강우량 × 유출계수
  = 1,500mm/year × 0.12 = 180mm/year
= 1,500 − (180 + 500) − 0 = 820mm/year

13 열분해를 통하여 얻게 되는 연료의 성질을 결정짓는 인자 3가지를 쓰시오.

풀이
① 운전(열분해)온도 ② 가열속도
③ 가열시간 ④ 폐기물의 성질 중 크기
⑤ 폐기물의 성질 중 수분함량
※ 3가지만 답안작성하시면 됩니다.

14 매립시설(차단형 매립시설)의 정기검사 항목 3가지를 쓰시오.

풀이
① 소화장비 설치·관리실태 ② 축대벽의 안정성
③ 빗물·지하수 유입방지 조치 ④ 사용종료 매립지 밀폐상태
※ 3가지만 답안작성하시면 됩니다.

15 폐기물 처리방법인 열분해와 소각의 차이점 및 열분해 생성물질을 3가지로 구분하여 쓰시오.

풀이
1. 차이점
   열분해란 공기가 부족한 상태(무산소 혹은 저산소)에서 가연성 폐기물을 간접가열에 의해 유기물질로부터 연료를 생산하는 흡열반응공정이며, 소각은 가연성 폐기물을 산소와 반응시키는 발열반응공정이다.

2. 열분해 생성물질
   ① 기체물질 : H_2, CH_4, CO 등
   ② 액체물질 : 식초산, 아세톤, 메탄올 등
   ③ 고체물질 : 탄화물, 불활성 물질 등

16 다음은 폐기물발생 억제지침 준수의무대상 배출자의 규모에 관한 내용이다. ( ) 안에 알맞은 내용을 쓰시오.

> 가. 최근 3년간의 연평균 배출량을 기준으로 지정폐기물을 ( ) 이상 배출하는 자
> 나. 최근 3년간의 연평균 배출량을 기준으로 지정폐기물 외의 폐기물을 ( ) 이상 배출하는 자

풀이
가. 100톤   나. 1,000톤

17 세대당 평균 가족수가 5인인 총 600세대 아파트에서 배출되는 쓰레기를 2일마다 수거하는 데 적재용량 $8.0m^3$의 트럭 5대가 소요된다. 쓰레기 단위용적당 중량이 $210kg/m^3$이라면 1인 1일당 쓰레기 배출량(kg)은?

풀이

$$쓰레기\ 배출량(kg/인 \cdot 일) = \frac{수거\ 쓰레기\ 부피 \times 쓰레기\ 밀도}{대상\ 인구수}$$

$$= \frac{8.0m^3/대 \times 5대 \times 210kg/m^3}{600세대 \times 5인/세대 \times 2day} = 1.40kg/인 \cdot 일$$

18 다음 장치에서 제어 가능한 오염물질을 쓰시오.

(1) 여과집진장치, 전기집진장치
(2) 활성탄 주입장치

풀이
(1) 먼지(Dust)   (2) 다이옥신(Dioxin)

SECTION 039 2019년 1회 산업기사

01 퇴비화 시 C/N비가 20 이하인 경우 발생하는 현상 2가지를 쓰시오.

> **풀이**
> ① 질소가 암모니아로 변하여 pH를 증가시킨다.
> ② 암모니아 가스가 발생되어 퇴비화 과정 중 악취가 생긴다.

02 유동층 소각로에서 유동층 매체의 구비조건 5가지를 쓰시오.

> **풀이**
> **유동층 매체의 구비조건**
> ① 불활성일 것
> ② 열충격에 강하고 융점이 높을 것
> ③ 내마모성일 것
> ④ 비중이 작을 것
> ⑤ 공급이 안정되고 가격이 저렴할 것

03 40m²인 바닥면적을 갖는 화격자 소각로에 1일 55ton의 쓰레기가 연속 소각처리된다. 이때 화격자 연소부하(kg/m² · hr)는?

> **풀이**
> 화격자 연소부하(화격자 연소율 : kg/m² · hr)
> $$= \frac{시간당 소각량(kg/hr)}{화격자면적(m^2)} = \frac{55\text{ton/day} \times 1,000\text{kg/ton} \times \text{day}/24\text{hr}}{40\text{m}^2}$$
> $= 57.29\text{kg/m}^2 \cdot \text{hr}$

04 트롬멜스크린의 선별효율에 영향을 주는 인자 5가지를 쓰시오.

> **풀이**
> ① 체눈의 크기(입경)   ② 원통의 직경
> ③ 경사도   ④ 원통의 길이
> ⑤ 회전속도

05 화격자소각로의 고온부식을 줄이기 위한 대책을 3가지만 쓰시오.

> **풀이**
>
> **고온부식 대책(3가지만 기술)**
> ① 화격자의 냉각효율을 올림
> ② 화격자의 냉각을 위한 공기주입량 증가
> ③ 화격자 내열 및 내식성 재료 선정(고크롬강, 저니켈강)
> ④ 고온부식 발생 금속 표면에 피복 및 표면온도를 내림
> ⑤ 부식이 이루어지는 부분에 고온공기를 주입하지 않음

06 쓰레기 발생량 예측방법 3가지를 쓰시오.

> **풀이**
>
> **쓰레기 발생량 예측방법**
> ① 경향법   ② 다중회귀모델   ③ 동적 모사모델

07 매립지 침출수 발생량에 영향을 미치는 인자 3가지를 쓰시오.

> **풀이**
>
> **매립지 침출수 발생량 영향 인자(3가지만 기술)**
> ① 폐기물의 분해 정도   ② 강우량 및 증발량
> ③ 지하수위 및 지하수량   ④ 표면 유출량 및 침투수량

08 유기물 $C_6H_{12}O_6$ 1kg을 혐기성으로 완전분해 시 생성될 수 있는 이론적 CH_4의 양(kg) 및 부피(m^3)는?

> **풀이**
>
> 혐기성 완전분해 반응식
> $C_6H_{12}O_6 \Rightarrow 3CH_4$
>   180kg : 3×16kg
>   1kg : CH_4(kg)
>
> $CH_4(kg) = \dfrac{1kg \times (3 \times 16)kg}{180kg} = 0.27kg$
>
> $C_6H_{12}O_6 \Rightarrow 3CH_4$
>   180kg : 3×22.4m^3

$$1\text{kg} : \text{CH}_4(\text{m}^3)$$
$$\text{CH}_4(\text{m}^3) = \frac{1\text{kg} \times (3 \times 22.4)\text{m}^3}{180\text{kg}} = 0.37\text{m}^3$$

09 폐기물 발생량이 5,000m³/day인 도시에서 8ton 덤프트럭으로 쓰레기를 매립장으로 운반하고자 한다. 폐기물 밀도는 280kg/m³, 덤프트럭 작업시간 6hr/day, 운반거리 25km, 왕복시간 45분, 투기시간 8분, 적재시간 20분, 대기차량 3대인 조건에서 하루에 몇 대의 차량이 필요한가?

[풀이]

$$\text{차량대수} = \frac{\text{폐기물 총량}}{\text{차량 적재용량}} + \text{대기차량}$$

차량 적재용량(1일 1대당 운반량)

$$= \frac{8\text{ton/대} \cdot \text{회}}{(45+8+20)\text{분/회} \times \text{hr/60분} \times \text{day/6hr}}$$
$$= 39.45\text{ton/day} \cdot \text{대}$$

폐기물 총량 $= 5,000\text{m}^3/\text{day} \times 0.28\text{ton/m}^3 = 1,400\text{ton/day}$

$$= \frac{1,400\text{ton/day}}{39.45\text{ton/day} \cdot \text{대}} + 3 = 38.49(39\text{대})$$

10 인구 70만 명인 어느 도시에 폐기물 발생량이 1인 · 일 1.5kg이다. 연간 소요되는 매립면적(m²)을 구하시오. (단, 폐기물 밀도는 450kg/m³, 매립 높이는 5m)

[풀이]

$$\text{매립면적}(\text{m}^2/\text{year}) = \frac{\text{매립폐기물의 양}}{(\text{폐기물밀도} \times \text{매립깊이})}$$
$$= \frac{1.5\text{kg/인} \cdot \text{일} \times 700,000\text{인} \times 365\text{일/year}}{450\text{kg/m}^3 \times 5\text{m}}$$
$$= 170,333.33\,\text{m}^2/\text{year}$$

11 폐기물 저위발열량 측정방법 3가지를 쓰시오.(단, 경험식 포함)

> **풀이**
> ① 원소분석에 의한 방법(Dulong식)
>   [경험식] $H_l(\text{kcal/kg})$
> $$= 8,100C + 34,000\left(H - \frac{O}{8}\right) + 2,500S - 600(9H + W)$$
> ② 삼성분에 의한 방법
>   [경험식] $H_l(\text{kcal/kg}) = 45 \times VS - 6W$
>   여기서, VS : 쓰레기 중 가여분 조성비(%)
> W : 쓰레기 중 수분의 조성비(%)
> ③ 물리적 조성에 의한 방법
>   [경험식] $H_l(\text{kcal/kg}) = 88.2R + 40.5(G + P) - 6W$
>   여기서, R : 플라스틱 함유율(%)
> G : 쓰레기 함유율(건조기준)(%)
> P : 종이 함유율(건조기준)(%)
> W : 수분 함유율(%)

12 쓰레기 발생량이 20,000kg/일이고 저위발열량이 800kcal/kg일 때 소각로 내 열부하가 5,000kcal/m³·h인 소각로 용적(m³)을 구하시오.(단, 1일 24시간 가동)

> **풀이**
> $$\text{소각로 용적}(\text{m}^3) = \frac{\text{저위발열량} \times \text{연소량}}{\text{열부하율}}$$
> $$= \frac{800\text{kcal/kg} \times 20,000\text{kg/day} \times \text{day}/24\text{hr}}{5,000\text{kcal/m}^3 \cdot \text{hr}} = 133.33\text{m}^3$$

13 팽화제(Bulking Agent)의 종류 3가지를 쓰시오.

> **풀이**
> ① 톱밥   ② 볏짚   ③ 낙엽

14 다음 보기에서 폐기물관리에 있어서 우선적으로 고려하여야 할 사항을 순서대로 나열하시오.

> 감량화, 재활용, 매립, 소각(처리)

풀이
감량화 → 재활용 → 소각(처리) → 매립

15 다음 수거 형태 중 수거효율이 높은 순서대로 쓰시오.

> (가) 벽면부착식　　(나) 집밖이동식　　(다) 집안이동식
> (라) 집밖고정식　　(마) 문전수거식

풀이
MHT가 작을수록 수거효율이 좋음
(나) > (다) > (라) > (마) > (가)

16 에틸렌 100kg을 표준상태에서 완전연소시키는 데 필요한 이론산소의 양(kg)은?

풀이
$$C_2H_4 + 3O_2 \rightarrow 2CO_2 + 2H_2O$$
$$28kg : 3 \times 32kg$$
$$100kg : O_o(kg)$$
$$O_o(kg) = \frac{100kg \times (3 \times 32)kg}{28kg} = 342.86kg$$

17 선택적 무촉매 환원법(SNCR)에서 요소를 환원제로 사용할 경우 반응식을 쓰시오.

풀이
$$4NO + 2(NH_2)_2CO + O_2 \rightarrow 4N_2 + 4H_2O + 2CO_2$$

18 매립장 매립가스의 통제방법 중 강제환기방법에 대하여 설명하시오.

풀이
매립지 내 여러 개의 깊은 가스추출관을 설치하고 송풍기 등에 의하여 가스를 추출하는 방법이며 대규모 도시폐기물 매립지에서 많이 사용된다.

2019년 2회 기사

01 다음 조건에 해당하는 침출수량(m^3/day)은?(단, 합리식 이용)

- 면적 : 10,000m^2, 관길이 : 2,000m
- 강우강도(I) = $\dfrac{3,600}{(t+20)}$(mm/day)
- 유입속도 : 30cm/sec   • 유출계수 : 0.75   • 유입시간 : 480sec

풀이

침출수량(m^3/day) = $\dfrac{C \times I \times A}{1,000}$

전체 유입시간 = 파이프 통과시간 + 유입시간

$= (\dfrac{2,000m}{0.3m/sec \times 60sec/min})$
$+ (480sec \times min/60sec) = 119.11min$

강우강도(I : mm/day) = $\dfrac{3,600}{(t+20)} = \dfrac{3,600}{(119.11+20)}$
$= 25.88$mm/day

$= \dfrac{0.75 \times 25.88 \times 10,000}{1,000} = 194.1m^3$/day

02 1,000kg의 폐기물을 호기성 퇴비화 시 필요한 산소량(kg)을 구하시오.(단, 폐기물의 분자식은 $[C_6H_7O_2(OH)_3]_5$이고, 최종 퇴비의 화학식은 $[C_6H_7O_2(OH)_3]_2$이며, 무게는 400kg이다.)

풀이

호기성 완전분해 반응식

$[C_6H_7O_2(OH)_3]_5 \Rightarrow C_{30}H_{50}O_{25}$

$C_{30}H_{50}O_{25} + \left[\dfrac{(4 \times 30) + 50 - (2 \times 25)}{4}\right]O_2 \rightarrow 18CO_2 + 15H_2O + [C_6H_7O_2(OH)_3]_2$

$\qquad\qquad\qquad\qquad$ 810kg : 30×32kg
$\qquad\qquad\qquad\qquad$ 1,000kg : O_2(kg)

O_2(kg) = $\dfrac{1,000kg \times (30 \times 32)kg}{810kg} = 1,185.69$kg

03 강우강도를 나타내는 탈보트(Talbot)식을 설명하시오.

> 풀이
>
> $$I = \frac{a}{(t+b)}$$
>
> 여기서, I : 지속시간에 따른 강우강도(mm/hr)
> a, b : 지역의 특성을 반영하는 상수
> t : 지속시간(min)

04 함수율 80%인 슬러지 1ton을 함수율 5%인 톱밥을 혼합하여 60%인 함수율로 만들기 위해 필요한 톱밥양(ton)은?

> 풀이
>
> $$60 = \frac{(1 \times 0.8) + (X \times 0.05)}{(1+X)} \times 100$$
> $$60(1+X) = (0.8 + 0.05X) \times 100$$
> $$60 + 60X = 80 + 5X$$
> $$55X = 20$$
> $$X(\text{톱밥의 양 : ton}) = 0.36\text{ton}$$

05 소각로의 배기가스배출량이 20,000kg/hr이며, 체류시간은 3sec, 소각로 내 가스온도는 1,000℃이다. 소각로의 체적(m³)은?(단, 표준온도에서 배기가스의 밀도는 1.292kg/Sm³)

> 풀이
>
> 소각로 체적(m³) = 배기가스배출량 × 체류시간
> $$= \left(\frac{20,000\text{kg/hr} \times \text{hr}/3,600\text{sec}}{1.292\text{kg/Sm}^3}\right) \times 3\text{sec} \times \frac{273+1,000}{273}$$
> $$= 60.15\text{m}^3$$

06 퇴비화 설계운영 고려인자 중 3가지를 쓰고 각 인자의 적정 운전범위를 쓰시오.

> 풀이
>
> 퇴비화 설계운영 고려인자 및 적정 운전범위
> ① 수분함량 : 50~60%   ② C/N비 : 25~50   ③ 온도 : 55~60℃

07 중량 조성이 탄소 86%, 수소 4%, 산소 8%, 황 2%인 액체연료를 10kg/hr로 연소 시 배기가스 함량이 CO_2 : 12.5%, O_2 : 3.5%, N_2 : 84%일 때 실제공기량(m^3/hr)은?

> **풀이**
>
> 실제공기량$(A) = m \times A_0$
>
> $$m = \frac{N_2}{N_2 - 3.76 O_2} = \frac{84}{84 - (3.76 \times 3.5)} = 1.19$$
>
> $$A_0 = \frac{1}{0.21}[(1.867 \times 0.86) + (5.6 \times 0.04) + (0.7 \times 0.02) - (0.7 \times 0.08)] = 8.51 m^3/kg$$
>
> $= 1.19 \times 8.51 m^3/kg \times 10 kg/hr = 101.3 m^3/hr$

08 유동층 소각로에서 유동층 매체의 물질 및 구비조건 3가지를 쓰시오.

> **풀이**
>
> (1) 유동층 매체
>   모래
> (2) 구비조건
>   ① 불활성일 것   ② 열충격에 강하고 융점이 높을 것
>   ③ 내마모성일 것

09 일반적 도시폐기물의 에너지 회수방법 3가지를 쓰시오.

> **풀이**
>
> **도시폐기물의 에너지 회수방법(3가지만 기술)**
> ① 소각에 의한 열회수   ② 혐기성 소화방식에 의한 CH_4 가스 회수
> ③ 고형화 연료(RDF)의 생산   ④ 열분해에 의한 연료생산

10 폐기물 매립지 입지배제기준 4가지를 쓰시오.

> **풀이**
>
> **매립지 입지배제기준(4가지만 기술)**
> ① 100년 빈도(주기) 홍수범람지역
> ② 습지대
> ③ 단층지대
> ④ 지하수위가 지표면으로부터 1.5m 미만인 지역
> ⑤ 생태학적 보호지역

11 다음은 열분해 관련 내용이다. ( ) 안에 알맞은 내용을 쓰시오.

> 열분해방법에는 저온법과 고온법이 있으며 저온법을 (①)라고 부르고 고온법을 (②)라고도 한다. 열분해는 온도가 증가할수록 (③)은 증가되고, (④)은 감소된다.

> **풀이**
>
> ① 열분해(Pyrolysis)   ② 가스화(Gasification)
> ③ 수소함량   ④ 이산화탄소함량

12 화격자 연소방식 소각기술 중 회전롤러식 화격자의 특징 3가지를 쓰시오.

> **풀이**
>
> ① 여러 개의 회전기능을 가진 드럼을 노 내의 쓰레기 흐름방향에 따라 횡축으로 배열하고 드럼 위에 있는 쓰레기층은 드럼의 회전에 따라 아래쪽으로 순차적으로 이송되는 형식이다.
> ② 연소공기는 많은 통기공이 있는 원통을 통하여 쓰레기층 내로 공급된다.
> ③ 일반적으로 양질의 쓰레기 소각에 적합하다.

13 다음은 소각로의 부식에 관한 내용이다. ( ) 안에 알맞은 내용을 쓰시오.

> 소각로 내에 결로로 생성된 부식성 가스가 용해되어 이온상태로 해리되면서 금속류와 전기화학적 반응에 의해 금속염을 생성함에 따라 발생되는 부식을 (①)(이)라 하고 HCl, Cl, NOₓ 등이 국부적으로 화격자의 온도가 상승함에 따라 금속산화물, 스케일을 형성하는 부식을 (②)(이)라 한다.

풀이
① 저온부식　　　　　　　　② 고온부식

14 다음은 슬러지 처리공정 순서이다. ( ) 안에 알맞은 내용을 채우고, 해당 공정의 종류를 2가지씩 쓰시오.

(①) → 소화(안정화) → (②) → 탈수 → 건조 → (③) → 매립(처분)

풀이
① 농축(중력식 농축, 부상식 농축)
② 개량(약품처리, 열처리)
③ 소각(고정화격자 연소장치, 회전로 연소장치)

15 다음 선별방법과 선별대상물질을 알맞게 연결하시오.

(1) 선별방법
　와전류선별법, 습식선별, 광학선별법, 공기선별법, 수중체(Jigs)선별법
(2) 선별대상물질
　돌·코르크·유리, 구리·알루미늄·아연, 유기물·폐지로부터 펄프, 사금, 종이·플라스틱

풀이
① 와전류선별법 : 구리·알루미늄·아연
② 습식선별 : 유기물·폐지로부터 펄프
③ 광학선별법 : 돌·코르크·유리
④ 공기선별법 : 종이·플라스틱
⑤ 수중체(Jigs)선별법 : 사금

16 30일간 발생된 폐기물을 다음 조건에 따라 수거할 때 필요한 차량대수는?(단, 차량 운행횟수는 1회로 한다.)

- 폐기물밀도 : 500kg/m³
- 폐기물발생량 : 1.5kg/인·일
- 차량이용률 : 0.67
- 폐기물압축비 : 2
- 차량적재용적 : 10m³
- 500가구(가구당 4명)

풀이

$$차량대수 = \frac{폐기물발생량}{1대당 운반량}$$

폐기물발생량(kg) = 1.5kg/인·일 × 500가구 × 4인/가구 × 30일
   = 90,000kg

1대당 운반량(kg/대) = 10m³/대·회 × 500kg/m³ × 0.67 × 2 × 1회
   = 6,700kg/대

$$= \frac{90,000kg}{6,700kg/대} = 13.43(14대)$$

17 $C_6H_{12}O_6$(포도당) 1kg 완전연소 시 필요한 이론산소량(kg)을 구하시오.

풀이

완전연소반응식

$C_6H_{12}O_6 + 6O_2 \rightarrow 6CO_2 + 6H_2O$
 180kg : 6×32kg
  1kg : O_0(kg)

$$O_0(kg) = \frac{1kg \times (6 \times 32)kg}{180kg} = 1.07kg$$

18 다음은 폐기물매립지 내 반응에서 유기물농도에 관한 내용이다. ( ) 안에 알맞은 내용을 쓰시오.

폐기물매립지 내 반응에서 혐기성분해가 활발할수록 매립지 내 침출수 중 유기물의 농도는 (①)지고, 온도가 높아질수록 혐기성분해가 활발하여 유출되는 유기물의 농도는 (②)진다.

풀이

① 낮아   ② 낮아

2019년 2회 산업기사

01 매립지의 사후관리항목 6가지를 쓰시오.

> **풀이**
>
> **매립지 사후관리항목(6가지만 기술)**
> ① 우수배제시설
> ② 침출수 처리시설
> ③ 지하수 수질조사
> ④ 발생가스 조성조사 및 처리시설
> ⑤ 구조물 및 지반의 안정도
> ⑥ 지표수 수질조사
> ⑦ 토양조사
> ⑧ 주변 환경영향 종합보고서 작성
> ⑨ 해수수질조사
> ⑩ 방역방법(차단형 매립시설은 제외)

02 폐기물을 성상에 따라 분류하고 설명하시오.

> **풀이**
>
> 1. 액상 폐기물 : 고형물의 함량이 5% 미만인 폐기물
> 2. 반고상 폐기물 : 고형물의 함량이 5% 이상 15% 미만인 폐기물
> 3. 고상 폐기물 : 고형물의 함량이 15% 이상인 폐기물

03 Trench법으로 매립할 경우 4.5ton의 수거차량이 1일 50대 운반한다. 다음 조건에서 매립가능일수(day)는?(단, 쓰레기밀도 0.45ton/m³, 매립면적 50,000m², 복토높이 60cm, 매립높이 5.6m)

> **풀이**
>
> $$\text{매립가능일수(day)} = \frac{\text{매립량}}{\text{쓰레기 발생량}}$$
>
> $$= \frac{[50{,}000\text{m}^2 \times (5.6 + 0.6)\text{m}] \times 0.45\text{ton/m}^3}{4.5\text{ton/대} \times 50\text{대/day}} = 620\,\text{day}$$

04 프로판(C_3H_8) $1Sm^3$를 공기과잉계수 1.2로 연소 시 건조연소가스양(Sm^3)을 구하시오.

> **풀이**
>
> 건조연소가스양(G_d)
>
> $G_d(Sm^3) = G_{od} + (m-1)A_0$
>
> $C_3H_8 + 5O_2 \rightarrow 3CO_2 + 4H_2O$
>
> $G_{od} = (1-0.21)A_0 + CO_2$
>
> $A_0 = \dfrac{O_0}{0.21} = \dfrac{5}{0.21} = 23.81 Sm^3/Sm^3$
>
> $= [(1-0.21) \times 23.81] + 3 = 21.81 Sm^3/Sm^3 \times 1Sm^3$
>
> $= 21.81 Sm^3$
>
> $= 21.81 + [(1.2-1) \times 23.81] = 26.57 Sm^3$

05 어떤 폐기물을 용출시험한 결과 카드뮴의 농도가 2.0mg/L이었다. 이 폐기물이 지정폐기물로 분류되는지를 판별하시오. (단, 이 폐기물의 수분함량은 90%이고, 지정폐기물의 카드뮴 용출시험 기준은 0.3mg/L 이상)

> **풀이**
>
> (1) 수분보정값 = 함수율보정값 × 농도 = $\dfrac{15}{100-90} \times 2.0 mg/L = 3 mg/L$
>
> (2) 지정폐기물로 분류 유·무
>   지정폐기물에 함유된 유해물질의 기준 중 카드뮴의 기준값인 0.3mg/L보다 큰 값을 가지므로 지정폐기물로 분류한다.
>
> [참고] 지정폐기물에 함유된 유해물질의 기준
>
> | No | 유해물질 | 기준(mg/L) |
> |---|---|---|
> | 1 | 시안화합물 | 1 |
> | 2 | 크롬 | - |
> | 3 | 6가크롬 | 1.5 |
> | 4 | 구리 | 3 |
> | 5 | 카드뮴 | 0.3 |
> | 6 | 납 | 3 |
> | 7 | 비소 | 1.5 |
> | 8 | 수은 | 0.005 |
> | 9 | 유기인화합물 | 1 |

10	폴리클로리네이티드 비페닐(PCBs)	• 액체상태의 것 : 2 • 액체상태 이외의 것 : 0.003
11	테트라클로로에틸렌	0.1
12	트리클로로에틸렌	0.3
13	할로겐화 유기물질	5%
14	기름성분	5%

06 매립지를 매립방법에 따라 3가지로 구분하여 간단히 설명하시오.

> **풀이**
> ① 단순매립
> 비위생적 매립형태이며 차수막, 복토, 집배수를 고려하지 않는 매립방법
> ② 위생매립
> 일반폐기물 처분에 가장 경제적이고 많이 사용하며 차수막, 복토, 집배수를 고려한 매립방법
> ③ 안전매립
> 유해폐기물의 최종처분방법으로 유해폐기물을 자연계와 완전 차단하는 매립방법

07 소각 대상물인 열가소성 플라스틱의 저위발열량이 5,000kcal/kg이며, 이 플라스틱 소각 시 발생되는 연소재 중의 미연소 손실은 저위발열량의 15%이고 불완전연소에 의한 손실은 800kcal/kg일 때 소각대상물의 연소효율(%)은?

> **풀이**
> $$연소효율(\%) = \frac{H_l - (L_1 + L_2)}{H_l} \times 100$$
> $$= \frac{5,000 - [(5,000 \times 0.15) + 800]}{5,000} \times 100 = 69\%$$

08 시료의 분할채취방법 중 원추사분법에 대하여 설명하시오.

> **풀이**
> **원추사분법**
> ① 분쇄한 대시료를 단단하고 깨끗한 평면 위에 원추형으로 쌓아 올린다.
> ② 장소를 바꾸어 앞의 원추를 다시 쌓는다.

③ 원추의 꼭지를 수직으로 눌러서 평평하게 만들고 이것을 부채꼴로 사등분한다.
④ 마주보는 두 부분을 취하고 반은 버린다.
⑤ 반으로 줄어든 시료를 앞의 조작을 반복하여 적당한 크기까지 줄인다.

09 납(Pb^{2+})의 농도 60mg/L인 액상 폐기물 $100m^3$가 있다. 이 중 납을 모두 황화물로 제거하기 위해서 필요한 황화나트륨(Na_2S)의 양은 몇 kg인가?(단, Pb=207, Na=23)

> **풀이**
>
> Pb^{2+} + S^{2-} → PbS ⇓
> 207kg : 32kg
> 60mg/L × $100m^3$ × 1,000L/m^3 × kg/10^6mg : S(kg)
>
> $S(kg) = \dfrac{60mg/L \times 100m^3 \times 1,000L/m^3 \times kg/10^6mg \times 32kg}{207kg} = 0.927kg$
>
> Na_2S → S
> 78kg : 32kg
> Na_2S(kg) : 0.927kg
>
> $Na_2S(kg) = \dfrac{78kg \times 0.927kg}{32kg} = 2.26kg$

10 폐기물을 자원화하기 위하여 목적성분의 용해도가 서로 다른 두 용매가 액상에서 분배되는 원리를 이용한 것을 용매추출법이라 한다. 용매추출법의 장점 4가지를 기술하시오.

> **풀이**
>
> **용매추출법의 장점(4가지만 기술)**
> ① 미생물에 의해 분해되지 않는 물질을 처리할 수 있다.
> ② 활성탄을 사용하기에는 농도가 너무 높은 물질을 처리할 수 있다.
> ③ 낮은 휘발성으로 인해 탈기처리공정(스트리핑)이 곤란한 물질을 처리할 수 있다.
> ④ 용해도가 낮은 물질을 처리할 수 있다.
> ⑤ 고농도의 페놀을 폐처리할 수 있다.
>
> [참고] 단점
>   ① 추출제가 고가이고 사용조건이 까다롭다.
>   ② 화기에 대한 안전상 대책을 요한다.

11 쓰레기 수거효율 관련 단위(Time Motion Study)를 4가지 쓰시오.

> 풀이
> (1) MHT(man · hour/ton)
>   수거인부 1인이 1ton의 쓰레기를 수거하는 데 소요되는 시간
> (2) SDT(service/day/truck)
>   수거트럭 1대당 1일 수거 가옥수
> (3) SMH(service/man/hour)
>   수거인부 1인이 1시간에 수거하는 가옥수
> (4) TDT(ton/day/truck)
>   수거트럭 1대당 1일 수거하는 폐기물량

12 소각로의 설계에서 소각로 연소효율(연소성능)에 미치는 영향인자 3가지를 쓰시오.

> 풀이
> ① 소각온도 ② 체류시간 ③ 산소공급 및 난류혼합

13 다음은 일반소각시설의 설치기준이다. (   ) 안에 알맞은 내용을 쓰시오.

> 연소실의 출구온도는 섭씨 (①) 이상(의료폐기물을 대상으로 하는 소각시설 외의 시설로서 시간당 처리능력이 200킬로그램 미만인 경우에는 섭씨 800도 이상)이어야 한다. 다만, 종이, 목재류만을 소각하는 경우에는 섭씨 (②) 이상이어야 한다.

> 풀이
> ① 850도 ② 450도

14 쓰레기를 수거하는 작업, 즉 청소작업이 끝나면 이에 대한 상태를 평가하는 방법으로 CEI와 USI를 사용한다. 각각에 대하여 간단히 서술하시오.

> 풀이
> (1) CEI(Community Effects Index)
>   지역사회효과지수라 하며, 가로청소상태를 기준(scale : 1~4)으로 측정하는 방법이다.
> (2) USI(User Satisfaction Index)
>   사용자 만족도지수라 하며, 서비스를 받는 사람들의 만족도를 설문조사(설문문항 : 6개)하여 계산하는 방법이다.

15 쓰레기 발생량 조사방법 3가지를 기술하시오.

> 풀이
> **쓰레기 발생량 조사방법**
> ① 적재차량 계수분석법
>   일정기간 동안 특정지역의 쓰레기 수거·운반차량의 대수를 조사하여, 이 결과를 밀도로 이용하여 질량으로 환산하는 방법이다.
> ② 직접 계근법
>   일정기간 동안 특정지역의 쓰레기 수거운반차량을 중간적환장이나 중계처리장에서 직접 계근하는 방법이다.
> ③ 물질수지법
>   시스템으로 유입되는 모든 물질들과 유출되는 모든 폐기물의 양에 대하여 물질수지를 세움으로써 폐기물 발생량을 추정하는 방법이다.

16 유동소각로에서 유동매체의 선택조건 4가지를 기술하시오. (예 : '저렴하고 구하기 쉬운 물질일 것' 예시문은 답란에서 제외)

> 풀이
> **유동소각로 유동매체의 선택조건**
> ① 불활성일 것   ② 열충격에 강하고 융점이 높을 것
> ③ 내마모성이 있고 비중이 작을 것   ④ 입도분포가 균일할 것

17 어느 도시의 쓰레기를 분류하여 다음 표와 같은 결과를 얻었다. 이 쓰레기의 함수율은 얼마인가?

성분	구성비 중량(%)	함수율(%)
슬러지	60	50
연탄재	25	15
식품폐기물	15	10
종이류	10	25

풀이

$$함수율(\%) = \frac{총수분량}{총쓰레기중량} \times 100$$
$$= \frac{(60 \times 0.5) + (25 \times 0.15) + (15 \times 0.1) + (10 \times 0.25)}{60 + 25 + 15 + 10} = 34.32(\%)$$

18 어느 수역에 유출된 유해물질 초기 농도가 절반이 될 때까지 소요시간을 구하시오. (단, 유해물질의 1차 감소 속도상수 0.069/hr)

풀이

$$\ln \frac{C_t}{C_o} = -kt$$
$$\ln 0.5 = -0.069 \text{hr}^{-1} \times t$$
$$t = 10.05 \text{ hr}$$

2019년 4회 기사

01 폐기물 매립가스(LFG)의 단계별 발생과정(4단계)을 쓰고 간단히 설명하시오.

> **풀이**
> 1. 1단계
>   ① 호기성 단계[초기 조절단계]
>   ② N_2, O_2는 급격히 감소, CO_2는 서서히 증가하는 단계
>   ③ 매립물의 분해속도에 따라 수일에서 수개월 동안 지속되며, 산소는 대부분 소모되는 단계
> 2. 2단계
>   ① 혐기성 단계[혐기성 비메탄화 단계 ; 전이단계]
>   ② 임의성 미생물에 의하여 SO_4^{2-}의 NO_3^{-1}가 환원되는 단계이며, 이 반응에 의해 CO_2가 생성되는 단계
>   ③ pH 5 이하이며 수분이 충분한 경우에는 다음 단계로 빨리 진행됨
> 3. 3단계
>   ① 혐기성 메탄 생성 축적단계[산 형성 단계]
>   ② $CO_2 \cdot H_2$의 발생비율은 감소하고, CH_4 함량이 증가하기 시작하는 단계
>   ③ 온도 55℃까지 상승(30~55℃)하며 pH는 6.8~8.0 정도
>   ④ 매립 후 1~2년(25~55주)이 경과된 단계
> 4. 4단계
>   ① 혐기성 메탄 생성 정상상태 단계[메탄발효단계]
>   ② $CH_4 \cdot CO_2$의 구성비가 거의 일정한 정상상태 단계
>   ③ 가스 조성
>   ㉠ CH_4 : 55% ㉡ CO_2 : 40% ㉢ N_2 : 5%
>   ④ 온도 30℃ 이하이고 pH는 6.8~8.0 정도
>   ⑤ 매립 후 2~5년이 경과된 단계

02
D_n, d_n이 침출수 집배수층의 체상분율과 매립지 토양의 체상분율일 때 다음의 조건에 만족하는 것을 기술하시오.

> 가. 침출수 집배수층이 주변 물질에 의해 막히지 않을 조건
> 나. 침출수 집배수층이 충분한 투수성을 유지할 조건

풀이

가. 침출수 집배수층이 주변 물질에 의해 막히지 않을 조건

$$\frac{D_{15}(필터재료)}{d_{85}(주변토양)} < 5$$

나. 침출수 집배수층이 충분한 투수성을 유지할 조건

$$\frac{D_{15}(필터재료)}{d_{15}(주변토양)} > 5$$

여기서, D : 침출수 집배수층의 필터재료 입경
D_{15} : 입경누적곡선에서 통과한 백분율로 15%에 상당하는 입경
d : 집배수층 주변토양의 입경
d_{85} : 입경누적곡선에서 통과한 백분율로 85%에 상당하는 입경
d_{15} : 입경누적곡선에서 통과한 백분율로 15%에 상당하는 입경

03
폐유기용제의 정제방법 3가지를 쓰시오.

풀이

폐유기용제의 정제방법
① 용매추출법　　② 증류법(증발법)　　③ 스팀탈리법

04
$C_{30}H_{50}O_{20}N_2S$ 물질의 고위발열량을 구하시오. (단, Dulong식 이용)

풀이

$$H_h = 8,100C + 34,000\left(H - \frac{O}{8}\right) + 2,500S$$

$C_{30}H_{50}O_{20}N_2S$의 분자량에 대한 각 성분 구성비

분자량 $= (12 \times 30) + (1 \times 50) + (16 \times 20) + (14 \times 2) + 32 = 790$

$C = \frac{(12 \times 30)}{790} = 0.456$　　　$H = \frac{(1 \times 50)}{790} = 0.063$

$O = \frac{(16 \times 20)}{790} = 0.405$　　　$S = \frac{32}{790} = 0.041$

$$= (8,100 \times 0.456) + \left[34,000\left(0.063 - \frac{0.405}{8}\right)\right] + (2,500 \times 0.041)$$
$$= 4,216.85 \text{kcal/kg}$$

05 쓰레기를 매립하기 전에 일정한 덩어리(Bale)로서 압축하여 포장한 후 감량화를 목적으로 실시하는 매립방법을 쓰시오.

> **풀이**
> 압축 매립방식(Baling System)

06 쓰레기 매립 시 발생하는 악취의 원인물질을 화학식을 포함하여 4가지 쓰시오.

> **풀이**
> **쓰레기 매립 시 악취 발생 원인물질(4가지만 기술)**
> ① 메틸메르캅탄(CH_3SH)   ② 암모니아(NH_3)
> ③ 황화수소(H_2S)   ④ 트리메틸아민(($CH_3)_3N$)
> ⑤ 아세트알데히드(CH_3CHO)   ⑥ 황화메틸(CH_3SCH_3)

07 고형화 처리방법의 종류 4가지를 쓰시오.

> **풀이**
> **고형화 처리방법**
> ① 시멘트 기초법   ② 석회 기초법
> ③ 자가시멘트법   ④ 열가소성 플라스틱법

08 소각로의 화상부하는 150kg/m² · hr이고 일일발생량이 100ton/day인 폐기물을 소각 시 소각로 화격자의 길이(m)를 구하시오. (단, 화격자 폭 3m)

> **풀이**
> $$\text{화상 면적} = \frac{100\text{ton/day} \times 1,000\text{kg/ton} \times \text{day/24hr}}{150\text{kg/m}^2 \cdot \text{hr}} = 27.78\text{m}^2$$
> $$\text{화격자 길이} = \frac{27.78\text{m}^2}{3\text{m}} = 9.26\text{m}$$

09 퇴비화 설계운영 고려인자 중 C/N비의 적정 수치를 쓰고 C/N비가 높을 경우와 낮을 경우 영향을 간단히 기술하시오.

> **풀이**
> 1. C/N비 적정 수치
>   25~50
> 2. C/N비가 높을 경우
>   유기산 등이 퇴비의 pH를 낮추고 미생물의 성장과 활동도 억제되며 질소 부족으로 퇴비화가 잘 형성되지 않아 퇴비화의 소요기간이 길어진다.
> 3. C/N비가 낮을 경우
>   질소가 암모니아로 변하여 pH를 증가시키고 이로 인해 암모니아 가스가 발생되어 퇴비화 과정 중 악취가 발생한다.

10 파쇄처리의 문제점 및 이에 대한 대책을 각각 2가지 기술하시오.

> **풀이**
> 1. 폭발위험성 대책
>   ① 항상 산소농도를 10% 이하로 혼입시킴
>   ② 폭발유발물질 사전 선별
> 2. 비산분진 대책
>   ① 외부 유출을 차단하기 위한 밀폐구조
>   ② 작업장 내부의 압력을 음압(부압)으로 유지

11 폐기물 매립공법 중 샌드위치 공법, 셀 매립공법, 압축 매립공법에 대하여 간단히 서술하시오.

> **풀이**
> 1. 샌드위치(Sandwich) 공법
>   폐기물을 수평으로 고르게 깔아 압축하고 복토를 깔아 복토층을 반복적으로 일정 두께로 쌓는 방법으로, 좁은 산간지 등의 매립지에서 이용되고 있다.
> 2. 셀(Cell) 매립공법
>   매립된 폐기물 및 비탈에 복토를 실시하여 셀 모양으로 셀마다 일일복토를 해나가는 방식으로 현재 가장 많이 이용되고 있다.(쓰레기 비탈면 경사각도 : 15~25°)
> 3. 압축 매립공법(Baling System)
>   폐기물을 매립하기 전 감량화를 목적으로 먼저 쓰레기를 일정한 더미형태로 압축하여 부피를 감소시킨 후 포장을 실시하는 매립방식이다.

12 매립지 바닥의 점토층의 두께는 100cm이고, 투수계수는 10^{-7}cm/sec이다. 점토층의 유효공극률을 0.3으로 가정할 때 다음의 조건에서 침출수가 점토층을 통과하는 데 소요되는 시간(year)을 예측하시오.

> [조건]
> 점토층 위의 침출수 수두 = 30cm, 아래의 수두는 점토층 아래면과 일치함

> **풀이**
>
> 소요되는 시간(year) $= \dfrac{d^2 \eta}{K(d+h)} = \dfrac{1^2 \text{m}^2 \times 0.3}{10^{-9} \text{m/sec} \times (1+0.3)\text{m}}$
> $= 230,769,230.8\text{sec} \times 1\text{min}/60\text{sec}$
> $\qquad \times 1\text{hr}/60\text{min} \times 1\text{day}/24\text{hr} \times 1\text{year}/365\text{day}$
> $= 7.32\text{year}$

13 쓰레기와 슬러지의 함수율이 각각 50%와 70%라고 한다면 쓰레기와 슬러지를 중량비 4 : 1 비율로 혼합 시 함수율(%)을 구하고 성상에 따라 구분하시오.

> **풀이**
> - 혼합함수율 $= \dfrac{(4 \times 0.5) + (1 \times 0.7)}{4+1} \times 100 = 54\%$
> - 고형물의 함량이 15% 이상이므로 성상에 따른 분류는 고상 폐기물이다.

14 폐기물의 평균 저위발열량(kcal/kg)은?(단, 도표 내 백분율은 중량백분율, 수분의 증발잠열은 공히 500kcal/kg)

구 분	성분비(%)	고위발열량(kcal/kg)
종이	30	9,000
목재	20	10,000
음식류	40	8,500
플라스틱	10	15,000

> **풀이**
> 각 H_h에서 증발잠열을 제외하여 중량 성분비 고려 계산
> $H_l = [(9,000-500) \times 0.3] + [(10,000-500) \times 0.2] + [(8,500-500) \times 0.4]$
> $\quad + [(15,000-500) \times 0.1]$
> $= 9,100\text{kcal/kg}$

15 도시 폐기물발생량 증가의 요소 및 그 이유를 쓰시오.

> **풀이**
> ① 도시규모 : 도시의 규모가 커질수록 폐기물발생량 증가
> ② 계절 : 겨울철에 폐기물발생량 증가
> ③ 인구구성 : 젊은 층이 많을수록 폐기물발생량 증가

16 침출수 집배수층의 설계지표 3가지를 쓰시오.

> **풀이**
> ① 두께 : 최소 30cm　　② 투수계수 : 최소 1cm/sec　　③ 바닥경사 : 2~4%

17 다음은 폐기물 소각시설의 대표적인 대기오염방지시스템이다. (가), (나), (다)의 Full Name을 쓰시오.

> 소각로 출구 → 폐열보일러 → (가 : SDR) → 활성탄 분무 → (나 : B/F) → 재가열기 → (다 : SCR) → 굴뚝

> **풀이**
> (가) : Semi Dry Reactor(반건식 반응탑)
> (나) : Bag Filter(여과집진장치)
> (다) : Selective Catalytic Reduction(선택적 촉매환원법)

2019년 4회 산업기사

01 탄소 10kg을 완전연소시키는 데 필요한 이론공기량(kg)을 구하시오.

> **풀이**
> 완전연소반응식
> C + O_2 → CO_2
> 12kg : 32kg
> 10kg : O_0(kg)
> $O_0(\text{kg}) = \dfrac{10\text{kg} \times 32\text{kg}}{12\text{kg}} = 26.67\text{kg}$
> $A_0(\text{중량기준 : kg}) = \dfrac{26.67}{0.232} = 114.96\text{kg}$

02 매립지 선정 시 고려사항 5가지를 쓰시오.

> **풀이**
> **매립지 선정 시 고려사항(5가지만 기술)**
> ① 계획 매립용량 확보가 가능할 것
> ② 복토의 확보가 용이할 것
> ③ 자연재해(지진, 단층지대 등) 등에 대한 안전성
> ④ 기상요소(풍향, 기상변화, 강우량)
> ⑤ 사후매립지 이용계획(장래 이용성 ; 지지력)
> ⑥ 침출수의 공공수역의 오염관계(수원지와 위치조사)

03 강열감량의 정의를 쓰시오.

> **풀이**
> 강열감량은 소각재 잔사 중 미연분의 함량을 중량백분율로 표시한 값으로 소각로의 연소효율을 판정하는 지표 및 설계인자로 사용한다.

04 해안매립공법의 종류 3가지를 기술하시오.

> **풀이**
>
> **해안매립공법**
> ① 순차투입공법
>   호안 측으로부터 순차적으로 쓰레기를 투입하여 육지화하는 방법이다.
> ② 박층뿌림공법
>   개량된 지반이 붕괴될 위험성이 있는 경우 밑면이 뚫린 바지선에 폐기물을 적재하여 쓰레기를 박층으로 떨어뜨려 뿌려줌으로써 바닥지반의 하중을 균등하게 해주는 방법이다.
> ③ 수중투기공법(내수배제공법)
>   외주 호안이나 중간제방 등에 고립된 매립지대의 해수를 그대로 놓은 채 쓰레기를 투기하거나 매립 전에 내수를 일부 배제한 후 쓰레기를 투기하는 방법이다.

05 폐기물 파쇄를 통한 세립화 및 균일화의 장점 3가지를 쓰시오.

> **풀이**
>
> ① 조대폐기물에 대한 소각로의 손상이 방지된다.
> ② 폐기물의 건조성 및 연소성이 향상된다.
> ③ 용량 감소로 인한 운반비가 절감된다.

06 매립지에서의 덮개설비는 침출수 발생 억제에 중요한 역할을 한다. 덮개설비의 역할 4가지를 기술하시오.

> **풀이**
>
> **덮개설비(복토)의 주요 기능(4가지만 기술)**
> ① 쓰레기의 비산방지
> ② 악취 및 유독가스의 확산방지
> ③ 병원균 매개체의 서식방지
> ④ 화재 발생방지
>
> [참고] ①~④항 이외에
>   ⑤ 강우에 의한 우수의 이동 및 침투방지로 침출수량 최소화
>   ⑥ 매립지의 압축효과에 의한 부등침하 최소화

07 열분해(Pyrolysis)의 정의를 쓰시오.

> **풀이**
> 열분해란 공기가 부족한 상태(무산소 혹은 저산소 분위기)에서 가연성 폐기물을 연소시켜(간접가열에 의해) 유기물질로부터 가스, 액체 및 고체상태의 연료를 생산하는 공정을 의미하며 흡열반응을 한다.

08 매립지의 pH를 저하시키는 원인을 쓰고 중금속 용출인자를 설명하시오.

> **풀이**
> 매립지의 pH를 저하시키는 것은 생성되는 CO_2 가스에 의하며, 중금속 용출인자는 pH 5 이하인 산 형성 단계에서의 낮은 pH이다.

09 밀도가 300kg/m³인 쓰레기 1ton을 밀도 800kg/m³로 압축할 경우 부피감소율(%)은?

> **풀이**
> 부피감소율(VR)
> $$VR(\%) = \left(1 - \frac{V_f}{V_i}\right) \times 100$$
> $$V_i = \frac{1,000\text{kg}}{300\text{kg/m}^3} = 3.33\text{m}^3$$
> $$V_f = \frac{1,000\text{kg}}{800\text{kg/m}^3} = 1.25\text{m}^3$$
> $$= \left(1 - \frac{1.25}{3.33}\right) \times 100 = 62.46\%$$

10 소각로에서 연소온도가 1,050℃, 배기온도 500℃, 슬러지온도가 25℃일 경우 열효율(%)은?

> **풀이**
> $$\text{열효율(\%)} = \frac{(\text{연소온도} - \text{배기온도})}{(\text{연소온도} - \text{공급온도})} \times 100$$
> $$= \frac{(1,050 - 500)℃}{(1,050 - 25)℃} \times 100 = 53.66\%$$

11 고형화 처리방법 중 자가시멘트법의 장단점을 2가지씩 쓰시오.

> **풀이**
>
> 1. 장점(2가지만 기술)
>   ① 혼합률이 비교적 낮다.
>   ② 중금속의 고형화 처리에 효과적이다.
>   ③ 전처리(탈수)가 불필요하다.
> 2. 단점(2가지만 기술)
>   ① 장치비가 크고 숙련된 기술이 요구된다.
>   ② 보조에너지가 필요하다.
>   ③ 많은 황화물을 가지는 폐기물에만 적합하다.

12 슬러지 개량(Conditioning) 방법 3가지를 쓰시오.

> **풀이**
>
> **슬러지 개량법(3가지만 기술)**
> ① 약품처리 ② 열처리
> ③ 슬러지 세척(세정법) ④ 생물학적 처리(혐기성, 호기성 소화)
> ⑤ 동결처리

13 Kick의 법칙($n=1$)을 이용하여 파쇄에 요구되는 에너지양을 구하고자 한다. 15.0cm 폐목재를 3.0cm로 파쇄하는 데 1톤당 40kW·hr가 소요되었다. 45.0cm인 폐목재를 3.0cm로 파쇄하는 데 1톤당 소요되는 에너지(kW·hr)를 구하시오. (단, 계산과정과 정답은 소수점 이하 첫째 자리 계산)

> **풀이**
>
> $$E = C\ln\left(\frac{L_1}{L_2}\right)$$
>
> $40\text{kW}\cdot\text{hr/ton} = C \times \ln\left(\frac{15.0}{3.0}\right)$
>
> $C = 24.85\text{kW}\cdot\text{hr/ton}$
>
> $E = 24.85\text{kW}\cdot\text{hr/ton} \times \ln\left(\frac{45.0}{3.0}\right) = 67.3\text{kW}\cdot\text{hr/ton}$

14 다음 조성의 폐기물의 습량기준 단위무게당 고위발열량(kcal/kg)을 Dulong 식을 이용하여 구하시오.

[폐기물 분석조성]
C = 30%, H = 20%, O = 10%, S = 5%, 수분 = 25%, 불연소율 = 10%

풀이

고위발열량(H_h)

$$H_h = 8,100\text{C} + 34,000\left(\text{H} - \frac{\text{O}}{8}\right) + 2,500\text{S}$$

$$= (8,100 \times 0.3) + \left[34,000 \times \left(0.2 - \frac{0.1}{8}\right)\right] + (2,500 \times 0.05) = 8,930 \text{kcal/kg}$$

15 파쇄이론에서 에너지소모량을 예측하는 법칙 3가지를 기술하시오.

풀이

1. Kick의 법칙
   폐기물 입자의 크기를 3cm 미만으로 파쇄하는 공정에 적용(고운 파쇄 또는 2차 파쇄라 한다.)

   $$E = C\ln\left(\frac{L_1}{L_2}\right)$$

   여기서, E : 폐기물의 파쇄에너지(kW·hr/ton)
   C : 상수
   L_1 : 초기 폐기물의 크기(cm)
   L_2 : 최종 파쇄 후 폐기물의 크기(cm)

2. 리팅거의 법칙
   거칠게 파쇄하는 공정에 적용

   $$E = C\left(\frac{1}{L_2} - \frac{1}{L_1}\right)$$

3. 본드의 법칙

   $$E = C\left(\frac{1}{\sqrt{L_2}} - \frac{1}{\sqrt{L_1}}\right)$$

16 퇴비화 설계·운영을 위한 대표적 영향인자 6가지를 쓰시오.

> **풀이**
> ① 온도　　　　　② 수분함량　　　　③ C/N비
> ④ 입자크기　　　⑤ pH　　　　　　 ⑥ 공기(산소)공급

17 어느 도시의 폐기물발생량이 100ton/day이고, 평균 폐기물밀도는 650kg/m³, 매립에 의한 쓰레기부피는 40% 감소, Trench 깊이는 1.5m, Trench 점유율이 65%일 때의 연간 매립사용면적(m²/year)은?

> **풀이**
> $$\text{매립사용면적}(m^2/year) = \frac{\text{매립폐기물의 양}}{(\text{폐기물밀도} \times \text{매립깊이} \times \text{점유율})}$$
> $$= \frac{100\text{ton/day} \times 365\text{day/year}}{0.65\text{ton/m}^3 \times 1.5\text{m} \times 0.65}$$
> $$= 57,593.69\text{m}^2/\text{year}\,(1-0.4) \Leftarrow \text{부피감소 고려}$$
> $$= 34,556.21\text{m}^2/\text{year}$$

18 인구 3만 명인 도시에서 1인 1일 쓰레기 배출량이 1.2kg이고 밀도가 0.8ton/m³인 쓰레기를 매립용량이 100,000m³인 매립지에 매립처분하고자 할 때 매립지 사용연한(year)을 구하시오.

> **풀이**
> $$\text{매립기간}(year) = \frac{\text{매립용적} \times \text{밀도}}{\text{쓰레기발생량}}$$
> $$= \frac{100,000\text{m}^3 \times 800\text{kg/m}^3}{1.2\text{kg/인}\cdot\text{일} \times 365\text{일/year} \times 30,000\text{인}} = 6.09\text{year}$$

044 2020년 1회 기사

01 퇴비화 설계운영 고려인자 중 C/N비의 적정 수치를 쓰고 C/N비가 높을 경우와 낮을 경우 영향을 간단히 기술하시오.

> **풀이**
> 1. C/N비 적정 수치
>   25~50
> 2. C/N비가 높을 경우
>   유기산 등이 퇴비의 pH를 낮추고 미생물의 성장과 활동도 억제되며 질소 부족으로 퇴비화가 잘 형성되지 않아 퇴비화의 소요기간이 길어진다.
> 3. C/N비가 낮을 경우
>   질소가 암모니아로 변하여 pH를 증가시키고 이로 인해 암모니아 가스가 발생되어 퇴비화 과정 중 악취가 발생한다.

02 고형화 처리방법 중 자가시멘트법의 장단점을 2가지씩 쓰시오.

> **풀이**
> 1. 장점(2가지만 기술)
>   ① 혼합률이 비교적 낮다.
>   ② 중금속의 고형화 처리에 효과적이다.
>   ③ 전처리(탈수)가 불필요하다.
> 2. 단점(2가지만 기술)
>   ① 장치비가 크고 숙련된 기술이 요구된다.
>   ② 보조에너지가 필요하다.
>   ③ 많은 황화물을 가지는 폐기물에만 적합하다.

03 열분해를 통하여 얻게 되는 연료의 성질을 결정짓는 인자 3가지를 쓰시오.

> **풀이**
> ① 운전(열분해)온도　　② 가열속도
> ③ 가열시간　　　　　　④ 폐기물의 성질 중 크기
> ⑤ 폐기물의 성질 중 수분함량
> ※ 3가지만 기술

04 밀도 300kg/m³ 폐기물 1ton을 압축하여 밀도 800kg/m³으로 했을 때 부피 감소율(%)을 구하시오.

> **풀이**
>
> 부피감소율(VR)
>
> $$VR(\%) = \left(1 - \frac{V_f}{V_i}\right) \times 100$$
>
> $$V_i = \frac{1,000\text{kg}}{300\text{kg/m}^3} = 3.33\text{m}^3$$
>
> $$V_f = \frac{1,000\text{kg}}{800\text{kg/m}^3} = 1.25\text{m}^3$$
>
> $$= \left(1 - \frac{1.25}{3.33}\right) \times 100 = 62.46\%$$

05 중량비로 탄소 : 87%, 수소 : 11%, 황 : 2%인 중유를 공기비 1.5로 연소시킬 때 다음을 구하시오.

(1) 이론산소량(Sm³/kg)
(2) 이론공기량(Sm³/kg)
(3) 실제공기량(Sm³/kg)

> **풀이**
>
> (1) 이론산소량(O_0)
>
> $O_0(\text{Sm}^3/\text{kg}) = 1.867\text{C} + 5.6\text{H} + 0.7\text{S}$
>
> $= (1.867 \times 0.87) + (5.6 \times 0.11) + (0.7 \times 0.02) = 2.25\,\text{Sm}^3/\text{kg}$
>
> (2) 이론공기량(A_0)
>
> $A_0(\text{Sm}^3/\text{kg}) = O_0 \times \frac{1}{0.21} = 2.25\,\text{Sm}^3/\text{kg} \times \frac{1}{0.21} = 10.71\,\text{Sm}^3/\text{kg}$
>
> (3) 실제공기량(A)
>
> $A(\text{Sm}^3/\text{kg}) = m \times A_0 = 1.5 \times 10.71\,\text{Sm}^3/\text{kg} = 16.07\,\text{Sm}^3/\text{kg}$

06 통풍형식 4가지를 기술하시오.

> **풀이**
> 1. 자연통풍 : 굴뚝 내·외부의 공기밀도 및 가스밀도차에 의한 통풍력이 발생하여 이루어지는 통풍방식이다.
> 2. 압입통풍 : 연소용 공기를 노 앞에서 설치된 가압송풍기를 이용하여 강제로 연소실 내부로 압입하는 통풍방식이다. 연소실 열부하율을 높일 수 있고 노 내압이 정압(+)으로 유지된다.
> 3. 흡인통풍 : 연기가스를 송풍기로 흡인하여 노 내의 압력을 부압(-)으로 하여 배기가스를 굴뚝에 흡인시켜 배출하는 통풍방식이다. 노 내압이 부압(-)으로 냉기침입의 우려가 있으나 역화의 위험성은 없다.
> 4. 평형통풍 : 연소실의 전·후면에 각 송풍기 및 배풍기를 부착한 병용식 통풍방식으로 연소실의 구조가 복잡하여도 통풍은 잘 이루어진다.

07 다음 항목에 대하여 차수설비인 연직차수막과 표면차수막을 비교하여 설명하시오.
(1) 경제성
(2) 지하수집배수시설
(3) 차수성 확인

> **풀이**
> (1) 경제성
>   연직차수막은 단위면적당 공사비는 많이 소요되나 총 공사비는 적게 들고 표면차수막은 단위면적당 공사비는 저가이나 전체적으로 비용이 많이 든다.
> (2) 지하수집배수시설
>   연직차수막은 불필요하고 표면차수막은 원칙적으로 지하수집배수시설을 필요로 한다.
> (3) 차수성 확인
>   연직차수막은 지하매설로서 차수성 확인이 어렵고 표면차수막은 시공 시 차수성이 확인되지만 매립 후에는 확인이 곤란하다.

08 쓰레기 발열량 측정방법 4가지를 쓰시오.

풀이
① 원소분석에 의한 방법(Dulong법)
② 삼성분에 의한 방법
③ 물리적 조성에 의한 방법
④ 단열열량계에 의한 직접 측정방법

09 1일 쓰레기의 발생량이 50톤인 지역에서 트렌치 방식으로 매립장을 계획한다면 1년 간 필요한 토지면적(m^2)을 구하시오. (단, 도랑의 깊이는 2.5m이고 매립에 따른 쓰레기의 부피 감소율은 60%, 매립 전 쓰레기 밀도는 400kg/m^3이다.)

풀이

$$\text{매립면적}(m^2/year) = \frac{\text{매립폐기물의 양}}{(\text{폐기물 밀도} \times \text{매립 깊이})} \times \text{부피감소율}$$

$$= \frac{50\text{ton/day} \times 1{,}000\text{kg/ton} \times 365\text{day/year}}{400\text{kg/m}^3 \times 2.5\text{m}} \times (1-0.6)$$

$$= 7{,}300\,m^2/year$$

10 다음 조성의 도시 고형폐기물 1ton 소각 시 발생하는 이론습연소가스 무게(ton) 및 실제습연소가스 무게(ton)는? (단, $m=1.5$, 조성(%) : C=30, H=20, S=5, N=5, 수분=10, ash=10)

풀이

이론습연소가스양(G_{ow})

$$G_{ow} = 0.79A_0 + 1.867C + 11.2H + 0.7S + 0.8N + 1.244W$$

$$A_0 = \frac{O_0}{0.23} = \frac{2.667C + 8H + S}{0.23}$$

$$= \frac{1}{0.23}[(2.667 \times 0.3) + (8 \times 0.2) + (0.05)] = 10.65\,kg/kg$$

$$= (0.79 \times 10.65) + (1.867 \times 0.3) + (11.2 \times 0.2) + (0.7 \times 0.05)$$
$$+ (0.8 \times 0.05) + (1.244 \times 0.1) = 11.42\,kg/kg$$

이론습연소가스 무게(ton) = $11.42\,kg/kg \times 1{,}000\,kg \times ton/1{,}000\,kg = 11.42\,ton$

실제습연소가스양(G_w)
$$G_w = G_{ow} + (m-1)A_0$$

$$= 11.42\text{kg/kg} + [(1.5-1) \times 10.65]\text{kg/kg} = 16.75\text{kg/kg}$$

실제습연소가스 무게(ton) = 16.75kg/kg × 1,000kg × ton/1,000kg = 16.75ton

11 다음은 열교환기 중 절탄기에 관한 내용이다. ( ) 안에 알맞은 용어를 쓰시오.

절탄기는 (①)에 설치하며 보일러 전열면을 통하여 연소가스의 (②)로 보일러 급수를 예열하여 보일러 효율을 높이는 장치이다.

풀이
① 연도   ② 여열

12 다음 조성을 가진 분뇨와 음식물을 중량비(무게비) 1 : 2로 혼합처리 시 C/N비를 구하시오.

구분	함수율	총고형물 중 유기탄소량	총고형물 중 총질소량
분뇨	95%	35%	15%
음식물	20%	85%	5%

풀이

$$\text{C/N비} = \frac{\text{혼합물 중 탄소의 양}}{\text{혼합물 중 질소의 양}}$$

혼합물 중 탄소의 양
$$= \left[\left\{\frac{1}{1+2} \times (1-0.95) \times 0.35\right\} + \left\{\frac{2}{1+2} \times (1-0.2) \times 0.85\right\}\right] = 0.45916$$

혼합물 중 질소의 양
$$= \left[\left\{\frac{1}{1+2} \times (1-0.95) \times 0.15\right\} + \left\{\frac{2}{1+2} \times (1-0.2) \times 0.05\right\}\right] = 0.02916$$

$$\text{C/N비} = \frac{0.45916}{0.02916} = 15.75$$

13 유리화법의 장점 및 단점을 2가지씩 기술하시오.

> **풀이**
>
> 1. 장점
>   ① 첨가제 비용이 비교적 저렴하다.
>   ② 2차 오염물질의 발생이 거의 없다.
> 2. 단점
>   ① 에너지가 집약적이다.
>   ② 특수장치와 숙련된 기술인원이 필요하다.

14 액상폐기물 중에 존재하는 As(비소) 이온의 제거방법 중 2가지를 쓰고 간단히 설명하시오. (단, 흡착법과 이온교환법은 답란에서 제외함)

> **풀이**
>
> **As 이온 제거방법**
> ① 침전 처리기술
>   지하수에 있는 비소를 침전을 통해서 불용성 고형물로 만들고 필터로 지하수와 비소를 함유한 고형물을 분리하여 비소를 제거하는 기술이다.
> ② 멤브레인 처리기술
>   비소로 오염된 지하수를 반투막이나 멤브레인에 통과시켜 지하수로부터 비소를 제거하는 기술로, 지하수에 용존된 물질이 선택적으로 멤브레인을 통과하지 못하는 특성을 이용한다.

15 침출수 생성에 미치는 영향인자 4가지를 쓰시오.

> **풀이**
>
> **침출수 생성 영향인자(4가지만 기술)**
> ① 강수량 ② 증발량 ③ 증산량
> ④ 유출량 ⑤ 토양 수분보유량

16 폐기물 매립지에서 침출수와 토양 및 지하수를 오염시킨다. 폐기물 매립지역 선정 시 고려해야 하는 토양 특성 3가지를 쓰시오.

> **풀이**
>
> **폐기물 매립지 선정 시 고려해야 하는 토양 특성**
> ① 이온교환량 ② 투수계수 ③ 토성

17 인구 50,000명의 어느 도시에서 쓰레기를 2일마다 수거하는 데 적재용량 $8m^3$인 트럭 20대가 동원된다. 1인당 1일 쓰레기배출량이 1.15kg일 때 쓰레기의 밀도(kg/m^3)는?

> **풀이**
>
> $$밀도(kg/m^3) = \frac{중량(kg)}{부피(m^3)} = \frac{1.15kg/인 \cdot 일 \times 50,000인 \times 2일}{8m^3/대 \times 20대} = 718.75 kg/m^3$$

18 다음 수거형태의 MHT가 작은 순서대로 쓰시오.

> ① 플라스틱 자루
> ② 문밖 고정식
> ③ 문안 이동식
> ④ 벽면 부착식

> **풀이**
>
> **MHT가 작은 순서**
> 플라스틱 자루(1.35) → 문안 이동식(1.86) → 문밖 고정식(1.96) → 벽면 수거식(2.38)

19 6가크롬의 적용 가능한 시험방법 3가지를 쓰시오.

> **풀이**
>
> **6가크롬 시험방법**
> ① 원자흡수분광광도법
> ② 유도결합플라스마 – 원자발광분광법
> ③ 자외선/가시선분광법

20 수산화물 침전법을 적용하여 크롬(Cr^{3+}) 처리 시 반응식을 쓰시오.

> **풀이**
>
> $2Cr^{3+} + 6OH^- \rightarrow 2Cr(OH)_3 \downarrow$: 적정 pH 8~9

2020년 1회 산업기사

01 폐기물을 성상에 따라 분류하고 설명하시오.

> **풀이**
> ① 액상 폐기물 : 고형물의 함량이 5% 미만인 폐기물
> ② 반고상 폐기물 : 고형물의 함량이 5% 이상 15% 미만인 폐기물
> ③ 고상 폐기물 : 고형물의 함량이 15% 이상인 폐기물

02 질소산화물 제거방법 중 연소실 내에서의 저감대책 3가지를 쓰시오.

> **풀이**
> NO$_x$ 발생억제방법(연소실 내에서 저감대책)
> ① 저산소 연소   ② 저온도 연소   ③ 배기가스 재순환
>
> [참고] ①~③항 외에
> ④ 연소 부분의 냉각   ⑤ 2단연소   ⑥ 수증기 및 물 분사

03 인구 70만 명인 어느 도시에 폐기물 발생량이 1인·일 1.5kg이다. 연간 소요되는 매립면적(m²)을 구하시오. (단, 폐기물 밀도는 450kg/m³, 매립 높이는 5m)

> **풀이**
> $$\text{매립면적}(m^2/year) = \frac{\text{매립폐기물의 양}}{(\text{폐기물밀도} \times \text{매립깊이})}$$
> $$= \frac{1.5\,kg/\text{인}\cdot\text{일} \times 700,000\text{인} \times 365\text{일/year}}{450\,kg/m^3 \times 5m}$$
> $$= 170,333.33\,m^2/year$$

04 중량조성이 탄소 88%, 수소 12%인 액체연료를 150kg/hr의 속도로 주입하여 연소시킬 때 배기가스의 조성은 CO_2 : 12.5%, O_2 : 4%, N_2 : 83.5%이었다. 필요한 실제공기량(Sm^3/hr)을 구하시오.

> **풀이**
>
> 실제공기량$(A) = m \times A_0$
>
> $$m = \frac{N_2}{N_2 - 3.76 \times O_2} = \frac{83.5}{83.5 - (3.76 \times 4)} = 1.22$$
>
> $$A_0 = \frac{1}{0.21}(1.867C + 5.6H)$$
>
> $$= \frac{1}{0.21}[(1.867 \times 0.88) + (5.6 \times 0.12)] = 11.02 Sm^3/kg$$
>
> $$= 1.22 \times 11.02 Sm^3/kg \times 150 kg/hr = 2,016.66 Sm^3/hr$$

05 폐기물 수송방법 중 관거수송의 종류 3가지를 쓰시오.

> **풀이**
>
> **관거수송의 종류**
> ① 공기수송   ② 슬러리 수송   ③ 캡슐 수송

06 초기 수분이 98%인 1ton의 슬러지를 수분함량 50%로 건조할 때 증발된 수분량(ton)을 구하시오.

> **풀이**
>
> 초기 슬러지양(100 – 초기 함수율) = 처리 후 슬러지양(100 – 처리 후 함수율)
> 1ton × (100 – 98) = 처리 후 슬러지양 × (100 – 50)
> 처리 후 슬러지양(ton) = 0.04ton
> 증발된 수분량(ton) = 1 – 0.04 = 0.96ton

07 침출수 처리의 펜톤산화법에서 펜톤산화제의 조성을 쓰시오.

> **풀이**
>
> 과산화수소수(H_2O_2) + 철염($FeSO_4$)

08 Rosin-Rammler 모델은 폐기물 파쇄 시 폐기물의 입자크기 분포에 관한 모델식이다. 폐기물의 80% 이상을 2.54cm보다 작게 파쇄하고자 할 때 특성입자의 크기(cm)를 산정하시오. (단, $n=1$임)

풀이

$$Y = 1 - \exp\left[-\left(\frac{X}{X_0}\right)^n\right]$$

$$0.8 = 1 - \exp\left[-\left(\frac{2.54}{X_0}\right)^1\right]$$

$$-\frac{2.54}{X_0} = \ln(1-0.8)$$

$$X_0(\text{특성입자}) = \frac{-2.54}{\ln 0.2} = 1.58 \text{cm}$$

09 합성차수막 종류 5가지를 기술하시오.

풀이

합성차수막의 종류(5가지만 기술)
① HDPE   ② LDPE   ③ CSPE   ④ CPE
⑤ PVC   ⑥ EPDM   ⑦ IIR   ⑧ CR

10 플라스틱의 재활용방법 4가지를 쓰시오.

풀이

플라스틱 재활용방법
① 용융재생법   ② 파쇄재생법
③ 고체연료화법   ④ 분해이용법(열분해, 소각법)

11 폐기물의 연소능력이 200kg/m²·hr이며 연소할 폐기물의 양이 100m³/day이다. 1일 8시간 소각로를 가동시킨다고 할 때, 화격자의 면적(m²)은?(단, 폐기물 밀도 200kg/m³)

풀이

$$화상면적(m^2) = \frac{시간당\ 소각량}{연소능력(화상부하율)}$$

$$= \frac{100m^3/day \times 200kg/m^3 \times day/8hr}{200kg/m^2 \cdot hr} = 12.5m^2$$

12 황성분이 1.5%인 폐기물을 10ton/hr 소각하는 소각로에서 배기가스 중의 SO_2를 $CaCO_3$로 완전히 탈황하는 경우 이론상 하루에 필요한 $CaCO_3$의 양(ton/day)은? (단, 폐기물 중의 S은 모두 SO_2으로 전환되며, 소각로의 1일 가동시간은 8시간, Ca 원자량 40)

풀이

$CaCO_3 + SO_2 \rightarrow CaSO_3 + CO_2$

위의 반응식에서 S과 탄산칼슘($CaCO_3$)은 1 : 1 반응한다.

  S ⇒ $CaCO_3$
 32ton : 100ton
10ton/hr × 0.015 : $CaCO_3$(ton/day)

$$CaCO_3(ton/day) = \frac{100ton \times 10ton/hr \times 0.015 \times 8hr/day}{32ton} = 3.75ton/day$$

13 다음과 같은 조건인 경우 침출수가 차수층을 통과하는 시간(year)은?

- 점토층의 두께 : 1.0m
- 유효공극률 : 0.3
- 투수계수 : 10^{-7}cm/sec
- 상부 침출수 수두 : 30cm

풀이

$$t = \frac{1.0^2 m^2 \times 0.3}{(10^{-7} cm/sec \times m/100cm) \times (1.0m + 0.3m)}$$
$$= 230,769,230.8 sec \times year/31,536,000 sec = 7.32 year$$

14 부피감소율이 80%에서 90%로 될 때 압축비 CR은 몇 배인가?

> **풀이**
>
> $$CR = \frac{100}{100 - VR}$$
>
> $VR(80\%)$ 경우 $CR = \frac{100}{100 - 80} = 5$
>
> $VR(90\%)$ 경우 $CR = \frac{100}{100 - 90} = 10$
>
> CR 비 $= \frac{10}{5} = 2$, 즉 2배 증가

15 시료의 분할채취방법 3가지를 쓰시오.

> **풀이**
>
> **시료 분할채취방법**
> ① 구획법   ② 교호삽법   ③ 원추사분법

16 함수율 20%인 1톤 폐기물을 함수율 10%로 할 때, 수분을 모두 증발시키는 데 2,250kcal/kg이 소요된다. 이때 사용되는 총에너지 요구량(kcal)은?

> **풀이**
>
> 초기 폐기물량(1 - 초기함수율) = 처리 후 폐기물량(1 - 처리 후 함수율)
> 1,000kg × (1 - 0.2) = 처리 후 폐기물량 × (1 - 0.1)
> 처리 후 폐기물량 = 888.89kg
> 증발된 수분량 = 1,000 - 888.89 = 111.11kg
> 총 에너지요구량(kcal) = 111.11kg × 2,250kcal/kg = 249,997.5kcal

17 Kick의 법칙($n = 1$)을 이용하여 파쇄에 요구되는 에너지양을 구하고자 한다. 15.0cm 폐목재를 3.0cm로 파쇄하는 데 1톤당 40kW · hr가 소요되었다. 45.0cm인 폐목재를 3.0cm로 파쇄하는 데 1톤당 소요되는 에너지(kW · hr)를 구하시오. (단, 계산과정과 정답은 소수점 이하 첫째 자리 계산)

> **풀이**
> $$E = C\ln\left(\frac{L_1}{L_2}\right)$$
> $$40\text{kW} \cdot \text{hr/ton} = C \times \ln\left(\frac{15.0}{3.0}\right)$$
> $C = 24.85\text{kW} \cdot \text{hr/ton}$
> $E = 24.85\text{kW} \cdot \text{hr/ton} \times \ln\left(\frac{45.0}{3.0}\right) = 67.3\text{kW} \cdot \text{hr/ton}$

18 다음 폐기물 최소화 정책 중 감량화 대책과 재활용 대책으로 구분하시오.

① 폐기물 예치금제도　　② 쓰레기 종량제
③ 1회용품 사용규제　　④ 생산자책임제도(EPR)

> **풀이**
> (1) 감량화 대책 : ②, ③
> (2) 재활용 대책 : ①, ④

SECTION 046 2020년 통합 1·2회 기사

01 파쇄처리의 문제점 및 이에 대한 대책을 각각 2가지 기술하시오.

> **풀이**
> 1. 폭발위험성 대책
>   ① 항상 산소농도를 10% 이하로 혼입
>   ② 폭발유발물질 사전 선별
> 2. 비산분진 대책
>   ① 외부 유출을 차단하기 위한 밀폐구조
>   ② 작업장 내부의 압력을 음압(부압)으로 유지

02 유해폐기물의 고형화 처리방법 6가지를 쓰시오.

> **풀이**
> **고형화 처리방법**
> ① 시멘트 기초법 ② 석회기초법 ③ 자가시멘트법
> ④ 열가소성 플라스틱법 ⑤ 유기중합체법 ⑥ 피막형성법

03 소각로의 연소실 내에서 연소가스와 폐기물의 흐름에 따라 운전조작방식을 구분할 수 있다. 연소가스와 폐기물의 흐름에 따른 4가지 운전조작방식을 기술하시오.

> **풀이**
> **연소가스와 폐기물 흐름에 따른 구분**
> ① 역류식(향류식) ② 병류식
> ③ 교류식 ④ 복류식(2회류식)
>
> [참고] (1) 역류식(향류식)
>   ① 폐기물의 이송방향과 연소가스의 흐름을 반대로 하는 형식이다.
>   ② 난연성 또는 착화하기 어려운 폐기물 소각에 가장 적합한 방식이다.
>   ③ 수분이 많고 저위발열량이 낮은 폐기물에 적합하다.
>   ④ 후연소 내의 온도 저하나 불완전연소가 발생할 수 있다.
>   ⑤ 복사열에 의한 건조에 유리하다.
> (2) 병류식
>   ① 폐기물의 이송방향과 연소가스의 흐름방향이 같은 형식이다.
>   ② 수분이 적고 저위발열량이 높을 때 적용한다.

③ 폐기물의 발열량이 높을 경우 적당한 형식이다.
④ 건조대에서의 건조효율이 저하될 수 있다.
(3) 교류식
① 역류식과 병류식의 중간 형식이다.
② 중간 정도의 발열량을 가지는 폐기물에 적합하다.
③ 두 흐름이 교차하여 폐기물 질의 변동이 클 때 적합하다.
(4) 복류식(2회류식)
① 2개의 출구를 가지고 있는 댐퍼의 개폐로를 역류식, 병류식, 교류식으로 조절할 수 있는 형식이다.
② 폐기물의 질이나 저위발열량의 변동이 심할 경우에 적합하다.

04 다음은 퇴비화 설계·운영을 위한 대표적 고려인자이다. 각 인자의 적정 운전범위를 쓰시오.

(1) 온도 (2) 수분
(3) C/N비 (4) 공기(산소) 공급

풀이
(1) 온도 : 55~60℃
(2) 수분 : 50~60%
(3) C/N비 : 25~50
(4) 공기(산소) 공급 : 5~15%(산소농도)

05 연소 시 공기과잉 시(공기비가 클 경우)의 문제점 3가지를 쓰시오.

풀이
① 연소실 내에서 연소온도가 낮아진다.
② 통풍력이 증대되어 배기가스에 의한 열손실이 커진다.
③ 배기가스 중 SO_x(황산화물), NO_x(질소산화물)의 함량이 증가하여 연소장치의 부식에 크게 영향을 미친다.

06 고형물 농도 40kg/m³인 슬러지를 하루에 500m³를 탈수하고자 한다. 소석회를 슬러지 고형물당 30% 첨가할 때(이때 첨가된 소석회의 50%가 고형물이 되는 것임) 겉보기 여과속도는 20kg/m² · hr이며 함수율 78%의 탈수케이크를 얻었다. 여과기면적(m²)과 탈수케이크양(ton/day)을 구하시오.(단, 탈수기 운전시간 1일 8시간, 비중은 1.0 기준)

> **풀이**
>
> $$\text{여과기 면적}(m^2) = \frac{\text{총고형물량}}{\text{여과속도}}$$
>
> $$= \frac{\text{슬러지 중 고형물량} + \text{소석회로 인한 발생고형물}}{\text{여과속도}}$$
>
> $$= \frac{500\text{m}^3/\text{day} \times 40\text{kg/m}^3 \times [1+(0.3 \times 0.5)]}{20\text{kg/m}^2 \cdot \text{hr} \times 8\text{hr/day}} = 143.75\text{m}^2$$
>
> $$\text{탈수케이크 양}(\text{ton/day}) = 500\text{m}^3/\text{day} \times 40\text{kg/m}^3 \times [1+(0.3 \times 0.5)]$$
> $$\times \text{ton}/10^3\text{kg} \times \left(\frac{100}{100-78}\right)$$
> $$= 104.55\text{ton/day}$$

07 다음 도시폐기물의 성상이 다음과 같을 때 고위발열량(kcal/kg)과 저위발열량(kcal/kg)을 구하시오.

C	H	O	S	Cl	수분	회분
11%	8%	8%	0.1%	0.1%	65%	7.8%

> **풀이**
>
> 고위발열량(H_h)
>
> $$H_h(\text{kcal/kg}) = 8,100\text{C} + 34,000\left(\text{H} - \frac{\text{O}}{8}\right) + 2,500\text{S}$$
> $$= (8,100 \times 0.11) + \left[34,000 \times \left(0.08 - \frac{0.08}{8}\right)\right] + (2,500 \times 0.001)$$
> $$= 3,273.5\text{kcal/kg}$$
>
> 저위발열량(H_l)
>
> $$H_l = H_h - 600(9\text{H} + \text{W}) = 3,273.5 - 600 \times [(9 \times 0.08) + 0.65]$$
> $$= 2,451.5\text{kcal/kg}$$

08 다음은 퇴비화과정의 가장 중요한 환경적 인자인 C/N비에 대한 내용이다. ( ) 안에 알맞은 용어를 쓰시오.

> (1) C/N비가 ( ) 이상이면 질소부족으로 미생물의 성장과 활동이 억제되어 퇴비화 진행이 늦어진다.
> (2) C/N비가 ( ) 이하이면 암모니아가스 발생으로 비료효과가 저하되고 악취가 발생한다.

풀이
(1) 80   (2) 20

09 폐기물침출수를 펜톤(Fenton)산화법으로 처리하는 경우 산화제(약품) 조성 및 처리 공정 순서를 쓰시오.

풀이
1. 펜톤산화제 조성
   과산화수소수(H_2O_2) + 철염($FeSO_4$)
2. 펜톤산화법 공정순서
   pH조정조 → 급속 교반조(산화) → 중화조 → 완속교반조 → 침전조 → 생물학적 처리(RBC) → 방류조

10 합성차수막에서 결정도가 증가할수록 나타나는 성질 6가지를 쓰시오.

풀이
Crystallinity(결정도)가 증가할수록 합성차수막에 나타나는 성질
① 열에 대한 저항도 증가   ② 화학물질에 대한 저항성 증가
③ 투수계수의 감소   ④ 인장강도의 증가
⑤ 충격에 약해짐   ⑥ 단단해짐

11 어느 쓰레기를 압축하여 용적감소율이 75%인 경우 압축비를 구하시오.

풀이
$$압축비(CR) = \frac{100}{100 - VR} = \frac{100}{100 - 75} = 4.0$$

12 유기물인 포도당($C_6H_{12}O_6$) 200ton을 혐기성 분해 시 다음 내용에 답하시오.

(1) 혐기성 분해 반응식을 쓰시오.
(2) 이론적으로 생성되는 CH_4의 무게(kg)를 계산하시오.
(3) 이론적으로 생성되는 CH_4의 부피(Sm^3)를 계산하시오.

> **풀이**
>
> (1) $C_6H_{12}O_6 + 6H_2O \rightarrow 3CO_2 + 3CH_4$
>
> (2) $C_6H_{12}O_6 \rightarrow 3CH_4$
>   180kg : 3×16kg
>   200,000kg : CH_4(kg)
>
> $CH_4(kg) = \dfrac{200,000kg \times (3 \times 16)kg}{180kg} = 53,333.33kg$
>
> (3) $C_6H_{12}O_6 \rightarrow 3CH_4$
>   180kg : $3 \times 22.4 Sm^3$
>   200,000kg : $CH_4(Sm^3)$
>
> $CH_4(Sm^3) = \dfrac{200,000kg \times (3 \times 22.4)Sm^3}{180kg} = 74,666.67 Sm^3$

13 적환장의 위치 선정 시 고려해야 할 사항 3가지를 기술하시오.

> **풀이**
>
> **적환장 위치 선정 시 고려사항**
> ① 수거하고자 하는 개별적 고형폐기물 발생지역의 하중중심(무게중심)과 되도록 가까운 곳
> ② 쉽게 간선도로에 연결되며, 2차 보조수송수단의 연결이 쉬운 곳
> ③ 건설비와 운영비가 적게 들고 경제적인 곳
>
> [참고] ①~③항 이외에
>   ④ 주민의 반대가 적고 주변환경에 대한 영향이 최소인 곳

14 함수율이 98%인 폐기물을 탈수하여 함수율이 75%로 감소 시 이 폐기물의 부피감소율(%)을 구하시오. (단, 비중 1.0)

풀이

$VR = \left(1 - \dfrac{V_f}{V_i}\right) \times 100$ 식에 고형물 물질수지식 적용

$V_i(1 - \text{처리 전 함수율}) = V_f(1 - \text{처리 후 함수율})$

$VR(\%) = \left[1 - \dfrac{(1 - \text{처리 전 함수율})}{(1 - \text{처리 후 함수율})}\right] \times 100$

$\quad\quad = \left[1 - \dfrac{(1 - 0.98)}{(1 - 0.75)}\right] \times 100 = 92\%$

15 인구 20만 명인 도시에서 1인 1일 쓰레기 발생량이 1.2kg이고 쓰레기 밀도가 450kg/m³, 차량운행시간 8hr/day, 운반거리 4km, 적재용량 8m³, 1회 왕복시간 30min, 하역시간 20min, 적재시간 10min일 때 소요차량대수를 구하시오. (단, 대기차량 2대, 압축비 1.5)

풀이

차량대수 $= \dfrac{1\text{일 폐기물 발생량}}{1\text{일 1대당 운반량}} + \text{대기차량}$

1일 폐기물 발생량 $= 1.2\text{kg/인} \cdot \text{일} \times 200{,}000\text{인} = 240{,}000\text{kg/일}$

1일 1대당 운반량

$= \dfrac{8\text{m}^3/\text{대} \cdot \text{회} \times 450\text{kg/m}^3}{(30+20+10)\text{min/회} \times \text{hr}/60\text{min} \times \text{day}/8\text{hr}} \times 1.5$

$= 43{,}200\text{kg/day} \cdot \text{대}$

$= \dfrac{240{,}000\text{kg/day}}{43{,}200\text{kg/day} \cdot \text{대}} + 2\text{대} = 7.5(8\text{대})$

16 다음은 매립구조에 의한 매립방법 내용이다. 알맞은 내용을 보기에서 선택하여 쓰시오.

> (1) 저부에 배수용 집수관 및 차수막을 설치한 구조의 공법
> (2) 침출수 집수관 이외에 별도의 공기주입시설을 설치하여 강제적으로 공기를 불어넣는 구조의 공법

> [보기]
> 혐기성 매립, 혐기성 위생매립, 개량형 혐기성 위생매립, 준호기성 매립, 호기성 매립

> **풀이**
> (1) 개량형 혐기성 위생매립　　　(2) 호기성 매립

17 폐기물의 연소 후에 남는 소각재를 2가지로 구분하여 간단히 설명하고 카드뮴(Cd), 아연(Zn)이 비산재에 농축되는 이유를 쓰시오.

> **풀이**
> (1) 소각재 구분
>   ① 바닥재(Bottom Ash)
>   폐기물의 연소 후에 남는 잔재물
>   ② 비산재(Fly Ash)
>   대기오염장치에서 제거된 비산먼지와 산성가스 중화처리에 사용된 알칼리제 및 폐활성탄 등
> (2) 비산재에 농축 이유
>   카드뮴, 아연의 중금속이 소각로 운전온도보다 낮아 휘발하여 비산재에 농축되기 때문이다.

18 폐기물 소각로에서 배출되는 황산화물 등 산성가스 처리효율이 큰 순서대로 쓰시오.

> 반건식법, 건식법, 습식법

> **풀이**
> 습식법 > 반건식법 > 건식법

2020년 통합 1·2회 산업기사

01 생물학적 방법 단독으로 침출수 처리 시 문제점 4가지를 쓰시오.

> **풀이**
>
> **문제점**
> ① 중금속 및 기타 무기물질에 의한 미생물 반응저하로 효율 감소
> ② 고농도의 철성분으로 인한 슬러지 팽화현상으로 효율 감소
> ③ NH_4^+ 과다로 인해 악취 발생
> ④ 난분해성 유기물질과 색도를 유발하는 물질이 있을 경우 효율 감소

02 다음 용어의 뜻(의미)을 쓰시오.

(1) Refuse   (2) Garbage   (3) Rubbish

> **풀이**
>
> (1) Refuse(가장 일반적인 용어)
>   쓰레기, 폐기물, 찌꺼기 등, 즉 못 쓰게 되거나 필요하지 않아서 버린 것을 의미한다 (Trash와 같은 의미).
> (2) Garbage(유기질 쓰레기에 적용)
>   더 이상 쓸모없거나 원하지 않아서 버린 쓰레기, 특히 가정의 주방에서 버리는 음식물 쓰레기를 언급할 때 많이 사용된다.
> (3) Rubbish(동물성 및 식물성 쓰레기를 의미하지 않음)
>   쓰레기, 폐기물 등 더는 유용하지 않거나 원하지 않아서 버린 것을 의미한다.

03 쓰레기 발생량 조사방법 3가지를 기술하시오.

> **풀이**
>
> **쓰레기 발생량 조사방법**
> ① 적재차량 계수분석법
>   일정기간 동안 특정지역의 쓰레기 수거·운반차량의 대수를 조사하여, 이 결과를 밀도로 이용하여 질량으로 환산하는 방법이다.
> ② 직접 계근법
>   일정기간 동안 특정지역의 쓰레기 수거·운반차량을 중간적환장이나 중계처리장에서 직접 계근하는 방법이다.

③ 물질수지법
　시스템으로 유입되는 모든 물질들과 유출되는 모든 폐기물의 양에 대하여 물질수지를 세움으로써 폐기물 발생량을 추정하는 방법이다.

04 다음 보기에서 폐기물관리에 있어서 우선적으로 고려하여야 할 사항을 순서대로 나열하시오.

> 감량화, 재활용, 매립, 소각(처리)

풀이

감량화 → 재활용 → 소각(처리) → 매립

05 $40m^2$인 바닥면적을 갖는 화격자 소각로에 1일 55ton의 쓰레기가 연속 소각처리된다. 이때 화격자 연소부하($kg/m^2 \cdot hr$)는?

풀이

화격자 연소부하(화격자 연소율 : $kg/m^2 \cdot hr$)

$$= \frac{시간당\ 소각량(kg/hr)}{화격자\ 면적(m^2)}$$

$$= \frac{55ton/day \times 1,000kg/ton \times day/24hr}{40m^2} = 57.29 kg/m^2 \cdot hr$$

06 탄소 5kg을 완전연소시키는 데 소요되는 이론공기량(Nm^3)은?

풀이

연소반응식

$C\ +\ O_2\ \rightarrow\ CO_2$

12kg : 22.4Nm^3

5kg : $O_0(Nm^3)$

$O_0(Nm^3) = \frac{5kg \times 22.4Nm^3}{12kg} = 9.33Nm^3$

$A_0 = \frac{9.33Nm^3}{0.21} = 44.44Nm^3$

07 해안매립공법의 종류 3가지를 기술하시오.

> **풀이**
>
> **해안매립공법**
> ① 순차투입공법
>   호안 측으로부터 순차적으로 쓰레기를 투입하여 육지화하는 방법이다.
> ② 박층뿌림공법
>   개량된 지반이 붕괴될 위험성이 있는 경우 밑면이 뚫린 바지선에 폐기물을 적재하여 쓰레기를 박층으로 떨어뜨려 뿌려 줌으로써 바닥지반의 하중을 균등하게 해 주는 방법이다.
> ③ 수중투기공법(내수배제공법)
>   외주 호안이나 중간제방 등에 고립된 매립지대의 해수를 그대로 놓은 채 쓰레기를 투기하거나 매립 전에 내수를 일부 배제한 후 쓰레기를 투기하는 방법이다.

08 매립지의 시간경과에 따른 분해로 인한 4단계를 쓰고 가스의 구성성분 변화를 간단히 설명하시오.

> **풀이**
>
> (1) 1단계 : 호기성 단계(초기 조절 단계)
> N_2, O_2는 급격히 감소, CO_2는 서서히 증가
> (2) 2단계 : 혐기성 단계(혐기성 비메탄화 단계)
> CO_2 생성 증가, O_2 소멸, N_2 감소
> (3) 3단계 : 혐기성 메탄생성 축적 단계(산형성 단계)
> CO_2, H_2 발생비율 감소, CH_4 증가 시작
> (4) 4단계 : 혐기성 메탄생성 정상 단계(메탄발효 단계)
> CH_4, CO_2 구성비가 거의 일정한 단계(CH_4 : CO_2 : N_2 = 55% : 40% : 5%)

09 고형화 처리에 사용되는 포틀랜드 시멘트의 주요 성분 4가지를 쓰시오.

> **풀이**
>
> **포틀랜드 시멘트의 주요 성분**
> ① 석회(CaO)　　　　　　② 실리카(SiO_2)
> ③ 알루미나(Al_2O_3)　　　④ 산화철(Fe_2O_3)

10 폐기물 파쇄의 이점(기대효과) 5가지를 쓰시오.

> **풀이**
>
> **파쇄의 이점(기대효과)**
> ① 겉보기 비중의 증가(수송, 매립지 수명 연장)
> ② 유기물의 분리, 회수
> ③ 비표면적의 증가(미생물 분해속도 증가)
> ④ 입경분포의 균일화(저장, 압축, 소각 용이)
> ⑤ 용적 감소(부피 감소 ; 무게 변화)

11 트롬멜스크린에서 트롬멜의 임계속도 산정식을 설명하시오.

> **풀이**
>
> 임계속도$(\eta_c) = \dfrac{1}{2\pi}\sqrt{\dfrac{g}{r}} = \sqrt{\dfrac{g}{4\pi^2 r}}$ (rpm)
>
> 여기서, g : 중력가속도(9.8m/sec^2)
> r : 스크린의 회전반경(m)

12 다음은 슬러지의 고형물 성분 관계이다. ( ) 안에 알맞은 내용을 쓰시오.

$TS \rightarrow$ (①) + (②)
(③) $\rightarrow VSS$ + (④)
    +
(⑤) $\rightarrow$ (⑥) + FDS

> **풀이**
>
> ① : VS ② : FS ③ : TSS
> ④ : FSS ⑤ : TDS ⑥ : VDS
>
> 여기서, TS : 총고형물
> VS : 휘발성 고형물
> FS : 강열잔류 고형물
> TSS : 총부유성 고형물
> VSS : 휘발성 부유물질
> FSS : 강열잔류 부유물질
> TDS : 총용존물질
> VDS : 휘발성 용존물질
> FDS : 강열잔류 용존물질

13 수분함량이 25%인 폐기물 1ton을 건조하여 수분함량이 10%인 폐기물을 만들었을 때 제거된 수분량(kg)은?

> **풀이**
> 고형물 물질 수지식
> $1{,}000 \times (100-25) =$ 건조 후 폐기물량 $\times (100-10)$
> 건조 후 폐기물량 $= \dfrac{1{,}000\text{kg} \times 75}{90} = 833.33\text{kg}$
> 제거된 수분량(kg) = 처리 전 폐기물량 − 건조 후 폐기물량
> $= 1{,}000 - 833.33 = 166.67\text{kg}$

14 선별시설로 투입되는 폐기물은 10ton이고 아래 표와 같은 현황일 때 다음 내용에 대하여 답하시오.

폐기물 종류(ton)	반입	제거	회수
철	0.8	0.1	0.7
비철금속	9.2	8.2	1

(1) 철의 총회수율(%)
(2) 철의 선별효율(%) : Worrell식 이용
(3) 회수되는 비철금속의 순도(%)

> **풀이**
> (1) 철의 총회수율(%)
> 회수율 $= \dfrac{\text{회수된 철 총량}}{\text{투입된 철 총량}} \times 100 = \dfrac{0.7}{0.8} \times 100 = 87.5\%$
> (2) Worrell식 선별효율(%)
> 철 선별효율 $= \left[\left(\dfrac{x_1}{x_0}\right) \times \left(\dfrac{y_2}{y_0}\right)\right] \times 100 = \left[\left(\dfrac{0.7}{0.8}\right) \times \left(\dfrac{8.2}{9.2}\right)\right] \times 100 = 77.99\%$
> (3) 회수되는 비철금속의 순도(%)
> 순도 $= \dfrac{\text{회수된 철 총량}}{\text{전체 회수량}} \times 100 = \dfrac{1}{0.7+1} \times 100 = 58.82\%$

15 인구 50만 명인 매립지 필요용량(m^3)을 구하시오. (단, 쓰레기 발생량은 1.5kg/인·일, 폐기물의 밀도 550kg/m^3, 매립지 연한 7년, 매립복토 높이 5m임)

> **풀이**
>
> 매립지 필요용량(m^3) = $\dfrac{\text{폐기물 발생량}}{\text{폐기물 밀도}}$
>
> $= \dfrac{1.5\text{kg/인·일} \times 500{,}000\text{인} \times 7\text{year} \times 365\text{day/year}}{550\text{kg/}m^3}$
>
> $= 3{,}484{,}090.91\,m^3$

16 열분해를 통하여 얻는 연료의 성질을 결정짓는 요소 4가지를 쓰시오.

> **풀이**
>
> **열분해의 연료성질을 결정짓는 요소**
> ① 운전온도 ② 가열속도 ③ 가열시간 ④ 수분함량

17 폐기물 연소 시 발생하는 염소 및 염화수소 제거방법을 간단히 쓰시오.

> **풀이**
>
> **염소 및 염화수소 제거방법**
> 염소 및 염화수소가스는 물에 대한 용해도가 크기 때문에 세정식 집진장치(벤투리스크러버)나 충전탑을 이용하여 처리한다. 즉, 수세흡수법을 적용하며 NaOH 및 Ca(OH)$_2$ 등의 알칼리용액에 의한 중화반응을 거쳐 처리하기도 한다.

18 폐기물 소각 시 열회수를 위한 장치로 사용되는 것 3가지를 쓰시오.

> **풀이**
>
> **폐기물 열회수 장치**
> ① 폐열보일러 ② 열교환기 ③ 증기터빈

2020년 3회 기사

01 다음의 용출시험방법에 대하여 기술하시오.

(1) 시료 : 용매비율($W : V$)
(2) 용출용매의 pH(염산 이용 시)
(3) 조제시료 (   )g 이상
(4) 진탕횟수 (   )회/분
(5) 진탕기 진폭 (~   )cm
(6) 진탕시간 (   )시간 연속
(7) (   ) 후 원심분리한다.

> **풀이**
> **용출시험방법**
> (1) 시료 : 용매비율($W : V$) ⇒ 1 : 10
> (2) 용출용매의 pH 범위 ⇒ pH 5.8~6.3
> (3) 조제시료 ⇒ 100g 이상
> (4) 진탕횟수 ⇒ 200회/분
> (5) 진탕기 진폭 ⇒ 4~5cm
> (6) 진탕시간 ⇒ 6시간 연속
> (7) 여과지 ⇒ 1.0μm 유리섬유 여과지 여과 후 원심분리한다.

02 유해가스 HCl과 SO_2의 제거반응식을 나타내시오. (단, HCl은 $Ca(OH)_2$, SO_2는 $CaCO_3$로 제거함)

> **풀이**
> ① $2HCl + Ca(OH)_2 \rightarrow CaCl_2 + 2H_2O$
> ② $SO_2 + CaCO_3 \rightarrow CaSO_3 + CO_2$

03 소각로의 연소실 내에서 연소가스와 폐기물의 흐름에 따라 운전조작방식을 구분할 수 있다. 연소가스와 폐기물의 흐름에 따른 4가지 운전조작방식을 쓰시오.

> **풀이**
>
> **연소가스와 폐기물 흐름에 따른 구분**
> ① 역류식(향류식)
> ② 병류식
> ③ 교류식
> ④ 복류식(2회류식)
>
> [참고] (1) 역류식(향류식)
> ① 폐기물의 이송방향과 연소가스의 흐름을 반대로 하는 형식이다.
> ② 난연성 또는 착화하기 어려운 폐기물 소각에 가장 적합한 방식이다.
> ③ 수분이 많고 저위발열량이 낮은 폐기물에 적합하다.
> ④ 후연소 내의 온도 저하나 불완전연소가 발생할 수 있다.
> ⑤ 복사열에 의한 건조에 유리하다.
> (2) 병류식
> ① 폐기물의 이송방향과 연소가스의 흐름방향이 같은 형식이다.
> ② 수분이 적고 저위발열량이 높을 때 적용한다.
> ③ 폐기물의 발열량이 높을 경우 적당한 형식이다.
> ④ 건조대에서의 건조효율이 저하될 수 있다.
> (3) 교류식
> ① 역류식과 병류식의 중간 형식이다.
> ② 중간 정도의 발열량을 가지는 폐기물에 적합하다.
> ③ 두 흐름이 교차하여 폐기물 질의 변동이 클 때 적합하다.
> (4) 복류식(2회류식)
> ① 2개의 출구를 가지고 있는 댐퍼의 개폐로 역류식, 병류식, 교류식으로 조절할 수 있는 형식이다.
> ② 폐기물의 질이나 저위발열량의 변동이 심할 경우에 적합하다.

04 폐기물 매립지에서 발생한 침출수의 유입 BOD 농도가 3,000mg/L이며 1차 처리시설(효율 80%), 2차 처리시설(효율 50%), 3차 처리시설을 거친 후 최종 농도가 30mg/L라고 할 때 3차 처리시설의 최소효율(%)을 구하시오.

> **풀이**
>
> 1, 2차 처리 후 농도 $= 3,000\text{mg/L} \times (1-0.8) \times (1-0.5) = 300\text{mg/L}$
>
> 3차 처리시설의 최소효율(%) $= \left(1 - \dfrac{30}{300}\right) \times 100 = 90\%$

05 유해폐기물의 고형화 처리방법 6가지를 쓰시오.

> **풀이**
> **고형화 처리방법**
> ① 시멘트 기초법(시멘트 고형화법)   ② 석회기초법
> ③ 자가시멘트법   ④ 열가소성 플라스틱법
> ⑤ 유기중합체법   ⑥ 피막형성법

06 1일 300ton 폐기물을 연속소각처리하여 80% 무게 감량 소각로에서 발생되는 재는 5분에 1회씩 소각로에서 떨어져서 재 냉각장치에서 수분이 재 무게의 50% 첨가된다. 냉각된 재의 겉보기 비중이 $1.0 ton/m^3$라면, 이송용 컨베이어에서 1회당 이송능력(m^3/회)은?

> **풀이**
> 이송능력(m^3/회)
> $$= \frac{300 ton/day \times (1-0.8) \times 1.5 \times 5min/회 \times hr/60min \times day/24hr}{1 ton/m^3}$$
> $= 0.31 m^3/회$

07 강열감량의 정의를 쓰시오.

> **풀이**
> 강열감량은 소각재 잔사 중 미연분(가연분)의 함량을 중량백분율로 표시한 값으로 소각로의 연소효율을 판정하는 지표 및 설계인자로 사용된다.

08 열분해 공정이 소각법에 비하여 갖는 장점 3가지를 기술하시오.

> **풀이**
> **열분해 공정의 장점**
> ① 소각법에 비해 배기가스양이 적게 배출된다.
> ② 소각법에 비해 황 및 중금속이 회분(Ash) 속에 고정되는 비율이 크다.
> ③ 소각법에 비해 환원기가 유지되므로 3가 크롬(Cr^{+3})이 6가 크롬(Cr^{+6})으로 변화하기 어려우며, 대기오염물질의 발생이 적다.

09 폐기물 처리 유동층소각로의 장점 4가지를 쓰시오.

> **풀이**
>
> **유동층소각로의 장점(4가지만 기술)**
> ① 유동매체의 열용량이 커서 액상, 기상, 고형 폐기물의 전소 및 환소, 균일한 연소가 가능하다.
> ② 반응시간이 빨라 소각시간이 짧다.(노 부하율이 높다.)
> ③ 연소효율이 높아 미연소분이 적고 2차 연소실이 불필요하다.
> ④ 가스의 온도가 낮고 과잉공기량이 낮다. 따라서 NO_x도 적게 배출된다.
> ⑤ 기계적 구동 부분이 적어 고장률이 낮아 유지관리가 용이하다.
> ⑥ 노 내 온도의 자동제어로 열회수가 용이하다.

10 쓰레기 발생량 예측방법 3가지를 쓰시오.

> **풀이**
>
> **쓰레기 발생량 예측방법**
> ① 다중회귀모델   ② 동적 모사모델   ③ 경향법

11 폐기물 10톤 중 유리가 8% 존재한다고 가정하였을 때 다음 물음에 답하시오.

폐기물 종류(단위 : ton/kg)	반입	제거	회수
유리	0.8	0.08	0.72
캔	9.2	8.92	0.28

(1) 유리의 회수율을 구하시오.
(2) 유리의 선별효율을 구하시오.(단, Worrell식 및 Rietema식 이용)

> **풀이**
>
> (1) 유리회수율(E)
> $$E(\%) = \frac{회수유리량}{투입유리총량} \times 100 = \frac{0.72}{0.8} \times 100 = 90\%$$
>
> (2) 유리선별효율
>   ① Worrell식
> $$E(\%) = \left[\left(\frac{x_1}{x_0}\right) \times \left(\frac{y_2}{y_0}\right)\right] \times 100 = \left[\left(\frac{0.72}{0.8}\right) \times \left(\frac{8.92}{9.2}\right)\right] \times 100 = 87.26\%$$
>
>   ② Rietema식
> $$E(\%) = \left[\left|\frac{x_1}{x_0} - \frac{y_1}{y_0}\right|\right] \times 100 = \left[\left|\left(\frac{0.72}{0.8}\right) - \left(\frac{0.28}{9.2}\right)\right|\right] \times 100 = 86.96\%$$

12 고형화 처리방법 중 열가소성 플라스틱법의 단점 3가지를 기술하시오.

> **풀이**
> **열가소성 플라스틱법의 단점(3가지만 기술)**
> ① 광범위하고 복잡한 장치로 인한 숙련된 기술이 필요하다.
> ② 고온에서 분해·반응되는 물질에는 적용하지 못한다.
> ③ 폐기물을 건조시켜야 하며 에너지 요구량이 크다.
> ④ 처리과정에서 화재의 위험성이 있다.
> ⑤ 혼합률(MR)이 비교적 높다.

13 다음 조건의 일일 최소 쓰레기 수거횟수(회/일)는?

> 쓰레기 밀도 $800kg/m^3$, 발생량 1.2kg/인·일, 적재용량 $3m^3$, 차량 대수 4대(동시 사용), 적재함 이용률 70%, 압축비 1.5, 수거인부 10명, 수거대상 150,000인

> **풀이**
> 수거횟수(회/일) = $\dfrac{\text{총 배출량}}{\text{1회 수거량}}$
> $= \dfrac{1.2kg/\text{인}·\text{일} \times 150{,}000\text{인}}{3m^3/\text{대} \times 4\text{대}/\text{회} \times 800kg/m^3 \times 0.7 \times 1.5}$
> = 17.86(18회/일)

14 침출수 처리의 펜톤산화법에서 펜톤산화제의 조성을 쓰시오.

> **풀이**
> 과산화수소수(H_2O_2) + 철염($FeSO_4$)

15 음식물이 섞여 있는 도시쓰레기의 수분함량이 59%였다. 이것을 건조시켜 수분함량을 27%로 하였다면 질량 감소율(%)은?(단, 비중 1.0)

> **풀이**
> 초기 쓰레기양 × (1 − 초기 함수율) = 건조 후 쓰레기양 × (1 − 건조 후 함수율)
>
> 질량 감소율(%) = $\dfrac{\text{초기 쓰레기양} - \text{건조 후 쓰레기양}}{\text{초기 쓰레기양}} \times 100$
>
> $= \left[1 - \dfrac{(100 - \text{초기 함수율})}{(100 - \text{처리 후 함수율})}\right] \times 100$
>
> $= \left[1 - \dfrac{(100 - 59)}{(100 - 27)}\right] \times 100 = 43.84\%$
>
> [다른 풀이방법] 100 × 0.41 = 건조 후 쓰레기 질량 × 0.73
>
> 건조 후 쓰레기 질량 = $\dfrac{100 \times 0.41}{0.73} = 56.16\%$
>
> 질량 감소율(%) = $\dfrac{100 - 56.16}{100} \times 100 = 43.84\%$

16 어느 도시의 발생폐기물 50ton/day를 소각 처리하는 데 필요한 소각로의 설계용량(m³)은?(단, 소각로의 열부하율은 200,000kcal/m³·hr, 폐기물의 발열량은 3,500kcal/kg, 1일 가동시간은 15시간을 기준한다.)

> **풀이**
> 소각로용량(m³) = $\dfrac{\text{저위발열량} \times \text{연소량}}{\text{열부하율}}$
>
> $= \dfrac{3{,}500\text{kcal/kg} \times 50\text{ton/day} \times \text{day/15hr} \times 1{,}000\text{kg/ton}}{200{,}000\text{kcal/m}^3 \cdot \text{hr}}$
>
> $= 58.33\text{m}^3$

17 함수율이 95%인 슬러지를 건조시켜 함수율 90%로 만들었을 때, 건조 후 슬러지의 부피는 건조 전 슬러지 부피의 몇 %인가?

> **풀이**
> 초기 슬러지양 × (1 − 초기 함수율) = 건조 후 슬러지양(1 − 건조 후 함수율)
>
> $\dfrac{\text{건조 후 슬러지양}}{\text{초기 슬러지양}} = \dfrac{(1 - 0.95)}{(1 - 0.9)} = 0.5 \times 100 = 50\%$

18 연소반응에서 평형상수(K)와 산소(O_2)와의 관계를 설명하시오.

> **풀이**
> 연소반응에서 화학평형은 산소와 반응하여 정반응(가역반응)만 일어나며 평형상수(K)는 온도에 따라서만 변한다. 즉, 온도만의 함수로 압력이나 농도에 영향을 받지 않는다.

SECTION 049 2020년 3회 산업기사

01 폐기물 매립지 입지선정기준 항목 중 지형에 관한 고려사항 3가지를 쓰시오.

> **풀이**
>
> **폐기물 매립지 입지선정기준(지형)**
> ① 충분한 부지확보 가능성
> ② 복토(덮개 흙) 조달 용이성
> ③ 우수 배제 용이성

02 폐기물 구성 원소조성비가 다음과 같을 때 폐기물의 조성식을 쓰시오. (단, 정수로 표현할 것)

> 수분 72%, 탄소 12%, 수소 2.66%, 산소 12%, 질소 0.7%, 황 0.64%

> **풀이**
>
> 각 원소조성비 : $C = \dfrac{12}{12} = 1$ $H = \dfrac{2.66}{1} = 2.66$
>
> $O = \dfrac{12}{16} = 0.75$ $N = \dfrac{0.7}{14} = 0.05$
>
> $S = \dfrac{0.64}{32} = 0.02$
>
> 폐기물 조성식 : $C_{50}H_{133}O_{38}N_3S$
>
> [참고] 문제복원이 확실하지 않음

03 침출수처리에 이용되는 SBR 반응조의 1Cycle 운전방법 5단계를 쓰시오. (단, 모두 맞아야 함)

> **풀이**
>
> **SBR(연속회분식 활성슬러지법) 처리공정**
> ① 1단계 : 유입공정   ② 2단계 : 반응공정
> ③ 3단계 : 침전공정   ④ 4단계 : 유출공정
> ⑤ 5단계 : 휴지공정

04 처리기술에 의한 질소산화물 제거방법 중 건식배연 탈질방법 3가지를 쓰고 간단히 설명하시오.

> 풀이
>
> ① 선택적 촉매환원법(SCR)
> 연소가스 중의 NO_x를 촉매(TiO_2와 V_2O_5를 혼합하여 제조)를 사용하여 환원제(NH_3, H_2S, CO, H_2 등)와 반응 N_2와 H_2O로 O_2와 상관없이 접촉환원시키는 방법이다.
> ② 선택적 비촉매환원법(SNCR)
> 촉매를 사용하지 않고 연소가스에 환원제(암모니아, 요소)를 분사하여 고온에서 NO_x와 선택적으로 반응하여 N_2와 H_2O로 분해하는 방법으로 NO의 암모니아에 의한 환원에는 보통 산소의 공존이 필요하다.
> ③ 흡착법
> 활성탄, 실리카겔의 흡착제에 배기가스를 흡착시키는 방법이다.

05 중량 조성이 탄소 86%, 수소 4%, 산소 8%, 황 2%인 액체연료를 10kg/hr로 연소 시 배기가스 함량이 CO_2 : 12.5%, O_2 : 3.5%, N_2 : 84%일 때 실제공기량(m^3/hr)은?

> 풀이
>
> 실제공기량$(A) = m \times A_0$
>
> $$m = \frac{N_2}{N_2 - 3.76 O_2} = \frac{84}{84 - (3.76 \times 3.5)} = 1.19$$
>
> $$A_0 = \frac{1}{0.21}[(1.867 \times 0.86) + (5.6 \times 0.04) + (0.7 \times 0.02) - (0.7 \times 0.08)] = 8.51 m^3/kg$$
>
> $= 1.19 \times 8.51 m^3/kg \times 10 kg/hr = 101.3 m^3/hr$

06 높은 효율을 얻기 위한 폐기물 소각 시 연소조건(3T) 3가지를 기술하시오.

> 풀이
>
> ① Time(연소시간) : 충분한 체류시간
> ② Temperature(연소온도) : 연료를 인화점 이상 예열하기 위한 충분한 온도
> ③ Turbulence(혼합) : 노 내 연료와 공기의 충분한 혼합

07 수분 85% 슬러지와 수분 13%의 톱밥을 1 : 4로 혼합할 때 혼합함수율(%)은?

> **풀이**
>
> $$혼합함수율(\%) = \frac{(1 \times 0.85) + (4 \times 0.13)}{1 + 4} \times 100 = 27.4\%$$

08 다음 항목의 점토층 차수막의 적합조건을 쓰시오.

(1) 투수계수
(2) 소성지수(PI)
(3) 액성한계(LL)
(4) 자갈함유량

> **풀이**
>
> (1) 투수계수 : 10^{-7}cm/sec 미만 (2) 소성지수(PI) : 10% 이상 30% 미만
> (3) 액성한계(LL) : 30% 이상   (4) 자갈함유량 : 10% 미만

09 열분해 시 생성되는 대표적인 액체물질(액체연료) 5가지를 쓰시오.

> **풀이**
>
> **열분해 시 생성 액체물질**
> 식초산(아세트산), 아세톤, 메탄올, 타르, 오일

10 폐기물을 소각처리할 경우의 장·단점을 2가지씩 쓰시오.

> **풀이**
>
> (1) 장점
>   ① 위생적 처리 가능(안정화, 무해화) ② 폐기물 감량화 및 폐열 이용 가능
> (2) 단점
>   ① 2차 대기오염물질 발생   ② 보조연료 사용으로 비용 증가

11 매립지 입지선정 시 고려사항 4가지를 쓰시오.

> **풀이**
>
> **매립지 선정 시 고려사항(4가지만 기술)**
> ① 계획 매립용량 확보가 가능할 것
> ② 복토의 확보가 용이할 것
> ③ 자연재해(지진, 단층지대 등) 등에 대한 안전성
> ④ 기상요소(풍향, 기상변화, 강우량)
> ⑤ 사후매립지 이용계획(장래 이용성 ; 지지력)
> ⑥ 침출수의 공공수역의 오염관계(수원지와 위치조사)

12 생분뇨의 SS가 40,000mg/L이고, 1차 침전지에서 SS 제거율은 80%이다. 1일 100kL 분뇨를 투입할 때 1차 침전지에서 1일 발생 슬러지양(ton/day)은?(단, 발생 슬러지 함수율은 97%이고, 비중은 1.0이다.)

> **풀이**
>
> 슬러지양(ton/day) = 유입 SS량 × 제거율 × $\left(\dfrac{100}{100-\text{함수율}}\right)$
>
> $= 100\text{kL/day} \times 40,000\text{mg/L} \times 1,000\text{L/kL} \times \text{ton}/10^9\text{mg}$
> $\quad \times 0.8 \times \left(\dfrac{100}{100-97}\right)$
> $= 106.67 \text{ton/day}$
>
> [다른 방법] 고형물 물질수지식 이용
>   1차 침전조 제거 SS양
> $= 100\text{kL/day} \times 40,000\text{mg/L} \times 1,000\text{L/kL}$
> $\times \text{ton}/10^9\text{mg} \times 0.8 = 3.2\text{ton} \cdot SS/\text{day}$
>
> $3.2\text{ton} \cdot SS/\text{day}$ = 발생슬러지양 × $(1-0.97)$
>   발생슬러지양(ton/day) = 106.67ton/day

13 다음 설명에 맞는 연소형태의 종류를 쓰시오.

> 가. 기체연료와 같이 공기의 확산에 의한 연소를 말한다.
> 나. 반응하는 물체 표면에서 연소가 발생하는 것으로 고체연료 대부분이 이에 해당된다.
> 다. 기체연료와 공기를 알맞은 비율로 혼합하여 혼합기에 넣어 점화시키는 연소형태이다.

풀이

가 : 확산연소　　　　　나 : 표면연소　　　　　다 : 혼합기연소

14 유동층 소각로에서 유동층 매체의 구비조건 5가지를 쓰시오.

풀이

유동층 매체의 구비조건
① 불활성일 것
② 열충격에 강하고 융점이 높을 것
③ 내마모성일 것
④ 비중이 작을 것
⑤ 공급안정 및 가격이 저렴할 것

15 화격자 연소율 정의를 식으로 설명하시오.

풀이

$$화격자\ 연소율(kg/m^2 \cdot hr) = \frac{시간당\ 폐기물의\ 연소량(kg/hr)}{화격자(화상)\ 면적(m^2)}$$

연소실 내의 화격자 단위면적당 강열감량 이하로 소각할 수 있는 무게를 의미한다.

16 쓰레기 발생량의 조사방법 3가지를 기술하시오.

> **풀이**
>
> **쓰레기 발생량 조사방법**
> ① 적재차량 계수분석법
>   일정기간 동안 특정 지역의 쓰레기 수거·운반차량의 대수를 조사하여, 이 결과를 밀도로 이용하여 질량으로 환산하는 방법이다.
> ② 직접 계근법
>   입구에서 쓰레기가 적재되어 있는 차량과 출구에서 쓰레기를 적하한 공차량을 계근하여 쓰레기양을 산출하는 방법으로, 비교적 정확한 쓰레기 발생량을 파악할 수 있다.
> ③ 물질수지법
>   물질수지(유입, 유출 폐기물)를 세울 수 있는 상세한 데이터가 있는 경우에 가능한 방법으로, 주로 산업폐기물의 발생량 추산에 이용된다.

17 분뇨처리시설을 가온식으로 운영한다. 투입 분뇨량이 2.0kL/hr일 때 투입된 분뇨를 소화온도까지 올리는 데 필요한 열량(kcal/hr)은?(단, 소화온도 35℃, 투입분뇨온도 20℃, 분뇨비열은 1cal/g·℃이며, 분뇨의 비중은 1.0, 기타 열손실은 없는 것으로 한다.)

> **풀이**
>
> 열량(kcal/hr) = 슬러지양 × 비열 × 온도차
> = (2.0kL/hr × 1,000L/kL × 1kg/1L × 1,000g/kg)
>   × (1cal/g℃ × 1kcal/1,000cal) × (35 − 20)℃
> = 30,000kcal/hr

18 트롬멜 스크린을 이용해 폐기물을 선별할 때, 원통의 직경이 2.7m라면 임계속도를 구하시오.

> **풀이**
>
> 임계속도(η_c)
>
> $\eta_c = \dfrac{1}{2\pi}\sqrt{\dfrac{g}{r}} = \dfrac{1}{2\times\pi}\sqrt{\dfrac{9.8}{\left(\dfrac{2.7}{2}\right)}} = 0.4290 \text{cycle/sec} \times 60 \text{sec/min}$
>
> $= 25.74 \text{rpm}$

2020년 4회 기사

01 직경이 3.4m인 트롬멜 스크린의 임계속도(rpm)를 구하시오.

풀이

$$임계속도(\eta_c) = \frac{1}{2\pi}\sqrt{\frac{g}{r}}$$

$$= \frac{1}{2 \times 3.14} \times \sqrt{\frac{9.8}{\left(\frac{3.4}{2}\right)}} = 0.3823\,cycle/sec \times 60\,sec/min$$

$$= 22.94\,rpm$$

02 중량조성이 탄소 88%, 수소 12%인 액체연료를 150kg/hr의 속도로 주입하여 연소시킬 때 배기가스의 조성은 CO_2 : 12.5%, O_2 : 4%, N_2 : 83.5%이었다. 필요한 실제 공기량(Sm^3/hr)을 구하시오.

풀이

실제공기량(A) = $m \times A_0$

$$m = \frac{N_2}{N_2 - 3.76 \times O_2} = \frac{83.5}{83.5 - (3.76 \times 4)} = 1.22$$

$$A_0 = \frac{1}{0.21}(1.867C + 5.6H)$$

$$= \frac{1}{0.21}[(1.867 \times 0.88) + (5.6 \times 0.12)] = 11.02\,Sm^3/kg$$

$$= 1.22 \times 11.02\,Sm^3/kg \times 150\,kg/hr = 2,016.66\,Sm^3/hr$$

03 LCA(Life Cycle Assessment)의 구성요소 4가지를 기술하시오.

풀이

LCA 4단계
① 1단계 : 목적 및 범위 설정(Goal Definition Scoping)
② 2단계 : 목록 분석(Inventory Analysis)
③ 3단계 : 영향 평가(Impact Analysis)
④ 4단계 : 개선평가 및 해석(Improvement Assessment)

04 슬러지가 포함하고 있는 수분의 종류 4가지에 대해 기술하시오.

> **풀이**
>
> **슬러지 내 수분의 구성(함유) 형태(4가지만 기술)**
> ① 간극수(Cavemous Water)
>   큰 고형물 입자 간극에 존재하며 슬러지 내 존재하는 물의 형태 중 아주 많은 양을 차지하고 쉽게 분리 가능한 수분이다.
> ② 모관결합수(Capillary Water)
>   미세한 슬러지 고형물질의 아주 작은 입자 사이에 존재하는 수분으로 모세관현상을 일으켜서 모세관압으로 결합되어 있는 수분이다.
> ③ 부착수(Adhesion Water)
>   콜로이드상 입자의 결합수가 생물학적 처리로 발생되는 미세 슬러지 입자 표면에 부착되어 있는 수분으로 제거가 어렵다.
> ④ 내부수
>   슬러지 입자를 형성하고 있는 세포액으로 구성된 수분으로 제거가 어렵다. 즉, 내부수는 결합강도가 가장 커서 탈수하기 어려운 특성이 있다.

05 합성차수막 종류 5가지를 기술하시오.

> **풀이**
>
> **합성차수막의 종류(5가지만 기술)**
> ① HDPE ② LDPE ③ CSPE
> ④ CPE   ⑤ PVC   ⑥ EPDM
> ⑦ IIR   ⑧ CR

06 매립지에서 환경오염을 최소화하기 위한 주요 시설물 6가지를 쓰시오.

> **풀이**
>
> **매립지에서 환경오염을 최소화하기 위한 주요 시설물**
> ① 저류구조물   ② 차수시설   ③ 우수배제시설
> ④ 침출수 집배수시설 ⑤ 덮개 설비   ⑥ 발생가스 대책시설

07 적환장의 위치 선정 시 고려해야 할 사항 3가지를 기술하시오.

> **풀이**
>
> **적환장 위치 선정 시 고려사항**
> ① 수거하고자 하는 개별적 고형폐기물 발생지역의 하중중심(무게중심)과 되도록 가까운 곳
> ② 쉽게 간선도로에 연결되며, 2차 보조수송수단의 연결이 쉬운 곳
> ③ 건설비와 운영비가 적게 들고 경제적인 곳
>
> [참고] ①~③항 이외에
> ④ 주민의 반대가 적고 주변환경에 대한 영향이 최소인 곳

08 다음과 같은 조건으로 선별효율을 Worrell 식과 Rietema 식을 적용하여 구하시오.

> **[조건]**
> 선별장치의 투입량이 2.0ton/hr이고, 회수량이 800kg/hr이며, 회수량의 600kg/hr가 회수대상 물질이다.
> 거부량 또는 제거량이 1,200kg/hr이고, 이 중 회수대상 물질은 100kg/hr이었다.
> (1) Worrell식의 선별효율(%)
> (2) Rietema식의 선별효율(%)

> **풀이**
>
> x_1 600kg/hr → y_1 200kg/hr
> x_2 100kg/hr → y_2 (2,000−800−100)=1,100kg/hr
> $x_0 = x_1 + x_2 = 700$ kg/hr
> $y_0 = y_1 + y_2 = 1,300$ kg/hr
>
> (1) Worrell식 선별효율(E)
> $$E(\%) = \left[\left(\frac{x_1}{x_0}\right) \times \left(\frac{y_2}{y_0}\right)\right] \times 100 = \left[\left(\frac{600}{700}\right) \times \left(\frac{1,100}{1,300}\right)\right] \times 100 = 72.53\%$$
>
> (2) Rietema식 선별효율(E)
> $$E(\%) = \left[\left|\left(\frac{x_1}{x_0}\right) - \left(\frac{y_1}{y_0}\right)\right|\right] \times 100 = \left[\left|\left(\frac{600}{700}\right) - \left(\frac{200}{1,300}\right)\right|\right] \times 100 = 70.33\%$$

09 퇴비화의 숙성인자 및 지표 3가지를 쓰시오.

풀이

숙성인자	지표
C/N비	10 이하
함수율(수분)	40% 이하
온도	40℃ 이하

10 유동층 소각로의 단점 6가지를 쓰시오.

풀이

유동층 소각로의 단점
① 층의 유동으로 상으로부터 찌꺼기의 분리가 어려우며 운전비, 특히 동력비가 높다.
② 투입이나 유동화를 위해 파쇄가 필요하다.
③ 유동매체의 손실로 인한 보충이 필요하다.
④ 고점착성의 반유동상 슬러지는 처리가 곤란하다.
⑤ 유동모래에 의한 기계적인 마모가 발생한다.
⑥ 소각로 본체에서 압력 손실이 크고 유동매체의 비산 또는 분진의 발생량이 많다.

11 쓰레기를 원추사분법으로 시료를 축소하고자 한다. 축소되어 남은 양이 $\frac{1}{120}$ 에서 $\frac{1}{130}$ 사이일 경우 시료의 반복횟수는?

풀이

$\left(\frac{1}{2}\right)^n = \frac{1}{120}$
$n \log 0.5 = \log 1 - \log 120$
$n = 6.9$회
$\left(\frac{1}{2}\right)^n = \frac{1}{130}$
$n \log 0.5 = \log 1 - \log 130$
$n = 7.0$회
따라서 반복횟수는 7회

12 수은을 함유하는 폐기물 1,000kg/hr 소각 시 발생되는 비산재를 포집 효율 99% 전기집진기로 포집하는 경우 연간 포집되는 수은의 양(kg/year)을 구하시오.

[조건] 비산재 발생량 : 소각 폐기물량의 1%(중량기준)
비산재 중의 수은 함량 : $2.5\mu g/g$
1년 : 8,000시간 기준

풀이

$$\text{수은 양(kg/year)} = 1,000\text{kg/hr} \times 0.01 \times 0.99 \times 2.5\mu g/g \times g/10^6 \mu g$$
$$\times 8,000\text{hr/year}$$
$$= 0.19\text{kg/year}$$

13 20만 명인 H시의 쓰레기 발생량이 1.2kg/인·일이다. 밀도는 350kg/m^3이다.

① 가연분을 소각처리하고자 할 때 소각처리용량(ton/일)은?(단, 가연분은 80%이고 완전 분리수거된다.)
② H시에서 발생한 쓰레기를 매립처리하고자 할 때 20년간 매립하는 데 필요한 부지는(m^2)?(단, 복토를 제외한 매립높이는 20m이며, 기타 조건은 고려하지 않는다.)

풀이

① 소각처리용량(ton/day) = 1.2kg/인·일 × 200,000인 × ton/1,000kg × 0.8
= 192ton/day

② 매립면적(m^2) = $\dfrac{\text{매립폐기물량}}{\text{폐기물밀도} \times \text{매립깊이}}$

$$= \frac{1.2\text{kg/인·일} \times 200,000\text{인} \times 20\text{year} \times 365\text{day/year}}{350\text{kg/m}^3 \times 20\text{m}}$$

$$= 250,285.71(\text{m}^2)$$

14 포도당($C_6H_{12}O_6$) 1mole의 호기성 퇴비화 및 혐기성 소화 각각 분해반응식을 쓰고 간단히 설명하시오.

풀이

(1) 호기성 퇴비화 분해반응식
 $C_6H_{12}O_6 + 6O_2 \rightarrow 6CO_2 + 6H_2O$
 포도당 1몰이 산소 6몰과 반응하여 6몰의 CO_2, 6몰의 H_2O를 생성한다.
(2) 혐기성 소화 분해반응식
 $C_6H_{12}O_6 \rightarrow 3CO_2 + 3CH_4$
 포도당 1몰당 3몰의 CO_2, 3몰의 CH_4을 생성한다.

15 분뇨투입량이 50kL/일·인 소화조가 있다. 온도 20℃에서 온도를 중온(35℃)소화의 정량한계에 맞추려고 한다. 소화조의 열손실이 30%라면 소요열량(kcal/day)을 구하시오.(단, 소화조의 분뇨비열 1.2kcal/kg·℃, 분뇨비중 1.0)

> **풀이**
>
> 열량(kcal/day) = 분뇨투입량 × 비열 × 온도차 × $\dfrac{100}{열효율}$
>
> = 50×10^3 kg/day × 1.2kcal/kg·℃ × (35−20)℃ × $\dfrac{100}{70}$
>
> = 1.29×10^6 kcal/day

16 연소실의 규격 가로, 세로, 높이가 1.5m, 2.5m, 1.7m인 연소실에서 연소실열부하율을 3×10^5 kcal/m³·hr로 유지하려면 저위발열량이 18,000kcal/kg인 중유를 매시간 얼마나 연소(kg/hr)시켜야 하는가?

> **풀이**
>
> 열발생률 = $\dfrac{저위발열량(kcal/kg) \times 연소량(kg/hr)}{연소실부피(m^3)}$
>
> 연소량(kg/hr) = $\dfrac{(1.5 \times 2.5 \times 1.7)m^3 \times (3 \times 10^5 kcal/m^3 \cdot hr)}{18,000 kcal/kg}$ = 106.25kg/hr

17 매립지 바닥의 점토층의 두께는 100cm이고, 투수계수는 10^{-7}cm/sec이다. 점토층의 유효공극률을 0.3으로 가정할 때 다음의 조건에서 침출수가 점토층을 통과하는데 소요되는 시간(year)을 예측하시오.(단, 점토층 위의 침출수 수두=30cm, 점토층 아래의 수두는 점토층 아래면과 일치함)

> **풀이**
>
> $t = \dfrac{d^2 \eta}{K(d+h)}$
>
> = $\dfrac{1^2 m^2 \times 0.3}{10^{-9} m/sec \times (1+0.3)m}$
>
> = 230,769,230.8sec × 1min/60sec × 1hr/60min × 1day/24hr × 1year/365day
>
> = 7.32 year

18 $C_{30}H_{50}O_{20}N_2S$ 물질의 고위발열량을 구하시오. (단, Duloug식 이용)

> **풀이**
>
> $$H_h = 8,100C + 34,000\left(H - \frac{O}{8}\right) + 2,500S$$
>
> $C_{30}H_{50}O_{20}N_2S$의 분자량에 대한 각 성분 구성비
>
> 분자량 $= (12 \times 30) + (1 \times 50) + (16 \times 20) + (14 \times 2) + 32 = 790$
>
> $C = \dfrac{(12 \times 30)}{790} = 0.456$, $\quad H = \dfrac{(1 \times 50)}{790} = 0.063$
>
> $O = \dfrac{(16 \times 20)}{790} = 0.405$, $\quad S = \dfrac{32}{790} = 0.041$
>
> $= (8,100 \times 0.456) + \left[34,000\left(0.063 - \dfrac{0.405}{8}\right)\right] + (2,500 \times 0.041)$
>
> $= 4,216.85 \, \text{kcal/kg}$

19 초기 수분이 60%인 1ton의 폐기물을 수분함량 50%로 건조할 때 증발된 수분량(kg)은?

> **풀이**
>
> $1,000\text{kg} \times (100 - 60) =$ 처리 후 폐기물량 $\times (100 - 50)$
>
> 처리 후 폐기물량(kg) $= \dfrac{1,000\text{kg} \times 40}{50} = 800\text{kg}$
>
> 증발된 수분량(kg) = 건조 전 폐기물량 − 건조 후 폐기물량 $= 1,000 - 800 = 200\text{kg}$

20 퇴비화 수분함량 조절제인 Bulking Agent의 조건을 3가지 쓰시오.

> **풀이**
>
> **Bulking Agent의 조건**
> ① 수분 흡수능력이 좋아야 한다.
> ② 쉽게 조달 가능한 폐기물이어야 한다.
> ③ 입자 간의 구조적 안정성이 있어야 한다.

2020년 4회 산업기사

01 매립지 침출수 발생량에 영향을 미치는 인자 3가지를 쓰시오.

> **풀이**
>
> **매립지 침출수 발생량 영향 인자(3가지만 기술)**
> ① 폐기물의 분해 정도　　② 강우량 및 증발량
> ③ 지하수위 및 지하수량　　④ 표면 유출량 및 침투수량

02 폐기물발생량 2,000,000ton/year, 수거율 95%, 수거인부 1일에 1,000명씩 2교대, 1명당 1일 수거시간 8hr일 경우 MHT는?

> **풀이**
>
> $$MHT = \frac{수거인부 \times 수거인부\ 총수거시간}{총발생량}$$
>
> $$= \frac{1{,}000인 \times (8hr/day \times 365day/year) \times 2}{2{,}000{,}000ton/year \times 0.95} = 3.07\,MHT(man \cdot hr/ton)$$

03 소각로의 연소온도에 영향을 미치는 인자 4가지를 쓰시오.

> **풀이**
>
> ① 연소물질의 발화온도　　② 수분함량
> ③ 사용공기량　　　　　　④ 연소기의 모양

04 매립지 내 가스(LFG)에서 발생된 CO_2의 제거방법 3가지를 쓰고 설명하시오.

> **풀이**
>
> **LFG에서 CO_2 제거방법**
> (1) 흡수법 : 흡수제(물, 유기용제)를 이용하여 CO_2 용해
> (2) 흡착법 : 흡착제(활성탄, 실리카겔, 알루미나)에 물리적으로 흡착시켜 제거
> (3) 막분리법 : 막을 통해 특성 성분을 선택적으로 통과시켜 불순물 제거

05 합성차수막 중 HDPE의 장점 4가지를 쓰시오.

풀이

HDPE의 장점
① 대부분의 화학물질에 대한 저항성이 크다.
② 온도에 대한 저항성이 높다.
③ 강도가 높다.
④ 접합상태가 양호하다.

[참고] HDPE의 단점
유연하지 못하여 구멍 등 손상을 입을 우려가 있다.

06 수분함량이 25%인 폐기물 1ton을 건조하여 수분함량이 10%인 폐기물을 만들었을 때 제거된 수분량(kg)은?

풀이

고형물 물질 수지식
$1,000 \times (100-25) =$ 건조 후 폐기물량 $\times (100-10)$

건조 후 폐기물량 $= \dfrac{1,000\text{kg} \times 75}{90} = 833.33\text{kg}$

제거된 수분량(kg) = 처리 전 폐기물량 - 건조 후 폐기물량
$= 1,000 - 833.33 = 166.67\text{kg}$

07 매립지의 시간경과에 따른 분해로 인해 가스발생 4단계를 쓰고 가스의 구성성분변화를 간단히 설명하시오.

풀이

(1) 1단계
 ① 호기성 단계[초기 조절단계]
 ② N_2, O_2는 급격히 감소, CO_2는 서서히 증가하는 단계
(2) 2단계
 ① 혐기성 단계[혐기성 비메탄화 단계 ; 전이단계]
 ② 임의성 미생물에 의하여 SO_4^{2-}의 NO_3^{-1}가 환원되는 단계이며, 이 반응에 의해 CO_2가 생성되는 단계
(3) 3단계
 ① 혐기성 메탄 생성 축적단계[산형성 단계]
 ② $CO_2 \cdot H_2$의 발생비율은 감소하고, CH_4 함량이 증가하기 시작하는 단계

(4) 4단계
① 혐기성 메탄 생성 정상상태 단계[메탄발효단계]
② $CH_4 \cdot CO_2$의 구성비가 거의 일정한 정상상태 단계
③ 가스조성
  ㉠ CH_4 : 55% ㉡ CO_2 : 40% ㉢ N_2 : 5%

08 매립지 내 발생가스(LFG)의 종류 5가지를 쓰시오.

> **풀이**
>
> **LFG 가스**
> ① CH_4 ② CO_2 ③ NH_3 ④ H_2S ⑤ H_2

09 이론공기량을 사용하여 프로판(C_3H_8) $1Nm^3$를 완전연소시킬 때 $CO_{2max}(\%)$는?

> **풀이**
>
> $$CO_{2max}(\%) = \frac{CO_2}{G_{od}} \times 100$$
>
> $$G_{od} = (1-0.21)A_0 + CO_2$$
>
> $$C_3H_8 + 5O_2 \rightarrow 3CO_2 + 4H_2O$$
> $$22.4Nm^3 : 5 \times 22.4Nm^3$$
> $$1Nm^3 : 5Nm^3$$
>
> $$= \left[(1-0.21) \times \frac{5}{0.21}\right] + 3 = 21.81\,(Nm^3/Nm^3)$$
>
> $$= \frac{3}{21.81} \times 100 = 13.76\%$$

10 열분해 시 생성되는 대표적인 연료의 종류를 ① 기상, ② 고상, ③ 액상에 따라 각각 한 가지씩 기술하시오.

> **풀이**
>
> **열분해에 의해 생성되는 물질(1가지씩만 기술)**
> ① 기체상 물질 : H_2, CH_4, CO, H_2S, HCN
> ② 고체상 물질 : 탄화물(Char), 불활성 물질
> ③ 액체상 물질 : 식초산, 아세톤, 메탄올, 오일, 타르

11 유동층 소각로의 장점 5가지를 쓰시오.

> **풀이**
>
> **유동층 소각로의 장점(5가지만 기술)**
> ① 유동매체의 열용량이 커서 액상, 기상, 고형폐기물의 전소 및 혼소, 균일한 연소가 가능하다.
> ② 반응시간이 빨라 소각시간이 짧다.(노부하율이 높음)
> ③ 연소효율이 높아 미연소분이 적고 2차 연소실이 불필요하다.
> ④ 기계적 구동 부분이 적어 고장률이 낮다.
> ⑤ 노 내 온도의 자동제어로 열회수가 용이하다.
> ⑥ 유동매체의 축열량이 높아 정지 후 가동 시 보조연료 사용 없이 정상가동이 가능하다.

12 사업장 일반폐기물 중 관리형 매립시설의 매립대상 물질 4가지를 쓰시오.

> **풀이**
>
> **관리형 매립시설의 매립대상 물질(4가지만 기술)**
> ① 광재　　　　　② 폐금속류　　　　③ 폐토사
> ④ 폐석고　　　　⑤ 폐석회

13 연직차수막공법의 종류 4가지를 쓰시오.

> **풀이**
>
> **연직차수막공법**
> ① 어스 댐 코어 공법　　　　② 강널말뚝공법
> ③ 그라우트 공법　　　　　　④ 차수 시트 매설공법

14 연소 시 공기비에 대하여 설명하시오.

> **풀이**
>
> 공기비(m)는 이론공기량에 대한 실제공기량의 비로 나타내며 공기비가 클 경우 연소실 내 연소온도가 낮아지고, 공기비가 작을 경우 불완전연소로 배기가스 내 CO, HC의 농도가 증가된다.
> $$m = \frac{실제공기량(A)}{이론공기량(A_0)} \quad (A = m \times A_0)$$

15 액상분무 주입식(액체주입형) 소각로의 장·단점을 각각 3가지씩 쓰시오.

> **풀이**
> (1) 장점
> ① 광범위한 종류의 액상폐기물의 연소가 가능하다.
> ② 대기오염방지시설 이외에 소각재 처리시설이 불필요하다.
> ③ 구동장치가 간단하고 고장이 적다.
> (2) 단점
> ① 시설비가 고가이다.
> ② 운전조건이 까다롭다.
> ③ 대량처리에 어려움이 있다.

16 슬러지의 SS농도가 10,000ppm이다. 전처리에서 15%, 1차 처리에서 70%의 SS를 제거하였을 때 1차 처리 후 유출되는 슬러지의 SS 농도(ppm)를 구하시오.

> **풀이**
> $SS \text{농도(ppm)} = SS_i \times (1-\eta_1)(1-\eta_2)$
> $= 10,000 \times (1-0.15) \times (1-0.7) = 2,550 \text{ppm}$

SECTION 052 2020년 5회 기사

01 1,000kg의 폐기물을 호기성 퇴비화 시 필요한 산소량(kg)을 구하시오. (단, 폐기물의 분자식은 $[C_6H_7O_2(OH)_3]_5$이고, 최종 퇴비의 화학식은 $[C_6H_7O_2(OH)_3]_2$이며, 무게는 400kg이다.)

풀이

호기성 완전분해 반응식

$[C_6H_7O_2(OH)_3]_5 \Rightarrow C_{30}H_{50}O_{25}$

$C_{30}H_{50}O_{25} + \left[\dfrac{(4\times 30)+50-(2\times 25)}{4}\right]O_2 \rightarrow 18CO_2 + 15H_2O + [C_6H_7O_2(OH)_3]_2$

$\qquad\qquad\qquad\qquad\qquad$ 810kg : 30×32kg

$\qquad\qquad\qquad\qquad\qquad$ 1,000kg : O_2(kg)

$O_2(kg) = \dfrac{1,000kg \times (30\times 32)kg}{810kg} = 1,185.69kg$

02 다음 조건의 매립장에서 예상되는 연간 침출수 발생량(m^3/year)은?

- 매립지 면적 : 100ha
- 연평균 강우량 : 1,200mm
- 유출률 : 0.15
- 복토 경사도 : 7% 경사
- 토양의 수분저장량 : 180mm
- 증산량 : 700mm

풀이

침출수량(mm/year) = 강우량(P) - [유출량(R) + 증발산량(ET)]
$\qquad\qquad\qquad\qquad$ - 토양의 수분보유량(F)

유출량 = 강우량 × 유출률
$\qquad$ = 1,200(mm/year) × 0.15 = 180mm/year
$\qquad$ = 1.2m - (0.18m + 0.7m) - 0.18m = 0.14m/year

침출수 발생량(m^3/year) = 침출수량(m/year) × 매립지면적(m^2)
$\qquad\qquad\qquad\qquad$ = 0.14m/year × 100ha × $(100m)^2$/ha = 140,000m^3/year

03 고형화 처리목적 4가지를 기술하시오.

> **풀이**
>
> **고형화 처리의 목적**
> ① 유해폐기물의 불활성화(독성 저하 및 폐기물 내의 오염물질 이동성 감소)
> ② 용출 억제(물리적으로 안정한 물질로 변화)
> ③ 토양개량 및 매립 시 충분한 강도 확보
> ④ 취급 용이 및 재활용(건설자재) 가능

04 소각로의 연소실 내에서 연소가스와 폐기물의 흐름에 따라 운전조작방식을 구분할 수 있다. 연소가스와 폐기물의 흐름에 따른 4가지 운전조작방식을 쓰시오.

> **풀이**
>
> **연소가스와 폐기물 흐름에 따른 구분**
> ① 역류식(향류식)   ② 병류식
> ③ 교류식   ④ 복류식(2회류식)
>
> [참고] (1) 역류식(향류식)
>   ① 폐기물의 이송방향과 연소가스의 흐름을 반대로 하는 형식이다.
>   ② 난연성 또는 착화하기 어려운 폐기물 소각에 가장 적합한 방식이다.
>   ③ 수분이 많고 저위발열량이 낮은 폐기물에 적합하다.
>   ④ 후연소 내의 온도 저하나 불완전연소가 발생할 수 있다.
>   ⑤ 복사열에 의한 건조에 유리하다.
>   (2) 병류식
>   ① 폐기물의 이송방향과 연소가스의 흐름방향이 같은 형식이다.
>   ② 수분이 적고 저위발열량이 높을 때 적용한다.
>   ③ 폐기물의 발열량이 높을 경우 적당한 형식이다.
>   ④ 건조대에서의 건조효율이 저하될 수 있다.
>   (3) 교류식
>   ① 역류식과 병류식의 중간 형식이다.
>   ② 중간 정도의 발열량을 가지는 폐기물에 적합하다.
>   ③ 두 흐름이 교차하여 폐기물 질의 변동이 클 때 적합하다.
>   (4) 복류식(2회류식)
>   ① 2개의 출구를 가지고 있는 댐퍼의 개폐로를 역류식, 병류식, 교류식으로 조절할 수 있는 형식이다.
>   ② 폐기물의 질이나 저위발열량의 변동이 심할 경우에 적합하다.

05 퇴비화 시 톱밥, 왕겨, 나뭇잎 등을 넣는 이유 2가지를 쓰시오.

> **풀이**
>
> **Bulking Agent(통기개량제)를 넣는 이유**
> ① 퇴비의 수분함량을 조절하기 위하여   ② 퇴비의 질(C/N 비) 개선을 위하여

06 폐열보일러의 유지관리방법 4가지를 쓰고 간단히 설명하시오.

> **풀이**
>
> ① 고온부식 대책 : 보일러 관벽온도가 350℃를 초과하지 않도록 운전한다.
> ② 저온부식 대책 : 보일러 관벽온도를 항상 150℃ 이상으로 유지·운전한다.
> ③ 파쇄 및 마모대책 : 가스유속을 10m/sec 이하로 유지하며 청소를 자주한다.
> ④ 부하변동대책 : 2 또는 3연속식 수위제어방식을 채택하고 과부하에 견딜 수 있는 안전밸브를 부착한다.

07 플라스틱의 재활용방법 4가지를 쓰시오.

> **풀이**
>
> **플라스틱 재활용방법**
> ① 용융재생법   ② 파쇄재생법
> ③ 고체연료화법   ④ 분해이용법(열분해, 소각법)

08 용출시험의 목적 2가지를 쓰시오.

> **풀이**
>
> **용출시험 목적(2가지만 기술)**
> ① 고상 또는 반고상 폐기물에 대하여 폐기물관리법에서 규정하고 있는 지정폐기물의 판정
> ② 지정폐기물의 중간처리방법을 결정하기 위한 실험
> ③ 매립방법을 결정하기 위한 실험

09 매립지에서 환경오염을 최소화하기 위한 주요 시설물 6가지를 쓰시오.

> **풀이**
>
> **매립지에서 환경오염을 최소화하기 위한 주요 시설물**
> ① 저류구조물   ② 차수시설   ③ 우수배제시설
> ④ 침출수 집배수시설 ⑤ 덮개설비   ⑥ 발생가스 대책시설

10 30일간 발생된 폐기물을 수거하여야 할 때 차량 대수는?(단, 차량 운행횟수는 1회로 한다.)

- 폐기물 밀도 : 500kg/m³
- 폐기물 압축비 : 2
- 폐기물 발생량 : 1.5kg/인·일
- 차량 적재용적 : 10m³
- 차량 이용률 : 0.67
- 500가구(가구당 4명)

풀이

$$차량대수(대) = \frac{폐기물\ 발생량}{1대당\ 운반량}$$

폐기물 발생량
$= 1.5\text{kg/인·일} \times 500\text{가구} \times 4\text{인/가구} \times 30\text{일} = 90{,}000\text{kg}$

1대당 운반량
$= 10\text{m}^3/\text{대·회} \times 500\text{kg/m}^3 \times 0.67 \times 2 \times 1\text{회} = 6{,}700\text{kg/대}$

$$= \frac{90{,}000\text{kg}}{6{,}700\text{kg/대}} = 13.43\,(14\text{대})$$

11 4m³의 용기에 질소(N_2)를 100kg 넣고 압력을 60atm으로 올렸다. 이때 온도(℃)를 구하시오.(단, 이상상태 기체이며 $R = 0.082\text{atm·L/mol·K}$)

풀이

이상기체 상태방정식
$$PV = nRT$$
$$T(K) = \frac{PV}{nR}$$

$$n(\text{기체몰수}) = \frac{무게}{분자량} = 100\text{kg} \times 1{,}000\text{g/kg} \times \text{mol}/28\text{g}$$
$$= 3{,}571.43\text{mol}$$

$$= \frac{60\text{atm} \times 4\text{m}^3 \times 1{,}000\text{L/m}^3}{3{,}571.43\text{mol} \times 0.082\text{atm·L/mol·K}}$$

온도(℃) $= T - 273 = 819.51 - 273 = 546.51\,℃$

12 소각로의 화상부하는 200kg/m² · hr이고 일일발생량이 35ton/day인 폐기물 소각 시 소각로의 바닥면적(m²)은?(단, 1일 8hr 가동)

> **풀이**
>
> $$\text{화상부하율}(kg/m^2 \cdot hr) = \frac{\text{시간당 소각량}(kg/hr)}{\text{화상면적}(m^2)}$$
>
> $$\text{화상면적}(m^2) = \frac{35ton/day \times 1{,}000kg/ton \times day/8hr}{200kg/m^2 \cdot hr} = 21.88m^2$$

13 고형화 처리에 있어서 혼합률(MR)과 부피변화율(VCF)의 관계식을 기술하시오.

> **풀이**
>
> $$VCF = \frac{V_s}{V_r} = \frac{\left(\dfrac{M_s}{\rho_s}\right)}{\left(\dfrac{M_r}{\rho_r}\right)} = \left(\frac{M_s \rho_r}{M_r \rho_s}\right)$$
>
> $$= \frac{(M_r + M_a)}{M_r} \times \frac{\rho_r}{\rho_s} = (1 + MR) \times \frac{\rho_r}{\rho_s}$$
>
> 여기서, ρ_r : 고형화 처리 전 폐기물 밀도, ρ_s : 고형화 처리 후 폐기물 밀도
> M_a : 첨가제의 질량, M_r : 폐기물의 질량
> V_s : 고형화 처리 후 폐기물 부피, V_r : 고형화 처리 전 폐기물 부피

14 임계속도가 28rpm일 때 트롬멜 스크린의 직경(m)은?

> **풀이**
>
> $$\text{임계속도}(\eta_c) = \frac{1}{2\pi}\sqrt{\frac{g}{r}}$$
>
> $$\frac{28}{60} = \frac{1}{2 \times 3.14}\sqrt{\frac{9.8}{r}}$$
>
> $$\sqrt{\frac{9.8}{r}} = 2.93$$
>
> $$\frac{9.8}{r} = (2.93)^2$$
>
> $$r = \frac{9.8}{(2.93)^2} = 1.14m$$
>
> 스크린의 직경 = 1.14 × 2 = 2.28m

15 Rosin-Rammler 모델은 폐기물 파쇄 시 폐기물의 입자크기 분포에 관한 모델식이다. 폐기물의 85% 이상을 3.3cm보다 작게 파쇄하고자 할 때 특성입자의 크기(cm)를 산정하시오. (단, $n=1$임)

> **풀이**
>
> $$Y = 1 - \exp\left[-\left(\frac{X}{X_0}\right)^n\right]$$
>
> $$0.85 = 1 - \exp\left[-\left(\frac{3.3}{X_0}\right)^1\right]$$
>
> $$-\frac{3.3}{X_0} = \ln(1-0.85)$$
>
> X_0(특성입자 : cm) $= 1.74$cm

16 구성성분이 무게비로 C 86%, H 12%, S 2% 연료를 연소 시 실제 건배기가스 중의 SO_2 농도(%)를 구하시오. (단, 건배기가스 내의 $CO_2 + SO_2$의 농도는 13%, O_2는 3%, CO는 0%, 나머지는 N이다.)

> **풀이**
>
> 이론공기량(A_0) $= \dfrac{O_0}{0.21} = \dfrac{1}{0.21}[1.867C + 5.6H + 0.7S]$
>
> $\qquad = \dfrac{1}{0.21}[(1.867 \times 0.86) + (5.6 \times 0.12) + (0.7 \times 0.02)] = 10.91 \text{m}^3/\text{kg}$
>
> 공기비(m) $= \dfrac{N_2}{N_2 - 3.76 \times O_2} = \dfrac{84}{84 - (3.76 \times 3)} = 1.15$
>
> 실제 건배기가스 중 아황산가스의 농도(%)
>
> $= \dfrac{SO_2}{G_d} \times 100 = \dfrac{0.7 \times S}{G_d} \times 100$
>
> $G_d = (m - 0.21)A_0 + 1.867C + 0.7S$
>
> $\qquad = [(1.15 - 0.21) \times 10.91] + (1.867 \times 0.86) + (0.7 \times 0.02) = 11.88 \text{m}^3/\text{kg}$
>
> $= \dfrac{0.7 \times 0.02}{11.88} \times 100 = 0.12\%$

17 중량기준으로 C : 85%, H : 4%, O : 9%, S : 2%의 연료를 연소시켰을 때, 연소가스 중 CO_2 11.5%, O_2 3.5%, N_2 85%이다. 실제 공기량(m^3/kg)은?(단, 표준상태임)

> **풀이**
>
> 실제 공기량(A)
> $A = m \times A_0$
>
> $$m = \frac{N_2}{N_2 - 3.76 \times O_2} = \frac{85}{85 - (3.76 \times 3.5)} = 1.18$$
>
> $$A_0 = \frac{1}{0.21}\left[(1.867 \times 0.85) + 5.6\left(0.04 - \frac{0.09}{8}\right) + (0.7 \times 0.02)\right] = 8.39 m^3/kg$$
>
> $= 1.18 \times 8.39 m^3/kg = 9.90 m^3/kg$

18 폐기물 분석결과 고형물 80%, 회분 15%였다. 다음을 구하시오.

(1) 수분함량(%) (2) 강열감량(%)
(3) 휘발성 고형물(%) (4) 유기물 함량(%)

> **풀이**
>
> (1) 수분함량(%) = 100 − 고형물(%) − 회분(%) = 100 − 80 − 15 = 5%
>
> (2) 강열감량(%) = $\dfrac{\text{미연소분}}{\text{가연분}} = \dfrac{80 - 15 - 5}{80} \times 100 = 75\%$
>
> (3) 휘발성 고형물(%) = 강열감량(%) − 수분(%) = 75 − 5 = 70%
>
> (4) 유기물 함량(%) = $\dfrac{\text{휘발성 고형물}}{\text{고형물}} \times 100 = \dfrac{70}{80} \times 100 = 87.5\%$

19 소각로에서 다이옥신 발생원인 4가지를 쓰시오.

> **풀이**
>
> **소각로에서의 다이옥신류 배출경로**
> ① 폐기물 중에 존재하는 다이옥신류(PCDD/PCDF)가 분해되지 않고 배출(PCB의 불완전연소에 의해 발생)
> ② PCDP/PCDF의 전구물질이 전환되어 배출
> ③ 소각과정에서 유기물에 염소공여체가 반응하여 생성 배출
> ④ 저온에서 촉매화반응에 의해 분진과 결합하여 배출

20 $C_{50}H_{100}O_{40}N$이 혐기성으로 완전분해 시 1ton당 CH_4 생성량(kg/ton)은?

풀이

완전분해 반응식

$$C_{50}H_{100}O_{40}N + \left[\frac{(4\times 50) - 100 - (2\times 40) + (3\times 1)}{4}\right]H_2O \rightarrow$$

$$\left[\frac{(4\times 50) + 100 - (2\times 40) - (3\times 1)}{8}\right]CH_4$$

$$+ \left[\frac{(4\times 50) - 100 + (2\times 40) + (3\times 1)}{8}\right]CO_2 + NH_3$$

$C_{50}H_{100}O_{40}N + 5.75H_2O \rightarrow 27.13CH_4 + 22.88CO_2 + NH_3$

$\quad\quad\quad$ 1,354ton $\quad\quad$: $\quad$ 27.13×16ton

$\quad\quad\quad\quad$ 1ton $\quad\quad\quad$: $\quad\quad$ CH_4(ton)

$CH_4(kg/ton) = \dfrac{1ton \times (27.13 \times 16)ton}{1,354ton} = 0.3205ton/ton \times 1,000kg/ton$

$\quad\quad\quad\quad\quad = 320.5kg/ton$

[참고] 1,345 = $C_{50}H_{100}O_{40}N$ 분자량 [(12×50) + (1×100) + (16×40) + (14×1)]

2020년 5회 산업기사

01 폐기물 성상에 따라 고상폐기물, 반고상폐기물, 액상폐기물로 분류되는데 그 기준을 쓰시오.

> **풀이**
> ① 고상폐기물 : 고형물의 함량이 15% 이상인 폐기물
> ② 반고상폐기물 : 고형물의 함량이 5% 이상 15% 미만인 폐기물
> ③ 액상폐기물 : 고형물의 함량이 5% 미만인 폐기물

02 슬러지 개량에 영향을 주는 요소 3가지를 쓰시오.

> **풀이**
> **슬러지 개량에 영향을 주는 요소(3가지만 기술)**
> ① 약품 소요량   ② 입자 크기
> ③ 슬러지 농도   ④ 슬러지 수송거리

03 매립지에서 환경오염을 최소화하기 위한 주요 시설물 6가지를 쓰시오.

> **풀이**
> **매립지에서 환경오염을 최소화하기 위한 주요 시설물**
> ① 저류구조물   ② 차수시설   ③ 우수배제시설
> ④ 침출수 집배수시설   ⑤ 덮개설비   ⑥ 발생가스 대책시설

04 어느 매립지에서 침출수 농도가 반으로 감소하는 데 3.5year 소요되었다면 침출수의 농도가 90% 분해되는 데 소요되는 기간(year)을 계산하시오.

> **풀이**
>
> $\ln \dfrac{C_t}{C_o} = -kt$
>
> $\ln 0.5 = -k \times 3.5$
>
> $k = 0.198 \text{year}^{-1}$
>
> 90% 분해 소요시간(반응 후 농도 10% 의미)
>
> $\ln \dfrac{10}{100} = -0.198 \text{year}^{-1} \times t$
>
> $t = 11.63 \text{year}$

05 매립지에서의 덮개설비는 침출수 발생억제에 중요한 역할을 한다. 덮개설비의 역할 4가지를 기술하시오.

> **풀이**
>
> **덮개설비(복토)의 주요 기능**
> ① 쓰레기의 비산방지   ② 악취 및 유독가스의 확산방지
> ③ 병원균 매개체의 서식방지 ④ 화재 발생방지
>
> [참고] ①~④항 이외에
> ⑤ 강우에 의한 우수의 이동 및 침투방지로 침출수량 최소화
> ⑥ 매립지의 압축효과에 의한 부등침하의 최소화

06 퇴비화 설계·운영을 위한 대표적 고려인자 5가지를 쓰고 각 인자의 적정 운전범위를 쓰시오.

> **풀이**
>
> **퇴비화 설계·운영을 위한 대표적 고려인자**
> ① 수분함량 : 50~60% ② C/N비 : 25~50   ③ 온도 : 55~60℃
> ④ pH : 5.5~8.0   ⑤ 입자크기 : 5cm 이하

07 쓰레기의 압축 전 부피가 500m³이고 압축 후 부피가 200m²일 때 압축비와 부피감소율(%)을 구하시오.

> **풀이**
>
> 압축비$(CR) = \dfrac{100}{100 - VR} = \dfrac{100}{100 - 60} = 2.5$
>
> 부피감소율$(VR : \%) = \left(1 - \dfrac{V_f}{V_i}\right) \times 100 = \left(1 - \dfrac{200}{500}\right) \times 100 = 60\%$

08 생활쓰레기 감량화 대책 중 발생원 대책방법을 4가지 쓰시오.

> **풀이**
>
> **발생원 대책(생활쓰레기 감량화) : (4가지만 기술)**
> ① 식단제 개선
> ② 철저한 분리수거 실시
> ③ 가정용품의 적절한 정비
> ④ 저장량 적정수준 관리
> ⑤ 포장용기 및 포장재료의 절약

09 하수슬러지의 열전달에 따른 건조방식 3가지를 쓰시오.

> **풀이**
>
> **하수슬러지 건조방식(3가지만 기술)**
> ① 직접 열풍건조방법
> ② 간접 건조방법
> ③ 유중증발 건조방법
> ④ 하이브리드 건조방법

10 매립장 건설 시 침출수에 의한 지하수 오염방지와 지하수 유입에 의한 침출수가 축적되지 않도록 하기 위해 설치하는 설비 2가지만 쓰시오.

> **풀이**
>
> ① 저류구조물   ② 침출수집배수설비   ③ 우수집배수설비

11 어떤 지자체의 연간 폐기물 수거량이 140,000톤이라 할 때, 1일 2회 수거하고 수거인부는 220명, 1일 8시간 작업, 한 달 26일 작업 시 MHT를 계산하고 골목수거와 수거효율을 비교하시오.

> **풀이**
>
> $$MHT = \frac{수거인부 \times 수거인부\ 중\ 총\ 수거시간}{총\ 수거량}$$
>
> $$= \frac{(2 \times 220)인 \times 8hr/day \times 26day/month \times 12month/year}{140,000ton/year}$$
>
> $$= 7.85 MHT$$
>
> 골목수거의 MHT보다 크므로 수거효율이 골목수거보다 나쁘다.

12 가연성 고체폐기물의 연소형태(연소방식)는 여러 가지가 있다. 연소형태 3가지를 쓰시오.

> **풀이**
>
> **고체연료 연소형태(연소방식) : 3가지만 기술**
> ① 증발연소 ② 분해연소
> ③ 표면연소 ④ 자기연소(내부연소)

13 어느 지역의 소각로에 1일 50ton 쓰레기가 반입된다면 다음 조건에서 반입되는 시간당 발열량(kcal/hr)을 구하시오. (단, 연속식 소각로 기준, Dulong식 이용)

> 수분 64%, 회분 13.6%, C 11.8%, H 1.51%, O 8.76%, N 0.19%, S 0.14%

> **풀이**
>
> $$H_h(\text{kcal/kg}) = 8,100C + 34,000\left(H - \frac{O}{8}\right) + 2,500S$$
> $$= (8,100 \times 0.118) + \left[34,000\left(0.0151 - \frac{0.0876}{8}\right)\right] + (2,500 \times 0.0014)$$
> $$= 1,100.4 \text{kcal/kg}$$
>
> $$H_l(\text{kcal/kg}) = H_h - 600(9H + W)$$
> $$= 1,100.4 - 600[(9 \times 0.0151) + 0.64] = 634.86 \text{kcal/kg}$$
>
> 시간당 발열량(kcal/hr) = 634.86kcal/kg × 50,000kg/day × day/24hr
> = 1,322,625kcal/hr

14 저위발열량이 1,600kcal/kg일 경우 회수된 열량(kcal/kg)은 얼마인가?(단, 불완전연소에 의한 열손실 2%(V_1), 회분에 의한 열손실 4%(V_2), 배기가스의 열손실 15%(V_3))

> **풀이**
>
> 회수된 열량(kcal/kg) = 저위발열량 − ($V_1 + V_2 + V_3$)
> $$V_1 = 1,600 \times 0.02 = 32 \text{kcal/kg}$$
> $$V_2 = 1,600 \times 0.04 = 64 \text{kcal/kg}$$
> $$V_3 = 1,600 \times 0.15 = 240 \text{kcal/kg}$$
> $$= 1,600 - (32 + 64 + 240) = 1,264 \text{kcal/kg}$$

15 유해폐기물의 고형화 처리방법 3가지를 쓰시오.(단, 석회기초법, 시멘트 기초법은 답안에서 제외)

> **풀이**
>
> **고형화 처리방법(3가지만 기술)**
> ① 자가시멘트법　　　　　② 열가소성 플라스틱법
> ③ 유기중합체법　　　　　④ 피막형성법

16 다음 페놀의 완전연소 반응식에서 a, x, y의 계수를 쓰시오.

$$C_6H_5OH + aO_2 \rightarrow xCO_2 + yH_2O$$

> **풀이**
>
> ① $O_2 : \dfrac{4a+b-2c}{4} = \dfrac{(4 \times 6) + 6 - (2 \times 1)}{4} = 7\,(a)$
>
> ② $CO_2 : 6\,(x)$
>
> ③ $H_2O : \dfrac{b}{2} = \dfrac{6}{2} = 3\,(y)$
>
> [참고] $C_aH_bO_c + \left(\dfrac{4a+b-2c}{4}\right)O_2 \rightarrow aCO_2 + \left(\dfrac{b}{2}\right)H_2O$

17 밀도 450kg/m³인 쓰레기를 150kg 압축하여 밀도 780kg/m³가 되었을 때 압축비를 구하시오.

풀이

부피감소율$(VR) = \left(1 - \dfrac{V_f}{V_i}\right) \times 100$

$$V_i = \dfrac{150\text{kg}}{450\text{kg/m}^3} = 0.33\text{m}^3$$

$$V_f = \dfrac{150\text{kg}}{780\text{kg/m}^3} = 0.19\text{m}^3$$

$$= \left(1 - \dfrac{0.19}{0.33}\right) \times 100 = 42.42\%$$

압축비$(CR) = \dfrac{100}{100 - VR} = \dfrac{100}{100 - 42.42} = 1.74$

18 다단로소각로의 가동영역 3개를 쓰시오.

풀이

다단로 3개 가동영역
① 건조영역　　　② 연소, 탈취영역　　　③ 냉각영역

19 폐기물의 위생매립 시 도랑식 매립방법과 지역식 매립방법의 특징을 복토재 활용방안, 침출수의 수집장치 설치용이성, 매립공간 활용 효율면에서 비교설명하시오.

풀이

① 도랑형은 단층매립, 지역식은 다층매립이 가능하다.
② 도랑형의 복토는 파낸 흙을 이용, 지역식은 외부에서 조달하여야 한다.
③ 도랑형은 침출수 수집장치나 차수막 설치가 용이하지 못하며 지역식은 작업면의 크기를 발생량 및 매립작업계획에 따라 쉽게 조절할 수 있다.

2021년 1회 기사

01 다음 항목에 대하여 차수설비인 연직차수막과 표면차수막을 비교하여 설명하시오.
(1) 적용(채용)조건
(2) 경제성

> **풀이**
> (1) 적용(채용)조건
>   연직차수막은 지중에 수평방향의 차수층이 존재할 때 적용하며 표면차수막은 매립지반의 투수계수가 큰 경우에 적용한다.
> (2) 경제성
>   연직차수막은 단위면적당 공사비는 많이 소요되나 총 공사비는 적게 들고 표면차수막은 단위면적당 공사비는 저가이나 전체적으로 비용이 많이 든다.

02 밀도 300kg/m³ 폐기물 1ton을 압축하여 밀도 800kg/m³으로 했을 때 부피감소율(%)을 구하시오.

> **풀이**
> 부피감소율(VR)
> $$VR(\%) = \left(1 - \frac{V_f}{V_i}\right) \times 100$$
> $$V_i = \frac{1{,}000\text{kg}}{300\text{kg/m}^3} = 3.33\text{m}^3$$
> $$V_f = \frac{1{,}000\text{kg}}{800\text{kg/m}^3} = 1.25\text{m}^3$$
> $$= \left(1 - \frac{1.25}{3.33}\right) \times 100 = 62.46\%$$

03 퇴비화 공정의 설계·운영 고려인자 중 C/N비에 대하여 다음을 설명하시오.

(1) C/N비 적정 수치(초기, 최종 구분)
(2) C/N비가 높을 경우 및 낮을 경우 범위와 발생현상
(3) 초기 C/N비 조절방법

풀이

(1) C/N비 적정 수치
    초기(25~50), 최종(10 정도)
(2) C/N비가 높을 경우 및 낮을 경우 범위와 발생현상
    ① C/N비가 80 이상이면 유기산 등이 퇴비의 pH를 낮추고 미생물의 성장과 활동도 억제되며 질소 부족으로 퇴비화가 잘 형성되지 않아 퇴비화의 소요기간이 길어진다.
    ② C/N비가 20 이하이면 질소가 암모니아로 변하여 pH를 증가시키고 이로 인해 암모니아 가스가 발생되어 퇴비화 과정 중 악취가 발생한다.
(3) 초기 C/N비 조절방법
    Bulking Agent(통기 개량제)를 이용하여 C/N비를 조절한다. 또한 셀룰로오스(종이류, 나무 등)에 의해 초기 퇴비화 진행이 느려지기 때문에 질소원 첨가, 하수슬러지 및 축산분뇨의 경우 C/N비가 낮기 때문에 C/N비가 높은 폐기물과 적당하게 조절하여 퇴비화 효율을 높인다.

04 직경이 2m인 트롬멜 스크린의 최적 회전속도(rpm)는?

풀이

최적 회전속도(rpm) = 임계속도(η_c) × 0.45

$$\eta_c = \frac{1}{2\pi}\sqrt{\frac{g}{r}} = \frac{1}{2\pi}\sqrt{\frac{9.8}{1}}$$

$= 0.5 \text{cycle/sec} \times 60 \text{sec/min} = 30 \text{rpm}$

$= 30 \text{rpm} \times 0.45 = 13.5 \text{rpm}$

05 쓰레기를 수거하는 작업, 즉 청소작업이 끝난 후 이에 대한 상태를 평가하는 방법으로는 CEI와 USI를 사용한다. 각각에 대하여 간단히 서술하시오.

> **풀이**
> 1. CEI(Community Effects Index)
>   지역사회 효과 지수라 하며 가로 청소상태를 기준(scale : 1~4)으로 측정하는 방법이다.
> 2. USI(User Satisfication Index)
>   사용자 만족도 지수라 하며 서비스를 받는 사람들의 만족도를 설문조사(설문문항 : 6개)하여 계산하는 방법이다.

06 다음은 유기물질 및 무기물질의 일반적 선별공정이다. ☐의 내용을 쓰시오.

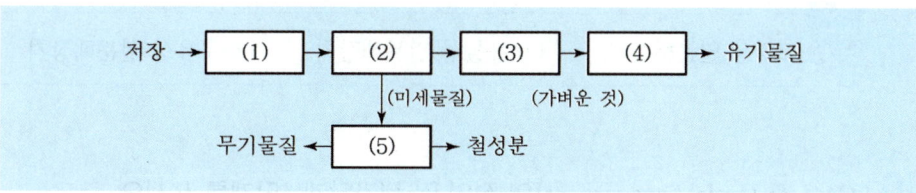

> **풀이**
> (1) Shredder (2) Trommel
> (3) Air Classifier (4) Cyclone
> (5) Magnetic Separater

07 어느 매립지에서 침출수 농도가 반으로 감소하는 데 3.5년 걸렸다면 침출수의 농도가 90% 분해되는 데 몇 년이 소요되는가?(단, 1차 반응)

> **풀이**
> $\ln\dfrac{C_t}{C_o} = -kt$
>
> $\ln 0.5 = -k \times 3.5 \text{year}$
>
> $k = \dfrac{\ln 0.5}{-3.5}$, $k = 0.198 \text{year}^{-1}$
>
> 90% 분해 소요기간(반응 후 농도는 10%를 의미)
> $\ln(\dfrac{10}{100}) = -0.198 \text{year}^{-1} \times t$, $t = \dfrac{\ln 0.1}{-0.198 year^{-1}}$
>
> $t = 11.63 \text{year}$

08 혐기성 소화의 장점 6가지를 쓰시오.

풀이

혐기성 소화의 장점
① 호기성 처리에 비해 슬러지 발생량이 적다.
② 동력시설의 소모가 적어 운전비용이 저렴하다.
③ 생성슬러지의 탈수 및 건조가 쉽다.(탈수성 양호)
④ 메탄가스 회수가 가능하여 회수된 가스를 연료로 사용 가능하다.
⑤ 기생충란이나 전염병균이 사멸한다.
⑥ 고농도 폐수 및 분뇨를 낮은 비용으로 처리할 수 있다.

09 열분해장치의 종류 3가지를 쓰시오.

풀이
① 고정상 열분해장치   ② 유동상 열분해장치   ③ 부유상 열분해장치

10 LCA(Life Cycle Assessment)의 정의 및 평가단계 4단계를 쓰시오.

풀이

1. 정의
   사용한 자원 및 에너지, 환경으로 배출되는 환경오염물질을 규명하고 정량화함으로써 한 제품이나 공정에 관련된 환경부담을 평가하여 그 에너지와 자원, 환경부하 영향을 평가하여 환경을 개선시킬 수 있는 기회를 규명하는 과정을 전과정평가(LCA)라 한다.
2. 4단계
   ① 1단계 : 목적 및 범위의 설정(Goal Definition Scoping)
   ② 2단계 : 목록 분석(Inventory Analysis)
   ③ 3단계 : 영향 평가(Impact Analysis or Assessment)
   ④ 4단계 : 개선 평가 및 해석(Improvement Assessment)

11 인구 10만 명인 어느 도시의 폐기물 발생량이 1.5kg/인·일이고, 밀도는 0.45 ton/m³이다. 쓰레기를 압축하면서 그 용적의 40%가 감소되었고, 다시 쓰레기를 분쇄하면서 1/3이 감소되었다. Trench형 매립 시 연간 필요 매립지의 면적 차이(m²/year)는?(단, Trench의 높이는 5m이다.)

> **풀이**
>
> 압축만 한 경우의 매립면적(m²/year)
> $= \dfrac{1.5\text{kg/인}\cdot\text{일} \times 100{,}000\text{인} \times 365\text{일/year}}{450\text{kg/m}^3 \times 5\text{m}} \times (1-0.4) = 14{,}600\text{m}^2/\text{year}$
>
> 압축 후 분쇄한 경우의 매립면적(m²/year)
> $= 14{,}600 \times \left(1-\dfrac{1}{3}\right) = 9{,}733.33\text{m}^2/\text{year}$
>
> 소요면적 차이 $= (14{,}600 - 9{,}733.33)\text{m}^2/\text{year} = 4{,}866.67\text{m}^2/\text{year}$

12 하루 100ton의 도시폐기물을 소각시키기 위하여 소요되는 화격자의 크기(면적)를 구하시오.(단, 연속가동 기준, 화격자 화상부하율 340kg/m²·hr)

> **풀이**
>
> 화격자 면적(m²) $= \dfrac{\text{시간당 소각량}}{\text{화격자 화상부하율}}$
> $= \dfrac{100\text{ton/day} \times 1{,}000\text{kg/ton} \times \text{day}/24\text{hr}}{340\text{kg/m}^2\cdot\text{hr}} = 12.25\text{m}^2$

13 폐기물 매립공법 중 샌드위치 공법, 셀 매립공법, 압축 매립공법에 대하여 간단히 서술하시오.

> **풀이**
>
> 1. 샌드위치(Sandwich) 공법
>   폐기물을 수평으로 고르게 깔아 압축하고 복토를 깔아 복토층을 반복적으로 일정 두께로 쌓는 방법으로, 좁은 산간지 등의 매립지에서 이용되고 있다.
> 2. 셀(Cell) 매립공법
>   매립된 폐기물 및 비탈에 복토를 실시하여 셀모양으로 셀마다 일일복토를 해나가는 방식으로 현재 가장 많이 이용되고 있다.(쓰레기 비탈면 경사각도 : 15~25°)
> 3. 압축 매립공법(Baling System)
>   폐기물을 매립하기 전 감량화를 목적으로 먼저 쓰레기를 일정한 더미형태로 압축하여 부피를 감소시킨 후 포장을 실시하는 매립방식이다.

14 음식물이 섞여 있는 도시쓰레기의 수분함량이 50%이었다. 이것을 건조시켜 수분함량을 30%로 하였다면 중량감소율(%)은?(단, 비중 1.0)

> **풀이**
>
> 초기 쓰레기양 × (1 − 초기 함수율) = 건조 후 쓰레기양 × (1 − 건조 후 함수율)
>
> $$\text{중량감소율(\%)} = \frac{\text{초기 쓰레기양} - \text{건조 후 쓰레기양}}{\text{초기 쓰레기양}} \times 100$$
>
> $$= \left[1 - \frac{(100 - \text{초기 함수율})}{(100 - \text{처리 후 함수율})}\right] \times 100$$
>
> $$= \left[1 - \frac{(100 - 50)}{(100 - 30)}\right] \times 100 = 28.57\%$$
>
> [다른 풀이방법] $100 \times 0.5 = $ 건조 후 쓰레기중량 $\times 0.7$
>
> $$\text{건조 후 쓰레기중량} = \frac{100 \times 0.5}{0.7} = 71.43\%$$
>
> $$\text{중량감소율(\%)} = \frac{100 - 71.43}{100} \times 100 = 28.57\%$$

15 소각로에서 연소온도가 1,050℃, 배기온도가 500℃, 슬러지온도가 25℃일 경우 열효율(%)은?

> **풀이**
>
> $$\text{열효율(\%)} = \frac{(\text{연소온도} - \text{배기온도})}{(\text{연소온도} - \text{공급온도})} \times 100$$
>
> $$= \frac{(1,050 - 500)℃}{(1,050 - 25)℃} \times 100 = 53.66\%$$

16 유량 0.02m³/sec, s_1 0.5m, s_2 0.3m, 수심 10m, r_1 30m, r_2 60m일 때 투수계수 (cm/sec)는?[단, 투수계수 = $\dfrac{2.303 \times Q}{2 \times \pi \times H \times (s_1 - s_2)} \times \log\left(\dfrac{r_2}{r_1}\right)$]

> **풀이**
>
> 투수계수(cm/sec) = $\dfrac{2.303 \times 0.02}{2 \times 3.14 \times 10 \times (0.5 - 0.3)} \times \log\left(\dfrac{60}{30}\right)$
> = 0.0011m/sec × 100cm/m = 0.11cm/sec

17 퇴비화 시설 운영의 문제점 6가지를 쓰시오.

> **풀이**
>
> **퇴비화 시설 운영의 문제점**
> ① 악취 발생
> ② 공중위생 문제(병원성 미생물)
> ③ 중금속 오염으로 인한 독성
> ④ 폐수의 발생(다량의 고농도 유기성 폐수)
> ⑤ 퇴비 품질표준화의 어려움
> ⑥ 부지가 많이 필요하고 부지선정이 어려움

18 유동층 열분해장치 중 단탑형과 2탑형을 비교 설명하시오.

> **풀이**
>
> 1. 단탑형
>   열분해에 필요한 에너지를 공급하기 위해 부분연소와 열분해를 동시에 병용하는 방식으로서 연료화를 목적으로 하는 경우에는 온도가 500℃로 낮고, NO_x 발생이 거의 없으며, 노에 손상을 끼치지 않는다.
> 2. 2탑형
>   열분해탑과 연소탑을 별개로 설치하여 이들과의 사이에 모래를 순환시켜 연소탑에서의 재의 연소와 열분해를 분리한 것이며, 가스화를 위한 열분해 온도인 700~800℃에서 가스를 회수한다.

2021년 1회 산업기사

01 매립지 내 발생가스(LFG)의 종류 4가지를 쓰시오.

> 풀이
> ① CH_4 ② CO_2 ③ H_2 ④ $NH_3(N_2)$

02 폐기물 매립지의 입지선정조건 5가지를 쓰시오.

> 풀이
> **매립지 선정 시 고려사항(5가지만 기술)**
> ① 계획 매립용량 확보가 가능할 것
> ② 복토의 확보가 용이할 것
> ③ 자연재해(지진, 단층지대 등) 등에 대한 안전성
> ④ 기상요소(풍향, 기상변화, 강우량)
> ⑤ 사후매립지 이용계획(장래 이용성 ; 지지력)
> ⑥ 침출수의 공공수역의 오염관계(수원지와 위치조사)

03 사용종료 매립지의 사후관리항목 4가지를 쓰시오.

> 풀이
> **사용종료 매립지의 사후관리항목(4가지만 기술)**
> ① 빗물배제(우수배제시설)
> ② 침출수 관리(침출수 처리시설)
> ③ 지하수 수질조사
> ④ 발생가스 관리(발생가스 조성조사 및 처리시설)
> ⑤ 구조물 및 지반의 안정도 유지
> ⑥ 지표수 수질조사

04 합성차수막 종류 5가지를 기술하시오.

> **풀이**
>
> **합성차수막의 종류(5가지만 기술)**
> ① HDPE   ② LDPE   ③ CSPE
> ④ CPE   ⑤ PVC   ⑥ EPDM
> ⑦ IIR   ⑧ CR

05 퇴비화 설계운영 고려인자 중 C/N비의 적정 수치를 쓰고 C/N비가 높을 경우와 낮을 경우 영향을 간단히 기술하시오.

> **풀이**
>
> 1. C/N비 적정 수치
>   25~50
> 2. C/N비가 높을 경우
>   유기산 등이 퇴비의 pH를 낮추고 미생물의 성장과 활동도 억제되며 질소 부족으로 퇴비화가 잘 형성되지 않아 퇴비화의 소요기간이 길어진다.
> 3. C/N비가 낮을 경우
>   질소가 암모니아로 변하여 pH를 증가시키고 이로 인해 암모니아 가스가 발생되어 퇴비화 과정 중 악취가 발생한다.

06 고형화 처리목적 3가지를 기술하시오.

> **풀이**
>
> **고형화 처리의 목적(3가지만 기술)**
> ① 유해폐기물의 불활성화(독성 저하 및 폐기물 내의 오염물질 이동성 감소)
> ② 용출 억제(물리적으로 안정한 물질로 변화)
> ③ 토양개량 및 매립 시 충분한 강도 확보
> ④ 취급 용이 및 재활용(건설자재) 가능

07 도시폐기물 1kg을 소각시키는 데 필요한 산소량(O_2)이 0.75kg이라면 같은 조건하에 폐기물 100kg/hr를 소각시키는 데 필요한 실제공기량(Sm^3/hr)은 얼마인가? (단, 공기비 1.5, 유입공기는 표준상태)

> **풀이**
> 실제공기량(A)
> $A = m \times A_0$
> $m = 1.5$
> $A_0 = \dfrac{O_0}{0.21}$
> $O_0 = 0.75 kg \cdot O_2/1kg \times 22.4 Sm^3/32kg \cdot O_2 = 0.525 Sm^3/kg$
> $= \dfrac{0.525}{0.21} = 2.5 Sm^3/kg$
> $= 1.5 \times 2.5 Sm^3/kg \times 100 kg/hr = 375 Sm^3/hr$

08 열부하율이 100,000kcal/$m^3 \cdot$ hr인 소각로를 이용하여 발열량이 2,500kcal/kg 인 폐기물을 하루에 100ton/day을 소각처리하고자 한다. 소각로의 부피(m^3)는?(단, 일일가동시간 8hr)

> **풀이**
> 소각로 부피(m^3) = $\dfrac{\text{저위발열량}(kcal/kg) \times \text{연소량}(kg/hr)}{\text{열부하율}(kcal/m^3 \cdot hr)}$
> $= \dfrac{2,500 kcal/kg \times 100 ton/day \times 10^3 kg/ton \times day/8hr}{100,000 kcal/m^3 \cdot hr}$
> $= 312.5 m^3$

09 연직차수막의 공법 3가지를 쓰시오.

> **풀이**
> **연직차수막 공법(3가지만 기술)**
> ① 어스댐 코어공법　　② 강널말뚝(Sheet Pile) 공법
> ③ 그라우트 공법　　　④ 차수시트 매설공법
> ⑤ 지중연속벽 공법

10 고형화 처리 후 적정 처리 여부를 시험·조사해야 하는 항목 4가지를 쓰시오.

> **풀이**
>
> **고형화 처리 후 적정 처리 여부 시험·조사 항목(4가지만 기술)**
> ① 압축강도시험　　② 투수율 시험　　③ 내수성 시험
> ④ 밀도 측정　　　　⑤ 용출시험

11 연소과정에 열평형을 이해하기 위한 등가비의 식 및 등가비에 따른 특성을 기술하시오.

> **풀이**
>
> 1. 관련식
>
> $$\phi = \frac{(실제의\ 연료량/산화제)}{(완전연소를\ 위한\ 이상적\ 연료량/산화제)}$$
>
> 2. ϕ에 따른 특성
>   ① $\phi = 1$
>   ㉠ 완전연소에 알맞은 연료와 산화제가 혼합된 경우이다.
>   ㉡ $m = 1$
>   ② $\phi > 1$
>   ㉠ 연료가 과잉으로 공급된 경우이다.
>   ㉡ $m < 1$
>   ③ $\phi < 1$
>   ㉠ 공기가 과잉으로 공급된 경우이다.
>   ㉡ $m > 1$
>   ㉢ CO는 완전연소를 기대할 수 있어 최소가 되나 NO_x(질소산화물)은 증가된다.

12 혐기성 공정이 호기성 공정에 비해 슬러지가 적은 이유 3가지를 쓰시오.

> **풀이**
>
> ① 호기성 분해에 비해 영양분이 없는 상태로 분해되기 때문(세포생산계수가 작기 때문)
> ② 호기성 분해에 비해 소화기간이 길어 분해 정도가 크기 때문
> ③ 혐기성 분해는 합성세포의 내호흡반응으로 슬러지가 생성되기 때문

13 $4m^3$의 용기에 질소(N_2)를 80kg 넣고 압력을 60atm으로 올렸다. 이때 온도(℃)를 구하시오. (단, 이상상태 기체이며 $R = 0.082$ atm · L/mol · K)

> **풀이**
>
> 이상기체 상태방정식
> $$PV = nRT$$
> $$T(K) = \frac{PV}{nR}$$
>
> n(기체몰수) $= \dfrac{무게}{분자량} = 80\text{kg} \times 1{,}000\text{g/kg} \times \text{mol}/28\text{g}$
> $= 2{,}857.14 \text{ mol}$
>
> $= \dfrac{60\text{atm} \times 4\text{m}^3 \times 1{,}000\text{L/m}^3}{2{,}857.14\text{mol} \times 0.082\text{atm} \cdot \text{L/mol} \cdot \text{K}} = 1{,}024.29\text{K}$
>
> 온도(℃) $= T - 273 = 1{,}024.29\text{K} - 273 = 751.39$℃

14 강우량 1,500mm/year, 증발산량=700mm/year, 유출량 50mm/year일 때 침출수량(mm/year)은?

> **풀이**
>
> 침출수량(L : mm/year) = 강우량(P) - [유출량(R) + 증발산량(ET)]
> $= 1{,}500 - (50 + 700) = 750$mm/year

15 소각시설 중 폐기물 저장조의 설치기준에 대하여 설명하시오.

> **풀이**
>
> **폐기물 저장조 설치기준**
> ① 폐기물 저장용량은 원칙적으로 계획 1일 최대처리량의 5배 이상(500ton 이상은 3일)의 용량으로 설치하되 가능한 한 깊이는 최소화하여 효율적인 크레인 작업을 할 수 있도록 한다.
> ② 적절한 배수대책 및 악취대책을 세워야 한다.
> ③ 저장조 내 자연발화 등에 의한 화재를 대비하여 소화기 등 화재대비 소방시설 설치를 검토하여야 한다.
> ④ 강우에 의하여 폐기물이 젖지 않도록 지붕을 씌워야 한다.

16 회전식 소각로(Rotary Kiln)에 대하여 설명하시오.

> **풀이**
>
> **Rotary Kiln**
> 회전하는 원통형 소각로로서 경사진 구조로 되어 있는 연속구동방식의 회전식 소각로이며, 길이와 직경의 비는 2~10, 회전속도는 0.3~1.5rpm 정도로 투입폐기물이 교반, 건조, 이동되면서 연소되며 액체상이나 고체상 또는 슬러지 상태의 유해폐기물에 적용한다. 또한 처리율은 보통 45kg/hr~2ton/hr으로 설계되고 일반적 연소온도는 800~1,600℃ 정도이다.

17 폐기물의 가연분량이 40%이고 수분의 양이 50%라면 저위발열량(kcal/kg)은?(단, 삼성분 추정식 기준)

> **풀이**
> $H_l = 45\,VS - 6\,W = (45 \times 40) - (6 \times 50) = 1,500\,\text{kcal/kg}$

18 함수율 70%인 슬러지케이크 10ton을 소각 시 소각재 발생량(kg)은?(단, 건조케이크 건조중량당 무기성분 10%, 유기성분 중 연소율 90%, 소각에 의한 무기물 손실은 없다.)

> **풀이**
> 소각재(kg) = 무기물 + 유기물 중 미연분(잔류유기물)
> 　무기물 = 10ton × 1,000kg/ton × (1−0.7) × 0.1 = 300kg
> 　유기물 중 미연분 = 10ton × 1,000kg/ton × (1−0.7) × (1−0.1)
> 　　　　　　　　　× (1−0.9) = 270kg
> 　= 300 + 270 = 570kg

2021년 2회 기사

01 폐기물 성상에 따라 고상폐기물, 반고상폐기물, 액상폐기물로 분류되는데 그 기준을 쓰시오.

> **풀이**
> ① 고상폐기물 : 고형물의 함량이 15% 이상인 폐기물
> ② 반고상폐기물 : 고형물의 함량이 5% 이상 15% 미만인 폐기물
> ③ 액상폐기물 : 고형물의 함량이 5% 미만인 폐기물

02 직경이 3m인 Trommel Screen의 임계속도(rpm)는?

> **풀이**
> $$\text{임계속도}(\eta_c : \text{rpm}) = \frac{1}{2\pi}\sqrt{\frac{g}{r}}$$
> $$= \frac{1}{2\pi} \times \sqrt{\frac{9.8}{1.5}}$$
> $$= 0.407 \text{cycle/sec} \times 60 \text{sec/min} = 24.42 \text{cycle/min}(24.42\text{rpm})$$

03 수산화물 침전법을 적용하여 크롬(Cr^{3+}) 처리 시 반응식을 쓰시오.

> **풀이**
> $2Cr^{3+} + 6OH^- \rightarrow 2Cr(OH)_3 \Downarrow$: 적정 pH 8~9

04 유동층 소각로의 장점 및 단점을 3가지씩 기술하시오.

> **풀이**
> 1. 장점
>   ① 유동 매체의 열용량이 커서 액상, 기상 및 고형 폐기물의 전소 및 혼소, 균일한 연소가 가능하다.
>   ② 반응시간이 빨라 소각시간이 짧다.(노 부하율이 높다.)
>   ③ 연소효율이 높아 미연소분의 배출이 적고 2차 연소실이 불필요하다.

2. 단점
① 층의 유동으로 상(床)으로부터 찌꺼기의 분리가 어려우며 운전비, 특히 동력비가 높다.
② 폐기물의 투입이나 유동화를 위해 파쇄가 필요하다.
③ 유동 매체의 손실로 인한 보충이 필요하다.

05 폐기물의 압축비가 1.5일 때 부피감소율(%)을 구하시오.

풀이

부피감소율(VR)

$$VR(\%) = \left(1 - \frac{1}{CR}\right) \times 100 = \left(1 - \frac{1}{1.5}\right) \times 100 = 33.33\%$$

06 매립구조에 의한 구분 중 준호기성 매립의 특징 5가지를 쓰시오.

풀이

준호기성 매립의 특징
① 오수를 가능한 한 빨리 매립지 외로 배제하여 폐기물과 저수의 수압을 저감시켜 지하토양으로의 오수의 침투를 방지함과 동시에 집수하는 단계에서 가능한 한 침출수를 정화할 수 있도록 집수장치를 설계한 구조이다.
② 혐기성 분해를 통한 안정화에 비해 속도가 빠르고 침출수 성상이 양호하다.
③ 침출수에 대한 지하수오염, 토양오염을 저감할 수 있다.
④ 친산소성 영역이 확대되고 폐기물의 분해가 촉진되며 집수장치의 마모가 적다.
⑤ 단위체적당 매립량이 적고 공사비와 운전관리비가 많이 소요된다.

07 유기성 폐기물이 10ton일 경우 회수될 수 있는 메탄양(m^3) 및 금전적 가치(원화)를 산정하시오.

> [조건] 1. 도시폐기물 중 유기성분의 수분함량 : 30%
> 2. 고형물 체류시간 : 30일
> 3. 휘발성 고형물(VS) = $0.85 \times TS$(총고형물)
> 4. 생분해 가능한 휘발성 고형물(BVS) = $0.70 \times VS$
> 5. 예상 BVS 전환율 : 90%
> 6. 가스 발생량 : $0.5 m^3/kg \cdot BVS$
> 7. 가스에너지 함량 : $5,250 kcal/m^3$
> 8. 에너지 가치 : $5,500$원/$10^5 kcal$

풀이
- 휘발성 고형물량(VS : kg) = $10 ton \times 0.85 \times (1-0.3) \times 1,000 kg/ton = 5,950 kg$
- 생분해 가능한 휘발성 고형물량(BVS) = $0.7 \times 5,950 kg \times 0.9 = 3,748.5 kg(BVS)$
- 회수메탄양(m^3) = $3,748.5 kg(BVS) \times 0.5 m^3/kg \cdot BVS = 1,874.25 m^3$
- 가스에너지열량(kcal) = $1,874.25 m^3 \times 5,250 kcal/m^3 = 9,839,812.5 kcal$
- 금전적 가치(원) = $9,839,812.5 kcal \times 5,500$원/$10^5 kcal = 541,189.69$원

08 폐기물 자원화의 필요성 3가지를 쓰시오.

풀이

자원화 필요성(3가지만 기술)
① 물질과 에너지의 절약
② 환경오염으로 인한 붕괴방지
③ 대외 수입의존도 감소
④ 고용기회 및 재생업소의 창업기회 제공
⑤ 폐기물의 감량에 의한 처리비용의 감소

09 질소산화물(NO_x)의 연소조절에 의한 저감방법 4가지를 쓰시오.

> **풀이**
>
> **연소조절에 의한 저감방법(4가지만 기술)**
> ① 저산소 연소(저과잉공기 연소)
> ② 저온도 연소(연료용 예열공기의 온도 조절)
> ③ 연소부분의 냉각
> ④ 배기가스의 재순환
> ⑤ 2단 연소(2단계 연소법)
> ⑥ 버너 및 연소실의 구조 개선
> ⑦ 수증기 물분사 방법

10 폐기물 중 알루미늄을 선별하고자 한다. 폐기물 투입량은 120ton이고, 회수량이 100ton, 회수량 중 알루미늄캔 양이 90ton, 제거 폐기물 중 알루미늄캔 양이 5ton일 때 Worrell 식에 의한 선별효율(%)을 구하시오.

> **풀이**
>
> x_1　90ton　→　y_1　10ton
> x_2　5ton　→　y_2　15ton $= (120-100-5)$ton
> $x_0 = x_1 + x_2 = 95$ton
> $y_0 = y_1 + y_2 = 25$ton
>
> Worrell 식 선별효율(E)
> $$E(\%) = \left[\left(\frac{x_1}{x_0}\right) \times \left(\frac{y_2}{y_0}\right)\right] \times 100 = \left[\left(\frac{90}{95}\right) \times \left(\frac{15}{25}\right)\right] \times 100 = 56.84\%$$

11 연소 중 발생하는 다이옥신 저감장치(저감설비)의 대표적인 방법 3가지를 쓰시오.

> **풀이**
>
> (3가지만 기술)
> ① 촉매분해법
> ② 활성탄주입시설+반응탑+여과집진시설의 조합
> ③ 열분해법
> ④ 자외선 광분해법
> ⑤ 오존분해법

12 다음 조건의 선별효율(%)을 Rietema 식에 의하여 구하시오. (단, 투입폐기물 총량은 100ton)

분류	투입비율(%)	회수(30ton)
A	30	90%
B	70	10%

풀이

x_1이 $30 \times 0.9 = 27\text{ton}$ → y_1은 3ton

x_2이 $30 \times 0.1 = 3\text{ton}$ → y_2은 67ton

$x_0 = x_1 + x_2 = 27 + 3 = 30\text{ton}$

$y_0 = y_1 + y_2 = 3 + 67 = 70\text{ton}$

$E(\%) = \left[\left| \left(\dfrac{x_1}{x_0}\right) - \left(\dfrac{y_1}{y_0}\right) \right| \right] \times 100 = \left[\left| \left(\dfrac{27}{30}\right) - \left(\dfrac{3}{70}\right) \right| \right] \times 100 = 85.71\%$

13 100mol/hr의 부탄(C_4H_{10})과 5,000mol/hr의 공기가 소각로에서 완전 연소되는 경우 과잉 공기율(%)을 구하시오. (단, 표준상태 기준)

풀이

과잉 공기율(%) $= \left(\dfrac{A - A_0}{A_0}\right) \times 100$

$A = 5,000 \text{ mol/hr}$

$A_0 \Rightarrow C_4H_{10} + 6.5O_2 \rightarrow 4CO_2 + 5H_2O$

　　　　1mol : 6.5mol

　　100mol/hr : O_0(mol/hr)

$O_0(\text{mol/hr}) = \dfrac{100\text{mol/hr} \times 6.5\text{mol}}{1\text{mol}} = 650\text{mol/hr}$

$A_0 = \dfrac{O_0}{0.21} = \dfrac{650}{0.21} = 3,095.23\text{mol/hr}$

$= \dfrac{5,000 - 3,095.23}{3,095.23} \times 100 = 61.54(\%)$

14 쓰레기 수거 시 수거효율 관련 시간인자 3가지를 쓰시오.

> **풀이**
> (1) MHT(man · hour/ton)
>   수거인부 1인이 1ton의 쓰레기를 수거하는 데 소요되는 시간
> (2) SDT(service/day/truck)
>   수거트럭 1대당 1일 수거 가옥수
> (3) SMH(service/man/hour)
>   수거인부 1인이 1시간에 수거하는 가옥수
> (4) TDT(ton/day/truck)
>   수거트럭 1대당 1일 수거하는 폐기물량

15 쓰레기 발생량 조사방법 3가지를 기술하시오.

> **풀이**
> **쓰레기 발생량 조사방법**
> ① 적재차량 계수분석법
>   일정기간 동안 특정 지역의 쓰레기 수거·운반차량의 대수를 조사하여, 이 결과를 밀도로 이용하여 질량으로 환산하는 방법이다.
> ② 직접 계근법
>   일정기간 동안 특정 지역의 쓰레기 수거운반차량을 중간적환장이나 중계처리장에서 직접 계근하는 방법이다.
> ③ 물질수지법
>   시스템으로 유입되는 모든 물질들과 유출되는 모든 폐기물의 양에 대하여 물질수지를 세움으로써 폐기물 발생량을 추정하는 방법이다.

16 다음 ( ) 안에 알맞은 말을 넣으시오.

(1) 폐산은 수소이온농도지수가 (①)인 것으로 한정한다.
(2) 폐알칼리는 수소이온농도지수가 (②)인 것으로 한정하며 수산화칼륨 및 수산화나트륨을 포함한다.
(3) 폐유는 기름성분을 (③) 함유한 것을 포함하며 PCB 함유폐기물, 폐식용유, 식품재료와 원료를 조리·가공하면서 발생하는 기름, 폐흡착제 및 폐흡수제는 제외한다.

> **풀이**
>
> ① 2.0 이하, ② 12.5 이상, ③ 5%
>
> [참고] 지정폐기물의 종류
> 1. 특정시설에서 발생되는 폐기물
>   가. 폐합성 고분자화합물
>   1) 폐합성 수지(고체상태의 것은 제외한다)
>   2) 폐합성 고무(고체상태의 것은 제외한다)
>   나. 오니류(수분함량이 95퍼센트 미만이거나 고형물 함량이 5퍼센트 이상인 것으로 한정한다)
>   1) 폐수처리 오니(환경부령으로 정하는 물질을 함유한 것으로 환경부장관이 고시한 시설에서 발생되는 것으로 한정한다)
>   2) 공정 오니(환경부령으로 정하는 물질을 함유한 것으로 환경부장관이 고시한 시설에서 발생되는 것으로 한정한다)
>   다. 폐농약(농약의 제조·판매업소에서 발생되는 것으로 한정한다)
> 2. 부식성 폐기물
>   가. 폐산(액체상태의 폐기물로서 수소이온농도지수가 2.0 이하인 것으로 한정한다)
>   나. 폐알칼리(액체상태의 폐기물로서 수소이온농도지수가 12.5 이상인 것을 한정하며, 수산화칼륨 및 수산화나트륨을 포함한다)
> 3. 유해물질 함유 폐기물(환경부령으로 정하는 물질을 함유한 것으로 한정한다)
>   가. 광재(鑛滓)[철광 원석의 사용으로 인한 고로(高爐) 슬래그(Slag)는 제외한다]
>   나. 분진(대기오염 방지시설에서 포집된 것으로 한정하되, 소각시설에서 발생되는 것은 제외한다)
>   다. 폐주물사 및 샌드블라스트 폐사(廢砂)
>   라. 폐내화물(廢耐火物) 및 재벌구이 전에 유약을 바른 도자기 조각
>   마. 소각재
>   바. 안정화 또는 고형화·고화 처리물
>   사. 폐촉매

아. 폐흡착제 및 폐흡수제[광물유·동물유 및 식물유의 정제에서 사용된 폐토사(廢土砂)를 포함한다]
4. 폐유기용제
   가. 할로겐족(환경부령으로 정하는 물질 또는 이를 함유한 물질로 한정한다)
   나. 그 밖의 폐유기용제(가목 외의 유기용제를 말한다)
5. 폐페인트 및 폐래커(다음 각 목의 것을 포함한다)
   가. 페인트 및 래커와 유기용제가 혼합된 것으로서 페인트 및 래커 제조업, 용적 5세제곱미터 이상 또는 동력 3마력 이상의 도장(塗裝)시설, 폐기물을 재활용하는 시설에서 발생되는 것
   나. 페인트 보관용기에 남아 있는 페인트를 제거하기 위하여 유기용제와 혼합한 것
   다. 폐페인트 용기(용기 안에 남아 있는 페인트가 건조되어 있고, 그 잔존량이 용기 바닥에서 6밀리미터를 넘지 아니하는 것은 제외한다)
6. 폐유(기름성분을 5퍼센트 이상 함유한 것을 포함하며, 폴리클로리네이티드비페닐(PCBs)함유 폐기물, 폐식용유, 식품 재료와 원료를 조리·가공하면서 발생하는 기름, 폐흡착제 및 폐흡수제는 제외한다)
7. 폐석면
   가. 건조고형물의 함량을 기준으로 하여 석면이 1퍼센트 이상 함유된 제품·설비(뿜칠로 사용된 것은 포함된다) 등의 해체·제거 시 발생되는 것
   나. 슬레이트 등 고형화된 석면 제품 등의 연마·절단·가공 공정에서 발생된 부스러기 및 연마·절단·가공 시설의 집진기에서 모아진 분진
   다. 석면의 제거작업에 사용된 바닥비닐시트(뿜칠로 사용된 석면의 해체·제거작업에 사용된 경우에는 모든 비닐시트)·방진마스크·작업복 등
8. 폴리클로리네이티드비페닐 함유 폐기물
   가. 액체상태의 것(1리터당 2밀리그램 이상 함유한 것으로 한정한다)
   나. 액체상태 외의 것(용출액 1리터당 0.003밀리그램 이상 함유한 것으로 한정한다)
9. 폐유독물(「유해화학물질관리법」에 따른 유독물을 폐기하는 경우로 한정한다)
10. 의료폐기물(환경부령으로 정하는 의료기관이나 시험·검사 기관 등에서 발생되는 것으로 한정한다)
11. 그 밖에 주변환경을 오염시킬 수 있는 유해한 물질로서 환경부장관이 정하여 고시하는 물질

17 매립지 면적이 10,000ha이고, 침출계수가 0.3, 연평균 강수량이 1,460mm인 경우에 평균 침출수 발생량(ton/year)을 구하시오. (단, 침출수 발생량 산정식 $Q = \dfrac{CIA}{1,000}$ 를 적용)

풀이

$Q = \dfrac{CIA}{1,000}$

$I = 1,460 \text{mm/year} \times \text{year}/365 \text{day} = 4 \text{mm/day}$

$A = 10,000 \text{ha} \times 10,000 \text{m}^2/\text{ha} = 10^8 \text{m}^2$

$= \dfrac{0.3 \times 4 \times 10^8}{1,000}$

$= 120,000 \text{m}^3/\text{day} \times 365 \text{day/year} \times 1,000 \text{kg/m}^3 \times \text{ton}/1,000 \text{kg}$

$= 43,800,000 \text{ton/year}$

18 매립지 기체를 실제 유용하게 활용하기 위해서는 상당량 함유하고 있는 H_2O, CO_2 기체를 제거하여 CH_4 기체의 순도를 높여야 한다. H_2O, CO_2 제거방법을 각각 3가지씩 쓰시오.

풀이

(1) H_2O 제거방법
  ① 흡수   ② 흡착   ③ 응축
(2) CO_2 제거방법(3가지만 기술)
  ① 물리적 흡수   ② 화학적 흡수   ③ 막분리   ④ 흡착

2021년 2회 산업기사

01 열분해 시 생성되는 대표적인 연료의 종류를 ① 기상, ② 고상, ③ 액상에 따라 각각 한 가지씩 기술하시오.

> **풀이**
>
> **열분해에 의해 생성되는 물질(1가지씩만 기술)**
> ① 기체상 물질 : H_2, CH_4, CO, H_2S, HCN
> ② 고체상 물질 : 탄화물(Char), 불활성 물질
> ③ 액체상 물질 : 식초산, 아세톤, 메탄올, 오일, 타르

02 해안매립공법의 종류 3가지를 기술하시오.

> **풀이**
>
> **해안매립공법**
> ① 순차투입공법
>   호안 측으로부터 순차적으로 쓰레기를 투입하여 육지화하는 방법이다.
> ② 박층뿌림공법
>   개량된 지반이 붕괴될 위험성이 있는 경우 밑면이 뚫린 바지선에 폐기물을 적재하여 쓰레기를 박층으로 떨어뜨려 뿌려 줌으로써 바닥지반의 하중을 균등하게 해 주는 방법이다.
> ③ 수중투기공법(내수배제공법)
>   외주 호안이나 중간제방 등에 고립된 매립지대의 해수를 그대로 놓은 채 쓰레기를 투기하거나 매립 전에 내수를 일부 배제한 후 쓰레기를 투기하는 방법이다.

03 쓰레기를 수거하는 작업, 즉 청소작업이 끝나면 이에 대한 상태를 평가하는 방법으로 CEI와 USI를 사용한다. 각각에 대하여 간단히 서술하시오.

> **풀이**
> (1) CEI(Community Effects Index)
>   지역사회효과지수라 하며, 가로청소상태를 기준(scale : 1~4)으로 측정하는 방법이다.
> (2) USI(User Satisfaction Index)
>   사용자 만족도지수라 하며, 서비스를 받는 사람들의 만족도를 설문 조사(설문문항 : 6개)하여 계산하는 방법이다.

04 LCA(Life Cycle Assessment)의 구성요소 4가지를 기술하시오.

> **풀이**
> **LCA 4단계**
> ① 1단계 : 목적 및 범위 설정(Goal Definition Scoping)
> ② 2단계 : 목록 분석(Inventory Analysis)
> ③ 3단계 : 영향 평가(Impact Analysis)
> ④ 4단계 : 개선평가 및 해석(Improvement Assessment)

05 매립지 사후관리계획서에 포함되는 사항 6가지를 쓰시오.

> **풀이**
> **사후관리계획서 포함사항(6가지만 기술)**
> ① 폐기물처리시설의 설치 및 사용내용 ② 사후관리 추진일정
> ③ 빗물배제계획   ④ 침출수관리계획
> ⑤ 지하수 수질조사계획   ⑥ 발생가스의 관리계획
> ⑦ 구조물과 지반 등의 안정도 유지계획

06 직경이 3m인 Trommel Screen의 임계속도(rpm)는?

> **풀이**
> $$임계속도(\eta_c : \text{rpm}) = \frac{1}{2\pi}\sqrt{\frac{g}{r}} = \frac{1}{2\pi} \times \sqrt{\frac{9.8}{1.5}}$$
> $$= 0.407 \text{cycle/sec} \times 60 \text{sec/min} = 24.42 \text{cycle/min} (24.42 \text{rpm})$$

07 C 85%, H 7%, S 3.2%, N 3.1%, H₂O 1.7%인 중유를 완전연소시킬 경우 실제습윤 연소가스양(Sm³/kg)은?(단, 공기비 1.3)

> **풀이**
>
> 실제 습윤연소가스양(G_w)
> $G_w = (m-0.21)A_0 + 1.867C + 11.2H + 0.7S + 0.8N + 1.244W(Sm^3/kg)$
>
> $A_0 = \dfrac{O_0}{0.21}$
>
> $= \dfrac{1}{0.21}(1.867 \times 0.85) + (5.6 \times 0.07) + (0.7 \times 0.032)] = 9.53(Sm^3/kg)$
>
> $= [(1.3-0.21) \times 9.53] + (1.867 \times 0.85) + (11.2 \times 0.07) + (0.7 \times 0.032)$
> $\quad + (0.8 \times 0.031) + (1.244 \times 0.017)$
>
> $= 12.83 Sm^3/kg$

08 매립구조에 따른 방법을 5가지로 구분하여 쓰시오.

> **풀이**
>
> **매립구조에 따른 구분**
> ① 혐기성 매립　　　　　　② 혐기성 위생 매립
> ③ 개량혐기성 위생 매립　　④ 준호기성 매립
> ⑤ 호기성 매립

09 입경 10cm인 폐기물을 1cm로 파쇄할 때 사용되는 에너지는 입경 10cm를 4cm로 파쇄할 때 소요되는 에너지의 몇 배인가?(단, Kick 법칙 이용)

> **풀이**
>
> $E = C\ln\left(\dfrac{L_1}{L_2}\right)$
>
> $E_1 = C\ln\left(\dfrac{10}{1}\right) = C\ln 10, \quad E_2 = C\ln\left(\dfrac{10}{4}\right) = C\ln 2.5$
>
> 동력비$\left(\dfrac{E_1}{E_2}\right) = \dfrac{\ln 10}{\ln 2.5} = 2.51$배

10 Rosin-Rammler Model의 체하분포식을 쓰고, 각 Factor를 설명하시오.

> **풀이**
>
> Rosin-Rammler Model(로진-레뮬러 모델)
> $$Y = 1 - \exp\left[-\left(\frac{X}{X_0}\right)^n\right]$$
> 여기서, Y : 체하분율(크기가 X보다 작은 폐기물의 총누적무게분율. 즉, 입자 크기가 X보다 큰 입자의 누적률)
> X : 입자의 입경
> X_0 : 특성입자의 입경
> n : 상수(분포지수 : 균등수)

11 1일 폐기물 발생량이 3,200m³인 도시에서 적재용량 8m³의 덤프트럭으로 운반하려 한다. 1일 몇 대의 차량이 필요한가?(단, 대기차량 포함)

[조건]
- 작업시간 : 8 hr/day
- 왕복운반시간 40분
- 대기차량 2대
- 운반거리 20 km
- 투기시간 10분
- 적재시간 10분

> **풀이**
>
> 차량대수 = $\dfrac{1일\ 폐기물\ 발생량}{1일\ 1대당\ 운반량}$ + 대기차량
>
> 1일 폐기물 발생량 = 3,200 m³/day
>
> 1일 1대당 운반량
> $$= \frac{8\,\text{m}^3/\text{대}\cdot\text{회}}{(40+10+10)\,\text{min}/\text{회} \times \text{hr}/60\,\text{min} \times \text{day}/8\,\text{hr}} = 64\,\text{m}^3/\text{day}\cdot\text{대}$$
>
> $$= \frac{3,200\,\text{m}^3/\text{day}}{64\,\text{m}^3/\text{day}\cdot\text{대}} + 2\text{대} = 52\text{대}$$

12 처리용량이 50kL/day인 혐기성 소화식 분뇨처리장에서 가스저장탱크를 설치하고자 한다. 가스저류시간을 8시간으로 하고 생성가스량을 분뇨투입량의 8배로 가정한다면 가스탱크의 용량(m^3)은?

> **풀이**
>
> 가스탱크용량(m^3) = $50kL/day \times m^3/kL \times day/24hr \times 8hr \times 8 = 133.33m^3$

13 폐기물 소각 시 보조연료를 사용하는 이유를 간략히 쓰시오.

> **풀이**
>
> 소각로 내 적정온도 유지를 위하여 사용하며 폐기물이 가연성 휘발성분이 적고 착화성이 나쁘며 난연성 물질의 경우 보조연료가 많이 소요된다.

14 열분해(Pyrolysis)의 원리 및 장점 3가지를 쓰시오.

> **풀이**
>
> (1) 원리
>   열분해란 공기가 부족한 상태(무산소 혹은 저산소 분위기)에서 가연성 폐기물을 연소시켜(간접가열에 의해) 유기물질로부터 가스, 액체 및 고체상태의 연료를 생산하는 공정을 의미하며 흡열반응을 한다.
> (2) 장점
>   ① 소각법에 비해 배기가스양이 적게 배출된다.
>   ② 소각법에 비해 황 및 중금속이 회분(Ash) 속에 고정되는 비율이 크다.
>   ③ 소각법에 비해 환원기가 유지되므로 3가 크롬(Cr^{3+})이 6가 크롬(Cr^{6+})으로 변화하기 어려우며, 대기오염물질의 발생이 적다.

15 수분함량이 80%인 슬러지 $100m^3$를 $30m^3$로 농축하였다면 농축된 슬러지의 함수율(%)은?(단, 슬러지 비중 1.0)

> **풀이**
>
> $100m^3(100-80) = 30m^3(100-$처리 후 함수율$)$
>
> $100-$처리 후 함수율 $= \dfrac{100m^3(100-80)}{30m^3}$
>
> $100-$처리 후 함수율 $= 66.67\%$
> 처리 후 함수율 $= 100-66.67 = 33.33\%$

16 단위질량의 연료가 완전연소 후 처음의 온도까지 냉각될 때 발생하는 열량의 종류 2가지를 간단히 설명하시오.

> **풀이**
> (1) 고위발열량
>   연료를 완전연소 후 생성되는 수증기가 응축될 때 방출하는 증발잠열(수분응축열)을 포함한 열량으로 총발열량이라고도 한다.
> (2) 저위발열량
>   연료가 완전연소 후 연소과정에서 생성되는 수증기의 증발잠열을 제외한 열량으로 순발열량이라고도 한다.

17 침출수의 유속이 0.2cm/day이다. 점토수위는 50cm이고 점토투수계수가 8×10^{-7} cm/sec일 경우 점토층의 두께(cm)를 구하시오.

> **풀이**
> $$V = K \times \left(\frac{dH}{dL}\right)$$
> $$\frac{0.2\text{cm}}{\text{day} \times 86,400\text{sec/day}} = 8 \times 10^{-7} \text{cm/sec} \times \frac{50\text{cm}}{\text{점토층 두께}}$$
> 점토층 두께 = 17.28cm

18 다음의 조성으로 이루어진 물질의 평균 분자량(g/mol)을 구하시오.

$N_2(0.792)$, $O_2(0.077)$, $CO_2(0.131)$

> **풀이**
> 평균 분자량 = $(28 \times 0.792) + (32 \times 0.077) + (44 \times 0.131) = 30.40$g/mol

2021년 4회 기사

01 다음은 폐기물 중간처분시설 중 소각시설의 개별기준이다. ( ) 안에 알맞은 내용을 쓰시오.

> (1) 일반소각시설, 열분해시설
>   연소실 출구온도는 (①) 이상, 연소실 체류시간은 (②) 이상, 바닥재의 강열감량은 (③) 이하
> (2) 고온소각시설
>   연소실 출구온도는 (④) 이상, 연소실 체류시간은 (⑤) 이상, 바닥재의 강열감량은 (⑥) 이하

풀이

① 섭씨 850도　　② 2초　　③ 10%
④ 섭씨 1,100도　⑤ 2초　　⑥ 5%

02 생활폐기물을 소각 처리할 때 노 내에서 다이옥신의 발생량을 저감시킬 수 있는 방법 4가지를 기술하시오.

풀이

노 내(연소과정) 제어방법
① 완전연소조건 3T(Temperature, Time, Turbulence)를 충족할 것
② 적정 연소온도(860~920℃) 유지
③ 공기공급량(1차 공기, 2차 공기)의 조절
④ 입자이월의 최소화

03 인구 10만 명인 어느 도시의 폐기물 배출량이 1.2kg/인·일이다. 매립 전 압축하여 부피감소율이 40%였다면 연간 매립감소용량(m^3)을 구하시오. (단, 폐기물 밀도는 0.55ton/m^3)

풀이

$$\text{매립감소용량}(m^3/year) = \frac{\text{폐기물발생량}}{\text{폐기물밀도}}$$

$$= \frac{1.2\text{kg/인·일} \times 100,000\text{인} \times 365\text{일/year}}{550\text{kg}/m^3}$$

$$= 79,636.36 m^3/year \times 0.4 = 31,854.55 m^3/year$$

04 폐기물의 화학적 처리에서 응집제로 황산알루미늄을 사용하는 이유를 쓰시오.

> **풀이**
>
> **황산알루미늄을 응집제로 사용하는 이유**
> ① 가격이 저렴
> ② 거의 모든 현탁성 물질 또는 부유물 제거에 유효
> ③ 독성이 없어 대량 주입이 가능
> ④ 철염과 같이 시설물을 더럽히지 않음

05 주성분이 $C_5H_7O_2N$이고, 함수율이 15%인 건조슬러지를 완전연소하고자 할 때 건조슬러지 1kg당 필요한 이론공기량과 연소 시 고위발열량(kcal/kg)을 구하시오. (단, 공기 중 산소량은 중량비로 23%)

> **풀이**
>
> (1) 건조슬러지 1kg당 필요 공기량(kg)
>
> $C_5H_7O_2N$의 분자량 $= (12 \times 5) + (1 \times 7) + (16 \times 2) + 14 = 113$
>
> 각 성분의 구성비 : $C = \dfrac{12 \times 5}{113} \times 0.85 = 0.4513$
>
> $H = \dfrac{1 \times 7}{113} \times 0.85 = 0.0526$
>
> $O = \dfrac{16 \times 2}{113} \times 0.85 = 0.2407$
>
> $N = \dfrac{14}{113} \times 0.85 = 0.1053$
>
> $A_0 (\text{kg/kg}) = \dfrac{O_0}{0.23}$
>
> $= \dfrac{1}{0.23} \left[2.667C + 8\left(H - \dfrac{O}{8}\right) + S \right]$
>
> $= 11.5C + 34.63H - 4.31O + 4.31S$
>
> $= (11.5 \times 0.4513) + (34.63 \times 0.0526) - (4.31 \times 0.2407) = 5.97 \text{kg/kg}$
>
> (2) 고위발열량(H_h : kcal/kg)
>
> $H_h = 8,100C + 34,000\left(H - \dfrac{O}{8}\right) + 2,500S$
>
> $= (8,100 \times 0.4513) + \left[34,000 \times \left(0.0526 - \dfrac{0.2407}{8}\right) \right] = 4,420.96 \text{kcal/kg}$

06 중금속 슬러지를 시멘트로 고형화 처리할 경우 다음 조건에서 부피변화율(VCF)을 구하시오.

[조건]
- 혼합률(MR) : 0.33
- 고화처리 전 폐기물의 밀도 : 1.11ton/m³
- 고화처리 후 폐기물의 밀도 : 1.22ton/m³

풀이

부피변화율(VCF)

$$VCF = (1+MR) \times \frac{\rho_r}{\rho_s} = (1+0.33) \times \frac{1.11\text{ton/m}^3}{1.22\text{ton/m}^3} = 1.21$$

[참고] $VCF = \dfrac{V_s}{V_r} = \dfrac{(M_s/\rho_s)}{(M_r/\rho_r)} = \dfrac{M_s \rho_r}{M_r \rho_s}$

$= \dfrac{M_r + M_s}{M_r} \times \dfrac{\rho_r}{\rho_s}$

$= (1+MR) \times \dfrac{\rho_r}{\rho_s}$

07 어떤 공장의 폐수 내 수은함량이 1.3mg/L이다. 이 폐수를 활성탄 흡착법으로 처리하여 0.01mg/L까지 처리하고자 할 때 요구되는 활성탄의 양(mg/L)은?(단, Freundlich 등온흡착식 이용, $K = 0.5$, $n = 1$임)

풀이

$$\frac{X}{M} = K \cdot C^{\frac{1}{n}}$$

여기서, X : 흡착제에 흡착된 피흡착 물질의 농도
$X = 1.3 - 0.01 = 1.29\text{mg/L}$
M : 활성탄 사용량(mg/L)
C : 처리수 중의 피흡착 물질의 농도
$C = 0.01\text{mg/L}$

$$\frac{1.3 - 0.01}{M} = 0.5 \times 0.01^{\frac{1}{1}}$$

$$M = \frac{1.3 - 0.01}{0.5 \times 0.01^{1/1}} = 258\text{mg/L}$$

08 1,000kg의 폐수에 유리산(H_2SO_4) 5%와 결합산($FeSO_4$) 13%가 함유되어 있다. 이 폐수를 중화시키는 경우 필요한 5% NaOH의 양(kg)을 구하시오. (단, Na 및 Fe의 원자량은 23, 56)

> **풀이**
>
> $$H_2SO_4 \ + \ 2NaOH \ \rightarrow \ Na_2SO_4 + 2H_2O$$
> $$98kg \ : \ 2 \times 40kg$$
> $$1,000kg \times 0.05 \ : \ (NaOH \times 0.05)kg$$
> $$NaOH = 816.33kg$$
>
> $$FeSO_4 \ + \ 2NaOH \ \rightarrow \ Na_2SO_4 + FeO + H_2O$$
> $$152kg \ : \ 2 \times 40kg$$
> $$1,000kg \times 0.13 \ : \ (NaOH \times 0.05)kg$$
> $$NaOH = 1,368.42kg$$
>
> $$NaOH(kg) = 816.33 + 1,368.42 = 2,184.75kg$$

09 다음 조건에서 합리식에 의한 침출수 발생량(m^3/sec)을 구하시오. (단, 유출계수=0.8)

- 연평균 일 강수량 : 0.15m
- 매립지 표면적 : 35km^2

> **풀이**
>
> $$Q(m^3/sec) = CIA$$
> $$= 0.8 \times 0.15m/day \times \left(35km^2 \times \frac{10^6 m^2}{km^2}\right)$$
> $$= 4,200,000m^3/day \times day/86,400sec$$
> $$= 4,200,000m^3/day$$

10 다음은 화격자연소율(부하율)을 구하는 식이다. ( ) 안에 알맞은 내용을 쓰시오.

$$화격자연소율(kg/m^2 \cdot hr) = \frac{시간당\ 폐기물의\ 연소량(kg/hr)}{(\quad)}$$

> **풀이**
>
> 화격자(화상) 면적(m^2)

11 도시폐기물 1kg을 소각시키는 데 필요한 산소량(O_2)이 0.75kg이라면 같은 조건하에 폐기물 100kg/hr를 소각시키는 데 필요한 실제공기량(Sm^3/hr)은 얼마인가? (단, 공기비 1.5, 유입공기는 표준상태)

> **풀이**
>
> 실제공기량(A)
> $A = m \times A_0 \times 100 \text{kg/hr}$
> $\quad m = 1.5$
> $\quad A_0 = \dfrac{O_0}{0.21}$
> $\quad O_0 = 0.75 \text{kg} \cdot O_2/1\text{kg} \times 22.4\text{m}^3/32\text{kg} \cdot O_2 = 0.525 \text{Sm}^3/\text{kg}$
> $\quad\quad = \dfrac{0.525}{0.21} = 2.5 \text{Sm}^3/\text{kg}$
> $\quad = 1.5 \times 2.5 \text{Sm}^3/\text{kg} \times 100 \text{kg/hr} = 375 \text{Sm}^3/\text{hr}$

12 수분함량이 60%인 폐기물 1kg을 건조하여 수분함량이 20%인 폐기물을 만들었을 경우 제거된 수분량(kg)을 구하시오.

> **풀이**
>
> $1 \times (1 - 0.6) =$ 건조 후 폐기물량 $\times (1 - 0.2)$
> 건조 후 폐기물량 $= \dfrac{1 \times 0.4}{0.8} = 0.5 \text{kg}$
> 제거된 수분량 = 처리 전 폐기물량 − 건조 후 폐기물량 = 1 − 0.5 = 0.5kg

13 다음 내용의 ( )에 알맞은 내용을 쓰시오.

> (1) 혐기성 소화조에서 중온소화의 최적 온도는 (①)이고 고온소화의 최적 온도는 (②)이다.
> (2) 퇴비화 시 60℃ 이상의 온도에서는 분해효율이 떨어지기 때문에 공기공급량을 (③)시켜 온도조절을 한다.
> (3) 금속을 함유한 하수 슬러지와 도시 폐기물의 병합 퇴비화는 슬러지에서 금속농도를 (④)시키는 하나의 방법이다.

> **풀이**
>
> ① 35℃   ② 50~55℃   ③ 증가   ④ 감소

14 다음 유기물질과 구별되는 완성된 퇴비의 특성 3가지를 쓰시오.

> **풀이**
>
> **완성 퇴비의 특성(3가지만 기술)**
> ① 색 변화(갈색 or 암갈색)가 나타난다.
> ② 낮은 C/N비를 갖는다.
> ③ 미생물 활동에 의한 계속적 성질 변화가 나타난다.
> ④ 수분 흡수능력이 높다.
> ⑤ 양이온 교환능력이 높다.

15 중금속 함유 지정폐기물의 처리와 자원화 기술을 전환공정과 분리공정으로 분류할 수 있다. 전환공정과 분리공정의 종류를 각각 3가지씩 쓰시오.

> **풀이**
>
> (1) 전환공정(화학물질을 투입하여 유해물질을 독성이 없거나 저감된 상태로 변환하는 방법)
>   ① 화학적 산화   ② 화학적 환원   ③ 전기적 분해
> (2) 분리공정(유해물질을 화학적 또는 물리적인 방법으로 직접 제거 및 불용성 상태로 변환시킨 후 물리적인 방법으로 분리하는 방법)
>   ① 침전   ② 응결 및 침전   ③ 흡착(이온 교환)

16 다음 용어를 설명하시오.

(1) 쓰레기 종량제
(2) 님비(NIMBY)
(3) 폐기물 예치금 제도

풀이

(1) 쓰레기 종량제
 배출되는 폐기물을 일정한 용기에 담아 수집·운반·처리하는 체계로, 쓰레기 배출량에 따라 부과금을 부과하여 쓰레기 발생을 억제하는 제도(1995년 1월 1일 실시)이다.
(2) 님비
 지역적 이기주의를 말한다. 즉 자신의 주변 지역에 혐오시설의 설치를 반대하는 주민운동 현상이다.
(3) 폐기물 예치금 제도
 재활용 가능한 제품용기가 사용 후 폐기물이 되는 경우, 그 회수·처리에 소요되는 비용을 당해 제품용기의 제조업자 또는 수입업자가 폐기물 관리기금으로 예치하게 하여, 제조업자 또는 수입업자가 제품용기를 회수·처리하면 민법에서 정한 이자를 포함하여 반환하고 그렇지 못한 경우는 위탁처리하는 제도이다.

17 분뇨처리시설 중 호기성 방식인 습식산화방식의 운전순서(처리과정)를 쓰시오.

풀이

습식산화방식의 처리과정
① 농축 슬러지를 분쇄(입자를 작게 함)
② 저장탱크 가온(약 30~80℃)
③ 가압시킨 후 고압공기와 함께 열교환기로 보냄
④ 열교환기에서 200~220℃ 정도로 맞춘 후 반응탑으로 보냄
⑤ 반응탑에서 산화반응(반응탑 온도 260℃)
⑥ 반응탑에서 배출되는 회분, 물 및 가스는 열교환기를 거쳐서 냉각한 후 각각 분리함

2021년 4회 산업기사

01 유해폐기물의 고형화 처리방법 3가지를 쓰시오. (단, 석회기초법, 시멘트 기초법은 답안에서 제외)

풀이

고형화 처리방법(3가지만 기술)
① 자가시멘트법
② 열가소성 플라스틱법
③ 유기중합체법
④ 피막형성법

02 매립지의 시간경과에 따른 분해로 인한 4단계를 쓰고 가스의 구성성분 변화를 간단히 설명하시오.

풀이

(1) 1단계 : 호기성 단계(초기 조절 단계)
  N_2, O_2는 급격히 감소, CO_2는 서서히 증가
(2) 2단계 : 혐기성 단계(혐기성 비메탄화 단계)
  CO_2 생성 증가, O_2 소멸, N_2 감소
(3) 3단계 : 혐기성 메탄생성 축적 단계(산형성 단계)
  CO_2, H_2 발생비율 감소, CH_4 증가 시작
(4) 4단계 : 혐기성 메탄생성 정상 단계(메탄발효 단계)
  CH_4, CO_2 구성비가 거의 일정한 단계(CH_4 : CO_2 : N_2 = 55% : 40% : 5%)

03 다음 보기의 폐기물 관리에 관한 사항을 우선으로 고려해야 하는 순서대로 쓰시오.

㉠ 감량화
㉡ 재활용(회수, 재이용)
㉢ 처분(매립, 단순소각)
㉣ 처리(물리·화학·생물학적)

풀이

㉠, ㉡, ㉣, ㉢

04 40m²인 바닥면적을 갖는 화격자 소각로에 1일 55ton의 쓰레기가 연속 소각처리된다. 이때 화격자 연소부하(kg/m² · hr)는?

> **풀이**
>
> 화격자 연소부하(화격자 연소율 : $kg/m^2 \cdot hr$)
>
> $= \dfrac{\text{시간당 소각량(kg/hr)}}{\text{화격자 면적}(m^2)} = \dfrac{55\text{ton/day} \times 1,000\text{kg/ton} \times \text{day}/24\text{hr}}{40m^2}$
>
> $= 57.29 \text{kg}/m^2 \cdot hr$

05 사용종료 매립지의 사후관리항목 6가지를 쓰시오.

> **풀이**
>
> **사후관리항목**
> ① 빗물 배제(우수 배제시설)
> ② 침출수 관리(침출수 처리시설)
> ③ 지하수 수질조사
> ④ 발생가스 관리(발생가스 조성가스 및 처리시설)
> ⑤ 구조물 및 지반의 안정도 유지
> ⑥ 지표수 수질조사

06 $C_6H_{12}O_6$(포도당) 1kg이 혐기성 분해 시 CO_2 발생량(kg)과 CH_4의 발생부피(m^3)는?

> **풀이**
>
> 혐기성 완전분해 반응식
> $C_6H_{12}O_6 \rightarrow 3CO_2 + 3CH_4$
> $C_6H_{12}O_6 \rightarrow 3CO_2$
>   180kg : 3×44kg
>   1kg : CO_2(kg)
> $CO_2(\text{kg}) = \dfrac{1\text{kg} \times (3 \times 44)\text{kg}}{180\text{kg}} = 0.73\text{kg}$
>
> CH_4 발생량(m^3)
> $C_6H_{12}O_6 \rightarrow 3CH_4$
>   180kg : $3 \times 22.4 m^3$
>   1kg : $CH_4(m^3)$
> $CH_4(m^3) = \dfrac{1\text{kg} \times (3 \times 22.4)m^3}{180\text{kg}} = 0.37 m^3$

07 질소산화물을 제거하기 위한 선택적 무촉매환원법(SNCR)에서 요소를 환원제로 사용할 경우 반응식을 쓰시오.

> **풀이**
> $4NO + 2(NH_2)_2CO + O_2 \rightarrow 4N_2 + 4H_2O + 2CO_2$

08 폐기물 저위발열량 측정방법 3가지를 쓰시오. (단, 경험식 포함)

> **풀이**
> ① 원소분석에 의한 방법(Dulong식)
> [경험식] $H_l(kcal/kg) = 8,100C + 34,000\left(H - \dfrac{O}{8}\right) + 2,500S - 600(9H + W)$
>
> ② 삼성분에 의한 방법
> [경험식] $H_l(kcal/kg) = 45 \times VS - 6W$
> 여기서, VS : 쓰레기 중 가연분 조성비(%)
> W : 쓰레기 중 수분의 조성비(%)
>
> ③ 물리적 조성에 의한 방법
> [경험식] $H_l(kcal/kg) = 88.2R + 40.5(G+P) - 6W$
> 여기서, R : 플라스틱 함유율(%)
> G : 쓰레기 함유율(건조기준)(%)
> P : 종이 함유율(건조기준)(%)
> W : 수분 함유율(%)

09 어느 도시의 폐기물 발생량이 100ton/day이고, 평균 폐기물 밀도는 650kg/m³, 매립에 의한 쓰레기 부피는 40% 감소, Trench 깊이는 1.5m, Trench 점유율이 65%일 때의 연간 매립사용면적(m²/year)은?

> **풀이**
> 매립사용면적(m²/year) = $\dfrac{\text{매립폐기물의 양}}{(\text{폐기물밀도} \times \text{매립깊이} \times \text{점유율})}$
> $= \dfrac{100\text{ton/day} \times 365\text{day/year}}{0.65\text{ton/m}^3 \times 1.5\text{m} \times 0.65}$
> $= 57,593.69\text{m}^2/\text{year} \times (1-0.4)$ ⇐ 부피감소 고려
> $= 34,556.21\text{m}^2/\text{year}$

10 양호한 복토재의 구비조건 4가지를 쓰시오.

> **풀이**
>
> **복토재 구비조건**
> ① 원료가 저렴하고 살포가 용이할 것
> ② 투수계수가 낮을 것
> ③ 불연소성이며 생분해 가능성이 있을 것
> ④ 확보가 용이하고 무독성일 것

11 함수율이 95%인 슬러지를 건조시켜 함수율 90%로 만들었을 때 슬러지의 부피 변화율(%)을 구하시오.

> **풀이**
>
> 건조 전 슬러지양 $\times (100-95)$ = 건조 후 슬러지양 $\times (100-90)$
>
> 부피변화율(%) = $\dfrac{\text{건조 후 슬러지양}}{\text{건조 전 슬러지양}} = \dfrac{(100-95)}{(100-90)} \times 100 = 50\%$

12 저위발열량이 15,000kcal/kg인 폐유를 연소시킨 결과 발생되는 배기가스양은 13.5Nm³/kg이다. 단열상태의 이론연소온도(℃)는?(단, 배기가스 정압비열 0.31kcal/Nm³·℃, 연소용 공기온도 20℃)

> **풀이**
>
> 이론연소온도(℃) = $\dfrac{H_l}{G_o \times C_p} + t_1$
>
> $= \dfrac{15{,}000\text{kcal/kg}}{13.5\text{Nm}^3/\text{kg} \times 0.31\text{kcal/Nm}^3 \cdot ℃} + 20℃ = 3{,}604.23℃$

13 인구 10만 명의 도시에 1인당 1일 폐기물발생량이 1.5kg일 때 MHT를 2로 유지하기 위한 수거인부 수를 구하면?(단, 1일 8시간 작업)

> **풀이**
>
> $$MHT = \frac{\text{수거인부 수} \times \text{수거인부 총 수거시간}}{\text{총 수거량}}$$
>
> 총 수거량 = 1.5kg/인·일 × 100,000인 × ton/1,000kg = 150ton/일
>
> $$2.0 = \frac{\text{수거인부 수} \times (8hr/일)}{150}$$
>
> 수거인부 수 = 37.5(38인)

14 시안 함유 폐수를 처리하기 위한 알칼리염소주입법에 대하여 설명하시오.

> **풀이**
>
> 시안 폐수에 알칼리를 투입하여 pH를 10~10.5로 유지하고, 산화제인 Cl_2와 NaOH 또는 NaOCl로 산화시켜 CHO로 산화한 다음 H_2SO_4와 NaOCl을 주입해 CO_2와 N_2로 분해 처리한다. 1차 반응 시 pH가 10 이하이면 CNCl이 발생하고, 2차 반응 시 pH가 8 이하가 되면 Cl_2 가스가 발생하므로 운전상 유의하여야 한다.

15 다음은 원소분석 결과를 이용하는 발열량 산정식이다. ( ) 안에 알맞은 내용을 쓰시오.(단, 고체·액체 연료)

> H_h(고위발열량 : kcal/kg) = (①)C + (②)$\left(H - \frac{O}{8}\right)$ + (③)S
>
> $C + O_2 \rightarrow CO_2$ + (①)kcal/kg
>
> $H_2 + \frac{1}{2}O_2 \rightarrow H_2O$ + (②)kcal/kg
>
> $S + O_2 \rightarrow SO_2$ + (③)kcal/kg

> **풀이**
>
> ① 8,100   ② 34,250   ③ 2,250

16 1일 폐기물발생량이 1,000ton인 도시에서 5ton 트럭을 이용하여 쓰레기를 매립장까지 운반하고자 한다. 다음 조건하에서 필요한 운반 트럭의 대수를 구하시오.(단, 예비 차량 포함)

- 하루 트럭 작업시간 : 8시간
- 적재시간 : 20분
- 운반거리 : 10km
- 편도 운반시간 : 15분
- 적하시간 : 10분
- 예비차량 : 3대

풀이

$$\text{차량대수} = \frac{\text{폐기물 총량}}{\text{차량 적재용량}} + \text{대기차량}$$

폐기물 총량(1일 폐기물발생량) = 1,000ton/day

차량 적재용량(1일 1대당 운반량)

$$= \frac{5\text{ton/대} \cdot \text{회}}{[(15 \times 2) + 20 + 10]\text{분/회} \times \text{hr}/60\text{분} \times \text{day}/8\text{hr}}$$

$$= 40\text{ton/day} \cdot \text{대}$$

$$= \frac{1,000\text{ton/day}}{40\text{ton/day} \cdot \text{대}} + 3\text{대} = 28\text{대}$$

17 생분뇨의 SS가 40,000mg/L이고, 1차 침전지에서 SS 제거율은 80%이다. 1일 100kL의 분뇨를 투입할 때 1차 침전지에서 1일 발생 슬러지양(ton/day)은?(단, 발생슬러지 함수율은 97%이고, 비중은 1.0이다.)

풀이

$$\text{슬러지양(ton/day)} = \text{유입 } SS \text{ 양} \times \text{제거율} \times \left(\frac{100}{100 - \text{함수율}}\right)$$

$$= 100\text{kL/day} \times 40,000\text{mg/L} \times 1,000\text{L/kL} \times \text{ton}/10^9\text{mg}$$

$$\times 0.8 \times \left(\frac{100}{100 - 97}\right)$$

$$= 106.67\text{ton/day}$$

[다른 방법] 고형물 물질수지식 이용

1차 침전조 제거 SS 양 = $100\text{kL/day} \times 40,000\text{mg/L} \times 1,000\text{L/kL} \times \text{ton}/10^9\text{mg} \times 0.8$

$= 3.2\text{ton} \cdot SS/\text{day}$

$3.2\text{ton} \cdot SS/\text{day} = \text{발생 슬러지양} \times (1 - 0.97)$

발생 슬러지양(ton/day) = 106.67ton/day

18 폐기물을 파쇄하려 한다. 입자의 80%를 직경 4cm 이하의 크기로 파쇄하려 할 때 Rosin-Rammler 모델을 사용해서 특성입자의 크기(cm)를 구하여라. (단, $n=1$로 가정)

> **풀이**
>
> $$Y = 1 - \exp\left[-\left(\frac{X}{X_0}\right)^n\right]$$
>
> $$0.80 = 1 - \exp\left[-\left(\frac{4}{X_0}\right)^1\right]$$
>
> $$-\frac{4}{X_0} = \ln(1-0.80)$$
>
> X_0(특성입자 : cm) = 2.49cm

2022년 1회 기사

01 바이오 고형연료제품(Bio-SRF)의 중금속 품질기준 3가지를 쓰시오.

풀이

Bio-SRF 중금속 품질기준
① 수은 : 0.6mg/kg 이하
② 카드뮴 : 5.0mg/kg 이하
③ 납 : 100mg/kg 이하
④ 비소 : 5.0mg/kg 이하
⑤ 크롬 : 70mg/kg 이하

[참고] 일반고형연료제품(SRF) 중금속 품질기준
　　　① 수은 : 1.0mg/kg 이하
　　　② 카드뮴 : 5.0mg/kg 이하
　　　③ 납 : 150mg/kg 이하
　　　④ 비소 : 13.0mg/kg 이하
　　　⑤ 크롬 : 품질기준 없음

02 쓰레기 발생량 조사방법 3가지를 기술하시오.

풀이

쓰레기 발생량 조사방법
① 적재차량 계수분석법
　일정기간 동안 특정 지역의 쓰레기 수거·운반차량의 대수를 조사하여, 이 결과를 밀도로 이용하여 질량으로 환산하는 방법이다.
② 직접 계근법
　일정기간 동안 특정 지역의 쓰레기 수거운반차량을 중간적환장이나 중계처리장에서 직접 계근하는 방법이다.
③ 물질수지법
　시스템으로 유입되는 모든 물질들과 유출되는 모든 폐기물의 양에 대하여 물질수지를 세움으로써 폐기물 발생량을 추정하는 방법이다.

03 어느 도시의 발생폐기물 50ton/day를 소각 처리하는 데 필요한 소각로의 설계용량(m^3)은?(단, 소각로의 열부하율은 200,000kcal/m^3 · hr, 폐기물의 발열량은 3,500kcal/kg, 1일 가동시간은 15시간을 기준한다.)

> **풀이**
>
> 소각로용량(m^3) = $\dfrac{\text{저위발열량} \times \text{연소량}}{\text{열부하율}}$
>
> = $\dfrac{3{,}500\text{kcal/kg} \times 50\text{ton/day} \times \text{day/15hr} \times 1{,}000\text{kg/ton}}{200{,}000\text{kcal/}m^3 \cdot \text{hr}}$
>
> = 58.33m^3

04 매립지의 시간경과에 따른 분해로 인한 4단계를 쓰고 가스의 구성성분 변화를 간단히 설명하시오.

> **풀이**
>
> (1) 1단계 : 호기성 단계(초기 조절 단계)
> N_2, O_2는 급격히 감소, CO_2는 서서히 증가
> (2) 2단계 : 혐기성 단계(혐기성 비메탄화 단계)
> CO_2 생성 증가, O_2 소멸, N_2 감소
> (3) 3단계 : 혐기성 메탄생성 축적 단계(산형성 단계)
> CO_2, H_2 발생비율 감소, CH_4 증가 시작
> (4) 4단계 : 혐기성 메탄생성 정상 단계(메탄발효 단계)
> CH_4, CO_2 구성비가 거의 일정한 단계(CH_4 : CO_2 : N_2 = 55% : 40% : 5%)

05 D_n, d_n이 침출수 집배수층의 체상분율과 매립지 토양의 체상분율일 때 다음의 조건에 만족하는 것을 기술하시오.

> 가. 침출수 집배수층이 주변 물질에 의해 막히지 않을 조건
> 나. 침출수 집배수층이 충분한 투수성을 유지할 조건

> **풀이**
>
> 가. 침출수 집배수층이 주변 물질에 의해 막히지 않을 조건
>
> $$\frac{D_{15}(필터재료)}{d_{85}(주변토양)} < 5$$
>
> 나. 침출수 집배수층이 충분한 투수성을 유지할 조건
>
> $$\frac{D_{15}(필터재료)}{d_{15}(주변토양)} > 5$$
>
> 여기서, D : 침출수 집배수층의 필터재료 입경
> D_{15} : 입경누적곡선에서 통과한 백분율로 15%에 상당하는 입경
> d : 집배수층 주변토양의 입경
> d_{85} : 입경누적곡선에서 통과한 백분율로 85%에 상당하는 입경
> d_{15} : 입경누적곡선에서 통과한 백분율로 15%에 상당하는 입경

06 함수율 80%인 슬러지 1ton을 함수율 5%인 톱밥을 혼합하여 60%인 함수율로 만들기 위해 필요한 톱밥양(ton)은?

> **풀이**
>
> $$60 = \frac{(1 \times 0.8) + (X \times 0.05)}{(1 + X)} \times 100$$
>
> $60(1 + X) = (0.8 + 0.05X) \times 100$
>
> $60 + 60X = 80 + 5X$
>
> $55X = 20$
>
> $X(톱밥의 양 : \text{ton}) = 0.36\text{ton}$

07 폐기물 선별분리방법의 종류 6가지를 쓰시오.

> **풀이**
>
> **폐기물 선별분리방법**
> ① 손선별(인력선별 : Hand Sorting) ② 스크린 선별법(Screening)
> ③ 와전류 선별법 ④ 광학 선별법
> ⑤ 테이블(Table) 선별법 ⑥ 공기 선별법(Air Classifier)

08 다음은 선택적 촉매환원법(SCR)과 비선택적 촉매환원법(SNCR)의 비교표이다. ( ) 안에 알맞은 내용을 쓰시오. (단, 단점은 백연현상, 압력손실의 내용으로 기술)

	SCR	SNCR
저감효율	(1)	(2)
운전온도	(3)	(4)
다이옥신 제어	(5)	(6)
단점	(7)	(8)

풀이

(1) : 90% 정도   (2) : 30~70%
(3) : 300~400℃   (4) : 850~950℃
(5) : 다이옥신 제거 가능성 있음   (6) : 다이옥신 제거 거의 없음
(7) : 압력손실 큼   (8) : 백연현상 유발

09 인구 220만 명인 도시의 폐기물 발생량은 1.5kg/인·일이고, 수거인부 2,000명이 1일 8시간 작업 시 MHT는?

풀이

$$MHT = \frac{수거인부 \times 수거인부\ 총수거시간}{총수거량}$$

$$= \frac{2,000인 \times 8hr/day}{1.5kg/인·일 \times 2,200,000인 \times ton/1,000kg}$$

$$= 4.85 MHT(man·hr/ton)$$

10 폐기물의 소각과 열분해의 정의를 간략히 쓰시오.

풀이

(1) 소각
  폐기물을 충분한 산소와 접촉시간을 통하여 완전히 산화시키는 것을 말한다(발열반응).
(2) 열분해
  공기가 부족한 상태(무산소 혹은 저산소 분위기)에서 가연성 폐기물을 연소시켜 유기물질로부터 가스, 액체 및 고체상태의 연료를 생산하는 공정을 말한다(흡열반응).

11 6가크롬의 일반적 pH에서 존재할 수 있는 형태 2가지를 쓰시오.

> **풀이**
>
> **6가크롬의 형태(2가지만 기술)**
> ① CrO_4^{2-} (chromate)   ② $Cr_2O_7^{2-}$ (dichromate)
> ③ $HCrO_4^-$ (hydrogenchromate)

12 직경 300mm, 유효높이 4m인 원통형 백필터를 사용하여 배기가스 10m³/sec를 처리 시 백필터의 여과백 소요개수를 구하시오. (단, 여과속도는 1.2m/min)

> **풀이**
>
> $$여과백\ 소요개수 = \frac{총여과면적}{여과백\ 1EA당\ 면적}$$
>
> $$총여과면적 = \frac{처리가스유량}{여과속도}$$
>
> $$= \frac{10m^3/sec \times 60sec/min}{1.2m/min} = 500m^2$$
>
> 여과백 1EA 면적 = 3.14 × 직경 × 유효높이
> $$= 3.14 \times 0.3m \times 4m = 3.768m^2$$
>
> $$= \frac{500m^2}{3.768m^2} = 132.70(133개)$$

13 고형화처리 목적 4가지를 쓰고 고형화처리의 적용대상 폐기물의 종류 4가지를 쓰시오.

> **풀이**
>
> (1) 목적
>   ① 유해폐기물의 불활성화(독성 저하 및 폐기물 내의 오염물질 이동성 감소)
>   ② 용출 억제(물리적으로 안정한 물질로 변화)
>   ③ 토양개량 및 매립 시 충분한 강도 확보
>   ④ 취급 용이 및 재활용(건설자재) 가능
> (2) 적용대상 폐기물
>   ① 방사성 폐기물   ② 중금속   ③ 비산재   ④ 유기성 오니

14 매립 시 폐기물 파쇄의 장점 3가지를 쓰시오.

> **풀이**
>
> **매립 시 파쇄의 장점**
> ① 미세파쇄 시 복토가 필요 없거나 복토요구량이 절감된다.
> ② 매립 시 폐기물이 잘 섞여서 호기성 조건을 유지하므로 냄새가 방지된다.
> ③ 매립작업이 용이하고 압축장비가 없어도 고밀도의 매립이 가능하다.

15 인구 15만 명인 어느 도시에서 배출되는 쓰레기량은 1인 1일 1.5kg이며, 밀도는 380kg/m³이다. 이 쓰레기를 압축할 때 처음 부피의 2/3로 되며, 이를 다시 분쇄할 경우는 압축한 부피의 1/3로 된다. Trench법으로 처리된 쓰레기를 깊이 5m로 매립할 때, 압축처리만 하여 매립한 경우에 비해 압축 후 분쇄처리한 경우, 1년간 몇 m²의 매립면적의 축소가 가능한지 구하시오.

> **풀이**
>
> 압축만 한 경우 매립면적(m^2/year)
> $$= \frac{1.5 \text{kg/인} \cdot \text{일} \times 150{,}000 \text{인} \times 365 \text{일/year}}{380 \text{kg/m}^3 \times 5\text{m}} \times \frac{2}{3} = 28{,}815.79 \text{m}^2/\text{year}$$
>
> 압축 후 분쇄한 경우 매립면적(m^2/year) $= 28{,}815.79 \times \frac{1}{3} = 9{,}605.26 \text{m}^2/\text{year}$
>
> 축소가능면적(m^2) $= (28{,}815.79 - 9{,}605.26) \text{m}^2/\text{year} = 19{,}210.53 \text{m}^2/\text{year}$

16 PVC 폐기물은 10kg/hr로 소각할 경우에 연소가스양이 10,000Sm³/hr이다. 연소가스 중 HCl의 농도는 몇 ppm인가?(단, PVC의 단위체(구조식)는 $CH_2=CHCl$이고 Cl 원자량은 35.5이다.)

> **풀이**
>
> $HCl(\text{ppm}) = \dfrac{HCl \text{ 양}}{\text{연소가스양}} \times 10^6$
>
> PVC 연소반응식
> $[CH_2=CHCl] + 2.5O_2 \rightarrow 2CO_2 + HCl + H_2O$
> $[(12 \times 2) + 3 + 35.5]$kg : 22.4Sm³
> 10kg/hr : HCl(Sm³)
>
> $HCl(\text{Sm}^3) = \dfrac{10\text{kg/hr} \times 22.4\text{Sm}^3}{[(12 \times 2) + 3 + 35.5]\text{kg}} = 3.584 \text{Sm}^3/\text{hr}$
>
> $= \dfrac{3.584 \text{Sm}^3/\text{hr}}{10{,}000 \text{Sm}^3/\text{hr}} \times 10^6 = 358.4 \text{ppm}$

17 함수율이 80%, 가연분이 건량기준으로 60%인 하수슬러지 100ton을 함수율이 50%, 회분이 건량기준으로 30%인 쓰레기 200ton과 혼합하여 처리하고자 한다. 이 혼합폐기물의 삼성분을 구하시오.

> **풀이**
>
> 하수슬러지(100ton) [수분 : 80%
> 고형물 : 20% [유기물 : 60%
> 무기물 : 40%
>
> 쓰레기(200ton) [수분 : 50%
> 고형물 : 50% [유기물 : 70%
> 무기물 : 30%
>
> 수분(%) = $\dfrac{(100\text{ton} \times 0.8) + (200\text{ton} \times 0.5)}{(100+200)\text{ton}} \times 100 = 60\%$
>
> 가연분(%) = $\dfrac{(100 \times 0.2 \times 0.6) + (200 \times 0.5 \times 0.7)}{(100+200)\text{ton}} \times 100 = 27.33\%$
>
> 회분(%) = $\dfrac{(100 \times 0.2 \times 0.4) + (200 \times 0.5 \times 0.3)}{(100+200)\text{ton}} \times 100 = 12.67\%$

18 다음 보기에서 문제에 알맞은 내용을 찾아서 쓰시오.

> MBT, SRF, EPR, RPF, Eddy Current Separation

(1) 폐기물의 기계적·생물학적 처리방법
(2) 가연성 물질을 선별하여 연료화시킨 고형연료
(3) 알루미늄 캔 등을 선별 회수하는 방법
(4) 생산자 책임 재활용 제도

> **풀이**
>
> (1) MBT (2) SRF
> (3) Eddy Current Separation (4) EPR

2022년 1회 산업기사

01 폐기물 성상에 따라 고상폐기물, 반고상폐기물, 액상폐기물로 분류되는데 그 기준을 쓰시오.

> **풀이**
> ① 고상폐기물 : 고형물의 함량이 15% 이상인 폐기물
> ② 반고상폐기물 : 고형물의 함량이 5% 이상 15% 미만인 폐기물
> ③ 액상폐기물 : 고형물의 함량이 5% 미만인 폐기물

02 LCA(Life Cycle Assessment)의 구성요소 4가지를 기술하시오.

> **풀이**
> **LCA 4단계**
> ① 1단계 : 목적 및 범위 설정(Goal Definition Scoping)
> ② 2단계 : 목록 분석(Inventory Analysis)
> ③ 3단계 : 영향 평가(Impact Analysis)
> ④ 4단계 : 개선평가 및 해석(Improvement Assessment)

03 열분해 시 생성되는 대표적인 연료의 종류를 ① 기상, ② 고상, ③ 액상에 따라 각각 한 가지씩 기술하시오.

> **풀이**
> **열분해에 의해 생성되는 물질(1가지씩만 기술)**
> ① 기체상 물질 : H_2, CH_4, CO, H_2S, HCN
> ② 고체상 물질 : 탄화물(Char), 불활성 물질
> ③ 액체상 물질 : 식초산, 아세톤, 메탄올, 오일, 타르

04 높은 효율을 얻기 위한 폐기물 소각 시 연소조건(3T) 3가지를 기술하시오.

> 풀이
> ① Time(연소시간) : 충분한 체류시간
> ② Temperature(연소온도) : 연료를 인화점 이상 예열하기 위한 충분한 온도
> ③ Turbulence(혼합) : 노내 연료와 공기의 충분한 혼합

05 연소 시 공기과잉 시(공기비가 클 경우)의 문제점 3가지를 쓰시오.

> 풀이
> ① 연소실 내에서 연소온도가 낮아진다.
> ② 통풍력이 증대되어 배기가스에 의한 열손실이 커진다.
> ③ 배기가스 중 SO_x(황산화물), NO_x(질소산화물)의 함량이 증가하여 연소장치의 부식에 크게 영향을 미친다.

06 합성차수막 종류 6가지를 기술하시오.

> 풀이
> **합성차수막의 종류(6가지만 기술)**
> ① HDPE   ② LDPE   ③ CSPE   ④ CPE
> ⑤ PVC   ⑥ EPDM   ⑦ IIR   ⑧ CR

07 X물질에 대한 선별효율을 구하는 식 중 Worrell 식과 Rietema 식을 기술하시오. (단, X_1 : 회수된 X 순량, X_0 : 투입된 X 순량, Y_1 : 회수되는 기타 폐기물량, Y_2 : 제거되는 기타 폐기물량, Y_0 : 투입된 기타 폐기물량을 적용하여 식을 구성할 것)

> 풀이
> Worrell 선별효율
> $$E(\%) = \left[\left(\frac{X_1}{X_0}\right) \times \left(\frac{Y_2}{Y_0}\right)\right] \times 100$$
> 여기서, X : 회수율 Y : 기각률
>
> Rietema 선별효율
> $$E(\%) = \left[\left|\left(\frac{X_1}{X_0}\right) - \left(\frac{Y_1}{Y_0}\right)\right|\right] \times 100$$
> 여기서, X : 회수율 Y : 회수율

08 다음 표를 이용하여 평균밀도(kg/m^3)를 구하시오.

구성분	중량백분율(%)	밀도(kg/m^3)
A	44	290
B	29	85
C	10	65
D	7	65
E	7	195
F	3	320

풀이

$$평균밀도 = (290 \times 0.44) + (85 \times 0.29) + (65 \times 0.1) + (65 \times 0.07)$$
$$+ (195 \times 0.07) + (320 \times 0.03)$$
$$= 186.55 kg/m^3$$

09 다음 조건의 슬러지 부피(m^3)는?

고형물 중량 450kg, 비중 1.2, 함수율 95%

풀이

$$슬러지\ 부피(m^3) = \frac{슬러지\ 중량}{슬러지\ 비중(밀도)}$$

$$슬러지\ 중량 = 450kg \times \left(\frac{100}{100-95}\right) = 9,000kg$$

$$슬러지\ 밀도 \rightarrow \frac{100}{슬러지\ 밀도(비중)} = \frac{5}{1.2} + \frac{95}{1.0}$$

$$슬러지\ 밀도 = 1.0084$$

$$= \frac{9,000kg}{1.0084 ton/m^3 \times 1,000kg/ton} = 8.93 m^3$$

10 인구 3만 명인 A지역에 1년간 필요한 매립면적(m²)을 구하시오.(단, 폐기물 발생량 : 1.0kg/인·일, 매립지에서 압축된 폐기물의 밀도 : 600kg/m³, 압축된 폐기물의 평균 매립깊이 : 5m)

풀이

$$\text{매립면적}(m^2/year) = \frac{\text{매립폐기물량}}{\text{폐기물밀도} \times \text{매립깊이}}$$

$$= \frac{1.0 \text{kg/인} \cdot \text{일} \times 30{,}000\text{인} \times 365\text{day/year}}{600\text{kg/m}^3 \times 5\text{m}}$$

$$= 3{,}650\text{m}^2/\text{year}$$

11 사용종료 매립지 안정화 평가기준 3가지를 쓰시오.(단, 환경적 측면 관점에서 쓰시오.)

풀이

폐기물 매립지의 안정화 평가기준(3가지만 기술)
① 침출수 원수의 수질이 2년 연속 배출허용기준에 적합하고 BOD/CODcr이 0.1 이하일 것
② 매립가스발생량이 2년 연속 증가하지 않을 것
③ 매립가스 관측정에서 측정한 매립가스 중 CH_4 농도가 5% 이내일 것
④ 매립폐기물 토사성분 중 가연물함량이 5% 미만이거나 C/N비가 10 이하일 것
⑤ 매립지 내부온도가 주변 지중온도와 유사할 것

12 폐기물 분석결과 강열감량이 67%, 수분이 30%일 경우 휘발성 고형물 함량(%) 및 유기물 함량(%)을 구하시오.

풀이

휘발성 고형물 함량(%) = 강열감량 − 수분 = 67 − 30 = 37%

$$\text{유기물 함량}(\%) = \frac{\text{휘발성 고형물}}{\text{고형물}} = \frac{37}{(100-30)} \times 100 = 52.86\%$$

13 합리식을 이용한 침출수량(m^3/day)은?

- 매립지 면적(집수면적) : 2.5km^3
- 설계확률 강우강도(연평균 일일강우량) : 150mm/day
- 유출계수 : 0.2

풀이

$$침출수량(첨두유량 : m^3/day) = \frac{C \times I \times A}{1,000}$$
$$= \frac{0.2 \times 150 \times 2,500,000}{1,000} \quad (2.5km^2 = 2,500,000m^2)$$
$$= 75,000 m^3/day$$

14 다음 중 폐기물 수거노동력(MHT) 값이 큰 것부터 작은 것 순서로 쓰시오.

㉠ 집안 고정식 ㉡ 집밖 고정식 ㉢ 벽면 부착식
㉣ 집안 이동식 ㉤ 집밖 이동식

풀이

㉢ 벽면 부착식(MHT : 2.38)　　㉠ 집안 고정식(MHT : 2.24)
㉡ 집밖 고정식(MHT : 1.96)　　㉣ 집안 이동식(MHT : 1.86)
㉤ 집밖 이동식(MHT : 1.47)

15 다음의 (　) 안에 알맞은 용어를 쓰시오.

구분	차수막 유무	복토재 유무	침출수배수설비 유무
단순매립지	없다.	(㉠)	없다.
위생매립지	(㉡)	(㉢)	(㉣)
안전매립지	콘크리트벽으로 차단	상관없다.	(㉤)

풀이

㉠ : 없다.　㉡ : 있다.　㉢ : 있다.　㉣ : 있다.　㉤ : 있다.

16 CO_2 100kg의 표준상태에서 부피(m^3)는?(단, CO_2는 이상기체, 표준상태)

> **풀이**
>
> 완전연소 반응식
> $$C + O_2 \rightarrow CO_2$$
> $$44kg : 22.4m^3$$
> $$100kg : CO_2(m^3)$$
> $$CO_2(m^3) = \frac{100kg \times 22.4m^3}{44kg} = 50.91m^3$$

17 유량 310m^3/day 슬러지 고형물 함량 5.4%, VS 함량이 62%인 슬러지를 혐기성 소화공법으로 처리하고자 한다. 소화조 VS 제거율 55%, 가스생성량이 0.73m^3/kg · VS이라면 1일 가스발생량(m^3/day)은?(단, 슬러지 비중 1.04)

> **풀이**
>
> 가스발생량(m^3/day) = 310m^3/day × 0.054 × 0.62 × 0.55 × 1,040kg/m^3
> × 0.73m^3 · gas/kg · VS = 4,333.77m^3/day

18 CO_2 분자량이 44g이고 표준상태에서 22.4L의 부피를 가질 때 표준상태에서 배기가스 내에 존재하는 CO_2 농도가 0.05%일 때 mg/m^3의 단위로 농도를 구하시오.

> **풀이**
>
> 1% = 10,000ppm
> 0.05% = 500ppm(mL/m^3)
> 농도(mg/m^3) = 500mL/m^3 × $\frac{44mg}{22.4mL}$ = 982.14mg/m^3

2022년 2회 기사

01 퇴비화 설계·운영을 위한 대표적 고려인자 5가지를 쓰고 각 인자의 적정 운전범위를 쓰시오.

> **풀이**
>
> **퇴비화 설계·운영을 위한 대표적 고려인자**
> ① 수분함량 : 50~60% ② C/N비 : 25~50 ③ 온도 : 55~60℃
> ④ pH : 5.5~8.0 ⑤ 입자크기 : 5cm 이하

02 유동층 소각로에서 유동층 매체의 구비조건 5가지를 쓰시오.

> **풀이**
>
> **유동층 매체의 구비조건**
> ① 불활성일 것 ② 열충격에 강하고 융점이 높을 것
> ③ 내마모성일 것 ④ 비중이 작을 것
> ⑤ 공급안정 및 가격이 저렴할 것

03 통풍형식 4가지를 기술하시오.

> **풀이**
>
> 1. 자연통풍 : 굴뚝 내·외부의 공기밀도 및 가스밀도차에 의한 통풍력이 발생하여 이루어지는 통풍방식이다.
> 2. 압입통풍 : 연소용 공기를 노 앞에서 설치된 가압송풍기를 이용하여 강제로 연소실 내부로 압입하는 통풍방식이다. 연소실 열부하율을 높일 수 있고 노 내압이 정압(+)으로 유지된다.
> 3. 흡인통풍 : 연기가스를 송풍기로 흡인하여 노 내의 압력을 부압(−)으로 하여 배기가스를 굴뚝에 흡입시켜 배출하는 통풍방식이다. 노 내압이 부압(−)으로 냉기침입의 우려가 있으나 역화의 위험성은 없다.
> 4. 평형통풍 : 연소실의 전·후면에 각 송풍기 및 배풍기를 부착한 병용식 통풍방식으로 연소실의 구조가 복잡하여도 통풍은 잘 이루어진다.

04 다음은 슬러지 처리공정 순서이다. ( ) 안에 알맞은 내용을 채우고, 해당 공정의 종류를 2가지씩 쓰시오.

> (①) → 소화(안정화) → (②) → 탈수 → 건조 → (③) → 매립(처분)

풀이
① 농축(중력식 농축, 부상식 농축)
② 개량(약품처리, 열처리)
③ 소각(고정화격자 연소장치, 회전로 연소장치)

05 폐기물처리 시설의 종류 중 소각시설의 종류 3가지를 쓰시오.

풀이
소각시설의 종류(3가지만 기술)
① 일반소각시설　　　　　　② 고온소각시설
③ 열분해시설(가스화시설을 포함한다.)　④ 고온용융시설
⑤ 열처리 조합시설

06 폐기물 소각시설 처리공정 중 연소가스를 냉각시키는 냉각설비 방식 3가지를 쓰시오.

풀이
냉각설비 방식(3가지만 기술)
① 폐열 보일러식　　　　　　② 물분사식
③ 공기혼합식　　　　　　　　④ 간접공랭식

07 쓰레기 100ton을 소각하였을 경우 재의 중량은 쓰레기 중량의 20wt%이며, 재의 용적은 20m³이면 재의 밀도(kg/m³)는 얼마인가?

풀이
$$\text{재의 밀도(kg/m}^3) = \frac{\text{질량(중량)}}{\text{부피}} = \frac{100\text{ton} \times 1,000\text{kg/ton}}{20\text{m}^3} \times 0.2 = 1,000\text{kg/m}^3$$

08 활성탄 주입시설＋백필터(Bag Filter)를 이용한 방법으로 소각로에서 발생하는 다이옥신을 제거할 경우의 장점 4가지를 쓰시오.

> **풀이**
>
> **활성탄과 백필터를 이용한 다이옥신 제거의 장점**
> ① 활성탄의 수집 및 재사용 가능함
> ② 건식공정이므로 폐수가 발생하지 않음
> ③ 다이옥신 제거효율이 높음
> ④ 상용화 실적이 많음

09 연직차수막의 공법 3가지를 쓰시오.

> **풀이**
>
> **연직차수막 공법(3가지만 기술)**
> ① 어스댐 코어공법　　　② 강널말뚝(Sheet Pile) 공법
> ③ 그라우트 공법　　　　④ 차수시트 매설공법
> ⑤ 지중연속벽 공법

10 매립지에서 최종복토의 목적 4가지를 쓰시오.

> **풀이**
>
> **최종복토 목적**
> ① 가스 수집·배출을 위한 층 확보　　② 우수 배제
> ③ 침출수 저감　　　　　　　　　　　④ 경관 및 미관 향상을 위한 식재를 위해

11 폐기물 분석결과 수분이 30%, 강열감량 65%이었다. 다음을 구하시오.
(1) 휘발성 고형물(%)
(2) 유기물 함량(%)

> **풀이**
>
> (1) 휘발성 고형물(%)
>   휘발성 고형물(%) = 강열감량(%) − 수분(%) = 65(%) − 30(%) = 35(%)
> (2) 유기물 함량(%)
>   유기물 함량(%) = $\dfrac{\text{휘발성 고형물}}{\text{고형물}} \times 100 = \dfrac{35}{70} \times 100 = 50(\%)$
>   [고형물(%) = 폐기물(%) − 수분(%) = 100(%) − 30(%) = 70(%)]

12 분뇨와 볏짚의 구성 성분이 다음 표와 같다. 무게비 1 : 2로 혼합 시 C/N 비는 얼마인가?

구분	함수율	총고형물 중 유기탄소량	총 질소량
분뇨	95%	35	15
볏짚	20%	85	5

풀이

$$C/N비 = \frac{혼합물\ 중\ 탄소의\ 양}{혼합물\ 중\ 질소의\ 양}$$

혼합물 중 탄소의 양
$$= \left[\left\{\frac{1}{1+2} \times (1-0.95) \times 0.35\right\} + \left\{\frac{2}{1+2} \times (1-0.2) \times 0.85\right\}\right] = 0.46$$

혼합물 중 질소의 양
$$= \left[\left\{\frac{1}{1+2} \times (1-0.95) \times 0.15\right\} + \left\{\frac{2}{1+2} \times (1-0.2) \times 0.05\right\}\right] = 0.03$$

$$C/N비 = \frac{0.46}{0.03} = 15.33$$

13 20% 철성분 함유 도시폐기물을 400ton/일 처리하는 자석 선별기를 통해 선별된 물질량은 80ton/일 이고, 선별물질의 철분 함유율은 80%였다. Worrell 식과 Rietema 식으로 효율을 2가지 구하시오.

(1) Worrell 선별효율(%)
(2) Rietema 선별효율(%)

풀이

x_1(철성분 폐기물 선별량) $= 400\text{ton/day} \times 0.2 \times 0.8 = 64\text{ton/day}$

y_1(기타 폐기물 선별량) $= (400\text{ton/day} \times 0.2) - 64\text{ton/day} = 16\text{ton/day}$

x_2(철성분 폐기물 기각량) $= 80\text{ton/day} - 64\text{ton/day} = 16\text{ton/day}$

y_2(기타 폐기물 기각량) $= 400\text{ton/day} - 80\text{ton/day} - 16\text{ton/day}$
$\qquad\qquad\qquad\qquad = 304\text{ton/day}$

$x_0 = x_1 + x_2 = 80\text{ton/day}$

$y_0 = y_1 + y_2 = 320\text{ton/day}$

(1) Worrell 선별효율(E)

$$E(\%) = \left[\left(\frac{x_1}{x_0}\right) \times \left(\frac{y_2}{y_0}\right)\right] \times 100 = \left[\left(\frac{64}{80}\right) \times \left(\frac{304}{320}\right)\right] \times 100 = 76\%$$

(2) Rietema 선별효율(E)

$$E(\%) = \left[\left|\left(\frac{x_1}{x_0}\right) - \left(\frac{y_1}{y_0}\right)\right|\right] \times 100 = \left[\left|\left(\frac{64}{80}\right) - \left(\frac{16}{320}\right)\right|\right] \times 100 = 75\%$$

14 다음 ( ) 안에 알맞은 내용을 쓰시오.

혐기성 소화는 슬러지의 소화, 분뇨 및 고농도폐수처리에 적용되며 1단계는 가수분해 단계로 가수분해에 관여하는 미생물에 의해 (①)의 용해성 상태의 유기물로 전환하는 단계를 말하며, 2단계는 (②) 단계, 3단계는 (③) 단계이다. 혐기성 소화조의 정상운영 시 가스구성비는 (④), (⑤), H_2, O_2 순으로 작아진다.

풀이

① 저분자량   ② 산 생성   ③ 메탄 생성   ④ CH_4 ⑤ CO_2

15 탄소 85%, 수소 10%, 산소 2%, 황 3%로 구성된 고형폐기물 1kg을 연소시킬 때 이론공기량을 부피(Sm^3/kg)와 무게(kg/kg)로 구하시오.

풀이

(1) 부피(Sm^3/kg)

$$A_0(Sm^3/kg) = \frac{1}{0.21}(1.867C + 5.6H + 0.7S - 0.7O)$$

$$= \frac{1}{0.21}[(1.867 \times 0.85) + (5.6 \times 0.1) + (0.7 \times 0.03) - (0.7 \times 0.02)]$$

$$= \frac{2.154}{0.21} = 10.26(Sm^3/kg)$$

(2) 무게(kg/kg)

$$A_0 = \frac{O_0}{0.23} = 11.5C + 34.63H - 4.31O + 4.31S$$

$$= [(11.5 \times 0.85) + (34.63 \times 0.1) - (4.31 \times 0.02) + (4.31 \times 0.03)]$$

$$= 13.28 kg/kg$$

16 세대당 평균 가족수가 5인인 총 600세대 아파트에서 배출되는 쓰레기를 2일마다 수거하는 데 적재용량 8.0m³의 트럭 5대가 소요된다. 쓰레기 단위용적당 중량이 210kg/m³이라면 1인 1일당 쓰레기 배출량(kg)은?

> **풀이**
>
> 쓰레기 배출량(kg/인·일) = $\dfrac{\text{수거 쓰레기 부피} \times \text{쓰레기 밀도}}{\text{대상 인구수}}$
>
> $= \dfrac{8.0\text{m}^3/\text{대} \times 5\text{대} \times 210\text{kg/m}^3}{600\text{세대} \times 5\text{인/세대} \times 2\text{day}} = 1.40\text{kg/인·일}$

17 소화조로 유입되는 생 슬러지량이 100m³/day이고 이 슬러지의 고형물은 5%, 고형물 중 유기물은 60%이었다. 소화조에서 20일간 소화시켜 가스화된 양이 50%, 최종 함수율 94%인 소화슬러지를 얻었다. 소화조의 용량(m³)과 휘발성 고형물의 부하량(kg/m³·day)을 구하시오.

> **풀이**
>
> (1) 소화조 용적
>
> 소화조 용적(m³) = $(FS + VS'(\text{소화 후 잔류유기물})) \times \dfrac{100}{100 - \text{함수율}} \times \text{소화기간}$
>
> $FS = 100\text{m}^3/\text{day} \times 0.05 \times 0.4 = 2\text{m}^3/\text{day}$
>
> $VS' = 100\text{m}^3/\text{day} \times 0.05 \times 0.6 \times 0.5 = 1.5\text{m}^3/\text{day}$
>
> $= (2 + 1.5)\text{m}^3/\text{day} \times 20\text{day} \times \dfrac{100}{100 - 94} = 1,166.67\text{m}^3$
>
> (2) 휘발성 고형물의 부하량
>
> 휘발성 고형물의 부하량 = $\dfrac{VS'\text{의 양}}{\text{소화조 용적}}$
>
> $= \dfrac{1.5\text{m}^3/\text{day} \times \left(\dfrac{100}{100-94}\right)}{1,166.67\text{m}^3} = 0.02\text{kg/m}^3 \cdot \text{day}$

18 6가크롬(Cr^{6+})이 250mg/L 함유된 액상폐기물 400m³가 있다. 액상폐기물을 $FeSO_4$을 사용하여 환원처리하고자 할 경우의 $FeSO_4$ 소요량(kg)을 구하시오. (단, 반응식은 $2H_2CrO_4 + 6H_2SO_4 + 6FeSO_4 + 3Ca(OH)_2 \rightarrow 2Cr(OH)_3 + CaSO_4 + 3Fe(SO_4)_3 + 8H_2O$ 이며, Cr 원자량 : 52, Fe 원자량 : 56, S 원자량 : 32, O 원자량 : 16)

> **풀이**
>
> $2Cr^{6+}$ = $6FeSO_4$
> 2×52kg : (6×148)kg
> 250mg/L × 400m³ × 1,000L/m³ × kg/10⁶mg : $FeSO_4$(kg)
>
> $$FeSO_4(kg) = \frac{250\text{mg/L} \times 400\text{m}^3 \times 1,000\text{L/m}^3 \times \text{kg}/10^6\text{mg} \times (6 \times 148)\text{kg}}{(2 \times 52)\text{kg}}$$
>
> $= 853.85$kg

2022년 2회 산업기사

01 다음은 6가크롬을 환원 · 침전 처리하는 무기환원제법의 반응식이다. ( ) 안에 알맞은 내용을 쓰시오.

> 1차 : (①) + 6H$_2$SO$_4$ + 6FeSO$_4$7H$_2$O → Cr(SO$_4$)$_3$ + 3Fe$_2$(SO$_4$)$_3$ + 49H$_2$O
> 6가크롬폐수인 중크롬산을 환원제 FeSO$_4$로 환원시켜 무해한 (②)으로 전환
> 2차 : Cr(SO$_4$)$_3$ + 3Ca(OH)$_2$ → (③)↓ + 3CaSO$_4$↓
> (④)으로 전환된 황산크롬을 수산화칼슘을 이용 침전

풀이

① 2HCrO$_4$ ② Cr^{+3} ③ 2Cr(OH)$_3$ ④ Cr^{+3}

02 C$_{30}$H$_{50}$O$_{20}$N$_2$S 물질의 고위발열량을 구하시오. (단, Duloug식 이용)

풀이

$$H_h = 8,100C + 34,000\left(H - \frac{O}{8}\right) + 2,500S$$

C$_{30}$H$_{50}$O$_{20}$N$_2$S의 분자량에 대한 각 성분 구성비

분자량 = (12×30) + (1×50) + (16×20) + (14×2) + 32 = 790

$$C = \frac{(12 \times 30)}{790} = 0.456, \quad H = \frac{(1 \times 50)}{790} = 0.063$$

$$O = \frac{(16 \times 20)}{790} = 0.405, \quad S = \frac{32}{790} = 0.041$$

$$= (8,100 \times 0.456) + \left[34,000\left(0.063 - \frac{0.405}{8}\right)\right] + (2,500 \times 0.041)$$

$$= 4,216.85 \, \text{kcal/kg}$$

03 밀도가 350kg/m³인 쓰레기 1ton을 밀도 760kg/m³로 압축할 경우 부피감소율(%)을 구하시오.

> **풀이**
>
> 부피감소율(VR)
>
> $$VR = \left(1 - \frac{V_f}{V_i}\right) \times 100$$
>
> $$V_i = \frac{1,000\text{kg}}{350\text{kg/m}^3} = 2,857\text{m}^3, \quad V_f = \frac{1,000\text{kg}}{760\text{kg/m}^3} = 1,315\text{m}^3$$
>
> $$= \left(1 - \frac{1,315}{2,857}\right) \times 100 = 53.97\%$$

04 탄소 10kg을 완전연소시키는 데 필요한 이론공기량(kg)을 구하시오.

> **풀이**
>
> 완전연소반응식
>
> $C \; + \; O_2 \; \rightarrow \; CO_2$
>
> 12kg : 32kg
>
> 10kg : O_0(kg)
>
> $$O_0(\text{kg}) = \frac{10\text{kg} \times 32\text{kg}}{12\text{kg}} = 26.67\text{kg}$$
>
> $$A_0(\text{중량기준 : kg}) = \frac{26.67}{0.232} = 114.96\text{kg}$$

05 침출수에 포함된 수은 2mg/L를 흡착법으로 처리하여 0.01mg/L로 방류하기 위한 흡착제 소요량(mg/L)은?(단, Freundlich 식을 따르며, $K = 0.5$, $n = 1$이다.)

> **풀이**
>
> $$\frac{X}{M} = K \cdot C^{\frac{1}{n}}$$
>
> 여기서, X : 흡착제에 흡착된 피흡착 물질의 농도[$X = 2 - 0.01 = 1.99$(mg/L)]
>
> M : 활성탄 사용량(mg/L)
>
> K : 상수=0.5
>
> n : 1
>
> C : 처리수 중의 피흡착 물질의 농도=0.01(mg/L)

Freundlich 등온흡착식에 대입

$$\frac{1.99}{M} = 0.5 \times 0.01^{\frac{1}{1}}$$

$$M = 398 \, (\text{mg/L})$$

06 트롬멜스크린의 선별효율에 영향을 주는 인자 5가지를 쓰시오.

풀이
① 체눈의 크기(입경)　　② 원통의 직경
③ 경사도　　　　　　　④ 원통의 길이
⑤ 회전속도

07 화격자소각로의 고온부식을 줄이기 위한 대책을 3가지만 쓰시오.

풀이
고온부식 대책(3가지만 기술)
① 화격자의 냉각효율을 올림
② 화격자의 냉각을 위한 공기주입량 증가
③ 화격자 내열 및 내식성 재료 선정(고크롬강, 저니켈강)
④ 고온부식 발생 금속 표면에 피복 및 표면온도를 내림
⑤ 부식이 이루어지는 부분에 고온공기를 주입하지 않음

08 산업폐기물에 적용할 수 있는 소각장치 종류 3가지를 쓰시오.

풀이
산업폐기물 적용 소각장치
① 스토커(화격자)식　　② 유동층식　　③ 회전로식

09 매립지 지반침하에 영향을 미치는 요인 3가지를 쓰시오.

> **풀이**
> 매립지 지반침하 요인
> ① 초기다짐
> ② 유기물 분해 정도와 압밀의 효과
> ③ 폐기물 특성

10 소화조에서 슬러지 성분 중 황(S) 처리 시 검은색 철이 되는 반응식을 쓰시오.

> **풀이**
> 소화가스(H_2S)와 철(Fe)의 반응식
> $Fe + H_2S \rightarrow FeS + H_2$
>   (검은색)

11 화씨온도 100°F를 섭씨온도(℃)로 나타내고 화씨온도와 섭씨온도가 같아지는 온도를 구하시오.

> **풀이**
> 섭씨온도(℃) = $\frac{5}{9}$(화씨온도 − 32) = $\frac{5}{9}$(100 − 32) = 37.78℃
> 화씨온도와 섭씨온도가 같아지는 온도는 −40℃이다.

12 플라스틱 소각의 문제점 3가지를 쓰시오.

> **풀이**
> 플라스틱 소각의 문제점(3가지만 기술)
> ① 화격자상에서 용융된 후 통기공 밑으로 적하하여 부식성 가스 발생 및 구동장치의 변형이 유발된다.
> ② 부식성 가스로 인한 집진장치 및 송풍기 Stack 등이 부식된다.
> ③ 높은 발열량에 알맞은 공기비가 곤란하다.
> ④ 플라스틱의 용융에 의한 통기공의 막힘이 발생된다.
> ⑤ 대량 공급 시 이상고온현상이 발생한다.
> ⑥ 플라스틱의 특이한 연소특성에 의한 급속연소 및 난연소 부분이 발생한다.

13 강열감량의 정의 및 특징 3가지를 쓰시오.

> **풀이**
>
> (1) 정의
>   강열감량은 소각재 잔사 중 미연분(가연분)의 함량을 중량백분율로 표시한 값으로 소각로의 연소효율을 판정하는 지표 및 설계인자로 사용된다.
> (2) 특징
>   ① 강열감량이 낮을수록 연소효율이 좋다.
>   ② 소각재의 매립처리 시 안정화 자료로 이용된다.
>   ③ 3성분 중에서 가연분이 타지 않고 남는 양으로 표현된다.

14 퇴비화의 온도변화에 따라 진행되는 4단계를 쓰시오.

> **풀이**
>
> **퇴비화 온도변화 단계**
> ① 초기단계(중온단계)   ② 고온단계
> ③ 냉각단계   ④ 숙성단계

15 Rosin-Rammler 모델은 폐기물 파쇄 시 폐기물의 입자크기 분포에 관한 모델식이다. 폐기물의 80% 이상을 4cm보다 작게 파쇄하고자 할 때 특성입자의 크기(cm)를 산정하시오. (단, $n=1$임)

> **풀이**
>
> $$Y = 1 - \exp\left[-\left(\frac{X}{X_0}\right)^n\right]$$
>
> $$0.8 = 1 - \exp\left[-\left(\frac{4}{X_0}\right)^1\right]$$
>
> $$-\frac{4}{X_0} = \ln(1-0.8)$$
>
> $$X_0(\text{특성입자}) = \frac{-4}{\ln 0.2} = 2.49\text{cm}$$

16 어느 도시의 폐기물발생량이 100ton/day이고, 평균 폐기물밀도는 650kg/m³, 매립에 의한 쓰레기부피는 40% 감소, Trench 깊이는 1.5m, Trench 점유율이 65%일 때의 연간 매립사용면적(m²/year)은?

> **풀이**
>
> $$\text{매립사용면적}(m^2/year) = \frac{\text{매립폐기물의 양}}{(\text{폐기물밀도} \times \text{매립깊이} \times \text{점유율})}$$
>
> $$= \frac{100\text{ton/day} \times 365\text{day/year}}{0.65\text{ton/m}^3 \times 1.5\text{m} \times 0.65}$$
>
> $$= 57{,}593.69\text{m}^2/\text{year}\,(1-0.4) \Leftarrow \text{부피감소 고려}$$
>
> $$= 34{,}556.21\text{m}^2/\text{year}$$

17 도시의 인구가 50,000명이고 분뇨의 1인 1일당 발생량은 1.1L이다. 수거된 분뇨의 BOD 농도를 측정하였더니 60,000mg/L이었고, 분뇨의 수거율이 30%라고 할 때 수거된 분뇨의 1일 발생 BOD양(kg)은?(단, 분뇨비중 1.0)

> **풀이**
>
> 수거분뇨 BOD(kg/일) = 1.1L/인·일 × 50,000인 × 60,000mg/L × kg/10⁶mg × 0.3
> = 990kg/일

18 계획급수량의 결정을 위한 다음 조건에서 첨두율을 구하시오.

일평균급수량 100ton, 일최대급수량 118ton

> **풀이**
>
> $$\text{첨두율} = \frac{\text{일최대급수량}}{\text{일평균급수량}} = \frac{118}{100} = 1.18$$

SECTION 064 2022년 4회 기사

01 파쇄처리의 문제점 및 이에 대한 대책을 각각 2가지 기술하시오.

> **풀이**
> 1. 폭발위험성 대책
>   ① 항상 산소농도를 10% 이하로 혼입
>   ② 폭발유발물질 사전 선별
>
> 2. 비산분진 대책
>   ① 외부 유출을 차단하기 위한 밀폐구조
>   ② 작업장 내부의 압력을 음압(부압)으로 유지

02 침출수 생성에 미치는 영향인자 4가지를 쓰시오.

> **풀이**
> **침출수 생성 영향인자(4가지만 기술)**
> ① 강수량   ② 증발량   ③ 증산량   ④ 유출량   ⑤ 토양 수분보유량

03 쓰레기 발열량 측정방법 4가지를 쓰시오.

> **풀이**
> ① 원소분석에 의한 방법(Dulong법)   ② 삼성분에 의한 방법
> ③ 물리적 조성에 의한 방법   ④ 단열열량계에 의한 직접 측정방법

04 고형화 처리방법 중 자가시멘트법의 장단점을 2가지씩 쓰시오.

> **풀이**
> 1. 장점(2가지만 기술)
>   ① 혼합률이 비교적 낮다.   ② 중금속의 고형화 처리에 효과적이다.
>   ③ 전처리(탈수)가 불필요하다.
>
> 2. 단점(2가지만 기술)
>   ① 장치비가 크고 숙련된 기술이 요구된다.
>   ② 보조에너지가 필요하다.
>   ③ 많은 황화물을 가지는 폐기물에만 적합하다.

05 퇴비화 설계운영 고려인자 중 C/N비의 적정 수치를 쓰고 C/N비가 높을 경우와 낮을 경우 영향을 간단히 기술하시오.

> **풀이**
>
> 1. C/N비 적정 수치
>   25~50
>
> 2. C/N비가 높을 경우
>   유기산 등이 퇴비의 pH를 낮추고 미생물의 성장과 활동도 억제되며 질소 부족으로 퇴비화가 잘 형성되지 않아 퇴비화의 소요기간이 길어진다.
>
> 3. C/N비가 낮을 경우
>   질소가 암모니아로 변하여 pH를 증가시키고 이로 인해 암모니아 가스가 발생되어 퇴비화 과정 중 악취가 발생한다.

06 폐기물 총고형물 중 VS가 94%, VS 중 리그닌 함량이 22.5%(건조기준 VS 중 함량)라고 할 때 생분해가 가능한 분율(%)을 구하시오.

> **풀이**
>
> $$생분해성\ 분율 = \frac{생분해성\ 휘발성\ 고형물량}{전체\ 휘발성\ 고형물량(VS)}$$
> $$= \frac{94 \times (1 - 0.225)}{94} \times 100 = 77.5\%$$

07 압축률(CR)을 부피감소율(VR)의 함수로 나타내시오.

> **풀이**
>
> **CR과 VR의 관계**
>
> 압축비(다짐률, CR ; Compaction Ratio) $= \dfrac{V_i}{V_f} = \dfrac{100}{(100 - VR)}$
>
> $= -\left(\dfrac{100 - VR}{100}\right)$
>
> 부피감소율(VR ; Volume Reduction) $= \left(\dfrac{V_i - V_f}{V_i}\right) \times 100 = \left(1 - \dfrac{V_f}{V_i}\right) \times 100$
>
> $= \left(1 - \dfrac{1}{CR}\right) \times 100\,(\%)$
>
> 여기서, V_i : 압축 전 초기부피, V_f : 압축 후 최종부피

08 표면차수막과 연직차수막에 대하여 그림을 그리고 각각 적용조건을 기술하시오.

풀이

1. 그림비교

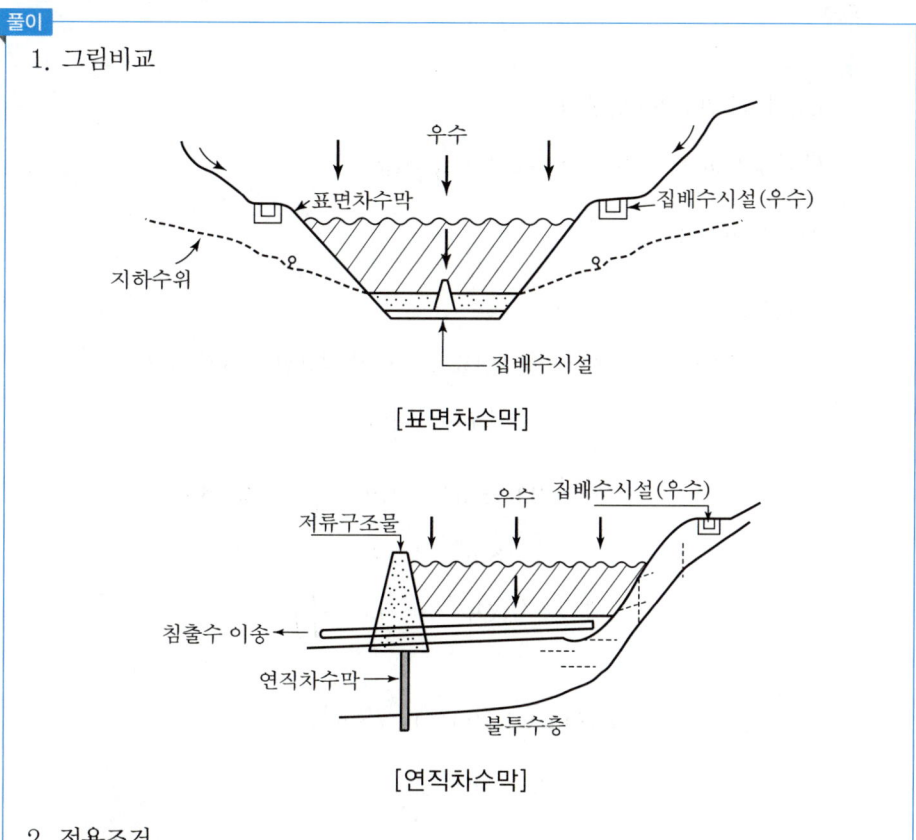

[표면차수막]

[연직차수막]

2. 적용조건
   ① 표면차수막
      매립지의 필요한 범위에 차수재료로 덮인 바닥이 있는 경우 또는 매립지반의 투수계수가 큰 경우에 사용
   ② 연직차수막
      지중에 수평방향의 차수층이 존재할 경우 사용

09 분자식이 C_mH_n인 탄화수소가스 $1Sm^3$의 완전연소에 필요한 이론공기량(Sm^3/Sm^3)은?

> **풀이**
>
> C_mH_n의 완전연소반응식
>
> $C_mH_n + (m + \dfrac{n}{4})O_2 \rightarrow mCO_2 + \dfrac{n}{2}H_2O$
>
> 이론공기량(A_0)
>
> $A_0 = \dfrac{O_0}{0.21}$
>
> O_0(이론산소량) $\Rightarrow$ 기체연료 $1Sm^3$에 필요한 이론산소량
>
> $\left(m + \dfrac{n}{4}\right)Sm^3$
>
> $22.4Sm^3 : \left(m + \dfrac{n}{4}\right) \times 22.4Sm^3$
>
> $1Sm^3 : O_0$
>
> $O_0 = \left(m + \dfrac{n}{4}\right)$
>
> $= \dfrac{\left(m + \dfrac{n}{4}\right)}{0.21} = 4.76m + 1.19n\,(Sm^3/Sm^3)$

10 1일 쓰레기의 발생량이 300톤인 지역에서 트렌치 방식으로 매립장을 계획할 때 1년간 필요한 면적(m^2)을 구하시오. (단, 폐기물 밀도 $650kg/m^3$, 트렌치 높이 1.5m, 트렌치 이용률 70%, 폐기물 부피 감소량 40%임)

> **풀이**
>
> 매립면적(m^2/year) = $\dfrac{\text{매립폐기물의 양}}{(\text{폐기물 밀도} \times \text{매립깊이} \times \text{이용률})}$
>
> $= \dfrac{300 ton/day \times 365 day/year}{0.65 ton/m^3 \times 1.5m \times 0.7}$
>
> $= 160,459.56 m^2/year$
>
> $= 16,049.56 \times (1 - 0.4)$ [부피감소 고려]
>
> $= 96,263.74 m^2/year$

11 다음과 같은 조건에서의 연소실의 필요한 용적(m^3) 및 노의 높이(m)를 구하시오. (단, 보조연료가 없는 경우임)

[조건]
- 폐기물 소각량(발생량) : 30ton/day
- 폐기물 저위발열량 : 1,200kcal/kg
- 화격자 면적 : $20m^2$
- 공급공기온도 : 180℃
- 외기공기온도 : 15℃
- 공기의 정압비열 : 0.32(kcal/m^3·℃)
- 연소실 열부하 : 0.45×10^6(kcal/m^3·hr)
- 과잉 공기비 : 1.2
- 이론공기량 : 1.8Sm^3/kg
- 1일 가동시간 : 16hr

[풀이]

연소실 용적(m^3)

$$= \frac{\text{폐기물소각량} \times [\text{저위발열량} + (\text{실제공기량} \times \text{정압비열} \times (\text{공급온도} - \text{외기온도}))]}{\text{열부하율}}$$

$$= \frac{1{,}875\text{kg/hr} \times [1{,}200\text{kcal/kg} + (2.16m^3/\text{kg} \times 0.32\text{kcal}/m^3 \cdot ℃ \times (180-15)℃)]}{0.45 \times 10^6 \text{kcal}/m^3 \cdot \text{hr}} = 5.48m^3$$

[참고]
폐기물소각량 = 30ton/day × day/16hr × 1,000kg/ton = 1,875kg/hr
실제공기량 = 1.2 × 1.8 = 2.16m^3/kg

소각로의 높이(m) = $\frac{\text{연소실 용적}}{\text{소각로(화격자) 면적}} = \frac{5.48m^3}{20m^2} = 0.27m$

12 고형물 60%인 폐기물을 함수율 20%인 폐기물로 만들었다면 건조 후 무게는 건조 전 무게의 몇 %에 해당하는가?

[풀이]

초기폐기물량(1 - 초기함수율) = 처리 후 폐기물량(1 - 처리 후 함수율)

$\frac{\text{처리 후 폐기물량}}{\text{초기폐기물량}} = \frac{0.6}{(1-0.2)} = 0.75 \times 100 = 75\%$

13 폐열을 회수, 이용하는 열교환기 종류 3가지를 쓰시오.

> **풀이**
>
> **폐열회수 열교환기 종류(3가지만 기술)**
> ① 과열기   ② 재열기   ③ 절탄기(이코노마이저)   ④ 공기예열기

14 해안매립공법 중 박층뿌림공법에 대해 설명하시오.

> **풀이**
>
> **박층뿌림공법**
> 개량된 지반이 붕괴될 위험성이 있는 경우에 밑면이 뚫린 바지선에 폐기물을 적재하여 쓰레기를 박층으로 떨어뜨려 뿌려줌으로써 바다지반의 하중을 균등하게 해주는 방법으로 대규모 설비의 매립지에 적합하다.

15 메탄올(CH_3OH) 1kg이 연소하는 데 필요한 다음을 각각 구하시오.
(1) 이론산소량(Sm^3)   (2) 이론공기량(Sm^3)   (3) 이론습연소가스량(Sm^3)

> **풀이**
>
> (1) 이론산소량(O_o)
>
> $$CH_3OH + 1.5O_2 \rightarrow CO_2 + 2H_2O$$
>
> $\quad$ 32kg $\quad$: $1.5 \times 22.4 Sm^3$
> $\quad$ 1kg $\quad$: $O_o(Sm^3)$
>
> $$O_o(Sm^3) = \frac{1kg \times (1.5 \times 22.4)Sm^3}{32kg} = 1.05 Sm^3$$
>
> (2) 이론공기량(A_o)
>
> $$A_o = \frac{O_o}{0.21} = \frac{1.05}{0.21} = 5 Sm^3$$
>
> (3) 이론습연소가스량(G_{ow})
>
> CH_3OH의 분자량 $[C + H_4 + O = 12 + (1 \times 4) + 16 = 32]$
>
> 각 성분의 구성비 : C = 12/32 = 0.375
> $\qquad\qquad\qquad\quad$ H = 4/32 = 0.125
> $\qquad\qquad\qquad\quad$ O = 16/32 = 0.5
>
> $G_{ow} = A_o + 5.6H + 0.70$
> $\quad\ = 5 + (5.6 \times 0.125) + (0.7 \times 0.5) = 6.05 Sm^3/kg \times 1kg = 6.05 Sm^3$

16 폐유기용제(할로겐족으로 액상상태)의 처리방법 3가지를 쓰시오.

> **풀이**
>
> **폐유기용제 처리방법**
> ① 고온소각
> ② 증발 · 농축방법으로 처리 후 그 잔재물은 고온소각
> ③ 분리 · 증류 · 추출 · 여과의 방법으로 정제한 후 그 잔재물은 고온소각

17 소각로 벽체를 형성하는 각 벽돌의 두께와 열전도율이 내부로부터 내화벽돌 230mm, 0.104kcal/m · hr · ℃, 단열벽돌 114mm, 0.0595kcal/m · hr · ℃, 보통벽돌 210mm, 1.04kcal/m · hr · ℃이다. 내벽면온도가 860℃이고 열전달속도가 180kcal/hr일 경우 외벽면의 온도(℃)를 구하시오.

> **풀이**
>
> 열저항(R) = $R_1 + R_2 + R_3$
>
> $$R_1 = \frac{두께}{열전도율 \times 단위면적} = \frac{0.23\text{m}}{0.104\text{kcal/m} \cdot \text{hr} \cdot ℃ \times \text{m}^2}$$
> $$= 2.21 \text{hr} \cdot ℃/\text{kcal}$$
>
> $$R_2 = \frac{0.114\text{m}}{0.0595\text{kcal/m} \cdot \text{hr} \cdot ℃ \times \text{m}^2} = 1.916 \text{hr} \cdot ℃/\text{kcal}$$
>
> $$R_3 = \frac{0.21\text{m}}{1.04\text{kcal/m} \cdot \text{hr} \cdot ℃ \times \text{m}^2} = 0.2019 \text{hr} \cdot ℃/\text{kcal}$$
>
> $= 2.21 + 1.916 + 0.2019 = 4.33 \text{hr} \cdot ℃/\text{kcal}$
>
> 단위면적당 열전달속도(q) = $\frac{1}{R} \times$ 내외벽온도차
>
> $180\text{kcal/hr} = \frac{1}{4.33\text{hr} \cdot ℃/\text{kcal}} \times (860 - 외벽면온도)℃$
>
> 외벽면온도 = 80.6℃

18 유기물질의 이론적인 혐기성 반응식이 다음과 같다. CO_2 앞 상수(a)의 계산식을 쓰시오.

$$C_aH_bO_cN_d + xH_2O \rightarrow yCH_4 + aCO_2 + zNH_3$$

> **풀이**
>
> $$a = \frac{4a - b + 2c + 3d}{8}$$

SECTION 065 2022년 4회 산업기사

01 매립지의 시간경과에 따른 분해로 인한 4단계를 쓰고 가스의 구성성분 변화를 간단히 설명하시오.

> **풀이**
> (1) 1단계 : 호기성 단계(초기 조절 단계)
> N_2, O_2는 급격히 감소, CO_2는 서서히 증가
> (2) 2단계 : 혐기성 단계(혐기성 비메탄화 단계)
> CO_2 생성 증가, O_2 소멸, N_2 감소
> (3) 3단계 : 혐기성 메탄생성 축적 단계(산형성 단계)
> CO_2, H_2 발생비율 감소, CH_4 증가 시작
> (4) 4단계 : 혐기성 메탄생성 정상 단계(메탄발효 단계)
> CH_4, CO_2 구성비가 거의 일정한 단계(CH_4 : CO_2 : N_2 = 55% : 40% : 5%)

02 슬러지 개량에 영향을 주는 요소 3가지를 쓰시오.

> **풀이**
> **슬러지 개량에 영향을 주는 요소(3가지만 기술)**
> ① 약품 소요량　　② 입자 크기
> ③ 슬러지 농도　　④ 슬러지 수송거리

03 Kick의 법칙($n=1$)을 이용하여 파쇄에 요구되는 에너지양을 구하고자 한다. 15.0cm 폐목재를 3.0cm로 파쇄하는 데 1톤당 40kW·hr가 소요되었다. 45.0cm인 폐목재를 3.0cm로 파쇄하는 데 1톤당 소요되는 에너지(kW·hr)를 구하시오. (단, 계산과정과 정답은 소수점 이하 첫째 자리 계산)

> **풀이**
> $E = C \ln\left(\dfrac{L_1}{L_2}\right)$
> $40 \text{kW} \cdot \text{hr/ton} = C \times \ln\left(\dfrac{15.0}{3.0}\right)$
> $C = 24.85 \text{kW} \cdot \text{hr/ton}$
> $E = 24.85 \text{kW} \cdot \text{hr/ton} \times \ln\left(\dfrac{45.0}{3.0}\right) = 67.3 \text{kW} \cdot \text{hr/ton}$

04 소각 대상물인 열가소성 플라스틱의 저위발열량이 5,000kcal/kg이며, 이 플라스틱 소각 시 발생되는 연소재 중의 미연소 손실은 저위발열량의 15%이고 불완전연소에 의한 손실은 800kcal/kg일 때 소각대상물의 연소효율(%)은?

> **풀이**
>
> $$연소효율(\%) = \frac{Hl - (L_1 + L_2)}{Hl} \times 100$$
> $$= \frac{5,000 - [(5,000 \times 0.15) + 800]}{5,000} \times 100 = 69\%$$

05 폐기물 수거방식 중 파이프라인 수송방식의 장점 및 단점을 각각 3가지씩 기술하시오.

> **풀이**
>
> 1. 장점
>   ① 자동화·무공해화·안전화가 가능하다.
>   ② 눈에 띄지 않아 미관, 경관이 좋다.
>   ③ 에너지 절약이 가능하다.
>
>   [참고] ①~③항 외에
>   ④ 교통소통이 원활하여 교통체증 유발이 없다.
>   ⑤ 투입이 용이하고 수집이 편리하다.
>   ⑥ 인건비 절감의 효과가 있다.
>
> 2. 단점
>   ① 대형 폐기물에 대한 전처리공정이 필요하다.
>   ② 설치 후에 경로 변경이 곤란하고 설치비가 비싸다.
>   ③ 잘못 투입된 폐기물은 회수하기 곤란하다.
>
>   [참고] ①~③항 외에
>   ④ 2.5km 이내의 단거리에서만 이용된다.
>   ⑤ 사고 발생 시 시스템 전체가 마비되며 대체 시스템으로 전환이 필요하다.
>   ⑥ 초기 투자비용이 많이 소요된다.

06 Stoker식 화격자 연소방식의 화격자 형식의 종류 5가지를 쓰시오.

> **풀이**
>
> ① 반전식 ② 계단식 ③ 병렬계단식 ④ 역동식 ⑤ 회전롤러식

07 매립을 매립방법에 따라 단순매립, 위생매립, 안전매립으로 구분하여 간단히 설명하시오.

> **풀이**
> ① 단순매립
>   비위생적 매립형태이며 차수막, 복토, 집배수를 고려하지 않는 매립방법
> ② 위생매립
>   일반폐기물 처분에 가장 경제적이고 많이 사용하며 차수막, 복토, 집배수를 고려한 매립방법
> ③ 안전매립
>   유해폐기물의 최종처분방법으로 유해폐기물을 자연계와 완전 차단하는 매립방법

08 슬러지에 포함된 수분함량 분포 중 탈수성이 용이한 수분형태의 순서를 쓰시오.

> **풀이**
> 탈수성이 용이한(분리하기 쉬운) 수분형태 순서
> 모관결합수 ← 간극모관결합수 ← 쐐기상 모관결합수 ← 표면부착수 ← 내부수

09 듀롱(Dulon)식의 $\left(H - \dfrac{O}{8}\right)$의 의미를 쓰시오.

> **풀이**
> 유효수소로서 연료 내에 포함된 수분을 보정하는 것을 의미하며, 가연물질에 결합수로서 포함하는 수소를 제외한 유효수소분에 대한 소요산소를 나타낸다. 즉, 유효수소는 실제 연소에 참여할 수 있는 수소의 양으로 전체 수소에서 산소와 결합된 수소량을 제외한 양을 의미한다.

10 침출수량이 310m³/day, 침출수 집수관 내의 유속이 5cm/sec인 경우 집수관의 설계 직경(cm)은?(단, 집수관 단면적의 $\dfrac{1}{2}$만 침출수가 흐르게 함)

> **풀이**
> $Q = A \times V$
> $A = \dfrac{Q}{V} = \dfrac{310 \text{m}^3/\text{day}}{5\text{cm/sec} \times 86,400\sec/\text{day} \times \text{m}/100\text{cm}} = 0.0717\text{m}^2$
> $\dfrac{\pi \times D^2}{4} = 0.0717\text{m}^2 \times 2$

$$D = \sqrt{\frac{4 \times 0.0717 \times 2}{3.14}} = 0.4274\text{m} \times 100\text{cm/m} = 42.74\text{cm}$$

11 고형물의 함량이 5%인 슬러지의 유기물 함량이 고형물의 70%이다. 이를 소화시키면 유기물의 60%가 분해되고, 소화 후 슬러지 감소율은 70%이다. 소화 후 슬러지의 함수율은 얼마인가?(단, 슬러지 발생량 100m³/day)

풀이

소화 전 슬러지량 $= VS + FS$

$$VS = 100\text{m}^3/\text{day} \times (1-0.95) \times 0.7 = 3.5\text{m}^3/\text{day}$$
$$FS = 100\text{m}^3/\text{day} \times (1-0.95) \times 0.3 = 1.5\text{m}^3/\text{day}$$

소화 후 슬러지량 $= VS' + FS'$

$$VS' = 3.5\text{m}^3/\text{day} \times (1-0.6) = 1.4\text{m}^3/\text{day}$$
$$FS' = FS(불변) = 1.5\text{m}^3/\text{day}$$

소화 후 슬러지량 수분보정 $= (VS' + FS') \times \dfrac{100}{100 - 소화\ 후\ 함수율}$

$$30\text{m}^3/\text{day} = (1.4+1.5)\text{m}^3/\text{day} \times \frac{100}{100 - 소화\ 후\ 함수율}$$

$30(100 - 소화\ 후\ 함수율) = 290$

$100 - 소화\ 후\ 함수율 = \dfrac{290}{30}$

소화 후 함수율 $= 100 - 9.67 = 90.33\%$

12 퇴비화과정의 중요인자인 C/N비의 적정 기준이 높을 경우 및 낮을 경우 현상을 기술하시오.

풀이

퇴비화 최적 C/N비 : 25~35(25~50)

1. C/N비가 너무 높을 경우
   ① 퇴비화 소요시간이 길어진다.
   ② 유기산 등이 생성되어 퇴비의 pH를 낮춘다.
   ③ 질소 결핍으로 미생물의 성장과 활동이 억제된다.

2. C/N비가 너무 낮을 경우
   ① 유기물의 분해율이 낮아진다.
   ② 악취발생 및 비료로서의 가치가 저하된다.
   ③ 질소가 암모니아로 변하여 pH 증가로 인한 반응속도의 제한이 나타난다.

13 다음 조건에서 매립복토재의 양(m³/day)은?

- 매립면적 : 150m²/day
- 1층의 복토두께 : 60cm
- 복토층 : 3층

풀이

복토양(m³/day) = 매립면적 × 복토두께
= 150m²/day × (60 × 3)cm × m/100cm = 270m³/day

14 열분해 공정이 소각법에 비하여 갖는 장점 3가지를 기술하시오.

풀이

열분해 공정의 장점
① 소각법에 비해 배기가스량이 적게 배출된다.
② 소각법에 비해 황 및 중금속이 회분(Ash) 속에 고정되는 비율이 크다.
③ 소각법에 비해 환원기가 유지되므로 3가 크롬(Cr^{+3})이 6가 크롬(Cr^{+6})으로 변화하기 어려우며, 대기오염물질의 발생이 적다.

15 도랑식으로 매립하는 인구 10,000명인 도시가 있다. 이 도시 쓰레기 배출량이 2.1kg/인·일이며 쓰레기밀도는 0.45t/m³이다. 이 쓰레기를 압축할 경우 부피감소율이 30%라고 하면 Trench 2,000m³에 적용될 수 있는 매립 가능 일수(day)는?

풀이

매립기간(day) = 매립용적 / 쓰레기 발생량

$$= \frac{2{,}000m^3 \times 450kg/m^3}{2.1kg/인·일 \times 10{,}000인}$$

$= 42.86day \times \dfrac{1}{(1-0.3)}$ ← 부피감소율 고려

$= 61.22 (62day)$

16 인구 3만 명인 도시에서 1인 1일 쓰레기 배출량이 1.2kg이고 밀도가 0.8ton/m³인 쓰레기를 매립용량이 100,000m³인 매립지에 매립처분하고자 할 때 매립지 사용연한(year)을 구하시오.

> **풀이**
>
> 매립기간(year) = $\dfrac{\text{매립용적} \times \text{밀도}}{\text{쓰레기발생량}}$
>
> $= \dfrac{100,000\text{m}^3 \times 800\text{kg/m}^3}{1.2\text{kg/인·일} \times 365\text{일/year} \times 30,000\text{인}} = 6.09\text{year}$

17 슬러지의 토지 주입 시 이점과 위해성을 각각 2가지씩 쓰시오.

> **풀이**
>
> 1. 이점(2가지만 기술)
>   ① 유기물 함량이 증가되어 토양미생물 성장이 활성화됨(영양분 공급)
>   ② 토양의 물리적 성질 개량
>   ③ 농경지와 같은 비점원 오염원으로부터의 오염물질 배출량이 감소됨
>
> 2. 위해성(2가지만 기술)
>   ① 질소과잉(NO_3-N 형태)으로 지하수, 가축 등에 위해
>   ② 염분과잉으로 작물의 발육에 저해
>   ③ 작물의 중금속 축적

18 함수율 95%인 오니의 비중이 1.02이다. 고형물의 비중을 구하시오.(단, 물의 비중 1.0)

> **풀이**
>
> $\dfrac{100}{1.02} = \dfrac{5}{\text{고형물 비중}} + \dfrac{95}{1.0}$
>
> $\dfrac{5}{\text{고형물 비중}} = 3.039$
>
> 고형물 비중 $= \dfrac{5}{3.039}$
>
> 고형물 비중 $= 1.65$

SECTION 066 2023년 1회 기사

01 수소 12.0%, 수분 0.3%인 중유의 고위발열량이 12,600kcal/kg일 때 저위발열량(kcal/kg)을 구하시오.

> **풀이**
> 저위발열량$(H_l) = H_h - 600(9H + W)$
> $\quad = 12,600 - 600[(9 \times 0.12) + 0.003]$
> $\quad = 11,950.2 \text{kcal/kg}$

02 LCA(Life Cycle Assessment)의 정의 및 평가단계 4단계를 쓰시오.

> **풀이**
> 1. 정의
>   사용한 자원 및 에너지, 환경으로 배출되는 환경오염물질을 규명하고 정량화함으로써 한 제품이나 공정에 관련된 환경부담을 평가하여 그 에너지와 자원, 환경부하 영향을 평가하여 환경을 개선시킬 수 있는 기회를 규명하는 과정을 전과정평가(LCA)라 한다.
> 2. 4단계
>   ① 1단계 : 목적 및 범위의 설정(Goal Definition Scoping)
>   ② 2단계 : 목록 분석(Inventory Analysis)
>   ③ 3단계 : 영향 평가(Impact Analysis or Assessment)
>   ④ 4단계 : 개선 평가 및 해석(Improvement Assessment)

03 다음과 같은 조건으로 선별효율을 Worrell 식과 Rietema 식을 적용하여 구하시오.

> **[조건]**
> 선별장치의 투입량이 2.0ton/hr이고, 회수량이 800kg/hr이며, 회수량의 600kg/hr가 회수대상 물질이다.
> 거부량 또는 제거량이 1,200kg/hr이고, 이 중 회수대상 물질은 100kg/hr이었다.
> (1) Worrell식의 선별효율(%)
> (2) Rietema식의 선별효율(%)

> **풀이**
>
> x_1 600kg/hr → y_1 200kg/hr
>
> x_2 100kg/hr → y_2 (2,000 − 800 − 100) = 1,100kg/hr
>
> $x_0 = x_1 + x_2 = 700\,\text{kg/hr}$
>
> $y_0 = y_1 + y_2 = 1,300\,\text{kg/hr}$
>
> (1) Worrell식 선별효율(E)
>
> $$E(\%) = \left[\left(\frac{x_1}{x_0}\right) \times \left(\frac{y_2}{y_0}\right)\right] \times 100 = \left[\left(\frac{600}{700}\right) \times \left(\frac{1,100}{1,300}\right)\right] \times 100 = 72.53\%$$
>
> (2) Rietema식 선별효율(E)
>
> $$E(\%) = \left[\left|\left(\frac{x_1}{x_0}\right) - \left(\frac{y_1}{y_0}\right)\right|\right] \times 100 = \left[\left|\left(\frac{600}{700}\right) - \left(\frac{200}{1,300}\right)\right|\right] \times 100 = 70.33\%$$

04 $C_6H_{12}O_6$(포도당) 1kg 완전연소 시 필요한 이론산소량(kg)을 구하시오.

> **풀이**
>
> 완전연소반응식
>
> $C_6H_{12}O_6$ + $6O_2$ → $6CO_2$ + $6H_2O$
>
> 180kg : 6×32kg
>
> 1kg : O_0(kg)
>
> $O_0(\text{kg}) = \dfrac{1\text{kg} \times (6 \times 32)\text{kg}}{180\text{kg}} = 1.07\,\text{kg}$

05 해안매립공법의 종류 3가지를 쓰고 간단히 설명하시오.

> **풀이**
>
> **해안매립공법**
> ① 순차투입공법 : 호안 측으로부터 순차적으로 쓰레기를 투입하여 육지화하는 방법이다.
> ② 박층뿌림공법 : 개량된 지반이 붕괴될 위험성이 있는 경우 밑면이 뚫린 바지선에 폐기물을 적재하여 쓰레기를 박층으로 떨어뜨려 뿌려줌으로써 바닥지반의 하중을 균등하게 해주는 방법이다.
> ③ 수중투기공법(내수배제공법) : 외주 호안이나 중간 제방 등에 고립된 매립지대의 해수를 그대로 놓은 채 쓰레기를 투기하거나 매립 전에 내수를 일부 배제한 후 쓰레기를 투기하는 방법이다.

06 다음은 매립지 침출수에 관한 내용이다. (   ) 안에 알맞은 용어를 써 넣으시오.

> • 침출수 생성에 가장 큰 영향을 미치는 인자는 (①)이며 침출수는 매립 초기에서는 산성이나 시간이 경과함에 따라 (②)을 나타낸다. 또한 온도가 높아짐에 따라 pH는 (③)지고, pH가 (④)수록 중금속 용출 가능성이 커진다.
> • COD는 매립경과 연수가 증가함에 따라 COD/TOC의 비는 점진적으로 (⑤) 하는 경향이 있다.

풀이
① : 강수량　② : 알칼리성　③ : 높아
④ : 낮을　⑤ : 감소

07 열분해공정이 소각에 비하여 갖는 장점 5가지를 쓰시오.

풀이
열분해공정이 소각에 비하여 갖는 장점(5가지만 기술)
① 배기가스량이 적게 배출된다.(가스처리장치가 소형화)
② 황, 중금속분이 Ash(회분) 중에 고정되는 비율이 크다.
③ 상대적으로 저온이기 때문에 NO_x(질소산화물)의 발생량이 적다.
④ 환원기가 유지되므로 Cr^{+3}이 Cr^{+6}으로 변화하기 어려우며 대기오염물질의 발생이 적다.
⑤ 폐플라스틱, 폐타이어, 오니류 등 스토커 소각처리가 곤란한 물질도 처리 가능하다.
⑥ 공기공급장치의 소형화 및 감량화로 매립용량이 감소한다.

08 쓰레기 발생량 예측방법 3가지를 기술하시오.

풀이
쓰레기 발생량 예측방법
① 경향법
　최저 5년 이상의 과거처리실적을 수직 모델에 대하여 과거의 경향을 가지고 장래를 예측하는 방법이다.
② 다중회귀모델
　하나의 수식으로 각 인자(기후, 면적, 인구, 자원회수량)들의 효과를 총괄적으로 나타내어 복잡한 시스템의 분석에 유용하게 사용할 수 있는 쓰레기 발생량의 예측방법이다.
③ 동적모사모델
　쓰레기 발생량에 영향을 주는 모든 인자를 시간에 대한 함수로 나타낸 후 시간에 대한 함수로 표현된 각 영향인자들 간의 상관관계를 수식화하여 쓰레기 발생량을 예측하는 방법이다.

09 고형화 처리방법 중 열가소성 플라스틱법의 장단점 2가지를 각각 기술하시오.

> **풀이**
> 1. 장점(2가지만 기술)
>   ① 용출 손실률은 시멘트 기초법에 비해 상당히 적다.
>   ② 수용액의 침투에 저항성이 매우 크다.
>   ③ 고화처리된 폐기물성분을 나중에 회수하여 재활용이 가능하다.
> 2. 단점(2가지만 기술)
>   ① 광범위하고 복잡한 장치로 인한 숙련된 기술이 필요하다.
>   ② 고온에서 분해·반응되는 물질에는 적용하지 못한다.
>   ③ 폐기물을 건조시켜야 하며 에너지 요구량이 크다.
>   ④ 처리과정에서 화재의 위험성이 있다.
>   ⑤ 혼합률(MR)이 비교적 높다.

10 유량 310m³/day 슬러지 고형물 함량 5.4%, VS 함량이 62%인 슬러지를 혐기성 소화공법으로 처리하고자 한다. 소화조 VS 제거율 55%, 가스생성량이 0.73m³/kg·VS이라면 1일 가스발생량(m³/day)은?(단, 슬러지 비중 1.04)

> **풀이**
> $$\text{가스발생량}(\text{m}^3/\text{day}) = 310\text{m}^3/\text{day} \times 0.054 \times 0.62 \times 0.55 \times 1{,}040\text{kg}/\text{m}^3$$
> $$\times 0.73\text{m}^3 \cdot \text{gas}/\text{kg} \cdot VS$$
> $$= 4{,}333.77\text{m}^3/\text{day}$$

11 유해폐기물의 고형화(안정화) 처리방법 4가지를 쓰시오.(단, 예시는 제외 : 열가소성 플라스틱법)

> **풀이**
> **고형화 처리방법(4가지만 기술)**
> ① 시멘트기초법
> ② 석회기초법
> ③ 자가시멘트법
> ④ 유기중합체법
> ⑤ 피막형성법

12 초기 수분이 60%인 1ton의 폐기물을 수분함량 40%로 건조할 때 증발된 수분량(kg)은?

> **풀이**
>
> $1{,}000\text{kg} \times (100-60) = 처리\ 후\ 폐기물량 \times (100-40)$
>
> 처리 후 폐기물량(kg) $= \dfrac{1{,}000\text{kg} \times 40}{60} = 666.67\text{kg}$
>
> 증발된 수분량(kg) = 건조 전 폐기물량 − 건조 후 폐기물량
> $= (1{,}000 - 666.67)\text{kg} = 333.33\text{kg}$

13 토양의 입도분포를 조사한 결과가 다음과 같을 경우, 유효입경, 균등계수, 곡률계수는 각각 얼마인가?(단, D_{10}, D_{30}, D_{60}은 각각 통과백분율 10%, 30%, 60%에 해당하는 입경이다.)

구분	D_{10}	D_{30}	D_{60}
입자크기(mm)	0.25	0.50	0.75

> **풀이**
>
> 유효입경(D_{10}) : 0.25mm
>
> 균등계수(U) $= \dfrac{D_{60}}{D_{10}} = \dfrac{0.75}{0.25} = 3.0$
>
> 곡률계수(Z) $= \dfrac{(D_{30})^2}{D_{10} \times D_{60}} = \dfrac{(0.5)^2}{0.25 \times 0.75} = 1.33$

14 다음은 폐기물 소각시설의 대표적인 대기오염방지시스템이다. (가), (나), (다)의 Full Name을 쓰시오.

> 소각로 출구 → 폐열보일러 → (가 : SDR) → 활성탄 분무 → (나 : B/F) → 재가열기 → (다 : SCR) → 굴뚝

> **풀이**
>
> (가) : Semi Dry Reactor(반건식 반응탑)
> (나) : Bag Filter(여과집진장치)
> (다) : Selective Catalytic Reduction(선택적 촉매환원법)

15 다음 선별방법과 선별대상물질을 알맞게 연결하시오.

(1) 선별방법

와전류선별법, 습식선별, 광학선별법, 공기선별법, 수중체(Jigs)선별법

(2) 선별대상물질

돌 · 코르크 · 유리, 구리 · 알루미늄 · 아연, 유기물 · 폐지로부터 펄프, 사금, 종이 · 플라스틱

> **풀이**
> ① 와전류선별법 : 구리 · 알루미늄 · 아연
> ② 습식선별 : 유기물 · 폐지로부터 펄프
> ③ 광학선별법 : 돌 · 코르크 · 유리
> ④ 공기선별법 : 종이 · 플라스틱
> ⑤ 수중체(Jigs)선별법 : 사금

16 어느 매립지에서 침출수 농도가 반으로 감소하는 데 3.5년 걸렸다면 침출수의 농도가 90% 분해되는 데 몇 년이 소요되는가?(단, 1차 반응)

> **풀이**
> $\ln \dfrac{C_t}{C_o} = -kt$
> $\ln 0.5 = -k \times 3.5$
> $k = \dfrac{\ln 0.5}{-3.5}$
> $k = 0.198/년$
>
> 90% 분해소요기간(반응 후 농도는 10%를 의미)
> $\ln(\dfrac{10}{100}) = -0.198/년 \times t$
> $t = \dfrac{\ln 0.1}{-0.198}$
> $t = 11.63년$

17 유해가스 HCl과 SO_2의 제거반응식을 나타내시오. (단, HCl은 $Ca(OH)_2$, SO_2는 $CaCO_3$로 제거함)

> **풀이**
> ① $2HCl + Ca(OH)_2 \rightarrow CaCl_2 + 2H_2O$
> ② $SO_2 + CaCO_3 \rightarrow CaSO_3 + CO_2$

18 C, H, S의 중량(%)이 각각 85%, 13%, 2%인 중유를 공기과잉계수 1.2로 연소시킬 때 건조배기 중의 이산화황의 부피분율(%)은? (단, 황성분은 전량 이산화황으로 전환된다고 가정함)

> **풀이**
> $$SO_2(\%) = \frac{SO_2}{G_d} \times 100 = \frac{0.7S}{G_d} \times 100$$
> $$G_d = mA_0 - 5.6H$$
> $$A_0 = \frac{1}{0.21} \times O_0$$
> $$= \frac{1}{0.21} \times [(1.867 \times 0.85) + (5.6 \times 0.13) + (0.7 \times 0.02)]$$
> $$= 11.09 m^3$$
> $$= (1.2 \times 11.09) - (5.6 \times 0.13) = 12.58 m^3/kg$$
> $$= \frac{(0.7 \times 0.02)}{12.58} \times 100 = 0.11(\%)$$

19 혐기성 소화로에 유입수 BOD는 20,000mg/L이고 유출수는 10,000mg/L이며 처리 유량은 $1m^3$/day이다. 하루 발생 CH_4 가스량(L/day)을 구하시오. (단, $0.35m^3 CH_4$/제거BOD-kg)

> **풀이**
> CH_4 발생량(L/day) $= 1m^3/day \times (20,000 - 10,000)mg/L$
> $\qquad \times 1,000L/m^3 \times kg/10^6 mg \times 0.35 m^3 CH_4/$제거BOD-kg
> $\qquad = 3.5 m^3/day \times 1,000L/m^3 = 3,500 L/day$

SECTION 067 2023년 1회 산업기사

01 탄소 10kg을 완전연소시키는 데 필요한 이론공기량(kg)을 구하시오.

풀이

완전연소반응식
$C + O_2 \rightarrow CO_2$
12kg : 32kg
10kg : O_0(kg)

$O_0(\text{kg}) = \dfrac{10\text{kg} \times 32\text{kg}}{12\text{kg}} = 26.67\text{kg}$

$A_0(\text{중량기준 : kg}) = \dfrac{26.67}{0.232} = 114.96\text{kg}$

02 매립지에서 환경오염을 최소화하기 위한 주요 시설물 6가지를 쓰시오.

풀이

매립지에서 환경오염을 최소화하기 위한 주요 시설물
① 저류구조물　　② 차수시설　　③ 우수배제시설
④ 침출수 집배수시설　⑤ 덮개설비　⑥ 발생가스 대책시설

03 유동층 소각로의 장점 5가지를 쓰시오.

풀이

유동층 소각로의 장점(5가지만 기술)
① 유동매체의 열용량이 커서 액상, 기상, 고형폐기물의 전소 및 혼소, 균일한 연소가 가능하다.
② 반응시간이 빨라 소각시간이 짧다.(노부하율이 높음)
③ 연소효율이 높아 미연소분이 적고 2차 연소실이 불필요하다.
④ 기계적 구동 부분이 적어 고장률이 낮다.
⑤ 노 내 온도의 자동제어로 열회수가 용이하다.
⑥ 유동매체의 축열량이 높아 정지 후 가동 시 보조연료 사용 없이 정상가동이 가능하다.

04 합성차수막의 종류 5가지를 쓰시오.

풀이

합성차수막의 종류(5가지만 기술)
① IIR : Isoprene-Isobutylene(Butyl Rubber)
② CPE : Chlorinated Polyethylene
③ CSPE : Chlorosulfonated Polyethylene
④ EPDM : Ethylene Propylene Diene Monomer
⑤ LDPE : Low-Density Polyethylene
⑥ HDPE : High-Density Polyethylene
⑦ CR : Chloroprene Rubber(Neoprene, Polychloroprene)
⑧ PVC : Polyvinyl Chloride

05 선별기를 이용하여 폐기물을 선별하려고 한다. 2ton/hr의 속도로 폐기물이 유입되고, 회수된 1,200kg/hr 중 회수대상물질은 1,000kg/hr이다. 제거된 회수대상물질이 100kg/hr일 때 Rietema 식을 이용하여 선별효율(%)을 구하시오.

풀이

x_1 1,000kg/hr → y_1 200kg/hr
y_1 100kg/hr → y_2 700kg/hr(2,000-1,200-100)kg/hr
$x_0 = x_1 + x_2 = 1,100$ kg/hr
$y_0 = y_1 + y_2 = 900$ kg/hr

Rietema 선별효율(E)

$$E(\%) = \left[\left|\left(\frac{x_1}{x_0}\right)-\left(\frac{y_1}{y_0}\right)\right|\right] \times 100 = \left[\left|\left(\frac{1,000}{1,100}\right)-\left(\frac{200}{900}\right)\right|\right] \times 100 = 68.69\%$$

06 열분해의 정의를 서술하고 열분해 시 생성되는 기체상, 고체상, 액체상 물질을 각각 1가지씩 기술하시오.

풀이

열분해 정의
공기가 부족한 상태에서 가연성폐기물을 연소시켜 유기물질로부터 가스, 액체 및 고체 상태의 연료를 생산하는 공정을 의미하며 흡열반응을 한다.

열분해에 의해 생성되는 물질(1가지씩만 기술)
① 기체물질 : H_2, CH_4, CO, H_2S, HCN
② 액체물질 : 식초산, 아세톤, 메탄올, 오일, 타르
③ 고체물질 : 탄화물(Char), 불활성물질

07 인구 50만 명인 매립지 필요용량(m^3)을 구하시오.(단, 쓰레기 발생량은 1.5kg/인·일, 폐기물의 밀도 550kg/m^3, 매립지 연한 7년, 매립복토 높이 5m임)

> **풀이**
>
> 매립지 필요용량(m^3) = $\dfrac{\text{폐기물 발생량}}{\text{폐기물 밀도}}$
>
> $= \dfrac{1.5\text{kg/인·일} \times 500{,}000\text{인} \times 7\text{year} \times 365\text{day/year}}{550\text{kg/}m^3}$
>
> $= 3{,}484{,}090.91 m^3$

08 1일 쓰레기의 발생량이 50톤인 지역에서 트렌치 방식으로 매립장을 계획한다면 1년간 필요한 토지면적(m^2)을 구하시오.(단, 도랑의 깊이는 2.5m이고 매립에 따른 쓰레기의 부피 감소율은 60%, 매립 전 쓰레기 밀도는 400kg/m^3이다.)

> **풀이**
>
> 매립면적(m^2/year) = $\dfrac{\text{매립폐기물의 양}}{(\text{폐기물 밀도} \times \text{매립 깊이})} \times \text{부피감소율}$
>
> $= \dfrac{50\text{ton/day} \times 1{,}000\text{kg/ton} \times 365\text{day/year}}{400\text{kg/}m^3 \times 2.5\text{m}} \times (1 - 0.6)$
>
> $= 7{,}300 m^2$/year

09 다음 조건의 매립장에서 연간 침출수량(mm/year)은?

- 연평균 강우량 : 1,600mm
- 연간 증발산량 : 740mm
- 유출계수 : 25%

> **풀이**
>
> 침출수량(mm/year) = 강우량 − (유출량 + 증발산량)
> 유출량 = 강우량 × 유출률
> $= 1{,}600$mm/year $\times 0.25 = 400$mm/year
> $= 1{,}600 - (400 + 740)$
> $= 460$mm/year

10 소각 대상물인 열가소성 플라스틱의 저위발열량이 5,000kcal/kg이며, 이 플라스틱 소각 시 발생되는 연소재 중의 미연소 손실은 저위발열량의 15%이고 불완전연소에 의한 손실은 800kcal/kg일 때 소각대상물의 연소효율(%)은?

> **풀이**
>
> $$연소효율(\%) = \frac{H_l - (L_1 + L_2)}{H_l} \times 100$$
>
> $$= \frac{5,000 - [(5,000 \times 0.15) + 800]}{5,000} \times 100 = 69\%$$

11 가연성 고체폐기물의 연소형태(연소방식)는 여러 가지가 있다. 연소형태 4가지를 쓰시오.

> **풀이**
>
> **고체연료 연소형태(연소방식)**
> ① 증발연소　　② 분해연소
> ③ 표면연소　　④ 자기연소(내부연소)

12 Rosin-Rammler 모델은 폐기물 파쇄 시 폐기물의 입자크기 분포에 관한 모델식이다. 폐기물의 85% 이상을 5cm보다 작게 파쇄하고자 할 때 특성입자의 크기(cm)를 산정하시오. (단, $n=1$임)

> **풀이**
>
> $$Y = 1 - \exp\left[-\left(\frac{X}{X_0}\right)^n\right]$$
>
> $$0.85 = 1 - \exp\left[-\left(\frac{5}{X_0}\right)^1\right]$$
>
> $$-\frac{5}{X_0} = \ln(1 - 0.85)$$
>
> $$X_0(특성입자) = \frac{-5}{\ln 0.15} = 2.64 \text{cm}$$

13 퇴비화 시 사용되는 통기개량제(팽화제, Bulking Agent)의 효과를 3가지 쓰시오.

> 풀이
>
> **통기개량제의 조절효과**
> ① C/N비 조절효과
> ② pH 조절효과
> ③ 수분 조절효과

14 슬러지 처리공정 중 탈수의 장점 3가지를 쓰시오.

> 풀이
>
> **슬러지의 탈수 장점(3가지만 기술)**
> ① 슬러지 처리 및 운반비용 감소   ② 취급 용이
> ③ 소각처리 용이   ④ 매립의 경우 침출수량 감소

15 SRF(RDF) 재료가 갖추어야 하는 구비조건 5가지를 쓰시오.

> 풀이
>
> **SRF(RDF) 구비조건**
> ① 발열량(칼로리)이 높을 것
> ② 함수율이 낮을 것
> ③ 쓰레기 원료 중 비가연성 성분이나 연소 후 잔류하는 재의 양이 적을 것
> ④ 대기오염이 적을 것
> ⑤ 배합률이 균일할 것(조성이 균일할 것)

16 슬러지 중 비중 0.85인 유기성 고형물이 6%, 비중 1.95인 무기성 고형물의 함량이 35%일 때 이 슬러지 비중을 구하시오.

> 풀이
>
> $$\frac{슬러지양}{슬러지\ 비중} = \frac{유기물}{유기물\ 비중} + \frac{무기물}{무기물\ 비중} + \frac{함수량}{함수\ 비중}$$
>
> $$\frac{100}{슬러지\ 비중} = \frac{6}{0.85} + \frac{35}{1.95} + \frac{(100-6-35)}{1.0}$$
>
> $$\frac{100}{슬러지\ 비중} = 84.0075$$
>
> 슬러지 비중 $= 1.19$

17 열부하율이 100,000kcal/m³ · hr인 소각로를 이용하여 발열량이 2,500kcal/kg인 폐기물을 하루에 100ton/day를 소각처리하고자 한다. 소각로의 부피(m³)는?(단, 일일가동시간 8hr)

> **풀이**
>
> 소각로 부피(m³) = $\dfrac{\text{저위발열량(kcal/kg)} \times \text{연소량(kg/hr)}}{\text{열부하율(kcal/m}^3 \cdot \text{hr)}}$
>
> $= \dfrac{2{,}500\text{kcal/kg} \times 100\text{ton/day} \times 10^3 \text{kg/ton} \times \text{day/8hr}}{100{,}000\text{kcal/m}^3 \cdot \text{hr}}$
>
> $= 312.5\text{m}^3$

18 함수율 96% 고형물 중 유기물 함유비가 75%의 생슬러지를 소화하여 유기물의 70%가 가스 및 탈리액으로 전환되고 함수율 93%의 소화슬러지가 얻어졌다. 똑같은 슬러지를 같은 조건에서 1,000m³/day를 소화한 경우 소화슬러지 발생량(m³/day)은? (단, 소화 전후의 슬러지 비중 1.0)

> **풀이**
>
> 잔류고형물을 구하여 함수율 보정
>
> 소화 전 슬러지량(1,000m³/day) = $VS + FS + W$
>
> $VS = 1{,}000\text{m}^3/\text{day} \times (1-0.96) \times 0.75$
> $= 30\text{m}^3/\text{day}$
>
> $FS = 1{,}000\text{m}^3/\text{day} \times (1-0.96) \times 0.25$
> $= 10\text{m}^3/\text{day}$
>
> 소화 후 슬러지량(x m³/day) = VS'(잔류유기물) + $FS' + W$
>
> $VS' = 30\text{m}^3/\text{day} \times (1-0.7) = 9\text{m}^3/\text{day}$
>
> $FS' = FS(FS : 불변) = 10\text{m}^3/\text{day}$
>
> 소화 후 슬러지량 수분보정 = $(VS' + FS') \times \dfrac{100}{100-\text{함수율}}$
>
> $= (9+10) \times \dfrac{100}{100-93} = 271.43\text{m}^3/\text{day}$

19 A도시 : 하루 발생 쓰레기량 1,000ton, 수거인부 150명, 일일평균 작업시간 8시간
B도시 : 하루 발생 쓰레기량 2,500ton, 수거인부 350명, 일일평균 작업시간 9시간
일 때, A, B 도시 중 어느 도시의 수거 효율이 좋은가?

> **풀이**
>
> [A도시]
> $$\text{MHT} = \frac{150\text{인} \times (8\text{hr/day})}{1,000\text{ton/day}} = 1.2\text{MHT(man} \cdot \text{hr/ton)}$$
>
> [B도시]
> $$\text{MHT} = \frac{350\text{인} \times (9\text{hr/day})}{2,500\text{ton/day}} = 1.26\text{MHT(man} \cdot \text{hr/ton)}$$
>
> A도시가 B도시보다 MHT가 낮으므로 수거효율이 좋음

20 쓰레기 건조 전후의 수분-중량 변화 관계식을 유도하시오.(단, 건조 전 무게 V_1, 건조 후 무게 V_2, 건조 전 함수율 W_1, 건조 후 함수율 W_2, 고형분 무게 S)

> **풀이**
>
> 초기상태 함수율 W_1에서 W_2로 건조
> $$W_2 = \frac{V_2 - S}{V_2} \times 100$$
> $$S = \frac{(100 - W_2)V_2}{100}$$
> $$W_1 = \frac{V_1 - S}{V_1} \times 100, \quad V_1\text{을 좌항으로 이항, } S\text{를 대입}$$
> $$W_1 V_1 = 100 V_1 - (100 - W_2)V_2 = 100 V_1 - 100 V_2 + W_2 V_2$$
> V_1, V_2에 대하여 정리
> $$(100 - W_1)V_1 = (100 - W_2)V_2$$
> $$\frac{V_2}{V_1} = \frac{100 - W_1}{100 - W_2}$$

SECTION 068 2023년 2회 기사

01 쓰레기 발생량 조사방법 3가지를 쓰고 설명하시오.

> **풀이**
>
> **쓰레기 발생량 조사방법**
> ① 적재차량 계수분석법
>   일정기간 동안 특정 지역의 쓰레기 수거·운반차량의 대수를 조사하여, 이 결과를 밀도로 이용하여 질량으로 환산하는 방법이다.
> ② 직접 계근법
>   일정기간 동안 특정 지역의 쓰레기 수거운반차량을 중간적환장이나 중계처리장에서 직접 계근하는 방법이다.
> ③ 물질수지법
>   시스템으로 유입되는 모든 물질들과 유출되는 모든 폐기물의 양에 대하여 물질수지를 세움으로써 폐기물 발생량을 추정하는 방법이다.

02 유기성 폐기물이 10ton일 경우 회수될 수 있는 메탄양(m^3) 및 금전적 가치(원화)를 산정하시오.

> [조건] 1. 도시폐기물 중 유기성분의 수분함량 : 30%
> 2. 고형물 체류시간 : 30일
> 3. 휘발성 고형물(VS)=0.85× TS(총고형물)
> 4. 생분해 가능한 휘발성 고형물(BVS)=0.70× VS
> 5. 예상 BVS 전환율 : 90%
> 6. 가스 발생량 : 0.5m^3/kg · BVS
> 7. 가스에너지 함량 : 5,250kcal/m^3
> 8. 에너지 가치 : 5,500원/10^5kcal

> **풀이**
> - 휘발성 고형물량(VS : kg)=10ton×0.85×(1−0.3)×1,000kg/ton=5,950kg
> - 생분해 가능한 휘발성 고형물량(BVS)=0.7×5,950kg×0.9=3,748.5kg(BVS)
> - 회수메탄양(m^3)=3,748.5kg(BVS)×0.5m^3/kg · BVS=1,874.25m^3
> - 가스에너지열량(kcal)=1,874.25m^3×5,250kcal/m^3=9,839,812.5kcal
> - 금전적 가치(원)=9,839,812.5kcal×5,500원/10^5kcal=541,189.69원

03 쓰레기를 수거하는 작업, 즉 청소작업이 끝난 후 이에 대한 상태를 평가하는 방법으로 CEI와 USI를 사용한다. 각각에 대하여 간단히 서술하시오.

> **풀이**
> 1. CEI(Community Effects Index)
>   지역사회 효과 지수라 하며 가로 청소상태를 기준(scale : 1~4)으로 측정하는 방법이다.
> 2. USI(User Satisfaction Index)
>   사용자 만족도 지수라 하며 서비스를 받는 사람들의 만족도를 설문조사(설문문항 : 6개)하여 계산하는 방법이다.

04 열분해 공정이 소각법에 비하여 갖는 장점 3가지를 기술하시오.

> **풀이**
> **열분해 공정의 장점**
> ① 소각법에 비해 배기가스양이 적게 배출된다.
> ② 소각법에 비해 황 및 중금속이 회분(Ash) 속에 고정되는 비율이 크다.
> ③ 소각법에 비해 환원기가 유지되므로 3가 크롬(Cr^{+3})이 6가 크롬(Cr^{+6})으로 변화하기 어려우며, 대기오염물질의 발생이 적다.

05 고형물 농도 $40kg/m^3$인 슬러지를 하루에 $500m^3$ 탈수시키고자 한다. 소석회를 슬러지 고형물당 30% 첨가할 때(이때 첨가된 소석회의 50%가 고형물이 되는 것임) 겉보기여과속도가 $20kg/m^2 \cdot hr$라 할 때 함수율 78%의 탈수케이크를 얻었다. 여과지 면적(m^2)과 탈수케이크 양(ton/day)을 구하시오. (단, 탈수기 운전시간 1일 8시간, 비중은 1.0 기준)

> **풀이**
> 여과지 면적(m^2) = $\dfrac{총고형물량}{여과속도}$
>
> $= \dfrac{슬러지중\ 고형물량 + 소석회로\ 인한\ 발생고형물}{여과속도}$
>
> $= \dfrac{500m^3/day \times 40kg/m^3 \times [1+(0.3 \times 0.5)]}{20kg/m^2 \cdot hr \times 8hr/day} = 143.75m^2$
>
> 탈수케이크 양(ton/day) $= 500m^3/day \times 40kg/m^3 \times [1+(0.3 \times 0.5)]$
> $\times ton/1,000kg \times \left(\dfrac{100}{100-78}\right)$
> $= 104.55 ton/day$

06 매립지 바닥의 점토층의 두께는 90cm, 투수계수는 10^{-7}cm/sec이다. 점토층의 유효 공극률을 0.25로 가정할 때 다음의 조건으로 침출수가 점토층을 통과하는 데 소요되는 시간(year)을 예측하시오.

[조건] • 점토층 위의 침출수 수두 = 30cm
　　　• 점토층 아래의 수두 = 점토층 아랫면과 일치

풀이

$$t = \frac{d^2 \eta}{K(d+h)}$$

$$= \frac{0.9^2 \text{m}^2 \times 0.25}{(10^{-7}\text{cm/sec} \times \text{m}/100\text{cm}) \times (0.9+0.3)\text{m}}$$

$= 168,750,000 \text{sec} \times 1\text{min}/60\text{sec} \times 1\text{hr}/60\text{min} \times 1\text{day}/24\text{hr}$
　$\times 1\text{year}/365\text{day}$

$= 5.35 \text{year}$

07 고위발열량이 9,500kcal/Sm^3인 메탄(CH_4)을 연소시킬 때 이론 연소온도(℃)는? (단, 이론 연소가스량 10m^3/Sm^3이며, 메탄의 정압비열은 0.38kcal/Sm^3℃, 기준온도는 15℃, 공기는 예열하지 않으며, 연소가스는 해리되지 않음)

풀이

이론연소온도(t_2)

$$t_2(℃) = \frac{H_l}{G_o \times C_p} + t_1$$

$H_l = H_h - 480[H_2O]$
　　　$CH_4 + 2O_2 \rightarrow CO_2 + 2H_2O$
　　$= 9,500 - (480 \times 2) = 8,540 \text{kcal}/Sm^3$

$$= \frac{8,540 \text{kcal}/Sm^3}{10Sm^3/Sm^3 \times 0.38 \text{kcal}/Sm^3 \cdot ℃} + 15℃ = 2,262.37℃$$

08 입경 20cm의 폐기물을 2cm로 파쇄할 때 사용되는 에너지는 입경 10cm를 2cm로 파쇄할 때 소요되는 에너지의 몇 배인가?(단, Kick 법칙을 이용하고, $n=1$임)

> **풀이**
>
> $$E = C\ln\left(\frac{L_1}{L_2}\right)$$
>
> $$E_1 = C\ln\left(\frac{20}{2}\right), \ E_2 = C\ln\left(\frac{10}{2}\right)$$
>
> $$\frac{E_1}{E_2} = \frac{\ln 10}{\ln 5} = 1.43 \text{배}$$

09 폐기물 파쇄의 일반적 목적 3가지를 쓰시오.

> **풀이**
>
> ① 겉보기 비중의 증가(수송, 매립지 수명 연장)
> ② 유기물의 분리·회수
> ③ 입경분포의 균일화(저장, 압축, 소각 용이)

10 다음 조건에 해당하는 침출수량(m³/day)은?(단, 합리식 이용)

- 면적 : 10,000m², 관길이 : 2,000m
- 강우강도(I) = $\frac{3,600}{(t+20)}$(mm/day)
- 유입속도 : 30cm/sec
- 유출계수 : 0.75
- 유입시간 : 480sec

> **풀이**
>
> 침출수량(m³/day) = $\frac{C \times I \times A}{1,000}$
>
> 전체 유입시간 = 파이프 통과시간 + 유입시간
>
> $= \left(\dfrac{2,000\text{m}}{0.3\text{m/sec} \times 60\text{sec/min}}\right)$
>
> $+ (480\text{sec} \times \text{min}/60\text{sec}) = 119.11\text{min}$
>
> 강우강도(I : mm/day) = $\dfrac{3,600}{(t+20)} = \dfrac{3,600}{(119.11+20)}$
>
> $= 25.88\text{mm/day}$
>
> $= \dfrac{0.75 \times 25.88 \times 10,000}{1,000} = 194.1\text{m}^3/\text{day}$

11 폐기물의 조성이 다음과 같은 경우 중량 및 부피의 이론공기량을 구하시오.

- 가연분 60%[C = 40%, H = 10%, O = 35%, S = 5%]
- 수분 20%
- 회분(Ash) 10%

풀이

가연분 중 각 성분 계산 : C = 0.6 × 40 = 24%
H = 0.6 × 10 = 6%
O = 0.6 × 35 = 21%
S = 0.6 × 5 = 3.0%

(1) 중량 ; 이론공기량(A_0)

$$A_0(\text{kg/kg}) = \frac{1}{0.23} \times O_0$$

$$O_0(\text{kg/kg}) = 2.667C + 8H - O + S$$

$$= \frac{1}{0.23} \times [(2.667 \times 0.24) + (8 \times 0.06) - 0.21 + 0.03]$$

$$= 4.08 \text{kg/kg}$$

(2) 부피 ; 이론공기량(A_0)

$$A_0(\text{Sm}^3/\text{kg}) = \frac{1}{0.21} \times O_0$$

$$O_0(\text{Sm}^3/\text{kg}) = 1.867C + 5.6H + 0.7S - 0.7O$$

$$= \frac{1}{0.21} \times [(1.867 \times 0.24) + (5.6 \times 0.06) + (0.7 \times 0.03) - (0.7 \times 0.21)]$$

$$= 3.13 \text{Sm}^3/\text{kg}$$

12 $C_6H_{12}O_6$(포도당) 10kg을 완전연소 시 필요한 이론산소량(kg)을 구하시오.

풀이

완전연소반응식

$C_6H_{12}O_6 + 6O_2 \rightarrow 6CO_2 + 6H_2O$

180kg : 6 × 32kg
10kg : O_0(kg)

$$O_0(\text{kg}) = \frac{10\text{kg} \times (6 \times 32)\text{kg}}{180\text{kg}} = 10.67\text{kg}$$

13 다음 물질 A, B, C를 부피비 3 : 2 : 1로 혼합 시 혼합물의 단위질량당 열량(kcal/kg)을 구하시오.

> A : 600kg/m³, 4,000kcal/kg
> B : 500kg/m³, 5,000kcal/kg
> C : 400kg/m³, 6,000kcal/kg

풀이

$$\text{열량(kcal/kg)} = \frac{(600 \times 3 \times 4,000) + (500 \times 2 \times 5,000) + (400 \times 1 \times 6,000)}{(600 \times 3) + (500 \times 2) + (400 \times 1)}$$
$$= 4,562.5 \text{kcal/kg}$$

14 소각로에서 연소가스의 유동방식 중 향류식의 특성 및 적용대상 폐기물의 성상을 설명하시오.

풀이

(1) 향류식(역류식)
폐기물의 이송방향과 연소가스의 흐름을 반대로 하는 형식으로 복사열에 의한 건조에 유리하나 후연소 내의 온도저하나 불완전연소가 발생할 수 있다.
(2) 적용대상 폐기물의 성상
수분이 많고 저위발열량이 낮은 폐기물, 난연성 또는 착화하기 어려운 폐기물에 적합한 방식이다.

15 다음은 유기물질 및 무기물질의 일반적 선별공정이다. ☐ 의 내용을 쓰시오.

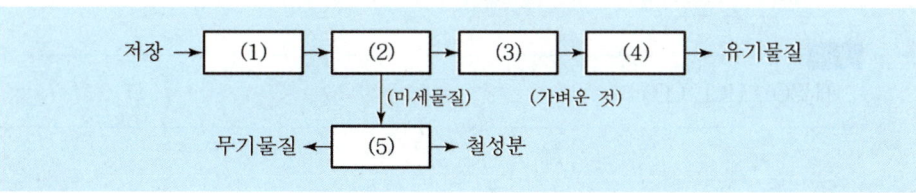

풀이

(1) Shredder (2) Trommel
(3) Air Classifier (4) Cyclone
(5) Magnetic Separator

16 어느 도시에 사용할 매립지의 총 용량은 $6,132,000m^3$이며 그 도시의 쓰레기 배출량은 $1.2kg/인 \cdot 일$이다. 매립지에서 압축에 의한 쓰레기 부피감소율이 30%일 경우 매립지를 사용할 수 있는 연수(year)는?(단, 주거대상인구 80만 명, 발생 쓰레기 밀도 $500kg/m^3$)

> **풀이**
>
> 매립기간(year) = $\dfrac{매립용적}{쓰레기\ 발생량}$
>
> $= \dfrac{6,132,000m^3 \times 500kg/m^3}{1.2kg/인 \cdot 일 \times 800,000인 \times 365day/year} = 8.75year$
>
> $= 8.75year \times \dfrac{1}{(1-0.3)} = 12.5year$

17 소각 시 보일러 등에 설치하여 보조적으로 폐열을 회수하는 장치 3가지 쓰시오.

> **풀이**
>
> **폐열회수장치(3가지만 기술)**
> ① 과열기   ② 재열기
> ③ 절탄기   ④ 공기예열기
> ⑤ 증기터빈

18 다음 중 폐알칼리성 폐수를 처리할 수 있는 중화제를 고르시오.

$NaOH$, $Ca(OH)_2$, H_2SO_4, HCl, $CaCO_3$, Polymer, CO_2

> **풀이**
>
> H_2SO_4, HCl, CO_2

19 RDF(Refuse Drived Fuel)의 구비조건 3가지를 쓰시오.

> **풀이**
>
> **RDF 구비조건(3가지만 기술)**
> ① 발열량이 높을 것
> ② 함수율이 낮을 것
> ③ 쓰레기 원료 중에 비가연성 성분이나 연소 후 잔류하는 재의 양이 적을 것
> ④ 대기오염이 적을 것
> ⑤ 배합률이 균일할 것(조성이 균일할 것)
> ⑥ 저장 및 이송이 용이할 것

20 다음 보기는 지정폐기물 종류 중 유해물질함유 폐기물이다. 지정폐기물에 해당하는 것을 모두 고르시오.

> ㉠ 광재(철광 원석의 사용으로 인한 고로슬래그는 제외한다.)
> ㉡ 분진(대기오염방지시설에서 포집된 것으로 한정하되, 소각시설에서 발생되는 것은 제외한다.)
> ㉢ 폐합성수지
> ㉣ 폐흡착제 및 폐흡수제(광물유, 동물유 및 식물유의 정제에 사용된 폐토사는 제외한다.)
> ㉤ 폐촉매
> ㉥ 소각재

> **풀이**
>
> ㉠, ㉡, ㉤, ㉥

2023년 2회 산업기사

01 소각로 벽체를 형성하는 각 벽돌의 두께와 열전도율이 내부로부터 내화벽돌 230mm, 0.104kcal/m·hr·℃, 단열벽돌 114mm, 0.0595kcal/m·hr·℃, 보통벽돌 210mm, 1.04kcal/m·hr·℃이다. 내벽면온도가 860℃이고 열전달속도가 187kcal/hr일 경우 외벽면의 온도(℃)를 구하시오.

풀이

열저항(R) = $R_1 + R_2 + R_3$

$$R_1 = \frac{\text{두께}}{\text{열전도율} \times \text{단위면적}} = \frac{0.23\text{m}}{0.104\text{kcal/m·hr·℃} \times \text{m}^2}$$
$$= 2.21\text{hr·℃/kcal}$$

$$R_2 = \frac{0.114\text{m}}{0.0595\text{kcal/m·hr·℃} \times \text{m}^2} = 1.916\text{hr·℃/kcal}$$

$$R_3 = \frac{0.21\text{m}}{1.04\text{kcal/m·hr·℃} \times \text{m}^2} = 0.2019\text{hr·℃/kcal}$$

$= 2.21 + 1.916 + 0.2019 = 4.33\text{hr·℃/kcal}$

단위면적당 열전달속도(q) = $\frac{1}{R} \times$ 내외벽온도차

$$187\text{kcal/hr} = \frac{1}{4.33\text{hr·℃/kcal}} \times (860 - \text{외벽면온도})\text{℃}$$

외벽면온도 = 50.29℃

02 합성차수막 종류 5가지를 기술하시오.

풀이

합성차수막의 종류(5가지만 기술)
① HDPE   ② LDPE   ③ CSPE
④ CPE   ⑤ PVC   ⑥ EPDM
⑦ IIR   ⑧ CR

03 유동층 소각로에서 유동층 매체의 구비조건 5가지를 쓰시오.

> **풀이**
>
> **유동층 매체의 구비조건**
> ① 불활성일 것
> ② 열충격에 강하고 융점이 높을 것
> ③ 내마모성일 것
> ④ 비중이 작을 것
> ⑤ 공급안정 및 가격이 저렴할 것

04 침출수처리에 이용되는 SBR 반응조의 1Cycle 운전방법 5단계를 쓰시오. (단, 모두 맞아야 함)

> **풀이**
>
> **SBR(연속회분식 활성슬러지법) 처리공정**
> ① 1단계 : 유입공정
> ② 2단계 : 반응공정
> ③ 3단계 : 침전공정
> ④ 4단계 : 유출공정
> ⑤ 5단계 : 휴지공정

05 일반적으로 폐기물로부터 에너지 회수방법 4가지 및 각각 회수물질 1가지씩 쓰시오.

> **풀이**
>
> **폐기물의 에너지 회수방법**
> ① 소각 : 열회수
> ② 혐기성 소화 : CH_4 회수
> ③ 열분해 : 연료 생산
> ④ SRF(RDF) : 연료 생산

06 쓰레기 발생량 예측방법 3가지를 쓰시오.

> **풀이**
>
> **쓰레기 발생량 예측방법**
> ① 경향법
> ② 다중회귀모델
> ③ 동적 모사모델

07 고형화 처리방법 중 석회기초법의 포졸란을 설명하고 종류 3가지를 쓰시오.

> **풀이**
> 1. 포졸란(Pozzolan)
>   규소를 함유하는 미분상태의 물질이며 $Ca(OH)_2$와 물과 반응하여 불용성, 수밀성 화합물을 형성하는 물질이다.
> 2. 종류
>   ① 비산재(Fly Ash) ② 점토(Clay) ③ 슬래그(Slag)

08 1시간에 1ton을 소각하려고 한다. 열이용효율이 20%라고 하면 생산된 전력(kW)은?(단, 1kJ=0.278Wh, 발열량은 10^4kJ/kg)

> **풀이**
> 생산전력(kW) = 1,000kg/hr × 10^4kJ/kg × 0.278Wh/kJ × 0.2
> = 556,000W × kW/1,000W = 556kW

09 저위발열량이 10,000kcal/kg인 중유의 이론공기량(Sm^3/kg)은?(단, Rosin식 이용)

> **풀이**
> 이론공기량(A_0) : Rosin식
> $$A_0(Sm^3/kg) = 0.85 \times \frac{H_l}{1,000} + 2 = \left(0.85 \times \frac{10,000}{1,000}\right) + 2 = 10.5 Sm^3/kg$$

10 중량 조성이 탄소 85%, 수소 15%인 액체연료를 시간당 100kg을 연소했을 때 배출가스의 분석치가 CO_2 : 12.5%, O_2 : 3.5%, N_2 : 84%이라면, 시간당 필요한 실제공기량(Sm^3/hr)을 구하시오.

> **풀이**
> 실제공기량(A) = $m \times A_0$
> $$m = \frac{N_2}{N_2 - 3.76 O_2} = \frac{84}{84 - (3.76 \times 3.5)} = 1.186$$
> $$A_0 = \frac{1}{0.21} \times (1.867C + 5.6H)$$
> $$= \frac{1}{0.21} \times [(1.867 \times 0.85) + (5.6 \times 0.15)] = 11.56 Sm^3/kg$$
> $$= 1.186 \times 11.56 Sm^3/kg \times 100kg/hr = 1,370.75 Sm^3/hr$$

11 C_6H_5Cl(클로로벤젠)을 소각로에서 연소시킨 경우 연소 반응식이 다음과 같을 때 화학양론적 반응식을 완성하시오. (단, 연소 시 50% 과잉공기 사용, 공기 중 질소는 불활성이다.)

$$C_6H_5Cl + (\text{ⓐ})O_2 + (\text{ⓑ})N_2 \rightarrow (\text{ⓒ})CO_2 + (\text{ⓓ})H_2O + HCl + (\text{ⓔ})O_2 + (\text{ⓕ})N_2$$

풀이

ⓐ : 공기비 1.5 고려 이론산소량계산[$C_mH_nCl_{n'}$]

$$a = 1.5 \times \left[m + \frac{(n-n')}{4}\right]$$

$$= 1.5 \times \left[6 + \frac{(5-1)}{4}\right] = 10.5$$

ⓑ $= a \times \dfrac{0.79}{0.21} = 10.5 \times \dfrac{0.79}{0.21} = 39.5$

ⓒ $= 6$

ⓓ $= \dfrac{5-1}{2} = 2$

ⓔ $= a - c - \dfrac{d}{2} = 10.5 - 6 - 1 = 3.5$

ⓕ $=$ ⓑ $= 39.5$

$C_6H_5Cl + 10.5O_2 + 39.5N_2 \rightarrow 6CO_2 + 2H_2O + HCl + 3.5O_2 + 39.5N_2$

12 600세대 세대당 평균 가족수 5인인 아파트에서 배출되는 쓰레기를 2일마다 수거하는데 적재용량 $8.0m^3$의 트럭 5대가 소요된다. 쓰레기 단위용적당 중량이 $210kg/m^3$이라면 1인 1일당 쓰레기 배출량(kg)은?

풀이

쓰레기 배출량(kg/인·일) $= \dfrac{\text{수거 쓰레기 부피} \times \text{쓰레기 밀도}}{\text{대상 인구수}}$

$= \dfrac{8.0\ m^3/\text{대} \times 5\text{대} \times 210\ kg/m^3}{600\ \text{세대} \times 5\text{인}/\text{세대} \times 2\text{day}} = 1.40\ kg/\text{인}\cdot\text{일}$

13 메탄(CH_4)의 고위발열량이 $9,900 kcal/Sm^3$이라면 저위발열량($kcal/Sm^3$)은?(단, H_2O $1Sm^3$의 증발잠열은 $480 kcal/Sm^3$)

> **풀이**
> 저위발열량(H_l)
> $H_l = H_h - 480\sum H_2O$
> $CH_4 + O_2 \rightarrow CO_2 + 2H_2O$
> $= 9,900 - (480 \times 2) = 8,940 kcal/Sm^3$

14 옥탄(C_8H_{18})을 완전연소시킬 때의 AFR을 부피기준으로 구하시오. (단, 표준상태기준)

> **풀이**
> **C_8H_{18}의 연소반응식**
> C_8H_{18} + $12.5O_2$ → $8CO_2$ + $9H_2O$
> 1mole   12.5mole
> 부피기준 AFR $= \dfrac{\text{산소의 mole}/0.21}{\text{연료의 mole}}$
> $= \dfrac{12.5/0.21}{1}$
> $= 59.5 \text{mole air/mole fuel}$

15 관성력 집진장치의 종류 2가지를 쓰시오.

> **풀이**
> **관성력 집진장치 종류**
> ① 충돌식   ② 반전식

16 80ton의 시료에 대하여 원추4분법을 3회 조작하면 시료는 몇 ton이 되는가?

> **풀이**
> 조작 후 시료무게(ton) $= \left(\dfrac{1}{2}\right)^n \times$ 원시료
> $= \left(\dfrac{1}{2}\right)^3 \times 80 \text{ton} = 10 \text{ton}$

17 BOD 10,000mg/L, Cl⁻ 600ppm인 분뇨를 희석하여 활성슬러지법으로 처리한 결과 BOD 30mg/L, Cl⁻ 30ppm이었을 때, 활성슬러지법의 BOD처리효율(%)은?(단, 염소는 활성슬러지법에 의해 처리되지 않음)

풀이

$$BOD\ 처리효율(\%) = \left(1 - \frac{BOD_0}{BOD_i}\right) \times 100$$

$BOD_0 = 30\text{mg/L}$

$BOD_i = 10,000\text{mg/L} \times (30/600 = 1/20) = 500\text{mg/L}$

$$= \left(1 - \frac{30}{500}\right) \times 100 = 94\%$$

18 생활폐기물을 소각처리할 때 노 내에서 다이옥신의 발생량을 저감시킬 수 있는 방법 4가지를 기술하시오.

풀이

노 내(연소과정) 제어방법
① 완전연소조건 3T(Temperature, Time, Turbulence)를 충족할 것
② 적정 연소온도(860~920℃) 유지
③ 공기공급량(1차 공기, 2차 공기)의 조절
④ 입자이월의 최소화

19 어느 도시의 발생폐기물 50ton/day를 소각 처리하는 데 필요한 소각로의 설계용량(m³)은?(단, 소각로의 열부하율은 200,000kcal/m³·hr, 폐기물의 발열량은 3,500kcal/kg, 1일 가동시간은 15시간을 기준한다.)

풀이

$$소각로용량(\text{m}^3) = \frac{저위발열량 \times 연소량}{열부하율}$$

$$= \frac{3,500\text{kcal/kg} \times 50\text{ton/day} \times \text{day}/15\text{hr} \times 1,000\text{kg/ton}}{200,000\text{kcal/m}^3 \cdot \text{hr}}$$

$$= 58.33\text{m}^3$$

20 인구 250,000명인 지역에서 1일 1인당 1.2kg의 쓰레기가 발생하고 있다. 1일 동안 발생한 쓰레기의 총 부피(m³/day)는?(단, 쓰레기 밀도는 0.45kg/L이며, 인구 및 발생량 증가, 압축에 의한 변화는 무시)

> **풀이**
>
> 쓰레기 총 부피(m³/day) = $\dfrac{1.2\text{kg/인} \cdot \text{일} \times 250,000\text{인}}{0.45\text{kg/L} \times 1,000\text{L/m}^3}$
>
> $= 666.67 \text{m}^3/\text{day}$

SECTION 070 2023년 4회 기사

01 총괄열전달계수가 35kcal/m² · hr · ℃인 열교환기를 사용하여 연소가스를 850℃에서 288℃로 냉각시키면서 급수 100ton/hr를 15℃에서 250℃ 예열시키고자 할 때 열교환기의 전열면적(m²)을 구하시오. (단, 물의 비열 1kcal/kg · ℃, 가스와 물흐름 방향은 역류식임)

풀이

전열면적(A)

$$A = \frac{Q}{k \times \Delta t}$$

Q(열교환열량) $= Cm\Delta t$
$= 1\text{kcal/kg} \cdot ℃ \times 150{,}000\text{kg/hr} \times (250-15)℃$
$= 35{,}250{,}000 \text{kcal/hr}$

Δt(대수평균온도차) $= \dfrac{\Delta t_1 - \Delta t_2}{\ln\left(\dfrac{\Delta t_1}{\Delta t_2}\right)}$

$\Delta t_1 = $ 입구온도차$(850-250)℃ = 600℃$
$\Delta t_2 = $ 입구온도차$(288-15)℃ = 273℃$

$= \dfrac{600 - 273}{\ln\left(\dfrac{600}{273}\right)} = 415.26℃$

$= \dfrac{35{,}250{,}000 \text{kcal/hr}}{35\text{kcal/m}^2 \cdot \text{hr} \cdot ℃ \times 415.26℃}$
$= 2{,}425.33\text{m}^2$

02 퇴비화 설계운영 고려인자 중 C/N비의 적정 수치를 쓰고 C/N비가 높을 경우와 낮을 경우 영향을 간단히 기술하시오.

풀이

1. C/N비 적정 수치
   25~50

2. C/N비가 높을 경우
   유기산 등이 퇴비의 pH를 낮추고 미생물의 성장과 활동도 억제되며 질소 부족으로 퇴비화가 잘 형성되지 않아 퇴비화의 소요기간이 길어진다.

3. C/N비가 낮을 경우
   질소가 암모니아로 변하여 pH를 증가시키고 이로 인해 암모니아 가스가 발생되어 퇴비화 과정 중 악취가 발생한다.

03 폐기물 처리 유동층소각로의 장점 4가지를 쓰시오.

풀이

유동층소각로의 장점(4가지만 기술)
① 유동매체의 열용량이 커서 액상, 기상, 고형 폐기물의 전소 및 혼소, 균일한 연소가 가능하다.
② 반응시간이 빨라 소각시간이 짧다.(노 부하율이 높다.)
③ 연소효율이 높아 미연소분이 적고 2차 연소실이 불필요하다.
④ 가스의 온도가 낮고 과잉공기량이 낮다. 따라서 NO_x도 적게 배출된다.
⑤ 기계적 구동 부분이 적어 고장률이 낮아 유지관리가 용이하다.
⑥ 노 내 온도의 자동제어로 열회수가 용이하다.

04 분자식이 C_4H_8인 부틸렌 $1Sm^3$의 연소에 필요한 이론공기량(Sm^3)은?

풀이

완전연소방정식
$$C_4H_8 + 6O_2 \Rightarrow 4CO_2 + 4H_2O$$
$22.4Sm^3 : 6 \times 22.4Sm^3$
$1Sm^3 : O_0(Sm^3)$

$$O_0(Sm^3) = \frac{1Sm^3 \times (6 \times 22.4)Sm^3}{22.4Sm^3} = 6Sm^3$$

이론공기량$(A_0) = \dfrac{O_0}{0.21} = \dfrac{6}{0.21} = 28.57Sm^3$

05 "갑" 시의 쓰레기를 매립장까지 운반하는 데 소요되는 운반비용은 3,000원/km·ton이다. 그런데 중간에 적환장을 설치하여 운반하면 적환장으로부터 매립장까지의 운반비용이 2,000원/km·ton이다. 적환장 설치 전후의 비용이 같아지는 적환장의 설치 위치는 쓰레기 발생지점으로부터 몇 km 지점인가?(단, 적환장의 관리비용은 위치에 관계없이 ton당 7,000원, 쓰레기 발생지점부터 매립장까지의 거리 20km, 설치비용 등 기타 조건은 고려하지 않음)

> **풀이**
>
> $3,000$원/km·ton $\times 20$km $= [2,000$원/km·ton$\times(20-x)$km$]$
> $\qquad\qquad\qquad\qquad\qquad + (3,000$원/km·ton$\times x) + 7,000$원/ton
>
> $1,000x = 13,000$
>
> x(설치위치)$= 13$km

06 차수막으로 사용되는 점토의 수분함량과 관계되는 지표인 액성한계 및 소성한계를 설명하고, 지표들 간의 관계를 설명하시오.

> **풀이**
>
> **점토의 수분함량과 관계되는 지표**
> 1. 액성한계(LL)
>   점토의 수분함량이 그 이상 되면 상태가 더 이상 선명화되지 못하고 액체상태로 되는 한계 수분함량
> 2. 소성한계(PL)
>   점토의 수분함량이 일정수준 미만이 되면 성형상태를 유지하지 못하고 부스러지는 상태에서의 한계 수분함량
> 3. 소성지수(PI)
> $PI = LL - PL$

07 다음 ( ) 안에 알맞은 말을 넣으시오.

(1) 폐산은 수소이온농도지수가 (①)인 것으로 한정한다.
(2) 폐알칼리는 수소이온농도지수가 (②)인 것으로 한정하며 수산화칼륨 및 수산화나트륨을 포함한다.
(3) 폐유는 기름성분을 (③) 함유한 것을 포함하며 PCB 함유폐기물, 폐식용유, 식품재료와 원료를 조리·가공하면서 발생하는 기름, 폐흡착제 및 폐흡수제는 제외한다.

> **풀이**
>
> ① 2.0 이하, ② 12.5 이상, ③ 5%
>
> [참고] 지정폐기물의 종류
> 1. 특정시설에서 발생되는 폐기물
>   가. 폐합성 고분자화합물
>   1) 폐합성 수지(고체상태의 것은 제외한다)
>   2) 폐합성 고무(고체상태의 것은 제외한다)
>   나. 오니류(수분함량이 95퍼센트 미만이거나 고형물 함량이 5퍼센트 이상인 것으로 한정한다)
>   1) 폐수처리 오니(환경부령으로 정하는 물질을 함유한 것으로 환경부장관이 고시한 시설에서 발생되는 것으로 한정한다)
>   2) 공정 오니(환경부령으로 정하는 물질을 함유한 것으로 환경부장관이 고시한 시설에서 발생되는 것으로 한정한다)
>   다. 폐농약(농약의 제조·판매업소에서 발생되는 것으로 한정한다)
> 2. 부식성 폐기물
>   가. 폐산(액체상태의 폐기물로서 수소이온 농도지수가 2.0 이하인 것으로 한정한다)
>   나. 폐알칼리(액체상태의 폐기물로서 수소이온 농도지수가 12.5 이상인 것을 한정하며, 수산화칼륨 및 수산화나트륨을 포함한다)
> 3. 유해물질 함유 폐기물(환경부령으로 정하는 물질을 함유한 것으로 한정한다)
>   가. 광재(鑛滓)[철광 원석의 사용으로 인한 고로(高爐) 슬래그(Slag)는 제외한다]
>   나. 분진(대기오염 방지시설에서 포집된 것으로 한정하되, 소각시설에서 발생되는 것은 제외한다)
>   다. 폐주물사 및 샌드블라스트 폐사(廢砂)
>   라. 폐내화물(廢耐火物) 및 재벌구이 전에 유약을 바른 도자기 조각
>   마. 소각재
>   바. 안정화 또는 고형화·고화 처리물
>   사. 폐촉매
>   아. 폐흡착제 및 폐흡수제[광물유·동물유 및 식물유의 정제에서 사용된 폐토사(廢土砂)를 포함한다]

4. 폐유기용제
   가. 할로겐족(환경부령으로 정하는 물질 또는 이를 함유한 물질로 한정한다)
   나. 그 밖의 폐유기용제(가목 외의 유기용제를 말한다)
5. 폐페인트 및 폐래커(다음 각 목의 것을 포함한다)
   가. 페인트 및 래커와 유기용제가 혼합된 것으로서 페인트 및 래커 제조업, 용적 5세제곱미터 이상 또는 동력 3마력 이상의 도장(塗裝)시설, 폐기물을 재활용하는 시설에서 발생되는 것
   나. 페인트 보관용기에 남아 있는 페인트를 제거하기 위하여 유기용제와 혼합한 것
   다. 폐페인트 용기(용기 안에 남아 있는 페인트가 건조되어 있고, 그 잔존량이 용기 바닥에서 6밀리미터를 넘지 아니하는 것은 제외한다)
6. 폐유(기름성분을 5퍼센트 이상 함유한 것을 포함하며, 폴리클로리네이티드비페닐(PCBs)함유 폐기물, 폐식용유, 식품 재료와 원료를 조리·가공하면서 발생하는 기름, 폐흡착제 및 폐흡수제는 제외한다)
7. 폐석면
   가. 건조고형물의 함량을 기준으로 하여 석면이 1퍼센트 이상 함유된 제품·설비(뿜칠로 사용된 것은 포함된다) 등의 해체·제거 시 발생되는 것
   나. 슬레이트 등 고형화된 석면 제품 등의 연마·절단·가공 공정에서 발생된 부스러기 및 연마·절단·가공 시설의 집진기에서 모아진 분진
   다. 석면의 제거작업에 사용된 바닥비닐시트(뿜칠로 사용된 석면의 해체·제거작업에 사용된 경우에는 모든 비닐시트)·방진마스크·작업복 등
8. 폴리클로리네이티드비페닐 함유 폐기물
   가. 액체상태의 것(1리터당 2밀리그램 이상 함유한 것으로 한정한다)
   나. 액체상태 외의 것(용출액 1리터당 0.003밀리그램 이상 함유한 것으로 한정한다)
9. 폐유독물(「유해화학물질관리법」에 따른 유독물을 폐기하는 경우로 한정한다)
10. 의료폐기물(환경부령으로 정하는 의료기관이나 시험·검사 기관 등에서 발생되는 것으로 한정한다)
11. 그 밖에 주변환경을 오염시킬 수 있는 유해한 물질로서 환경부장관이 정하여 고시하는 물질

08 어떤 폐기물을 용출시험한 결과 중금속 A의 농도가 1.6mg/L이었다. A 중금속이 지정폐기물로 분류되는지를 판별하시오. (단, 이 폐기물의 수분함량은 87%이고, 중금속 A 지정폐기물 분류기준은 1.8mg/L 이상)

> **풀이**
>
> 수분보정값＝함수율보정값×농도
> $$= \frac{15}{100-87} \times 1.6\text{mg/L} = 1.85\text{mg/L}$$
> A 중금속의 지정폐기물 기준값 1.8mg/L보다 큰 값(1.85mg/L)이므로 지정폐기물로 분류한다.

09 폐기물 용출시험의 용출특성에 주요한 영향을 미치는 인자 4가지를 쓰시오.

> **풀이**
>
> **용출특성에 주요한 영향인자(4가지만 기술)**
> ① 폐기물 및 용출용매의 종류
> ② 폐기물 및 용출용매의 pH
> ③ 용출용매와 폐기물의 비
> ④ 폐기물의 종류 및 표면적
> ⑤ 폐기물의 균일성 및 입도분포

10 1일 100m³의 분뇨에는 고형물 함량이 5%, 이중 유기물(VS) 함량이 67%이다. 이를 혐기성 소화공법으로 처리하고자 한다. 소화조의 유기물 제거율이 56%일 때 CH_4의 발생량(m³/day)을 구하시오. (단, CH_4 발생량은 VS 1kg 당 0.73m³, 분뇨비중 1.04)

> **풀이**
>
> CH_4 발생량(m³/day)＝ 100m³/day × 0.05 × 0.67 × 0.56
> × 1,040kg/m³ × 0.73m³ · CH_4/kg VS
> ＝ 1,424.26m³/day

11 분자식이 $[C_6H_7O_2(OH)_3]_5$인 폐기물 1ton을 호기성 퇴비화 할 때 필요한 산소량(kg)을 구하시오. (단, 최종 퇴비의 화학식은 $[C_6H_7O_2(OH)_3]_2$이며 무게는 400kg이다.)

> **풀이**
>
> $[C_6H_7O_2(OH)_3]_5 \to C_{30}H_{50}O_{25}(1{,}000\text{kg})$
>
> $[C_6H_7O_2(OH)_3]_5 = [C_6H_7O_2(OH)_3]_3 + [C_6H_7O_2(OH)_3]_2$
>
> $\quad\quad 1{,}000\text{kg} \quad = \quad 600\text{kg} \quad + \quad 400\text{kg}$
>
> $[C_6H_7O_2(OH)_3]_3 + [C_6H_7O_2(OH)_3]_2 + 18O_2 \to [C_6H_7O_2(OH)_3]_2$
>
> $\quad 486\text{kg} \quad\quad\quad\quad\quad\quad\quad\quad\quad : 18 \times 32\text{kg} + 18\,CO_2 + 15\,H_2O$
>
> $\quad 600\text{kg} \quad\quad\quad\quad\quad\quad\quad\quad\quad : O_2(\text{kg})$
>
> $O_2(\text{kg}) = \dfrac{600\text{kg} \times (18 \times 32)\text{kg}}{486\text{kg}} = 711.11\text{kg}$

12 매립지에서 매립층의 모니터링 설비구축은 사후관리 측면에서 매우 중요하다. 매립지에서 정기적으로 실시하는 필요 모니터링 항목 3가지를 쓰시오.

> **풀이**
>
> **매립지 모니터링 항목(사후관리 항목) : 3가지만 기술**
> ① 빗물(우수) 배제시설
> ② 침출수 관리(침출수 처리시설)
> ③ 지하수 수질조사
> ④ 발생가스관리(발생가스 조성조사 및 처리시설)
> ⑤ 구조물 및 지반의 안정도 유지
> ⑥ 지표수 수질조사
> ⑦ 토양조사

13 폐기물침출수를 펜톤(Fenton)산화법으로 처리하는 경우 산화제(약품) 조성 및 처리공정 순서를 쓰시오.

> **풀이**
>
> 1. 펜톤산화제 조성
>   과산화수소수(H_2O_2) + 철염($FeSO_4$)
> 2. 펜톤산화법 공정순서
>   pH조정조 → 급속 교반조(산화) → 중화조 → 완속교반조 → 침전조 → 생물학적 처리(RBC) → 방류조

14 다음 조건과 같은 함유성분의 폐기물을 연소처리할 경우 Dulong식을 이용하여 고위발열량(kcal/kg)과 저위발열량(kcal/kg)을 구하시오.

- C : 11.7%
- H : 1.8%
- O : 8.8%
- N : 0.4%
- S : 0.1%
- 수분 : 65%
- 회분 : 12%

풀이

고위발열량(H_h)

$$H_h = 8,100C + 34,000\left(H - \frac{O}{8}\right) + 2,500S$$

$$= (8,100 \times 0.117) + \left[34,000 \times \left(0.018 - \frac{0.088}{8}\right) + (2,500 \times 0.001)\right]$$

$$= 1,188.2 \text{ kcal/kg}$$

저위발열량(H_l)

$$H_l = H_h - 600(9H + W)$$

$$= 1,188.2 - 600 \times [(9 \times 0.018) + 0.65]$$

$$= 701 \text{ kcal/kg}$$

15 다음은 다이옥신 저감프로세스이다. (가)~(마) 각각 약어의 명칭을 쓰시오.

소각로 출구 → 배기가스 → (가) : QC/SD → 150~180℃ → (나) : BF → (다) : GH → (라) : SCR → Stack

(마) : AC

풀이

(가) : 냉각설비/반건식 반응탑
(나) : 여과집진시설
(다) : 연소가스 재가열기
(라) : 선택적 촉매환원시설
(마) : 활성탄 분무시설

16 Rosin-Rammler 모델은 폐기물파쇄 시 폐기물의 입자 크기 분포에 관한 모델식이다. 폐기물의 90% 이상을 3.8cm보다 작게 파쇄하고자 할 때 특성입자의 크기(cm)를 산정하시오. (단, $n=1$임)

> **풀이**
>
> $$Y = 1 - \exp\left[-\left(\frac{X}{X_0}\right)^n\right]$$
>
> $$0.9 = 1 - \exp\left[-\left(\frac{3.8}{X_0}\right)^1\right]$$
>
> $$-\frac{3.8}{X_0} = \ln 0.1$$
>
> $$X_0 = \frac{3.8}{2.3026} = 1.65\text{cm}$$

17 폐기물 일일 발생량이 250ton/day인 도시에 적재용량 9m³인 트럭으로 폐기물을 운반하고자 한다. 다음 조건에서 (1) 트럭 한 대당 1일 폐기물량(ton/day·대)과 (2) 1일당 차량 소요대수를 구하시오.

> [조건]
> - 1일운행시간 : 8시간
> - 운반거리 : 5.6km
> - 왕복 운반시간 : 96분
> - 트럭적재율 : 90%
> - 적재폐기물 밀도 : 0.45ton/m³

> **풀이**
>
> (1) 트럭 한 대당 1일 폐기물량(ton/day·대)
>
> $$\text{1일 1대당 운반량} = \frac{9\text{m}^3/\text{대}\cdot\text{회} \times 0.45\text{ton/m}^3}{96\text{min/회} \times \text{hr}/60\text{min} \times \text{day}/8\text{hr}} \times 0.9$$
>
> $$= 18.23\text{ton/day}\cdot\text{대}$$
>
> (2) 1일당 차량 소요대수
>
> $$\text{차량대수} = \frac{\text{1일 폐기물 발생량}}{\text{1일 1대당 운반량}}$$
>
> 1일 폐기물 발생량 = 250ton/day
>
> $$= \frac{250\text{ton/day}}{18.23\text{ton/day}\cdot\text{대}} = 13.6(14\text{대})$$

18 침출수의 특성이 다음과 같을 때 양호 및 보통의 침출수 처리방법을 각각 2가지씩 쓰시오.

- COD 500mg/L 이하, COD/TOC 2.0 이하, BOD/COD 0.1 이하
- 매립 연한 10년 이상

풀이

(1) 처리방법(양호)
  역삼투(RO), 활성탄 흡착
(2) 처리방법(보통)
  화학적 산화, 이온교환수지

19 물리적 흡착에 적용하는 흡착제의 특성 3가지를 쓰시오.

풀이

흡착제 특성
① 흡착제에 대한 용질의 분자량이 클수록 흡착에 유리하다.
② 흡착질의 온도가 낮을수록 흡착에 유리하다.
③ 흡착제에 대한 용질의 압력(분압)이 높을수록 흡착에 유리하다.

SECTION 071 2023년 4회 산업기사

01 폐기물 성상에 따라 고상폐기물, 반고상폐기물, 액상폐기물로 분류되는데 그 기준을 쓰시오.

> **풀이**
> ① 고상폐기물 : 고형물의 함량이 15% 이상인 폐기물
> ② 반고상폐기물 : 고형물의 함량이 5% 이상 15% 미만인 폐기물
> ③ 액상폐기물 : 고형물의 함량이 5% 미만인 폐기물

02 생분뇨의 SS가 40,000mg/L이고, 1차 침전지에서 SS 제거율은 80%이다. 1일 100kL의 분뇨를 투입할 때 1차 침전지에서 1일 발생 슬러지양(ton/day)은?(단, 발생슬러지 함수율은 97%이고, 비중은 1.0이다.)

> **풀이**
> 슬러지양(ton/day) = 유입 SS 양 × 제거율 × $\left(\dfrac{100}{100-함수율}\right)$
> $= 100\text{kL/day} \times 40,000\text{mg/L} \times 1,000\text{L/kL} \times \text{ton}/10^9\text{mg}$
> $\quad \times 0.8 \times \left(\dfrac{100}{100-97}\right)$
> $= 106.67\text{ton/day}$
>
> [다른 방법] 고형물 물질수지식 이용
> 1차 침전조 제거 SS 양 = $100\text{kL/day} \times 40,000\text{mg/L} \times 1,000\text{L/kL} \times \text{ton}/10^9\text{mg} \times 0.8$
> $\qquad\qquad = 3.2\text{ton} \cdot SS/\text{day}$
> $3.2\text{ton} \cdot SS/\text{day}$ = 발생 슬러지양 × (1−0.97)
> 발생 슬러지양(ton/day) = 106.67ton/day

03 질소산화물(NO_x)의 연소조절에 의한 저감방법 4가지를 쓰시오.

> **풀이**
> **연소조절에 의한 저감방법(4가지만 기술)**
> ① 저산소 연소(저과잉공기 연소) ② 저온도 연소(연료용 예열공기의 온도 조절)
> ③ 연소부분의 냉각 ④ 배기가스의 재순환
> ⑤ 2단 연소(2단계 연소법) ⑥ 버너 및 연소실의 구조 개선
> ⑦ 수증기 물분사 방법

04 에탄올의 농도가 100mg/L인 폐수의 화학적 산소요구량(COD)을 구하시오.

풀이

$$C_2H_5OH + 3O_2 \rightarrow 2CO_2 + 3H_2O$$

46mg : 3×32mg

100mg/L : COD(mg/L)

$$COD = \frac{100mg/L \times 96g}{46g} = 208.70mg/L$$

05 퇴비화 설계·운영을 위한 대표적 고려인자 5가지를 쓰고 각 인자의 적정 운전범위를 쓰시오.

풀이

퇴비화 설계·운영을 위한 대표적 고려인자
① 수분함량 : 50~60% ② C/N비 : 25~50 ③ 온도 : 55~60℃
④ pH : 5.5~8.0 ⑤ 입자크기 : 5cm 이하

06 매립지의 시간경과에 따른 분해로 인해 가스발생 4단계를 쓰고 가스의 구성성분변화를 간단히 설명하시오.

풀이

(1) 1단계
   ① 호기성 단계[초기 조절단계]
   ② N_2, O_2는 급격히 감소, CO_2는 서서히 증가하는 단계
(2) 2단계
   ① 혐기성 단계[혐기성 비메탄화 단계 ; 전이단계]
   ② 임의성 미생물에 의하여 SO_4^{2-}의 NO_3^{-1}가 환원되는 단계이며, 이 반응에 의해 CO_2가 생성되는 단계
(3) 3단계
   ① 혐기성 메탄 생성 축적단계[산형성 단계]
   ② CO_2·H_2의 발생비율은 감소하고, CH_4 함량이 증가하기 시작하는 단계
(4) 4단계
   ① 혐기성 메탄 생성 정상상태 단계[메탄발효단계]
   ② CH_4·CO_2의 구성비가 거의 일정한 정상상태 단계
   ③ 가스조성
      ㉠ CH_4 : 55% ㉡ CO_2 : 40% ㉢ N_2 : 5%

07 폐기물 파쇄의 이점(기대효과) 5가지를 쓰시오.

> **풀이**
>
> **파쇄의 이점(기대효과)**
> ① 겉보기 비중의 증가(수송, 매립지 수명 연장)
> ② 유기물의 분리, 회수
> ③ 비표면적의 증가(미생물 분해속도 증가)
> ④ 입경분포의 균일화(저장, 압축, 소각 용이)
> ⑤ 용적 감소(부피 감소 ; 무게 변화)

08 혐기성 공정이 호기성 공정에 비해 슬러지가 적은 이유 3가지를 쓰시오.

> **풀이**
>
> ① 호기성 분해에 비해 영양분이 없는 상태로 분해되기 때문(세포생산계수가 작기 때문)
> ② 호기성 분해에 비해 소화기간이 길어 분해 정도가 크기 때문
> ③ 혐기성 분해는 합성세포의 내호흡반응으로 슬러지가 생성되기 때문

09 다이옥신류의 독성등가환산계수(TEF)에 대하여 간단히 설명하시오.

> **풀이**
>
> **독성등가환산계수(TEF ; Toxicity Equivalent Factor)**
> 다이옥신은 염소의 부착 위치 및 치환수에 따라 독성의 강도가 다르다. 이성체 중에서 가장 독성이 강한 2, 3, 7, 8−TCDD의 독성을 기준값 1로 하여 각 이성체의 상대적인 독성값을 나타낸 계수를 독성등가환산계수라 한다.

10 저위발열량이 9,000kcal/Sm³인 연료를 완전연소 시 이론연소온도(℃)는?(단, 이론연소가스량 10Sm³/Sm³, 연소가스 평균정압비열 0.5kcal/Sm³℃, 기준온도(실온) 25℃)

> **풀이**
>
> $$\text{이론연소온도}(t_2 : ℃) = \frac{H_l}{G_o \times C_p} + t_1$$
> $$= \frac{9{,}000\text{kcal/Sm}^3}{10\text{Sm}^3/\text{Sm}^3 \times 0.5\text{kcal/Sm}^3 \cdot ℃} + 25℃$$
> $$= 1{,}825℃$$

11 밀도가 $0.45ton/m^3$였던 것을 압축기에 넣어 압축시킨 결과 $0.82ton/m^3$으로 증가시켰을 때 부피감소율은?

풀이

$$부피감소율(VR) = \left(1 - \frac{V_f}{V_i}\right) \times 100$$

$$V_i = \frac{1ton}{0.45ton/m^3} = 2.22m^3$$

$$V_f = \frac{1ton}{0.82ton/m^3} = 1.22m^3$$

$$= \left(1 - \frac{1.22}{2.22}\right) \times 100$$

$$= 45.05\%$$

12 인구 50만 명인 매립지 필요용량(m^3)을 구하시오. (단, 쓰레기 발생량은 1.1kg/인·일, 폐기물의 밀도 $410kg/m^3$, 매립지 연한 7년, 매립복토 높이 5m임)

풀이

$$매립용량(m^3) = \frac{폐기물\ 발생량}{폐기물\ 밀도}$$

$$= \frac{1.1kg/인·일 \times 500,000인 \times 7year \times 365day/year}{410kg/m^3}$$

$$= 3,427,439.02m^3$$

13 소각로의 화상부하는 $200kg/m^2 \cdot hr$이고 일일발생량이 3ton/day인 폐기물을 소각 시 소각로의 바닥면적(m^2)은? (단, 1일 8hr 가동)

풀이

$$화상부하율(kg/m^2 \cdot hr) = \frac{시간당\ 소각량(kg/hr)}{화상면적(m^2)}$$

$$화상면적(m^2) = \frac{3ton/day \times 1,000kg/ton \times day/8hr}{200kg/m^2 \cdot hr}$$

$$= 1.88m^2$$

14 pH가 2.0인 폐산용액 15m³과 pH가 5.0인 폐산용액 20m³을 혼합하였을 경우 혼합용액의 pH를 구하시오.

> **풀이**
>
> $pH = -\log[H^+]$
> pH 2.0의 $[H^+] = 10^{-2}M$
> pH 5.0의 $[H^+] = 10^{-5}M$
> $N_1V_1 + N_2V_2 = NV$
> $N = \dfrac{N_1V_1 + N_2V_2}{V}$
> $\quad = \dfrac{(10^{-2} \times 15) + (10^{-5} \times 20)}{15 + 20} = 0.004291$
> $pH = -\log 0.004291 = 2.37$

15 입자상 물질을 처리하기 위한 전기집진장치의 입자의 이동(유동)속도가 0.15m/sec, 유량이 10m³/sec일 때 다음을 구하시오.

(1) 제거율 90%일 경우 집진판 면적(m²)
(2) 제거율 99.9%일 경우 집진판 면적(m²)
(3) 면적비(99.9%/90%)

> **풀이**
>
> 전기집진장치 면적(A)
> $A = -\dfrac{Q}{V}\ln(1-\eta)$
>
> (1) 제거율 90%일 경우 집진판 면적(m²)
> $\quad A = -\dfrac{10}{0.15}\ln(1-0.9) = 153.51\text{m}^2$
>
> (2) 제거율 99.9%일 경우 집진판 면적(m²)
> $\quad A = -\dfrac{10}{0.15}\ln(1-0.999) = 460.52\text{m}^2$
>
> (3) 면적비(99.9%/90%)
> $\quad$ 면적비 $= \dfrac{460.52}{153.51} = 3.0$

16 음식물쓰레기의 유기물 분자식이 $C_8H_{10}O_5N$ 이다. 혐기성 소화 반응식을 쓰시오.
(단, 발생물질은 CH_4, CO_2, NH_3 이다.)

> **풀이**
>
> 혐기성 완전분해 반응식
>
> $C_aH_bO_cN_d + \left(\dfrac{4a-b-2c+3d}{4}\right)H_2O$
>
> $\rightarrow \left(\dfrac{4a+b-2c-3d}{8}\right)CH_4 + \left(\dfrac{4a-b+2c+3d}{8}\right)CO_2 + dNH_3$
>
> $\left(\dfrac{4a-b-2c+3d}{4}\right)H_2O = \left(\dfrac{32-10-10+3}{4}\right)H_2O = 3.75\,H_2O$
>
> $\left(\dfrac{4a+b-2c-3d}{8}\right)CH_4 = \left(\dfrac{32+10-10-3}{8}\right)CH_4 = 3.625\,CH_4$
>
> $\left(\dfrac{4a-b+2c+3d}{8}\right)CO_2 = \left(\dfrac{32-10+10+3}{8}\right)CO_2 = 4.375\,CO_2$
>
> $dNH_3 = NH_3$
>
> 반응식
> $C_8H_{10}O_5N + 3.75\,H_2O \rightarrow 3.625\,CH_4 + 4.375\,CO_2 + NH_3$

17 탄소 85%, 수소 12%, 황 3%의 조성을 지닌 액체 연료를 공기비 1.2로 연소한 후 습연소가스 중 SO_2의 용적비(%)를 구하시오. (공기중 O_2는 용적비로 12%이다.)

> **풀이**
>
> 이론공기량$(A_0) = \dfrac{O_0}{0.21} = \dfrac{1}{0.21}[(1.867C+5.6H+0.7S)]$
>
> $= \dfrac{1}{0.21}[(1.867 \times 0.85) + (5.6 \times 0.12) + (0.7 \times 0.03)]$
>
> $= 10.86\,Sm^3/kg$
>
> 습연소가스량$(G_w) = mA_0 + 5.6H + 0.7S$
>
> $= (1.2 \times 10.86) + (5.6 \times 0.12) + (0.7 \times 0.03)$
>
> $= 13.72\,Sm^3/kg$
>
> $SO_2(\%) = \dfrac{0.7 \times S}{G_w} \times 100 = \dfrac{0.7 \times 0.03}{13.72} \times 100 = 0.15\%$

18 다음 표를 이용하여 물음에 답하시오.

구성분	폐기물중량(kg)	압축계수	매립지에서의 압축용적(m³)
음식폐기물	120	0.40	0.115
종이	410	0.16	0.667
플라스틱	45	0.10	0.250
가죽	5	0.35	0.007
유리	65	0.38	0.160
철	30	0.3	0.035
계	675		1.234

(1) 폐기물 매립 시 완전히 다져졌다고 하였을 때 겉보기 밀도(kg/m^3)는?

> **풀이**
>
> 겉보기 밀도(kg/m^3) = $\dfrac{\text{폐기물 중량}}{\text{압축용적(부피)}}$
>
> $= \dfrac{675kg}{1.234m^3} = 547.0 kg/m^3$

(2) 종이 50%, 유리 80%가 회수된 후의 매립지에서 압축 겉보기 밀도(kg/m^3)는?

> **풀이**
>
> 압축 겉보기 밀도(kg/m^3) = $\dfrac{\text{회수 후 중량}}{\text{회수 후 용적(부피)}}$
>
> $= \dfrac{675 - [(410 \times 0.5) + (65 \times 0.8)]}{1.234 - [(0.667 \times 0.5) + (0.160 \times 0.8)]}$
>
> $= \dfrac{418kg}{0.7725m^3} = 541.10 kg/m^3$

19 폐기물소각을 위하여 수분함량이 20%가 되도록 건조한 후 폐기물 중량 15ton이라면 소각 전 고형물이 25%인 폐기물량(ton)은?(단, 폐기물 비중 1.0)

> **풀이**
>
> x(소각 전 폐기물량) $\times 0.25 = 15ton \times (1 - 0.2)$
>
> 소각 전 폐기물량 $= \dfrac{15ton \times 0.8}{0.25} = 48ton$

20 도랑식으로 매립하는 인구 10,000명인 도시가 있다. 이 도시 쓰레기 배출량이 2.1kg/인·일이며 쓰레기밀도는 0.45t/m³이다. 이 쓰레기를 압축할 경우 부피감소율이 30%라고 하면 Trench 2,000m³에 적용될 수 있는 매립 가능 일수(day)는?

> **풀이**
>
> $$\text{매립기간(day)} = \frac{\text{매립용적}}{\text{쓰레기 발생량}}$$
>
> $$= \frac{2{,}000\text{m}^3 \times 450\text{kg/m}^3}{2.1\text{kg/인·일} \times 10{,}000\text{인}}$$
>
> $$= 42.86\text{day} \times \frac{1}{(1-0.3)} \Leftarrow \text{부피감소율 고려}$$
>
> $$= 61.22(62\text{day})$$

SECTION 072 2024년 1회 기사

01 다음 (　) 안에 알맞은 말을 넣으시오.

(1) 폐산은 수소이온농도지수가 (　①　)인 것으로 한정한다.
(2) 폐알칼리는 수소이온농도지수가 (　②　)인 것으로 한정하며 수산화칼륨 및 수산화나트륨을 포함한다.
(3) 폐유는 기름성분을 (　③　) 함유한 것을 포함하며 PCB 함유폐기물, 폐식용유, 식품재료와 원료를 조리·가공하면서 발생하는 기름, 폐흡착제 및 폐흡수제는 제외한다.

> **풀이**
>
> ① 2.0 이하, ② 12.5 이상, ③ 5%
>
> [참고] 지정폐기물의 종류
> 1. 특정시설에서 발생되는 폐기물
>   가. 폐합성 고분자화합물
>   1) 폐합성 수지(고체상태의 것은 제외한다)
>   2) 폐합성 고무(고체상태의 것은 제외한다)
>   나. 오니류(수분함량이 95퍼센트 미만이거나 고형물 함량이 5퍼센트 이상인 것으로 한정한다)
>   1) 폐수처리 오니(환경부령으로 정하는 물질을 함유한 것으로 환경부장관이 고시한 시설에서 발생되는 것으로 한정한다)
>   2) 공정 오니(환경부령으로 정하는 물질을 함유한 것으로 환경부장관이 고시한 시설에서 발생되는 것으로 한정한다)
>   다. 폐농약(농약의 제조·판매업소에서 발생되는 것으로 한정한다)
> 2. 부식성 폐기물
>   가. 폐산(액체상태의 폐기물로서 수소이온 농도지수가 2.0 이하인 것으로 한정한다)
>   나. 폐알칼리(액체상태의 폐기물로서 수소이온 농도지수가 12.5 이상인 것을 한정하며, 수산화칼륨 및 수산화나트륨을 포함한다)
> 3. 유해물질 함유 폐기물(환경부령으로 정하는 물질을 함유한 것으로 한정한다)
>   가. 광재(鑛滓)[철광 원석의 사용으로 인한 고로(高爐) 슬래그(Slag)는 제외한다]
>   나. 분진(대기오염 방지시설에서 포집된 것으로 한정하되, 소각시설에서 발생되는 것은 제외한다)
>   다. 폐주물사 및 샌드블라스트 폐사(廢砂)
>   라. 폐내화물(廢耐火物) 및 재벌구이 전에 유약을 바른 도자기 조각
>   마. 소각재
>   바. 안정화 또는 고형화·고화 처리물

사. 폐촉매
아. 폐흡착제 및 폐흡수제[광물유·동물유 및 식물유의 정제에서 사용된 폐토사(廢土砂)를 포함한다]
4. 폐유기용제
 가. 할로겐족(환경부령으로 정하는 물질 또는 이를 함유한 물질로 한정한다)
 나. 그 밖의 폐유기용제(가목 외의 유기용제를 말한다)
5. 폐페인트 및 폐래커(다음 각 목의 것을 포함한다)
 가. 페인트 및 래커와 유기용제가 혼합된 것으로서 페인트 및 래커 제조업, 용적 5세제곱미터 이상 또는 동력 3마력 이상의 도장(塗裝)시설, 폐기물을 재활용하는 시설에서 발생되는 것
 나. 페인트 보관용기에 남아 있는 페인트를 제거하기 위하여 유기용제와 혼합한 것
 다. 폐페인트 용기(용기 안에 남아 있는 페인트가 건조되어 있고, 그 잔존량이 용기 바닥에서 6밀리미터를 넘지 아니하는 것은 제외한다)
6. 폐유[기름성분을 5퍼센트 이상 함유한 것을 포함하며, 폴리클로리네이티드비페닐(PCBs)함유 폐기물, 폐식용유, 식품 재료와 원료를 조리·가공하면서 발생하는 기름, 폐흡착제 및 폐흡수제는 제외한다]
7. 폐석면
 가. 건조고형물의 함량을 기준으로 하여 석면이 1퍼센트 이상 함유된 제품·설비(뿜칠로 사용된 것은 포함된다) 등의 해체·제거 시 발생되는 것
 나. 슬레이트 등 고형화된 석면 제품 등의 연마·절단·가공 공정에서 발생된 부스러기 및 연마·절단·가공 시설의 집진기에서 모아진 분진
 다. 석면의 제거작업에 사용된 바닥비닐시트(뿜칠로 사용된 석면의 해체·제거 작업에 사용된 경우에는 모든 비닐시트)·방진마스크·작업복 등
8. 폴리클로리네이티드비페닐 함유 폐기물
 가. 액체상태의 것(1리터당 2밀리그램 이상 함유한 것으로 한정한다)
 나. 액체상태 외의 것(용출액 1리터당 0.003밀리그램 이상 함유한 것으로 한정한다)
9. 폐유독물(「유해화학물질관리법」에 따른 유독물을 폐기하는 경우로 한정한다)
10. 의료폐기물(환경부령으로 정하는 의료기관이나 시험·검사 기관 등에서 발생되는 것으로 한정한다)
11. 그 밖에 주변환경을 오염시킬 수 있는 유해한 물질로서 환경부장관이 정하여 고시하는 물질

02 열분해 공정이 소각법에 비하여 갖는 장점 3가지를 기술하시오.

> **풀이**
>
> **열분해 공정의 장점**
> ① 소각법에 비해 배기가스양이 적게 배출된다.
> ② 소각법에 비해 황 및 중금속이 회분(Ash) 속에 고정되는 비율이 크다.
> ③ 소각법에 비해 환원기가 유지되므로 3가 크롬(Cr^{+3})이 6가 크롬(Cr^{+6})으로 변화하기 어려우며, 대기오염물질의 발생이 적다.

03 침출수 생성에 미치는 영향인자 4가지를 쓰시오.

> **풀이**
>
> **침출수 생성 영향인자(4가지만 기술)**
> ① 강수량　　　② 증발량　　　③ 증산량
> ④ 유출량　　　⑤ 토양 수분보유량

04 생활폐기물을 소각 처리할 때 노 내에서 다이옥신의 발생량을 저감시킬 수 있는 방법 4가지를 기술하시오.

> **풀이**
>
> **노 내(연소과정) 제어방법**
> ① 완전연소조건 3T(Temperature, Time, Turbulence)를 충족할 것
> ② 적정 연소온도(860~920℃) 유지
> ③ 공기공급량(1차 공기, 2차 공기)의 조절
> ④ 입자이월의 최소화

05 다음과 같은 조건으로 선별효율을 Worrell 식과 Rietema 식을 적용하여 구하시오.

> [조건]
> 선별장치의 투입량이 2.0ton/hr이고, 회수량이 800kg/hr이며, 회수량의 600kg/hr가 회수대상 물질이다.
> 거부량 또는 제거량이 1,200kg/hr이고, 이 중 회수대상 물질은 100kg/hr이었다.
> (1) Worrell 식의 선별효율(%)
> (2) Rietema 식의 선별효율(%)

> **풀이**
>
> x_1 600kg/hr → y_1 200kg/hr
>
> x_2 100kg/hr → y_2 $(2{,}000 - 800 - 100) = 1{,}100$ kg/hr
>
> $x_0 = x_1 + x_2 = 700$ kg/hr
>
> $y_0 = y_1 + y_2 = 1{,}300$ kg/hr
>
> (1) Worrell 식 선별효율(E)
> $$E(\%) = \left[\left(\frac{x_1}{x_0}\right) \times \left(\frac{y_2}{y_0}\right)\right] \times 100 = \left[\left(\frac{600}{700}\right) \times \left(\frac{1{,}100}{1{,}300}\right)\right] \times 100$$
> $$= 72.53\%$$
>
> (2) Rietema 식 선별효율(E)
> $$E(\%) = \left[\left|\left(\frac{x_1}{x_0}\right) - \left(\frac{y_1}{y_0}\right)\right|\right] \times 100 = \left[\left|\left(\frac{600}{700}\right) - \left(\frac{200}{1{,}300}\right)\right|\right] \times 100$$
> $$= 70.33\%$$

06 유기성 고형화 처리의 고화제 종류 5가지를 쓰시오.

> **풀이**
>
> **유기성 고화제 종류**
> ① 역청(타르) ② 파라핀 ③ PE(폴리에스테르)
> ④ 에폭시 ⑤ 폴리부타디엔

07 농축 전 고형물 3%인 슬러지를 농축하여 6.5%의 고형물이 되었다. 농축 후 슬러지의 비중과 부피감소율(%)을 구하시오. (단, 고형물의 비중은 1.25)

> **풀이**
>
> **농축 후 슬러지 비중**
>
> $\dfrac{100}{\text{슬러지 비중}} = \dfrac{6.5}{1.25} + \dfrac{93.5}{1.0} = 98.7$
>
> → 슬러지 비중 = 1.013
>
> 부피감소율(VR)
>
> 농축 전 슬러지 부피 $\times \dfrac{1}{1.006} \times (1 - 0.97)$
>
> = 농축 후 슬러지 부피 $\times \dfrac{1}{1.013} \times (1 - 0.935)$

$$VR = \left(\frac{\text{농축 전 슬러지 부피} - \text{농축 후 슬러지 부피}}{\text{농축 전 슬러지 부피}}\right) \times 100$$

$$= \left(1 - \frac{\text{농축 후 슬러지 부피}}{\text{농축 전 슬러지 부피}}\right) \times 100$$

$$= \left(1 - \frac{\frac{1}{1.006} \times (1-0.97)}{\frac{1}{1.013} \times (1-0.935)}\right) \times 100 = 53.53\%$$

[참조] $\dfrac{100}{\text{슬러지 비중}} = \dfrac{3}{1.25} + \dfrac{97}{1.0} = 99.4$

슬러지 비중(농축 전) = 1.006

08 탄소 85%, 수소 10%, 산소 5% 조성을 가진 액체폐기물을 시간당 100kg을 소각한다. 이때 연소가스 조성이 CO_2 : 12%, O_2 : 4%, N_2 : 84%일 경우 다음 물음에 답하시오. (단, 연소공기온도 25℃)

(1) 폐기물을 연소하기 위한 이론공기량(Sm^3/kg)
(2) 매시간 공급하는 연소용 실제공기량(m^3/hr)

풀이

이론공기량(Sm^3/kg) = $\dfrac{O_0}{0.21}$

O_0(이론산소량) = $1.867C + 5.6H + 0.7S - 0.7O$
$= (1.867 \times 0.85) + (5.6 \times 0.1) - (0.7 \times 0.05)$
$= 2.11 Sm^3/kg$

$= \dfrac{2.11}{0.21} = 10.05 Sm^3/kg$

실제공기량(m^3/hr) = $m \times A_0$

$m = \dfrac{N_2}{N_2 - 3.76 O_2} = \dfrac{84}{84 - (3.76 \times 4)} = 1.22$

$A_0 = 10.05 Sm^3/kg$

$= 1.22 \times 10.05 Sm^3/kg \times 100 kg/hr \times \dfrac{273 + 25}{273}$

$= 1,338.38 m^3/hr$

09 수분함량이 60%인 폐기물 1kg을 건조하여 수분함량이 20%인 폐기물을 만들 경우 제거된 수분량(kg)을 구하시오.

> **풀이**
>
> **고형물 물질수지식**
>
> $1 \times (100-60) =$ 건조 후 폐기물량 $\times (100-20)$
>
> 건조 후 폐기물량 $= \dfrac{1\text{kg} \times 40}{80} = 0.5\text{kg}$
>
> 제거된 수분량(kg) = 처리 전 폐기물량 − 건조 후 폐기물량
> $= 1 - 0.5 = 0.5\text{kg}$

10 유기물인 포도당($C_6H_{12}O_6$) 200ton을 혐기성 분해 시 다음 내용에 답하시오.

(1) 혐기성 분해 반응식을 쓰시오.
(2) 이론적으로 생성되는 CH_4의 무게(kg)를 계산하시오.
(3) 이론적으로 생성되는 CH_4의 부피(Sm^3)를 계산하시오.

> **풀이**
>
> (1) $C_6H_{12}O_6 + 6H_2O \rightarrow 3CO_2 + 3CH_4$
>
> (2) $C_6H_{12}O_6 \rightarrow 3CH_4$
> 180kg : 3×16kg
> 200,000kg : CH_4(kg)
>
> $CH_4(\text{kg}) = \dfrac{200,000\text{kg} \times (3 \times 16)\text{kg}}{180\text{kg}} = 53,333.33\text{kg}$
>
> (3) $C_6H_{12}O_6 \rightarrow 3CH_4$
> 180kg : $3 \times 22.4 Sm^3$
> 200,000kg : $CH_4(Sm^3)$
>
> $CH_4(Sm^3) = \dfrac{200,000\text{kg} \times (3 \times 22.4)Sm^3}{180\text{kg}} = 74,666.67 Sm^3$

11 다음의 연소형태를 고체연료, 액체연료, 기체연료로 구분하여 2가지씩 쓰시오.

> 분무연소, 표면연소, 증발연소, 확산연소, 자기(내부)연소, 혼합기 연소

> **풀이**
>
> (1) 고체연료 : 자기(내부)연소, 표면연소
> (2) 액체연료 : 증발연소, 분무연소
> (3) 기체연료 : 혼합기 연소, 확산연소

12 매립지 바닥의 점토층의 두께는 100cm이고, 투수계수는 10^{-7}cm/sec이다. 점토층의 유효공극률을 0.3으로 가정할 때 다음의 조건에서 침출수가 점토층을 통과하는 데 소요되는 시간(year)을 예측하시오. (점토층위의 침출수 수두=30cm, 점토층 아래의 수두는 점토층 아래면과 일치함)

> **풀이**
>
> $$t = \frac{d^2 \eta}{K(d+h)} = \frac{1^2 \text{m}^2 \times 0.3}{10^{-9} \text{m/sec} \times (1+0.3)\text{m}}$$
> $= 230,769,230.8\text{sec} \times 1\text{min}/60\text{sec} \times 1\text{hr}/60\text{min} \times 1\text{day}/24\text{hr} \times 1\text{year}/365\text{day}$
> $= 7.32\text{year}$

13 1일 폐기물 발생량이 400ton인 도시에서 2ton 수거차량을 이용하여 폐기물을 매립장까지 운반하고자 한다. 다음 조건에서 필요한 운반트럭의 대수를 구하시오. (단, 예비차량 포함)

- 하루트럭 작업시간 : 8시간
- 왕복시간 : 20분
- 적재시간 : 30분
- 적하시간 : 10분
- 예비차량 : 3대

> **풀이**
>
> 차량대수 = $\frac{\text{폐기물 총량}}{\text{차량 적재용량}}$ + 대기(예비)차량
>
> 폐기물 총량(1일 폐기물 발생량) = 400ton/day
>
> 차량 적재용량(1일 1대당 운반량)
> $= \frac{2\text{ton/대} \cdot \text{회}}{(20+30+10)\text{분/회} \times \text{hr}/60\text{분} \times \text{day}/8\text{hr}}$
> $= 16\text{ton/day} \cdot \text{대}$
>
> $= \frac{400\text{ton/day}}{16\text{ton/day} \cdot \text{대}} + 3\text{대} = 28\text{대}$

14 자연통풍에서 통풍력이 증가되는 조건을 4가지 쓰시오.

> **풀이**
>
> ① 연돌의 높이를 높게 한다.
> ② 연돌의 단면적을 크게 한다.
> ③ 배기가스의 온도를 높게 유지한다.
> ④ 연돌통로를 단순하게, 즉 내부의 굴곡을 적게 한다.

15 표면(바닥) 차수막의 손상원인을 4가지 쓰시오.

> **풀이**
> ① 돌기물질(이물질) : 침출수 압력에 의해 국부적인 최대압력이 작용
> ② 지반침하 : 침출수 압력에 의해 지반이 부등침하하여 국부적인 큰 비틀림 발생
> ③ 지지력 부족 : 기계 등의 사용으로 국부적인 큰 하중에 의해 바닥 파손
> ④ 지각변동 : 지진 등에 의한 변동에 의해 단차 발생

16 다음 내용 중 폐기물 수거노동력(MHT) 값이 작은 것부터 큰 순서로 쓰시오.

> 타종수거, 벽면 부착식, 문전수거, 집 밖 이동식, 집 밖 고정식, 집안 이동식

> **풀이**
> 타종수거 > 집 밖 이동식 > 집안 이동식 > 집 밖 고정식 > 문전수거 > 벽면 부착식

17 다음 내용의 ( )에 알맞은 내용을 쓰시오.

> - 혐기성 소화조에서 소화의 최적온도가 30~35℃인 (①)단계와 50~55℃인 (②) 단계로 구분된다.
> - 생물학적 분해(미생물에 의한 내호흡)에서 (③)가 촉매역할을 한다.
> - 금속을 함유한 하수슬러지와 폐기물의 병합 퇴비화는 슬러지에서 금속농도를 (④) 시키는 하나의 방법이다.

> **풀이**
> ① 중온소화 ② 고온소화
> ③ H_2O(수분) ④ 감소

18 분뇨처리시설을 가온식으로 운영한다. 투입분뇨량이 2.0kL/hr일 때 투입된 분뇨를 소화온도까지 올리는 데 필요한 열량(kcal/hr)은?(소화온도 35℃, 투입분뇨온도 20℃, 분뇨비열은 1cal/g·℃이며, 분뇨의 비중은 1.0, 기타 열손실은 없는 것으로 한다.)

> **풀이**
> 열량(kcal/hr) = 슬러지양 × 비열 × 온도차
> = (2.0kL/hr × 1,000L/kL × 1kg/1L × 1,000g/kg)
>   × (1cal/g℃ × 1kcal/1,000cal) × (35 − 20)℃
> = 30,000kcal/hr

19 어느 도시폐기물 중 비가연 성분이 40%(w/w%)이다. 밀도가 550kg/m³인 폐기물 20m³ 중 가연성 물질의 양(ton)을 구하시오.

> **풀이**
>
> 가연성 물질의 양(ton) = 폐기물의 양 × 가연성 물질의 함유비율
> $$= (밀도 \times 부피) \times \left(\frac{100 - 비가연성\ 성분}{100}\right)$$
> $$= (550\text{kg/m}^3 \times 20\text{m}^3 \times \text{ton}/1{,}000\text{kg}) \times \left(\frac{100-40}{100}\right)$$
> $$= 6.6\text{ton}$$

20 다음과 같은 조성을 가진 도시폐기물인 건조중량 기준 고위발열량이 3,600kcal/kg이었다면 습윤중량 기준 저위발열량(kcal/kg) 및 가연분 기준 고위발열량(kcal/kg)은?

[폐기물 조성]
- 가연분 = 23%(C = 11.7%, H = 1.81%, O = 8.76%, N = 0.39%, 기타 = 0.34%)
- 수분 = 65%
- 회분 = 12%

> **풀이**
>
> 습윤기준 저위발열량(H_l)
> $$= H_h \times \left(\frac{건조시료}{습윤시료}\right) - 600 \times (9H + W)$$
> $$= \left[3{,}600 \times \left(\frac{23+12}{100}\right)\right] - 600 \times [(9 \times 0.0181) + 0.65] = 772.26\text{kcal/kg}$$
>
> 가연분 기준 고위발열량(H_l)
> $$= (건량\ 기준\ 고위발열량) \times \frac{(100 - 수분)}{(100 - 수분 - 회분)}$$
> $$= 3{,}600\text{kcal/kg} \times \frac{(100-65)}{(100-65-12)} = 5{,}478.26\text{kcal/kg}$$

2024년 1회 산업기사

01 어느 매립지에서 침출수 농도가 반으로 감소하는 데 3.5년 걸렸다면 침출수의 농도가 90% 분해되는 데 몇 년이 소요되는가?(단, 1차 반응)

> **풀이**
>
> $\ln \dfrac{C_t}{C_o} = -kt$
>
> $\ln 0.5 = -k \times 3.5$
>
> $k = \dfrac{\ln 0.5}{-3.5}$
>
> $k = 0.198/\text{년}$
>
> 90% 분해소요기간(반응 후 농도는 10%를 의미)
>
> $\ln \left(\dfrac{10}{100} \right) = -0.198/\text{년} \times t$
>
> $t = \dfrac{\ln 0.1}{-0.198}$
>
> $t = 11.63\text{년}$

02 SRF(RDF) 재료가 갖추어야 하는 구비조건 5가지를 쓰시오.

> **풀이**
>
> **SRF(RDF) 구비조건**
> ① 발열량(칼로리)이 높을 것
> ② 함수율이 낮을 것
> ③ 쓰레기 원료 중 비가연성 성분이나 연소 후 잔류하는 재의 양이 적을 것
> ④ 대기오염이 적을 것
> ⑤ 배합률이 균일할 것(조성이 균일할 것)

03 가연성 고체폐기물의 연소형태(연소방식)는 여러 가지가 있다. 연소형태 4가지를 쓰시오.

> **풀이**
>
> **고체연료 연소형태(연소방식)**
> ① 증발연소　　　② 분해연소
> ③ 표면연소　　　④ 자기연소(내부연소)

04 탄소 10kg을 완전연소시키는 데 필요한 이론공기량(kg)을 구하시오.

풀이

완전연소반응식

C + O_2 → CO_2

12kg : 32kg

10kg : O_0(kg)

$O_0(\text{kg}) = \dfrac{10\text{kg} \times 32\text{kg}}{12\text{kg}} = 26.67\text{kg}$

$A_0(\text{중량기준 : kg}) = \dfrac{26.67}{0.232} = 114.96\text{kg}$

05 폐열을 회수, 이용하는 열교환기 종류 3가지를 쓰시오.

풀이

폐열회수 열교환기 종류(3가지만 기술)
① 과열기 ② 재열기 ③ 절탄기(이코노마이저) ④ 공기예열기

06 사용종료 매립지의 사후관리항목 6가지를 쓰시오.

풀이

사후관리항목
① 빗물 배제(우수 배제시설)
② 침출수 관리(침출수 처리시설)
③ 지하수 수질조사
④ 발생가스 관리(발생가스 조성가스 및 처리시설)
⑤ 구조물 및 지반의 안정도 유지
⑥ 지표수 수질조사

07 매립구조에 따른 방법을 5가지로 구분하여 쓰시오.

풀이

매립구조에 따른 구분
① 혐기성 매립
② 혐기성 위생 매립
③ 개량혐기성 위생 매립
④ 준호기성 매립
⑤ 호기성 매립

08 소각로 열부하 40,000kcal/m³·hr, 쓰레기 발생량 42ton/day, 쓰레기 발열량 500kcal/kg, 소각로 가동시간 24hr/day일 때 소각로의 용적(m³)을 구하시오.

> **풀이**
>
> 소각로 용적(m³) = $\dfrac{\text{저위발열량} \times \text{연소량}}{\text{열부하율}}$
>
> $= \dfrac{500\text{kcal/kg} \times 42\text{ton/day} \times \text{day/24hr} \times 1{,}000\text{kg/ton}}{40{,}000\text{kcal/m}^3 \cdot \text{hr}}$
>
> $= 21.88\text{m}^3$

09 매립지 내 가스(LFG)에서 발생된 CO_2의 제거방법 3가지를 쓰고 설명하시오.

> **풀이**
>
> LFG에서 CO_2 제거방법
> ① 흡수법 : 흡수제(물, 유기용제)를 이용하여 CO_2 용해
> ② 흡착법 : 흡착제(활성탄, 실리카겔, 알루미나)에 물리적 흡착시켜 제거
> ③ 막분리법 : 막을 통해 특성 성분을 선택적으로 통과시켜 불순물 제거

10 입경 10cm인 폐기물을 1cm로 파쇄할 때 사용되는 에너지는 4cm로 파쇄할 때 소요되는 에너지의 몇 배인가?(단, Kick 법칙 이용)

> **풀이**
>
> $E = C \ln\left(\dfrac{L_1}{L_2}\right)$
>
> $E_1 = C\ln\left(\dfrac{10}{1}\right) = C\ln 10, \quad E_2 = C\ln\left(\dfrac{10}{4}\right) = C\ln 2.5$
>
> ∴ 동력비 $\left(\dfrac{E_1}{E_2}\right) = \dfrac{C\ln 10}{C\ln 2.5} = 2.51$배

11 점토의 수분함량과 관계되는 지표를 관계식으로 나타내시오.

> **풀이**
>
> 소성지수(PI) = 액성한계(LL) − 소성한계(PL)

12 폐기물 중 알루미늄을 선별하고자 한다. 폐기물 투입량은 120ton이고, 회수량이 100ton, 회수량 중 알루미늄캔 양이 90ton, 제거 폐기물 중 알루미늄캔 양이 5ton일 때 Worrell 식에 의한 선별효율(%)을 구하시오.

> **풀이**
>
> x_1가 90ton $\rightarrow$ y_1은 10ton
> x_2가 5ton $\rightarrow$ y_2는 15ton $= (120-100-5)$ton
> $x_0 = x_1 + x_2 = 95$ton
> $y_0 = y_1 + y_2 = 25$ton
>
> **Worrell 식 선별효율(E)**
>
> $E(\%) = \left[\left(\dfrac{x_1}{x_0}\right) \times \left(\dfrac{y_2}{y_0}\right)\right] \times 100 = \left[\left(\dfrac{90}{95}\right) \times \left(\dfrac{15}{25}\right)\right] \times 100 = 56.84\%$

13 1일 폐기물 발생량이 $3,200\text{m}^3$인 도시에서 적재용량 8m^3의 덤프트럭으로 운반하려 한다. 1일 몇 대의 차량이 필요한가?(단, 대기차량 포함)

> [조건]
> - 작업시간 : 8hr/day
> - 왕복운반시간 40분
> - 대기차량 2대
> - 운반거리 20km
> - 투기시간 10분
> - 적재시간 10분

> **풀이**
>
> 차량대수 $= \dfrac{1일\ 폐기물\ 발생량}{1일\ 1대당\ 운반량} + 대기차량$
>
> 1일 폐기물 발생량 $= 3,200\text{m}^3/\text{day}$
>
> 1일 1대당 운반량 $= \dfrac{8\text{m}^3/대\cdot회}{(40+10+10)\text{min}/회 \times \text{hr}/60\text{min} \times \text{day}/8\text{hr}}$
> $= 64\text{m}^3/\text{day}\cdot대$
>
> $= \dfrac{3,200\text{m}^3/\text{day}}{64\text{m}^3/\text{day}\cdot대} + 2대 = 52대$

14 소각로 설계 시 열정산(열수지) 중 출열의 항목 5가지를 쓰시오.

> **풀이**
> ① 배기가스 배출열(폐기물 연소가스가 가지고 나가는 열량)
> ② 연소로의 방열(연소로벽에서의 방산열량)
> ③ 불완전연소에 의한 손실열
> ④ 회분(재)의 유출열(미연소, 잔재회분이 가지고 나가는 열손실)
> ⑤ 폐기물의 착화온도까지 승온열량

15 폐기물 매립지에 적용하는 복토의 종류를 3가지로 구분하고 각각의 기능을 한 가지씩 쓰시오.

> **풀이**
> (1) 일일복토
>   폐기물의 날림(비산) 방지와 악취발산 최소화
> (2) 중간복토
>   빗물의 침투방지(우수 배제)와 매립가스 차단
> (3) 최종복토
>   매립가스의 발산 억제와 강우의 침투 억제

16 연소과정에 열평형을 이해하기 위한 등가비의 식 및 등가비에 따른 특성을 기술하시오.

> **풀이**
> 1. 관련식
> $$\phi = \frac{(실제의\ 연료량/산화제)}{(완전연소를\ 위한\ 이상적\ 연료량/산화제)}$$
>
> 2. ϕ에 따른 특성
>   ① $\phi = 1$
>   ㉠ 완전연소에 알맞은 연료와 산화제가 혼합된 경우이다.
>   ㉡ $m = 1$
>   ② $\phi > 1$
>   ㉠ 연료가 과잉으로 공급된 경우이다.(불완전연소)
>   ㉡ $m < 1$
>   ③ $\phi < 1$
>   ㉠ 공기가 과잉으로 공급된 경우이다.
>   ㉡ $m > 1$
>   ㉢ CO는 완전연소를 기대할 수 있어 최소가 되나 NO_x(질소산화물)는 증가된다.

17 1일 쓰레기의 발생량이 50톤인 지역에서 트렌치 방식으로 매립장을 계획한다면 1년 간 필요한 토지면적(m^2)을 구하시오. (단, 도랑의 깊이는 2.5m이고 매립에 따른 쓰레기의 부피 감소율은 60%, 매립 전 쓰레기 밀도는 400kg/m^3이다.)

> **풀이**
>
> 매립면적(m^2/year) = $\dfrac{\text{매립폐기물의 양}}{(\text{폐기물 밀도} \times \text{매립 깊이})} \times \text{부피감소율}$
>
> $= \dfrac{50\text{ton/day} \times 1,000\text{kg/ton} \times 365\text{day/year}}{400\text{kg/m}^3 \times 2.5\text{m}} \times (1-0.6)$
>
> $= 7,300\text{m}^2/\text{year}$

18 다음 조건의 슬러지 부피(m^3)는?

> 고형물 중량 450kg, 비중 1.2, 함수율 95%

> **풀이**
>
> 슬러지 부피(m^3) = $\dfrac{\text{슬러지 중량}}{\text{슬러지 비중(밀도)}}$
>
> 슬러지 중량 = $450\text{kg} \times \left(\dfrac{100}{100-95}\right) = 9,000\text{kg}$
>
> $\dfrac{100}{\text{슬러지 밀도(비중)}} = \dfrac{5}{1.2} + \dfrac{95}{1.0}$
>
> → 슬러지 밀도 = 1.0084
>
> $= \dfrac{9,000\text{kg}}{1.0084\text{ton/m}^3 \times 1,000\text{kg/ton}} = 8.93\text{m}^3$

19 글루코스($C_6H_{12}O_6$) 0.5kg의 혐기성 분해 시 CH_4의 발생부피(L)를 구하시오.

> **풀이**
>
> **혐기성 완전분해 반응식**
>
> $C_6H_{12}O_6 \rightarrow 3CO_2 + 3CH_4$
>
> 180kg : $3 \times 22.4\text{m}^3$
>
> 0.5kg : $CH_4(\text{m}^3)$
>
> $CH_4(L) = \dfrac{0.5\text{kg} \times (3 \times 22.4)\text{m}^3}{180\text{kg}} = 0.018667$
>
> $= 0.18667\text{m}^3 \times 1,000\text{L/m}^3$
>
> $= 186.67\text{L}$

20 질소산화물 제어방법 중 환원반응을 이용한 대표적 제어방법 2가지를 쓰시오.

> **풀이**
> **질소산화물 제어방법(환원반응)**
> ① 선택적 촉매환원법(SCR)
> ② 선택적 무촉매환원법(SNCR)

SECTION 074 — 2024년 2회 기사

01 폐기물 처리 유동층소각로의 장점을 3가지 쓰시오.

풀이

유동층소각로의 장점(3가지만 기술)
① 유동매체의 열용량이 커서 액상, 기상, 고형 폐기물의 전소 및 환소, 균일한 연소가 가능하다.
② 반응시간이 빨라 소각시간이 짧다.(노 부하율이 높다.)
③ 연소효율이 높아 미연소분이 적고 2차 연소실이 불필요하다.
④ 가스의 온도가 낮고 과잉공기량이 낮다. 따라서 NO_x도 적게 배출된다.
⑤ 기계적 구동 부분이 적어 고장률이 낮아 유지관리가 용이하다.
⑥ 노 내 온도의 자동제어로 열회수가 용이하다.

02 소각로 벽체를 형성하는 각 벽돌의 두께와 열전도율이 내부로부터 내화벽돌 230mm, 0.104kcal/m·hr·℃, 단열벽돌 114mm, 0.0595kcal/m·hr·℃, 보통벽돌 210mm, 1.04kcal/m·hr·℃이다. 내벽면온도가 890℃이고 열전달속도가 187kcal/hr일 경우 외벽면의 온도(℃)를 구하시오.

풀이

열저항(R) = $R_1 + R_2 + R_3$

$$R_1 = \frac{두께}{열전도율 \times 단위면적} = \frac{0.23\text{m}}{0.104\text{kcal/m}\cdot\text{hr}\cdot℃ \times \text{m}^2}$$
$$= 2.21\text{hr}\cdot℃/\text{kcal}$$

$$R_2 = \frac{0.114\text{m}}{0.0595\text{kcal/m}\cdot\text{hr}\cdot℃ \times \text{m}^2} = 1.916\text{hr}\cdot℃/\text{kcal}$$

$$R_3 = \frac{0.21\text{m}}{1.04\text{kcal/m}\cdot\text{hr}\cdot℃ \times \text{m}^2} = 0.2019\text{hr}\cdot℃/\text{kcal}$$

$= 2.21 + 1.916 + 0.2019 = 4.33\text{hr}\cdot℃/\text{kcal}$

단위면적당 열전달속도(q) = $\frac{1}{R} \times$ 내외벽온도차

$187\text{kcal/hr} = \frac{1}{4.33\text{hr}\cdot℃/\text{kcal}} \times (890 - 외벽면온도)℃$

외벽면온도 = 80.29℃

03 퇴비화 시 사용되는 통기개량제(팽화제, Bulking Agent)의 효과를 3가지 쓰시오.

> **풀이**
> 통기개량제의 조절효과
> ① C/N비 조절효과
> ② pH 조절효과
> ③ 수분 조절효과

04 다음은 폐기물 중간처분시설 중 소각시설의 개별기준이다. ( ) 안에 알맞은 내용을 쓰시오.

> (1) 일반소각시설, 열분해시설
>   연소실 출구온도는 (①) 이상, 연소실 체류시간은 (②) 이상, 바닥재의 강열감량은 (③) 이하
> (2) 고온소각시설
>   연소실 출구온도는 (④) 이상, 연소실 체류시간은 (⑤) 이상, 바닥재의 강열감량은 (⑥) 이하

> **풀이**
> ① 섭씨 850도   ② 2초   ③ 10%
> ④ 섭씨 1,100도 ⑤ 2초   ⑥ 5%

05 최종 복토층을 구성하는 층이 다음과 같을 경우 각 층의 두께를 쓰시오. (단, 지하층으로부터의 순서임)

> (1) 가스배제층
> (2) 차단층
> (3) 배수층
> (4) 식생대층

> **풀이**
> (1) 가스배제층 : 30cm 이상   (2) 차단층 : 45cm 이상
> (3) 배수층 : 30cm 이상   (4) 식생대층 : 60cm 이상

06 폐유(지정폐기물)의 처리방법 3가지를 기술하시오.

> **풀이**
> ① 폐유를 정제, 분리하여 상층 함수폐유 및 하층 Pitch는 소각처리한다.
> ② 기름과 물의 밀도차에 의한 부력을 이용한 중력부상 분리법 및 미세 유적의 2차 처리로 가압부상 분리법을 적용한다.
> ③ 일반적 폐유는 통상적으로 소각처리한다.

07 함수율이 98%인 슬러지 500m³/day를 처리할 수 있는 혐기성 소화조의 용량(m³)은?[단, VS/TS=0.6, 소화일수 30일, 숙성일수(소화슬러지 저장기간) 10일, 소화오니의 함수율 94%, 유기물량의 60%가 액화 및 가스화된다고 가정하고, 비중은 1.0, 소화조 용량(V) = $\frac{1}{2}(Q_1 + Q_2)T_1 + Q_2 T_2$식 이용]

> **풀이**
> 소화조 용적(m³) = $\left[\frac{1}{2}(Q_1 + Q_2)T_1\right] + (Q_2 T_2)$
> Q_1 = 소화조 유입 슬러지양 = 500m³/day
> Q_2 = 소화소에 축적되는 소화슬러지양(m³/day)
> $Q_2 = (4,000 + 2,400)\text{kg} \cdot TS/\text{day} \times \frac{100 \cdot SL}{(100-94) \cdot TS}$
> $\quad \times \text{m}^3/1,000\text{kg} = 106.67\text{m}^3/\text{day}$
> $TS = FS + VS'$(잔류 유기물)
> $FS = 500\text{m}^3 \cdot SL/\text{day} \times 1,000\text{kg/m}^3$
> $\quad \times \frac{(100-98) \cdot TS}{100 \cdot SL} \times \frac{0.4 FS}{TS} = 4,000\text{kg/day}$
> $VS' = 500\text{m}^3 \cdot SL/\text{day} \times 1,000\text{kg/m}^3$
> $\quad \times \frac{(100-98) \cdot TS}{100 \cdot SL} \times \frac{0.6 \cdot VS}{TS}$
> $\quad \times \frac{(100-60) \cdot VS'}{100 \cdot VS} = 2,400\text{kg/day}$
> $= 4,000 + 2,400 = 6,400\text{kg/day}$
> $= \frac{1}{2}(Q_1 + Q_2) \cdot T_1 + Q_2 \cdot T_2$
> $= \left[\frac{(300 + 106.67)\text{m}^3/\text{day}}{2} \times 30\text{day}\right] + (106.67\text{m}^3/\text{day} \times 10\text{day})$
> $= 7,166.75\text{m}^3$

08 차수막의 종류는 구조 등에 따라 연직 차수막과 표면 차수막으로 나눌 수 있다. 선정 조건과 연직차수공에서 쓰이는 공법 2가지를 쓰시오.

> **풀이**
> 1. 선정조건
>   ① 연직 차수막
>   지중에 수평방향의 차수층이 존재할 때
>   ② 표면 차수막
>   매립지의 필요한 범위에 차수재료로 덮인 바닥이 있는 경우 또는 매립지반의 투수계수가 큰 경우
> 2. 연직차수공 공법
>   ① 어스댐코어 공법
>   ② 강널말뚝(Sheet Pile) 공법

09 적환장에서 대형 차량으로 적재하는 형식 3가지를 쓰시오.

> **풀이**
> ① 직접투하방식(Direct-discharge Transfer station)
>   소형차에서 대형차로 직접 투하하여 싣는 방법으로 주택가와 먼 지역에 설치 가능하며 소도시에 유용한 방법이나 압축되지 않는 단점이 있다.
> ② 저장투하방식(Storage-discharge Transfer station)
>   쓰레기를 저장 피트(pit)나 플랫폼에 저장한 후 압축기(or 블로저)로 적환하는 방법으로 대도시의 대용량 쓰레기에 적합하며 교통체증 현상을 없애주는 효과가 있다.
> ③ 직접·저장투하 결합방식(Direct and Storage discharge Transfer station)
>   직접 상차하는 방식과 쓰레기를 저장 후 적환하는 방식 두 가지 모두를 한 적환장 내에 설치 운영하는 방식이다.
>
> [참고] 복원문제 내용상 종류 3가지만 답하여도 무방하다고 사료됩니다.

10 폐기물이 1년에 3,526,000톤 발생하고 인구는 8,575,632명이다. 수거 작업인원은 6,230명이며, 하루 작업시간은 8시간, 1년 365일일 때 다음 물음에 답하시오.

(1) 하루 일인 폐기물 발생량(kg/인·일)
(2) 하루 수거인부가 수거하는 폐기물 발생량(ton/인·일)
(3) MHT

풀이

(1) 하루 1인 폐기물 발생량(kg/인·일)

$$(kg/인·일) = \frac{발생쓰레기량}{대상(발생)인구수}$$

$$= \frac{3,526,000\,ton/year \times 1,000\,kg/ton \times year/365\,day}{8,575,632\,인}$$

$$= 1.13\,kg/인·일$$

(2) 하루 수거인부가 수거하는 폐기물 발생량(ton/인·일)

$$(ton/인·일) = \frac{발생쓰레기양}{수거인원}$$

$$= \frac{3,526,000\,ton/year \times year/365\,day}{6,230\,인} = 1.55\,ton/인·일$$

(3) $MHT = \frac{수거인부수 \times 수거인부\ 총수거시간}{총수거량(발생쓰레기양)}$

$$= \frac{6,230\,인 \times 8\,hr/day \times 365\,day/year}{3,526,000\,ton/day} = 5.16\,MHT(man/hr·ton)$$

11 폐기물 매립시설 사용종료 시 제출하는 사후관리계획서 포함사항 3가지를 쓰시오.

풀이

① 폐기물 처리시설 설치·사용 내용
② 사후관리 추진일정
③ 빗물배제계획
④ 침출수 관리계획(차단형 매립시설은 제외한다)
⑤ 지하수 수질조사계획
⑥ 발생가스의 관리계획(유기성 폐기물을 매립하는 시설만 해당한다)
⑦ 구조물과 지반 등의 안정도 유지계획

12 파쇄기로 평균크기 10cm의 폐기물을 2.0cm로 파쇄 시 필요한 에너지소모율은 30kW · hr/ton이다. 20cm의 폐기물을 2.0cm로 파쇄 시 톤당 소요되는 에너지양(kw · hr/ton)을 구하시오. (단, Kick 법칙 적용)

풀이

$E = C\ln\left(\dfrac{L_1}{L_2}\right)$, 상수 C를 구하면

$30\text{kW} \cdot \text{hr/ton} = C\ln\left(\dfrac{10}{2}\right)$

$C = \dfrac{30\text{kW} \cdot \text{hr/ton}}{1.609} = 18.64$

$E = 18.64 \times \ln\left(\dfrac{20}{2}\right) = 42.92\text{kW} \cdot \text{hr/ton}$

13 다음은 슬러지 처리공정별 함수율이다. ( ) 안에 알맞은 단위공정을 쓰시오.

생슬러지 → (①) → (②)
(함수율 99%) (처리 후 함수율 96~98%) (처리 후 함수율 70~80%)
→ (③) → 소각
 (처리 후 함수율 20~50%)

풀이
① : 농축, ② : 탈수, ③ : 건조

14 밀도가 2.5g/cm³인 폐기물 10kg에 폐기물 1kg당 고화제 0.3kg을 첨가하여 고형화시킨 결과 밀도가 3.0g/cm³로 증가하였다. 다음을 구하시오.
(1) 혼합률(MR)
(2) 폐기물의 부피변화율(VCF)

풀이

(1) $MR = \dfrac{\text{첨가제의 질량}}{\text{폐기물 질량}} = \dfrac{0.3\text{kg/kg} \times 10\text{kg}}{10\text{kg}} = 0.3$

(2) $VCF = (1 + MR) \times \dfrac{\rho_r}{\rho_s}$

$= (1 + 0.3) \times \dfrac{2.5}{3.0} = 1.08$

15 다음 회분에 관한 물음에 답하시오.

(1) 강열감량 측정 시 가열온도 및 가열시간을 쓰시오.
(2) 폐기물을 분석한 결과 수분이 20%이고 완전 건조 후 회분함량이 20%일 때 폐기물의 습량기준(건조 전) 회분량(%)을 구하시오.

> **풀이**
>
> (1) 가열온도 및 가열시간
>   ① 가열온도 : 600±25℃
>   ② 가열시간 : 3시간
> (2) 습량기준 회분함량(%) = 건량기준 회분함량 $\times \dfrac{(100-수분함량)}{100}$
> $= 20\% \times \dfrac{(100-20)}{100}$
> $= 16\%$

16 파쇄 전에 폐기물 100ton/hr 중 유리함유량 8%를 회수하기 위해 트롬멜 스크린으로 선별하였다. 회수되는 폐기물 10% 중 유리의 양은 7.2ton/hr일 때 다음 물음에 답하시오.

(1) 유리의 회수율(%)
(2) 기타 폐기물의 거부율(기각률)(%)
(3) 유리의 유효율(순도)(%)

> **풀이**
>
> (1) 유리의 회수율 $= \dfrac{회수된\ 유리순량}{투입\ 유리총량} \times 100 = \dfrac{7.2}{100 \times 0.08} \times 100 = 90\%$
>
> (2) 기타 폐기물의 거부율 $= \dfrac{제거되는\ 기타\ 폐기물양}{기타\ 폐기물양} \times 100$
> $= \dfrac{89.2}{2.8+89.2} \times 100 = 96.96\%$
>
> (3) 유리의 유효율 $= \dfrac{유리의\ 회수량}{회수대상물질} \times 100 = \dfrac{7.2}{7.2+2.8} \times 100 = 72\%$

17 폐기물의 저위발열량이 1,600kcal/kg이며 소각로 용적은 134m³이다. 소각로 내 열부하가 5,000kcal/m³·hr인 경우 폐기물 소각량(kg/day)을 구하시오. (단, 1일 24시간 가동)

> **풀이**
>
> 소각로용적(m³) = $\dfrac{\text{저위발열량} \times \text{연소량}}{\text{열부하율}}$
>
> 연소량(kg/day) = $\dfrac{\text{소각로용적} \times \text{열부하율}}{\text{저위발열량}}$
>
> $= \dfrac{134\text{m}^3 \times 5,000\text{kcal/m}^3 \cdot \text{hr} \times 24\text{hr/day}}{1,600\text{kcal/kg}}$
>
> $= 10,050\text{kg/day}$

18 음식물이 섞여 있는 도시쓰레기의 수분함량이 45%이었다. 이것을 건조시켜 수분함량을 20%로 하였을 경우 중량감소율(%)을 구하시오. (단, 비중 1.0)

> **풀이**
>
> 초기 쓰레기양 × (1 − 초기 함수율) = 건조 후 쓰레기양 × (1 − 건조 후 함수율)
>
> 100 × (1 − 0.45) = 건조 후 쓰레기양 × (1 − 0.2)
>
> 건조 후 쓰레기양 = $\dfrac{100 \times 0.55}{0.8}$ = 68.75%
>
> 중량감소율(%) = $\dfrac{\text{초기 쓰레기양} - \text{건조 후 쓰레기양}}{\text{초기 쓰레기양}} \times 100$
>
> $= \dfrac{100 - 68.75}{100} \times 100 = 31.25\%$

19 입경 구분 중 유효입경(D_{10}), 평균입경(D_{50}), 균등계수(U)를 간단히 설명하시오.

> **풀이**
>
> 1. 유효입경(D_{10})
>   입도누적곡선상의 10%에 해당하는 입자직경을 의미하며 전체의 10%를 통과시킨 체눈의 크기에 해당하는 입경을 말한다.
> 2. 평균입경(D_{50})
>   입도누적곡선상의 50%에 해당하는 입자직경을 의미하며 전체의 50%를 통과시킨 체눈의 크기에 해당하는 입경을 말한다.
> 3. 균등계수(U)
> D_{60}과 D_{10}의 비로 나타내며 $U = \dfrac{D_{60}}{D_{10}}$으로 구한다.

20 폐기물의 압축비가 1.3일 때 부피감소율(%)을 구하시오.

> **풀이**
> **부피감소율(VR)**
> $$VR(\%) = \left(1 - \frac{1}{CR}\right) \times 100$$
> $$= \left(1 - \frac{1}{1.3}\right) \times 100 = 23.08\%$$

2024년 2회 산업기사

01 폐기물 성상에 따라 고상폐기물, 반고상폐기물, 액상폐기물로 분류되는데 그 기준을 쓰시오.

> **풀이**
> ① 고상폐기물 : 고형물의 함량이 15% 이상인 폐기물
> ② 반고상폐기물 : 고형물의 함량이 5% 이상 15% 미만인 폐기물
> ③ 액상폐기물 : 고형물의 함량이 5% 미만인 폐기물

02 Stoker식 화격자 연소방식의 화격자 형식의 종류 5가지를 쓰시오.

> **풀이**
> ① 반전식 ② 계단식 ③ 병렬계단식 ④ 역동식 ⑤ 회전롤러식

03 소각로에서 연소온도가 1,200℃, 투입슬러지 온도가 32℃, 배출가스 온도가 300℃일 경우 열효율(%)을 구하시오.

> **풀이**
> 열효율(%) = $\dfrac{\text{연소온도} - \text{배기온도}}{\text{연소온도} - \text{공급온도}} \times 100$
> $= \dfrac{(1,200 - 300)℃}{(1,200 - 32)℃} \times 100 = 77.05\%$

04 시료의 분할채취방법 3가지를 쓰시오.

> **풀이**
> **시료 분할채취방법**
> ① 구획법   ② 교호삽법   ③ 원추사분법

05 폐기물 발생량이 5,000m³/day인 도시에서 8ton 덤프트럭으로 쓰레기를 매립장으로 운반하고자 한다. 폐기물 밀도는 280kg/m³, 덤프트럭 작업시간 6hr/day, 운반거리 25km, 왕복시간 45분, 투기시간 8분, 적재시간 20분, 대기차량 3대인 조건에서 하루에 몇 대의 차량이 필요한가?

풀이

차량대수 = $\dfrac{\text{폐기물 총량}}{\text{차량 적재용량}}$ + 대기차량

차량 적재용량(1일 1대당 운반량)

$= \dfrac{8\text{ton/대} \cdot \text{회}}{(45+8+20)\text{분/회} \times \text{hr}/60\text{분} \times \text{day}/6\text{hr}}$

$= 39.45 \text{ton/day} \cdot \text{대}$

폐기물 총량 = $5,000\text{m}^3/\text{day} \times 0.28\text{ton/m}^3 = 1,400\text{ton/day}$

$= \dfrac{1,400\text{ton/day}}{39.45\text{ton/day} \cdot \text{대}} + 3 = 38.49(39\text{대})$

06 수소 12.0%, 수분 0.5%인 액체연료의 고위발열량이 9,500kcal/kg이라면 저위발열량(kcal/kg)은?

풀이

저위발열량(H_l : kcal/kg) = $H_h - 600(9H+W)$
$= 9,500 - 600 \times [(9 \times 0.12) + 0.005] = 8,849\text{kcal/kg}$

07 슬러지 내 수분의 함유형태 4가지를 쓰시오.

풀이

수분함유형태
① 간극수 ② 모관결합수
③ 부착수 ④ 내부수

08 일산화탄소 5kg 완전연소 시 이론공기량(질량기준)을 화학양론적으로 구하시오.
(단, 공기 중 산소량은 중량으로 23.15%)

> **풀이**
>
> **완전연소 반응식**
> $CO + 0.5O_2 \rightarrow CO_2$
> 28kg : 16kg
> 5kg : O_0(kg)
> $O_0(kg) = \dfrac{5kg \times 16kg}{28kg} = 2.86kg$
> $A_0(kg) = \dfrac{2.86kg}{0.2315} = 12.34kg$

09 매립공법에 따른 구분 중 내륙매립의 종류를 3가지 쓰시오.

> **풀이**
>
> **내륙매립종류(3가지만 기술)**
> ① 샌드위치 공법
> ② 셀 공법
> ③ 압축매립공법
> ④ 도랑형 공법

10 다음 그림은 폐기물 매립 경과시간에 따른 매립가스(LFG)의 조성변화이다. ( ) 안에 알맞은 항목을 보기에서 찾으시오.

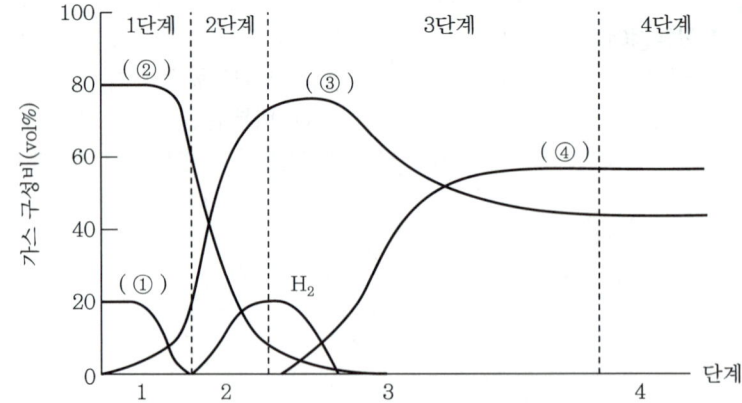

[보기]
㉠ CH_4　　　㉡ CO_2　　　㉢ O_2　　　㉣ N_2

풀이
① : ㉢, ② : ㉣, ③ : ㉡, ④ : ㉠

11 다음은 매립지 복토에 관한 내용이다. (　) 안에 알맞은 내용을 쓰시오.

일일복토는 최소 (①) 이상, 중간복토는 (②) 이상 방치 시 (③) 이상 실시하고 최종복토의 최소경사(최소기울기)는 (④) 이상이다.

풀이
① 15cm,　② 7일,　③ 30cm,　④ 2%

12 다음 보기의 연소형태 중 고체, 액체, 기체 연료에 해당하는 연료형태의 번호를 쓰시오.

[보기]
① 증발연소　　　② 분해연소　　　③ 표면연소
④ 확산연소　　　⑤ 혼합기연소　　⑥ 자기연소

풀이
(1) 고체연료 : ①, ②, ③, ⑥
(2) 액체연료 : ①
(3) 기체연료 : ④, ⑤

13 다음 조건에서 고형화된 부피(m^3)를 구하시오.

- 고화처리 전 밀도 : $0.8 ton/m^3$
- 고화처리 후 밀도 : $4 ton/m^3$
- 고형화 재료 첨가는 고화전 중량의 40%
- 고화전 중량 : 12ton

풀이
고화 후 부피(m^3) = $\dfrac{[12 + (12 \times 0.4)] \text{ton}}{4 \text{ton}/m^3} = 4.20 m^3$

14 다음은 매립방법에 따른 구분 중 단순매립과 안전매립(차단형 매립)에 관한 내용이다. ( ) 안에 내용 중 맞는 것을 쓰시오.

분매립방법	차수막	복토	집배수시설
단순매립	(있다 : 없다)	(있다 : 없다)	(있다 : 없다)
안전매립	(있다 : 없다)	(있다 : 없다)	(있다 : 없다)

> **풀이**
> (1) 단순매립
>   차수막 : 없다, 복토 : 없다, 집배수시설 : 없다
> (2) 안전매립
>   차수막 : 있다, 복토 : 있다, 집배수시설 : 있다

15 다음 조성을 가진 분뇨와 음식물을 중량비(무게비) 1 : 2로 혼합처리 시 C/N비를 구하시오.

구분	함수율	총고형물 중 유기탄소량	총고형물 중 총질소량
분뇨	95%	35%	15%
음식물	20%	85%	5%

> **풀이**
>
> $$C/N비 = \frac{혼합물\ 중\ 탄소의\ 양}{혼합물\ 중\ 질소의\ 양}$$
>
> 혼합물 중 탄소의 양
> $$= \left[\left\{\frac{1}{1+2} \times (1-0.95) \times 0.35\right\} + \left\{\frac{2}{1+2} \times (1-0.2) \times 0.85\right\}\right] = 0.45916$$
>
> 혼합물 중 질소의 양
> $$= \left[\left\{\frac{1}{1+2} \times (1-0.95) \times 0.15\right\} + \left\{\frac{2}{1+2}(1-0.2) \times 0.05\right\}\right] = 0.02916$$
>
> $$C/N비 = \frac{0.45916}{0.02916} = 15.75$$

16 함수율이 80%인 슬러지를 건조시켜 함수율 20%로 했을 경우 슬러지의 부피변화율(%)을 구하시오.

> **풀이**
>
> 건조 전 슬러지양 $\times (100-80)$ = 건조 후 슬러지양 $\times (100-20)$
>
> 부피변화율(%) = $\dfrac{\text{건조 후 슬러지양}}{\text{건조 전 슬러지양}} \times 100 = \dfrac{(100-80)}{(100-20)} \times 100 = 25\%$

17 폐기물의 연소능력이 $200\text{kg/m}^2 \cdot \text{hr}$이며 연소할 폐기물의 양이 $100\text{m}^3/\text{day}$이다. 1일 8시간 소각로를 가동시킨다고 할 때, 화격자의 면적(m^2)은?(단, 폐기물 밀도 200kg/m^3)

> **풀이**
>
> 화상면적(m^2) = $\dfrac{\text{시간당 소각량}}{\text{연소능력(화상부하율)}}$
>
> $= \dfrac{100\text{m}^3/\text{day} \times 200\text{kg/m}^3 \times \text{day}/8\text{hr}}{200\text{kg/m}^2 \cdot \text{hr}} = 12.5\text{m}^2$

18 매립지 침출수의 발생량을 추정하는 일일강우량에 의한 식을 이용하는 경우 다음 조건에서 일일 발생하는 침출수의 양(m^3/day)은?(단, 침투된 강우는 모두 침출수로 발생되며 기타 조건은 고려하지 않음)

- 침투율 : 0.3
- 연평균 일강우량 : 5mm
- 매립지 면적 : $300,000\text{m}^2$

> **풀이**
>
> 침출수량(m^3/day) = $\dfrac{CIA}{1,000} = \dfrac{0.3 \times 5 \times 300,000}{1,000} = 450\text{m}^3/\text{day}$

19 강열감량의 정의를 쓰시오.

> **풀이**
> 강열감량은 소각재 잔사 중 미연분(가연분)의 함량을 중량백분율로 표시한 값으로 소각로의 연소효율을 판정하는 지표 및 설계인자로 사용된다.

20 Kick의 법칙($n=1$)을 이용하여 파쇄에 요구되는 에너지양을 구하고자 한다. 15.0cm 폐목재를 3.0cm로 파쇄하는 데 1톤당 40kW·hr가 소요되었다. 45.0cm인 폐목재를 3.0cm로 파쇄하는 데 1톤당 소요되는 에너지(kW·hr)를 구하시오. (단, 계산과정과 정답은 소수점 이하 첫째 자리 계산)

> **풀이**
> $$E = C \ln\left(\frac{L_1}{L_2}\right)$$
> $$40\,\text{kW}\cdot\text{hr/ton} = C \times \ln\left(\frac{15.0}{3.0}\right)$$
> $$C = 24.85\,\text{kW}\cdot\text{hr/ton}$$
> $$E = 24.85\,\text{kW}\cdot\text{hr/ton} \times \ln\left(\frac{45.0}{3.0}\right) = 67.3\,\text{kW}\cdot\text{hr/ton}$$

SECTION 076 2024년 3회 기사

01 쓰레기 발생량 예측방법 3가지를 기술하시오.

> **풀이**
>
> **쓰레기 발생량 예측방법**
> ① 경향법
>   최저 5년 이상의 과거처리실적을 수직 모델에 대하여 과거의 경향을 가지고 장래를 예측하는 방법이다.
> ② 다중회귀모델
>   하나의 수식으로 각 인자(기후, 면적, 인구, 자원회수량)들의 효과를 총괄적으로 나타내어 복잡한 시스템의 분석에 유용하게 사용할 수 있는 쓰레기 발생량의 예측방법이다.
> ③ 동적모사모델
>   쓰레기 발생량에 영향을 주는 모든 인자를 시간에 대한 함수로 나타낸 후 시간에 대한 함수로 표현된 각 영향인자들 간의 상관관계를 수식화하여 쓰레기 발생량을 예측하는 방법이다.

02 다음은 퇴비화 설계·운영을 위한 대표적 고려인자이다. 각 인자의 적정 운전범위를 쓰시오.

(1) 온도 (2) 수분
(3) C/N비 (4) 공기(산소) 공급

> **풀이**
>
> (1) 온도 : 55~60℃ (2) 수분 : 50~60%
> (3) C/N비 : 25~50 (4) 공기(산소) 공급 : 5~15%(산소농도)

03 유해폐기물의 고형화 처리방법 4가지를 쓰시오.

> **풀이**
>
> **고형화 처리방법(4가지만 기술)**
> ① 시멘트기초법(시멘트고형화법) ② 석회기초법
> ③ 자가시멘트법 ④ 열가소성 플라스틱법
> ⑤ 유기중합체법 ⑥ 피막형성법

04 수소 1kg을 완전연소하는 데 필요한 산소량은 탄소 1kg을 연소하는 데 필요한 양론적 산소량의 몇 배가 되는가?

> **[풀이]**
>
> 수소 완전연소 반응식
>
> $$H_2 + \frac{1}{2}O_2 \rightarrow H_2O$$
>
> 2kg : 16kg
> 1kg : O_0(kg)
>
> $$O_0(kg) = \frac{1kg \times 16kg}{2kg} = 8kg$$
>
> 탄소 완전연소 반응식
>
> $$C + O_2 \rightarrow CO_2$$
>
> 12kg : 32kg
> 1kg : O_0(kg)
>
> $$O_0(kg) = \frac{1kg \times 32kg}{12kg} = 2.67kg$$
>
> 양론적 산소량비 $= \dfrac{8}{2.67} = 3$배

05 지정폐기물의 종류별 처리기준 및 방법(폐기물관리법 시행규칙) 중 소각재(천연방사성제품소각재가 아님) 처리방법 3가지를 쓰시오.

> **[풀이]**
>
> 소각재 처리방법
> ① 지정폐기물을 매립할 수 있는 관리형 매립시설에 매립한다.
> ② 안정화 처분해야 한다.
> ③ 시멘트·합성고분자 화합물을 이용하여 고형화 처분하거나 이와 비슷한 방법으로 고형화 처분해야 한다.

06 Rosin-Rammler 모델은 폐기물 파쇄 시 폐기물의 입자크기 분포에 관한 모델식이다. 폐기물의 85% 이상을 3.3cm보다 작게 파쇄하고자 할 때 특성입자의 크기(cm)를 산정하시오.(단, $n=1$임)

> **풀이**
>
> $Y = 1 - \exp\left[-\left(\dfrac{X}{X_0}\right)^n\right]$
>
> $0.85 = 1 - \exp\left[-\left(\dfrac{3.3}{X_0}\right)^1\right]$
>
> $-\dfrac{3.3}{X_0} = \ln(1 - 0.85)$
>
> X_0(특성입자 : cm) $= 1.74$cm

07 폐기물관리체계에서 3R, 3P를 쓰시오.

> **풀이**
>
> 1. 3R
>   ① Reduction(감량화)　② Reuse(재사용)　③ Recycle(재활용)
> 2. 3P
>   ① Polluters(오염자)　② Pay(복구비용)　③ Principles(원칙)

08 매립지 바닥의 점토층의 두께는 100cm이고, 투수계수는 10^{-7}cm/sec이다. 점토층의 유효공극률을 0.35로 가정할 때 다음 조건에서 침출수가 점토층을 통과하는 데 소요되는 시간(year)을 예측하시오.

> [조건]
> 점토층 위의 침출수 수두는 20cm, 아래의 수두는 점토층 아래 면과 일치함

> **풀이**
>
> 소요되는 시간(year) $= \dfrac{d^2\eta}{K(d+h)}$
>
> $= \dfrac{1.0^2\text{m}^2 \times 0.35}{10^{-9}\text{m/sec} \times (1+0.2)\text{m}}$
>
> $= 291,666,666.7\text{sec} \times \text{year}/31,536,000\text{sec}$
>
> $= 9.25\text{year}$

09 다음은 입경구분에 관한 내용이다. 물음에 답하시오.

(1) 유효입경
(2) 균등계수
(3) "유효입경이 (클수록/작을수록), 균등계수가 (클수록/작을수록) 투수계수가 커진다."에서 ( ) 안에 알맞은 용어를 선택하여 차례대로 쓰시오.

> **풀이**
> (1) 유효입경
>   입도누적곡선상의 10%에 해당하는 입자직경을 의미, 즉 전체의 10%를 통과시킨 체눈의 크기에 해당하는 입경이다.
> (2) 균등계수
>   입도누적곡선상의 60%에 해당하는 입경(D_{60})과 유효입경(D_{10})의 비, 즉 D_{60}/D_{10}을 말한다.
> (3) 클수록, 작을수록

10 $10m^3$ 용적의 소각로에서 연소실의 열발생률($kcal/m^3 \cdot hr$)을 구하시오. (단, 폐기물의 투입량 50kg/hr, 폐기물의 저위발열량 8,000kcal/kg)

> **풀이**
> $$\text{열발생률}(kcal/m^3 \cdot hr) = \frac{\text{저위발열량}(kcal/kg) \times \text{시간당 연소량}(kg/hr)}{\text{연소실 부피}(m^3)}$$
> $$= \frac{8,000kcal/kg \times 50kg/hr}{10m^3}$$
> $$= 40,000 kcal/m^3 \cdot hr$$

11 다음은 열분해에 관여하는 영향인자에 대한 내용이다. ( ) 안에 알맞은 내용을 선택하여 쓰시오.

(가) 열분해 시 온도가 증가할수록 (수소/이산화탄소)가 증가한다.
(나) 폐기물의 입자크기가 (작을수록/클수록) 열분해가 쉽게 이루어진다.
(다) 열분해는 (흡열/발열) 반응이므로 열을 공급해 주어야 한다.

> **풀이**
> (가) : 수소, (나) : 작을수록, (다) : 흡열

12 폐기물을 원소분석한 결과 다음과 같다. 듀롱식을 이용하여 고위발열량(kcal/kg)과 저위발열량(kcal/kg)을 각각 구하면?

> 원소분석 조성 : C 30%, H 20%, O 10%, 수분 10%, 회분 20%, S 10%

풀이

$$H_h = 8,100C + 34,000\left(H - \frac{O}{8}\right) + 2,500S \text{(kcal/kg)}$$

$$= (8,100 \times 0.3) + \left[34,000 \times \left(0.2 - \frac{0.1}{8}\right)\right] + (2,500 \times 0.1)$$

$$= 9,055 \text{kcal/kg}$$

$$H_l = H_h - 600(9H + W) = 9,055 - [600 \times ((9 \times 0.2) + 0.1)] = 7,915 \text{kcal/kg}$$

13 다음 조건의 트롬멜스크린 장치의 선별효율(%)을 Worrel 식과 Rietema 식에 의하여 구하시오.

> [조건]
> - 선별장치의 투입량이 1.0ton/hr이고 회수량이 700kg/hr이며 이 중 회수량의 650kg/hr가 회수대상물질이다.
> - 거부량 또는 제거량이 300kg/hr이고, 이 중 회수대상물질은 70kg/hr이다.

풀이

x_1이 650kg/hr ⇨ y_1은 50kg/hr

x_2가 70kg/hr ⇨ y_2는 230kg/hr : (1,000 - 700 - 70)kg/hr

$x_0 = x_1 + x_2 = 650 + 70 = 720$kg/hr

$y_0 = y_1 + y_2 = 50 + 230 = 280$kg/hr

[Worrel 식]

$$E(\%) = \left[\left(\frac{x_1}{x_0}\right) \times \left(\frac{y_2}{y_0}\right)\right] \times 100 = \left[\left(\frac{650}{720}\right) \times \left(\frac{230}{280}\right)\right] \times 100 = 74.16\%$$

[Rietema 식]

$$E(\%) = \left(\left|\frac{x_1}{x_0} - \frac{y_1}{y_0}\right|\right) \times 100 = \left(\left|\frac{650}{720} - \frac{50}{280}\right|\right) \times 100 = 72.42\%$$

14 매립구조에 의한 매립방법 3가지를 쓰고 간단히 설명하시오.

> **풀이**
>
> **매립구조에 의한 구분(3가지만 기술)**
> ① 혐기성 매립(피산소성 매립)
>   습지 또는 계곡 등에 폐기물을 중간복토와 함께 매립하여 쓰레기층의 내부 상태가 혐기성 상태로 되는 단순 투기하는 방법
> ② 혐기성 위생매립(피산소성 위생매립)
>   폐기물을 쌓고(높이 약 2~3m) 그 위에 복토(약 50cm)를 하는 구조의 공법
> ③ 개량형 혐기성 위생매립(개량형 피산소성 위생매립)
>   혐기성 위생매립시설의 저부에 배수용 집수관 및 차수막을 설치한 구조의 공법
> ④ 준호기성 매립
>   오수를 가능한 한 빨리 매립지 밖으로 배제하여 폐기물과 저수의 수압을 저감시켜 지하토양으로의 오수의 침투를 방지함과 동시에 집수하는 단계에서 가능한 한 침출수를 정화할 수 있도록 집수장치를 설계한 구조의 공법
> ⑤ 호기성 매립
>   준호기성 매립에서의 침출수 집수관 이외에 별도의 공기주입시설을 설치하여 강제적으로 공기를 불어넣어 매립지 내부를 호기성 상태로 유지하는 구조의 공법

15 자원의 절약과 재활용 촉진에 관한 법률상 일반고형연료제품(SRF) 품질기준 중 다음 항목의 기준값을 쓰시오.

| (가) 수은(Hg) | (나) 카드뮴(Cd) | (다) 납(Pb) |
| (라) 비소(As) | (마) 회분함유량 | (바) 염소함수량 |

> **풀이**
>
> (가) : 1.0mg/kg 이하   (나) : 5.0mg/kg 이하   (다) : 150mg/kg 이하
> (라) : 13.0mg/kg 이하   (마) : 20wt% 이하   (바) : 2.0wt% 이하

16 인구가 150,000명인 도시에서 발생한 폐기물을 압축하여 도랑식 위생매립방법으로 처리하고자 한다. 1년 동안 매립에 필요한 매립지의 소요부지면적(m^2/year)은?

- 매립깊이 : 3.5m
- 폐기물 밀도 : 500kg/m^3
- 폐기물 발생량 : 1.5kg/인·일
- 쓰레기 압축률 : 40%
- 복토층의 두께 : 50cm

풀이

$$\text{매립면적}(m^2/\text{year}) = \frac{\text{매립폐기물의 양}}{(\text{폐기물밀도} \times \text{매립깊이})}$$

$$= \frac{1.5\text{kg/인} \cdot \text{일} \times 150,000\text{인} \times 365\text{일/year}}{500\text{kg/}m^3 \times 3.5\text{m}}$$

$$= 46,928.57 m^2/\text{year} \times (1-0.4) \Leftarrow \text{압축률 고려}$$

$$= 28,157.14 m^2/\text{year}$$

17 폐기물관리법 폐기물처분 또는 재활용 또는 재활용시설의 검사기준 중 음식물류 폐기물 처리시설에서 혐기성 소화시설의 정기검사 검사항목 4가지를 쓰시오.

풀이

혐기성 소화시설의 정기검사 검사항목
① 산 발효시설의 작동상태
② 메탄 발효시설의 작동상태
③ 최종생산물의 퇴비로서의 적절성
④ 메탄가스의 적절 처리여부

18 함수율이 95%인 슬러지를 함수율 75%의 슬러지로 탈수시켰을 때 탈수 전/탈수 후의 슬러지 체적비(%)를 구하시오.

풀이

$$\text{체적비}(\%) = \frac{\text{처리 후 탈수 슬러지양}}{\text{초기 탈수 슬러지양}} = \frac{1-\text{초기 탈수 함수율}}{1-\text{처리 후 탈수 함수율}}$$

$$= \frac{1-0.95}{1-0.75} \times 100 = 20\%$$

19 회전식 소각로(Rotary Kiln)의 특징 4가지를 쓰시오.

> **풀이**
>
> **회전식 소각로 특징(특징은 장·단점 기술)**
> ① 넓은 범위의 액상 및 고상 폐기물을 소각할 수 있다.
> ② 전처리 없이 소각물 주입이 가능하다.
> ③ 처리물량이 적을 경우 설치비가 높다.
> ④ 후처리장치(대기오염 방지시설)에 대한 분진부하율이 높다.

20 20톤의 음식물 폐기물을 볏짚과 혼합하여 C/N비를 35로 조정하여 퇴비화하고자 한다. 이때의 음식물 폐기물의 함량(%)을 구하시오. (단, 음식물 폐기물과 볏짚의 C/N비는 각각 20과 100이고 다른 조건은 고려하지 않음)

> **풀이**
>
> 음식물 폐기물을 x_1, 볏짚을 x_2라 하고 그 합을 1이라고 가정하면
>
> 혼합 C/N비 $= \dfrac{20x_1 + 100x_2}{x_1 + x_2}$ $(x_1 + x_2 = 1)$
>
> $35 = \dfrac{20(1-x_2) + 100x_2}{(1-x_2) + x_2}$
>
> x_2(볏짚) $= 0.1875$
>
> x_1(음식물폐기물) $= 1 - 0.1875 = 0.8125$
>
> 음식물 폐기물 함량(%) $= 0.8125 \times 100 = 81.25\%$

SECTION 077 2024년 3회 산업기사

01 다이옥신류의 독성등가환산계수(TEF)에 대하여 간단히 설명하시오.

> **풀이**
>
> **독성등가환산계수(TEF ; Toxicity Equivalent Factor)**
> 다이옥신은 염소의 부착 위치 및 치환수에 따라 독성의 강도가 다르다. 이성체 중에서 가장 독성이 강한 2, 3, 7, 8-TCDD의 독성을 기준값 1로 하여 각 이성체의 상대적인 독성값을 나타낸 계수를 독성등가환산계수라 한다.

02 메탄(CH_4)의 고위발열량이 9,900kcal/Sm^3이라면 저위발열량(kcal/Sm^3)은?(단, H_2O 1Sm^3의 증발잠열은 480kcal/Sm^3)

> **풀이**
>
> 저위발열량(H_l)
> $H_l = H_h - 480\sum H_2O$
> $\quad CH_4 + O_2 \rightarrow CO_2 + 2H_2O$
> $\quad = 9,900 - (480 \times 2) = 8,940 \text{kcal/Sm}^3$

03 열분해의 정의를 서술하고 열분해 시 생성되는 기체상, 고체상, 액체상 물질을 각각 1가지씩 기술하시오.

> **풀이**
>
> **열분해 정의**
> 공기가 부족한 상태에서 가연성폐기물을 연소시켜 유기물질로부터 가스, 액체 및 고체 상태의 연료를 생산하는 공정을 의미하며 흡열반응을 한다.
>
> **열분해에 의해 생성되는 물질(1가지씩만 기술)**
> ① 기체물질 : H_2, CH_4, CO, H_2S, HCN
> ② 액체물질 : 식초산, 아세톤, 메탄올, 오일, 타르
> ③ 고체물질 : 탄화물(Char), 불활성 물질

04 매립지의 시간경과에 따른 분해로 인한 4단계를 쓰고 가스의 구성성분 변화를 간단히 설명하시오.

> **풀이**
> ① 1단계 : 호기성 단계(초기 조절 단계)
> N_2, O_2는 급격히 감소, CO_2는 서서히 증가
> ② 2단계 : 혐기성 단계(혐기성 비메탄화 단계)
> CO_2 생성 증가, O_2 소멸, N_2 감소
> ③ 3단계 : 혐기성 메탄 생성 축적 단계(산형성 단계)
> CO_2, H_2 발생비율 감소, CH_4 증가 시작
> ④ 4단계 : 혐기성 메탄 생성 정상 단계(메탄발효 단계)
> CH_4, CO_2 구성비가 거의 일정한 단계($CH_4 : CO_2 : N_2 = 55\% : 40\% : 5\%$)

05 해안매립공법의 종류 3가지를 기술하시오.

> **풀이**
> **해안매립공법**
> ① 순차투입공법
>   호안 측으로부터 순차적으로 쓰레기를 투입하여 육지화하는 방법이다.
> ② 박층뿌림공법
>   개량된 지반이 붕괴될 위험성이 있는 경우 밑면이 뚫린 바지선에 폐기물을 적재하여 쓰레기를 박층으로 떨어뜨려 뿌려 줌으로써 바닥지반의 하중을 균등하게 해 주는 방법이다.
> ③ 수중투기공법(내수배제공법)
>   외주 호안이나 중간제방 등에 고립된 매립지대의 해수를 그대로 놓은 채 쓰레기를 투기하거나 매립 전에 내수를 일부 배제한 후 쓰레기를 투기하는 방법이다.

06 유해폐기물의 고형화 처리방법 3가지를 쓰시오. (단, 석회기초법, 시멘트 기초법은 답안에서 제외)

> **풀이**
> **고형화 처리방법(3가지만 기술)**
> ① 자가시멘트법   ② 열가소성 플라스틱법
> ③ 유기중합체법   ④ 피막형성법

07 매립지 침출수 발생량에 영향을 미치는 인자 3가지를 쓰시오.

> **풀이**
> **매립지 침출수 발생량 영향 인자(3가지만 기술)**
> ① 폐기물의 분해 정도　　　　② 강우량 및 증발량
> ③ 지하수위 및 지하수량　　　④ 표면 유출량 및 침투수량

08 처리기술에 의한 질소산화물 제거방법 중 건식배연 탈질방법 3가지를 쓰고 간단히 설명하시오.

> **풀이**
> ① 선택적 촉매환원법(SCR)
>   연소가스 중의 NO_x를 촉매(T_iO_2와 V_2O_5를 혼합 제조)를 사용하여 환원제(NH_3, H_2S, CO, H_2 등)와 반응하여 N_2와 H_2O로 O_2와 상관없이 접촉환원시키는 방법이다.
> ② 선택적 비촉매환원법(SNCR)
>   촉매를 사용하지 않고 연소가스에 환원제(암모니아, 요소)를 분사하여 고온에서 NO_x와 선택적으로 반응하여 N_2와 H_2O로 분해하는 방법으로 NO의 암모니아에 의한 환원에는 보통 산소의 공존이 필요하다.
> ③ 흡착법
>   활성탄, 실리카겔의 흡착제에 배기가스를 흡착시키는 방법이다.

09 저온파쇄기술의 정의를 쓰시오.

> **풀이**
> 저온파쇄기술은 저온영역에서 신장성이나 충격치가 급격히 저하되어 취성을 나타내는 특성을 이용하여 폐기물을 냉각하고 충격파쇄하는 기술이다.

10 다음은 열교환기 중 절탄기에 관한 내용이다. ( ) 안에 알맞은 용어를 쓰시오.

절탄기는 (①)에 설치하며 보일러 전열면을 통하여 연소가스의 (②)로 보일러 급수를 예열하여 보일러 효율을 높이는 장치이다.

> **풀이**
> ① 연도　　　　　　　　　② 여열

11 프로판(C_3H_8) $1Sm^3$을 공기과잉계수 1.15로 완전연소 시 실제 필요한 공기량(Sm^3)은?

> **풀이**
> 완전연소 반응식
> $C_3H_8 + 5O_2 \rightarrow 3CO_2 + 4H_2O$
> 이론산소량(O_0) = $5Sm^3$
> 이론공기량(A_0) = $\dfrac{O_0}{0.21} = \dfrac{5}{0.21} = 23.81Sm^3$
> 실제공기량(A) = $m \times A_0 = 1.15 \times 23.81Sm^3 = 27.38Sm^3$

12 폐기물관리법상 최종복토를 이루고 있는 4가지 층을 쓰시오.

> **풀이**
> **최종복토**
> ① 식생대층
> ② 배수층
> ③ 차단층
> ④ 가스배제층

13 $40m^2$인 바닥면적을 갖는 화격자 소각로에 1일 55ton의 쓰레기가 연속 소각처리된다. 이때 화격자 연소부하($kg/m^2 \cdot hr$)는?

> **풀이**
> 화격자 연소부하(화격자 연소율 : $kg/m^2 \cdot hr$)
> $= \dfrac{\text{시간당 소각량}(kg/hr)}{\text{화격자면적}(m^2)}$
> $= \dfrac{55ton/day \times 1,000kg/ton \times day/24hr}{40m^2}$
> $= 57.29kg/m^2 \cdot hr$

14 수거효율 관련 단위 SDT, TDT, TMH를 간단히 설명하시오.

> **풀이**
> (1) SDT(service/day/truck)
>   수거트럭 1대당 1일 수거 가옥수
> (2) TDT(ton/day/truck)
>   수거트럭 1대당 1일 수거하는 폐기물량
> (3) TMH(ton/man/hour)
>   수거인부 1인이 1시간에 수거하는 폐기물량

15 폐기물 발생량이 1일 30ton이고, 55% 압축시켜 깊이 4m인 도랑의 바닥면으로부터 2.5m 높이로 매립하고자 한다. 연간 소요되는 매립면적(m^2/year)은?(단, 폐기물밀도는 0.45ton/m^3)

> **풀이**
> $$\text{매립면적}(m^2/year) = \frac{\text{매립폐기물의 양}}{(\text{폐기물밀도} \times \text{매립깊이})} \times (1-\text{압축률})$$
> $$= \frac{30\text{ton/day} \times 365\text{day/year}}{0.45\text{ton}/m^3 \times 2.5m} \times (1-0.55) = 4,380\,m^2/year$$

16 A 도시 : 하루 발생 쓰레기양 1,000ton, 수거인부 150명, 일일평균 작업시간 8시간
B 도시 : 하루 발생 쓰레기양 2,500ton, 수거인부 350명, 일일평균 작업시간 9시간
일 때, A, B 도시 중 어느 도시의 수거효율이 좋은가?

> **풀이**
> [A 도시]
> $$\text{MHT} = \frac{150\text{인} \times (8\text{hr/day})}{1,000\text{ton/day}} = 1.2\text{MHT}(\text{man} \cdot \text{hr/ton})$$
>
> [B 도시]
> $$\text{MHT} = \frac{350\text{인} \times (9\text{hr/day})}{2,500\text{ton/day}} = 1.26\text{MHT}(\text{man} \cdot \text{hr/ton})$$
>
> A 도시가 B 도시보다 MHT가 낮으므로 A 도시의 수거효율이 더 좋다.

17 함수율 70%인 슬러지케이크 10ton을 소각 시 소각재 발생량(kg)은?(단, 건조케이크 건조중량당 무기성분 10%, 유기성분 중 연소율 90%, 소각에 의한 무기물 손실은 없다.)

> **풀이**
> 소각재(kg) = 무기물 + 유기물 중 미연분(잔류유기물)
> 무기물 = 10ton × 1,000kg/ton × (1 − 0.7) × 0.1 = 300kg
> 유기물 중 미연분 = 10ton × 1,000kg/ton × (1 − 0.7) × (1 − 0.1) × (1 − 0.9) = 270kg
> = 300 + 270 = 570kg

18 슬러지 비중이 1인 쓰레기 100ton을 함수율 60%에서 함수율 30%로 건조할 때 건조되는 쓰레기 양(ton)을 구하시오.

> **풀이**
> 100 × (100 − 60) = 처리 후 슬러지양 × (100 − 30)
> 처리 후 슬러지양(ton) = $\dfrac{100 \times 40}{70}$ = 57.14ton

19 글루코스(Glucose) 1kg을 혐기성으로 완전분해 시 생성될 수 있는 이론적 메탄의 양(Sm^3)을 구하시오.

> **풀이**
> $C_6H_{12}O_6 \rightarrow 3CH_4 + 3CO_2$
> 180kg : $3 \times 22.4 Sm^3$
> 1kg : $CH_4(Sm^3)$
> $CH_4(Sm^3) = \dfrac{1kg \times (3 \times 22.4)Sm^3}{180kg} = 0.37 Sm^3$

20 매립지 침출수의 발생량을 측정하는 일일강우량에 의한 식을 이용하는 경우 다음 조건에서 일일 발생하는 침출수의 양(m^3/day)을 구하시오. (단, 침투된 강우는 모두 침출수로 발생되며 기타 조건은 고려하지 않음)

[조건]
- 침투율 : 0.3
- 연평균 일강우량 : 5mm
- 매립지 면적 : 100,000m^2

풀이

$$\text{침출수의 양}(m^3/day) = \frac{C \cdot I \cdot A}{1,000}$$
$$= \frac{0.3 \times 5 \times 100,000}{1,000}$$
$$= 150 m^3/day$$

폐기물처리
기사 · 산업기사 실기

발행일 | 2013. 3. 5 초판발행
2014. 1. 15 개정 1판1쇄
2015. 1. 20 개정 2판1쇄
2016. 1. 15 개정 3판1쇄
2017. 2. 10 개정 4판1쇄
2018. 2. 10 개정 5판1쇄
2019. 4. 10 개정 6판1쇄
2020. 2. 10 개정 7판1쇄
2020. 6. 20 개정 7판2쇄
2021. 1. 20 개정 8판1쇄
2022. 2. 20 개정 9판1쇄
2023. 2. 10 개정 10판1쇄
2024. 1. 10 개정 11판1쇄
2025. 1. 20 개정 12판1쇄

저 자 | 서영민
발행인 | 정용수
발행처 | 예문사

주 소 | 경기도 파주시 직지길 460(출판도시) 도서출판 예문사
T E L | 031) 955-0550
F A X | 031) 955-0660
등록번호 | 11-76호

- 이 책의 어느 부분도 저작권자나 발행인의 승인 없이 무단 복제하여 이용할 수 없습니다.
- 파본 및 낙장은 구입하신 서점에서 교환하여 드립니다.
- 예문사 홈페이지 http : //www.yeamoonsa.com

정가 : 36,000원
ISBN 978-89-274-5719-0 13530